害虫生物防治的原理和方法

（第三版）

张古忍　胡　建　蒲蛰龙　编

科学出版社

北京

内 容 简 介

本书分为二十二章。第一至三章阐述害虫生物防治的概念、原则、生态学基础与植物-害虫-天敌互作的最新研究进展。第四至八章阐述如何利用天敌防治害虫，分别介绍了增加害虫天敌防治害虫、寄生性天敌昆虫的繁殖和利用、捕食性天敌昆虫的繁殖释放与保护利用、食虫蛛形动物的繁殖释放与保护利用，以及食虫脊椎动物保护和利用的原理和方法；第九至十章阐述从国外引进天敌防治害虫和国内天敌移殖与助迁的原理和方法。第十一至十二章阐述利用植物源杀虫活性物质和转基因抗虫作物防治害虫的原理和方法。第十三至十八章阐述利用昆虫病原微生物（真菌、细菌、病毒、线虫、微孢子虫）和杀虫抗生素防治害虫的原理和方法。第十九至二十一章阐述利用昆虫性信息素、昆虫生长调节剂防治害虫和害虫遗传防治的原理和技术。第二十二章阐述害虫综合治理的原理和方法，重点介绍了害虫综合治理的广东经验。每章后附有思考题和参考文献，方便读者阅读理解与查询。

本书可作为综合性高校和高等农林院校本科生和研究生的教材，也可供相关专业的教师和科研人员参考、阅读。

图书在版编目（CIP）数据

害虫生物防治的原理和方法/张古忍，胡建，蒲蛰龙编.—3版.—北京：科学出版社，2022.10

ISBN 978-7-03-072313-0

Ⅰ.①害…　Ⅱ.①张…　②胡…　③蒲…　Ⅲ.①农业害虫-生物防治　Ⅳ.①S476

中国版本图书馆 CIP 数据核字（2022）第 085195 号

责任编辑：席　慧　张静秋　马程迪/责任校对：杨　赛
责任印制：张　伟/封面设计：蓝正设计

科学出版社 出版
北京东黄城根北街 16 号
邮政编码：100717
http://www.sciencep.com
北京凌奇印刷有限责任公司 印刷
科学出版社发行　各地新华书店经销
*
1978 年 10 月第　一　版　　开本：787×1092　1/16
2022 年 10 月第　三　版　　印张：22 3/4
2023 年 1 月第二次印刷　　字数：582 000
定价：88.00 元
（如有印装质量问题，我社负责调换）

第三版前言

坚持"预防为主,综合防治"的植保方针,落实"公共植保,绿色植保"理念,推进绿色防控技术的研发与推广应用,是我国有效控制农药使用量,保障农业生产安全、农产品质量安全和生态环境安全,促进农业可持续发展的基本保证。害虫生物防治作为绿色防控技术的重要组成部分,其基础理论与应用技术研究受到了越来越多的关注。

《害虫生物防治的原理和方法》系统阐述了害虫生物防治的原理与方法,第一版和第二版累计发行3万余册,对促进我国害虫生物防治事业发展和人才培养发挥了重要作用,时至今日,书中许多内容仍然在指导害虫生物防治。但毕竟距离第一版出版已40余年,害虫生物防治在基础理论研究方面的进展日新月异,在田间应用方法和技术方面的更新更加丰富。修订过程中,编者遵循前两版的编排原则,保留经典内容,删除或重新编写过时或不太实用的内容,增加基础研究进展对害虫生物防治的启示,丰富了应用方法,希望能完整呈现害虫生物防治的原理和方法。

本书分为二十二章。第一至三章阐述害虫生物防治的概念、原则、生态学基础与植物-害虫-天敌互作的最新研究进展。第四至八章阐述如何利用天敌防治害虫,分别介绍了增加害虫天敌防治害虫、寄生性天敌昆虫的繁殖和利用、捕食性天敌昆虫的繁殖释放与保护利用、食虫蛛形动物的繁殖释放与保护利用,以及食虫脊椎动物保护和利用的原理和方法;第九至十章阐述从国外引进天敌防治害虫和国内天敌移殖及助迁的原理和方法。第十一至十二章阐述利用植物源杀虫活性物质和转基因抗虫作物防治害虫的原理和方法。第十三至十八章阐述利用昆虫病原微生物(真菌、细菌、病毒、线虫、微孢子虫)和杀虫抗生素防治害虫的原理和方法。第十九至二十一章阐述利用昆虫性信息素、昆虫生长调节剂防治害虫和害虫遗传防治的原理和技术。第二十二章阐述害虫综合治理的原理和方法,重点介绍了害虫综合治理的广东经验。

本书修订工作得以顺利完成,要感谢近年来发表的大量专题综述的作者,这些综述对害虫生物防治特定领域所取得的研究进展、推广应用、存在的问题与解决建议进行了很好的总结,为本书的修订工作提供了大量素材。此外,本书修订过程中还参考了国内外相关的专著、教材、论文等文献资料,编者在此对相关作者表示衷心的敬意和感谢。对于书中所引用的内容,编者采用序号注释的方法进行了相应标注。为方便读者查阅,参考文献按章排列,附在每章末尾。而对于保留的第二版内容,不再标注参考文献,感兴趣的读者可以查阅第二版。封面图片由广东省农业科学院植物保护研究所赵灿博士拍摄、李敦松研究员提供。

本书修订过程中得到了中山大学农学院、生命科学学院的大力支持,科学出版社积极支持本书出版,对席慧等负责本书的编辑,在此一并致谢。由于害虫生物防治涉及的内容广泛,而编者收集的文献不一定面面俱到,不足之处在所难免,敬请读者批评指正。

2022年是本书第一版和第二版主编蒲蛰龙先生(1912—1997年)诞辰110周年。先生是国际著名昆虫学家、中国科学院院士、中山大学教授。谨以此书献给先生诞辰110周年!

编 者

2022年10月

第二版前言

本书自 1978 年出版以来，承读者的热情支持，提出了许多宝贵意见，使本书在修订中有所依循和参考。

本书各章均经重新校阅，并增加了一些必要的资料，个别章节有较多的增改。

本所的有关教师分工负责校阅修订了书中各篇章：蒲蛰龙负责概论、第一章、第九章、第十章；蒲蛰龙、徐利生负责第十二章；蒲蛰龙、赖涌流负责第十八章；利翠英负责第二章；刘复生负责第三至五章；周昌清负责第六至八章；叶育昌负责第二篇引言及第十一章；庞义负责第十三章；赖涌流负责第十四至十七章。

本书虽然经过几位教师付出一定工作量做了修订，但由于我们的水平还很低，资料搜集不够全面，有一些外国文献仍未见原文，错误与遗漏是难免的，请读者继续提出批评指正。

中山大学昆虫学研究所
蒲蛰龙
1982 年 6 月于广州

第一版前言

1949 年以来，我国在与害虫斗争过程中，取得了害虫防治方面可喜的成绩，积累了宝贵的经验。

为了适应农林卫生事业发展的需要，以及有关学校对于害虫生物防治教学上的需要，我们搜集了群众在实践中积累的经验及国内外有关科研成果，并选用一些外国资料，于 1972 年编译出版《害虫生物防治》试用教材，供高等学校、中等技术学校有关专业的师生，农林及卫生战线的工人、农民、干部和科技人员参考。

1972 年以来，我国害虫生物防治这门科学技术，有了更多的发明创造和更大的发展；同时，全国各地工农群众、技术人员纷纷来信，希望我们将《害虫生物防治》教材编写成书，以满足需要。因此，我们感到很有必要增订原教材，把它编写成一本生物防治的专门书籍，取名《害虫生物防治的原理和方法》，供有关人员参考。

本书由昆虫学专业教师蒲蛰龙主编，其他参加增订及编写的本专业教师有徐利生、周昌清、叶育昌、刘复生、陈晓雯、庞义、林典宝、利翠英，技术员梁凤清绘制部分图表，1972 年工农兵学员张润杰、关力学、胡锡辉、宋根和也参加了部分工作，生物学电子显微镜的技术人员协助制备昆虫病毒材料。在编写过程中，承各省（自治区、直辖市）的许多有关机构提供了大量资料、提出宝贵意见，谨表谢忱。

由于我们的水平很低，缺乏经验，资料搜集不够全面，错误与遗漏在所难免，请予批评指正。

中山大学生物系昆虫学专业
1977 年 1 月

目　　录

《害虫生物防治的原理和方法（第三版）》
教学课件索取单

凡使用本书作为教材的主讲教师，可通过以下两种方式之一获赠教学课件一份。本活动解释权在科学出版社。

1. 关注微信公众号"科学 EDU"索取教学课件

扫右侧二维码关注公众号 →"教学服务"→"课件申请"

2. 填写以下表格后扫描或拍照发送至联系人邮箱

姓名：		职称：		职务：	
电话：		QQ：		邮箱：	
学校：		院系：		本门课程选课人数：	
您所教授的其他课程及使用教材					
课程：	书名：		出版社：		
课程：	书名：		出版社：		
您对本书的评价及修改建议：					

联系人：张静秋 编辑　　电话：010-64004576　　邮箱：zhangjingqiu@mail.sciencep.com

第一章 绪 论

第一节 害虫生物防治的概念

一、害虫及其危害

作为地球生态系统的组成部分，昆虫在地球生物演化和生态系统平衡中始终扮演着重要角色。人类的出现，使部分昆虫与人类的利益产生了冲突，于是就有了害虫的概念。

害虫是指在一定条件下对人类的生活、生产甚至生存产生危害的昆虫。例如，日常生活中，家蝇（*Musca domestica*）在人居环境中飞来飞去，干扰人们的正常生活；全球每年都会发生由多种蝗虫为害导致的蝗灾，对农林作物的生产造成了毁灭性的影响；白纹伊蚊（*Aedes albopictus*）是我国常见蚊种，除引起皮肤红肿、局部皮炎外，更重要的是它们在吸血过程中会传播多种病毒，如登革病毒和寨卡病毒等。

目前地球上已知的昆虫种类超过 120 万种，但其中被称为害虫的大约只有 9000 种，这还包含了螨类，而其中主要害虫所占的比例还不到 5%。例如，有 150 种以上的昆虫可以取食玉米（*Zea mays*），是玉米的害虫，但只有玉米螟才是玉米的最主要害虫。

然而，害虫造成的经济损失是巨大的。首先，人类要花巨资生产各种有毒化学农药，如 2016～2019 年，我国生产的化学农药原药总量为 1481.79 万吨[1]，它们虽然在害虫防治中发挥了重要作用，但对环境和人们健康的负面影响也是无法估量的。其次，虽然采用了各种防治方法，但由害虫导致的食用和纤维作物的年损失量仍达到 13%～16%，价值约 5000 亿元。

在自然生态系统中，害虫的发生受到许多生态因子的影响，其中害虫天敌对抑制害虫发生和调节自然种群平衡作用巨大。害虫的天敌很多，病原微生物（病毒、细菌、真菌和原生动物）、寄生线虫、食虫蛛形动物、天敌昆虫（捕食性及寄生性昆虫）、食虫脊椎动物和一些高等植物等均可被有效地利用来防治害虫，其中利用得最多的是天敌昆虫和病原微生物。

二、害虫防治的基本方法

1. 生物防治 生物防治（biological control）就是利用某些生物或生物的代谢产物去防治害虫或减轻其危害程度。其特点是对人畜安全，避免环境污染，而且不少害虫天敌对一些害虫的发生有长期抑制作用，可以说有"一劳永逸"的效果。害虫的天敌是一种用之不竭的自然资源，在利用过程中采取就地取材、综合利用等办法，可以逐步降低生产的成本。因此，生物防治方法在我国已经成为一种安全、高效、经济的害虫防治措施。

生物防治利用的是生物体或其代谢产物，由于其本身的局限性或受各种环境条件的制约，也存在一些缺点。一是见效较慢，天敌对害虫的控制作用往往有一个滞后期，不会立竿见影；

二是专一性太强，一种天敌往往只对一种或少数几种害虫有效，在某些情况下，可单独使用一种或几种天敌去抑制一种或几种害虫的发生；三是不能完全代替其他防治方法。这些缺点的存在，在一定程度上制约了害虫生物防治技术的推广。因此，单独应用生物防治有其不足之处，必须与农业措施及造林技术、物理防治、化学防治等相结合而构成取长补短、互相补充的综合防治策略，这样才能更有效地抑制害虫的发生。这些防治方法都各有优点，农业措施及造林技术是防治农业及森林害虫的根本，化学防治、生物防治、物理防治都有其本身特点。

近几十年来，在害虫防治科学不断发展的过程中，出现了新的防治方法，如利用昆虫不育性（包括射线处理不育、化学不育剂不育、遗传不育等）、昆虫激素及转基因抗虫作物来防治害虫。这些新防治措施，都可以归进生物防治的范畴，生物防治的领域正在不断扩大。

2. 化学防治　　化学防治是利用化学药剂的毒性来防治害虫。化学防治仍然是当前害虫防治的主要方法，自然是由其优点所决定的。一是收效迅速，急救性强，无论在害虫大量发生以前，还是已经大量发生，化学农药一般都可以及时取得显著的效果；二是可以进行大量工业生产和供应，与农业防治和生物防治相比较，其受地域性和季节性的限制都很少；三是便于机械化操作，现代化植保机械的发展，更可充分发挥化学药剂的杀虫作用并提高施用效率；四是低投入、高回报，回报比例一般可达到 1：（3～4），即投入 1 元的防治费用，可以得到 3～4 元的回报。

但化学防治的缺点始终存在。一是污染环境与农药残留，长期大量连续施用农药，对农产品、空气、土壤和水域造成污染，即产生农药残毒和公害问题，使人类健康和野生动物资源受到威胁；二是害虫产生抗药性，在农药施用量和施用次数不断增加的情况下，有些害虫很快形成抗药性，降低农药使用效果，导致用药次数和用药量不断增加；三是害虫再猖獗或次要害虫上升为主要害虫，广谱性农药既杀死害虫，同时又杀死害虫的天敌，当害虫经一定时间后再发生时，天敌对害虫的调控作用缺失，导致害虫再猖獗，其发生与危害反而超过原有水平，或使次要害虫上升为主要害虫；四是直接中毒，由于使用不当，容易造成作物的药害及对人畜的直接中毒事故。因此，减少化学农药用量，甚至停止使用化学防治方法已经是全世界的共识。

3. 农业防治　　农业防治是根据害虫、作物、环境条件三者之间的关系，结合整个农事操作过程中的一系列农业技术措施，有目的地改变某些环境条件，使之不利于害虫的发生发展，而有利于农作物的生长发育；或是直接消灭、减少虫源，达到防治害虫保护农作物的目的。其特点是可结合必要的栽培管理措施进行，不需要增加额外的人力、物力负担。优点是可以避免因大量地长期施用化学农药所产生的害虫抗药性、环境污染及杀伤害虫天敌的不良影响。由于涉及农事操作过程中各个环节，其防治效果是多方面的，对于调控田间生物群落、控制主要有害生物的种群数量、调节作物危险期与有害生物盛发期的相互关系等均有可能发挥作用。

4. 物理和机械防治　　物理防治是根据有害生物对某些物理因素的反应规律，利用物理因子的作用进行防治，如利用害虫趋光性进行诱杀。机械防治则包括用人工或采用适当工具捕杀或消灭有害生物的各种措施。优点是经济、简便、有效。缺点是比较费工，有些情况下只能作为辅助措施。

第二节　害虫生物防治的原则和方法

用生物防治法防治的对象，有农业害虫、森林害虫、卫生害虫及仓库害虫等。害虫生物防治的目标是控制害虫的种群数量或减轻其危害程度，后者其实也是通过害虫种群数量的减少来实现的。因此，害虫生物防治本质上就是通过天敌来减少害虫的数量。归纳起来，害虫生物防治的原则有两条：一是增加自然界害虫天敌的数量；二是改变本地昆虫的种群结构。

一、增加自然界害虫天敌的数量

增加自然界害虫天敌的数量有两条实现途径：一是创造害虫天敌在野外生存和繁殖的条件，可以通过直接保护天敌、应用农业生物技术或造林技术增加天敌数量和增强效能、增加自然界天敌食料，以及配合其他防治方法来实现。这类方法适用于人工繁殖难度大、繁殖周期长或具有同类相食特性的天敌，如蜘蛛等。二是通过人工大量繁殖、释放害虫天敌。这类方法适用于易于规模化人工繁殖的天敌种类，如属于卵寄生蜂的赤眼蜂（*Trichogramma* spp.）等。

1. 保护害虫天敌 在自然界，天敌对害虫的发生起着巨大的抑制作用。保护害虫天敌一般不需要增加费用和花费很多人工，因此群众容易接受，已在生产上大面积推广，自然天敌的保护利用已成为我国害虫综合防治的基本措施之一。我国保护利用天敌的工作在"预防为主，综合防治"植保方针指导下进行，确立了害虫防治要"从农田生态系统总体观念出发，充分利用自然控制因素"的原则，即以科学用药、放宽害虫防治指标为突破口，从保护天敌，避免杀伤天敌，发展到改造农田生态环境，促进生态平衡，提高产品质量，降低防治费用。例如，我国北方棉区过去在棉蚜（*Aphis gossypii*）发生初期就喷药防治，因杀死了棉田早期天敌，所以蚜害逐年猖獗。通过控制早期农药的使用，天敌得到保护，蚜害得以减轻。目前保护天敌、防治棉花（*Gossypium* spp.）早期害虫，已在我国北方棉区大面积推广。粮食作物方面，例如，山东省保护利用瓢虫等天敌来防治小麦（*Triticum aestivum*）穗期蚜虫的农田面积每年达 1 000 000 hm²，节省了大量农药；长江中下游及广东等省（自治区、直辖市）保护利用天敌防治水稻害虫的农田面积达 3 300 000 hm²，农药用量显著减少。苹果黄蚜（*Aphis citricolavander*）原是果园早期发生的昆虫，过去都喷药防治。研究表明，该虫对苹果（*Malus pumila*）新梢的生长并无明显影响，没有必要防治。由于不再喷药防治，保护了草蛉等天敌，使天敌能够生存和繁殖，从而对抑制果园叶螨产生良好的效果[2]。

2. 创造有利于害虫天敌繁殖的环境 为了进一步发挥天敌的作用，实践中还积累了不少改造农田环境、营造更适宜于天敌生存和繁殖的条件，以增殖天敌的经验。例如，有些地区提倡棉花、小麦或棉花、欧洲油菜（*Brassica napus*）间作，扩大绿肥面积等，以增加瓢虫、草蛉、小花蝽等天敌数量。湖南省提倡栽种冬作绿肥和田埂种豆类作物，为蜘蛛等提供栖息场所和食物，并结合农事、耕作，采取一些保护措施，利用蜘蛛防治稻飞虱和叶蝉，效果良好。广东省在柑橘园种植藿香蓟（*Ageratum conyzoides*）作为覆盖作物，改善了橘园的小气候，橘园气温从 40～45℃降至 35℃，相对湿度也增加了，为天敌的生存、繁殖创造了适宜条件，同时还为捕食螨提供花粉作食料。在种藿香蓟的柑橘园，柑橘全爪螨（*Panonychus citri*）被控制在一个低水平，取得良好效果。1987 年，中国农业科学院生物防治研究所在山东省威海市召开全国第一次天敌保护利用学术讨论会，总结了我国对天敌保护利用的含义："天敌保护利用是指采取措施，避免或减少人为的杀伤，创造适于天敌生存和繁衍的良好生态环境，充分发挥天敌在自然界控制有害生物的作用"[2]。

二、改变本地昆虫的种群结构

改变本地昆虫的种群结构指通过引入对目标害虫具有高效控制能力的天敌种群，进而改变本地昆虫的种群结构，达到控制目标害虫的目的。引入的天敌种群来源有两条途径：一是从国外引进；二是从国内移殖或本地助迁。

1. 国外天敌的引进　　国际上有不少成功引进天敌的实例。最著名的是 1888 年美国由澳大利亚引进澳洲瓢虫（*Rodolia cardinalis*）防治柑橘吹绵蚧（*Icerya purchasi*），到 1889 年底已完全抑制吹绵蚧的危害，澳洲瓢虫在当地建立了永久种群。直到现在，澳洲瓢虫对吹绵蚧仍起着有效控制作用，不需要再采用其他的防治措施，的确起到了一劳永逸的作用。在新中国成立以前，我国在天敌引进方面的工作虽然做得不多，但也曾取得满意成效。我国有计划、有组织地开展国外天敌引种研究主要在新中国成立之后，由于引进国外天敌成效显著，对推动我国生物防治事业的发展发挥了积极作用。

20 世纪 50 年代，我国曾引进澳洲瓢虫用于在广东等地防治柑橘（*Citrus reticulata*）、木麻黄（*Casuarina equisetifolia*）上的吹绵蚧；引进孟氏隐唇瓢虫（*Cryptolaemus montrouzieri*）防治柑橘粉蚧（*Pseudococcus citri*）；引进日光蜂（*Aphelinus mali*）防治苹果绵蚜（*Eriosoma lanigerum*），均取得了较好效果，解决了生产问题。自 20 世纪 70 年代起，由于生物防治科研工作重新得到国家重视，国外天敌引种研究又渐兴盛。据统计，1979～1985 年，我国共引进天敌 182 种次，其中显示出良好效果的有：引进的丽蚜小蜂（*Encarsia formosa*），控制温室白粉虱（*Trialeurodes vaporariorum*）的作用十分明显，已在北方一些地区推广；引进的抗有机磷农药的西方静走螨（*Galendromus occidentalis*），在西北地区释放防治苹果全爪螨（*Panonychus ulmi*），取得满意的试验效果；引进的黄色花蝽（*Xylocoris flavipes*）对多种仓库害虫都有防治作用，一些地区的粮食科研单位开始大量繁殖生产试验；从日本引进花角蚜小蜂（*Coccobius azumai*）用于防治松突圆蚧（*Hemiberlesia pitysophila*），到 1994 年止，其应用面积达 600 000 hm^2[2]。

我国病原微生物引进研究起步较晚，主要从 20 世纪 80 年代开始，但成效甚为显著。引进的苏云金芽孢杆菌（*Bacillus thuringiensis*，*Bt*）HD-1 菌株，经过培育已成为我国工业生产菌种；引进的病原真菌有绿僵菌（*Metarhizium* spp.）、白僵菌（*Beauveria* spp.）和微孢子虫（Microsporidia）；昆虫病毒有大菜粉蝶颗粒体病毒（*Pieris brassicae granulosis virus*）；病原线虫有斯氏线虫（*Steinernema* spp.）等，其研究与利用均取得显著进展。特别是苏云金芽孢杆菌以色列变种（*Bacillus thuringiensis* var. *israelensis*）的引进，对我国 4 属 11 种蚊子的幼虫均有良好的防治效果，使我国生物防治从农林领域扩展到卫生防疫领域。

2. 国内天敌的移殖和本地天敌的助迁　　害虫天敌除从国外引进外，在幅员辽阔的国家，也可在其本国范围内距离较远的两地间移地繁殖。例如，我国在 20 世纪 50 年代将大红瓢虫（*Rodolia rufopilosa*）由浙江省移到四川省去防治柑橘吹绵蚧，效果很好。此后又将紫胶虫（*Laccifer lacca*）的害虫（白虫）天敌 [寄生蜂（小茧蜂）] 从云南移到广东东部地区防治白虫，获得成功。在春末夏初将麦田的七星瓢虫（*Coccinella septempunctata*）助迁到附近的棉田去防治棉蚜，效果很好。这种近距离的助迁，给害虫天敌的利用开辟了一条新途径。

第三节　害虫生物防治的发展历史

我国是开展害虫生物防治最早的国家。早在 3000 年前，《诗经》中"螟蛉有子，蜾蠃负之"的诗句，记述了胡蜂类捕捉鳞翅目蛾类幼虫的现象。公元 304 年，晋代嵇含所著的《南方草木状》一书中有这样的记载："交趾人以席囊贮蚁鬻于市者，其窠如薄絮，囊皆连枝叶，蚁在其中，并窠同卖。蚁赤黄色，大于常蚁。南方柑树若无此蚁，则其实皆为群蠹所伤，无复一完者矣。"这是利用蚂蚁进行生物防治的记载。唐代刘恂的《岭表录异》，也有类似的记载。这些记载所说的蚁，很可能是广州附近地区用来防治一些柑橘害虫的黄猄蚁（*Oecophylla smaragdina*），目前仍在大量应用，如广东四会柑橘产区用以防治柑橘长吻蝽象（*Rhynchocoris humeralis*）。黄猄蚁的颜色、大小及蚁巢的构造，与古代的记载相似。"以虫治虫"这项生物防治措施，虽然 1000 多年来都在用于生产实践，可是在长期的封建统治下，一直未得到发展。至于利用微生物防治害虫方面，早在 2400 年前，我国劳动人民在生产实践中已发现家蚕僵病，其后又有微粒子病的记载，可是也和"以虫治虫"一样，不能发展成为"以菌治虫"这一生物防治措施，而我国古代劳动人民的宝贵经验，也就长期被湮没下去。

一、世界害虫生物防治发展史

世界害虫生物防治发展史可以分为 3 个阶段：早期生物防治时代，即生物防治的萌芽时期；中期生物防治时代，其中包括经典生物防治时期和化学农药共存时期；工业化时期生物防治时代，其中包括综合防治时期和可持续控制时期[3-5]。

（一）早期生物防治时代（公元 304～1887 年）

从古代学者的观察开始到 19 世纪中后期的早期实验阶段，即生物防治的萌芽时期。抗虫、抗病作物品种的选育可以被认为是最古老的害虫生物防治实际应用的典型。但真正应用捕食性昆虫进行农业害虫防治的是中国，早在公元 304 年，在《南方草木状》中就详细记载了广东果农利用黄猄蚁防除柑橘害虫的情况。在早期害虫生物防治时代，国外的生物防治工作远晚于我国。

（二）中期生物防治时代（1888～1962 年）

1. 经典生物防治时期（1888～1939 年）　　经典的生物防治是从 19 世纪末期兴起的。最著名的例子是 1888 年美国农业部为解决加利福尼亚州柑橘吹绵蚧危害严重的问题，从澳大利亚引进澳洲瓢虫所取得的惊人成就。此后，世界各国对天敌的引进工作十分重视，设立部门机构，系统研究及开展天敌引进工作。据统计，1888～1969 年，美国共对 223 种害虫开展了引进天敌进行生物防治的试验，其中对 120 种害虫具有一定的防治效果，有 48 种害虫经济危害性显著降低，有 42 种害虫被彻底消灭。1888 年以来，世界各地从外地引进天敌防治害虫获得成功的事例共 225 起。

2. 化学农药共存时期（1939～1962 年）　　1939 年，瑞士人米勒发现滴滴涕（DDT）具有杀虫活性，在全世界农业化学上引起了争论。实际上这一化合物是在 1874 年由一个学习化学的德国学生塞德勒合成的，滴滴涕的应用对害虫生物防治实践产生了深远的影响。通过对美国生物防治与杀虫剂研究的论文对比分析，就可以看出生物防治工作所发生的变化。1915 年，生物防治领域与杀虫剂领域研究论文数量的比例是 1∶1，1925 年下降为 0.3∶1；在战争年代里，杀虫剂领域的论文数量相对于生物防治领域则以 6∶1 占绝对优势；1946 年，杀虫剂与生物防治论文数量的比例达到 20∶1。在第二次世界大战开始时，美国农业部雇用了大约 40 名昆虫学家，但是到 1954 年仅有 5 人还致力于生物防治问题的研究。因此，20 世纪 40～60

年代害虫防治的战略中心是化学杀虫剂的应用。有机合成杀虫剂的出现使生物防治的研究和应用更加进入低潮时期,尽管如此,生物防治的工作在某些方面仍然取得了很大进展。20 世纪 50 年代后期,欧洲和美国对苏云金芽孢杆菌发生兴趣,并首次进行商业性生产,微生物治虫工作得以迅速发展。利用苏云金芽孢杆菌和其他各种细菌防治欧洲玉米螟(*Ostrinia nubilalis*),用金龟子芽孢杆菌(*Bacillus popilliae*)和斯氏新线虫(*Steinernema* spp.)防治日本金龟子(*Popillia japonica*),以及利用核多角体病毒防治林木叶蜂(*Filpinia hercyniae*)等均取得了满意效果。

（三）工业化时期生物防治时代（1962 年至今）

1. 综合防治时期（1962~1992 年）　　1962 年,卡尔逊出版了《寂静的春天》,书中描述了使用化学农药所带来的灾难,引起了公众的关注和思考。1965 年,来自 36 个国家的植物保护专家参加了由联合国粮食及农业组织（Food and Agriculture Organization of the United Nations,FAO）在意大利罗马召开的讨论会,正式确立了综合治理的概念。1972 年,害虫综合治理（integrated pest management,IPM）被收录到英文文献中,并被科学界所接受。20 世纪后半期,美国促进害虫综合治理走向植物保护科学前沿同样影响了其他大多数国家。据统计,在美国植物保护研究经费中,化学农药和生物防治研究经费所占比例,在 1955 年分别为 42%和 20%,1968 年分别为 18%和 51%。可以看出,随着农药长期施用引起的"3R"［害虫抗药性（resistance）、害虫再猖獗（resurgence）、农药残留（residue）］问题,生物防治研究工作得到了较大的重视。在着重于传统生物防治研究的同时,目前研究者已开展天敌的保护利用及其他新技术、新方法的应用研究,并从着重于研究害虫的生物防治拓展到植物病害生物防治和杂草生物防治等多个领域。美国商业性养虫室饲养的赤眼蜂和孟氏隐唇瓢虫,荷兰、瑞典、美国和英国等饲养的丽蚜小蜂均开始商业化生产。20 世纪 80 年代后期,微生物杀虫剂的商业化生产较为活跃,发展迅速。

2. 可持续控制时期（1992 年至今）　　可持续害虫控制（sustainable pest management,SPM）是有害生物控制的一种战略思想,它要求努力寻找既能满足当前社会对有害生物控制的需求,又不对今后社会的有害生物控制能力造成危害,经济、生态、社会效益相互协调的有害生物控制策略和方法。1992 年 6 月,在巴西里约热内卢召开的第二次环境峰会——联合国环境与发展大会上,许多学者认为影响农业可持续发展的根源是农药和化肥。1995 年 7 月,在荷兰海牙召开的第 13 届国际植物保护大会上,明确提出了发展可持续的植物保护,并以此作为大会的主题,将有害生物的危害列为农林业生产的首要自然灾害。要实现农林业的可持续发展,就必须有与之相适应的有害生物可持续控制策略和方法。

二、中国害虫生物防治的历史

（一）中国古代害虫生物防治

如前所述,公元 304 年,《南方草木状》记载的广东果农利用黄猄蚁防除柑橘害虫的情况,开了以虫治虫的先河,为害虫生物防治理论事业做出了贡献。

（二）中国近代害虫生物防治

1909 年我国自美国加利福尼亚和夏威夷引进两批澳洲瓢虫到台湾省,成功控制了柑橘吹绵蚧的危害，并建立了永久种群，这是我国的国外天敌引种成功的首例。

1931 年浙江昆虫局由吴福祯在嘉兴设寄生蜂保护室，1932 年又成立寄生蜂研究室，由祝汝佐主持。此后，数位昆虫学家对一些天敌昆虫做了零星调查和小面积防治试验，发表 10 多篇有关论文，成为我国早期生物防治研究的重要文献。当时的研究重点对象为寄生蜂和瓢虫。

新中国成立之后，中国有组织地开展了生物防治科学研究和利用天敌大面积防治害虫。20世纪 50 年代着重于赤眼蜂的繁殖应用和传统生物防治的天敌引种工作，从国外引进了澳洲瓢虫、孟氏隐唇瓢虫、日光蜂、丽蚜小蜂、捕食螨和苏云金芽孢杆菌、乳状菌、微孢子虫、线虫、杆状病毒等多种天敌昆虫和微生物农药品种。此后，由于化学农药的广泛应用，生物防治一度被轻视。20 世纪 60 年代以来，化学农药产生的一系列严重副作用引起世界各国政府和社会的普遍关注，生物防治重新得到重视。20 世纪 70 年代以来，人们开始注重天敌的保护和利用，并开展机械化繁殖赤眼蜂的研究。

随着生物防治工作的积极开展，各地对天敌资源的调查也给予了重视。1979～1983 年农业部（现为农业农村部）组织各省（自治区、直辖市）有关单位，开展了农作物害虫天敌资源调查，初步明确了我国农作物害虫的天敌资源、主要种类及其区域分布。通过开展天敌调查，明确了丰富的天敌资源在控制害虫方面的巨大作用，并发现了很多可以利用的优势种，为我国生物防治奠定了坚实的基础。在此期间，中央和地方各级政府相继投资建成了 100 多个繁蜂站和微生物实验工厂，农业部于 1979～1982 年先后建立了 10 个省级生物防治站。1985年农业部全国植物保护总站防治处成立了全国赤眼蜂应用技术协作组和全国 Bt 应用技术协作组。

"七五"期间，我国生物防治科技首次被列入国家攻关计划，生物防治技术在防治农林病虫草害、仓储害虫、卫生害虫等方面的应用研究迅速发展。1972 年全国生物防治面积为 8×10^4 hm^2，1986 年超过 $1.7 \times 10^7 \ hm^2$，到 1996 年已达 $2.8 \times 10^7 \ hm^2$，中国生物防治进入新的发展阶段。

在 2006 年提出"绿色植保、绿色防治"之前，中国害虫生物防治策略、技术基本与国际发展保持一致甚至落后于国际先进水平。我国生物防治学科把引进国外天敌昆虫防治外来有害生物、保护和利用本地天敌放在首位，大力开展机械化繁殖优势种天敌和工厂化生产微生物制剂的研究，形成了我国的特色，并逐渐形成学科交叉，形成有分子生物学、生物化学、遗传学等学科渗透的生物防治学科。

（三）中国害虫绿色防治时期（2006～2017 年）

2006 年 4 月，农业部在湖北省襄樊（现改名为襄阳）市召开全国植保工作会议，全面总结了新中国成立以来我国植物保护工作所取得的巨大成绩和存在的问题，深入分析了当时及以后的发展形势，明确提出了"公共植保"和"绿色植保"理念；2008 年，推进有害生物绿色防治。

（四）中国害虫生态化防治时期（2017 年至今）

中国于 2006～2017 年提出"绿色增长方式"，2017 年正式提出"生态文明"发展理念，特别是党的十九大（中国共产党第十九次全国代表大会）报告中把生态文明列为千年大计，由此我国全面进入生态文明发展新时代，植物保护也由传统的农药植物保护转入生态植物保护时代，害虫的生态化防治技术随之得到大发展。

生态植物保护学的内涵为：以生态文明理念为指导，以农业生态系统为管理对象；全面清洁田园，采用生物质资源循环利用技术，破坏病虫害的携带载体或潜伏场所，消除病虫源，实现源头治理；加强监测预警，掌控病虫害发生发展动态；广泛使用物理防控技术，压低病虫发生基数；构建最简生物多样性，实施"嵌入式"生物防治；综合运用生物与生物之间相生相克、生物与环境之间共生共荣的生态关系，实施生态调控；促进可持续治理、实现农业绿色发展的目标。害虫生态化防治就是在生态植物保护学理论的指导下，针对某种害虫的生态化技术进行集成与应用。

第四节　害虫生物防治的相关学科

害虫生物防治是一门研究利用害虫天敌控制害虫的应用学科，需要与此相关的许多学科知识为支撑，如分类学、分子生物学、生态学、遗传学、生理学、生物地理学等，这些学科或多或少影响着生物防治项目的实施与成效，而以下 3 个学科与害虫生物防治的关系最为密切。

一、分类学

分类学是生物学的一个分支，主要涉及生物的命名、鉴定和分类，是进行生物学研究的基础，生物防治也不例外。在生物学中，分类学的主要任务就是对未知分类单元的描述和对已知分类单元的鉴定，并根据各分类单元的形态和生物学特征进行安排，确定其在分类系统中的位置。

在生物防治的研究与应用过程中，物种科学名称的准确性是研究者了解和掌握相关文献资料的关键。而物种的正确鉴定是害虫生物防治成功的关键所在，这已为许多生物防治事例所证实，如红圆蚧（*Aonidiella aurantii*）和肯尼亚粉蚧（*Planococcus kenyae*）曲折的生物防治经历[6]。

二、分子生物学

分子生物学技术的发展为物种的鉴定及其相关研究提供了先进的技术手段。对有些有害生物来说，天敌的反复引进并没有获得满意的效果，这意味着凭经验进行天敌引进并不一定有效。因此，在引进的时候，必须确立一个明确的标准，即必须知道引进的天敌是来源于单一的同源种群还是来源于包括较广的地理或生态范围的几个种群。候选种群遗传结构的分子特征就能提供这些信息。在许多情况下，生物防治成功的关键在于利用不同的地理种群或生物型，而不在于利用其他种类。胡桃蚜生物防治的成功就是一个很好的例子[6]。

三、生态学

传统生物防治的目的是引进和建立天敌种群，以控制特定区域内的害虫种群。种群的建立除了合适的寄主和正确的引进种类外，还必须了解引进种是否能适应输入地的环境条件，并掌握害虫的发生规律及其种群动态，了解天敌的种群动态与效能，害虫与天敌的相互关系，天敌与其他物种间的竞争，作物、害虫、天敌三者的相互作用关系等，这也正是生态学的研究范畴。

思考题

一、名词解释

害虫；昆虫天敌；天敌昆虫；生物防治；化学防治；农业防治；物理防治；害虫综合治理；害虫可持续控制；生态植物保护学

二、问答题

1. 生物防治方法具有哪些优点和局限性？

2. 化学防治方法具有哪些优点和缺点？

3. 简述害虫生物防治的原则。

4. 世界害虫生物防治发展史可以分为哪几个阶段？

5. "螟蛉有子，蜾蠃负之"中的螟蛉和蜾蠃分别指哪种昆虫？

6. 为什么说分类学与生物防治密切相关？

7. 生态学研究与生物防治有什么关系？

8. 谈谈你对生物防治与生态文明建设关系的认识。

 参考文献

[1] 鲁飞. 农药行业有望进一步集中. 农经，2020，（5）：54-57

[2] 包建中，古德祥. 中国生物防治. 太原：山西科学技术出版社，1998

[3] 林乃铨. 害虫生物防治. 北京：科学出版社，2010

[4] 任顺祥，陈学新. 生物防治. 北京：中国农业出版社，2011

[5] 刘玉升. 害虫生物防控发展历程及其研究进展. 农业工程技术，2020，（1）：28-33

[6] Gordh G，Beardsley J W. Taxonomy and Biological Control. *In*：Handbook of Biological Control. Pittsburgh：Academic Press，1999

第二章 ⏐ 害虫生物防治的生态学基础

第一节 种群的自然平衡

一、种群的概念与特征

害虫生物防治的对象不是某种害虫的一个个体，而是害虫的群体，所利用的天敌（如捕食或寄生性天敌）也是一个群体，也就是说，害虫生物防治是天敌种群作用于害虫种群进而抑制害虫种群增长的过程。

（一）种群的概念

种群是在一定时间和一定空间内，由同一物种的一群个体组成的生物单元，它与所处的环境相互作用，组成一个开放性的种群系统。

种群的基本构成成分是具有潜在互配能力的个体，种群是物种具体的存在单位、繁殖单位和进化单位。一个物种通常可以包括许多种群，不同种群间存在着明显的地理隔离，长期隔离的结果有可能发展为不同的亚种，甚至产生新的物种。

种群是物种在自然界中存在的基本单位。门、纲、目、科、属、种等分类单元是按物种的特征及进化中的亲缘关系来划分的，唯有种才是真实存在的。从进化学观点看，种群是一个演化单位；从生态学观点看，种群又是生物群落的基本组成单位。

任何一个种群在自然界都不能孤立存在，而是与其他物种的种群一起形成群落。物种、种群和群落之间的关系，可由表 2-1 列出的 A、B、C、D 4 个物种和 7 个群落来说明，每个物种有几个种群，分布在不同群落，每一个群落中含有几个属于不同物种的种群。

表 2-1 物种、种群和群落之间的关系[1]

物种	群落 1	群落 2	群落 3	群落 4	群落 5	群落 6	群落 7
物种 A	种群 A1	种群 A2	种群 A3	—	—	种群 A6	种群 A7
物种 B	—	种群 B2	种群 B3	种群 B4	种群 B5	种群 B6	种群 B7
物种 C	种群 C1	—	种群 C3	种群 C4	—	—	—
物种 D	种群 D1	—	种群 D3	—	种群 D5	—	种群 D7

注：本表所示各群落的组成是一种随机举例

（二）种群的特征

种群的主要特征包括数量特征、空间分布特征和遗传特征。数量特征受 4 个基本参数（出生率、死亡率、迁入率和迁出率）影响；空间分布特征主要指聚群分布、随机分布和均匀分布，小范围的分布称为分布格局（distribution pattern），大范围的分布称为地理分布（geographical distribution）；遗传特征是指种群的遗传性质。

1. 数量特征　　种群数量特征的具体表现就是种群数量密度，即单位空间内的个体数量，可以称为种群的原始密度（crude density）。但是在某一单位空间内，种群并不占据所有的空间，每一个生物都只能在适合它们生存的地方生活和生长，这导致种群的斑点状分布，即生态密度（ecological density），就是按照生物实际所占有的面积计算的密度。密度是最重要的种群参数之一，它部分决定着种群的能流、资源的可利用性、种群内部生理压力的大小及种群的散布和种群的生产力。

出生率（natality）和死亡率（mortality）是影响种群增长的最重要因素。出生率可用生理出生率（physiological natality）和生态出生率（ecological natality）表示，生理出生率又叫作最大出生率（maximum natality），是种群在理想条件下所能达到的最大出生数量。生态出生率又叫作实际出生率（realized natality），是指在一定时期内，种群在特定条件下实际繁殖的个体数量。它是生殖季节类型（连续的、不连续的或有强烈季节性的）、一年生殖次数、一次产仔数量、妊娠期长短和孵化期长短等因素的综合反映，并且还受环境条件、营养状况和种群密度等因素的影响。

影响出生率的因素：①性成熟速度，人和猿的性成熟需要 15～20 年，熊需要 4 年，黄鼠需要 10 个月，但低等甲壳类动物出生几天后就可生殖，蚜虫一个夏季能繁殖 20～30 个世代。②每次产仔数量，灵长类、鲸类和蝙蝠一般每胎产一仔，鹑鸡类一窝可孵 10～20 只幼雏，刺鱼一次产几百粒卵，某些海洋鱼类一次产卵达数万至数十万粒。③每年生殖次数，鲸类和大象每 2～3 年生殖一次，蝙蝠一年生殖一次，某些鱼类（如大马哈鱼）一生只产一次卵，田鼠一年可产 4～5 窝。④生殖年龄的长短和性比等对出生率也有影响。⑤出生率的高低还与生物在生物链中所处的位置有关。

死亡率是指一定规模的种群在单位时间的死亡数。生态死亡率（或实际死亡率）是指在一定条件下的实际死亡，如果环境条件无限制，生物个体理应活满生理寿命、最后死于衰老，但实际上常死于饥饿、疾病、竞争、捕食、寄生、恶劣的气候或意外事故等。

迁入率（immigration rate）是指单位时间内种群的迁入个体数与种群个体总数的比值；迁出率（emigration rate）是指单位时间内种群的迁出个体数与种群个体总数的比值。扩散（dispersal）是指种群中的个体、群体或其繁殖体（propagule）（卵、孢子、幼体）进入或离开种群栖息地的空间位置的运动状况。扩散有 3 种形式：迁出（emigration）、迁入（immigration）和迁移（migration）。扩散的动力来自水流、气流，或其他运动物体（被动传播），或生物体内自身能量消耗（定向运动）。扩散原因有与密度无关的因素（鱼类洄游、鸟类迁徙）和与密度有关的因素（群居型飞蝗、有翅蚜虫）。扩散的生态学意义在于逃避不利条件、避免竞争、逃避被捕食、调节种群数量、改变分布范围、有利于物种进化。

2. 空间分布特征　　种群内个体的空间分布方式或配置特点，称为种群空间分布型［种群空间分布格局（distribution pattern）］。种群空间分布格局大致可分为三类（图 2-1）：随机分布型、均匀分布型、集群分布型。

随机分布型：随机分布中每一个体在种群领域中各个点上出现的机会是相等的，并且某一个体的存在不影响其他个体的分布。随机分布比较少见，因为在环境资源分布均匀，种群内个体间没有彼此吸引或排斥的情况下，才产生随机分布。该型种群有森林地被层中的一些蜘蛛、面粉中的黄粉虫等。

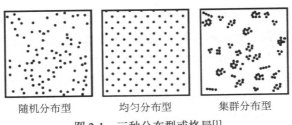

随机分布型　　　　均匀分布型　　　　集群分布型

图 2-1　三种分布型或格局[1]

均匀分布型：均匀分布个体之间的距离要比随机分布更为一致。均匀分布是由种群成员间进行种内竞争导致的。例如，森林中植物为竞争阳光（树冠）和土壤中营养物（根际）、沙漠中植物为竞争水分而均匀分布。分泌有毒物质于土壤中以阻止同种植物籽苗的生长是形成均匀分布的另一原因。

集群分布型：集群分布是三种分布型中最普遍、最常见的，这种分布型是动植物对生境差异发生反应的结果，同时也受气候和环境的日变化、季节变化、生殖方式和社会行为的影响。集群分布有程度上和类型上的不同，集群的大小和密度可能差别很大，每个集群的分布可以是随机的或非随机的，而每个集群内所包含的个体，其分布也可以是随机的或非随机的。

3. 遗传特征　　遗传特征是指种内个体之间或一个种群内不同个体的遗传变异总和，可以表现在分子、细胞、个体等多个层次上。遗传变异、生活史特点、种群动态及其遗传结构等决定或影响着一个物种与其他物种及与环境相互作用的方式。遗传多样性在自然界中，对于绝大多数有性生殖的物种而言，种群内的个体之间往往没有完全一致的基因型，而种群就是由这些具有不同遗传结构的多个个体所组成的。

二、种群的增长及模拟模型

（一）种群的增长

种群的增长（正或负）是指种群中的个体数目随时间的推移而变动的过程，取决于出生率、死亡率、迁入率和迁出率 4 个因素。

种群的密度是随时间而变化的，受各种因素的影响而存在着许多不同的变化类型。这些因素有些是种群本身所固有的，如出生率和死亡率，有些则是种群外在的因素，如竞争、捕食、光、水和温度等。如果所有因素的影响都是已知的，那么从理论上讲，就应当能够预测种群总的增长率。

与密度无关的种群增长：一个以内禀增长率增长的种群，其种群数目将以指数方式增长。如果种群不受自身密度的影响，而且增长率不变，那么这类指数增长称为与密度无关的种群增长（density-independent growth）。

与密度无关的种群增长又分为离散增长和连续增长两类。如果种群各个世代不相重叠，如一年生植物和昆虫，其种群增长是不连续的，称为离散增长，一般用差分方程描述。如果种群各个世代彼此重叠，如人和多数兽类，其种群增长是连续的，称为连续增长，一般用微分方程描述。

与密度有关的种群增长：环境是有限的，生物本身也是有限的，随着密度增大，资源缺乏，代谢产物积累，环境压力势必影响增长率 r，使其降低。培养酵母细胞时延长培养液的更换时间，使种群增长受到资源限制，增长曲线渐渐由"J"形变为"S"形（图 2-2）。

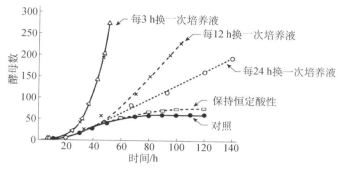

图 2-2　酵母种群的增长曲线[2]

（二）种群增长的模拟模型

1. 离散增长模型

$$N_{t+1}=R_0N_t$$

式中，N_t 表示 t 世代种群大小，N_{t+1} 表示 $t+1$ 世代种群大小，R_0 为世代净繁殖率。

如果种群以速率 R_0 一代又一代地增长，那么

$$N_1=R_0N_0$$
$$N_2=R_0N_1=R_0^2N_0$$
$$N_3=R_0N_2=R_0^3N_0$$
$$\cdots$$
$$N_t=R_0^tN_0$$

上式两边取对数，得 $\lg N_t=\lg N_0+t\lg R_0$，这是一条 $\lg N_t$ 对 t 作图的直线，$\lg N_0$ 是截距，$\lg R_0$ 是斜率。

2. 连续增长模型　　假定在很短时间 t 内种群的瞬时出生率为 b，死亡率为 d，种群大小为 N，则种群的每头增长率（per-capita rate of population growth）$r=b-d$，即

$$dN/dt=（b-d）N=rN$$

其积分形式为 $N_t=N_0e^{rt}$，N_0 为初始种群数量，N_t 为时刻 t 的种群数量，r 为内禀增长率，e 为自然对数的底。

以 $\lg N_t$ 对 t 作图，为直线；以种群大小 N_t 对时间 t 作图，得种群增长曲线（"J"形）（图 2-3）。

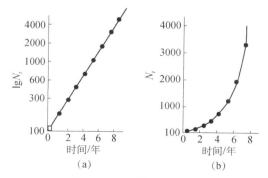

图 2-3　种群增长曲线[3]

（a）对数刻度；（b）算术刻度

种群数量从一个时刻到下一时刻的变化是由 4 个参数决定的, 即因出生 (B) 和迁入 (I) 而增加, 因死亡 (D) 和迁出 (E) 而下降, 即

$$N_{t+1}-N_t=B+I-D-E$$

式中, B、I、D、E 分别代表在一个特定时期内的出生个体数、迁入个体数、死亡个体数和迁出个体数。N_t 是种群在 t 时刻的数量, N_{t+1} 是种群在 $t+1$ 时刻的数量。

如果只考虑 I 和 E 等于零的简单种群 (即没有迁入和迁出), 上式简化为

$$N_{t+1}-N_t=B-D$$

设出生数和死亡数是种群密度的一个函数, 因此种群增长可以表达为 $B=bN_t$, $D=dN_t$。上式可改写为

$$N_{t+1}-N_t=bN_t-dN_t=(b-d)N_t$$

例如, $b=0.1$, $d=0.05$ (一年期间), $N_t=1000$, 那么 $N_{t+1}-N_t=(0.1-0.05)\times1000=50$, 即种群数量从 t 时刻到 $t+1$ 时刻将增加 50 个个体。

(三) 环境负荷量

种群的几何级数增长模型和指数增长模型表明, 只要增长率大于零, 种群会持续增长下去, 实际上这是一种无限增长。但就现实情况来说, 种群增长都是有限的, 因为种群的数量总会受到食物、空间和其他资源的限制 (或受到其他生物的制约)。

种群的每头出生率和每头死亡率都随着种群密度的变化而变化, 因为种群密度大时, 种群内个体之间对资源的竞争也就更为激烈。由环境资源所决定的种群限度称为环境负荷量 (carrying capacity), 即某一环境所能维持的种群数量。环境负荷量的大小一般是直接与食物相关的, 如实验室中饲养的水蚤, 其种群数量将随着食物供应量的增加而呈直线增长。对自然种群来说, 环境负荷量的大小也主要是由环境资源水平所决定的。

环境负荷量 (K 值) 引入种群增长方程后, 如果种群密度低于 K 值, 种群数量就会继续增加, 但种群增长率下降; 当种群密度等于 K 值的时候, 种群数量就会停止增长; 如果种群密度超过了 K 值, 种群数量就会下降。

环境负荷量的例子: 在对橙顶水鸫 (*Seiurus aurocapillus*) 种群的一项研究中发现, 种群密度同密度变化率呈负相关, 即当种群密度较低时 (少于 15 只), 种群密度就增加, 当种群密度较高时 (多于 20 只), 种群密度就下降, 当种群密度处在 15~20 只时 (指在一块林地中), 种群密度有时增加有时下降。从这些资料可以看出, 这块林地的环境负荷量是 15~20 只。

逻辑斯谛增长模型: 指数增长方程引入一个包括 K 的新系数, 就变为

$$dN/dt=rN[(K-N)/K]$$

整理后变为

$$dN/N[(K-N)/K]=rdt$$

积分后变为

$$N=K/(1+be^{-rt})$$

式中, b 为积分常数。

当 $N>K$ 时, $(K-N)/K$ 是负值, 种群数量下降; 当 $N<K$ 时, $(K-N)/K$ 是正值, 种群数量上升; 当 $N=K$ 时, $(K-N)/K=0$, 种群数量不增不减。

曲线在 $N=K/2$ 处有一个拐点 (转折点), 该点上的瞬时增长率最大, 到达该点前, 瞬时

增长率随种群增加而上升，到达该点后，瞬时增长率随种群增加而逐步下降（图2-4）。

环境阻力：环境阻力指逻辑斯谛增长与指数增长的差距，它是拥挤效应的一个测度，环境阻力随种群增长而加大（图2-5）。

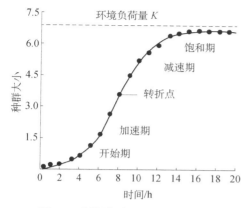

图2-4　逻辑斯谛增长模型曲线[1]

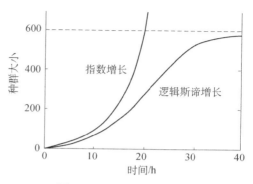

图2-5　环境阻力示意图[1]

稳定平衡密度：由于种群数量高于 K 时便下降，低于 K 时便上升，所以 K 值就是种群在该环境中的稳定平衡密度（stable equilibrium density）（图2-6）。

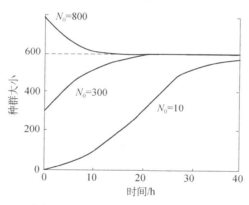

图2-6　不同种群起始数量的增长[1]

三、种群动态与数量调节

（一）种群动态的形式

种群动态是指种群数量在时间和空间上的变动规律，是由出生率和死亡率的变动和环境条件的改变而引起的。

大多数种群的数量波动都是不规则的，但有些种群的波动是规则的，即在两个波峰之间，波动相隔时间相等，这种有规则的波动称为种群数量的周期波动。大多数自然种群不会在平衡密度保持很长时间，而是动态的和不断变化的，种群可能在环境负荷量附近波动。引起波动的主要原因有环境（如天气）的随机变化、时滞或延缓的密度制约、过度补偿性密度制约等。

环境的随机变化很容易造成种群不可预测的波动，如小型的短寿命的生物，比起对环境变化忍受性更强的大型长寿命的生物，数量更易发生大的变化。图 2-7 是美国威斯康星州绿湾中藻类数量随环境的变化，而图 2-8 则是 1913～1961 年东亚飞蝗在我国洪泽湖蝗区种群动态曲线，显示了这两种生物种群的不规则波动。

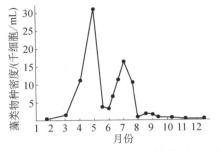

图 2-7　美国威斯康星州绿湾中藻类数量随环境的变化[4]

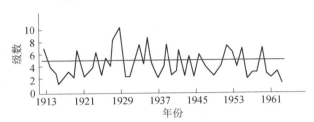

图 2-8　1913～1961 年东亚飞蝗在我国洪泽湖蝗区种群动态曲线[5]

周期性波动：捕食或食草作用导致的延缓的密度制约会造成种群周期性波动。明暗线小卷蛾（*Zeiraphera argutana*）幼虫对松树松针大小有影响，使来年幼虫食物质量下降，导致虫口下降，低虫口使松树恢复，食物质量提高，虫口又增加。

种群暴发：具不规则或周期性波动的生物都可能出现种群的暴发，如害虫、害鼠、赤潮等。引起害虫猖獗的因素有气候因素、食物因素、天敌因素、人为因素和联合因素。近年来，随着全球气候变暖、农业产业结构调整、农田耕作制度变更及害虫适应性变异等，农业害虫种群暴发频繁。2002 年蝗虫特大暴发，发生密度高达 1000～5000 头/m²，受害面积达 3000 万 hm²，威胁到我国 300 多个县的农牧业生产。2005 年，褐飞虱（*Nilaparvata lugens*）在江淮及长江中下游稻区暴发，受害面积高达 2240 万 hm²，水稻大面积倒伏，甚至整片枯死，损失稻谷 300多万吨，直接经济损失 40 多亿元。

种群的衰落与灭亡：当种群长久处于不利条件下（人类过捕或栖息地被破坏）时，其数量会出现持久性下降，甚至灭亡。个体大、出生率低、生长慢、成熟晚的生物最易出现这种情况。最小可存活种群（minimum viable population）是指以一定概率存活一定时间的最小种群的大小，是保护生物学的研究热点。

（二）种群调节

种群调节（population regulation）是种群大小的调节，是指种群大小的控制或者种群大小所表现的作用限度。对于种群调节机制，不同的生态学家提出了不同的假说予以解释。归纳起来，大致可以分为 4 种：生物调节、气候影响、气候与生物的综合影响、自我调节，其中涉及密度制约或非密度制约。

生物学派的核心思想是自然平衡。不同种类的生物常常具有不同的平衡密度，同一种动物在不同的环境条件下，也会有不同的平衡密度，而动物数量的变化常常只围绕在平衡密度周围，这是因为动物种群有一种趋于平衡密度的倾向。自然平衡是由密度制约因素引起的，而密度制约因素通常都是生物因素，如寄生、捕食和疾病等。

气候学派认为：①气候对昆虫种群的各个参数有极大影响；②昆虫大发生常常与气候相关；③强调昆虫种群的波动性，而不太重视其稳定性。

中间学派则认为应当把生物学派和气候学派的观点结合起来。在良好的环境条件下，种群数量的变化主要是一个密度制约过程；在恶劣的或不太适宜的环境条件下，由于环境条件波动极大，种群数量的变化主要是一个非密度制约过程。

自我调节学派强调内因的作用，强调种群内个体在行为、生理和遗传上的差异，认为种群数量变化是由个体特性的变化所致。当密度增加时，制止种群增长的力量不是环境因素的改变，而是个体特性的劣化。

种群的密度制约调节是一个内稳定过程（homeostatic process），当种群达到一定大小时，某些与密度相关的因素就会发生作用，通过降低出生率和增加死亡率而抑制种群的增长。如果种群数量降到了一定水平以下，出生率就会增加，死亡率就会下降。这样一种反馈机制将会导致种群数量的上下波动。

四、种群生命表

（一）生命表的概念

生命表（life table）是指列举同生群在特定年龄中个体的死亡和存活比例的一张清单。简单的生命表只是根据各年龄组的存活或死亡数据编制，综合生命表则包括出生死亡数据，从而能估计种群的增长。

生命表是由许多行和列构成的表，第一列通常表示年龄、年龄组或发育阶段（如卵、幼虫和蛹等），从低龄到高龄自上而下排布，其他各列都记录着种群死亡和存活情况的观察数据或统计数据，并用一定符号表示（如用 l 表示存活数，用 d 表示死亡数等）。生命表的记录一般是从 1000 个同时出生或同时孵化的同龄个体（一个同龄群）开始，但也并不总是如此。表 2-2 是一张假定的生物种群生命表，表中的符号含义如下：x 为年龄、年龄组或发育阶段。n_x 为本年龄组开始时的存活个体数。d_x 为本年龄组期间的死亡个体数，或从年龄 x 到年龄 $x+1$ 期间的死亡个体数。l_x 为在本年龄组开始时存活个体的百分数［特定年龄存活率（age specific survival rate）］。q_x 为本年龄组期间的死亡率或从年龄 x 到年龄 $x+1$ 期间的死亡率，其值等于 d_x/n_x。L_x 为从年龄 x 到年龄 $x+1$ 期间的平均存活个体数，其值等于 $(n_x+n_{x+1})/2$。T_x 为进入 x 龄期的全部个体在进入 x 龄期以后的存活个体总数，其值等于将生命表中的各个 L_x 值自下而上累加所得的值，即 $T_x=\sum L_x$，如 $T_1=L_1+L_2+L_3+L_4+L_5+L_6$。$e_x$ 为本年龄组开始时存活个体的平均生命期望（life expectancy）或平均余年，生命期望就是种群中某一特定年龄的个体在未来所能存活的平均年数，$e_x=T_x/n_x$，e_0 为种群的平均寿命。

表 2-2　一张假定的生物种群生命表

x	n_x	d_x	l_x	q_x	L_x	T_x	e_x
1	1000	550	1.00	0.550	725	1210	1.21
2	450	250	0.45	0.556	325	485	1.08
3	200	150	0.20	0.750	125	160	0.80
4	50	40	0.05	0.800	30	35	0.70
5	10	10	0.01	1.000	5	5	0.50
6	0	—	0.00	—	—	—	—

生命表有特定时间生命表和特定年龄生命表两类。特定时间生命表（time-specific life table）又称静态生命表，它适用于世代重叠的生物，表中的数据是根据在某一特定时刻对种群年龄分布频率的取样分析而获得的，实际反映了种群在某一特定时刻的剖面（如人口普查得到各年龄

人口数量组成的生命表）。它能够反映种群出生率和死亡率随年龄而变化的规律，但无法分析引起死亡的原因，也不能对种群的密度制约过程和种群调节过程进行定量分析。它的优点是容易看出种群的生存对策和生殖对策，而且比较容易编制，常用于难以获得动态生命表数据的情况下的补充。

特定年龄生命表（age-specific life table）又称为同生群或动态生命表（cohort life table），这样的研究又叫作同生群分析（cohort analysis）。它从同时出生或同时孵化的一群个体（同龄群）开始，跟踪观察并记录其死亡过程，直至全部个体死亡为止。例如，从一代产卵成虫开始直到下一代成虫出现为止，跟踪观察一个完整世代的死亡历程。特定年龄生命表在记录种群各年龄或各发育阶段死亡过程的同时，还记录死亡原因，从而可以找出造成种群数量下降的关键因素。表 2-3 是稻纵卷叶螟种群动态生命表，它表示 731 粒稻纵卷叶螟卵—（1～2 龄）幼虫—（3～5 龄）幼虫—蛹—成虫的数量变化，并记录了引起死亡的原因。关键致死因子作用值（k_i）表示某死亡因素作用前的生存数对数减去作用后的生存数对数，即 $k_i = \lg N_i - \lg N_{i+1}$。

表 2-3　稻纵卷叶螟种群动态生命表*[6]

年龄级 x	本年龄开始个体数 n_x	死亡原因	死亡数 d_x	死亡率 q_x	生存率 S_x	k_i	累计生存率
卵	731	失踪	314	0.4295		0.2438	
		寄生	0	0		0	
		不孵化	25	0.0342		0.0151	
小计			339	0.4637	0.5363		0.5363
1～2 龄幼虫	392	失踪	141.12	0.3600		0.1938	
		寄生	0	0		0	
小计			141.12	0.3600	0.6400		0.3432
3～5 龄幼虫	250.88	失踪	26.77	0.1067		0.0490	
		寄生	13.37	0.0533		0.0238	
小计			40.14	0.1600	0.8400		0.2883
蛹	210.74	失踪	39.87	0.1892		0.0910	
		寄生	56.96	0.2703		0.1368	
小计			96.83	0.4595	0.5405		0.1558
成虫	♀ : ♂ 35 : 20						

*雌雄成虫有多次交尾能力，表中未考虑性比死亡率

有的生命表除 l_x 外，还增加了 m_x 栏，用来描述种群中各年龄的出生率，反映同生群每个存活个体在该年龄期内所产的后代数，这样的生命表称为综合生命表。表 2-4 是褐色雏蝗综合生命表，它表示 44 000 粒蝗卵经过 4 个若虫阶段（幼虫）变为成虫的数量变化，并增加了每一期每一存活个体生产的卵数（m_x）。将存活率 l_x 与 m_x 相乘并累加，得到净增殖率 R_0（net reproductive rate）。在一年生生物中，R_0 表示种群在整个生命表时期中增长或下降的程度，如果 $R_0 > 1$，表示种群增长；如果 $R_0 = 1$，表示种群稳定；如果 $R_0 < 1$，表示种群下降。

表 2-4　褐色雏蝗综合生命表[7]

虫期 x	每期开始数量 n_x	原同生群存活到每期开始的比例 l_x	原同生群在每一期中死亡数 d_x	死亡率 q_x	$\lg n_x$	$\lg l_x$	k_i	每一期生产的卵数 F_x	每一期存活个体生产的卵数 m_x	每一期原来个体生产的卵数 $l_x m_x$
卵	44 000	1.000	40 487	0.92	4.64	0.00	1.10	—	—	—
幼龄 I	3 513	0.080	984	0.28	3.55	−1.10	0.14	—	—	—
幼龄 II	2 529	0.057	607	0.24	3.40	−1.24	0.12	—	—	—

续表

虫期 x	每期开始数量 n_x	原同生群存活到每期开始的比例 l_x	原同生群在每一期中死亡数 d_x	死亡率 q_x	$\lg n_x$	$\lg l_x$	k_i	每一期生产的卵数 F_x	每一期存活个体生产的卵数 m_x	每一期原来个体生产的卵数 $l_x m_x$
幼龄Ⅲ	1 922	0.044	461	0.24	3.28	-1.36	0.12	——	——	——
幼龄Ⅳ	1 461	0.033	161	0.11	3.16	-1.48	0.05	——	——	——
成虫	1 300	0.030	——	——	3.11	-1.52	——	22 617	17	0.51

注：$R_0 = \sum l_x m_x = 0.51$

（二）存活曲线

存活曲线是借助于存活个体数量来描述特定年龄死亡率，它通过把特定年龄组的个体数量相对于年龄作图而得到。存活曲线可用两种方法绘制：一种方法是以存活数量的对数值为纵坐标，以年龄为横坐标作图；另一种方法也是用存活数量的对数值相对于年龄作图，但年龄是用平均生命期望的百分离差表示。

存活曲线有三种基本类型（图2-9）：类型Ⅰ是凹曲线，早期死亡率极高，如牡蛎、鱼类、很多无脊椎动物、寄生动物和某些植物（景天和高山漆姑草）。类型

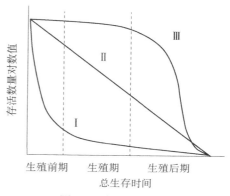

图2-9　存活曲线图[8]

Ⅱ呈直线，也称对角线型，属于该型的种群各年龄的死亡率基本相同，如水螅、小型哺乳动物、鸟类的成年阶段和某些多年生植物（毛茛属）等。类型Ⅲ呈凸曲线，绝大多数个体都能活到该物种的生理年龄，早期死亡率极低，当达到一定生理年龄时，短期内几乎全部死亡，如人类、盘羊和其他一些哺乳动物，以及植物［如垂穗草（*Bouteloua curtipendula*）等牧草］。

（三）关键因子分析

根据连续几年生命表的研究，可以看出在哪一时期的死亡率对种群大小的影响最大，这样就看出哪一个关键因子（key factor）对总 K（世代总关键致死因子作用值，为 $k_1 + k_2 + \cdots + k_n$）的影响最大，这一技术称为 K 因子分析（K-factor analysis）。世代总关键致死因子（又叫 K 因子）是指同死亡率相关的生物因素或非生物因素，关键因子分析被用来评价某一环境因素对种群动态的影响。

确定关键因子要连续进行许多世代或许多年，以便求出每一世代的总 K 值和其相应的 k_1、k_2、k_3 等各个发育阶段的 k 值。为了找出影响该种群数量变动的关键因子，就必须用各个发育阶段的 k 值相对于总 K 值作图，从图中就可以看出是哪一个 k 值与总 K 值最相关，这个与总 K 值最相关的 k 值就是影响种群数量变动的关键 k 值。进一步找出在这个 k 值所代表的发育阶段中，影响该发育阶段死亡率的因子，那么这个因子就是影响整个种群死亡率的关键因子。例如，对稻纵卷叶螟连续 6 个世代自然种群生命表 k 值分析发现，k_4（1～2 龄失踪）为 0.3540，k_6（3～5 龄失踪）为 0.3331，k_8（蛹期失踪）为 0.2602，三者相加等于 0.9473。据此可以判断，1～2 龄失踪（k_4）和 3～5 龄失踪（k_6）就是稻纵卷叶螟种群数量变动的关键因子，其次是蛹期失踪（k_8）（图2-10）。

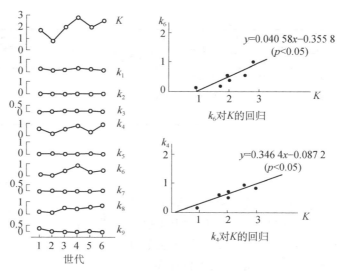

图 2-10　稻纵卷叶螟连续 6 个世代自然种群平均生命表 K 因子分析[9]

第二节　群落内种群的相互作用

一、群落的概念与特征

（一）群落的概念

群落（community）是指一定地段或生境中各种生物种群所构成的集合。无论群落是一个独立单元，还是连续系列中的片段，由于群落中生物的相互作用，群落绝不是其组成物种的简单相加，而是一定地段上生物与环境相互作用的一个整体。

（二）群落的特征

具有一定的外貌：组成群落的各种植物常常具有极不相同的外貌，根据植物的外貌可以把它们分成不同的生长型，如乔木、灌木、草本和苔藓等。对每一个生长型还可以做进一步的划分，如把乔木分为阔叶树和针叶树等。这些不同的生长型将决定群落的层次性。一个植物群落，其植物个体的高度和密度决定了群落的外部形态。在植物群落中，通常由其生长类型决定其高级分类单位的特征，如森林、灌丛或草丛的类型。

具有一定的种类组成：每个群落都是由一定的植物、动物和微生物种类组成的。群落的物种组成是区分不同群落的首要特征。一个群落中物种的多少和每个种群的数量，是度量群落多样性的基础。

具有一定的群落结构：生物群落是生态系统的一个结构单元，它本身除具有一定的种类组成外，还具有一系列结构特点，包括形态结构、生态结构与营养结构。例如，生活型组成、种的分布格局、成层性、季相、捕食者和被捕食者的关系等。但其结构常常是松散的，不像一个有机体结构那样清晰，有人称之为松散结构。

形成一定的群落环境：生物群落对其居住环境产生重大影响，如森林中都形成特定的群落环境，与周围的农田或裸地大不相同。

不同物种之间的相互影响：群落中的物种有规律地共处，即在有序状态下共存。生物群落是生物种群的集合体，但不是说一些种的任意组合便是一个群落。一个群落必须经过生物对环境的适应和生物种群之间的相互适应、相互竞争，形成具有一定外貌、种类组成和结构的集合体。

有一定的动态特征：生物群落是生态系统中有生命的部分，生命的特征就是不断运动，群落也是如此，其运动形式包括季节变化、年际变化、演替与演化。

有一定的分布范围：任一群落都分布在特定地段或特定生境上，不同群落的生境和分布范围不同。无论从全球范围还是从区域角度讲，不同生物群落都是按一定的规律分布的。

具有特定的群落边界特征：在自然条件下，有的群落有明显的边界，有的边界不明显。前者见于环境梯度变化较陡，或者环境梯度突然中断的情形，如陆地和水环境的交界处。一个湖泊的水体生物群落与其周围的陆地生物群落之间具有很明确的分界线；在高山地带，森林群落和高山草甸群落之间的分界线也很明显。但是，在沙漠群落和草原群落之间，在草原群落和森林群落之间，在针叶林群落和阔叶林群落之间，边界就难以截然划分了。

二、群落的种类组成与物种多样性

（一）群落的种类组成

群落的种类分为优势种（dominant species）、亚优势种（subdominant species）、建群种（constructive species）、关键种（keystone species）、伴生种（companion species）和偶见种（rare species）。

优势种：对群落结构与环境有明显控制作用的种，优势种的主要识别特征是它们的个体数量多（或生物量大），而且通常是对某一个营养级而言的。在一个群落中，优势种可能是那些数量最多、生物量最大、预先占有最大空间和对能流和物质循环贡献最大的物种，或者是那些借助于其他方法对群落中其余物种能够加以控制和施加影响的物种。优势种获取优势的方法包括：①最早到达一个新资源地的物种能迅速增加数量，并在与其他物种发生竞争以前就取得数量优势；②专门利用资源中分布较广且数量丰富的部分，这种类型的优势种往往是高度特化的；③尽可能广泛地利用各种各样的资源，这样的物种往往是泛化种。一个最为泛化的物种只有凭自身的竞争优势才能成为优势种。

亚优势种：个体数量与作用次于优势种，但在决定群落性质和控制群落环境方面仍起着一定的作用。亚优势种通常居于群落的下层，如大针茅草原中的小半灌木冷蒿。

建群种：群落的不同层次有各自的优势种，如森林群落中的乔木层、灌木层、草本层和地被层分别存在各自的优势种，其中乔木层的优势种，即优势层的优势种称为建群种。

关键种：在群落中发挥独一无二作用的物种。因为它们的活动决定着群落的结构，如果把关键种从群落中移走，它们的作用就显而易见了，这也是识别关键种的最简便方法。例如，非洲象是一个关键种，它的取食活动使灌木和小树难以生长起来，成熟的大树也常因非洲象啃食树皮而发生死亡，因此非洲象的存在有利于把林地转变为草原。

伴生种：为群落的常见种类，与优势种相伴存在，但对群落环境的影响不起主要作用。

偶见种：由人类偶然带入或随某种条件的改变而进入群落，或者是衰退中的残遗种，在群落中出现的频率很低，个体数量十分稀少。有些偶见种的出现具有生态指示作用，有些可作为地方性特征种看待。

（二）群落的物种多样性

物种多样性（species diversity）是指群落中物种的数目和每一物种的个体数目。一种含义是物种的数目或丰富度（species richness），指物种数目的多寡；另一含义是物种均匀度（species evenness），指群落中全部物种个体数目的分配状况。

生物多样性（biodiversity）指生物中的多样化、变异性及生境的生态复杂性。生物多样性分为遗传多样性、物种多样性和生态系统多样性。

表示物种多样性的指数有辛普森多样性指数、香农-维纳多样性指数和种间相遇概率指数等。

物种多样性空间上的变化：随纬度增高而逐渐降低，随海拔增高而逐渐降低，随海洋或淡水的深度增加而逐渐降低。

三、群落内种群间的相互作用关系

（一）种群间相互关系的分类

种群的相互关系分为种内相互作用和种间相互作用两种。种内相互作用有竞争（competition）、同类相食（cannibalism）、性别关系、领域性和社会等级；种间相互作用有竞争、捕食（predation）、寄生（parasitism）、互利共生（mutualism），其中又有拟寄生（parasitoidism）和重寄生（表 2-5）。

表 2-5　群落内种内与种间关系[10]

作用方式	种间相互作用（种间的）	同种个体间相互作用（种内的）
利用同样有限资源，导致适合度降低	竞争	竞争
摄食另一个体的全部或部分	捕食	同类相食
个体紧密关联生活，具有互惠利益	互利共生	利他主义或互利共生
个体紧密关联生活，宿主付出代价	寄生	寄生 a

a 种内寄生相对稀少，可能与互利共生难以区别，特别在个体相互关联的情况下

两个种群可以彼此相互影响，也可以互不相扰。如果彼此相互影响的话，这种影响可以是有利的，也可以是有害的。可以用一个加号（+）表示有利，用一个减号（－）表示有害，而用一个零（0）表示无利也无害。如果两个种群互不影响，则用（0，0）表示；如果互相有利，则用（+，+）表示；如果互相有害，则用（－，－）表示；如果对一方有利而对另一方有害，则用（+，－）表示；如果对一方有害而对另一方无利也无害，则用（－，0）表示；如果对一方有利而对另一方无利也无害，则用（+，0）表示（表 2-6）。

表 2-6　群落内种群相互关系类型[11]

关系类型	物种		关系的特点
	A	B	
竞争	－	－	彼此互相抑制
捕食	+	－	种群 A 杀死或吃掉种群 B 中的一些个体
寄生或贝茨拟态	+	－	种群 A 寄生于种群 B 并有害于后者
中性	0	0	彼此互不影响
共生	+	+	彼此互相有利，专性
互惠（原始合作）或米勒拟态	+	+	彼此互相有利，兼性
偏利	+	0	对种群 A 有利，对种群 B 无利也无害
偏害	－	0	对种群 A 有害，对种群 B 无利也无害

（二）食物链和食物网

食物链：生产者所固定的能量和物质，通过一系列取食和被取食的关系在生态系统中传递，各种生物按其食物关系排列的链状顺序称为食物链。自然生态系统主要有 3 种类型的食物链：①牧食食物链或捕食性食物链。以活的绿色植物为基础，从食草动物开始的食物链，如小麦→蚜虫→瓢虫→食虫小鸟。②碎屑食物链或分解链。指以零碎食物为基础形成的食物链，如动植物残体→虾（蟹）→鱼→食鱼鸟类。③寄生食物链。以活的动植物有机体为基础，从某些专门营寄生生活的动植物开始的食物链，如鸟类→跳蚤→鼠疫细菌。

食物网：在生态系统中，一种生物不可能固定在一条食物链上，而往往同时属于数条食物链。生产者如此，消费者也如此。实际上，生态系统中的食物链很少是单条、独立出现的，它们往往是交叉链索，形成复杂的网络式结构，即食物网。它形象地反映了生态系统内各生物有机体间的营养位置和相互关系。生物正是通过食物网发生直接和间接的联系，保持着生态系统结构和功能的相对稳定性。

生物防治最核心的内容是从食物链和食物网分析中，寻找并发现能有效控制主要害虫的天敌种类。以稻田生态系统为例，水稻是生产者，以水稻为食的昆虫有 350 多种，稻田天敌昆虫有 331 种，其中捕食性天敌 186 种，寄生性天敌 145 种[12]。事实上，要明确这些种类之间相互交结在一起的作用关系，是一件困难的事情。最简单的办法是逐条解析食物链，然后综合分析食物网关系，但迄今完全研究清楚的食物链数量极其有限，因此而获得的结果当然不能完全体现生态系统中种群间的相互作用关系。复杂网络模拟软件 Pajek 的出现，为生物防治中的食物网分析提供了新方法[13, 14]。

（三）种间关系

种间关系包括竞争、捕食、寄生等。竞争是个体间利用有限资源的一种相互作用，出现在种与种之间为共有的资源而进行的竞争是种间竞争（interspecific competition），出现在种内个体之间为共有的资源而进行的竞争是种内竞争（intraspecific competition）。

1. 竞争　竞争有两种类型：一种是干扰竞争（interference competition 或 contest competition），即一种动物借助于行为排斥另一种动物使其得不到资源，最明显的是打斗或产生毒素，如植物产生的一些抑制性物质。另一种竞争类型是资源利用竞争（exploitive competition 或 scramble competition），即一个物种通过消耗短缺的资源，间接对第二个物种产生影响，但两个物种并不发生直接接触。

竞争排斥原理（高斯假说）：两个在生态位（学）上完全相同的物种不可能同时同地生活在一起，其中一个物种将最终把另一个物种完全排除，这被称为竞争排斥原理。但是，完全的生态位重叠是不可能的，因此如果两个物种出现共存，那么它们之间就必然会存在生态位（学）的差异。这一原理强调不同物种要实现在饱和环境和竞争群落中的共存，就必须具有某些生态位（学）上的差异。

生态位是指物种在生物群落或生态系统中的地位和角色，即指一个种群在时间、空间上的位置，与其他种群之间的功能关系。每一种生态因子对应一种或一维生态位，按照生态元的类别，有基因、细胞、个体、物种、生态系统、城市、生物圈、地球生态位等。根据竞争与否，生态位可分为基础生态位（竞争前）和实际生态位（竞争后）。在没有竞争和捕食的胁迫下，物种所栖息的理论上最大的空间称为基础生态位（fundamental niche），一个物种实际占有的生态位称为实际生态位（realized niche）。生态位狭窄的物种，其激烈的种内竞争将促使其扩展资源利用范围，导致两物种的生态位靠近。另外，生态位越靠近，重叠越多，种间竞争越激烈，导致生态位分离。总之，种内竞争促使两物种生态位接近，种间竞争又促使两竞争物种生态位分离。图 2-11 表示 3 个物种的资源利用曲线，显示生态位的宽与窄及其相互重叠的程度。因此，在引进天敌种类进行害虫生物防治前，必须充分研究待引入种的生态位宽度及其可能与本地种产生的竞争关系。

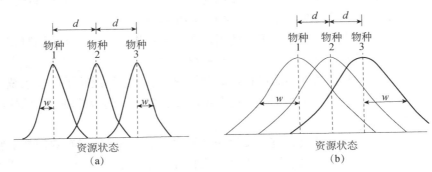

图 2-11　3 个共存物种的资源利用曲线[15]

（a）各物种生态位狭窄，相互重叠少；（b）各物种生态位宽，相互重叠多。d 为曲线峰值间的距离，w 为曲线的标准差

种群竞争理论模型：洛特卡（1925）和沃尔泰拉（1926）提出了一个竞争理论模型，称为洛特卡-沃尔泰拉竞争方程，它是在逻辑斯谛方程的基础上建立起来的。当有两个物种（甲和乙）的种群共同生活在一定的空间内，竞争某种有限的资源时，这两个物种种群的瞬时增长速率分别为

$$dN_1/dt = r_1N_1[(K_1 - N_1 - \alpha N_2)/K_1]$$
$$dN_2/dt = r_2N_2[(K_2 - N_2 - \beta N_1)/K_2]$$

式中，r_1 与 r_2 分别为该两物种的内禀增长率；N_1 与 N_2 为各自的种群数量；K_1 与 K_2 分别为两个物种单独生活时的环境负荷量；α 为物种甲的竞争系数，表示在物种甲的环境中，每存在一个物种乙的个体，其对物种甲种群的效应与 α 个物种乙的个体等价；同样，β 为物种乙的竞争系数。两个物种种群在竞争中的后果取决于下列条件，产生 4 种结果。

1）当 $\alpha/K_1 < 1/K_2$ 且 $\beta/K_2 < 1/K_1$，它们各自的种群平均值为

$$\lim N_1 = (K_1 - \alpha K_2)/(1 - \alpha\beta)$$
$$\lim N_2 = (K_2 - \beta K_1)/(1 - \alpha\beta)$$

2）当 $\alpha/K_1 > 1/K_2$ 且 $\beta/K_2 < 1/K_1$，则随着时间的延长，$N_1 \to 0$，$N_2 \to K_2$，即物种甲在竞争中最终被物种乙排除，物种乙将单独地呈逻辑斯谛增长。

3）当 $\alpha/K_1 < 1/K_2$ 且 $\beta/K_2 > 1/K_1$，$N_1 \to K_1$，$N_2 \to 0$，即物种乙在竞争中最终被物种甲排除，物种甲将单独地呈逻辑斯谛增长。

4）当 $\alpha/K_1 > 1/K_2$ 且 $\beta/K_2 > 1/K_1$，当 $t \to \infty$ 时，N_1 或趋于零或趋于 K_1，相应地，N_2 或趋于 K_2 或趋于零，也就是说，在竞争中总有一个物种最终被另一物种排除，究竟何者被排除，取决于在竞争开始时哪个物种的种群在数量上占优势。

2. 捕食与被捕食　　捕食者与被食者的关系是两个不同营养阶层之间的相互关系。设在没有捕食者存在的**情况**下，被食者种群（N_1）在无限空间内做几何级数增长，r_{m1} 为被食者的

内禀增长率，即

$$dN_1/dt = r_{m1}N_1$$

如果没有被食者，则捕食者将因饥饿而死亡，其种群（N_2）的下降速率被认为是负的增长，即

$$dN_2/dt = dN_2$$

式中，d 为负变量，表示捕食者种群的相对死亡率。

如果被食者与捕食者共同生活在一个有限的空间内，那么被食者种群的增长速率将有所下降，其下降的量取决于捕食者的种群密度。同样，捕食者种群的增长速率将从原来的负值水平有所上升，其上升的速率取决于被食者的种群密度。于是，描述这种被食者-捕食者系统的方程组为

$$dN_1/dt = (r_{m1} - C_1N_2)N_1$$
$$dN_2/dt = (d + C_2N_1)N_2$$

式中，C_1 和 C_2 均为常数，C_1 表示"被食者保护它自己的本领"的一个测度，C_2 表示"捕食者攻击效力"的一个测度。

这个方程组有周期解，即捕食者和被食者均做周期性颤动。随着捕食者种群的增长，被食者种群逐步下降，当被食者种群降至某一低值时，捕食者种群因饥饿而下降，使被食者种群得以恢复，至被食者种群升至某一较高密度时，捕食者种群又得以上升。

1）功能反应（functional response）是指每个捕食者的捕食率随被食者的密度而变化的一种反应。在砂盘实验中（Holling，1959），以蒙眼人为"捕食者"，以直径 4 cm 的砂盘为"被食者"，让"捕食者"在 3 英尺（1 英尺＝30.48 cm）见方的桌子上"捕食"被食者，找到一个，拿走并放到一边，再继续找。以 1 min 为期，探索"被食者"密度不同时"捕食"的数量（图 2-12）。

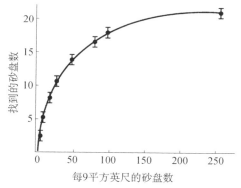

图 2-12 砂盘实验——捕食数量与猎物密度的关系[16]

捕食过程有两个耗时的行为：搜索和处理猎物。设 y 为找到的砂盘数，x 为砂盘的密度，T_s 为搜索时间，a 为发现域（常数），则

$$y = a \times T_s \times x$$

设 b 为找到一个砂盘所需的时间，T_t 为总的时间，则

$$T_s = T_t - by$$

代入上式后，得

$$y = a \times (T_t - by) \times x$$

为求 a、b 值，可改写为

$$y/x = T_t a - aby$$

由 y/x 对 y 作回归即可求出 $T_t a$ 及 a、b 值。

功能反应有三种类型：①Ⅰ型［图 2-13（a）］。直线上升直至上部平坦部分达到一个平衡值，在前一阶段，每个捕食者的捕食量与猎物密度成正比，直到食物多于捕食者能取食的水准，如大型溞（*Daphnia magna*）对藻类和酵母的取食，西方静走螨（*Typhlodromus occidentalis*）

对植食螨的捕食等。②Ⅱ型［图 2-13（b）］。曲线凸起直至饱和水平，负加速的出现是由于在高猎物密度下捕食者的饥饿程度降低了，搜索成功的比例降低了，用于非搜索的时间增大了，如直翅目蟋蟀对家蝇蛹的捕食。③Ⅲ型［图 2-13（c）］。开始时是正加速，接着是负加速，最后达到饱和水平。在猎物密度低时，捕食者与猎物接触机会少，不能很快发现和识别猎物，随着猎物密度上升，接触增多，识别反应变快，捕食量增多。

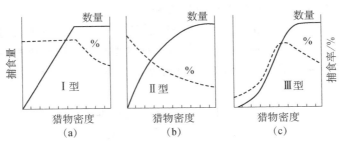

图 2-13　功能反应的三种形式[17]

2）数值反应（numerical response）是指当猎物种群密度上升时，捕食者密度的变化，主要表现在猎物密度对捕食者发育率（v）的影响和生殖力（F）的影响，其模型如下：

$$v = 1/D = \alpha (I - \beta) = \alpha (kN_a - \beta)$$

式中，D 为捕食者发育天数；I 为猎物摄取率；N_a 为被捕食的猎物数；α、β 和 k 为常数。

$$F = \lambda / e (kN_a - c)$$

式中，λ、k 和 c 为常数；N_a 为被捕食的猎物数；e 为每个捕食者卵的生物量。

数值反应也有三种不同的类型，即Ⅰ型、Ⅱ型和Ⅲ型（图 2-14）。

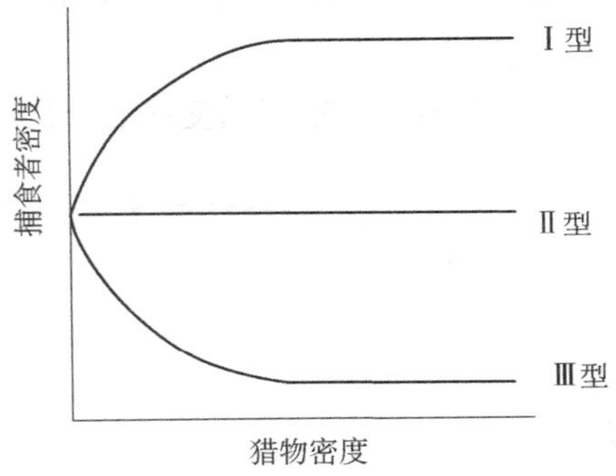

图 2-14　数值反应的三种形式[18]

3. 寄生与被寄生　　寄生性昆虫的生活方式不同于其他典型的寄生物如内寄生性原虫、细菌、病毒、线虫等，后者寄生于寄主体内，使其致病，前者则在寄主体内或体表产卵，幼虫孵化后以寄主的组织为食，致使寄主死亡。由于寄生性昆虫的生态作用与捕食者相似，因此描述捕食者与被食者关系的模型也适用于描述寄生物与寄主的关系。

第三节　种库与群落重建

一、种库的概念及其作用

种库（species pool）是非作物生境中为作物生境节肢动物群落提供移居者的节肢动物集合。种库储存了一个栖息地可以移居的种类，同时也影响物种移居的时间和数量。例如，在稻田生态系统中，未种植水稻期间所有的节肢动物及水稻生长期间稻田周围非稻田生境中的节肢动物就是稻田节肢动物群落的种库，它们为水稻移植后稻田节肢动物群落的重新形成和发展提供移居者[19-22]。

影响种库的因子主要包括气候因子、害虫防治史、节肢动物的栖息地、节肢动物的生活习性和食物等，如稻田天敌的种库在冬季的种类和数量均较少。

对天敌的种库进行适当的保护和调控，有利于作物生境天敌群落的重新形成和发展。例如，在冬季和夏季休耕期，杂草中的各种飞虱卵是缨小蜂的最主要寄主，适当保留田埂或周边生境的一些杂草，有利于稻飞虱和叶蝉卵寄生蜂的存在；在春插期和双抢期，抓好蜘蛛和蜘蛛卵块的转移工作对蜘蛛种库的保护非常重要。

二、短期农作物生境节肢动物群落的重建

短期农作物包括水稻、小麦、玉米等粮食作物，以及棉花、甘蔗等经济作物及蔬菜等。短期农作物的主要特征是农作物的生长周期短，因而需要不断种植和收割。这种周期性的种植和收割使得其中的节肢动物群落处在不断变化之中。

在短期农作物种植前或收割后，节肢动物赖以生存的农作物不复存在，这时节肢动物群落已遭到破坏，它们构成短期农作物生境内节肢动物群落的种库的一部分。当短期农作物种植后，非作物生境中的部分节肢动物迁入作物生境形成作物生境的节肢动物群落，这个过程就是短期农作物生境节肢动物群落的重建（community reestablishment）；当短期农作物收割后，作物生境中的部分节肢动物又重新迁出，进入非作物生境。这样，随着短期农作物周期性的种植和收割，作物生境内的节肢动物群落也周期性地呈现出群落重新形成、群落发展和群落瓦解3个阶段。

例如，在广东省四会市大沙镇，早稻移植后首先在田里出现的捕食性天敌是狼蛛科的拟水狼蛛（*Pirata subpiraticus*）和拟环纹豹蛛（*Pardosa pseudoannulata*），由于这类蜘蛛具游猎性，行动敏捷，经常往来于田埂和稻田之间。然后是食虫沟瘤蛛（*Ummeliata insecticeps*）、斜纹猫蛛（*Oxyopes sertatus*）、青翅蚁形隐翅虫（*Paederus fuscipes*）和肖蛸（*Tetragnatha* spp.）等。移植后 40 d 左右，捕食性天敌的种类和数量达到最高。这时，捕食性天敌群落的重新形成过程基本完成。然后，随着捕食性天敌物种的迁入和迁出，其种类和数量在一定范围内波动，群落在发展中。在移植后 90～100 d，种类和数量急剧下降，群落开始瓦解。

群落的发展是指群落在其结构和组织上随时间而发生的变化。这些变化包括种类、丰富度、种群分布及群落系统的其他一些变化。自然生态系统群落的发展就是群落演替，它是一种群落类型替代另一种群落类型的顺序过程，短期农作物生境内节肢动物群落的重新形成与此虽在表面上相似，但有本质的差别。

自然群落的建立是一个长期的、不可逆的群落演替过程，而短期农作物生境内节肢动物群落的重新形成是一种季节性的、可重复的动态变化过程，从无到有是两者的相似之处。因此，短期农作物生境内节肢动物群落的发展和自然群落的演替是两种不同的发展方式。为便于区别，将短期农作物生境内节肢动物群落的重新形成过程定义为群落的重建。在短期农作物移植后，其中的节肢动物群落的重建过程随之开始。

自然界的群落演替以群落类型的替代为主要特征，而短期农作物生境内节肢动物群落的发展则以群落的周期性瓦解和周期性重建为主要特征，只要周期性的人为干预存在，群落发展受阻，短期内就难以看到群落的演替，或者说根本就不会发生群落类型的自然替代。

三、群落重建的影响因子

（一）种库

在短期作物生境中，由于节肢动物群落周期性的重建和瓦解，种库对群落的重建有很明显的作用。例如，休耕期间在田埂和路边种库中的稻飞虱卵寄生蜂群落优势种，在水稻移植后最早进入稻田，绝大多数成为稻田飞虱卵寄生蜂群落重建阶段（移植后 21 d 内）的优势种。优良的种库能促进稻田捕食性天敌群落的重建。对天敌的种库进行适当的保护和调控，有利于作物生境天敌群落的重建和发展，如在冬季和夏季休耕期，杂草中的各种飞虱卵是缨小蜂的最主要寄主，有助于保护蜂源。

（二）农事活动

农事活动是指作物种植、管理和收割过程中的所有耕作措施。在作物种植方面，包括品种的选择和布局、种植时间和种植方式（如直播或移栽）、间作和轮作等；在作物管理方面，包括害虫防治措施（如农药使用）、天敌保护措施、肥水管理和杂草管理等；在作物收割方面，包括收割时间和收割方式（如留长茬）等。这些措施或方式均不同程度地影响到农作物生境中节肢动物群落的重建。

在上述措施中，有些是对自然天敌不利的。例如，夏季早稻田耙田后，田内总蜘蛛量损失 91.00%～99.15%，而田埂蜘蛛量却增加较多。这表明稻田生境被破坏后，大部分蜘蛛死亡，小部分迁往田埂等非稻田生境，为晚稻田蜘蛛群落的重建储备蛛源。又如，杀虫剂对稻田天敌群落有显著的抑制作用，特别是在水稻生长早期施药的影响更大，因为这时节肢动物（特别是自然天敌）正处在重建过程中，因此建议在水稻移植后 30～40 d 不用化学农药。否则，当害虫发生时，天敌不能有效地发挥作用，反而易造成害虫的严重发生。

也有些措施对天敌的重建是有利的，如在较大的范围内错开水稻的移植时间，有利于自然天敌繁殖并能提高天敌对褐飞虱（*Nilaparvata lugens*）的控制作用。

（三）环境因素

首先，地理位置、海拔、周围环境等均对群落的优势种有明显影响。除食虫沟瘤蛛是各稻区普遍的优势种外，草间小黑蛛（*Erigonidium graminicolum*）和驼背额角蛛（*Gnathonarium gibberum*）多出现在海拔 30 m 左右的地区，齿螯额角蛛（*G. dentatum*）则为千米以上海拔地区的优势种。其次，不同的气候条件下，群落的丰富度和个体密度均不同。在热带地区（如菲律宾），稻田节肢动物个体数达 388 头/m²，田埂上高达 805 头/m²，高于温带和亚热带地区。最后，不同地域的节肢动物进入稻田的时间和速度不同。在印度尼西亚爪哇岛西北部地区稻田中，捕食性天敌进入稻田比进入爪哇岛中部地区稻田晚，其个体密度在移植 65 d 后才达到中部地区稻田移植 11 d 后的水平。

四、群落重建的分析

（一）作物生境中节肢动物群落的发展过程

在群落重建阶段，节肢动物的种类和（或）数量增加很快；在群落发展阶段，节肢动物的种类和（或）数量在一定范围内波动；在群落瓦解阶段，节肢动物的种类和（或）数量迅速下降。节肢动物群落的 3 个阶段与短期农作物的生育期也有密切联系。一般来说，节肢动物群落的重建阶段在短期农作物的生长前期，群落的发展阶段在农作物的生长中后期，群落的瓦解阶段在农作物收割前一小段时间。以广东省四会市大沙镇（长期大面积以生物防治为主）1996年早稻田稻飞虱卵寄生蜂群落为例，早稻期间累积进田的飞虱卵寄生蜂为 13 种，早稻移植后至第 21 天，累积物种的百分比直线上升，然后增加趋势减缓。飞虱卵寄生蜂的个体数在早稻前期上升缓慢，重建阶段的特点不明显。因此，根据累积进田物种数的百分比划分群落的重建阶段，即水稻移植后至第 21 天。飞虱卵寄生蜂群落重建后，种类数上下波动，个体数缓慢上升，在后期迅速增加后又迅速下降。根据这些特点，早稻期间群落的发展阶段划分为移植后 22～89 d；瓦解阶段为移植后 90 d 至收割。

（二）群落重建的速度

群落重建的速度可以两种方式来表示：一种为群落单位时间内达到的某一数量指标；另一种为达到某一数量指标所需的时间。常用的数量指标为群落的物种数（或百分比）、群落内的物种与作物生境边界的距离及群落的个体数（或密度）等。在不同的场合，可能侧重于不同的指标。一般来说，物种数和距离指标较常用，它们与群落的功能相一致，而群落内节肢动物的密度与群落的功能不一定一致，如当害虫和天敌在低水平平衡时，天敌的数量增长较慢，但这时天敌对害虫的控制作用是非常理想的。

在 1996 年广东省四会市大沙镇和大沙镇附近以化学防治为主的鼎湖区早稻田中，节肢类捕食性天敌群落的个体密度达到最大值的时间分别为水稻移植后的第 40 天和第 56 天。大沙镇早稻田中捕食性天敌群落的重建速度比鼎湖稻田快 16 d。在 1997 年，大沙镇早稻田中捕食性天敌群落的重建速度比鼎湖稻田快 22 d。

五、群落重建的调控及其主要措施

（一）群落重建的调控

节肢动物群落的功能是多方面的，因此对其重建进行调控时应根据制定的目标有所侧重。一般来说，可以从 3 个层次调控群落的重建。首先通过调控整个生态系统，间接调控节肢动物群落；其次通过调控群落的种库来调控群落的重建；最后通过调控群落本身，直接调控群落的重建。在影响群落重建的因子中，有些是可调控的（如种库和农事活动），有些是不可调控的（如环境因子）。有时，一个措施既能调控种库，又能调控群落本身，并影响到整个作物生态系统。对天敌而言，调控的目的是促进其重建和发展；对害虫而言，是抑制其重建和发展。

（二）群落重建的主要调控措施

1. 作物多样性　　作物多样性包括时间上的多样性，如作物的种植和收割时间等，以及空间上的多样性，如大范围的作物布局、品种布局、间作和轮作等。

2. 杂草管理　　杂草在自然天敌的保护利用中发挥着重要的作用。合理的杂草管理可调控害虫及天敌群落的重建。例如，稻田附近的田埂、沟渠、杂草地及附近果园和菜地，是稻田节肢类天敌的来源地。大豆田附近的未耕地和大豆田间设置的"杂草走廊"比大豆田本身有较高的捕食者密度；稻田田埂上的植被有利于天敌的保护利用，在水稻移植后铲除杂草，能促使天敌进田。

3. 天敌保护措施　　通过间作或保留杂草等方法给天敌提供食物和避难所，可以增加天敌的种类和数量。在农田生境中创造人工岛能增加捕食性天敌的密度，并影响其扩散模式。

4. 害虫防治措施　　包括杀虫剂的使用和农业防治措施等。例如，提早沤田能减少三化螟越冬后的虫口基数。水稻移植后 30～40 d 不用化学农药，有利于天敌群落的重建。杀虫剂的不合理使用，不仅杀伤天敌，而且会造成害虫的再猖獗。

六、群落重建与天敌保护利用

（一）天敌保护利用在害虫生物防治中的作用和地位

害虫生物防治的两条基本原则：一是增加自然界害虫天敌的数量；二是改变本地昆虫的种群结构。后者通过引进或移殖天敌来实现，而前者则包括人工大量繁殖和释放天敌及自然天敌的保护利用。

从目前的田间应用情况来看，天敌的保护利用占整个生物防治面积的80%以上。农田生态系统中业已存在的天敌群落是抑制害虫发生的主要因子。在化学农药大量应用以前，主要依靠生物特别是田间的天敌来控制害虫，而且在多数情况下能够达到预期目标。当时田间天敌的种类和数量都很丰富。由于化学农药的不合理、大量使用，天敌群落迅速凋落，使得害虫问题日益突出。因此，恢复已凋落的天敌群落是农田生物防治的根本。当然，"恢复"不是简单重复化学农药大量使用以前的群落，而是通过研究，更好更快地促进天敌群落的重建，使得其控害效能比以前更好。所以，保护和持续利用天敌是农田害虫生物防治的基本手段，天敌引进、天敌大量繁殖和释放可作为辅助手段。天敌保护利用的目的是恢复、优化天敌群落的结构并增强其功能。

（二）天敌群落重建阶段的重要性

常见的一种现象是害虫大发生时，天敌数量随后增加，并最终把害虫数量控制在一个较低的水平，这种现象称为"天敌的跟随现象"。这一现象说明天敌对害虫的控制作用是很大的。但也容易给人们一种错觉，即天敌似乎是跟随害虫发生的。事实上，天敌常在害虫之前出现在作物田中，这已为国内外研究证实。

在害虫刚发生时，其数量通常较少。害虫的大发生常出现在繁殖 1～2 代以后，因此害虫繁殖后代的这段时间是防止害虫大发生的关键时期。在这段时间，作物生境中的天敌群落正处在重建阶段。因此，重建阶段的天敌群落对害虫的控制作用十分关键。如果重建阶段天敌群落的种类和个体数量较多，能够成功控制害虫数量增加，害虫将不会造成明显危害。反之，害虫将可能大发生。稻田天敌研究表明，天敌对刚迁入稻飞虱种群的捕食作用，能够减轻稻飞虱的发生程度，推迟其发生高峰。所以，应该强调害虫数量迅速增加之前天敌的控制作用，而不是在害虫大发生以后。也就是说，天敌群落的重建阶段非常重要。

（三）群落重建与保护利用天敌的生态学基础

在短期作物生境中，由于周期性的种植和收割，天敌群落周期性地呈现出群落重建、发展和瓦解 3 个阶段，这类群落的重建具有短期周期性和动态性。它不仅与群落本身有关，而且受群落的种库和整个作物生态系统的影响。研究天敌群落的重建与其种库、与害虫群落、与天敌群落本身及与作物生态系统的相互作用关系，将阐明短期农作物生境中节肢动物群落的重建规律。因而能够促进天敌群落的每一次重建过程，使其恢复到一个较理想的水平，增强其对害虫群落的控制作用。

保护利用天敌，就是通过提供有利于天敌的栖息生境，增强其效能。由于农作物的周期性种植和收割，天敌群落也周期性地栖息在作物生境和种库中。因此，不仅要保护作物生境中的天敌，还要保护种库中的天敌。前者涉及保护利用天敌与其他措施（如杀虫剂和作物抗虫品种）的协调。例如，提倡利用天敌和中抗水稻品种控制稻飞虱。保护利用种库中的天敌则是绝大多数保护措施的直接目标。期望通过增加种库中的天敌种类和数量，增强作物生境天敌的效能。但是，种库中的天敌如何影响作物生境中天敌群落的重建速度和结构，并最终影响到其功能？怎样使种库中的天敌尽快进入作物生境？在作物生长期间，怎样使天敌栖息在作物生境，而不是在种库中？在作物收割后，怎样使天敌安全地转移到种库中？要回答这些问题，就要研究天敌群落重建与其种库的相互关系。例如，重建后的天敌群落拥有和种库相同的优势种；种库优良的稻田生境，天敌群落重建较快，控害能力较强。有时候，除掉种库中天敌喜好的植物或杂草，可以促进种库中的天敌进入作物生境。

总之，阐明天敌群落的重建与其种库、群落本身和作物生态系统之间的相互作用关系，是群落水平上保护利用天敌的理论基础之一。

（四）天敌的效能及其与群落重建的关系

天敌对目标害虫的控制作用与它们之间的时间、空间和营养生态位相关。结合天敌的数量及捕食或寄生能力，可以确定控制目标害虫的重要天敌种类。很多保护利用天敌的措施是针对这些重要天敌种类的。增加重要天敌种类的数量是提高天敌效能的主要途径之一。例如，在英格兰大麦田种植杂草可以增加隐翅虫的数量，从而减少蚜虫数量；夏威夷甘蔗地周围的花粉植物能增加新几内亚象甲寄蝇（*Ceromasia sphenophori*）的数量和效能。

一些措施会影响天敌群落的多样性。在芽甘蓝与豆科植物或野生芥菜共存的生境中，有6种捕食性天敌和8种寄生性天敌，但在只有芽甘蓝的田块，只有3种捕食性天敌和3种寄生性天敌。由于多种天敌的作用，降低了前者的蚜虫密度。在美国佛罗里达州，如果玉米地周围有杂草地和松林，其捕食者密度和多样性较高。长期大面积的以保护利用天敌为主的害虫防治增加了捕食性天敌群落的多样性，进而减轻害虫的发生程度，推迟害虫发生高峰的出现。使用杀虫剂提高了害虫群落的多样性，而降低了各天敌群落的多样性值，结果待杀虫剂的作用消失后，害虫数量迅速增加。

加快天敌群落的重建速度，也能提高其效能。增加植被多样性，提高了捕食性天敌小暗色花蝽（*Orius tristicolor*）种群的重建速度。步甲和隐翅虫成虫能从200 m外的种库中进入作物生境。在长期大面积以保护利用天敌为主的稻田，其捕食性天敌群落的重建速度比以化学防治为主的稻田快15 d以上；这种早期的捕食作用，对于降低早期迁入的稻飞虱虫口基数有重要作用。

有时，调控天敌的食物，使之集中控制目标害虫，可提高天敌对目标害虫的控制功能。例如，相较于不烤田，烤田使褐飞虱数量减少90%以上。烤田切断了捕食性天敌水体中的猎物供应，使得天敌集中捕食水稻植株上的稻飞虱。此外，优化天敌群落的结构，减小种群间和种间的相互竞争，也能最大限度地发挥天敌的作用，只是这方面的研究大多是在实验条件下进行的。

群落重建的测度指标包括群落重建速度、重建后群落的组成和多样性及功能等方面。增强天敌群落重建后的功能是保护利用天敌最直接的目标。为实现这一目标，可以从种库、群落本身和作物生态系统 3 个层次上调控天敌群落的重建。从以上提高天敌效能的几种途径来看，无论是调控手段还是测度指标，都与群落重建密切相关。例如，在作物生境周围种植其他作物等就是调控天敌群落的种库；增加天敌的数量就是增加天敌群落的组成。因此，群落重建的概念、分析和调控，有助于已有保护利用天敌措施的完善及新措施的开发，从而进一步提高天敌的效能，促进短期作物生境中的害虫生物防治。

 思考题

一、名词解释

种群；环境阻力；生命表；关键因子；内禀增长率；群落；关键种；食物链；食物网；种库

二、问答题

1. 温度对生物有哪些影响？
2. 生物因素与害虫生物防治有什么关系？
3. 环境因素的综合影响具体表现在哪些方面？
4. 种群具有哪些特征？
5. 生物群落具有哪些特征？
6. 群落内种群间相互关系有哪些类型？
7. 竞争排斥原理是指什么？
8. 群落重建有哪些影响因子？
9. 如何调控短期作物田内天敌群落的重建？
10. 谈谈你对群落重建与害虫生物防治关系的认识。

 参考文献

[1] 张润杰. 生态学基础. 北京：科学出版社，2015

[2] Kormondy E J. Concepts of Ecology. 4th ed. Upper Saddle River：Prentice Hall Inc.，1996

[3] Krebs C J. Ecology. New York：Harper & Row Publication，1978

[4] Mackenzie A，Ball A S，Virdee S R. Instant Notes in Ecology. Oxford：Bios Scientific Publishers Limited，1998

[5] 马世骏，丁岩钦，李典谟. 东亚飞蝗中长期数量预测的研究. 昆虫学报，1965，14（4）：319-338

[6] 古德祥，周昌清，汤鉴球，等. 稻纵卷叶螟自然种群生命表的研究. 生态学报，1983，3（3）：229-238

[7] Richards O W，Waloff N. Studies on the biology and population dynamics of British grasshoppers. Anti-Locust Bulletin，1954，17：24-26

[8] Deevey E S. The probability of death. Scientific American，1950，182：58-60

[9] 古德祥，周昌清，汤鉴球. 稻纵卷叶螟自然种群平均生命表. 中山大学学报论丛，1989，（1）：37-43

[10] 牛翠娟，娄安如，孙儒泳，等. 基础生态学. 3 版. 北京：高等教育出版社，2015

[11] Odum E P. 生态学基础. 孙儒泳，译. 北京：人民教育出版社，1981

[12] 宋慧英，陈常铭，萧铁光，等. 湖南省水稻害虫天敌昆虫名录（一）. 湖南农业大学学报，1996，22（4）：

351-364

[13] Jiang L Q，Zhang W J，Li X. Some topological properties of arthropod food webs in paddy fields of South China. Network Biology，2015，5（3）：95-112

[14] Chen J L，Zhang W J. Parasites govern the topological properties of food webs：A conclusion from network analysis. Applied Ecology and Environmental Research，2020，18（2）：3419-3437

[15] Begon M，Townsend C R，Harper J L. Population Ecology. London：Blackwell Scientific Publication，1981

[16] Holling C S. Some characteristics of simple types of predation and parasitism. The Canadian Entomologist，1959，91（7）：385-398

[17] van Lenteren J C，Bakker K，van Alphen J J M. How to analyse host discrimination. Ecological Entomology，1978，3（1）：71-75

[18] 徐汝梅. 昆虫种群生态学. 北京：北京师范大学出版社，1987

[19] 毛润乾，古德祥，张文庆，等. 稻田生态系统中褐飞虱卵寄生蜂的种类. 昆虫天敌，1999，21（1）：45-47

[20] 张古忍，张文庆，古德祥. 稻田捕食性节肢动物群落的种库与群落的重建. 中国生物防治，1997，13（2）：65-68

[21] 张文庆，古德祥，张古忍. 论短期农作物生境中节肢动物群落的重建　Ⅰ.群落重建的概念及特性. 生态学报，2000，20（6）：1107-1112

[22] 张文庆，古德祥，张古忍. 论短期农作物生境中节肢动物群落的重建　Ⅱ.群落重建的分析和调控. 生态学报，2001，21（6）：1020-1024

第三章 | 植物–害虫–天敌互作与害虫生物防治

第一节 植物对害虫的防御

自然界生物之间相互作用的直观表现就是抑制效应，这种现象首先在植物中发现。1937年，莫利塞（Molise）用种间相克（allelopathy）这一术语来描述生物间的抑制和刺激现象。生物之间的抑制和刺激作用，究其原因是相互间化学作用的结果。植物抗性（包括抗虫性和抗病性）是生物间抑制作用的直接体现[1]。

在长期的协同进化过程中，植物为防御植食性昆虫而产生了结构各异的次生代谢物质，这些物质通过忌避、拒食、生长发育调节乃至毒杀等多种作用方式，保护植物自身免遭或减轻植食性昆虫的危害。植物与昆虫的这种化学关系很早就被人们注意并加以利用，如除虫菊酯、烟碱和鱼藤酮就是人们最早利用的来自植物的防御物质[2]。

植物对植食性昆虫的防御作用，依据其来源方式，可以分为组成性防御（constitutive defense）和诱导性防御（induced defense）。组成性防御是植物在遭受植食性昆虫为害前就已存在的防御策略，是始终存在于植物体内能对抗昆虫取食的遗传特性，包括物理结构防御和组成性化学防御。而诱导性防御是指植物在遭受植食性昆虫的取食或产卵侵害后，诱导产生的抗虫特性[2, 3]。

虫害诱导的植物化学防御又可以分为诱导的直接防御（induced direct defense）和诱导的间接防御（induced indirect defense）两个方面。诱导的直接防御是指植物在遭受植食性昆虫进攻后，产生一些对昆虫具有忌避、拒食和（或）毒杀作用的化学物质（如萜类物质、生物碱）或者一些阻碍昆虫对食物进行消化和利用的化学物质（如蛋白酶抑制剂），从而使植物本身对害虫产生一定的抗性，免于受到更大的损失；诱导的间接防御则是指植物在遭受植食性昆虫的侵害后，产生某些挥发性物质（如单萜、倍半萜），招引植食性昆虫的天敌前来取食或产卵，从而达到防御植食性昆虫继续为害的目的[2]。

虫害诱导的植物化学防御研究已在"植物-植食性昆虫"（直接防御）和"植物-植食性昆虫-天敌"（间接防御）两个不同的层次上展开，其研究内容涉及生态、生理生化及分子生物学等各个领域[2]。

除了植食性昆虫以外，其他多种生物（真菌、细菌、病毒等）和非生物（植物生长调节剂、除草剂、机械损伤、某些无机化合物等）因子也能诱发植物的诱导抗虫性[2]。

一、组成性防御

昆虫的生长、发育、繁殖等行为都会受寄主植物组成性防御的影响，因此组成性防御在植物体对植食性昆虫为害的防御方面始终发挥着至关重要的作用。普遍认为，植物特有的形态结构、特殊的化学成分、挥发性气体等在预防或减轻植食性伤害过程中起关键作用[4]。

（一）物理结构防御

植物可以通过叶片韧性、细胞组成成分、体表毛状体或腺体等固有的植物表面结构来减少植食性昆虫的取食。

1. 叶片韧性 叶片韧性即植物叶片的坚韧程度，取决于细胞壁的厚薄及其所含的蜡质、木质素和纤维素含量，对昆虫的影响产生于昆虫试探取食或取食的阶段。坚韧的叶片因其硬度较大，为昆虫所不喜，一是坚韧的叶片表面常常有较厚的蜡质层，或其中含有较多不易被昆虫消化的木质素和纤维素，而生长发育所需的蛋白质、糖类等营养物质含量相对较少；二是韧性较大的叶片往往比较坚硬，不易为昆虫口器所突破，导致昆虫取食困难。因此，植食性昆虫根据叶片韧性就可以获取是否适合取食或产卵的信号。一般来说，嫩叶较柔软，表现在蜡质层和表皮薄，叶片厚，营养丰富，因此易遭昆虫取食或产卵为害，而老叶则相反。

例如，当水稻叶鞘、茎表皮及下层组织厚硬时会对初孵稻螟表现出抗性。三化螟（*Tryporyza incertulas*）蚁螟孵出后在稻株上爬行，经 20～30 min 侵蛀叶鞘，其侵入率可因水稻生长期不同而有明显差别：在分蘖期为 52.3%，圆秆期为 7.5%，孕穗期为 40.5%，抽穗期为 15.0%，乳熟期为 3.0%[5]。因此，圆秆期和乳熟期对三化螟有较大的防御作用。甘蓝叶面的蜡质层对菜粉蝶（*Pieris rapae*）、小菜蛾（*Plutella xylostella*）、甘蓝蚜（*Brevicoryne brassicae*）有抗性作用[6]。

2. 细胞组成成分 植物细胞中所含的纤维素、木质素和硅对植食性昆虫产生影响，不易消化的成分会阻碍昆虫吸收水分和其他营养物质。例如，木质素和硅含量在玉米抗虫性中起决定作用，其含量与抗虫性呈正相关；甘蔗纤维含量与其抗螟虫性呈正相关，高纤维含量的甘蔗比低纤维含量的甘蔗抗虫性强。

硅（silicon）是地壳最丰富的元素，仅次于氧，在植物抗虫性中发挥重要作用。硅主要以硅酸盐的形式被根吸收，之后运输到地上部分，以二氧化硅的形式累积在植物的表皮细胞，增加其硬度。例如，硅在玉米抗黑森瘿蚊（*Mayetiola destructor*）中起重要作用；积累在水稻叶片、叶鞘和茎秆表皮细胞上的硅能阻碍二化螟（*Chilo suppressalis*）幼虫蛀茎为害，是水稻抗二化螟的化学和物理屏障，而且二化螟钻蛀水稻后会引起水稻硅含量的上升；甘蔗施用硅肥后可以有效阻碍甘蔗蛀茎螟的钻蛀行为。

3. 植物表面结构 植物表面结构如毛、刺、茸毛、腺体等影响植食性昆虫的取食和产卵。一般来说，昆虫在植物表面的附着、行动、取食和产卵都受到这些表面结构的影响；影响的程度则取决于毛和刺的形状、长短和密度。带有腺体的毛可分泌次生代谢产物，昆虫接触植物表面即可通过跗节上感受器而感知，使植物免受昆虫为害。例如，茶树叶片的茸毛使侧多食跗线螨（*Polyphagotarsonemus latus*）口针长度达不到取食部分，从而表现出抗性。

（二）组成性化学防御

1. 生物碱 生物碱是一类富含多种结构和活性的含氮化合物，也是世界上最普遍的次生代谢产物，20%～30%的植物组织中都含有生物碱，在植物中用来防御植食者或微生物、动物的袭击。大多数生物碱对昆虫都具有毒性，昆虫取食植物后生物碱在害虫体内长期积累，延缓昆虫发育，或对生殖力造成影响甚至导致其死亡。例如，茄科植物中的某些生物碱能够抑制马铃薯甲虫（*Leptinotarsa decemlineata*）的生长发育，烟草中 0.1%～1.0%的生物碱类能够使豆象幼虫致死，胡椒和仙人掌中也含有大量的毒素生物碱。

2. 萜类　　萜类化合物是由异戊二烯单元（5 碳）组成的化合物，由 2 个、3 个或 4 个异戊二烯单元分别组成单萜、倍半萜和二萜等。单萜和倍半萜是植物挥发油的主要成分，也是香料的主要成分，对昆虫具有驱避作用。萜类化合物可以作为一种信息素起到诱导和通信作用，例如，含有 0.01%单萜的人工蝗虫饲料就能够扰乱其取食；7 种松树释放的萜类化合物能影响红脂大小蠹（*Dendroctonus valens*）的寄主选择行为趋性[7]。

3. 酚类　　酚类是植物大量合成的芳香族次生代谢产物，包括单酚、单宁、黄酮类、木质素、香豆素等，均具有较强的防御功能。单宁酸是酚类多聚体中的一种，由不均匀的多聚体构成的水解单宁及类黄酮聚合形成的缩合单宁组成，对多种酶促反应有抑制效果，阻止多种消化酶起作用，使昆虫硬化发黑。例如，不同浓度的单宁对甜菜夜蛾（*Spodoptera exigua*）幼虫具有较强的毒害作用。黄酮类化合物作为植物色素的重要成分分布在植物的各个组织中，如花生（*Arachis hypogaea*）中一种普通的黄酮类物质在 0.07%的浓度下就能对蚜虫产生拒食作用。木质素既不能溶于有机溶剂，也不能溶于水中，昆虫取食后不易消化。香豆素是伞形科植物中普遍存在的一种物质，呋喃香豆素能明显减缓粉纹夜蛾（*Trichoplusia ni*）幼虫后期的生长。

二、诱导性防御

（一）诱导的直接防御

植物在遭遇植食性昆虫取食或产卵为害时，能迅速而准确地启动自身的防御反应。植物的这一防御反应主要包括以下几个步骤：①植物对植食性昆虫相关分子模式（herbivore associated molecular pattern，HAMP）和损伤相关分子模式（damage associated molecular pattern，DAMP）的识别。HAMP 是指与植食性昆虫相关的、可被寄主植物感知的一些信号化合物，而 DAMP 是指植物在感受到损伤或危险时所产生的内源性信号分子，两者均能被植物受体识别并激活植物防御反应。②植物体内早期信号的应答，主要包括膜电位去极化、Ca^{2+} 流变化、丝裂原活化蛋白激酶（mitogen-activated protein kinase，MAPK）级联反应和活性氧（reactive oxygen species，ROS）爆发等。③植物激素信号的应答，主要涉及茉莉酸（jasmonic acid，JA）、乙烯（ethylene，ET）、水杨酸（salicylic acid，SA）、脱落酸（abscisic acid，ABA）、赤霉素（gibberellin，GA）等信号通路的激活、抑制及其相互间的信号交流。④植物转录组与代谢组的重新配置，如防御相关基因转录水平及防御化合物含量上升、营养化合物含量下降等[8]。

1. 植食性昆虫相关分子模式　　植食性昆虫在取食或产卵过程中分泌 HAMP，植物能识别这些 HAMP。已有几十个 HAMP 被鉴定，包括蛋白质类、多肽、酰胺类、脂肪酸类等（表 3-1）。

第一个被鉴定的 HAMP 是从甜菜夜蛾幼虫口腔分泌物（oral secretion）中分离得到的 *N*-(17-羟基亚麻酰基)-L-谷氨酰胺（volicitin）。之后发现在很多昆虫，如棉铃虫（*Helicoverpa armigera*）、斜纹夜蛾（*Spodoptera litura*）、黏虫（*Mythimna separata*）、甘薯天蛾（*Herse convolvuli*）、黄脸油葫芦（*Teleogryllus emma*）、台湾阎魔蟋（*Teleogryllus taiwanemma*）、黑腹果蝇（*Drosophila melanogaster*）等中，均存在类似 volicitin 的脂肪酸-氨基酸共轭物（fatty acid-amino acid conjugate，FAC）[8]。

表 3-1 已鉴定的主要植食性昆虫相关分子模式[8]

名称	来源	参考文献
脂肪酸-氨基酸共轭物（FAC）	甜菜夜蛾口腔唾液腺分泌物	[9, 10]
β-葡糖苷酶（β-glucosidase）	欧洲粉蝶口腔唾液腺分泌物	[11]
inceptin	草地贪夜蛾口腔唾液腺分泌物	[12]
果胶酶（pectinase）	麦长管蚜口腔唾液腺分泌物	[13]
tetranin	二斑叶螨口腔唾液腺分泌物	[14]
类黏蛋白（mucin-like protein）	褐飞虱口腔唾液腺分泌物	[15]
孔状蛋白（porin-like protein）	海灰翅夜蛾口腔唾液腺分泌物	[16]
groel	桃蚜口腔唾液腺分泌物	[17]
β-半乳糖呋喃多糖（β-galactofuranose polysaccharide）	海灰翅夜蛾口腔唾液腺分泌物	[18]
2-羟基十八碳三烯酸（2-hydroxyocta-decatrienoic acid）	烟草天蛾口腔唾液腺分泌物	[19]
caeliferin	南美沙漠蝗口腔唾液腺分泌物	[20]
苯乙腈（benzyl cyanide）	欧洲粉蝶生殖附腺	[21]
吲哚（indole）	菜粉蝶生殖附腺	[21]
混合物（compound）	白背飞虱腹部	[22]
bruchin	豌豆象、四纹豆象	[23]

昆虫在产卵过程中分泌的产卵液中也存在 HAMP。例如，欧洲粉蝶交配时，雄虫为了抑制雌成虫再跟同种其他雄虫交配，会在交配过程通过精液将能抑制雌成虫性欲的化合物——苯乙腈传递至雌成虫；这个化合物能进入雌虫的生殖附腺（accessory reproductive gland）中，这样在雌成虫产卵时就会将苯乙腈分泌至植物表面，从而被植物识别而产生防御反应。与此类似，菜粉蝶雄虫体内的吲哚（indole）也能传递给雌虫，经由卵附着于植物表面并引发植物防御反应。白背飞虱（*Sogatella furcifera*）雌成虫的一些腹部提取物，如 1,2-二亚油酰基-sn-甘油-3-磷酸胆碱、1,2-二棕榈酰基-sn-甘油-3-磷酸乙醇胺、1-棕榈酰基-2-油酰基-*X*-甘油-3-磷酸乙醇胺和 1,2-二油酰基-sn-甘油-3-磷酸乙醇胺等能诱导水稻产生杀卵物质苯甲酸苄酯（benzyl benzoate）。豌豆象（*Bruchus pisorum*）和四纹豆象（*Callosobruchus maculatus*）雌成虫随产卵过程分泌的 bruchin 是一种长链 α,ω-二醇，可以被豌豆（*Pisum sativum*）识别并在产卵部位下方形成瘤状组织，阻止新孵化象甲进一步为害豌豆荚[8]。

2. 植物对植食性昆虫相关分子模式的识别与应答

（1）植物对 HAMP 的识别　　植物通过细胞表面的模式识别受体（pattern recognition receptor，PRR）对昆虫的 HAMP 进行识别，然后启动体内的免疫反应。目前尚未从植物中真正分离鉴定到识别 HAMP 的 PRR，但近年来的一些研究已初步证实这些受体的存在[8]。

（2）植物的应答　　植物在识别 HAMP 后，会迅速做出一些早期的信号应答，如膜电位去极化、钙离子流变化、MAPK 级联反应和活性氧爆发等，并由此而改变体内多重激素介导的信号转导网络。通常认为 JA 信号途径在调控植物应答植食性昆虫为害中发挥了核心作用，而乙烯、SA、ABA、GA 等的作用则相对复杂，主要通过协同或拮抗 JA 信号途径发挥作用。信号调控网络的变化会进一步引起植物转录组与代谢组的重新配置，最后影响植物抗虫性及植食性昆虫种群适合度[8]。

3. 诱导性化学防御物质　　已经鉴定的诱导性化学防御物质主要包括萜类化合物、酚类化合物、含氮化合物、防御蛋白和绿叶挥发物等[8]。

（1）萜类化合物　　萜类化合物的合成起源于经由甲羟戊酸途径（mevalonate pathway, MVA）或甲基赤藓糖醇途径（methylerythritol pathway, MEP）合成的异戊烯基二磷酸（isopentenyl diphosphate, IPP）。IPP 在异戊二烯基转移酶的作用下，重复增加 IPP，形成香叶基二磷酸（geranyl pyrophosphate）、法尼基焦磷酸（farnesenyl pyrophosphate）、香叶基香叶基二磷酸（geranylgeranyl pyrophosphate）等中间体，后经萜烯合酶（terpene synthase, TPS）催化形成各类萜类化合物，如香叶基二磷酸经酶促反应生成单萜类化合物（C_{10}）、法尼基焦磷酸生成倍半萜类化合物（C_{15}），以及香叶基香叶基二磷酸生成二萜化合物（C_{20}）[8]。

一些二萜及多萜类化合物，如 momilactone、oryzalexin、phytocassane 等作为植保素（phytoalexin），在防御植食性昆虫及病原菌为害中起着重要作用。例如，欧洲玉米螟（*Ostrinia nubilalis*）为害引起玉米大量产生二萜化合物 kauralexin，该化合物对欧洲玉米螟具有拒食作用。水稻在受到白背飞虱为害后，会大量积累二萜化合物 momilactone A，该化合物能延缓稻瘟病菌（*Magnaporthe oryzae*）和水稻白叶枯病菌（*Xanthomonas oryzae* pv. *oryzae*）在植株上的扩散[8]。

一些单萜和倍半萜会诱导间接防御，具体在下文"（二）诱导的间接防御"中进行介绍。

（2）酚类化合物　　植物酚类化合物的合成起源于莽草酸途径。生物或非生物胁迫往往会导致植物酚类化合物的积累，因此认为酚类化合物在植物应答逆境胁迫中发挥了重要作用[8]。

研究表明，一些酚类物质具有直接杀虫活性。例如，在饲喂斜纹夜蛾或棉铃虫幼虫的人工饲料中添加槲皮苷（quercetin），会显著提高幼虫的死亡率。沙漠蝗（*Schistocerca gregaria*）取食含有单宁的植物后，中肠会发生致命的损伤。值得注意的是，不同种类的单宁会对同一种植食性昆虫产生不同的影响。例如，取食以缩合单宁（condensed tannin）为主的白斑毒蛾（*Orgyia leucostigma*）幼虫中肠中，半醌类自由基含量显著低于取食以鞣花单宁（ellagitannin）为主的幼虫中肠，推测可能是不同种类单宁的氧化活性差异所致[8]。

除直接影响昆虫生长发育外，酚类化合物也会对植食性昆虫的取食行为造成影响。芹菜素葡糖苷（apigenin 5-*O*-glucoside）是豌豆蚜（*Acyrthosiphon pisum*）的拒食剂，其浓度与豌豆蚜的种群密度和取食量成反比。有意思的是，一些酚类化合物也能够促进昆虫取食，成为一些植食性昆虫的取食刺激剂。例如，一些黄酮类化合物会刺激钩翅大蚕蛾（*Antheraea assamensis*）幼虫的取食。这些研究结果表明，植物的化学防御非常复杂，要针对各种生物与非生物的逆境，植物更多地采用整个化学指纹图的改变，而非单一化合物含量的更改[8]。

（3）含氮化合物　　含氮化合物主要包括生物碱、芥子油苷、酚胺类化合物等，在植物与植食性昆虫互作中发挥着重要作用[8]。

生物碱是指含氮的碱性自然有机化合物，其结构多样，包括 20 多个类群。生物碱具有各种生物功能，一些可以影响昆虫体内的酶活性，从而改变昆虫的相关生理过程，一些可以抑制 DNA 合成和修复，而另一些则对昆虫神经系统有很大影响。例如，尼古丁与乙酰胆碱有相似之处，其可与昆虫神经受体结合，造成昆虫神经系统紊乱；试验中也发现沉默烟草尼古丁合成相关基因，会提高烟草对烟草天蛾（*Manduca sexta*）的敏感性。与一些生物碱类似，烟草和大豆中虫害诱导产生的 γ-氨基丁酸也能够抑制植食性昆虫神经传递，从而降低植食性昆虫发育速率并致其死亡。咖啡因的杀虫活性主要通过抑制昆虫磷酸二酯酶活性和增加细胞内环腺苷酸水平来实现[8]。

芥子油苷（glucosinolate）是十字花科植物中重要的防御化合物，当植物遭受植食性昆虫为害后，芥子油苷在黑芥子酶（myrosinase）催化下降解为腈类和异硫腈酸盐，从而对植食性昆虫产生毒害作用，而芥子油苷合成途径受阻往往会导致植物抗虫性的降低[8]。

酚胺类化合物也是一类重要的含氮防御化合物。例如，水稻受到禾灰翅夜蛾（*Spodoptera mauritia*）、稻苞虫（*Parnara guttata*）和褐飞虱取食为害后能够引起水稻香豆酰腐胺和阿魏酰腐胺含量的升高；用含有这两种物质的人工饲料饲喂褐飞虱会直接导致褐飞虱死亡率升高。对烟草突变体 *myb8* 喷施咖啡酰腐胺后，可以恢复该突变体对烟草天蛾的抗性，推测咖啡酰腐胺在 MYB8 介导的烟草防御反应中发挥着重要作用[8]。

（4）防御蛋白　　防御蛋白主要包括结构蛋白、具有酶抑制剂功能的蛋白质、水解酶、毒蛋白、病程相关蛋白等，这些蛋白质通过影响昆虫的食物摄取和利用来干扰其正常生长发育[8]。

蛋白酶抑制剂（proteinase inhibitor，PI）与昆虫消化道内的消化酶结合后能够抑制消化酶活性，导致昆虫消化不良或无法正常进食而死亡。过量表达番茄（*Solanum lycopersicum*）蛋白酶抑制剂合成基因 *CanPI7* 可以延缓棉铃虫的生长，但不影响棉铃虫存活。类似地，氨基酸脱氨酶通过降解昆虫肠道中的游离氨基酸，致使昆虫营养不良，从而达到防御昆虫的目的。例如，精氨酸脱氨酶（arginine deaminase）和苏氨酸脱氨酶（threonine deaminase）正调控番茄和烟草对烟草天蛾的抗性。此外，植物凝集素（lectin）可以与昆虫肠道中特定的糖结构结合，从而对刺吸式口器昆虫及一些鳞翅目和鞘翅目昆虫的生理代谢造成不利影响。番茄多酚氧化酶（polyphenol oxidase，PPO）的活性与棉铃虫和甜菜夜蛾的取食量和增长速率呈负相关，表明番茄 PPO 具有一定的抗虫作用[8]。

（5）绿叶挥发物　　绿叶挥发物（green leaf volatile，GLV）一般是指由亚油酸和 α-亚麻酸经脂氧合酶（lipoxygenase，LOX）、脂肪酸过氧化氢裂解酶（fatty acid hydroperoxide lyase）等一系列酶促反应形成的 6 个碳的醛、醇及其脂类。植物在受到生物胁迫和非生物胁迫后，组织受到破坏，开始形成 GLV。相较于植物其他挥发物，植物 GLV 在昆虫为害后迅速释放，这可能与相关酶类的快速响应及酶与底物的快速结合有关[8]。

玉米苗暴露于 GLV 会迅速积累 JA 并减少虫害诱导植物挥发物（HIPV）的释放，说明 GLV 与植物防御之间存在着联系。随着研究的深入，这一观点在其他植物，如拟南芥、烟草等中也得到了证实，GLV 被认为是植物内部和植物之间及植物和周围其他生物相互识别或竞争的重要信号分子[8]。

GLV 在植食性昆虫寻找食物、配偶及产卵场所中发挥着重要作用，并且对不同种类植食性昆虫可能产生不同的影响。例如，水稻（E）-2-己烯醛强烈趋避褐飞虱，但却吸引白背飞虱。烟芽夜蛾（*Heliothis virescens*）是烟草的害虫之一，具有夜间产卵习惯。对烟草的挥发物进行分析发现其挥发物释放具有一定的节律性，其中（Z）-3-己烯基丁酸酯、（Z）-3-己烯基异丁酸酯、（Z）-3-己烯基乙酸酯、（Z）-3-hexenyl tiglate 和一种未知的化合物只在夜间释放，且这几种物质对烟芽夜蛾雌蛾有高度驱避作用，表明其 GLV 释放规律是烟草与烟芽夜蛾长期协同进化的结果。此外，研究还发现，GLV 能够提高昆虫对性信息素的响应[8]。

（6）其他化合物　　胼胝质是一种多糖化合物，可以在植物细胞膜或细胞壁间沉积形成物理屏障，以提高植物抗虫性。例如，褐飞虱取食感虫水稻后引起胼胝质水解酶基因 *Gns5* 转录水平升高，导致胼胝质降解，有利于褐飞虱在水稻韧皮部取食；而在抗性水稻品种的维管束中，会积累大量胼胝质，阻碍营养物质正常运输和褐飞虱的取食。进一步的研究发现，水稻体内胼胝质的沉积受 ABA 信号途径的正调控，并且外施 ABA 也能增加水稻胼胝质的沉积，提高水稻对褐飞虱的抗性[8]。

苯并噁唑嗪酮类化合物（benzoxazinoid，BX）是一类广泛存在于禾本科植物的化合物，如丁布（DIMBOA）等。大量研究表明，玉米植株上的蚜虫生长情况与 DIMBOA 的含量呈负相关，沉默 DIMBOA 合成关键酶基因 *IGL* 的玉米植株更适合禾谷缢管蚜（*Rhopalosiphum padi*）的生长；DIMBOA 主要是通过干扰禾谷缢管蚜谷胱甘肽巯基转移酶和酯酶的活性，影响蚜虫的解毒功能，造成蚜虫的生存能力下降。DIMBOA 对咀嚼式口器昆虫也有毒害作用，通过干扰欧洲玉米螟消化道中胰蛋白酶活性影响其消化能力。类似地，甜菜夜蛾为害能够诱导 DIMBOA-glc 在甲基转移酶作用下生成 HDMBOA-glc，提高玉米对甜菜夜蛾的抗性[8]。

4. 对植食性昆虫的影响

（1）对植食性昆虫行为的影响　　诱导产生的防御化合物对植食性昆虫的寄主选择、迁移、取食、交配等行为产生影响。在玉米中，草地贪夜蛾（*Spodoptera frugiperda*）幼虫利用其为害玉米释放的萜类等挥发性物质来确定寄主植物的位置。柳蓝叶甲（*Plagiodera versicolora*）能够利用同种昆虫为害柳树叶片后诱导释放的挥发性物质来进行种群的再聚集行为。其原因在于植食性昆虫可以通过 HIPV 寻找到合适的食物资源或配偶，即 HIPV 具有聚集信息素或性信息素的功能。HIPV 对植食性昆虫的行为影响比较复杂，它也能驱避植食性害虫。研究发现，模拟烟草天蛾为害烟草挥发物的释放可以有效地提高烟草天蛾幼虫的死亡率，其重要萜类组分芳樟醇还对烟草天蛾成虫的产卵有一定的忌避作用。被螟虫为害后的水稻植物所释放的挥发物能够驱避褐飞虱的雌成虫。对植食性昆虫而言，HIPV 意味着寄主植物上已经存在竞争者和捕食者，植食性昆虫会因为食物质量下降、植物已经启动直接防御反应或者为了躲避天敌，而远离受害植物，即 HIPV 对害虫的驱避作用[24]。

对植食性昆虫行为的影响还包括植食性昆虫对损伤植物的取食选择性和产卵选择性下降。例如，潜叶蛾类成虫对机械损伤或昆虫损伤的一种栎树（*Quercus emoryi*）叶片的选择性下降。瓜食植瓢虫（*Epilachna borealis*）不喜欢在受机械损伤的葫芦叶片及其邻近叶片上取食。小眼夜蛾（*Panolis flammea*）在受害的扭叶松（*Pinus contorta*）上产卵量比未受害的显著减少[24]。

受损伤的植物还能影响植食性昆虫在取食过程中的行为。例如，烟鞘蛾（*Coloephora serratella*）在受机械损伤的垂枝桦（*Betula pendula*）叶片上运动增加。*Orthsia stabilis* 在受损伤的欧洲桦（*Betula pubescens*）叶片上会增加探测性取食位点[24]。

但受损伤的植物也可能对植食性昆虫的行为不产生影响，甚或增加植食性昆虫的选择性。柳圆叶甲（*Plagiodera versicolora*）成虫对白柳（*Salix alba*）和垂柳（*S. babylonica*）的伤害株和非伤害株的取食选择性没有显著不同。棉潜蛾（*Bucculatrix thurberiella*）在一种草棉属植物光子棉（*Gossypium thurberi*）的迁入数量不受该植物是否已受损害的影响。而捷长大蚜（*Eulachnus agilis*）则更喜欢在受松针粉大蚜（*Schizolachnus pineti*）伤害的欧洲赤松（*Pinus sylvestris*）针叶上取食[24]。

（2）对植食性昆虫生长、发育、存活及繁殖的影响　　植物的诱导抗虫性能对植食性昆虫的生长、发育、存活及繁殖等产生不利影响。当舞毒蛾（*Lymantria dispar*）在受损伤的北美红栎（*Quercus rubra*）上取食时，蛹的重量下降、产卵量减少、卵块变小。柳叶甲在取食机械损伤或自然损伤的白柳和垂柳的叶片之后，幼虫的发育速率减慢、成虫重量下降，并且产卵量减少。在葫芦作物上，食植瓢虫若取食受损伤的叶片，则存活率下降、雌虫重量降低、开始产卵时间推迟、产卵期缩短，产卵量减少。在木本植物上迅速的诱导抗虫性一般能使植食性昆虫的世代产卵量降低 5%～10%，而滞后的诱导抗虫性能使世代产卵量降低 30%～70%及以上。由此可见，滞后的诱导抗虫性在木本植物上的作用相当明显。

然而，植物的诱导抗虫性对不同种类植食性昆虫的生长发育和繁殖产生的影响可能是不同的。取食受机械损伤的欧洲桦叶片，能对一种尺蛾（*Apocheima pilosaria*）和韧皮部取食者产生不利影响，但对其他的植食性昆虫却不产生影响。圆叶牵牛（*Ipomoea purpurea*）的诱导抗虫性能影响亚热带黏虫（*Spodoptera eridamia*）的生长、发育和繁殖，但对斑驳龟甲（*Deloyala guttata*）和金黄龟甲（*Metriona bicolor*）没有影响[3]。

　　与一些植物表现抗虫性的结果相反，一些植物在遭受损伤后会对一些植食性昆虫更加敏感。例如，捷长大蚜（*Eulachnus agilis*）在遭受松针粉大蚜攻击的欧洲赤松（*Pinus sylvestris*）上取食时，存活率提高、生长率加快。受 *Euura lasiolevis* 侵害严重的一种柳树（*Salix lasiolepis*）品系将招致以后该虫更重的危害。黄瓜条叶甲（*Acalymma vittata*）在受机械损伤的南瓜叶片上取食率上升[3]。

（二）诱导的间接防御

　　1. 对植食性昆虫天敌的影响　　虫害诱导的植物挥发物作为互利素，对植食性昆虫的天敌具有导向作用，发挥引诱作用的主要是萜类化合物和绿叶挥发物。

　　单萜和倍半萜是植物挥发物的重要组成部分，在远距离的植食性昆虫及其天敌的寄主定位中发挥着重要作用。拟南芥中沉默芳樟醇加氧酶基因 *CYP76C1* 后提高了植株对植食性昆虫的吸引能力，据此认为芳樟醇氧化物的合成有助于减少植食性昆虫对植物的危害。实蝇科 *Eurosta solidaginis* 为害北美一枝黄花（*Solidago altissima*）后会引起周围的健康植株释放 β-法尼烯（β-farnesene），β-法尼烯可作为利他素吸引蚜虫 *Uroleucon nigrotuberculatum*。过量表达棉花（*Gossypium hirsutum*）萜烯合酶基因 *GhTPS12* 后能释放更多的芳樟醇（linalool），棉铃虫也更倾向于在野生型植株上产卵。与玉米中 β（E）-石竹烯参与植物间接防御反应相似，水稻受到褐飞虱（*Nilaparvata lugens*）为害时，其 β（E）-石竹烯合成酶基因 *OsCAS* 表达会显著上调，随后的试验也证明了水稻中的 β（E）-石竹烯可通过吸引寄生蜂来参与水稻的间接防御反应。松叶蜂产卵为害会导致樟子松（*Pinus sylvestris* var. *mongolica*）释放的 β-法尼烯含量上升，从而吸引寄生蜂前来产卵寄生[8]。绿叶挥发物（GLV）在植食性昆虫天敌的寄主选择行为中也发挥着重要作用。棉铃虫幼虫的寄生蜂红足侧沟茧蜂（*Microplitis croceipes*）能被（E）-2-烯己酸甲酯、（Z）-3-己烯基乙酸、（E）-2-己烯醇等 GLV 吸引。甘蓝（*Brassica oleracea* var. *capitata*）受到小菜蛾为害后释放的（Z）-3-己烯酸甲酯能够协同其他 HIPV 引诱小菜蛾天敌。此外，拟南芥中过量表达脂肪酸过氧化氢裂解酶，可显著增加（E）-2-己烯醛和（Z）-3-烯己酸甲酯的释放量，并提高对寄生蜂盘绒茧蜂（*Cotesia glomerata*）的吸引力和寄生蜂对寄主的寄生率[8]。

　　目前已有大量的实验结果证实，植食性昆虫的天敌能够有效利用虫害诱导的挥发物，进行更为迅速和准确的捕食/寄生行动。受二斑叶螨（*Tetranychus urticae*）为害后的菜豆比未受害植株对捕食螨更具有引诱活性，对二斑叶螨诱导的互利素分析表明：4 种有效组分中有 3 种是萜类化合物，另一种是水杨酸甲酯。烟草在被烟草天蛾取食后所释放的芳樟醇和 α 柑油烯对肉食性的智利小植绥螨（*Phytoseiulus persimilis*）有吸引作用。在健康玉米周围喷施乙烯等化合物，玉米能吸收空气中的 C_6-醛类或醇类，将其转化为乙酸盐类后释放出与 HIPV 相似的挥发物来吸引天敌[24]。

　　2. 对植物的影响　　HIPV 在植物交流中承担着信号传递的功能，主要表现为两个方面：①当植物某一部位受到植食性昆虫为害时，受害部位产生挥发性物质，而这些挥发性物质作为系统损伤信号转导至其他健康部位，使整株植物产生相应防御反应并释放 HIPV；②当某一植物受到植食性昆虫为害后，其诱导产生的挥发物能够被邻近的其他健康植株所感知，进而使这些植株提前预警，一旦遭受到植食性昆虫的攻击，它们便可更为迅速地采取相应防御机制且防御反应更为强烈。受损伤的白杨树和枫树能将受伤的信息传递到其邻近的同种植物，使邻近的植物分别在 52 h 内和 30 h 内产生与受伤株相类似的化学变化；受伤的棉花叶片也能将信息通过挥发性化合物随气流传递到正常的叶片；被蚜虫和叶螨为害过的大麦（*Hordeum vulgare*）和利马豆（*Phaseolus lunatus*），不但可释放 HIPV 将虫害信息传递给邻近未受害的植株，而且还能通过根部的分泌物传递虫害信息[24]。

第二节　害虫对植物防御的适应

一、植食性昆虫对植物化学防御的抑制与适应

1. 植食性昆虫对植物化学防御的抑制　　针对植物的化学防御，植食性昆虫能够分泌效应子（effector），通过改变植物的相关信号转导途径，抑制植物的防御反应。例如，棉铃虫口腔分泌物中的葡糖氧化酶（glucose oxidase，GOX）抑制烟草 JA 合成，从而降低了依赖于 JA 的尼古丁的积累；棉铃虫口腔分泌物中的 ATP 水解酶能够抑制番茄中的 JA 和 ET 途径，进而影响下游防御基因的表达[8]。

植食性昆虫口腔分泌物中的 inceptin 类似物也可作为效应子抑制植物的防御反应。黎豆夜蛾（*Anticarsia gemmatalis*）的 inceptin 由于缺失了 C 端肽段，导致其不仅没有 HAMP 活性，还会与其他有活性的 inceptin 竞争结合受体，从而抑制植物防御反应；巢菜修尾蚜（*Megoura viciae*）唾液中的 Ca^{2+} 结合蛋白，与植物中的 Ca^{2+} 结合后，阻断了依赖于 Ca^{2+} 信号的植物筛管阻塞反应，进而提高了蚜虫的适应度。桃蚜（*Myzus persicae*）唾液分泌物中存在与人巨噬细胞移动抑制因子（human macrophage migration inhibitory factor）高度同源的免疫因子，可抑制植物的超敏反应和胼胝质的沉积，以及 JA 和 SA 途径相关的 NbPR1、NbPR2 和 NbPR3 的转录[8]。

植食性昆虫也可能通过激活植物的 SA 途径，利用 JA 和 SA 信号途径间的相互拮抗作用而抑制植物对昆虫的防御反应。例如，马铃薯甲虫取食时，其口腔分泌物中的细菌能够激活 SA 介导的免疫反应，导致番茄无法完全激活 JA 应答；草地贪夜蛾粪便中分离鉴定到几丁质酶 Pr4 和内切几丁质酶 A，这两种酶一方面诱导植物对病原菌的防御反应，另一方面则会抑制玉米对草地贪夜蛾的防御反应[8]。

2. 植食性昆虫对植物化学防御的适应　　除了通过抑制植物的防御反应外，植食性昆虫还能通过选贮、分解、排泄等方式降低防御化合物对自身的不利影响。例如，橄榄科的一些植物遭到昆虫为害时会向植食性昆虫喷射有毒的树脂，为适应这种防御机制，叶甲科 *Blepharida* 属的一些甲虫会在取食前切断树脂所在的叶脉，避免树脂喷出；烟草天蛾中肠内的细胞色素 CYP6B46 能够将摄入的尼古丁部分转化为中间体，这些中间体进入血淋巴后可迅速还原为尼古丁用于抵御其天敌[8]。

植食性昆虫也可以通过降低对一些防御化合物的敏感性，以提高对植物化学防御的适应。通过比较对蛋白酶抑制剂（protease inhibitor，PI）耐受和不耐受的棉铃虫胰凝乳蛋白酶发现，耐受 PI 棉铃虫中，该酶与 PI 结合位点的关键氨基酸发生突变，使其无法与 PI 正常结合，从而

使得棉铃虫能存活下来。这种通过改变氨基酸序列来适应植物防御化合物的现象在其他的植食性昆虫上也可观察到，如黑脉金斑蝶（*Danaus plexippus*）钠钾离子泵第 122 位氨基酸天冬酰胺突变，可以阻碍烯醇内酯与离子泵结合，从而使其表现出对烯醇内酯的不敏感[8]。

二、植食性昆虫对植物化学防御的解毒机制

在长期进化过程中，植食性昆虫形成了各种有利于其取食而不至于受到毒害的策略。一些昆虫体内含有大量可以氧化植物防御物质（如次生代谢物质）的氧化酶系，细胞色素 P450 就是其中研究较多的一大类解毒酶。例如，烟草天蛾只有增加其中肠的 P450，才可以取食烟碱含量较高的植物，如果食物中含有 P450 酶抑制剂，烟草天蛾的取食能力就显著降低；同时，烟碱可以诱导烟草天蛾中肠 P450 含量的升高。在对黑脉金斑蝶及其他植食性昆虫与植物防御物质呋喃香豆素的相互关系中也证实了 P450 对植物防御物质的解毒作用；植物诱导防御的信号转导物质茉莉酸和水杨酸也能诱导昆虫体内解毒酶 P450 含量的增加[2]。

蛋白酶抑制剂通过影响昆虫对食物的消化而达到防御目的，是一种有效的植物防御物质，因而在转基因抗虫植物中得到了广泛应用。但有研究表明，尽管蛋白酶抑制剂能够有效抑制鳞翅目昆虫消化道的某些蛋白酶，却对这些昆虫生长的影响并不大，主要原因是在取食含有蛋白酶抑制剂的植物后，这些昆虫又产生了其他类型的蛋白酶分解食物而达到利用的目的，这一发现在昆虫取食转蛋白酶抑制剂基因的植物中得到了证实[2]。

芥子油苷是十字花科的特征化合物，通过植物黑芥子酶的水解作用而形成氰类物质，在虫害防御中起着重要作用。一些取食十字花科的专食性昆虫如小菜蛾，却利用该类物质作为其寄主定位的信息物质及产卵和取食的刺激物质，小菜蛾的中肠中存在着一种可以将该类物质分解为无毒物质（去硫芥子油苷）的分解酶，从而达到利用十字花科植物的目的[8]。

类十八烷信号转导途径在植物防御中起着关键作用，脂氧合酶（LOX）是合成信号转导物质茉莉酸的第一个关键酶，但在昆虫口腔唾液中存在着一种可以抑制脂氧合酶活性的葡糖氧化酶，从而在取食的时候可以降低或者消除植物的防御机制。还有一些昆虫的口器中存在着可以将生氰糖苷转化为无毒性的二醇的解毒酶或者其他降低或消除植物防御机制的物质，从而达到取食的目的[2]。

植物的虫害诱导防御策略可以相对降低对植食性昆虫的进化选择压力，使其对植物防御物质产生抗性或耐性的速度降低，从而比组成性防御更有利于植物达到保护自身的目的[2]。

第三节　植物-害虫-天敌的互作机制与调控

一、植物-害虫-天敌的互作机制

植物-害虫-天敌看似一个简单的系统，但实则是农、林生态系统各组成成员间复杂网络关系的体现。所有的植物种类是生态系统的生产者（作物），包括主栽作物、林木和各种杂草等，为初级消费者提供食物资源，也为所有消费者提供栖息地。生活在各种植物上以植物为取食对象的所有昆虫种类为生态系统的初级消费者（植食性昆虫或害虫），是联系生产者和更高营养

级的桥梁。寄生性和捕食性昆虫以植食性昆虫为食。寄生或捕食是植食者和天敌二者间的作用方式，在调节植食性昆虫种群并维持生态平衡方面发挥重要作用，因此也是重要的生物防治因子。当然，生态系统中还有更高层级的消费者，即超寄生物或掠食者。在这样一个生态系统中，充斥了各营养层级所有组成种类的化学信息，各个成员如何找到自己喜好的食物或产卵场所（图 3-1），是研究热点之一[25]。

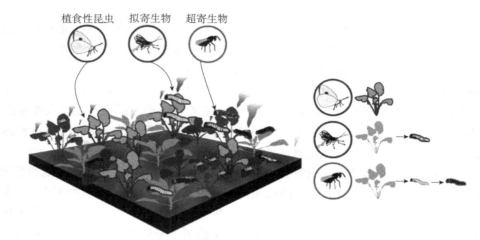

图 3-1　不同营养层（植食性昆虫、拟寄生物、超寄生物）在复杂环境中利用不同的化学信号寻找食物[26]

不同营养层的昆虫生活在同一个复杂环境中，但各自寻找的食物资源不同。植食性昆虫利用植物释放的信号寻找喜食的寄主植物；寄生蜂利用寄主昆虫和植物产生的信号寻找合适的寄主，这些寄主可能以不同密度生活在不同植物上；重寄生蜂（超寄生物）利用的信号与寄生蜂类似，利用植物、被寄生蜂寄生的植食性昆虫及寄生蜂的信号，寻找被寄生蜂寄生的植食性昆虫。

1. 昆虫对寄主的识别

（1）信号来源　　植食性昆虫在觅食过程中可以使用嗅觉、视觉、听觉、触觉和味觉线索来识别寄主。嗅觉线索在长距离觅食中的作用较大，如植物挥发物，而味觉则要在接触到潜在寄主后才能发挥作用，对寄主的身份和质量进行评价。对广食性的植食性昆虫来说，几种普遍存在的初级代谢物就会刺激取食，只有当植物具有高浓度的特定抑制剂时才会被排斥，而专食性的植食性昆虫会严格得多，只有具有分类特征的化合物才会产生取食刺激[25]。

拟寄生物主要利用 HIPV 进行远距离觅食。植食性昆虫诱导产生的植物挥发物变化产生了一个可检测的信息源，其中甚至包含了植食性昆虫的身份信息。到达植食性昆虫出没的植物后，利用味觉线索、视觉线索（如颜色、形状和大小等）及宿主或猎物自身发出的嗅觉线索进行近距离搜索，有些拟寄生物或捕食者甚至利用猎物运动和取食产生的声音和振动来探测宿主/猎物。拟寄生物的觅食过程可能比植食性昆虫要复杂一些，其中涉及的感觉系统可能也不同[25]。

超寄生物的寄主是拟寄生物，其觅食对象为被拟寄生物寄生的植食性昆虫。与植食性昆虫相关的超寄生物可以利用 HIPV 来区分搜索的植株是否有拟寄生物。在近距离觅食过程中，可以通过昆虫的体味来区分个体是否被寄生。当然，超寄生物寄生并最终杀死拟寄生物，对植食性昆虫种群没有调节作用，不利于生物防治[25]。

（2）感受信息　　嗅觉是各营养级在觅食过程中发挥作用最大的感觉系统。有趣的是，嗅觉系统结构高度保守，但嗅觉感受器的种间差异很大。触角（触须）上的嗅觉感受器对挥发性化学物质敏感，具有可检测宿主（或不适宜宿主）特有挥发物的功能[25]。

不同种类昆虫的颜色感受器在类型、数量、视网膜上的空间分布及对波长的敏感度上存在差异。目前的研究对象主要集中于鳞翅目和蜜蜂，对其他昆虫视觉感受器的了解有限[25]。

不同种类昆虫的味觉感受器（gustatory receptor，GR）差异也很大，它们具有分辨食物的功能，因此也可以理解为信息过滤器。不同 GR 的作用机制不同，有些能分辨广泛的化合物，而有些可能是高度特异性的[25]。

2. 作用机制　　不同的植物-害虫-天敌的互作机制会有不同。以水稻-害虫-天敌互作系统为例，目前已明确水稻磷脂合成酶基因 *OsPLDα4/α5*、*OsERF3* 和 *OsNPR1* 等在调控水稻防御反应中的重要作用。*OsPLDα4/α5* 编码 2 个水稻磷脂合成酶，通过正向调控虫害诱导的亚麻酸、茉莉酸、绿叶挥发物和乙烯的生物合成，以及增加防御化合物胰蛋白酶抑制剂（trypsin protease inhibitor，TrypPI）和挥发物的含量，影响水稻对二化螟和褐飞虱的抗性及水稻对二化螟绒茧蜂的引诱作用。*OsERF3* 是水稻诱导防御反应上游的重要调控因子，也是水稻应答不同害虫并产生适应性防御反应的一个切换开关，能够正调控水稻中与防御相关的 2 个 MAPK 和 2 个 WRKY 的转录水平，还能正调控 JA、SA、乙烯的生物合成和 TrypPIs 的含量，以及水稻对二化螟的抗性；相反，OsERF3 通过抑制 H_2O_2 负调控水稻对褐飞虱的抗性。OsNPR1 是一个早期响应因子，其转录水平受二化螟、稻纵卷叶螟为害及机械损伤的诱导，通过调控茉莉酸与乙烯信号途径的适度激活，使水稻产生适当的防御反应[25]。

此外，两种萜类化合物在水稻防御褐飞虱中发挥重要作用。其中，虫害诱导释放的水稻挥发物芳樟醇能引诱寄生性与捕食性天敌及咀嚼式口器的害虫，却驱避褐飞虱；而组成型释放的挥发物 β-石竹烯则对褐飞虱及其卵期天敌稻虱缨小蜂（*Anagrus* sp.）均具有引诱作用。田间试验表明，缺少 β-石竹烯的水稻突变体能使褐飞虱数量减少，稻虱缨小蜂对褐飞虱卵的寄生率降低，蜘蛛数量也减少；缺少芳樟醇的突变体会使褐飞虱数量增加，但会使稻虱缨小蜂对褐飞虱卵的寄生率及田间蜘蛛和稻纵卷叶螟的种群密度降低。这些发现也充分显示了利用植物挥发物防控害虫的潜力[25]。

二、寄生蜂对寄主害虫免疫与发育的调控

（一）寄生因子

寄生蜂是害虫的关键自然控制因子和有效的生物防治因子。寄生蜂通常携带有寄生因子，包括毒液（venom）、多分 DNA 病毒（polydnavirus，PDV）、病毒样颗粒（virus-like particle，VLP）、卵巢蛋白（ovarian protein）等雌蜂携带因子，以及畸形细胞（teratocyte）等由胚胎或幼虫携带或释放的寄生因子。在其产卵或胚胎与幼虫发育过程中会将这些因子释放至寄主体内，用来调控寄主体内的重要生理过程，新近发现瓢虫茧蜂（*Dinocampus coccinellae*）的 RNA 病毒（*D. coccinellae paralysis virus*）甚至能操控寄主瓢虫 *Coleomegilla maculata* 的行为[27]，以确保其成功寄生寄主害虫[28]。

1. 毒液　　多数寄生蜂具有与生殖管道相连的毒腺结构，由其分泌的液体状物质即毒液，在产卵时，毒液常被注射进寄主体内。毒液为大部分寄生蜂所保守共有，是多种寄生蜂成功寄生寄主的关键因子。寄生蜂雌性蜂毒器官十分微小，其内毒液含量极低，这使得寄生蜂毒液组分尤其是蛋白质组分的分离与鉴定面临巨大困难[28]。

毒液的组成成分大多为酶类，其次是富半胱氨酸结构域蛋白/肽，如蛋白酶抑制剂、识别/

结合蛋白等，然后是部分类别蛋白，如丝氨酸蛋白酶、金属蛋白酶、酯酶、钙网蛋白、抗原蛋白等，它们为多种寄生蜂毒液蛋白组成所共有。但毒液蛋白组成在不同寄生蜂种类甚至地理种群中存在显著差异，其常含有种间特异的未知毒液蛋白[28]。

2. PDV 或 VLP   与毒液不同，PDV 或 VLP 仅存在于姬蜂和茧蜂等部分寄生蜂类群雌蜂中。PDV 基因组被整合于寄生蜂染色体上并以病毒前体形式存在，可通过寄生蜂进行垂直传播。VLP 不含病毒基因组，不能自主复制，在形态上与真正的病毒粒子相似，可通过与病毒感染一样的途径呈递给免疫细胞，有效诱导机体产生免疫保护反应[28]。

根据形态学特征和寄主范围的明显差异，PDV 可分为茧蜂病毒属（*Bracovirus*，BV）和姬蜂病毒属（*Ichnovirus*，IV）。前者仅在茧蜂中被发现，其基因组被封闭在长度不等的圆柱形核衣壳里，核衣壳由一层囊膜包裹；后者则仅在姬蜂中被发现，其基因组被封闭在大小均一的纺锤形核衣壳里，核衣壳由 2 层囊膜包裹[28]。

PDV 除了含有双链环状 DNA 基因组外，还含有线性 DNA 基因组，目前普遍认为线性 DNA 序列可与寄生蜂的染色体 DNA 发生共价连接，环状 DNA 基因组的结构很可能是由结合形式的病毒 DNA 而不是染色体外的分子决定的。病毒基因组借助于与染色体的结合而行永久性的纵向传递，并得以在寄生蜂种群中世代维持下去[28]。

PDV 只在寄生蜂卵巢萼区上皮细胞核中复制，成熟后，病毒粒子则进入生殖管道中，故在寄生蜂输卵管萼液中常可发现大量病毒粒子的存在。复制通常在寄生蜂的蛹期即已开始，且贯穿整个雌成虫的生活期。病毒粒子一旦随寄生蜂产卵进入寄生蜂的寄主体内，即可在不同组织细胞中转录，通常寄生蜂产卵后 2 h 即可测到转录产物[28]。

PDV 与寄生蜂是一种共生的关系，对寄生蜂本身不但不造成任何病理影响，反而具有抑制寄主的免疫系统、调节寄主发育及改变寄主血淋巴中的营养成分等一系列的生理功能，对寄生蜂的成功寄生起到了关键的调节作用[28]。

3. 卵巢蛋白   目前对卵巢蛋白的了解仅限于少数寄生蜂种类，其能够单独抑制寄主免疫反应，也能协同 PDV、毒液抑制细胞免疫反应，在不同寄生蜂-寄主体系中作用有所变化。在一些寄生蜂中卵巢蛋白早期免疫抑制作用同 PDV 后期免疫抑制作用互相补充，从而保护后代的顺利发育。例如，黑唇姬蜂（*Campoletis sonorensis*）29～36 kDa 的糖基化卵巢蛋白在寄生烟芽夜蛾（*Heliothis virescens*）后 30 min 即开始干扰血细胞延展性和包囊反应，作用持续至少24 h[29]。

4. 畸形细胞   畸形细胞是指一些内寄生蜂的胚胎孵化后，其胚膜依次离解而释放到寄主血腔中的单个细胞或细胞团，这些细胞伴随蜂幼虫的生长、发育而存在于寄主血淋巴中，它本身也经历着生长、发育及结构的变化，特别是在满足蜂幼虫的营养需求方面起着其他寄生因子如卵巢蛋白、PDV 和毒液等不可替代的作用[30-32]。

能产生畸形细胞的寄生蜂种类集中于广腹细蜂总科（Platygasteroidea）的缘腹细蜂科（Scelionidae）和广腹细蜂科（Platygasteridae），以及姬蜂总科（Ichneumonoidea）中的茧蜂科（Braconidae）中，并且广泛存在于茧蜂科的几个进化支系，如优茧蜂亚科（Euphorinae）、小腹茧蜂亚科（Microgastrinae）、蚜茧蜂亚科（Aphidiinae）、折脉茧蜂亚科（Cardiochilinae）、长茧蜂亚科（Helconinae）、甲腹茧蜂亚科（Cheloninae）和长体茧蜂亚科（Macrocentrinae）中。

一个寄生蜂的胚胎所产生的畸形细胞数通常为 15～800 个。在发育过程中，畸形细胞的染色体体积可能会增加若干倍，但不具有细胞分裂现象，能快速生长，最大可增长至原来的 3000多倍。畸形细胞结构的最主要特征就是具有极丰富的粗面内质网及在其外表面覆盖一层致密的微绒毛，这与其主要的吸收和分泌功能相适应。

畸形细胞除了具有吸收和分泌功能之外，还具有营养、免疫抑制及调节寄主的生长发育等功能，这一系列的功能都有助于寄生蜂在寄主体内的成功寄生和发育。

5. 幼虫分泌物　　寄生蜂幼虫的消化道、马氏管、各种腺体可分泌多种化学物质进入寄主体内，常见的有酸性黏多糖、黏蛋白、脂蛋白、透明质酸、卵磷脂、胆固醇脂等，这些成分对于寄主的神经系统、血细胞和多巴-酪氨酸系统均有影响，还具有抗细菌和真菌的作用。例如，卷蛾黑瘤姬蜂（*Pimpla turionellae*）的肛门可分泌一种具有抗菌活性的物质[33]。

（二）寄生蜂调控寄主免疫

寄生蜂演化出一系列可调控或适应寄主免疫防御反应的策略，包括主动抑制寄主天然免疫和被动逃避寄主免疫。对于前者，寄生蜂主要依靠向寄主血腔内注入或释放各类寄生因子，进而单独或协同干扰寄主天然免疫反应，保护其子代免受寄主防卫与抵抗。后者则表现为寄生蜂卵或幼虫在寄主体外或体内特定空间或位置进行生长发育从而躲避寄主防御与攻击，或依靠其卵、胚胎或幼虫表面的被动防御分子使寄主免疫系统无法对其进行正常识别或启动寄主包囊或黑化反应[34]。

1. 主动抑制寄主天然免疫

（1）PDV　　PDV 可通过致死效应或抑制细胞增殖等来降低寄主血细胞数量，抑制血细胞免疫能力及改变免疫相关基因表达等手段来抵抗寄主细胞免疫。例如，双斑侧沟茧蜂（*Microplitis bicoloratus*）的 PDV 感染寄主斜纹夜蛾后，可导致其幼虫血细胞中亲环素（cyclophilin）A 表达水平显著上调，进而诱导血细胞发生凋亡，以有效抑制寄主细胞免疫反应。二化螟盘绒茧蜂（*Cotesia chilonis*）的 *CcBV* 基因组可明显抑制寄主二化螟幼虫颗粒血细胞和浆血细胞延展。毁侧沟茧蜂（*Microplitis demolitor*）的 *MdBV* 基因组中的 *G1c1.8* 毒性基因表达产物及菜蛾盘绒茧蜂（*Cotesia vestalis*）的 *CvBV* 基因组中的 *H4* 毒性基因表达产物，均可促使寄主幼虫血细胞丧失黏附或吞噬功能。微红盘绒茧蜂（*Cotesia rubecula*）的 *CrBV* 基因组中的 *CrV3* 毒性基因可编码一种新型 C 型凝集素单体蛋白，该基因在寄主幼虫血细胞与脂肪体中被表达，其表达产物被分泌至寄主血浆，并与其中的免疫因子发生互作，竞争性地干扰寄主细胞免疫[34]。

PDV 除可抑制寄主细胞免疫外，也可抑制寄主血淋巴黑化过程，该反应主要由酚氧化酶原水解激活所介导。例如，毁侧沟茧蜂 *MdBV* 基因组中的 *Egf1.0* 毒性基因编码一类可抑制胰蛋白酶活性的小丝氨酸蛋白酶抑制因子（Egf1.0），该因子能显著抑制寄主幼虫血淋巴黑化，其机理为通过蛋白质互作来抑制寄主血淋巴中酚氧化酶原激活蛋白酶 PAP-3 活性[34]。

（2）*毒液*　　在已知携带 *IV* 的姬蜂中，毒液对寄主免疫反应几乎不起作用。但在携带 *BV* 的茧蜂中，不同"BV-寄生蜂"系统中雌蜂所携毒液功能存在差异。例如，在二化螟盘绒茧蜂中毒液虽不能显著影响寄主血细胞存活、延展和包囊作用，但可抑制血淋巴黑化，能显著增强萼液（含 PDV）在抑制寄主细胞与体液免疫中的作用，且可显著延长作用有效时间。又如，中红侧沟茧蜂（*M. mediator*）毒液中含有金属蛋白酶同系物 VRF1，该毒液蛋白随雌蜂产卵进入寄主血腔，经水解激活后的活性区域可进入血细胞，并经与胞内 Dorsal 互作而抑制寄主细胞免疫；该蜂毒液中还有一种新型蛋白 RhoGAP1，它能进入寄主棉铃虫血细胞，破坏宿主细胞骨架，抑制寄主包囊作用[34]。

在未携 PDV 的寄生蜂雌蜂中，毒液通常为关键因子，随雌蜂产卵注入寄主血腔，以调控其天然免疫反应，主要包括致死寄主血细胞、抑制血细胞分化与增殖、抑制血细胞延展、吞噬与包囊，以及抑制寄主血淋巴酚氧化酶原激活与抗菌肽合成等。例如，菜粉蝶蛹期内寄生蜂蝶蛹金小蜂（*Pteromalus puparum*）的毒液可显著抑制寄主血细胞延展与黏附及其对外源异物吞噬与包囊能力，还可降低寄主血淋巴酚氧化酶原水解激活；蝶蛹金小蜂毒液中的钙网蛋白 PpCRT 在抑制寄主菜粉蝶蛹血细胞延展及包囊中起关键作用[34]。

寄生蜂毒液也可参与调控寄主血淋巴黑化反应。例如，丽蝇蛹集金小蜂（*Nasonia vitripennis*）毒液中有一种低分子质量丝氨酸蛋白酶抑制因子小肽 NvSPPI，仅含 80 个氨基酸残基，其对胰蛋白酶水解活性具有明显抑制作用，可抑制寄主家蝇蛹血淋巴酚氧化酶原激活水平，但并不影响已激活的酚氧化酶活性。超氧化物歧化酶（superoxide dismutase，SOD）是一种重要抗氧化应激蛋白，近年来在多种寄生蜂毒液中被发现。例如，管氏肿腿蜂（*Scleroderma guani*）毒液中鉴定到两种毒液 SOD，即 SguaSOD1 和 SguaSOD3，均具有 SOD 酶活性，能在体外显著抑制寄主血淋巴黑色素形成[34]。

（3）畸形细胞　　畸形细胞具有很强的蛋白质合成和分泌能力，可作为寄生蜂幼虫直接的营养来源，并在调节寄主生理代谢保证寄生蜂幼虫发育中发挥重要作用。例如，菜蛾盘绒茧蜂畸形细胞转录组中存在大量具有抑制寄主天然免疫、发育及代谢的潜在功能的转录物（又称转录本）。其中，畸形细胞可分泌一种一级结构与寄生蜂毒液蛋白类似的蛋白质 TSVP-8，该蛋白质可在体外显著抑制小菜蛾幼虫血淋巴黑化；畸形细胞中的两个转录本 *CvT-def1* 和 *CvT-def3*，预测可能为抗菌肽编码基因，其重组表达产物具有明显抑菌效果；缺乏畸形细胞寄主在受到病原微生物攻击后，其死亡率显著高于含畸形细胞寄主，说明畸形细胞确实可分泌抗菌活性物质，以保护寄主免受外源微生物感染；菜蛾盘绒茧蜂畸形细胞的转录本构成也与寄主血细胞与脂肪体显著不同，对畸形细胞转录本中编码与免疫相关的丝氨酸蛋白酶抑制因子及 RhoGTP 酶激活蛋白的基因家族进行注释，分别获得 11 个和 7 个转录本，采用体外培养法，对畸形细胞进行 RNA 干扰，将干扰后畸形细胞注入寄主，发现上述两大基因家族成员分别参与抑制寄主体液与细胞免疫反应[34]。

（4）VLP 与雌蜂卵巢蛋白　　VLP 与雌蜂卵巢蛋白可协助寄生蜂胚胎克服寄主天然免疫反应。仓蛾圆柄姬蜂（*Venturia canescens*）雌蜂生殖系统萼区的 VLP 附着于蜂胚胎表面，能抑制寄主血细胞对蜂胚胎的黏附，协助其克服寄主细胞免疫。斑痣悬茧蜂（*Meteorus pulchricornis*）雌蜂的毒腺细胞也有 VLP，将该 VLP 经人为注射入寄主 48 h 后可导致寄主颗粒血细胞凋亡率达到峰值，但不能影响浆血细胞，进而显著削弱寄主血细胞包囊反应。微红盘绒茧蜂的卵巢蛋白中一个具有主动免疫抑制功能且分子质量为 32 kDa 的蛋白质组分（Crp32）可附着至胚胎及共生病毒表面，可在蜂胚胎表面形成一层蛋白保护膜，克服寄主细胞免疫反应[34]。

2. 被动逃避寄主免疫　　除主动抑制寄主天然免疫外，寄生蜂还可采用被动策略以逃避寄主免疫攻击。营多胚生殖的腰带长体茧蜂（*Macrocentrus cingulum*）胚胎胚外膜上存在一种血黏蛋白 hemomucin。采用 RNA 干扰或抗体封闭胚胎表面的方法研究发现，该蛋白质可显著抑制寄主细胞免疫反应；经 *O*-糖苷酶消化后，其抑制寄主血细胞包囊能力显著下降，说明糖链在其行使功能时起关键作用[34]。

寄生蜂雌蜂卵巢蛋白往往在其被动逃避寄主免疫过程中起一定作用。例如，通过转录组与蛋白质组学结合分析鉴定发现，二化螟盘绒茧蜂雌蜂卵巢可分泌 817 种卵巢蛋白候选组分，预测 5 种可能参与该蜂被动逃避免疫。其中，离体包囊实验结果表明，与微红盘绒茧蜂 Crp32 同源的二化螟盘绒茧蜂 Crp32B 重组蛋白可显著抑制寄主血细胞包囊作用，且抑制作用存在显著剂量依赖性[34]。

（三）寄生蜂调控寄主发育

寄生蜂相关寄生因子在调控寄主害虫天然免疫反应的同时，还行使干扰寄主害虫发育的功能，包括改变寄主发育进度、影响寄主变态过程、扰乱寄主体内物质与能量代谢、调节寄主激素及生长因子含量水平等。通过干扰寄主害虫正常发育过程，为寄生蜂子代在寄主体表或体内取食获取营养以完成发育与繁衍，提供优良的保障条件[34]。

1. PDV

（1）干扰寄主发育　　黑头异脉茧蜂（*Toxoneuron nigriceps*）的 PDV 可干扰寄主害虫发育。以黑腹果蝇为研究模型，证明该蜂 PDV 上毒性基因 *TnBVank 1* 表达产物可通过改变寄主前胸腺细胞内吞运输，进而显著削弱寄主蜕皮激素的生物合成；类似研究证明 PDV 的 *ank* 基因家族另一成员 *TnBVank 3* 基因表达产物也能有效中断寄主黑腹果蝇的蜕皮激素生物合成过程，但其作用机制与 *TnBVank 1* 完全不同；*TnBVank 3* 在寄主前胸腺细胞中表达会改变其发育相关基因表达水平，这些基因多集中于 insulin/TOR 途径[35]。同时，有证据表明，TnBVank 3 与 TnBVank 1 作为两种毒性因子，可协同发挥作用，干扰寄主蜕皮激素合成[34]。

（2）通过"寄生蜂-害虫-植物"三者互作关系调控寄主害虫发育　　毁侧沟茧蜂的 PDV 可抑制寄主害虫玉米夜蛾（*Heliothis zea*）唾液激发子葡糖氧化酶生物活性，进而下调针对美洲棉铃虫（*Helicoverpa zea*）取食为害的植物免疫反应。植物防御反应被削弱后，于其上取食的玉米夜蛾生长速度加快，从而提升毁侧沟茧蜂寄主适合度，这表明 PDV 在塑造植物与植食性寄主害虫互作关系中起着关键作用。此外，感染 PDV 后，寄主害虫唾液腺基因表达变化，分泌唾液中的蛋白激发子组分发生变化，导致其为害所诱导的植物挥发物组分发生改变，以改变重寄生蜂小折唇姬蜂（*Lysibia nana*）对植物挥发物的趋性，进而调控寄生蜂盘绒茧蜂（*Cotesia glomerata*）后代种群数量[34]。

2. 毒液

（1）通过干扰寄主内分泌系统调控寄主发育　　采用 RNA-seq 方法对经丽蝇蛹集金小蜂毒液处理后的棕尾别麻蝇（*Boettcherisca peregrina*）蛹转录组进行测序，分析其与对照间基因差异表达情况。结果发现仅 2%基因的转录水平发生变化，这些差异表达基因主要与寄主发育停滞及其神经细胞死亡相关。采用 RNA-seq 和 iTRAQ 蛋白质组学综合分析法，发现 511 个寄主棉铃虫血淋巴蛋白在经中红侧沟茧蜂寄生后发生差异表达，其中近 1/7 差异表达蛋白与寄主体内物质代谢密切相关。经蝶蛹金小蜂毒液处理 12 h 后，菜粉蝶蛹保幼激素 III 滴度显著高于对照，其保幼激素酯酶活性明显低于对照，而其蜕皮激素滴度也显著低于对照，说明该蜂毒液破坏了寄主内分泌系统[34]。

（2）通过干扰寄主害虫物质代谢调控寄主发育　　以模式寄生蜂丽蝇蛹集金小蜂与其寄主的研究相对较为系统。代谢组学分析表明，经丽蝇蛹集金小蜂毒液处理后，麻蝇（*Sarcophaga bullata*）体内 249 个代谢物于 5 d 内发生动态变化；还发现毒液可显著激活寄主山梨醇生物合成途径，并同时保持寄主葡萄糖代谢稳定；阻断寄主三羧酸循环使寄主由有氧代谢切换至厌氧代谢状态；抑制寄主几丁质生物合成途径进而干扰其发育；显著增加寄主体内多数种类游离氨基酸含量；可能诱导寄主发生磷脂降解反应[34]。

3. 畸形细胞
通过向寄主血腔内分泌释放多种寄生相关蛋白，以确保寄生蜂胚胎及幼虫在寄主体内顺利发育。例如，阿尔蚜茧蜂（*Aphidius ervi*）的畸形细胞分泌物内，有一种与 $C_{14} \sim C_{18}$ 饱和脂肪酸、油酸和花生四烯酸具有高亲和力的脂肪酸结合蛋白。该蛋白质可将脂肪酸从寄主脂消化部位转运至寄生蜂胚胎或幼虫，这可作为阿尔蚜茧蜂利用寄主营养物质的一条补充途径。又如，菜蛾盘绒茧蜂的畸形细胞可显著延缓寄主幼虫发育，并干扰幼虫化蛹变态过程；离体注射该畸形细胞培养液，也可导致相同表型发生，而经高温灭活的培养液则无抑制作用。说明该畸形细胞可分泌抑制寄主发育的蛋白质组分；该畸形细胞可产生 miRNA，并将其传递至寄主体内，其中 Cve-miR-281-3p 可抑制寄主蜕皮激素受体基因表达，进而抑制寄主小菜蛾幼虫生长发育。再如，毁侧沟茧蜂的畸形细胞可导致寄主烟芽夜蛾幼虫的发育相关蛋白表达发生变化，它可合成并分泌一种具有富含 Cys 残基蛋白结构域的 14 kDa 蛋白质（TSP14），其作用是显著抑制寄主蛋白质合成、生长与发育[34]。

第四节　植物-害虫-天敌互作对探讨害虫生物防治的启示

一、生态功能分子

生态功能分子是指由生物体产生或释放的具有调节种内和种间作用的化合物。生态功能分子在生态系统中普遍存在，并有效地调控生态系统中各生物成员间的相互关系。因此，生态功能分子在很大程度上决定着一个生态系统的群落组成与结构[36]。

通过剖析生态系统中这些调控生物种内与种间关系的生态功能分子及其合成、调控与作用机理，就可以采取措施强化或弱化相关生态功能分子的作用，从而在生态系统中创造不利于有害生物的生存环境，达到降低有害生物种群密度、控制有害生物的目的。例如，通过剖析对植食性昆虫天敌具有引诱作用的植物挥发物组分就可以开发天敌引诱剂，由此可强化生态系统中的天敌作用；通过揭示植物诱导抗虫性的产生机理，可以开发植物的诱导抗虫剂、诱导敏感剂及培育具有化学调控作用的作物品种，这些措施在提高植物抗性的同时，也可以导致有害生物再分布，从而发挥"推-拉"式害虫治理策略；通过揭示植物的化感物质本质及其调控机理，可以研发除草剂和诱导抗草剂，达到降低杂草种群密度的目的等[36]。

生态功能分子来源于生物体，并且具有很高的生物活性，因此开发利用生态功能分子的相关措施往往对环境是低毒的，这对于促进有害生物的可持续控制和农业的可持续发展具有重要意义[36]。

二、生态功能分子与生物防治

迄今为止，国内外已在多种植物-害虫、作物病原菌、植物-杂草、植物-害虫-天敌系统中，鉴定了一批相应的生态功能分子，其中一些生态功能分子已在控制有害生物的危害中发挥了重要作用，为有害生物的可持续治理提供了重要保障[36]。

昆虫性信息素是目前应用得最多的生态功能分子，国内外已有 80 多种昆虫性信息素在害虫测报与控制中得到了应用[36]。

利用植物挥发物开发害虫与天敌行为调控剂以及利用植物化感物质开发除草剂等，在近几年也得到了重视。例如，利用反向化学生态学方法，研发了害虫及其天敌的引诱剂。通过对水稻黄酮类化感物质的结构修饰和改造，合成了一系列具有除草活性的除草剂。

通过揭示作物诱导抗虫与抗病的化学与分子机理，一些能调控植物相关生态功能分子合成从而诱导作物抗病或抗虫的化学激发子（或称诱导抗病剂、诱导抗虫剂）得到了开发，尤其是诱导抗病的化学激发子，目前已有多个，如苯并(1,2,3)-噻二唑-7-硫代甲酸 S-甲酯［benzo-（1,2,3)-thiadiazole-7-carbothioic acid S-methyl ester，BTH］、β-氨基丁酸（β-aminobutyric acid，BABA）、2,6-二氯异烟酸（2,6-dichloroisonicotinic acid，INA）等进入了商品化应用。相比较而言，能诱导植物抗虫的化学激发子，尽管已有很多研究报道，如植食性昆虫相关分子模式、植物激素及其类似物、植物激发子多肽及一些无机化合物等，并且也开展了一些田间应用试验，如在田间喷施茉莉酮、水杨酸甲酯等均能有效降低相关害虫的种群密度，但真正商品化应用的还没有报道[36]。

随着对作物抗病与抗虫机理的深入了解，至今已成功培育或创制了多个改变了生态功能分子合成能力的作物品种或品系。例如，国内已成功选育出了第 1 个可在生产上使用的水稻化感新品种——'化感稻 3 号'，该品种种植后可明显抑制稻田杂草的生长。同时，通过转基因技术，培育和筛选了对害虫或其天敌具有强引诱作用的作物品种（系）[36]。

三、生态功能分子的应用前景展望

通过调控相关生态功能分子的种类和浓度（提高或降低生物体合成能力、外用生态功能分子等）及干扰生物体对相关生态功能分子的反应等，创造不利于有害生物种群扩增的作物生态系统环境，从而降低有害生物的危害，无疑是未来开发绿色有效的有害生物防控技术的最有效途径之一。而要开发这方面的防控技术，除了要进一步深入揭示植物、动物、微生物等多物种种内与种间互作的化学与分子机理以外，还要加强这方面的应用技术，如相关化合物结构改造、剂型、使用时间等的研究与开发。同时，还需要研究这些技术与植物抗性、天敌作用等的协调，以及多学科相关科学家，如昆虫学家、植物病理学家、化学家、植物生理学家、分子生物学家等的通力合作。尽管目前国内外在这一领域已经取得了一些重要的研究进展，但总体而言还处于起步阶段[36]。

虽然已有关于虫害诱导植物挥发物应用的相关报道，但由于技术条件限制，仅是间接利用虫害诱导的挥发物，如利用虫害诱导挥发物筛选较为理想的天敌昆虫品系。随着分子生物学、化学分析等相关科学技术的发展应用，虫害诱导挥发物的研究也在不断加深，大量的室内及田间试验中科研工作者开始尝试将虫害诱导的挥发物直接应用于害虫防治[36]。

 思考题

一、名词解释

组成性防御；诱导性防御；绿叶挥发物；毒液；多分 DNA 病毒；卵巢蛋白；畸形细胞；生态功能分子

二、问答题

1. 虫害诱导的植物化学防御过程包括哪几个步骤？
2. 虫害诱导的直接防御对植食性昆虫有哪些影响？
3. 虫害诱导的间接防御包括哪两个方面？
4. 植食性昆虫怎样解除植物化学防御物质的毒性？
5. 昆虫识别寄主的信号来源有哪些？
6. 寄生蜂如何主动抑制寄主的免疫？
7. 寄生蜂怎样调控寄主发育？

8. 如何利用植物-害虫-天敌互作关系的研究成果开展害虫生物防治？谈谈你的认识与设想。

 参考文献

[1] 朱麟，古德祥. 植物抗虫性概念的当代内涵. 昆虫知识，1999，36（3）：355-360

[2] 徐涛. 虫害诱导的植物化学防御作用. 广州：中山大学博士学位论文，2003

[3] 娄永根，程家安. 植物的诱导抗虫性. 昆虫学报，1997，40（3）：320-331

[4] 杨乃博，伍苏然，沈林波，等. 植物抗虫性研究概况. 热带农业科学，2014，34（9）：61-69

[5] 钦俊德. 昆虫与植物的关系—论昆虫与植物的相互作用及其演化. 北京：科学出版社，1987

[6] Stoner K A. Glossy leaf wax and plant resistance to insects in *Brassica oleracea* under natural infestation. Environmental Entomology，1990，19（3）：730-739

[7] 刘敏，刘宇杰，付宁宁，等. 7种松树挥发物分析及其主要萜烯类物质对红脂大小蠹行为选择的影响. 环境昆虫学报，2021，43（1）：48-59

[8] 张月白，娄永根. 植物与植食性昆虫化学互作研究进展. 应用生态学报，2020，31（7）：2151-2160

[9] Alborn H T，Turlings T C J，Jones T H，et al. An elicitor of plant volatiles from beet armyworm oral secretion. Science，1997，276：945-949

[10] 禹海鑫，叶文丰，孙民琴，等. 植物与植食性昆虫防御与反防御的三个层次. 生态学杂志，2015，34（1）：256-262

[11] Mattiacci L，Dicke M，Posthumus M A. β-glucosidase：An elicitor of herbivore-induced plant odor that attracts host-searching parasitic wasps. Proceedings of the National Academy of Sciences of the United States of America，1995，92：2036-2040

[12] Schmelz E A，Leclere S，Carroll M J，et al. Cowpea chloroplastic ATP synthase is the source of multiple plant defense elicitors during insect herbivory. Plant Physiology，2007，144：793-805

[13] Liu Y，Wang W L，Guo G X，et al. Volatile emission in wheat and parasitism by *Aphidius avenae* after exogenous application of salivary enzymes of *Sitobion avenae*. Entomologia Experimentalis et Applicata，2009，130：215-221

[14] Iida J，Desaki Y，Hata K，et al. Tetranins：New putative spider mite elicitors of host plant defense. New Phytologist，2019，224：875-885

[15] Shangguan X X，Zhang J，Liu B F，et al. A mucin-like protein of planthopper is required for feeding and induces immunity response in plants. Plant Physiology，2018，176：552-565

[16] Guo H，Wielsch N，Hafke J B，et al. A porin-like protein from oral secretions of *Spodoptera littoralis* larvae induces defense-related early events in plant leaves. Insect Biochemistry and Molecular Biology，2013，43：849-858

[17] Chaudhary R，Atamian H S，Shen Z，et al. GroEL from the endosymbiont *Buchnera aphidicola* betrays the aphid by triggering plant defense. Proceedings of the National Academy of Sciences of the United States of America，2014，111：8919-8924

[18] Bricchi I，Occhipinti A，Bertea C M，et al. Separation of early and late responses to herbivory in *Arabidopsis* by changing plasmodesmal function. The Plant Journal，2013，73：14-25

[19] Gaquerel E，Weinhold A，Baldwin I T. Molecular interactions between the specialist herbivore *Manduca sexta* （Lepidoptera，Sphigidae）and its natural host *Nicotiana attenuate*. Ⅷ. An unbiased GCxGC-ToFMS analysis of

the plant's elicited volatile emissions. Plant Physiology，2009，149：1408-1423

[20] Alborn H T，Hansen T V，Jones T H，et al. Disulfooxy fatty acids from the American bird grasshopper *Schistocerca americana*，elicitors of plant volatiles. Proceedings of the National Academy of Sciences of the United States of America，2007，104：12976-12981

[21] Fatouros N E，Pashalidou F G，Cordero W V，et al. Anti-aphrodisiac compounds of male butterflies increase the risk of egg parasitoid attack by inducing plant synomone production. Journal of Chemical Ecology，2009，35：1373-1381

[22] Yang J，Nakayama N，Toda K，et al. Structural determination of elicitors in *Sogatella furcifera*（Horváth）that induce Japonica rice plant varieties（*Oryza sativa* L.）to produce an ovicidal substance against *S. furcifera* eggs. Bioscience，Biotechnology，and Biochemistry，2014，78：937-942

[23] Doss R P，Oliver J E，Proebsting W M，et al. Bruchins：Insect-derived plant regulators that stimulate neoplasm formation. Proceedings of the National Academy of Sciences of the United States of America，2000，97：6218-6223

[24] 郝娅，娄永根. 虫害诱导植物挥发物的研究进展. 长江大学学报（自然科学版），2013，10（11）：12-15

[25] 陈学新，冯明光，娄永根，等. 农业害虫生物防治基础研究进展与展望. 中国科学基金，2017，31（6）：577-585

[26] Aartsma Y，Cusumano A，de Bobadilla M F. Understanding insect foraging in complex habitats by comparing trophic levels：Insights from specialist hostparasitoid-hyperparasitoid systems. Current Opinion in Insect Science，2019，32：54-60

[27] Dheilly N M，Maure F，Ravallec M，et al. Who is the puppet master? Replication of a parasitic wasp-associated virus correlates with host behaviour manipulation. Proceedings of the Royal Society B，2015，282：20142773

[28] 叶恭银，胡建，朱家颖，等. 寄生蜂调控寄主害虫免疫与发育机理的研究新进展. 应用昆虫学报，2019，56（3）：382-400

[29] 李永. 腰带长体茧蜂毒液和卵巢蛋白对寄主免疫反应的抑制. 上海：中国科学院研究生院（上海生命科学研究院）硕士学位论文，2007

[30] 王方海，古德祥，龚和. 寄生蜂畸形细胞的主要结构和功能. 昆虫知识，1999，36（2）：113-117

[31] 秦启联，王方海，龚和. 畸形细胞在协调寄生蜂同其寄主相互关系中的作用. 昆虫学报，1999，42（4）：431-438

[32] 白素芬，李欣，陈学新，等. 寄生蜂畸形细胞特性及与蜂幼虫生长发育的关系. 环境昆虫学报，2008，30（4）：370-376

[33] 王方海，古德祥. 寄生蜂作用于寄主的内部生理机制. 中山大学学报论丛，1997，（5）：108-112

[34] 叶恭银，方琦. 寄生蜂与作物害虫免疫及发育互作：研究热点与主要科学问题探讨. 中国科学基金，2020，34（4）：447-455

[35] Ignesti M，Ferrara R，Romani P，et al. A polydnavirus-encoded ANK protein has a negative impact on steroidogenesis and development. Insect Biochemistry and Molecular Biology，2018，95：26-32

[36] 娄永根，孔垂华，孙晓玲. 调控与利用生态功能分子：一种安全有效的有害生物防控新途径. 植物保护学报，2018，45（5）：925-927

第四章 增加害虫天敌防治害虫

第一节 创造害虫天敌在野外繁殖的条件

创造害虫天敌在野外繁殖条件的目的，在于把自然界中存在的天敌数量积累起来，以利于抑制害虫种群数量增加。这方面的工作应用于寄生性和捕食性昆虫、食虫蛛形动物较多，也有应用于益鸟和青蛙等食虫脊椎动物。

实施的方法主要有：①直接保护天敌；②应用农业技术或造林技术增加天敌数量和增强天敌效能；③增加自然界中天敌的食料；④与其他防治方法结合增加天敌的数量和增强天敌效能。就农田生态系统而言，这些措施保存和增加了种库中的天敌数量，当农田天敌群落重建时，能保证提供源源不断的天敌，以抑制害虫群落的重建和发展。

一、直接保护天敌

直接保护天敌是积累自然界中害虫天敌最常用的方法，一般比较简单，所以应用也较普遍。其原理是把已经存在于田间或森林里的害虫天敌，在适当的时间用人为的方法把它们保护起来，免受不良因素的影响，使其能够保持较多的数量。

保护天敌一般并不需要增加额外的费用和花费很多人工，因此群众容易接受，已在生产上大面积推广，自然天敌的保护利用已成为我国害虫综合防治的基本措施之一。

（一）寄生性天敌昆虫的保护

卵寄生蜂的幼虫期都生活在寄主体内，对被寄生的寄主采取保护措施有利于增加天敌的数量。例如，三化螟（*Tryporyza incertulas*）综合防治中的除卵措施，如能结合保护三化螟卵寄生蜂的方法，效果会更好。把摘下的卵块放进小缸（或其他类似容器）内，缸口加上两根木条，缸上用一顶竹帽盖住，免受雨水侵袭。缸内的螟卵通常可被好几种寄生蜂寄生，寄生蜂羽化后，能由缸口与竹帽间的缝隙飞出至稻田，再寄生于田间的三化螟卵。盛卵缸放在一水盆内并与稻田隔一水沟，这样未被寄生的三化螟卵孵化后幼虫不致爬入稻田为害。在四川，对水稻三化螟卵寄生蜂进行保护的田间，螟卵寄生率明显提高；在广东，晚稻田的保护田螟卵寄生率比对照田高 38.21%。在江浙一带种桑养蚕地区，桑螟（*Rondotia menciana*）是为害桑树的重要害虫之一，它以卵越冬，其越冬卵常被一种黑卵蜂和一种跳小蜂寄生。当地蚕农曾在冬季采集大量桑螟卵，放在室内保护越冬，翌年春季寄生蜂羽化时再送到指定地区释放，结果在放蜂区的桑螟卵被寄生率显著提高，得到良好的防治效果。

许多农林害虫的寄生性天敌，除了卵寄生蜂以外，还有不少幼虫寄生蜂、蛹寄生蜂、寄生蝇等，也可以设法保护，以增加它们在田间的数量，会收到一定的防治效果。例如，在浙江蚕桑区，桑螟的蛹常被寄生蜂和寄生蝇寄生，当地群众采集虫蛹，放进竹织的益虫保护笼，挂在树上，寄生蜂、寄生蝇羽化后，由保护笼飞出至田间，寻找桑螟蛹寄生，而笼内未被寄生的桑螟蛹羽化后因体积较大钻不出保护笼而死在笼内。

（二）捕食性天敌昆虫的保护

瓢虫有聚集越冬的习性，采取措施保护好越冬瓢虫有利于控制来年蚜虫的发生。我国东北地区，冬季有许多捕食蚜虫的异色瓢虫（*Harmonia axyridis*）在田野的树根、树缝、树叶、土块、石块下和房屋的墙缝中或山上的石洞、石缝中越冬，越冬时间从 9 月开始，11 月就进入滞育，10℃以下会聚集成团。聚集越冬的异色瓢虫数量很多，在石洞内有时可堆积到半尺（1 尺≈0.33 m）多厚，但因度不了严冬，每年都大量死亡。吉林的怀德县在 10～11 月曾大量收集附近村庄及石洞缝中的越冬瓢虫，在室内进行人工保护，到次年春暖将它们放到有蚜虫为害的田间去捕食蚜虫，收到了防治效果。

湖北省荆门市用旧岗柴、芦柴和麻秆（上部都是中空的）等为材料，制成杆状的"人造蜂房"，插在棉田，60～75 根/hm²，高出棉株 15～35 cm，经过一个多月的观察，发现有长脚蜂、小汗蜂、屋搁蜂等野蜂把棉铃虫（*Helicoverpa armigera*）、棉小造桥虫（*Anomis flava*）、小卷叶虫等幼虫捕进这些"人造蜂房"，作为其子代的食料，每个"蜂房"有 4～5 个隔仓，每个隔仓一般有害虫幼虫 20 头左右。1287 根"人造蜂房"中，有 175 根被野蜂利用，共捕捉棉虫19 250 头，比人工扫残的效果还好，又省人工，这一保护天敌消灭棉虫的措施受到了群众的欢迎。浙江省宁波市奉化区董王村的农民，发现本地黄唇蜾蠃蜂（*Rhynchium brunneum*）能猎捕稻田、杂粮田、棉田等作物的多种鳞翅目幼虫。通过用招引饲养观察箱进行试验，发现该蜂猎捕害虫性能强，有利用价值。

冬季休眠期刮树皮是消灭果树越冬害虫的有效措施，但蜘蛛、小花蝽、捕食螨、瓢虫等很多害虫天敌也在树皮裂缝或树穴里越冬。为保护这些害虫天敌，可采用树干基部捆草把、种植越冬作物、园内堆草或挖坑堆草等措施，人为创造有利于天敌越冬的环境。剪下的虫果、虫枝、虫叶应放在粗纱网内，待天敌羽化后将其放回果园。树干涂白可延迟到春后进行，以保护天敌昆虫安全出蛰和羽化。

（三）蜘蛛的保护

蜘蛛是农田害虫的重要捕食性天敌，对害虫发生有强大的抑制作用。保护稻田蜘蛛，首先要加强蛛、虫测报，在稻田每一个耕作时期，都要实施保护措施，如冬季创设有利于蜘蛛安全越冬的条件，春耕春插期捡拾蜘蛛卵袋，移到早稻田埂；早稻本田期，设害虫诱杀田，田间设诱繁蛛笼；夏收秋插期，摘叶转蛛卵，分插晚稻本田，田埂开设保护坑，内不渍水，上盖稻草；秋收冬种期，蛛多虫少田播种草籽，蛛少虫多田翻耕冬种或进行沤水冬闲。

（四）鸟类的招引与保护

鸟类是农林害虫的重要捕食性天敌，对控制害虫发生作用显著。河北省昌黎县的桃梨种植区，常遭象鼻虫、梨星毛虫（*Illiberis pruni*）、桃小食心虫（*Carposina niponensis*）、天牛幼虫等多种害虫为害，但该地有不少鸟类如大山雀（*Parus major*）、沼泽山雀（*P. palustris*）、大斑啄木鸟（*Dendrocopos major*）等能捕食这些害虫，据观察，每对大山雀在育雏期间每天捕食害虫达

100～200 头。因此，当地群众创造一些有利于鸟类栖息和繁殖的条件，如在果园内悬挂人工巢箱，以增加园中益鸟的数量。森林中各种益鸟如山雀、杜鹃、伯劳、黄莺（*Oriolus chiensis diffusus*）、小噪鹛（*Garrulax sannio sannio*）、啄木鸟等，每年捕食大量林间害虫。从 20 世纪 80 年代初开始，新疆根据粉红椋鸟（*Sturnus roseus*）繁殖所需巢基的特点，分别采用石头堆砌、修建砖混结构鸟巢等方法招引粉红椋鸟，每年招引粉红椋鸟数十万羽，有效控制了蝗灾的发生[1]。

（五）青蛙的保护

青蛙能够捕食大量的农田害虫，特别是水稻害虫，据统计 1 只青蛙 1 d 可以吃掉 200～400 头昆虫，许多地方禁止捕捉青蛙。例如，浙江省衢州市柯城区九华乡下彭川村曾盛行捕蛙，为杜绝这一歪风，村里将保护青蛙纳入村规、民约。两年后终于刹住了捕蛙风，不但本村无人抓，连邻村人也望而却步，青蛙从此在该村"太平无事"。青蛙多起来，庄稼好起来，田里农作物的害虫少，农药自然也用得少，每年全村每 666.7 m² 农田降低农药成本 100 元左右。村民们尝到保护青蛙的甜头，也就更加善待青蛙了[2]。

二、应用农业技术或造林技术增加天敌数量和增强天敌效能

应用农业技术或造林技术增加天敌数量和增强天敌效能的目的有两个：一是给天敌提供适宜的生存环境，有益于其生长、发育和繁殖，增加种群数量；二是保护天敌的多样性，充分发挥天敌的协同控制作用。

在利用赤眼蜂（*Trichogramma* spp.）防治甘蔗螟虫的蔗田里，其中有间作绿肥以延长赤眼蜂成虫寿命的措施。因为赤眼蜂成虫在高温干燥条件下容易死亡，尤其在蔗苗期，大部分土地没有作物遮盖，常形成一个高温低湿的环境，不利于赤眼蜂的生存。在蔗田间作绿肥，一方面能增加甘蔗的肥料，另一方面也改变田间小气候条件，起到降温增湿作用，以利于赤眼蜂的生存和对蔗螟的寄生。因此，间作绿肥的甘蔗田，蔗的螟蛀节一般比不间种的少。甘薯套种于甘蔗行间，也同样有利于赤眼蜂的生存和活动。

缨小蜂是稻飞虱的重要寄生性天敌，在飞虱科不同种类间可转换寄主。调查发现，稻田周围生境中的飞虱种类约达 10 种。在稻田生境被破坏时，稻田中的缨小蜂可以在非稻田生境中得到庇护，非稻田生境中多种禾本科杂草及作物上的飞虱卵是其转换寄主，供其寄生以保存和繁衍后代，同时稻田边其他作物如玉米、蔬菜、大豆等（尤其是花期较长的大豆），杂草中花期较长的莎草类、阔叶类杂草等能为缨小蜂提供充足的食物，延长其寿命，提高其寄生和繁殖能力。因此，稻田田埂点种大豆和田边保留适量杂草，能有效地保护稻田寄生性天敌，提高对稻田害虫的生防效益[3]。

森林的地面植被对寄生蜂的寄生效率影响很大。松林里的植被覆盖度达 95%时，松毛虫幼虫寄生率为 55.55%，覆盖度 80%的是 28.2%，覆盖度 50%的是 3.03%，覆盖度 30%的无寄生。

种植果园防护林带可以削减风的强度，有利于小型寄生昆虫的活动，林带中经常滋生许多对果树无害的昆虫，往往都是补充寄主。所以，四周种植防护林带的果园，寄生昆虫的作用总比没有防护林带的果园要大些。

三、增加自然界中天敌的食料

利用非作物植物可以增强天敌的效能并提高生物防治效果，这些植物的主要作用是为害虫

天敌提供补充食物、越冬和繁殖场所、逃避农药和耕作干扰等恶劣条件的庇护所及适宜生长的微观环境等。

用增加自然界中天敌食料的方法来保护自然界天敌，首先要了解天敌的食料种类及其所需量。例如，在甘蔗田里间种绿肥，一则改善蔗田环境，使其适合于赤眼蜂生存；二则绿肥花的花蜜可供赤眼蜂取食而延长寿命。许多食虫昆虫，特别是大型寄生蜂与寄生蝇往往需要补充营养，才能促使性器官成熟。

在果园四周或行间种植油菜、蜜源植物或牧草，如三叶草、紫花苜蓿（*Medicago sativa*）、毛苕子（*Vicia villosa*），可为天敌提供丰富的食料和蜜源（花粉和花蜜），以及良好的繁殖、栖息场所，促使其自然增殖，同时还可以吸引外界天敌飞到果园取食、定居和繁殖，大大增加了天敌的种群数量。另外，在防治害虫时，天敌可躲避于草中避免被杀，从而得到有效保护。浙江省金华市在水稻田边种植花期较长的芝麻可以提高稻飞虱和稻纵卷叶螟（*Cnaphalocrocis medinalis*）寄生蜂的数量，有效控制害虫种群，减少农药使用，经济、生态效益明显。田埂种植芝麻的生态控制区的稻飞虱寄生蜂数量是农民自防田的 4～10 倍，稻飞虱数量显著降低[4]。在新疆的杏-麦间作果园分别套种油菜、芜菁和紫花苜蓿 3 种蜜源植物后，发现天敌群落的物种多样性指数和均匀度指数均高于对照果园，捕食性天敌草蛉和瓢虫类的数量大大增加，并且新增了 3 种天敌——大眼长蝽（*Geocoris pallidipennis*）、黑缘红瓢虫（*Chilocorus rubidus*）和一种粉蛉，在一定程度上抑制了害虫的发生[5]。在陕西省千阳县三合村果园调查发现，种草后果园害虫天敌总量增加了 52%［小花蝽、瓢虫、六点蓟马（*Scolothrips sexmaculatus*）和蜘蛛数量最多，草蛉、寄生蚜、捕食螨次之］。5～6 月，天敌对苹果蚜虫、螨类和其他害虫的控制率分别达到了 78%、69%和 43%[6]。

需要注意的是，由于昆虫的食性比较专一，有些显花植物的花粉并不适合天敌的生长，甚至有些还可能由于产生次生化合物而带来一定的毒副作用。此外，有些需要控制的靶标害虫也可能因为蜜源植物而受益，如寿命延长、生殖力增强等。因此，在充分评价非作物植物对害虫和天敌存在的潜在影响的基础上，需要明确蜜源植物的面积大小、与目标作物的距离、天敌的取食行为模式及传粉昆虫的竞争等对天敌效能的影响。

四、与其他防治方法结合增加天敌的数量和增强天敌效能

我国在"预防为主，综合防治"植保方针指导下，确立了害虫防治要"从农田生态系统总体观念出发，充分利用自然控制因素"的原则。即以科学用药、放宽害虫防治指标为突破口，从保护天敌、避免杀伤天敌，发展到改造农田生态环境，促进生态平衡，提高产品质量，降低防治费用，取得了非常明显的成效。因此，需协调使用化学农药和其他防治方法，从而既能保护天敌又能快速有效控制害虫。

（一）准确用药

虫害防治用药应选在害虫数量达到或超过防治指标时、害虫生命力最弱时（幼龄阶段）、害虫隐蔽为害前等阶段，尽量避开天敌发生高峰期，要严格按照剂量和安全间隔期要求用药，在有效浓度范围内，尽量用低浓度防治病虫。例如，我国北方棉区过去在棉蚜（*Aphis gossypii*）发生初期就喷药防治，杀死了棉田早期天敌，蚜害逐年猖獗。控制早期农药的使用后，天敌得到保护，蚜害得以减轻。

　　我国许多地方研究稻田蜘蛛的保护，以发挥蜘蛛防治水稻害虫的作用。对多个地区的调查发现，稻田蜘蛛的种类多、数量大、捕食量大，对稻飞虱、叶蝉等主要害虫，每天少则捕几头，多则捕数十头。例如，每 666.7 m² 稻田有飞虱、叶蝉 125 000～250 000 头，已达化学防治指标，但只要每蔸禾有蜘蛛 1～2 头，2～4 d 即可将害虫控制到每蔸禾 1～2 头以下，不必使用化学农药。

　　在防治荔枝蝽（*Tessaratoma papillosa*）的实践中，当为害荔枝的荔枝蝽数量每株达到 200 头以上时，在荔枝蝽开始活动未产卵前施用一次敌百虫，压低害虫数量，隔几天后再释放平腹小蜂可取得更好的防治结果。

（二）巧用农药

　　1. 局部喷药　　很多害虫都是聚集性发生的，在田间的分布不均匀，可采取针对性局部喷药措施，既能控制害虫，也可减少药量，降低成本，更重要的是能够保护害虫天敌。例如，稻飞虱就是典型的聚集性分布害虫，防治时只需在聚集分布区用药就能达到防治效果。

　　2. 地面喷药　　对一些地面活动的害虫如蝼蛄、金针虫、蛴螬和地老虎等，把农药撒施或喷布在地面，既能杀死害虫，也可减轻对害虫天敌的伤害。一般来说，用毒饵法对害虫天敌最为安全，喷雾比喷粉的危险性也要小些，用种子处理、土地灌注、树干敷扎等方法也都可避免或减少对天敌的不良影响。

　　3. 选择性用药　　选择对害虫高效而对天敌低毒的农药。由于不同药剂对生物群落的影响不同，在必须用药时，最好选择对害虫高效而对天敌低毒的种类，一般内吸性药剂、残效期短的杀虫药剂较为理想。例如，用具有内吸性的乐果涂蔗茎防治绵蚜的方法，既可保护蔗田里各种害虫天敌，又能对蚜虫起到防治作用。又如，施用一般浓度的敌百虫或敌敌畏，喷后 3 d 就可释放赤眼蜂。

　　4. 利用微生物农药　　微生物农药是指以细菌、真菌、病毒和原生动物或经基因修饰的微生物活体为有效成分的制剂，具有选择性强，对人、畜、农作物和自然环境安全，不伤害天敌，不易产生抗性等特点，如苏云金芽孢杆菌（*Bacillus thuringiensis*）、白僵菌、核多角体病毒、C 型肉毒梭菌外毒素等。例如，用白僵菌防治桃小食心虫、蛴螬类害虫，用苏云金芽孢杆菌防治刺蛾、卷叶蛾等鳞翅目害虫。

　　5. 巧混农药　　不同作用机制的农药混合使用，不仅能延缓害虫抗药性的产生，而且能增强药效，减少药量，降低成本。例如，迟效型的灭幼脲和速效型的菊酯类农药混合使用防治桃小食心虫，可以加快击倒速度，减轻对害虫天敌的杀伤力，同时减少菊酯类农药的用量。但应注意，不是所有的农药都能混合使用，必须按照农药、化肥混合使用表列出的混合方案安全操作。

第二节　　人工大量繁殖释放天敌昆虫

　　当本地天敌在自然界控制不住害虫发生，尤其在害虫发生前期由于天敌数量少对害虫的控制力很低时，可以通过人为的方法在室内大量繁殖天敌，在害虫发生之初，大量释放于农田或森林，常可取得较显著的防治效果。

　　在进行人工大量繁殖天敌时，首先是要解决天敌的食料问题（寄主或其他食物），一般有下列几种方法：①用某植物的某些部分如瓜、果、块茎、叶等来饲养寄主。例如，用马铃薯（*Solanum tuberosum*）幼芽或南瓜（*Cucurbita moschata*）饲养寄主粉蚧来繁殖孟氏隐唇瓢虫（*Cryptolaemus montrouzieri*）等。②利用上述植物部分饲养能为天敌所接受的转换寄主。例如，用蓖麻（*Ricinus communis*）叶或木薯（*Manihot esculenta*）叶饲养蓖麻蚕（*Samia cynthia ricini*），用蚕卵来繁殖赤眼蜂等。③用人工饲料来饲育寄主。例如，用昆虫营养所必需的一些糖类、无机盐、维生素、酵母等来饲养一些昆虫，再以此来繁殖害虫的寄生蜂。当田间存在相当数量的寄主时，也可以直接由田间采回利用而不必通过繁殖，如人们有时利用诱蛾灯诱集松毛虫、灯蛾、地老虎及其他一些常见的容易找到的昆虫作寄主。但这些寄主受自然界发生数量的限制，供应量不稳定，常作为补充寄主。

在人工繁殖天敌昆虫时，应注意繁殖出来的天敌能保持高度生活力和对田间的适应力，这样才能发挥其效能而真正起到防治作用。

一种天敌是否能进行人工大量繁殖，关键是能否找到适当的转换寄主。较理想的转换寄主应该具有下列条件：①这种寄主能为天敌所寄生或捕食，而且是其喜爱的；②天敌在寄主内能顺利发育；③寄主的内含物对天敌发育时期的营养质好而且量足；④寄主的体积较大；⑤如果天敌是卵寄生蜂，则寄主卵的卵壳较坚韧，不易扁缩，而且寄主卵量多；⑥寄主食料可整年供应而且价廉；⑦寄主每年世代数多；⑧易于饲养管理。选择转换寄主时应综合考虑这些条件。

我国在人工大量繁殖天敌昆虫方面进行了大量研究，并取得了显著成效，具体的繁殖利用方法将在后续章节中详细介绍。

一、赤眼蜂

赤眼蜂是全球害虫生物防治中研究最多、应用最广泛的一类卵寄生性天敌，其资源丰富、分布广泛、应用面积大、防治害虫对象多，在粮食安全生产、无公害食品和有机食品生产的害虫生物防治中发挥着重要作用。

利用中间寄主进行赤眼蜂工厂化繁育生产，是赤眼蜂进行大面积推广应用的重要原因。蒲蛰龙等[7]利用广赤眼蜂（*Trichogramma evanescens*）防治甘蔗螟虫，在广东顺德建立了全国第一个赤眼蜂繁殖站，首开了国内大量扩繁赤眼蜂进行害虫生物防治的先河。经过几十年的研究，大量扩繁赤眼蜂的生产技术和工艺已经很成熟，田间应用效果显著。目前，用于大规模繁殖赤眼蜂的中间寄主卵可以分为两类：①大卵，包括柞蚕（*Antheraea pernyi*）、蓖麻蚕和松毛虫（*Dendrolimus* spp.）卵等；②小卵，包括米蛾（*Corcyra cephalonica*）、麦蛾（*Sitotroga cerealella*）和地中海粉螟（*Ephestia kuehniella*）卵等。

目前，赤眼蜂已大面积地用于防治玉米螟、甘蔗螟虫、苹果小卷蛾（*Adoxophyes orana*）、稻纵卷叶螟和棉铃虫等[8]。我国每年放蜂治虫面积稳定在 400 000～530 000 hm²，最高年份曾超过 670 000 hm²。辽宁省的西丰、岫岩和吉林省的柳河等县，通过多年来长期大面积放蜂防治玉米螟，玉米螟的越冬虫量由原来百株虫量 150 头以上，现已压低到 10 头以下，玉米田天敌种群数量逐步趋向稳定。北京市密云区为保护首都的重要水源基地——密云水库，对全县种植的 10 000 hm² 玉米田，全部推广释放赤眼蜂治螟，取得显著的经济效益和生态效益[9]。

二、平腹小蜂

荔枝蝽是我国华南地区特产荔枝（*Litchi chinensis*）、龙眼（*Dimocarpus longan*）的重要

害虫，当地曾用化学农药敌百虫防治，效果很好。但几年后，害虫就产生抗药性，同时农药还杀伤荔园采蜜的蜜蜂。20 世纪 60 年代中期研究发现一种卵寄生蜂——麻纹蝽平腹小蜂（*Anastatus fulloi*）[10-12]对荔枝蝽卵的寄生作用，并成功进行人工繁殖用来防治害虫，放蜂后卵寄生率可达 90%以上，防治效果很好，防治费用仅为化学农药防治的 1/4～1/3，特别在丘陵缺水地区放蜂治虫更显示出优越性。

三、瓢虫

　　瓢虫是蚜虫的重要天敌，以瓢治蚜在北方麦、棉产区已大面积推广，效果良好。我国的瓢虫资源十分丰富，已报道的瓢虫达 680 种[13]。例如，福建省利用腹管食螨瓢虫（*Stethorus siphonulus*）防治柑橘全爪螨（*Panonychus citri*），效果十分显著，橘园推广面积已达 670 hm²。利用人工饲料繁殖七星瓢虫（*Coccinella septempunctata*）、异色瓢虫、龟纹瓢虫（*Propylea japonica*）方面也取得举世瞩目的进展。我国已研究出七星瓢虫的成虫人工饲料配方，并结合利用保幼激素促使成虫成功产卵。近年对其幼虫的人工饲料研究亦取得可喜进展。利用人工饲料繁殖的七星瓢虫已进入田间释放试验，观察田间防治效果阶段。我国七星瓢虫人工饲料研究在国际上处于领先地位。

四、草蛉

　　草蛉是一类重要的捕食性天敌昆虫，具有食性广、食量大、分布广、数量多的特点，在蚜虫、介壳虫、粉虱、蓟马和螨类等农业害虫的生物防治中发挥着积极作用。自20 世纪70 年代初开始，我国对草蛉常见种类的生物学、生态学、行为学，以及大规模繁殖技术、天然食物和人工饲料等开展了大量基础研究，草蛉卵、茧和成虫的保存、投放方法的研究也随之发展，并获得较好的生防应用效果[14]。

五、捕食螨

　　捕食螨广泛应用于蔬菜、果树、茶叶、棉花等多种作物上以防治害螨，已经实现规模化生产和应用的有智利小植绥螨（*Phytoseiulus persimilis*）、巴氏新小绥螨（*Neoseiulus barkeri*）、胡瓜新小绥螨（*Neoseiulus cucumeris*）、加州新小绥螨（*Neoseiulus californicus*）、拟长毛钝绥螨（*Amblyseius pseudolongispinosus*）等[15]。

 思考题

一、简答题

1. 有哪几种方法可以增加自然界中害虫天敌的数量？
2. 创造害虫天敌在野外的繁殖条件的目的是什么？
3. 我国的植保方针是什么？
4. 瓢虫主要捕食什么昆虫？
5. 平腹小蜂用来防治什么害虫？
6. 我国已经实现规模化生产和应用的捕食螨有哪几种？

7. 可用于规模化繁殖赤眼蜂的中间寄主卵有哪些？

8. 草蛉主要捕食哪些害虫？

二、问答题

1. 利用非作物植物可以增强天敌效能并提高生物防治效果的机理是什么？

2. 解决人工大量繁殖天敌所需食料的方法有哪些？

3. 选择人工大量繁殖天敌的转换寄主有哪些条件？

4. 为什么要科学使用农药？

5. 目前人工繁殖赤眼蜂所使用的替代寄主有哪些？

6. 我国利用赤眼蜂防治害虫的情况如何？

7. 我国在瓢虫人工繁殖方面取得了哪些进展？

8. 谈谈你对保护利用天敌的认识。

 参考文献

［1］李占武，努尔兰，努尔别克. 蝗虫天敌—粉红椋鸟的招引技术及保护措施. 新疆农业科技，2009，（1）：69

［2］王国成. 保护青蛙纳入村规民约. 乡镇论坛，2005，（9）：19

［3］郑许松，俞晓平，吕仲贤，等. 不同营养源对稻虱缨小蜂寿命及寄生能力的影响. 应用生态学报，2003，14（10）：1751-1755

［4］朱平阳，吕仲贤，Gurr G，等. 显花植物在提高节肢动物天敌控制害虫中的生态功能. 中国生物防治学报，2012，28（4）：583-588

［5］丁瑞丰，王小丽，徐遥，等. 套种蜜源植物对杏-麦间作果园节肢动物群落的影响. 新疆农业科学，2008，45（5）：960 -963

［6］刘玉平，张超. 果园害虫天敌的保护和利用. 西北园艺（果树），2013，（2）：15-16

［7］蒲蛰龙，邓德蔼，刘志诚，等. 甘蔗螟虫卵赤眼蜂繁殖利用的研究. 昆虫学报，1956，6（1）：1-35

［8］Wang Z Y，He K L，Zhang F，et al. Mass rearing and release of *Trichogramma* for biological control of insect pests of corn in China. Biological Control，2014，68：136-144

［9］王承纶，张荆，霍绍棠，等. 赤眼蜂的研究、繁殖与应用//中国生物防治. 太原：山西科学技术出版社，1998

［10］盛金坤，王国红，俞云祥，等. 平腹小蜂属四新种记述（膜翅目：旋小蜂科）. 昆虫分类学报，1997，19（1）：58-64

［11］唐璐. 中国平腹小蜂属系统分类研究. 福州：福建农林大学硕士学位论文，2018

［12］Peng L F，Tang L，Gibson G A P. Redescription of the types of species of *Anastatus* Motschulsky，1859（Hymenoptera：Chalcidoidea：Eupelmidae）described by J. K. Sheng and coauthors. European Journal of Taxonomy，2017，292：1-24

［13］庞虹. 瓢虫科分类研究的现状. 昆虫知识，2002，39（1）：17-22

［14］张宣达. 草蛉的人工饲养与应用//中国生物防治. 太原：山西科学技术出版社，1998

［15］徐学农，吕佳乐，王恩东. 捕食螨在中国的研究与应用. 中国植保导刊，2013，33（10）：26-34

第五章 寄生性天敌昆虫的繁殖和利用

第一节 寄生性天敌昆虫与寄生现象

一、寄生性天敌昆虫

（一）概念

寄生性天敌昆虫又称拟寄生物（parasitoid），是指在生活史的某一时期或终生附着在其他动物（寄主）的体内或体外，并吸取寄主的营养物质以维持生存的昆虫[1, 2]。

拟寄生物与医学中的寄生物（parasite）是有所区别的。寄生物是指那些生活在其他有机体（寄主）体内或体表的一类生物，寄生物在寄主体内或体表完成其生命周期的全部或主要发育阶段。这是一种涉及至少两个不相关物种的共生（symbiosis）现象，一个共生物以牺牲另一个共生物（寄主）为代价，如血吸虫。而拟寄生物（parasitoid）是指寄生物能使寄主变虚弱或者是其他形式的损害，并逐渐将寄主杀死，或使其失去生殖能力。以这种方式发育的昆虫，幼虫期总是营寄生生活，成虫期营自由生活，这是拟寄生物名称由来的原因，以便与那些真正的寄生物相区别。例如，赤眼蜂（*Trichogramma* spp.）是卵寄生蜂，成虫将卵产在寄主卵内，幼虫孵化后取食卵内含物，完成发育后在寄主卵内羽化，成虫咬破寄主卵壳后离开，自由生活。

需要明确的是，寄生性天敌昆虫虽然能寄生并杀死寄主（害虫），但不是所有的寄生性昆虫都能用于生物防治，有些种类甚至对生物防治产生不利影响。

（二）一般特征

与长期寄生生活相适应，寄生性天敌昆虫一般表现出三个方面的典型特征。

1. 形态结构 变化较多。个体一般小于寄主，由于幼虫期不需要寻找食物，足和眼都已退化。

2. 食性 成虫和幼虫食性不同，通常幼虫为肉食性，在一个寄主上可完成发育，可产生一个或多个个体，寄主被杀死的速度一般较慢。

3. 习性 成虫搜索寄主，主要为了产卵，一般不杀死寄主。幼虫在寄主体内或体外完成生长发育，不能离开寄主独立生活，与寄主的生活史和生活习性相适应。

二、寄生现象

寄生现象是指寄生性昆虫对寄主的寄生作用，是种间甚至种内相互作用关系的一种，普遍存在于生物界，表现方式多种多样。

（一）寄主的发育阶段

1. 单期寄生 单期寄生是指寄生昆虫的幼虫只寄生在寄主的某一个发育阶段如卵、幼虫、蛹和成虫，完成发育后离开寄主，因此又可以分为以下几种。

（1）卵寄生 成虫将卵产在寄主卵内，幼虫孵化后取食寄主卵内物质，直到完成蛹期发育，羽化为成虫后离开寄主卵。这类寄生性天敌昆虫将寄主直接杀死在卵期，是重要的生物防治资源，对生物防治意义重大。赤眼蜂是重要的卵寄生蜂，寄主范围广泛，包括鳞翅目、双翅目、鞘翅目、膜翅目、广翅目、脉翅目、半翅目等 7 目 400 多种，可用于许多重要农业害虫的生物防治。

（2）幼虫寄生 成虫将卵产在寄主幼虫体内，幼虫孵化后即取食寄主的内含物，被寄生的寄主能继续取食给寄生蜂幼虫提供营养，至后期行动迟缓，寄生蜂幼虫完成发育后，从寄主体表钻出并杀死寄主。例如，螟蛉绒茧蜂（*Apanteles ruficrus*）将卵产在稻螟蛉（*Naranga aenescens*）幼虫体内，一头幼虫可产生 7～53 头寄生蜂。

（3）蛹寄生 成虫将卵产于寄主蛹内或蛹外，幼虫孵化后在寄主蛹内或蛹外取食、发育、化蛹，羽化为成虫后离开寄主，如广大腿小蜂（*Brachymeria lasus*）、舞毒蛾黑瘤姬蜂（*Coccygomimus disparis*）、蝶蛹金小蜂（*Pteromalus puparum*）等。

（4）成虫寄生 成虫将卵产于寄主的成虫体内或体上，其幼虫在寄主体内或附在寄主体上取食、发育，在寄主体内或离开寄主化蛹，羽化为成虫后离开寄主。例如，小蠹金小蜂（*Tomicobia seitneri*）产卵在云杉八齿小蠹（*Ips typographus*）体内，羽化时从体背咬孔外出。

2. 跨期寄生 跨期寄生是指寄生昆虫的幼虫需经过寄主的 2 或 3 个虫期，才能完成发育，因此又可以分为以下几种。

卵—幼虫寄生：寄生昆虫成虫产卵于寄主卵中，寄主卵孵化为幼虫后，寄生蜂卵才孵化，在寄主幼虫体内完成发育，如螟甲腹茧蜂（*Chelonus munakatae*）将卵产在二化螟（*Chilo suppressalis*）或二点螟（*Chilo infuscatellus*）卵内。寄主卵的发育不受寄生影响，孵化为蚁螟，此时可透过寄主幼虫体壁观察到甲腹茧蜂已发育膨大的卵。蜂幼虫孵化后即在寄主幼虫体内取食，寄主幼虫也通过取食不断长大。蜂幼虫老熟后从寄主体内钻出，结茧于茎秆内寄主旁，此时，寄主幼虫由于体内物质被取食殆尽而死亡。

卵—幼虫—蛹寄生（卵—蛹寄生）：寄生昆虫产卵于寄主卵内，直至寄主的蛹期才完成发育，如寄生于地中海实蝇（*Ceratitis capitata*）、橘小实蝇（*Bactrocera dorsalis*）等的阿里山潜蝇茧蜂（*Fopius arisanus*）。

幼虫—蛹寄生：被寄生昆虫产卵的寄主幼虫发育至蛹期，寄生昆虫在寄主蛹期完成羽化前发育。例如，黄腹潜蝇茧蜂（*Opius caricivorae*）产卵于美洲斑潜蝇幼虫体内，待寄主化蛹后，蜂幼虫才完成发育并在寄主蛹内化蛹，羽化时从蛹前端咬孔外出。

（二）寄生物在寄主上取食的部位

1. 外寄生（ectoparasitism） 寄生者将卵产在寄主体外，幼虫孵化后附着在寄主体外，从寄主获取营养并完成发育。稻虱红螯蜂（*Haplogonatopus japonicus*）是稻飞虱若虫的外寄生蜂，幼虫通过口器形成的口钩刺破寄主体壁，附着在寄主体壁上，并通过口钩从寄主体腔获取营养（图 5-1）。也有人认为，稻虱红螯蜂是从外寄生到内寄生的一种过渡方式。

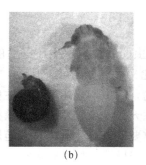

(a)　　　　　　　　(b)　　　　　　　　(c)　　　　　　　　(d)

图 5-1　稻虱红螯蜂的不同发育阶段

（a）稻虱红螯蜂幼虫寄生在稻飞虱若虫体表；（b）稻虱红螯蜂幼虫（左）和寄主（右）；

（c）稻虱红螯蜂幼虫完成发育后离开寄主后结的茧；（d）稻虱红螯蜂成虫[3]

2. 内寄生（endoparasitism）　　寄生者将卵产在寄主体内，幼虫在寄主体腔中获取营养，完成发育后离开并杀死寄主。寄生于蒲氏钩蝠蛾（*Thitarodes pui*）的一种悬茧蜂（*Meteorus* sp.）是内寄生蜂，成虫将卵产在寄主幼虫体内，幼虫孵化后在寄主体腔中生活并取食，完成发育后离开并杀死寄主[4]。

（三）寄生对寄主生活的影响

1. 抑性寄生（idiobiont）　　寄生者向寄主体内注入的因子，如毒液等可以明显抑制寄主发育的寄生方式，寄主的营养可满足寄生幼虫完成发育。典型的抑性寄生蜂是外寄生，专门攻击隐藏的寄主，因而寄主谱较广。

2. 容性寄生（koinobiont）　　寄生者在产卵过程中注入寄主体内的因子并不会明显抑制寄主发育的寄生方式。典型的容性寄生蜂是内寄生的，专门攻击暴露的寄主，因此寄主范围较窄。有些容性寄生蜂能调控寄主使其取食更多的食物，获取更多的营养以满足寄生蜂幼虫发育的需要。但寄生蜂幼虫完成发育后，寄主幼虫会因体内营养被寄生蜂幼虫耗尽而死亡。

（四）寄主能育出的同种寄生物个体数

1. 单寄生（solitary parasitism）　　也称孤寄生，寄生者与寄主之间表现出一比一的对应关系，即一个寄主最终只能满足一头寄生物的发育，多余的卵或幼虫都不能完成发育。

2. 群寄生（gregarious parasitism）　　也称聚寄生或多寄生（polyparasitism），同种寄生蜂的多个雌性将卵产在同一个寄主内，一个寄主体内完成多个同种幼虫发育的寄生蜂，如 1 头蒲氏钩蝠蛾幼虫可育出 31～62 头悬茧蜂幼虫。

（五）寄主能容纳的寄生物种类数

1. 独寄生（eremoparasitism）　　一个寄主只有一种寄生物，育出的后代数可能是 1 个或多个，是大多数寄生者所采取的寄生策略。该类雌性寄生者能够区分未被寄生产卵和已被寄生产卵的寄主，它们在已被寄生的寄主上不产卵或只产较少的卵。例如，缘腹细蜂科的黑卵蜂（*Telenomus sphingis*）雌蜂会给产过卵的寄主卵做物理性或化学性标记，即在产卵后爬回到寄主的背面，用它的产卵器末端以弯曲的方式在寄主卵的表面抓、划等，以便自己和同种其他雌性个体识别从而防止过寄生现象。

2. 共寄生（synparasitism）　　一个寄主可以有 2 种或 2 种以上寄生物同时寄生的现象，是极少数寄生者采取的寄生策略。不同种的寄生幼虫在同一寄主上取食，最终有 4 种可能结果：

一是同时存活；二是仅 1 种存活，另外的寄生者因各种原因（咬死或生理抑制）而死亡；三是部分存活；四是都不能生存。例如，桑螟聚瘤姬蜂（*Gregopimpla kuwanae*）与家蚕追寄蝇（*Exorista sorbillans*）可共寄生于桑螟（*Rondotia menciana*）幼虫，并在同一茧内发育。

（六）寄生者能否完成发育

1. 完寄生（hicanoparasitism）　　寄生者在寄主上能顺利完成发育。

2. 过寄生（superparasitism）　　寄生者在寄主上不能顺利完成发育。主要原因是在一个寄主上寄生昆虫的子代个数过多，寄主体内营养物质不能满足需要，导致一部分或全部寄生昆虫不能完成发育而死亡或发育极其不良，失去繁衍后代能力的现象。过寄生是同种同一个体和不同个体多次产卵所致，相应又可分成自过寄生和同种过寄生。

（七）寄生者与寄主发生关系的先后

1. 原寄生（protoparasitism）　　又称为初寄生或第一级寄生（primary parasitism），寄生者直接寄生未被其他寄生者寄生的寄主，故也称为直寄生（haploparasitism）。寄生者与寄主的关系最为单纯，前述各种寄生现象均属此类。在实施生物防治选择寄生性昆虫时，应该选择原寄生蜂。

2. 重寄生（epiparasitism）　　也称超寄生（hyperparasitism），寄生者以另一种寄生者为寄主的现象。重寄生现象在寄生蜂中很常见，但在昆虫纲的其他类群中却极为少见。大部分重寄生为二重寄生（secondary parasitism），但也可以发生兼性的三重寄生（tertiary parasitism）和四重寄生（quaternary parasitism）。例如，稻苞虫（*Parnara guttata*）（第一寄主）被广黑点瘤姬蜂（*Xanthopimpla punctata*）寄生（初寄生），该蜂又被横带沟姬蜂（*Goryphus bosilaris*）寄生（二重寄生），该姬蜂又被稻苞虫兔唇姬小蜂（*Dimmokia parnarae*）寄生（三重寄生）。到目前为止，所观察到的最为复杂的寄生与重寄生之间的相互作用是四重寄生：一头蚜虫（第一寄主）被一种蚜茧蜂所寄生（初寄生），该蚜茧蜂又被一头小蜂所寄生（二重寄生），该小蜂又部分地为另一种重寄生者所取食（三重寄生），该重寄生者又被一种大痣细蜂所寄生（四重寄生）。

只有初寄生者能用于害虫生物防治，而其他的重寄生者都作用于初寄生者，不利于生物防治。因此，在选择用于生物防治的寄生性天敌时，要注意排除重寄生昆虫的干扰。

有些寄生蜂的雄蜂仅由重寄生的蜂卵发育而来。例如，从日本引进用于防治松突圆蚧（*Hemiberlesia pitysophila*）的花角蚜小蜂（*Coccobius azumai*），其雄蜂就产自母代雌蜂重寄生于同种雌性的老熟幼虫、预蛹或初蛹中的卵。由于重寄生寄主的发育期短暂，被寄生概率低，因此该蜂的雄性比例较低，给花角蚜小蜂的人工繁殖带来了不小的困难。

3. 盗寄生（cleptoparasitism）　　寄生者将其后代产在已经被另一个寄生者寄生的寄主体内的现象，有人认为盗寄生是一种进化了的多寄生策略，也有人认为盗寄生是原寄生与重寄生之间的过渡类型。例如，刺蛾广肩小蜂（*Eurytoma monemae*）寄生时必须利用上海青蜂（*Praestochrysis shanghaiensis*）在黄刺蛾（*Cnidocampa flavescens*）上造成的小孔，而且在上海青蜂产卵时，其往往已等候在旁，旋即产卵入内，然后杀死青蜂幼虫而取食刺蛾。

（八）寄主范围

1. 单主寄生（monophagous parasitism）　　寄生者只寄生在一种寄主上的现象。由于只有一个寄主种类，因此只有在寄主种群维持稳定的情况下，才会有较高的寄生率，而一旦寄主种群出现大的波动，可能会导致寄生者种群显著下降甚至覆灭，这是单主寄生的缺点。但这种类型的寄生蜂，如果能解决其寄主的繁育问题，则适合于进行规模化繁殖释放。例如，苹果绵蚜小蜂（日光蜂）（*Aphelinus mali*）只专性寄生在苹果绵蚜（*Eriosoma lanigerum*）上，在我国北方广泛用于防治苹果绵蚜。

2. 寡主寄生（oligophagous parasitism）　　寄生者只能寄生在少数近缘种类上的现象。由于有可供选择的寄主种类，一般会维持比较稳定的田间种群。例如，稻虱缨小蜂（*Anagrus* sp.）的主要寄主是稻飞虱，当水稻收割后，田间的稻飞虱种群密度可能会很低，但稻虱缨小蜂也能利用杂草飞虱和叶蝉的卵作为寄主，其种群密度会维持在较高水平，当下一季水稻移栽后，会很快恢复对飞虱卵的寄生。

3. 多主寄生（polyphagous parasitism）　　寄生者可在许多寄主上寄生的现象。例如，广大腿小蜂（*Brachymeria lasus*）已知的寄主包括鳞翅目、双翅目和膜翅目等共 26 科 113 种，这种类型的寄生昆虫由于寄主多，在自然界很容易维持生存，但寄生率往往不高，这是其缺点。如果保护利用恰当，可以充分发挥这类天敌的协同控制作用。

三、寄生性天敌昆虫的主要类群

寄生性天敌昆虫资源很丰富，其种类数约占昆虫纲总种数的 12.4%，按照目前已知的 120 万种现生昆虫种类数估算，寄生性天敌在 148 800 种以上，而且还不断有新种发现，这也是需要不断发掘的生物防治资源，是生物防治研究的重要内容之一。

寄生性天敌主要分布在膜翅目、双翅目、捻翅目、鞘翅目和鳞翅目，其中以膜翅目和双翅目最为重要。Clausen（1978）曾对全世界用于生物防治的天敌进行了统计，共有 1193 种捕食性和寄生性天敌。其中寄生性天敌 907 种，占 76.03%，而膜翅目寄生蜂为 765 种，双翅目寄生蝇 125 种，其他仅 17 种。由于寄生蜂种类的数量优势及其在生物防治中的重要性，因此寄生蜂常常成为寄生性天敌昆虫的代名词。

1. 姬蜂科（Ichneumonidae）　　成虫将卵产在寄主体内或体表，幼虫营内寄生或外寄生生活，老熟后在寄主体内或体外化蛹，多有茧。大多为初寄生，少数为重寄生，有些以初寄生为主，有时也可重寄生。对寄主选择的程度变化很大，一般种类寄主范围很广。常见的种类有广黑点瘤姬蜂（*Xanthopimpla punctata*）、三化螟沟姬蜂（*Amauromorpha accepta schoenobii*）、螟蛉悬茧姬蜂（*Charops bicolor*）、黏虫白星姬蜂（*Vulgichneumon leucaniae*）、螟黄抱缘姬蜂（*Temelucha biguttula*）、盘背菱室姬蜂（*Mesochorus discitergus*）等[3]。主要寄主有鳞翅目、鞘翅目、双翅目、膜翅目、脉翅目等全变态昆虫的幼虫和蛹，少数寄生于蜘蛛的成蛛、若蛛或卵囊，但不寄生不完全变态的昆虫。

2. 茧蜂科（Braconidae）　　大多为幼虫期寄生蜂，少数为卵—幼虫期、卵—蛹期、幼虫—蛹期、成虫期的寄生蜂。成虫产卵于寄主体内或体外，营体内或体外生活。体内寄生的种类，大部分要钻出寄主体外结茧化蛹，也有在寄主体内发育至成蜂后咬孔而出。茧蜂均属初寄生，不少种类自然抑制害虫的发生和危害的作用大，因此是一类十分重要的寄生性天敌昆虫。常见种类有螟黑纹茧蜂（*Bracon onukii*）、螟蛉绒茧蜂（*Apanteles ruficrus*）、中华茧蜂（*Bracon chinensis*）等[3]。

3. 蚜茧蜂科（Aphidiidae）　　蚜虫寄生蜂，均营独寄生生活。雌蜂通常产 1 粒卵于蚜虫体内，幼虫孵化后在蚜虫体内取食，幼虫成熟后在"僵蚜"壳内或壳下结茧化蛹，继续发育至羽化。在过寄生或共寄生情况下，只有 1 个能够发育。寄主龄期和大小对蚜茧蜂存活率有明显的影响。蚜茧蜂寄主范围常表现出明显专化性。许多种类只寄生亲缘关系相近的蚜虫，而近亲蚜虫往往又被近亲蚜茧蜂寄生，同时两者往往又共同适应于同一栖境——蚜虫的寄主植物。当蚜虫被寄生后，其发育、存活和生殖活动一开始并不受到明显的影响，待寄生蜂发育至高龄幼虫阶段，寄主蚜虫的发育受到干扰，生殖力下降，最终被取食致死。代表性种类有麦蚜茧蜂（*Ephedrus plagiator*）、高粱蚜茧蜂（*Lysiphlebia sacchari*）、桃瘤蚜茧蜂（*Ephedrus persicae*）、少脉蚜茧蜂（*Diaeretiella* sp.）、烟蚜茧蜂（*Aphidius gifuensis*）、菜蚜茧蜂（*Diaeretiella rapae*）等[3]。

4. 赤眼蜂科（Trichogrammatidae）　　可寄生 11 目 90 多科 1200 多种昆虫的卵或幼虫。赤眼蜂属（*Trichogramma*）是一类微小的卵内寄生蜂，初寄生、独寄生或多寄生发育，可寄生鳞翅目、鞘翅目、膜翅目等近 50 科 200 多属 400 多种昆虫的卵。具有资源丰富、分布广泛和对害虫控制作用显著等特点，已成为世界性的重要天敌昆虫，并被广泛用于多种农林害虫的生物防治中，许多种类都可以通过人工繁殖进行大量释放。赤眼蜂属代表性种类有螟黄赤眼蜂（*Trichogramma chilonis*）、松毛虫赤眼蜂（*T. dendrolimi*）、玉米螟赤眼蜂（*T. ostriniae*）、稻螟赤眼蜂（*T. japonicum*）、暗黑赤眼蜂（*T. pintoi*）等[3]。

5. 小蜂科（Chalcididae）　　小蜂科是鳞翅目、双翅目、鞘翅目、膜翅目和脉翅目等昆虫的幼虫或蛹的初寄生和重寄生蜂。作为重寄生蜂，主要攻击作为膜翅目和鳞翅目初寄生物的寄蝇科（Tachinidae），典型的发育是作为最后一龄幼虫和蛹的独寄生蜂。有些种类已用于生物防治，如广大腿小蜂（*Brachymeria lasus*）可寄生于粉蝶、松毛虫及舞毒蛾等多种昆虫的蛹[3]。

6. 跳小蜂科（Encyrtidae）　　寄生于鳞翅目、半翅目、直翅目、鞘翅目、脉翅目、双翅目、膜翅目等昆虫的卵、幼虫和蛹，但多数种类与半翅目相联系，寄生鳞翅目幼虫的多为多胚生殖。重寄生跳小蜂对生物防治不利，如蚜虫跳小蜂（*Aphidencyrtus aphidivorus*）是蚜茧蜂僵蚜期的重要寄生天敌、麦蚜的重寄生蜂，对麦田蚜茧蜂［主要是燕麦蚜茧蜂（*Aphidius avenae*）］的破坏作用极大[5]。初寄生跳小蜂在粉蚧和介壳虫的生物防治中具有重要的作用，最有名的例子是非洲撒哈拉利用自南美引进的劳氏长索跳小蜂（*Anagyrus lopezi*）防治木薯粉蚧（*Phenacoccus manihoti*），美国南部利用东竹粉蚧跳小蜂（*Neodusmetia sangwani*）防治草竹粉蚧（*Antonina graminis*）。

7. 蚜小蜂科（Aphelinidae）　　主要寄生于蚜虫、介壳虫和粉虱等半翅目昆虫，并有良好的控制效果。成虫取食蚜虫及介壳虫所分泌的蜜露及产卵时造成寄主体上的刺孔所流出的体液。恩蚜小蜂属（*Encarsia*）是生物防治中最重要的类群之一，如丽蚜小蜂（*Encarsia formosa*）用于防治温室白粉虱（*Trialeurodes vaporariorum*），已有 80 多年历史，效果良好，不少国家还进行了商业化生产。其他如苹果绵蚜日光蜂（*Aphelinus mali*）和岭南黄蚜小蜂（*Aphytis lingnanensis*），前者用于防治苹果绵蚜（*Eriosoma lanigerum*），后者用于防治柑橘红蜡蚧（*Ceroplastes rubens*）。

8. 青蜂科（Chrysididae）　　多寄生于蜜蜂类成虫或黄蜂幼虫身上，*Cleptes* 属寄生于叶蜂幼虫，*Mesitiopterus* 属寄生于竹节虫的卵上，如上海青蜂（*Praestochrysis shanghaiensis*）寄生于黄刺蛾（*Cnidocampa flavescens*）的幼虫。雌蜂产卵时先找黄刺蛾幼虫，并在茧上咬一小孔，然后把产卵管插入茧内刺螫幼虫。产卵前先分泌毒液，使幼虫麻痹并有防腐作用，再产 1 粒卵于幼虫体上。产卵后，雌蜂把产卵孔封闭。蜂幼虫孵化后，即在体外吸食刺蛾幼虫体液。当一茧内产卵数较多时，孵化的幼虫龄期不同，大幼虫会咬吸小幼虫。幼虫老熟后，结茧于寄主茧内。上海青蜂对黄刺蛾的寄生率可达 50% 以上。

9. 寄蝇科（Tachinidae） 寄蝇是农林害虫的寄生性天敌之一，凡鳞翅目和叶蜂类昆虫的幼虫大都能被寄蝇寄生。例如，在植物的茎干内生活的天牛、木蠹蛾幼虫，生活在土壤中的金龟子幼虫，水生的大蚊幼虫、毛翅目昆虫幼虫，甚至甲虫、蟓象成虫等都能被寄蝇寄生，因而其是影响多种害虫发生数量的重要生物因子。但是，有些寄蝇同时又是益虫的天敌，如有些寄蝇寄生于柞蚕（*Antheraea pernyi*）和家蚕（*Bombyx mori*），曾经给中国蚕丝生产造成严重损失。

第二节　赤眼蜂的繁殖和利用

一、赤眼蜂的个体发育与生物学

（一）赤眼蜂的个体发育

赤眼蜂的卵、幼虫和蛹 3 个发育阶段都在寄主卵内完成，只有羽化为成虫后才离开寄主卵。已有多种赤眼蜂的个体发育研究报道，如广赤眼蜂（*Trichogramma evanescens*）、松毛虫赤眼蜂（*T. dendrolimi*）、螟黄赤眼蜂（*T. chilonis*），本节以螟黄赤眼蜂[6-8]为代表，介绍赤眼蜂的个体发育。

1. 卵与胚胎发育 螟黄赤眼蜂的卵期与胚胎发育时期是母体刚产下进入寄主的卵至其后 26 h 这段时期［图 5-2（a）～（c）］。刚从母体产的卵白色透明，呈前端尖、后端钝、中后端略膨大的棒状，随发育时间的延长，外形无太大变化，胚体长径和宽径逐渐变大，分别为 110～240 μm 和 42～115 μm，但长径与宽径之比例逐渐减小。刚产下的卵的大小与其他种类赤眼蜂一致，长 100～140 μm，宽 30～50 μm[9-13]。

2. 幼虫 26～60 h 的这段时期是螟黄赤眼蜂的幼虫期［图 5-2（d）～（f）］。虫体在外形上变化较大，长径和宽径仍逐渐变大。卵进入寄主卵内 26 h 时后，孵化进入幼虫期，身体前后宽度基本相等，呈香蕉状，在体视显微镜放大 8×10 倍条件下，能清晰观察到位于前端腹面的口钩，颜色与胚胎期无太大差别；此时虫体长径和宽径分别约为 240 μm 和 88 μm，但二者之比却急剧增加。随后的 10 h 内，虫体随取食增加而迅速增大，呈纺锤形，浅黄绿色；长径和宽径分别增长到 520 μm 和 303 μm，为增长最快的一段时间。当发育至 48 h 时，虫体两端圆钝，似椭圆形，颜色与 36 h 时相同，长径和宽径略大。

对于幼虫是否蜕皮而有龄期的划分仍存争议，主要是因为赤眼蜂幼虫个体太小，研究难度较大，有关赤眼蜂幼虫龄期的报道各有不同，甚至相互矛盾。目前比较认同的观点是，赤眼蜂幼虫只有 1 个龄期，幼虫自始至终都只有因为取食而导致的体积增加，而下唇须的大小没有变化，说明没有蜕皮发生。

3. 预蛹期 60～108 h 的发育时期为预蛹期。虫体外形变化大，表现为梅花斑的先增加后减少，长径和宽径及二者之比在小范围内波动［图 5-2（g）～（j）］。刚进入预蛹期，通体梅花斑不是太明显，前、后两端圆钝，已出现头与胸腹部的分界；长径和宽径相较于 48 h 均略有下降，但二者之比却与 48 h 相当。发育至 72 h 时，梅花斑较明显，前、后两端仍圆钝，长径和宽径略有增加，但二者之比却下降。发育至 84 h 之后，头部与尾部的梅花斑消失，初次呈现头部圆钝、尾部尖细的蛹形，长径和宽径比前一个发育时间有所下降，但二者之比略有上升。发育至 96 h，梅花斑进一步消失，只留下腹部背侧一面仍然保留有梅花斑；长径下降为整个预蛹期的最低，而长径与宽径之比却下降为整个个体发育期的最低。预蛹期虫体最明显的变化是足芽和翅芽的出现[14]。

4. 蛹期　108～192 h 的发育时期为蛹期［图 5-2（k）～（q）］。刚刚进入蛹期时复眼刚刚显现，淡红色，背腹面梅花斑仍可见，体色透明。120 h 时，单、复眼颜色加深，鲜红色，背腹面梅花斑渐渐消失，体乳白色。132 h 时，单、复眼颜色略加深，背腹面梅花斑完全消失，体色微黄。144 h 之前，头、胸和腹部明显分界，体色逐渐加深，复眼逐渐变红，腹部两条黑带逐渐显现，长径、长径与宽径之比略有增加，单、复眼颜色变为深红色，背腹面现黑色小团块，体色逐渐加深；144 h 之后则呈下降趋势，短径在这个过程中有所缩短。156 h 时，背腹面一端现两条浅黑色带。168 h 时，背腹面黑色带横贯整个腹背面，体色变为黄褐色。180 h 时，两条黑色带加深、加粗，体色进一步加深。

蛹期是赤眼蜂个体发育中外部形态和内部结构变化最大的时期[14]。从外部形态来说，头、胸和腹部完成分化，复眼、单眼和触角已全部形成，足和翅已发育完全；从内部结构来说，蛹期发育最快的是神经系统和生殖系统。神经系统由预蛹期的脑、脑神经和腹神经索发育成为完整的神经系统，由预蛹期的简单生殖囊发育成为成虫生殖腺；消化、循环和排泄系统也得到进一步完善。

5. 成虫　完成蛹期发育后羽化进入成虫期［图 5-2（r）］，羽化的成虫咬破寄主卵壳爬出，膜翅展开。一般来说，雄虫先行羽化，等待雌虫羽化并与之交配。

（二）赤眼蜂的营养需求

赤眼蜂的取食活动发生在幼虫和成虫两个阶段，其中幼虫对寄主卵内物质的取食是赤眼蜂完成个体发育的营养来源，成虫通过取食花蜜、蜜露、产卵时寄主卵外溢物等获得补充营养而延长寿命，甚至可以不同程度地增加产卵量。

1. 寄主卵的大小　昆虫卵的大小因种而异，相差悬殊，而且形状各异[15]。表 5-1 总结了几种用于繁育赤眼蜂的中间寄主卵及两种赤眼蜂卵的形状和大小。大小决定了每粒寄主卵所能繁育的赤眼蜂的数量，如 1 粒柞蚕卵、蓖麻蚕卵和松毛虫卵可分别繁育赤眼蜂 60～80 头、20～25 头和 15～20 头[16]，而麦蛾（*Sitotroga cerealella*）卵、米蛾（*Corcyra cephalonica*）卵和地中海粉螟（*Ephestia kuehniella*）卵的大小相似，1 粒卵只能繁育 1 头赤眼蜂。因此，寄主卵的大小决定了赤眼蜂幼虫能获得的食物量，从而决定了赤眼蜂的个体发育和所产子代蜂的质量。例如，将利用马尾松毛虫（*Dendrolimus punctatus*）卵繁育的广赤眼蜂转移到棉古毒蛾（灰带毒蛾）（*Orgyia postica*）卵（球形，直径约 0.7 mm）上连续繁殖 3 代，第 3 代子蜂的质量显著降低，说明了寄主卵大小对繁蜂质量的重要性[17]。利用人工卵繁育赤眼蜂的研究也获得了相似的结果，平均直径为 2.6 mm 的蜡卵中含有的 0.0093 g 人工饲料，可以保证 80～150 头幼虫正常发育的营养需求，并顺利化蛹和羽化[18, 19]，蜡卵略大于柞蚕卵，产生的赤眼蜂数量也略多于柞蚕卵。

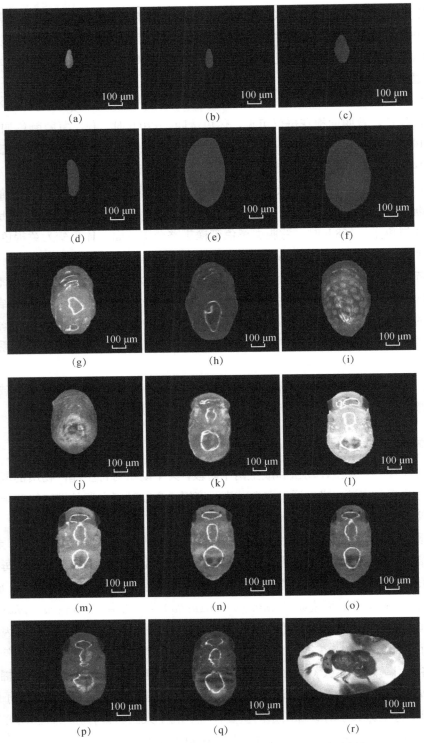

图 5-2　螟黄赤眼蜂在 25℃条件下的个体发育[7,8]

（a）母体刚产下的卵；（b）产卵后 12 h；（c）产卵后 24 h；（d）产卵后 26 h；（e）产卵后 36 h；（f）产卵后 48 h；（g）产卵后 60 h；（h）产卵后 72 h；（i）产卵后 84 h；（j）产卵后 96 h；（k）产卵后 108 h；（l）产卵后 120 h；（m）产卵后 132 h；（n）产卵后 144 h；（o）产卵后 156 h；（p）产卵后 168 h；（q）产卵后 180 h；（r）产卵后 192 h

表5-1 几种用于繁育赤眼蜂的中间寄主卵及两种赤眼蜂卵的形状和大小

昆虫种类	形状	大小
柞蚕	扁椭圆形	长 2.2～3.2 mm，宽 1.8～2.6 mm
蓖麻蚕	椭圆形	长约 2.5 mm，宽约 1.9 mm
马尾松毛虫	近圆形	直径约 1.5 mm
麦蛾	椭圆形	长约 0.5 mm
米蛾	椭圆形	长约 0.55 mm，宽约 0.36 mm
地中海粉螟	扁圆形	直径约 0.5 mm
广赤眼蜂	长棒形	长 0.07～0.1 mm
螟黄赤眼蜂	长棒形	长约 0.1 mm，宽约 0.04 mm

表5-2 列出了1个松毛虫卵分别被1头、2头、3头雌蜂寄生后的寄生数、子代蜂性比和体躯长短[17]。雌蜂数多而寄主卵少时，寄生数增加，而且寄生数影响子代蜂的大小和性比。例如，用柞蚕卵繁殖松毛虫赤眼蜂和螟黄赤眼蜂，每卵寄生数以 60～80 头为好，羽化的子代蜂个体大、生命力强[16]。用米蛾卵繁殖螟黄赤眼蜂，以1卵羽化1蜂为好，如羽化2头，则体躯短小，活动迟钝，且多为雄性。由此可知，在赤眼蜂发育过程中，寄主卵营养量的减少对成蜂的性比和体型大小都有不良影响。

表5-2 雌蜂和寄主比例对寄生数、子代蜂性比和体躯长短的影响[17]

雌蜂数	松毛虫卵	平均每卵寄生数	性比（♀:♂）	平均体长/mm	
				♀	♂
1	1	19.7	7.4:1	0.50	0.40
2	1	27.3	4.1:1	0.47	0.37
3	1	30.0	4.0:1	0.45	0.36

2. 寄主卵的营养组成 从结构上来说，寄主卵包括卵细胞和卵壳两部分。卵壳围绕在卵细胞周围提供保护作用；卵细胞则储存了寄主胚胎发育所需的营养物质，包括卵黄蛋白、脂类、糖类和一些细胞器等[20]，是寄主个体发育的起点。因此，寄主卵细胞所含营养物质的量和组成对赤眼蜂的个体发育至关重要。

尽管寄主卵是赤眼蜂个体发育的唯一营养来源，但赤眼蜂个体发育的具体营养需求迄今并不清楚，有限的研究仅见于有关人工寄主卵配方的研究，其中15%以上的柞蚕蛹血淋巴含量是赤眼蜂在人工卵中完成个体发育的保证[15]。柞蚕、蓖麻蚕和米蛾三种寄主卵的氨基酸种类组成和含量没有明显差异，都是以谷氨酸、天冬氨酸、赖氨酸和亮氨酸含量最高，所占比例也大致相似[21]；但氨基酸总含量差异较大，米蛾卵比同属天蚕蛾科的柞蚕卵和蓖麻蚕卵低11%～13%。进一步研究发现，柞蚕卵细胞由80.90%的水和19.10%的干物质组成，后者包括66.08%的蛋白质、23.88%的脂类、7.54%的糖类和其他微量营养物质[22]。

3. 卵龄变化对营养质量的影响 寄主卵内含有大量的卵黄原蛋白，这是胚胎发育过程中组织器官生成的物质来源。就赤眼蜂而言，进入寄主卵内的赤眼蜂卵在很短时间内孵化，囊状幼虫迅速将寄主卵内的营养物质全部吞入自己体内，然后完成消化吸收过程。因此，赤眼蜂在自然条件下只能利用新鲜的寄主卵，而不能寄生在常温下发育约3 d后的玉米螟卵和米蛾卵，主要原因可能是赤眼蜂幼虫无法吞食已经发育成型的寄主胚胎。

工厂化繁育赤眼蜂过程中，常常需要通过冷藏来累积寄主卵以满足生产的需要。为了延长寄主卵的保存时间，人们采用了各种不同的方法以抑制或终止寄主的胚胎发育。例如，通过解剖柞蚕处女蛾获得成熟的未受精卵，采用紫外辐射等方法直接杀死米蛾卵内的胚胎，如此可以延长寄主卵的冷藏时间。

但冷藏过程也会对寄主卵产生影响。首先，冷藏会直接导致寄主卵干缩，长径、短径缩小[7]。也就是说，冷藏过程是一个寄主卵内水分损失的过程，水分损失会导致卵内物质黏稠度增加，从而影响赤眼蜂幼虫对卵内物质的吞食，并导致赤眼蜂幼虫不能获得发育所需的足够水分；其次，冷藏也导致寄主卵内代谢物质的变化，从而改变寄主卵的内环境（如 pH、水分含量）和营养质量（如营养物质降解）。代谢组学研究表明，寄主卵内丙氨酸、葡萄糖、乙酸的含量均随着冷藏时间的延长而迅速增加，主要原因可能是卵内大分子物质随冷藏时间延长而降解，有机酸含量增加，卵内小环境发生变化[23, 24]。

因此，寄主卵龄的变化严重影响赤眼蜂对寄主卵寄生的成功率。在赤眼蜂的繁育过程中，需要慎重使用经过冷藏的寄主卵；而在田间应用中，自然寄主卵的卵龄同样对赤眼蜂的应用效果产生重要影响。

4. 成虫取食　　赤眼蜂成虫需要补充糖类食物以增加能量，成虫在自然条件下能获得的食物包括花蜜、花粉、蜜露等[25-27]。蜜糖可显著延长成虫寿命和增加繁殖力，比只取食水的成虫寿命延长 7.6 倍，产卵数增加 13.7 倍。因此，在赤眼蜂规模化繁育过程中应为成蜂补充蜂蜜。

（三）赤眼蜂的性比调节

赤眼蜂之所以成为最重要的生物防治因子，根本原因之一在于其将害虫杀死在卵期，这是幼虫或蛹寄生蜂所不能比的。因此，获得数量多、产卵量大的健壮雌蜂是生物防治成功的基础。通过调节性比产生更多的健壮雌蜂，使释放在田间的子代蜂能寄生更多的寄主卵，是工厂化生产赤眼蜂追求的目标。

1. 赤眼蜂的性别决定　　赤眼蜂的性别决定模式为单倍二倍性，即雄性个体为单倍体，由未受精卵发育形成，雌性个体为二倍体，由受精卵发育形成，这也是膜翅目性别决定的主要方式[28]。母体年龄、精子的消耗、产卵率、延迟或中断的产卵、寄主密度、寄主大小、寄主质量、寄生蜂的密度、交配次数、雌性识别、不同寄主比例等，都可能影响母体的产卵决定[29-31]。因此，赤眼蜂的性别取决于母体产下的卵是否受精，这与雌蜂的生活史、所处的生态条件、对当前环境的适应等因素密切相关[32]。

赤眼蜂的性别决定还与雌蜂产卵时的性别分配策略有关[33]。广赤眼蜂雌性个体总是先产下几粒雄性卵，然后再产雌性卵，类似的性别分配策略也存在于螟黄赤眼蜂[34]和短管赤眼蜂（*T. pretiosum*）[35]中。不同的是，短管赤眼蜂雌性先产下一粒或几粒雌性卵，然后再产雄性卵，这在田间观察和实验室研究中都已经证实。赤眼蜂根据产卵时的环境条件，通过优化子代性比使子代获得最佳生存条件。

2. 共生细菌诱导的性比调节　　除上述产卵行为决定的性比调节外，共生细菌沃尔巴克氏体（*Wolbachia*）对赤眼蜂的性别决定可以产生颠覆性的影响，导致产雌孤雌生殖现象。

产雌孤雌生殖（thelytokous parthenogenesis）是指双倍体雌性由未受精的单倍体卵发育而来，这在报道的寄生蜂中并不常见[36]。最早发现 *Wolbachia* 能改变赤眼蜂性别决定是基于产雌孤雌生殖雌性取食含有抗生素的蜂蜜后能产生雄性后代[37]。*Wolbachia* 诱导的产雌孤雌生殖不同于已知的任何一种性别调节方式，如胞质不亲和、杀死雄性、雄性雌性化等，这是一种全新的生殖模式，这种生殖模式完全不需要雄性参与[38]。目前已知受 *Wolbachia* 诱导进行产雌孤雌生殖的赤眼蜂种类至少有 14 种[32]，包括在我国广泛用于防治甘蔗螟虫的螟黄赤眼蜂。

Wolbachia 诱导赤眼蜂产生 100% 的雌性，似乎正是生物防治所追求的目标。实际情况怎样呢？通过比较短管赤眼蜂源于同一单雌品系的感染雌性（*Wolbachia* 感染的雌性）和治愈雌性［用抗生素治愈（杀死 *Wolbachia*）的雌性］生殖力，发现后者所产生的子代数量显著高于前者，即通过这种方式诱导产生的雌性适合度降低[39]。类似的结果同样存在于梳毛赤眼蜂（*T. deio*）和蚬蝶赤眼蜂（*T. kaykai*）中[40]。

3. 性比调节与生物防治 共生细菌 *Wolbachia* 能普遍诱导赤眼蜂进行产雌孤雌生殖，最明显的优势就是子代雌性数量的增加，在生物防治中无疑具有潜在的推广应用价值。至于上述提到的适合度问题，可以根据生物防治的实际需要进行权衡。

（四）环境因子对赤眼蜂的影响

赤眼蜂体长不足 0.5 mm，非常微小，正确理解并评价环境因子对赤眼蜂生长发育、繁殖和存活的影响，是繁育赤眼蜂并利用其进行害虫生物防治的前提。

1. 温、湿度对赤眼蜂的影响 温度影响赤眼蜂的世代历期和成虫寿命。一定温度范围内，赤眼蜂发育速率随环境温度的升高而加快。低温环境下，新陈代谢作用减弱，生长发育缓慢。如果温度低于或高于一定的范围，发育都将停止。赤眼蜂的世代历期随环境温度的升高而缩短，但高温也有限度，温度过高赤眼蜂将发育停滞甚至死亡[41]。

温度还影响赤眼蜂的寄生率。温度变化对寄生率有影响，但对不同品系的影响程度不同，例如，TC 品系在不同温度下均表现了较高的寄生率，26℃寄生率最高；GL 品系在 23～29℃寄生率较高，20℃寄生率最低；YM 品系在 20～29℃寄生率均比较高，32℃寄生率最低[41]。

环境湿度直接影响赤眼蜂的发育与繁殖。在适宜的湿度范围内，赤眼蜂均能正常发育。如果湿度过低，将影响成蜂体内卵细胞的正常发育，降低产卵量，成蜂寿命缩短；还会造成已经寄生的寄主卵失水，影响子代蜂的发育和羽化，甚至使发育停滞。如果湿度过高甚至饱和，被寄生的寄主卵容易长霉菌而影响蜂的发育和羽化。此外，雨天不利于成蜂的飞翔和扩散。

2. 光对赤眼蜂的影响 赤眼蜂成虫有趋光性。在室内常在光线强的一面活动，在田间黑光灯附近的寄主卵块寄生率也较高。强光下，蜂特别活跃，消耗能量大，寿命也短。在阴暗的环境或采用人工遮光，蜂的活动缓慢或成群集结不活动，可以适当延长蜂的寿命。因此，繁蜂时应避免阳光直射，否则蜂会因过度活动而在 1～2 h 内死亡。赤眼蜂比较偏好白色、绿色和紫色光。田间释放以晴朗天气为好，有利于赤眼蜂飞翔和扩散，提高寄生率。

3. 风对赤眼蜂的影响 赤眼蜂身体微小，其飞行、交配、觅食等活动都受到风的影响，较大风速有利于赤眼蜂的扩散。甘蔗田测定赤眼蜂飞翔半径的试验中，试验条件为当天有大量蜂羽化，风速为 1.1～2.2 m/s，风向北、东北和东，结果这 3 个方向的寄生率占 8 个方向的63.8%[17]。因此，田间释放时，布点要均匀，同时还要考虑放蜂时的风速和风向。

4. 蒸发对赤眼蜂的影响 蒸发过大会导致寄主卵失水过多，从而降低卵寄生率或导致寄主卵内赤眼蜂个体发育生理失衡，甚至死亡。蒸发与温度、湿度和风速有关，如室内繁蜂遇到蒸发过大的情况时，可以用加湿器增加湿度或用覆盖的办法降低蒸发；需要增加蒸发时，可以采用通风的方法。

二、赤眼蜂的大量繁殖

（一）寄主卵的准备

及时提供新鲜的寄主卵是赤眼蜂大量繁殖的保证。可利用的寄主卵可以分为两大类：①大卵，包括柞蚕（*Antheraea pernyi*）、蓖麻蚕（*Samia cynthia ricini*）和松毛虫（*Dendrolimus* sp.）卵等。蓖麻蚕原产于印度，20世纪80年代初广东、安徽、四川、福建、浙江和山东等地曾大量饲养，可用于繁殖广赤眼蜂、松毛虫赤眼蜂（*T. dendrolimi*），也可扩繁玉米螟赤眼蜂（*T. ostriniae*）[42]。②小卵，包括米蛾（*Corcyra cephalonica*）、麦蛾（*Sitotroga cerealella*）和地中海粉螟（*Ephestia kuehniella*）卵等。国内目前主要使用柞蚕卵和米蛾卵。

1. 柞蚕卵　柞蚕卵是国内目前扩繁赤眼蜂的主要寄主卵，具有卵粒大、繁蜂效率高的特点。我国驯化、饲养柞蚕已有3000多年的历史，东北三省、山东、河南和贵州是柞蚕的四大产区。在产区采购柞蚕茧即可获得扩繁赤眼蜂需要的柞蚕卵[16, 42]。

（1）柞蚕茧的选购和储存　选购柞蚕茧注意事项：①雌性茧的比例应控制在80%以上。扩繁赤眼蜂利用的是雌蛾剖腹卵，高比例的雌性茧可以保证获得足够的柞蚕卵。雌、雄茧形态有所不同：雌茧个体大、末端钝圆、茧皮薄、茧蒂偏向一旁；雄茧个体小、末端尖、茧皮厚而硬、茧蒂位于端部中央。②尽量剔除病蛹、嫩蛹和死蛹。抽取5%的样品，逐个解剖检查，蛹皮黑褐色、蛹心定位、颅顶板和血淋巴清白，为健康蛹；蛹皮未变为黑褐色、蛹心未定位，为嫩蛹；蛹体肿胀或干瘪萎缩，为病蛹；血淋巴浑浊、变黑，为死蛹。③茧的千粒重不能低于9 kg，高于11 kg为优质茧。④感温茧和冻茧不能采购。

柞蚕茧的储存条件：①温度0~2℃，相对湿度（RH）50%~70%。②地窖、山洞、冷库等都可作为贮茧场所，但室内要求干燥，墙壁和窖顶不能有露水。③茧可以堆放在茧床、茧笼和茧筐中，将茧平铺在茧床或悬挂茧串是较好的方式，可以保证每个茧感温均匀、不发热、不受潮和不霉变。④防鼠害、烟熏，不能与有机溶剂、杀虫剂等有毒有害物质混合存放。

（2）化蛾、储存与采卵　根据扩繁赤眼蜂的生产计划，计算好逐日需要的柞蚕卵量，将一定量的储存茧移至化蛾室暖茧，以保证赤眼蜂种蜂羽化时能提供足够的卵。化蛾室采用逐步升温的方法控温，从5℃开始，每天升高1℃，后期控制在23℃左右，相对湿度为70%±5%。

暖茧16 d后开始化蛾，3 d后达到高峰期，并持续3 d左右，高峰期后再收集5 d。每天收蛾1~2次，同时将雌、雄蛾分开。

繁蜂当天用人工或机械剖蛾腹取卵，然后用清水反复洗卵，漂净蛾头、足等杂物，再人力或机械碾压剔除青卵，冲洗干净卵粒，用0.1%新洁尔灭溶液消毒10 min，然后用甩干机甩干，在风扇下晾干，忌在阳光下暴晒。如果蛾羽化当天不能接蜂，将活蛾贮于2~5℃、RH 50%~60%冷库，但冷藏以不超过7 d为好，太长会影响赤眼蜂的寄生率。

2. 米蛾卵

（1）米蛾饲养工具　米蛾饲养筐：由塑料筐、铝合金等材料制成，以避免长期饲养过程中被虫蛀蚀。饲养筐规格为80 cm×50 cm×10 cm（长×宽×高），配以同样大小的网盖，网盖四周附有毛条，用以防止米蛾成虫逃逸。此规格的筐可接种米蛾卵0.8~1.2 g，接种时加入麦麸6~8 kg。

收蛾工具：米蛾成虫量少时可用软毛刷轻扫到盛蛾容器或网袋中，量多时可用吸尘器改装的吸蛾装置进行收集。由广东省生物资源应用研究所发明的一种昆虫收集器，可用来收集米蛾成虫，有效提高了米蛾成虫的收集效率。

鳞片清除机：鳞片清除机是由一台型号为 CXW-200-228A 的单孔飞碟式 B 型强力抽吸机和一个三面封闭一侧开口的箱式底座（60 cm×50 cm×4 cm）组成。操作时先将平底盘插入底座的开口处，开动抽吸机，后用羊毛刷轻轻刷动盘内米蛾卵约 1min，使之与粉尘等物分离，利用抽吸机的吸力将粉尘等杂物除掉，获得相对清洁的米蛾卵。

杀胚架：由铁架和紫外灯管组成，铁架上下多层，每层间隔 20～30 cm，紫外灯管两排平行装置。杀胚时将卵均匀散在 80 cm×50 cm×5 cm 的框内，卵控制在 1～2 层。将盛卵的筐放入铁架上，打开紫外灯照射 20 min。

米蛾饲养室：饲养室为设有温湿度控制仪器的房间。室内配置饲养架、空调、抽湿机、排风扇、加温器等。饲养架高 2 m 左右，6～7 层，用于放置饲养筐。饲养室温度控制在 26℃左右，RH 70%～80%。

米蛾产卵室：米蛾成虫收集在产卵笼后，置于产卵室产卵。产卵室设置多排铁架，铁架上放置铝合金框，产卵笼水平放置于框内。产卵室配备大型排气扇，定时排气以保持室内空气流通，同时将米蛾成虫鳞片等浮尘排出室外。温度过高蛾寿命缩短影响产卵量，过低成虫产卵量显著减少。30～35℃雌虫羽化后就交尾产卵，而在 25℃时只有 1/3 雌蛾交尾产卵，30℃时产卵数最多，因此成虫产卵室温度应控制在 30℃左右。

冷藏室：用于冷藏米蛾卵和赤眼蜂，分为 0～5℃低温库和 10～12℃中温库，米蛾卵冷藏于低温库，赤眼蜂根据虫态和冷藏天数的不同，冷藏在低温库或中温库。冷藏室的 RH 为 70%左右，全黑暗环境，室内配置多排铁架，用于放置米蛾卵和赤眼蜂寄生卵。

（2）米蛾饲养　　利用米蛾饲养筐饲养米蛾幼虫，每筐接种 0.8～1.2 g 即将孵化的米蛾卵，饲料为含水量 25%～30%的麦麸，接种时在筐底铺一薄层麦麸，15～20 d 后添加麦麸，此后每 7 d 添加一次，后期根据饲料消耗情况，每 4～5 d 添加一次，直到米蛾幼虫老熟化蛹。

加料后注意控制室内温度在 25℃左右，尤其夏天加料后麦麸发酵，饲料内部温度高于室内温度很多。可将温度计插入框内饲料里检测温度，发现温度过高时打开门窗，或者开空调制冷。幼虫期湿度控制很重要，过度干燥和潮湿都会影响幼虫生长。干燥天气一天喷水 2 次。喷水时喷洒均匀，润湿麦麸即可。潮湿天气用除湿机将室内相对湿度控制在 60%～80%。幼虫末期要保证饲料的湿度，不然米蛾幼虫会出现推迟化蛹的现象。

（3）米蛾卵的收集与储存　　将羽化的米蛾成虫移至产卵笼内，成虫堆积不能过厚，一般不超过 3 cm，否则影响总产卵量。收卵时用软毛刷来回轻扫产卵笼外壁，附着在笼壁上的卵粒便随之脱落到下面盛放笼的筐内。扫刷完毕将筐内所有的卵收集在一起，然后将卵放在一平底盘中，置于鳞片清除机中，除去鳞片和较轻的杂物。先将平底盘插入底座的开口处，开动抽吸机，后用羊毛刷轻轻刷动盘内米蛾卵约 1 min，使之与粉尘等物分离。经过吸尘后的米蛾卵盘内仍有少量蛾子肢体和相对密度较大的杂物未能被除去，可以用滚动卵法清除，方法是一只手将平底卵盘托住，盘的平面与水平面呈斜角，另一只手用毛刷柄轻轻敲击盘的边缘，使卵向下轻轻滚动。其他杂物因不呈圆形而不向下滚动或滚动速度较慢，就会与卵逐步分开。米蛾卵在清理后并不是都可以用于接蜂，这些卵的大小是有一定差别的，因此还要进行优选。可用筛选器将小卵粒与正常卵分开。这些较小的卵卵壁较薄，极易失水干瘪，不适于繁蜂[43]。

米蛾卵要进行紫外杀胚处理，杀死胚胎的米蛾卵可以延长储存期和提高赤眼蜂的寄生率。杀胚前将卵均匀散铺在 80 cm×50 cm×5 cm 的筐内，卵控制在 1～2 层。将盛卵的筐放在杀胚架上，打开紫外灯照射 20 min。照射时间和间距显著影响杀胚效果：间距控制在 20 cm 以内，时间 20 min 以上为宜。

米蛾卵储存采用保鲜冷藏的方法，具体操作是将清洁、杀胚后的卵装入玻璃管，塞上棉塞，放入 4℃的冰箱或冷库。米蛾卵低温储存时间越长，赤眼蜂对其寄生量越少，米蛾卵经低温储存 15 d，其被寄生量低于新鲜米蛾卵被寄生量的 50%[44]，储存时间超过 50 d，赤眼蜂几乎不能够寄生[45]。

（二）赤眼蜂扩繁品系的采集、筛选与保存

每种赤眼蜂及其不同品系都有各自偏好的寄主。根据目标害虫的生物学特性与发生规律，获得偏好目标害虫的赤眼蜂种类或品系即蜂种，是利用赤眼蜂进行生物防治的前提。

1. 蜂种的采集与分离　　蜂种的常用采集方法有两种：①直接采集法。根据需要防治的目标害虫，从田间直接采集被寄生蜂寄生的害虫卵进行保育，收集羽化的寄生蜂。②挂寄主卵采集法。采集或饲养目标害虫，将获得的目标害虫卵挂在大田目标害虫寄主植物上，引诱田间的赤眼蜂寄生，在害虫卵孵化前收回保育，等待赤眼蜂羽化。上述方法获得的赤眼蜂羽化、交配后，将每头雌蜂分别装入小玻璃试管（外径 10 mm，长 80 mm）中，并提供足量的寄主卵和 15%的蜂蜜水，建立单雌品系，编号建立档案。

2. 蜂种的筛选　　获得的单雌品系不能直接用于扩繁，需要进行寄主偏好性试验，对获得的所有单雌品系进行筛选，确定最佳扩繁对象。Hassan[46]设计了一个简单的试验方法，包括 2 组试验，受试单雌品系在米蛾卵或麦蛾卵上最少繁育 2 代。

（1）寄生力试验　　挑选 10 头 1 d 龄的健壮雌蜂装入玻璃试管（长 100 mm，外径 26 mm）中，并接入含有约 400 粒寄主卵的卵卡，卵卡上滴 1 滴 15%的蜂蜜水，试管用棉塞塞住。重复 10 次，在（25±1）℃、RH 60%～70%下进行。寄主卵包括米蛾卵或麦蛾卵、目标害虫卵等。14 d 后计数被寄生的寄主卵和羽化的雌蜂数。试验结果可以反映赤眼蜂不同种类或品系对不同寄主的寄生能力。

（2）选择性试验　　挑选 1 头 1 d 龄的健壮雌蜂装入玻璃试管（长 100 mm，外径 26 mm）中，并用棉球塞住管口；在边长 2 cm 的正方形纸片上，一条对角线的两端粘贴目标害虫卵，在另一条对角线的两端粘贴米蛾卵，在两条对角线交会点（纸片中心点）加一滴 15%的蜂蜜水，并接入装有单头雌蜂的试管中；在最初 36 h 内观察 8 次，记录每头雌蜂的停留位置（如寄主卵、米蛾卵或其他地方），观察时间至少间隔 30 min；重复 30 次，在（25±1）℃、RH 60%～70%下进行。14 d 后，统计每头雌蜂寄生的不同寄主卵数及羽化的成虫数。试验结果反映了雌蜂对不同寄主的选择与接收情况。

3. 蜂种的保存与复壮　　蜂种在养虫室内多保存在米蛾卵或麦蛾卵上，随着繁殖代数的增加，会出现营养驯化和种群退化现象。

营养驯化是指对保种寄主卵的长期适应而出现的偏嗜。

种群退化具体表现在同一批蜂羽化不整齐、羽化率降低、蜂体大小不一、腹大翅小、飞翔力弱、寿命短、雄性数量增加等方面。主要原因可能是：①保种用的寄主卵质量不好；②恒温恒湿条件下长时间用同种寄主卵连续繁殖代数过多；③繁蜂容器过小，成虫没有进行充分的飞翔活动即能获得寄主卵；④蜂量与寄主卵的比例不当或接触时间过长，造成高度复寄生；⑤管理不善。

种群退化是常见现象，通过以下途径可以防止蜂种退化：①控制用同一种寄主卵连续繁蜂的代数，考虑在保种繁蜂过程中用另一种寄主卵（原寄主卵或相似寄主卵）繁殖 1～2 代；

②变温锻炼，提高蜂种的生命力，具体做法是将接蜂后的寄主卵卡放在不同温度环境中锻炼，发育到中蛹期再放回正常保种温度环境；③使用较大的繁蜂器皿，增加成蜂的活动空间和飞翔活动；④控制蜂卵比，降低复寄生数；⑤做好寄主卵的保存工作，确保使用高质量的寄主卵。

在保种繁蜂过程中定期检查蜂种的质量，并适时复壮，是利用赤眼蜂进行害虫生物防治的重要组成部分。

（三）赤眼蜂的扩繁、冷藏与运输

在利用赤眼蜂进行害虫生物防治的过程中，常遇到扩繁、放蜂、寄主三者难以协调配合的问题。因此，要求在害虫大发生前有计划地扩繁，积累一定量的蜂种和寄主，才能保证依时放蜂，有效控制害虫。

1. 扩繁的基本条件　繁蜂室：凡能保温保湿、光线充足、空气流通好，以及无鼠、蚁的房间都可以作为繁蜂室。接蜂前用甲醛加高锰酸钾烟雾熏蒸消毒繁蜂室，每 10 m³ 用 5 mL 甲醛和 1 g 高锰酸钾熏蒸 24 h，熏蒸完毕打开门窗，让室内刺激物质散发干净。室内要求温度 25℃左右，RH 60%～80%，全黑暗环境。用黑色膜封严门窗漏光处，保证关灯后室内为全黑暗环境。繁蜂后，用消毒水擦洗桌椅、铁架等设备表面和地板，做好消毒工作。

繁蜂框：用无味木头或铝合金等金属材料制成，80 cm×50 cm×5 cm（长×宽×高）。一个框接 500 g 柞蚕卵，卵均匀平铺在框内，卵控制在 1～1.5 层。

繁蜂架：用无味木头或不锈钢等金属材料制成，高 1.8 m，均分成 6 层。繁蜂架的前后左右及顶部用黑布完全遮掩，目的在于遮光并阻挡里面的种蜂逃逸。

2. 扩繁的基本方法

（1）柞蚕卵

1）接蜂。采用散卵繁蜂的方式，将 500 g 柞蚕卵均匀平铺在繁蜂框里。将发育至蛹后期的种蜂卡装入容器内，待 10%成蜂羽化时移至全黑暗的繁蜂室里，放入繁蜂架上，将种蜂卡迅速均匀撒在繁蜂框，并用软毛刷迅速、轻柔地将已羽化的成蜂均匀地扫到框内卵上，整个过程在黑暗条件下完成。繁蜂室保持 25℃、RH 75%左右。蜂卵比为（3～4）∶1。

接蜂后 10～12 h，将繁蜂框搬出繁蜂室，取出已羽化的种蜂卡，驱除残留的成蜂，编号注明日期，置于 25℃条件下发育至老熟幼虫虫态，然后统一储存。

2）制作蜂卡。用清水浸泡分离法去除漂浮在清水上层的种蜂卵壳，过滤晾干得到纯寄生卵。制卡纸为 70～80 g 的 16 开书写纸，胶水选用优质无毒白乳胶。用排笔刷涂胶于卡上，将寄主卵撒粘其上，粘成 3 条，每条尺寸为 21.5 cm×3 cm，共约 193.5 cm²，晾干即成蜂卡。

蜂卡制成后，测算蜂量。按 80～85 cm²/千粒卵测算卵量，蜂量＝卵粒寄生率×卵粒羽化率×单卵出蜂×193.5 cm²×1000/（80～85）cm²。

3）成品蜂卡质量检测。随机抽取同一批成品蜂中的 1%，在所抽取样品中以对角线取 5 点，每点取 20 粒。从总样中随机抽取 500 粒寄生卵，装入一个试管（简称样 A）。再抽取 20 粒寄生卵分装于 20 个试管内（简称 B₁ 样本，B₂ 样本，…，B₂₀ 样本）。将 A、B 样本分别在（25±2）℃，RH 70%±5%条件下羽化，其余样本为 C 样本。从 C 样本中随机抽取 300 粒，检数青卵数，计算青卵率；从 C 样本中随机抽取 300 粒，逐粒剖卵检数寄生卵粒数，计算平均寄生率；待 A 样本全部羽化结束后，逐粒检查带有羽化孔的卵粒数，计算平均卵粒羽化率；从 C 样本中随机抽取 20 粒，逐粒检数单卵蜂头数，计算平均单卵出蜂数；分别检数 B₁ 样本，B₂ 样本，…，B₂₀

样本中羽化总蜂数、畸形蜂数、雌雄蜂比例，计算畸形蜂率、性比、雌蜂寿命；检数 B_1 样本，B_2 样本，…，B_{20} 样本中，每个卵壳内遗留蜂数，计算遗留蜂率。放蜂前按分级标准和检测结果，填写每批次蜂卡出蜂数和放蜂面积。蜂卡质量分级标准 8 项指标中有一项低于三级蜂标准，则视为不合格蜂卡（表 5-3）。

表 5-3　螟黄赤眼蜂蜂卡质量分级标准[47]

项目	一级蜂卡	二级蜂卡	三级蜂卡	四级蜂卡
寄生率/%	≥90.0	80.0～89.9	60.0～79.9	≤59.9
羽化率/%	≥80.0	70.0～79.9	50.0～69.9	≤49.9
青卵率/%	≤3.0	3.1～4.0	4.1～4.9	≥5.0
单卵出蜂数/头	70.0～80.0	60.0～69.9	50.0～59.9	≤49.9
遗留蜂率/%	≤15.0	16.0～20.0	21.0～25.0	≥26.0
畸形蜂率/%	≤5.0	6.0～8.0	9.0～10.0	≥11.0
雌蜂率/%	85.0	75.0～84.9	50.0～74.9	≤49.9
雌蜂寿命/d	≥5.0	4.0	3.0	≤2.0

（2）米蛾卵　　在全黑暗的繁蜂室内进行，保持 26～28℃、RH 60%～70%。种蜂开始羽化时提供 15% 蜂蜜水以补充营养，羽化高峰期时用于接蜂。不同设备繁殖赤眼蜂的方法不同，主要有卵片接蜂法、蜂筒接蜂法和繁蜂箱接蜂法。繁蜂箱接蜂法是将卵均匀地撒在繁蜂框中，卵层厚度不超过 2 mm，接蜂时的蜂卵比为 1 :（6～9），接蜂时间约 24 h。待完成寄生后，再用与柞蚕卵相同的方法，制成蜂卡。

3. 冷藏　　将用柞蚕卵制成的蜂卡每 10 张用报纸包成一包，注明批注、日期，置于 3～5℃ 条件下储藏待用，冷藏时间不超过 40 d。

米蛾卵接蜂后第 4 天，赤眼蜂发育至老熟幼虫或预蛹，放入冷藏室（0～4℃）。幼虫期和预蛹期的赤眼蜂受冷藏影响相对较小，是进行中、短期冷藏的适用虫态，其中又以幼虫中后期为首选[48]，但不同赤眼蜂有所差异，生产上应进行试验摸索确定最佳冷藏条件。

4. 运输　　放蜂前计算好出蜂期，从冷库取出冷藏的蜂卡。对于用柞蚕卵制作的蜂卡，在 25℃、RH 70%±5% 的条件下发育；大部分蜂体进入中蛹期，可向放蜂地发放；蜂卡每 10 张用报纸包成一包，立式放置于包装箱内，运输时不与有毒、有异味货物混装，要求通风，严禁重压、日晒和雨淋。对于用米蛾卵制作的蜂卡，在放蜂前 6 d 从冷藏室取出，在发育室发育，5 d 后成蜂开始羽化，羽化前完成释放；经过发育控制的赤眼蜂，羽化时间相对集中，90% 的蜂在放蜂后的 2 d 内羽化。

三、田间释放技术与效果评价

田间释放是利用赤眼蜂进行害虫生物防治的重要环节，受到许多因素的影响。而对释放效果的准确评价，是对防治效果的确认，也是改进释放技术、进一步提高防治效果的依据。

（一）赤眼蜂的田间释放技术

1. 释放方法　　包括成蜂释放法和蜂卡释放法两大类。成蜂释放法是先让蜂在室内羽化，饲以蜂蜜水，然后把成蜂直接放到田间，边走边放，优点是受环境条件变化影响较小，效果比较有保证，但费时费力，操作不方便，不适合大面积应用。

蜂卡释放法是将上述制成的蜂卡按照布点进行释放，研究者为此设计了不同的释放装置，如袋式放蜂器、盒式放蜂器、释放卡和三角形释放器等。优点是简便、释放均匀，但易受大风雨影响，也会遭受蜘蛛、蚂蚁等天敌的侵袭。

2. 释放点　　释放点的多少取决于赤眼蜂的扩散能力。赤眼蜂在田间的寄生活动是由点到面以圆形向外扩散，有效半径为 17 m，以 10 m 内的寄生率为最高。赤眼蜂的扩散受风向、风速和气温的影响，顺风面活动范围大些。例如，广赤眼蜂在 20℃以下时以爬行为主，25℃以上则以飞翔为主。

3. 释放次数与释放量　　根据害虫、作物、赤眼蜂的种类不同决定释放次数和释放量。原则上，对发生世代重叠、产卵期较长、虫口密度较高的害虫，释放次数应较多较密，每次释放量也要大些，每次释放间隔日数也应短于目标害虫卵的发育日期，释放次数应以使害虫某一世代成虫整个产卵期间都有释放的赤眼蜂为标准。第 1、2 次的释放量要大，尽可能降低早期虫源。上风头的田块或释放点的释放量应较下风头的大。据广东经验，防治甘蔗螟虫每 666.7 m² 每次放蜂不少于 10 000 头，宿根蔗全年放蜂 9 批，新植蔗 8 批，每隔 15～20 d 放一批；防治森林害虫，每公顷每次放蜂不超过 100 000 头，放蜂 3～5 次；防治水稻害虫稻纵卷叶螟，早稻每丛禾有卵 5 粒以下，每 666.7 m² 放蜂 10 000 头的效果良好，晚稻每丛禾有卵 30 粒，每 666.7 m² 放蜂 20 000～30 000 头即可。

4. 释放时间　　应选择在阴天或晴天放蜂，雨天不宜放蜂。赤眼蜂有喜光和多在上午羽化、白天活动、晚上静息的习性，因此放蜂时间应在上午 8：00 左右为好。

根据害虫的发生情况确定放蜂的具体日期。根据害虫的发育进度，在产卵始盛期放第一批蜂，以后每隔 2～3 d 放一批，释放的具体次数根据害虫产卵期的长短确定。为减少放蜂次数，可以制作长效蜂卡放蜂。方法是将寄主卵分批逐日接蜂，在同一条件下分批培育，然后将寄主卵混合制成蜂卡，释放后能保持每天分批出蜂，持续 15 d 左右（一般蜂卡仅维持 2～3 d）。

5. 影响释放效果的因素

（1）赤眼蜂种类或品系　　每种赤眼蜂或品系都有其特定的生物学和生态学特性，对寄主和环境条件要求也有差异。如果选择不当，会影响赤眼蜂的生命力和寄生效能。

（2）恰当的扩繁寄主　　柞蚕卵和米蛾卵是扩繁赤眼蜂的优良寄主，目前广泛使用，但应控制每粒卵的产蜂数，即每粒柞蚕卵产蜂 60～80 头[16]，米蛾卵则只能 1 头，才可以保证每头蜂都能获得足够的营养。

（3）赤眼蜂的生命力　　赤眼蜂在田间的活动能力取决于赤眼蜂的生命力强弱，直接影响防治效果。生命力指标包括蜂体大小、繁殖能力、成蜂寿命和适应田间环境的能力 4 个方面。如果用同一寄主在恒温条件下连续多代扩繁种蜂，会出现种群退化而导致生命力减弱。因此，必须注意种群退化和复壮的问题，可以通过变温锻炼、改变寄主、减少用同一寄主繁育的代数等方法来解决。

（4）放蜂方法和时间　　正确的放蜂方法可以促进赤眼蜂的扩散和减少天敌的危害，而在害虫产卵初期适时放蜂，则是获得理想放蜂效果的保证。

（二）田间效果评价

1. 释放区与对照区的选择　　田间效果评价前，要注意释放区和对照区的地形、作物品种、作物长势、田间管理及当代害虫发生数量的一致性，对照区务必设置在距离释放区 1 km

以上的逆风区[43]。

2. 效果评价指标和调查方法　效果评价指标因作物种类的差异而有所不同，如利用赤眼蜂防治甘蔗螟虫的效果评价指标包括甘蔗螟卵寄生率、枯心苗率、被害节、有效茎数和产量等，而利用赤眼蜂防治稻纵卷叶螟的效果评价指标包括卷叶率、卵寄生率等。

通过抽样进行调查。在释放区和对照区采用相同的抽样方法，如棋盘式、平行式、对角线、随机、五点取样等，选择哪种方法要考虑害虫在田间产卵的分布类型。

3. 田间效果评价（以利用赤眼蜂防治甘蔗螟虫为例）

（1）螟卵寄生率　释放赤眼蜂前在放蜂区和对照区各调查 1 次，以了解自然寄生率的情况。放蜂后 7～10 d 进行调查，仔细检查样方内的所有蔗株，将寄生和未寄生的螟卵记入表 5-4，计算寄生百分率。

表 5-4　甘蔗螟卵寄生率调查表

品种：　　　植期：　　　　　　　　调查日期：　　　　　调查地点：

样本编号	寄生率									总平均寄生率/%	备注
	白螟			条螟			二点螟				
	总卵数/粒	寄生卵/粒	寄生率/%	总卵数/粒	寄生卵/粒	寄生率/%	总卵数/粒	寄生卵/粒	寄生率/%		

（2）枯心苗率　在枯心期调查样方内的全部苗数和枯心苗数，分别填入表 5-5，计算枯心苗率。但须区别螟害和蔗龟为害造成的枯心苗。

表 5-5　甘蔗枯心苗率调查表

品种：　　　植期：　　　　　　　　调查日期：　　　　　调查地点：

样本编号	调查总苗数	枯心苗数	枯心苗率/%	备注

（3）被害节和有效茎数　在甘蔗收获期进行，将样方内的全部蔗茎砍下，称取样方内所有蔗茎的总重量。计算每一蔗茎数，并按蔗螟种类及被害节数，填入表 5-6，然后求出各蔗螟为害的被害节百分率，并计算每 666.7 m² 有效茎数和产量，另行登记。

表 5-6　甘蔗被害节数调查表

品种：　　　植期：　　　　　　　　调查日期：　　　　　调查地点：

样本编号	茎数	节数	被害节数				重量	备注
			黄螟	条螟	二点螟	合计		

第三节　平腹小蜂的繁殖和利用

平腹小蜂属（*Anastatus*）属旋小蜂科（Eupelmidae），世界性分布，目前已知 148 种，中国 14 种。大多数平腹小蜂为卵寄生蜂，主要寄主有半翅目和鳞翅目等，国内分布广泛，可寄生多种农林害虫。我国自 20 世纪 60 年代开始，通过人工繁殖和释放，利用麻纹蝽平腹小蜂（*Anastatus fulloi*）（以下简称平腹小蜂）防治荔枝、龙眼的害虫荔枝蝽（*Tessaratoma papillosa*），至今仍在我国荔枝、龙眼产区广泛使用[49, 50]。

一、平腹小蜂的人工繁殖

（一）繁蜂前的准备

1. 繁蜂室　繁殖平腹小蜂的蜂室，要求光线充足，墙壁、地面容易清洗、消毒并保持清洁卫生，具备控温、控湿、通风、防鼠条件，不得有粉尘、有害气体和其他刺激性气体的污染源。

2. 繁蜂箱　繁蜂箱用松木或经过试验证明对平腹小蜂无不良作用的杂木制成，长方形，一般为 30 cm×23 cm×11 cm（长×宽×高）。木框两侧有两个长方形的玻璃盖，繁蜂时将粘在纸张上的卵紧贴两侧的玻璃盖，木框侧面放置，使光线可以透过两侧的玻璃，引诱种蜂在寄主卵上活动，同时放入蘸有蜂蜜水的脱脂棉球供种蜂补充营养。繁蜂箱的繁蜂效率较低，目前多用于繁殖种蜂。

3. 繁蜂柜　繁蜂柜用无味木头或铝合金等材料制成，一般为（85～100）cm×44 cm×130 cm（长×宽×高）。柜脚高 30～40 cm，柜顶部及两个长的侧面用 120 目不锈钢纱网封盖，底部密封，另两侧装活动推门，供换蜂卡和加蜂蜜水用。柜内分 3 层，在每层的上部两边有 1～2 cm 的小槽，供挂有接蜂卡或种蜂的支架移动。此法提高了繁蜂效率，适于规模化生产，目前广东省农业科学院采用这种方法。

（二）繁殖平腹小蜂的方法

1. 采集和繁殖蜂种　大量繁殖平腹小蜂之前，需备足蜂种。采集蜂种的方法有挂蚕卵诱集法和采摘荔枝蝽卵法两种。

（1）挂蚕卵诱集法　在已经推广平腹小蜂防治荔枝蝽的地区，采用这种方法较为方便。春季释放了平腹小蜂的荔枝园，平腹小蜂的寄生率较高，6～8 月还有相当数量的子代蜂活动。在这段时间内，把制作好的柞蚕卵卵卡挂在荔枝叶背面，诱集平腹小蜂寄生。挂卵数量要多，以保证收到足够的蜂种。挂出一个星期后收回，放在蜂箱内置于自然环境下发育。在没有释放过平腹小蜂的荔枝园，也可用这种方法诱集自然界的平腹小蜂寄生，甚至在冬季还可以收集到蜂种。

（2）采摘荔枝蝽卵法　在 4～5 月，荔枝蝽卵较多，此时可将大量的荔枝蝽卵采回发育，每 2～3 d 检查一次，没有被寄生蜂寄生的荔枝蝽卵，卵壳颜色由绿（或黄）变红，最后孵出荔枝蝽若虫；被平腹小蜂寄生的荔枝蝽卵，卵壳颜色则由绿变灰色而至灰褐色，卵壳较软，很容易识别。选取被寄生的卵块移入繁蜂箱中发育。蜂种在发育到预蛹时，调节 RH 70% 左右，是夏、秋季繁殖蜂种度过蛹期的关键性措施，要注意解决。如果一次采得的蜂不足一箱，则在蜂发育至老熟幼虫时，放进冰箱（约 5℃）冷藏抑制发育，积累到足够一箱蜂种时，即开始繁殖。

2. 寄主卵处理与种蜂准备　目前常用柞蚕剖腹卵作为替代寄主繁育平腹小蜂。每年秋季，从东北购买优质柞蚕茧，放入 1～5℃ 冷库储藏备用。优质蚕茧的衡量标准与赤眼蜂繁殖相同。

为保证繁蜂质量，应该利用新鲜蚕卵繁蜂。按繁殖量制订蚕卵计划。然后按计划分批、分期地从冷库提取相应数量的蚕茧，在20～25℃、RH 70%～80%的条件下加温，使蚕蛹发育至羽化出蛾。其间必须进行定期详细调查，根据蚕茧积温和解剖观察结果，安排种蜂加温。

当蚕茧加温后积温达110℃·d时，解剖蚕蛹时如见中胃缩短、变软，说明距出蛾还有14 d，可开始种蜂加温，注意适当调整出蜂期，做到种蜂出蜂后产卵期与柞蚕羽化期相吻合。当积温达200℃·d时，中胃液化、略缩小，卵粒形成一串，此时距出蛾还有4 d，应检查种蜂的发育情况。

柞蚕雌蛾出茧后4～24 h，采用人工或机械剖蛾腹取卵并用清水清洗，方法同前。

如当天未能用于接蜂的蚕卵，应装入锡箔袋，每袋装卵量少于1 kg，并在低温（<0℃）条件下贮存。低温贮存的蚕卵质量会因时间增加而下降，在−4℃条件下贮存的时间应少于三个月，在−10℃条件下贮存的时间应少于6个月。

在低温（<0℃）条件下贮存的蚕卵用于繁蜂时，应先将卵置于容器中，加入5倍量的清水，浸泡1 h，滤去水分阴干后接蜂。

3. 人工大量繁殖平腹小蜂

（1）接蜂温湿度条件和接蜂时间　　繁蜂室内保持温度26～28℃、RH 60%～70%。提供30%蜂蜜水作为补充营养和保持充足的光照。接蜂时间为48 h，每隔48 h换上一批新的寄主卵，寄生过的寄主卵随即送往发育室培养。

（2）散卵接蜂　　将蚕卵均匀分布于瓷盘或塑料盘，厚度为一粒卵，置于繁蜂柜后引入种蜂，蜂卵比为1∶12。两层瓷盘或塑料盘之间间隔大于10 cm。

被寄生的蚕卵在田间释放前要制成卵卡才能使用。分批提取合格的散装寄生卵，当有70%的个体进入中蛹期，即送进制卡室制卡。用80 g纸，面积根据实际需要，通常每千粒卵为80～85 cm^2。黏着剂采用无毒白乳胶。用板刷涂胶于卡纸上，然后将寄主卵撒粘其上，制成紧密排列的单层卵卡。商品蜂卵卡应标明蜂种名、有效蜂量、生产日期、生产单位等。

（3）繁蜂箱接蜂　　每个繁蜂箱有两个玻璃盖子，选取两张面积大于玻璃盖的纸张（80 g），在其上画小于玻璃盖面积的长方形，用白乳胶将寄主卵粘在长方形之间。将两张粘有寄主卵的纸张紧贴玻璃盖内侧，引入蜂种后盖上盖子。蜂卵比为1∶12。每隔6 h转换一次方向和方位，使雌蜂容易接触寄主卵，以提高寄生率。

（4）繁蜂柜接蜂　　采用定制的卵卡（65 mm×105 mm），其上有一方格（65 mm×70 mm）用于粘卵（500～600粒），以及一个悬挂孔，繁蜂时将粘好卵的卵卡按一定间隔串起放在繁蜂柜上层，繁蜂柜底部放蜂种卡，根据蜂量的多少，决定每日接入蜂卡的数量。蜂卵比为1∶12。48 h后取出寄生过的蜂卡，送往发育室发育。

4. 平腹小蜂发育的控制　　控制平腹小蜂的发育，在人工利用上十分重要。在正常的年份，11月中旬以后的旬平均温度低于20℃，平腹小蜂在这个温度下缓慢发育至预蛹便休眠过冬。但若遇到特殊情况，如冬季旬平均温度高于20℃，而且持续时间较长，平腹小蜂就可能会继续发育，在未到需要释放时就羽化出来，造成浪费。遇到这种情况，可以利用平腹小蜂预蛹期有较强的耐低温能力的特点，放在5℃左右的冰箱保存，至旬平均温度低于20℃时，再移到室外越冬。

3月上旬，荔枝蝽成虫开始活动，卵逐渐成熟，这时的自然气温仍较低，根据多年的经验，休眠越冬的平腹小蜂需要适当加温，才能及时化蛹，及时释放。越冬后的老熟幼虫在26～28℃经5～6 d化蛹，蛹期6～7 d。刚化蛹时色淡黄，其后，体节及附肢的颜色显深，由淡黄色至深褐色，最后变为黑色。为了便于观察，可将蛹期分为初蛹、中蛹和后蛹三个时期。初蛹体色淡黄色至浅褐色，中蛹深褐色至近似黑色，附肢与翅仍紧贴体躯，后蛹黑色，附肢渐渐松开。在上述温度下，初蛹历期 2～3 d，中蛹 2 d，后蛹 2 d。检查方法是把少量寄生卵放在玻璃表面皿内，用水浸泡 3～5 min，倒掉多余水分，将玻璃表面皿对光观察，便可分辨出蛹期三个阶段。有时卵壳太厚，分辨困难时，可用小剪刀剖开观察。

在控制平腹小蜂发育时，要根据荔枝蝽卵发育情况结合自然气温变化，调节适当温度以加速或减缓其发育。一般来说，为了使越冬后的平腹小蜂老熟幼虫能及时化蛹，温度要高些，可放在 26～28℃发育。化蛹后，就要根据情况放在自然温度下发育，或在较低温度下（要有昼夜温差）缓慢地发育，做到留有充分余地。在发育过程中，如果自然气温显著下降，荔枝蝽体内卵的发育速度就会减慢，产卵就会延迟。在这种情况下，就要相应把平腹小蜂放在自然气温下或冰箱中，以减缓或停止其发育。具体可解剖荔枝蝽成虫，观察卵的发育情况，并结合当地的气象预报（如低温寒潮出现的时间），判断荔枝蝽产卵始期，从而控制好平腹小蜂的发育。

在加温期间，蜂在寄主卵内发育，呼吸旺盛，水分通过卵壳排出，如果贮放在布袋内的寄生卵过多过厚，就会发生潮湿现象，必须经常翻动；也要防止过于干燥，相对湿度要保持在 70%左右为宜。

如在放蜂期内遇到低温阴雨，不能如期释放，蜂发育到预蛹期或蛹期，可以放在冰箱内抑制发育。预蛹、初蛹、中蛹、后蛹在 0～5℃冷藏，经 30 d 仍有 95%以上的羽化率，即将羽化的蜂蛹，在 5℃冷藏 21 d，羽化率仍在 95%左右。

5. 产品质量控制 优质平腹小蜂产品是有效控制荔枝蝽的保证。为确保每批次产品质量，广东省市场监督管理局制定了《平腹小蜂扩繁与防治荔枝蝽应用技术规程》（DB44/T 2221—2019）[51]。

（1）取样方法 各批次生产的平腹小蜂寄生卵均需抽取样本，即从每批产品中随机抽出若干袋蜂卵或若干张卵卡，从中取出少量样品，每批次最少抽检 5 张蜂卡，标记批次、接蜂日期和抽样日期。将同一抽样日期和批次的样品收集在一起，混合均匀后随机选取 1000 粒，以每 100 粒分装一培养皿，重复 10 次，贴上标签供检测。将所选并标记好的样品，置于 25～26℃、RH 70%～80%条件下，让其发育。

（2）样品检测

1）寄生率。在中间寄主卵幼虫后期或预蛹期（接蜂 8～10 d 后）便能分辨中间寄主卵是否被寄生。被寄生的卵粒饱满，呈浅灰色，非寄生的卵粒干瘪，乳白色、浅绿色或浅褐色。解剖两种卵粒各 100 粒，校正目测结果。统计被寄生和非寄生卵粒数，计算寄生率。

2）性比。平腹小蜂羽化出蜂结束后，先逐管将成蜂全部倒在硬质白纸上，同时还应将卵壳内的成蜂挑出，分别统计雌蜂数和雄蜂数，计算性比。

3）可育率和单雌生殖力。从供试样品中随机抽取雌蜂和雄蜂各一头，引入已经有中间寄主卵卡（100 粒左右）的培养皿或直径 3 cm、高 8 cm 的玻璃管中，玻璃管以纱布或棉花封口，饲以 30%蜜糖水作为补充营养。每 48 h 更换一次寄主卵卡，直至雌蜂死亡。重复 30 次，按接蜂顺序标记编号。按标定卵卡编号，检查每张寄主卵，区分被寄生卵和非寄生卵，抽样解剖两种卵粒各 100 粒，校正目测结果。最后统计灰色柞蚕卵粒数，计算可育率。将全部卵卡中的被寄生卵数和供试柞蚕卵粒数分别累加，得出被寄生卵总数和供试柞蚕卵粒总数，计算平均单雌产卵量。平腹小蜂发育出蜂后，统计卵卡中寄生卵的出蜂数，计算平均单雌产子代个数，从而判断雌蜂繁殖能力。

（3）质量分级标准　　平腹小蜂蜂卡质量分级标准见表 5-7。

表 5-7　平腹小蜂蜂卡质量分级标准[51]

项目	一等	二等	合格
寄生率/%	≥85.0	80.0~84.9	75.0~79.9
羽化率/%	≥80.0	75.0~79.9	70.0~74.9
卵粒遗蜂率/%	≤8.0	8.1~10.0	10.1~12.0
可育率/%	≥80.0	75.0~79.9	70.0~74.9
平均单雌产子数/头	≥100.0	90.0~99.9	80.0~89.9
雌蜂率/%	≥90.0	80.0~89.9	70.0~79.9
畸形蜂率/%	≤3.0	3.1~5.0	5.1~8.0
感病卵粒率/%	≤3.0	3.1~5.0	5.1~10.0
青卵率/%	≤3.0	3.1~4.0	4.1~5.0

二、大田释放平腹小蜂的方法和效果调查

室内人工大量繁殖平腹小蜂，是为了大田释放防治荔枝蝽。要做好这件工作，达到预期的效果，除了培养强壮的蜂体外，还必须对周围环境进行系统的调查研究，了解气候变化的特点，掌握荔枝蝽的发生规律，采取灵活机动的方法，确定大田放蜂时间及数量，做到有的放矢，才能收到良好的防治效果。

（一）平腹小蜂的释放适期和释放量

为了正确地判定平腹小蜂的释放适期，更恰当地控制蜂的发育，掌握虫情、注意当地气象台（站）的天气预报是十分重要的。在广州地区，2 月下旬起可定期解剖越冬荔枝蝽成虫，观察雌虫体内卵发育进度，结合气象因素来判断它的产卵日期，做好控制平腹小蜂的发育，以便在需要放蜂时能迅速放出。根据群众的实践经验，广东中部地区，荔枝蝽一般在 3 月上、中旬开始产卵，3 月中旬为释放适期。但是由于环境小气候不同，荔枝蝽虫口密度有差异，放蜂时间要根据当地具体情况而定。

放蜂量要根据荔枝园有无杂树间种、荔枝树冠大小及荔枝蝽数量而定。根据历年经验，荔枝树中等大小，每棵树的荔枝蝽成虫在 200 头以下，无杂树间种时，每棵树放蜂量为 600~800 头雌蜂，分 2~3 批放出：分 3 批放蜂的，蜂量的比例为 2：2：1；分 2 批放蜂的，蜂量的比例为 1：1。每批放出的间隔时间为 8~10 d。

如果荔枝树上的荔枝蝽成虫数量多（每棵荔枝树在 200 头以上），可先用敌百虫喷杀，减少虫口密度，喷药后 4~5 d 才放蜂。

（二）平腹小蜂的释放方法

应根据荔枝蝽发生的数量决定每株树的放蜂量。将蜂卡按所需要的蜂量撕成小块，用订书机钉在树叶的背面，或根据卵卡开口将其悬挂于枝条适宜位置，尽量避免直接遭到雨淋或阳光直射。挂蜂卡位置应离地面 50 cm 以上。有条件时可散放成蜂。果园蚂蚁数量多时，应采取防护措施。

（三）放蜂试验区的选择和效果调查

人工释放平腹小蜂后，要想知道它对荔枝蝽卵的防治效果，可设放蜂区和对照区加以比较。放蜂区要选择无杂树间种并且较为独立连片的荔枝园，面积在 0.7 hm²（150 棵）以上。对照区可以是任何防治方法都不采用的荔枝园，也可以是药剂防治区。对照区的条件，如荔枝蝽成虫密度、荔枝品种、树冠大小、栽培技术和开花植株多少等，应与放蜂区大致相同。此外，放蜂区与对照区相隔要在 200 m 以上，以避免平腹小蜂扩散迁移，造成人为的误差，影响对照比较的准确性。

放蜂效果的好坏，可用荔枝蝽卵寄生率和若虫残存数来判断。其调查方法，可采用对角线五点取样法，在对角线的各点中取植株 3～5 株，采摘一定数量的卵块，每区每次调查荔枝蝽卵 50 块以上。寄生率调查，可在第一次放蜂后一个月左右进行，以后每隔 10 d 调查一次，共 3 次。方法是在样本植株上细心检查叶片上的卵块，将下列 4 种卵块摘下：已寄生变成灰褐色的；即将孵出若虫，卵壳变红色的；被寄生后已羽化出蜂的卵壳；未被寄生而荔枝蝽若虫已孵化的卵壳。除上述 4 种卵块以外，其余卵块还有被寄生的可能，均不能采摘。放蜂区与对照区的卵块分别装袋和注明，待若虫孵化和寄生蜂羽化后，分别计算百分率，记入表 5-8。

表 5-8　荔枝蝽卵寄生率调查表

调查地点：

调查日期	放蜂区						对照区					
	平腹小蜂		跳小蜂		总寄生率/%	卵粒总数	平腹小蜂		跳小蜂		总寄生率/%	卵粒总数
	寄生卵粒数	寄生率/%	寄生卵粒数	寄生率/%			寄生卵粒数	寄生率/%	寄生卵粒数	寄生率/%		

若虫残存数调查可在 5 月中旬后进行（药剂防治区在生产上已施过 2～3 次药）。方法是在放蜂区和对照区按照取样调查方法选择有代表性的植株，用 400～500 倍敌百虫液喷杀，使若虫中毒掉地，然后检查若虫数量，并将各龄若虫数分别记录于表 5-9。

表 5-9　放蜂区、对照区荔枝蝽若虫调查表

地点：　　　　日期：

调查样本	放蜂区（头／株）			对照区（头／株）		
	总若虫数	4 龄及以上	3 龄及以下	总若虫数	4 龄及以上	3 龄及以下

思考题

一、名词解释

寄生性天敌昆虫；单期寄生；内寄生；抑性寄生；群寄生；共寄生；原寄生；单主寄生；拟寄生物；营养驯化

二、问答题

1. 寄生蝇有哪些侵入寄主的方式？

2. 赤眼蜂的个体发育包括哪几个阶段？各有什么特点？

3. 影响赤眼蜂的环境因子有哪些？

4. 简述赤眼蜂的田间释放技术。

5. 影响平腹小蜂性比的主要因素有哪些？

6. 简述人工大量繁殖平腹小蜂的步骤。

7. 大量繁殖过程中，如何控制平腹小蜂的发育？

8. 谈谈你对利用寄生性昆虫进行害虫生物防治的认识。

 参考文献

[1] 任顺祥，陈学新. 生物防治. 北京：中国农业出版社，2011

[2] 林乃铨. 害虫生物防治. 北京：科学出版社，2010

[3] 湖北省农业科学院植物保护研究所. 水稻害虫及其天敌图册. 武汉：湖北人民出版社，1978

[4] 蒋帅帅，邹志文，刘昕，等. 一种寄生蒲氏蝠蛾幼虫的悬茧蜂形态与触角感器研究. 环境昆虫学报，2009，31（3）：248-253

[5] 湖北省农业科学院植物保护研究所. 棉花害虫及其天敌图册. 武汉：湖北人民出版社，1980

[6] 张古忍，李敦松. 赤眼蜂的个体发育及繁殖基础生物学//曾凡荣. 昆虫及捕食螨规模化扩繁的理论和实践. 北京：科学出版社，2016

[7] 易帝玮. 螟黄赤眼蜂繁蜂质量的影响因子研究. 广州：中山大学硕士学位论文，2015

[8] 黄燕嫦，易帝炜，宋子伟，等. 螟黄赤眼蜂的个体发育. 环境昆虫学报，2016，38（3）：457-462

[9] Tanaka M. Early embryonic development of the parasite wasp, *Trichogramma chinolis*（Hymenoptera：Trichogrammatidae）. *In*: Ando H，Miya K. Recent Advances in Insect Embryology in Japan. Tsukuba: ISEBU，1985：171-179

[10] Manweiler S A. Developmental and ecological comparison of *Trichogramma minutum* and *Trichogramma platneri*（Hymenoptera：Trichogrammatidae）. Pan-Pacific Entomologist，1986，62：128-139

[11] Saakian-Baranova A A. Morphological study of preimaginal stages of six species of *Trichogramma* Westwood（Hymenoptera，Trichogrammatidae）. Entomologicheskoe Obozrenie，1990，2：257-263

[12] Dahlan A N，Gordh G. Development of *Trichogramma australicun* Girault（Hymenoptera：Trichogrammatidae）on *Helicoverpa armigera*（Hübner）eggs（Lepidoptera：Noctuidae）. Australian Journal of Entomology，1996，35：337-344

[13] Jarjees E A，Merritt D J. Development of *Trichogramma australicun* Girault（Hymenoptera：Trichogrammatidae）on *Helicoverpa*（Lepidoptera：Noctuidae）host eggs. Australian Journal of Entomology，2002，41：310-315

[14] 利翠英. 赤眼蜂 *Trichogramma evanescens* Westw.的个体发育及其对于寄主蓖麻蚕 *Attacus cynthia ricini* Boisd. 胚胎发育的影响. 昆虫学报，1961，10（4-6）：339-354

[15] 夏邦颖. 昆虫的卵. 生物学通报，1983，（5）：16-18

[16] 刘志诚，刘建峰，张帆，等. 赤眼蜂繁殖及田间应用技术. 北京：金盾出版社，2000

[17] 蒲蛰龙，邓德蔼，刘志诚，等. 甘蔗螟虫卵赤眼蜂繁殖利用的研究. 昆虫学报，1956，6（1）：1-35

[18] 刘文惠，周永富，陈巧贤，等. 稻螟赤眼蜂及欧洲玉米螟赤眼蜂体外培育研究. 昆虫天敌，1983，5（3）：166-170

[19] 张良武，高镝光.松毛虫赤眼蜂在鄂协Ⅱ号人工寄主卵上产卵寄生能力的研究//湖北省赤眼蜂人工寄主卵研究协作组. 赤眼蜂人工寄主卵研究. 武汉：武汉大学出版社，1987

[20] Vinson S B. Nutritional ecology of insect egg parasitoids. *In*：Consoli F L. Egg Parasitoids in Agroecosystems with Emphasis on *Trichogramma*，Progress in biological control. Berlin：Springer Science+Business Media B V，2009

[21] 谢中能，吴屏英，邓秀莲. 赤眼蜂寄主卵的氨基酸含量分析. 昆虫天敌，1982，4（2）：22-25

[22] 戴开甲，曹爱华，卢文筠，等. 1987. 赤眼蜂寄主柞蚕卵成分的初步分析//湖北省赤眼蜂人工寄主卵研究协作组. 赤眼蜂人工寄主卵研究. 武汉：武汉大学出版社，1987

[23] 黄燕嫦，宋子伟，李敦松，等. 冷藏对米蛾卵液中游离氨基酸变化的影响. 环境昆虫学报，2016，38（3）：468-475

[24] Wu H，Huang Y C，Guo J X，et al. Effect of cold storage of *Corcyra cephalonica* eggs on the fitness for *Trichogramma chilonis*. Biological Control，2018，124：40-45

[25] Jervis M A，Kidd N A C，Walton M. A review of methods for determining dietary range in adult parasitoids. Entomophaga，1992，37（4）：565-574

[26] Quicke D L J. Parasitic Wasps. London：Chapman & Hall，1997

[27] Zhang G R，Zimmerman O，Hassan S A. Pollen as a source of food for egg parasitoids of the genus *Trichogramma*（Hymenoptera：Trichogrammatidae）. Biocontrol Science and Technology，2004，14（2）：201-209

[28] Hamilton W D. Extraordinary sex ratio. Science，1967，156：477-488

[29] Werren J H. Sex-ratio evolution under local mate competition in a parasite wasp. Evolution，1983，37：116-124

[30] Godfray H C J. Parasitoids：Behavioral and Evolutionary Ecology. Princeton：Princeton University Press，1994

[31] Shuker D M，Pen I，Duncan A B，et al. Sex ratio under asymmetrical local mate competition：theory and a test with parasitoid wasps. American Naturalist，2005，166：301-316

[32] Russell J E，Stouthamer R. Sex ratio modulators of egg parasitoids. *In*：Consoli F L. Egg Parasitoids in Agroecosystems with Emphasis on *Trichogramma*，Progress in Biological Control. Berlin：Springer Science+Business Media B V，2009

[33] Waage J K，Ming N S. The reproductive strategy of a parasitic wasp：1. Optimal progeny and sex allocation in *Trichogramma evanescens*. Journal of Animal Ecology，1984，53：401-415

[34] Suzuki Y，Tsuji H，Sasakawa M. Sex allocation and effects of superprarsitism on secondary sex-ratio in the gregarious parasitoid，*Trichogramma chilonis*（Hymenoptera，Trichogrammatidae）. Animal Behaviour，1984，32：478-484

[35] Luck R F，Janssen J A M，Pinto J D，et al. Precise sex allocation，local mate competition，and sex ratio shifts in the parasitoid wasp *Trichogramma pretiosum*. Behavioral Ecology and Sociobiology，2001，49：311-321

[36] Luck R F，Stouthamer R，Nunney L. Sex determination and sex ratio patterns in parasitic Hymenoptera. *In*：Wrench N D L，Ebbert M A. Evolution and Diversity of Sex Ratio in Haplodiploid Insects and Mites. New York：Chapman & Hall，1992

[37] Stouthamer R，Luck R F，Hamilton W D. Antibiotics cause parthenogenetic *Trichogramma*（Hymenotera，Trichogrammatidae）to revert to sex. Proceedings of the National Academy of Sciences of USA，1990，87：2424-2427

[38] Stouthamer R，Kazmer D J. Cytogenetics of microbe-associated parthenogenesis and its consequences for gene flow in *Trichogramma* wasps. Heredity，1994，73：317-327

[39] Stouthamer R，Luck R F. Influence of microbe-associated parthenogenesis on the fecundity of *Trichogramma deion* and *T. pretiosum*. Entomologia Experimentalis et Applicata，1993，67：183-192

[40] Tagami Y，Miura K，Stouthamer R. Positive effect of fertilization on the survival rate of immature stages in a Wolbachia-associated thelytokous line of *Trichogramma deion* and *T. kaykai*. Entomologia Experimentalis et Applicata，2002，105：165-167

[41] 鲁新，李丽娟，张国红. 温度对螟黄赤眼蜂不同品系的影响. 吉林农业科学，2003，28（5）：18-21

[42] Wang Z Y，He K L，Zhang F，et al. Mass rearing and release of *Trichogramma* for biological control of insect pests of corn in China. Biological Control，2014，68：13-144

[43] 陈红印，王树英，陈长风. 以米蛾卵为寄主繁殖玉米螟赤眼蜂的质量控制技术. 昆虫天敌，2000，21（4）：145-150

[44] 潘雪红，黄诚华，魏吉利，等. 赤眼蜂及其寄主卵低温贮存时间对赤眼蜂繁殖的影响. 湖北农业科学，2011，50（20）：4194-4196

[45] 张国红，鲁新，李丽娟，等. 贮存后的米蛾卵对赤眼蜂繁殖的影响. 吉林农业科学，2008，（5）：42-43，52

[46] Hassan S A. Selection of suitable *Trichogramma* strains to control the codling moth *Cydia pomonella* and the two summer fruit tortrix moths *Adoxophyes orana*，*Pandemis heparana*（Lep.：Tortricidae）. Entomophaga，1989，34（1）：19-27

[47] 广东省农业科学院植物保护研究所. 螟黄赤眼蜂扩繁与应用技术规程：DB44/T 175—2014. 广东省质量技术监督局，2014

[48] 陈科伟，蔡晓健，黄寿山. 低温冷藏对拟澳洲赤眼蜂种群品质的影响//李典谟.昆虫学创新与发展—中国昆虫学会 2002 年学术年会论文集. 北京：中国科学技术出版社，2002

[49] 唐璐. 中国平腹小蜂属系统分类研究. 福州：福建农林科技大学硕士学位论文，2018

[50] Peng L F，Gibson G A P，Tang L，et al. Review of the species of *Anastatus*（Hymenoptera：Eupelmidae）known from China，with description of two new species with brachypterous females. Zootaxa，2020，4767（3）：351-401

[51] 广东省农业科学院植物保护研究所—平腹小蜂扩繁与防治荔枝蝽应用技术规程：DB44/T 2221—2019. 广州：广东省市场监督管理局，2019

第六章 捕食性天敌昆虫的繁殖释放与保护利用

第一节 捕食性天敌昆虫

一、捕食性天敌昆虫的一般特性

捕食性天敌昆虫是指专门以昆虫或其他小动物为食的昆虫，这些昆虫通过直接取食虫体的部分或全部，或者刺入虫体内部吸食体液，而获取发育所需的营养，最终致猎物死亡。捕食性天敌昆虫广泛存在于自然生态系统，在维持自然生态平衡方面发挥重要作用，是重要的害虫生物防治因子。由于不同种类捕食性天敌昆虫生活习性的差异，能够群体饲养并进行规模化繁殖的种类并不多，大多数种类因具有同类相食习性而难以饲养繁殖，只能通过保护利用的方式，保护生态系统中捕食性天敌昆虫的物种多样性，并维持各种群数量的稳定，以充分发挥各种群对害虫的协同控制作用，达到生物防治的目的。

1. 整个生命周期都为捕食性 大多数捕食性天敌的整个生命周期都是肉食性的，如七星瓢虫（*Coccinella septempunctata*）的幼虫和成虫都喜食蚜虫。但也有例外，例如，草蛉只有幼虫阶段捕食，而食蚜蝇科（Syrphidae）和舞虻科（Empididae）则只在成虫阶段捕食，盲蝽科（Miridae）的有些种类，脆弱的一龄若虫常常是植食性的，但随着身体的长大和搜索能力的增强，很快转变成捕食性。

捕食者捕食的猎物数量也有很大的变化，有些种类如澳洲瓢虫（*Rodolia cardinalis*）近乎寄生性天敌，消耗的猎物数量较少；而有些种类如普通草蛉（*Chrysoperla carnea*）则近乎贪食，消耗很多的猎物。

2. 专一性不强，多为广食性 捕食者的一生需要足够的猎物以满足其产卵和存活的需要，因此捕食性天敌昆虫的专一性不强，也不需要与猎物的某一个敏感发育阶段同步。就害虫生物防治而言，捕食性天敌常追随害虫的发生，二者间有一个时差，其常落后于害虫的发生，这也成为人们认为其生物防治效果差的主要原因。因此，一般认为，捕食性天敌在传统生物防治中的作用比寄生性天敌差。

事实上，捕食性天敌在传统生物防治中的作用一点都不比寄生性天敌差，种群建立也不比寄生性天敌困难。可以从 3 个方面理解：一是捕食性天敌防治某些害虫（如鞘翅目害虫）更为有效，特别是在不稳定的一年生作物系统中；二是捕食性天敌对那些没有寄生性天敌的害虫如球蚜科（Adelgidae）和叶螨科（Tetranychidae）特别有效；三是由于捕食性天敌种类多，个体数量大，如果其生物多样性得到充分保护，捕食性天敌对害虫的协同控制作用是巨大的，这也是强调对捕食性天敌进行保护利用的原因之一。

3. 捕食活动受多因素影响　　在个体水平上，典型的捕食者在其发育的每一个阶段都必须搜寻猎物，而且搜寻的成功与否决定个体的生长发育与存活状态。所以，年龄结构和动能学是捕食作用的基本要素。此外，捕食者的饥饿程度和捕食者与猎物的数量比也是影响捕食作用效果的重要因子。

在种群水平上，捕食者是典型的广食性种类，极少限于攻击单一的猎物种类。因此，捕食者种群的发育常常取决于几个猎物种的数量和特征。

4. 捕食性天敌研究的困难性　　捕食者与每一个猎物之间的相互作用时间太短，使得对捕食作用的估计和评价变得困难重重。

捕食性天敌种类的复杂多样性、夜间活动性、饲养条件的苛刻性和许多其他特征都严重影响了对捕食作用的详细研究。

捕食性天敌常具有同类相食的特点，在种群密度过大或饥饿状态下表现得尤为明显，这给实验室群体饲养带来了困难，如螳螂等。

二、捕食性天敌昆虫的主要类群

1. 蜻蜓目（Odonata）　　体中到大型。常见种类有小团扇春蜓（*Ictinogomphus rapax*）、侏红小蜻（*Nannophya pygmaea*）、丹顶斑蟌（*Pseudagrion rubriceps*）和单孔阳隼蟌（*Heliocypha perforata*）等[1]。稚虫和成虫均为肉食性。稚虫捕食蜉蝣稚虫、蚊子幼虫、小鱼、小虾等水生生物。成虫陆生，捕食飞行或静息的昆虫，喜在稚虫生活环境附近活动。

2. 螳螂目（Mantodea）　　体中到大型。常见种类有广斧螳（*Hierodula patellifera*）、宽胸菱背螳（*Rhombodera latipronotum*）、丽眼斑螳（*Creobroter gemmata*）、中华大刀螳（*Paratenodera sinensis*）等[1]。螳螂目是不完全变态昆虫中除蜻蜓目外唯一一个所有种类都为捕食性的类群，其若虫和成虫都是广食性的捕食者，几乎可以捕食所有的昆虫，特别喜食蝗虫、鳞翅目幼虫及半翅目昆虫等。正在捕食的大多数螳螂能使自身的体色与环境协调一致，静静地等待着猎物。有些种类看起来像树皮上的苔藓；有些种类就像花一样具有鲜艳的颜色，常伏击访花的昆虫；有些种类甚至与花的颜色相似，而形成能引诱昆虫的花。

3. 革翅目（Dermaptera）　　体长而扁。黄足肥螋（*Euborellia pallipes*）、黄褐蠼螋（*Labidura* sp.）是我国棉田的重要类群，能捕食棉花害虫如棉铃虫（*Helicoverpa armigera*）、棉小造桥虫（*Anomis flava*）、小地老虎（*Agrotis* ipsilon）、金刚钻（*Earias* spp.）和棉红铃虫（*Pectinophora gossypiella*）的卵和幼虫，也能捕食棉蚜（*Aphis gossypii*）[2]。

4. 缨翅目（Thysanoptera）　　体微小至小型。我国已知捕食性蓟马共4种，为塔六点蓟马（*Scolothrips takahashii*）[2]、六点蓟马（*S. sexmaculatus*）、长角六点蓟马（*S. longicornis*）和横纹蓟马（*Aeolothrips fasciatus*），可以捕食叶螨的卵、若螨和成螨，也可捕食蚜虫、植食性蓟马等。

5. 半翅目（Hemiptera）　　体微型至大型。捕食性种类主要分布于蝽科（Pentatomidae）、长蝽科（Lygaeidae）、猎蝽科（Reduviidae）、姬蝽科（Nabidae）、花蝽科（Anthocoridae）、盲蝽科（Miridae）和红蝽科（Pyrrhocoridae）等，是农林害虫的重要天敌，对控制害虫的发生和危害有重要的作用，如南方小花蝽（*Orius similis*）能捕食常见害虫棉蚜、叶螨、蓟马等[2]。

6. 脉翅目（Neuroptera）　　体微型至大型。常见种类有中华通草蛉（*Chrysoperla sinica*）、大草蛉（*Chrysopa pailens*）、丽草蛉（*Chrysopa formosa*）、叶色草蛉（*Chrysopa phyllochroma*）、

晋草蛉（*Chrysopa shansiensis*）、亚非草蛉（*Chrysopa boninensis*）等，都是蚜虫、叶螨和鳞翅目昆虫卵和初孵幼虫的重要天敌，如我国通过释放大草蛉[2]和丽草蛉等来防治果树、棉花和蔬菜害虫。

7. 鞘翅目（Coleoptera）　体微型至大型，体壁坚硬，体形多样。作为害虫天敌的鞘翅目昆虫主要有瓢虫科（Coccinellidae）、步甲科（Carabidae）、虎甲科（Cicindelidae）、隐翅虫科（Staphylinidae）和芫菁科（Meloidae）等。全世界已知瓢虫科种类约有 5000 种，我国 400 余种，大多为捕食性种类，主要捕食蚜虫、介壳虫、粉虱、叶螨和鳞翅目昆虫的卵和幼虫等，是在生物防治中取得了显著效果的害虫天敌类群。自 1888 年美国从大洋洲引进澳洲瓢虫到加利福尼亚州防治柑橘吹绵蚧（*Icerya purchasi*）以来，引进天敌已经成为生物防治工作的重要方面，而且取得了不少成果。我国自 20 世纪 50 年代开始引进瓢虫，研究较多或利用面积较大的有澳洲瓢虫、孟氏隐唇瓢虫（*Cryptolaemus montrouzieri*）、七星瓢虫（*Coccinella septempunctata*）、龟纹瓢虫（*Propylea japonica*）、异色瓢虫（*Harmonia axyridis*）等。

8. 双翅目（Diptera）　我国已知属于捕食性的有食蚜蝇科（Syrphidae）、斑腹蝇科（Chamaemyiidae）、瘿蚊科（Cecidomyiidae）和食虫虻科（Asilidae）。食蚜蝇科的成虫主要取食花粉，幼虫按其食性可分为植食性、腐食性和捕食性三大类，捕食对象主要是蚜虫，也可捕食粉虱、叶蝉、蓟马及一些鳞翅目幼虫，常见种类有斑翅狭口食蚜蝇（*Asarcina aegrota*）、黑带食蚜蝇（*Episyrphus balteatus*）、凹带食蚜蝇（*Metasyrphus motems*）等。食虫虻科也叫作盗虻，可捕食各种昆虫，常见种类有中华盗虻（*Ommatius chinensis*）和虎斑食虫虻（*Astochia virgatipes*）等。瘿蚊科体微小或小型，主要捕食蚜虫和叶螨，如食蚜瘿蚊（*Aphidoletes abietis*）和食螨瘿蚊（*Acaroletes* sp.）等[2]。

9. 膜翅目（Hymenoptera）　包括蜂和蚂蚁。捕食性膜翅目昆虫的个体一般中型或大型，可以捕食鳞翅目昆虫的高龄幼虫，又由于其活动范围广、搜索能力强、捕食量大等特点，在调节害虫种群方面具有重要作用。捕食性的有胡蜂总科（Vespoidea）的胡蜂科（Vespidae），马蜂科（Polistidae）和蜾蠃科（Eumenidae），泥蜂总科（Sphecoidea）的泥蜂科（Sphecidae），蚁总科（Formicoidea）的蚁科（Formicidae）等，代表性种类有黄星长脚胡蜂（*Polistes mandarinus*）、黄斑细脚胡蜂（*Parapolybia* sp.）、纹胡蜂（*Vespa crabroniformis*）雌蜂、锥柄蜾蠃蜂（*Eumenes* sp.）、杯柄蜾蠃蜂（*Rhynchium* sp.）和直柄泥蜂（*Sceliphron* sp.）等[2]。

第二节　草蛉的大量繁殖和利用

一、常见的草蛉种类与分布

草蛉是一类重要的捕食性天敌昆虫，在蚜虫、介壳虫、粉虱、蓟马和螨类等农业害虫的生物防治中发挥着积极作用。草蛉是脉翅目（Neuroptera）草蛉科（Chrysopidae）中最常见的类群之一，在世界范围内广泛分布。目前草蛉科已知有 1415 种，我国 251 种，其中有 213 个中国特有种[3]。

我国常见的草蛉有 13 种，除大草蛉、丽草蛉和中华通草蛉在全国分布外，其他种类的分布区各有不同[4]。

1. 草蛉属（*Chrysopa*）

1）大草蛉（*Chr. pallens*），全国分布。

2）丽草蛉（*Chr. formosa*），全国分布。

3）叶色草蛉（*Chr. phyllochroma*），分布于陕西、新疆、宁夏、河南等。

4）多斑草蛉（*Chr. intima*），分布于辽宁、山东。

5）牯岭草蛉（*Chr. kulingensis*），分布于辽宁、河北、山东、浙江、江西、福建、广西、湖南。

6）黄褐草蛉（*Chr. yatsumatsui*），分布于新疆、甘肃、山西、陕西、安徽。

7）晋草蛉（*Chr. shansiensis*），分布于湖北、四川、河南、山西、北京、河北、山东、上海、安徽等地。

8）亚非草蛉（*Chr. boninensis*），分布于福建、广东、台湾、陕西。

2. 线草蛉属（*Cunctochrysa*）　　白线草蛉（*C. albolineata*），分布于新疆、山东、陕西。

3. 通草蛉属（*Chrysoperla*）

1）中华通草蛉（*Ch. sinica*）［曾用名中华草蛉（*Chrysopa sinica*）］，全国分布。

2）普通草蛉（*Ch. carnea*），分布于新疆、河南、山东、陕西、上海、云南。

4. 绢草蛉属（*Ankylopteryx*）　　八斑绢草蛉（*A. octopunctata*），分布于福建、湖南、广东、广西、江西、四川、台湾。

5. 尾草蛉属（*Chrysocerca*）　　红肩尾草蛉（*C. formosana*），分布于华南、台湾。

二、草蛉的生物学特性

（一）世代发育

草蛉是完全变态昆虫，整个生活史包括卵、幼虫、蛹、成虫 4 个虫态。一年发生 1～4 代，人工饲养条件下有的种类一年可达 8～9 代。具体种类的发生世代数和每代历期随不同种类、不同地区、不同季节的环境条件等而有不同，一般随纬度降低而增加。

（1）卵　　除少数种类（异草蛉属）外，绝大部分的卵基部都有一条丝柄，多产在植物的枝、叶片、树皮等上面，丽草蛉和白线草蛉卵单粒散产，大草蛉的卵一般数十粒集聚成片，也有少数种类的卵十多粒成束。

（2）幼虫　　草蛉的幼虫也称为"蚜狮"，共有 3 龄，除大小和颜色有变化外，形态相差不大。幼虫上、下颚很发达，捕食时用钳状的上、下颚夹住并刺入猎物，将消化液注入猎物体内，吸取猎物体液。幼虫取食后常把剩下的虫体残骸驮在背上。

（3）蛹　　幼虫腹端抽丝可织成茧，化蛹前幼虫常在植物叶片背面、枝杈间、疏松的树皮下、树根的苔藓上、墙缝中结茧，有些则在土中做茧。幼虫就在茧中化蛹。预蛹期长短不一，越冬代预蛹期长达半年之久。蛹很像成虫，羽化前从茧中露出大半段，或全部爬出茧外再行蜕皮。

（4）成虫　　成虫羽化后先行排粪，再去寻找食物，经过几天补充营养阶段，达到性成熟，开始交尾产卵。有少数种类以成虫越冬。这类成虫身体颜色变换，越冬时由绿色变黄并出现少许红斑纹。看起来很像不同种，但天暖之后又变成原来的绿色。

成虫有强的趋光性，喜欢向光亮的地方集中。草蛉对光照长度变化反应甚敏感。草蛉成虫在长光照下不滞育，室内人工繁殖过程中，在其他条件不变的前提下，每天光照 16～18 h、黑暗 8～6 h，一年四季都可繁殖而不滞育。在越冬繁殖中，饲养室的温度保持在 25℃以上，RH 70%，光照每天不少于 16 h，在幼虫饲养瓶或成虫饲养笼上方，加一支 40 W 的日光灯，草蛉就不会滞育越冬，继续繁殖。但必须指出，草蛉对光周期的感应因种类不同而异。对一般昆虫来说，同一种类由于地区分布不同，也可能出现不同的光周期反应。

（二）代表性种类的生物学特性

关于草蛉生物学的研究，有诸多报道，涉及不同的草蛉种类。限于篇幅，这里仅以全国性分布的大草蛉、丽草蛉和中华通草蛉为代表，重点介绍这 3 种草蛉在田间的发生及其对害虫的捕食作用，为更好地发挥草蛉在害虫生物防治中的作用提供参考。

1. 大草蛉　　大草蛉是棉田中的优势种，在田间出现较早。大草蛉在河南省每年最少可发生 5 代（表 6-1）。在南阳地区大草蛉是田间出现较早的种类，据该地区农科所观察，其每年最少可发生 5 代。越冬代成虫在 4 月中旬开始出现，随着各种寄主植物上蚜量的消长，成虫选择蚜虫密度较大的寄主植物产卵，如第 1 代产卵盛期在 4 月下旬至 5 月上旬，当时蚜虫盛发的榆、桃、李树正是大草蛉选择产卵的主要对象（一般小榆树平均单株有卵 25.9 粒）；到 6～7 月，棉株高大茂密，伏蚜发生时，第 3、4 代才产卵在棉花上（单株有卵 2.4～7.2 粒）。

表 6-1　大草蛉各世代成虫和卵发生期

代次	成虫发生期	产卵盛期	主要产卵植物
越冬代	4 月中旬至 5 月上旬	—	
1	5 月中旬至 6 月中旬	4 月下旬至 5 月上旬	榆、桃、李、小麦
2	6 月上、中旬至 7 月中旬	5 月下旬至 6 月上旬	槐、桃、李、小麦、棉花
3	6 月下旬至 7 月中、下旬	6 月中、下旬	槐、春玉米、春高粱、棉花
4	7 月下旬至 9 月上旬	7 月中、下旬	夏玉米、夏高粱、棉花
5	—	8 月上、中旬	夏玉米、夏高粱、棉花

注：—表示没有数据，余同

大草蛉成虫新羽化时色泽较浅，取食后绿色逐渐变深。成虫的产卵期长短、产卵量多少随地区不同而有差异。在河南省遂平县，成虫产卵前期为 5～20 d，一般为 6～10 d，产卵期长短不一，短的仅 4 d，长的达 29 d；第一代产卵期最长，平均 25 d，其他世代一般为 10～15 d。产卵量最大的是第二代，最多每雌可产卵 659 粒，最少也有 340 粒，平均 512 粒。在各种植物上产卵的部位有明显的选择性：在榆树上喜产于小枯枝，其次是叶片，少数产于树皮；在桃、李树上主要产于叶上，少数产在树皮；在小麦上多产于麦芒；在棉株可产在棉叶、叶柄、蕾铃、包叶及嫩头、果枝、茎枝上，以棉叶背面较多。产卵也较集中，每处最少 3 粒，一般 10 余粒，多的可达 36 粒，先产卵柄，后产卵粒。成虫寿命 11～36 d。

卵初产时草绿色，孵化前深灰色。卵历期随温度升高而缩短。各代卵历期与日平均温度关系见表 6-2。

表 6-2　各代卵历期与日平均温度的关系

代次	日平均温度/℃	卵历期/d	平均卵历期/d
1	18.5～23.0	6～8	7.0
2	23.0～28.0	4～7	5.7
3	26.0～29.0	2～6	3.8
4	26.0～30.0	2～4	2.3
5	15.5～18.5	9	9.0

　　幼虫有 4～5 龄，有些地区如河南省南阳地区为 3 龄。1 代幼虫 4 龄占 95%，2、3 代幼虫全为 5 龄，4 代幼虫有 90% 为 5 龄。各代历期随不同世代而异，1 代幼虫历期较长；2、3 代幼虫历期较短；虫龄越小，历期越长；虫龄越大，历期越短。第 5 龄幼虫一般历期 1～2 d。幼虫全历期 7～15 d（表 6-3），蛹的历期为 8～12 d（表 6-4）。

表 6-3　各代幼虫历期与日平均温度和日平均相对湿度的关系

代次	日平均温度/℃	日平均相对湿度/%	历期/d
1	18.5～21.8	80～98	15
2	23.5～30.0	71～85	8
3	25.0～29.0	75～92	7
4	22.0～28.0	88～96	10

表 6-4　各代蛹历期与日平均温度和日平均相对湿度的关系

代次	日平均温度/℃	日平均相对湿度/%	历期/d
1	20.0～27.0	80～96	12
2	22.0～28.0	64～82	10
3	27.0～29.0	83～93	8
4	23.5～27.0	85～95	11

　　成虫羽化率一般在 94%～100%。大草蛉成虫捕食棉蚜食量相当大，1 头成虫一生平均要捕食 2201.5 头，最多达 3296 头，1 d 最多可吃掉 203～260 头，成虫也捕食棉红蜘蛛（*Tetranychus cinnabarinus*）和棉铃虫卵，但嗜好程度不及棉蚜。

　　幼虫捕食棉蚜量随虫龄增大而增加，全幼虫期总食量平均能食 678.3 头，多的达 937 头。幼虫捕食棉红蜘蛛数量也相当多，一头 3 龄幼虫平均要捕食 240 头，一天最多要捕食 74 头。幼虫对棉红蜘蛛、棉铃虫卵及玉米螟的捕食更为嗜好，其食量为捕食棉蚜量的 1～4 倍之多。幼虫自相残杀，也捕食其他益虫，如瓢虫、食蚜蝇幼虫等。

　　2. 丽草蛉　　丽草蛉在西北地区一年发生 4～5 代，9 月下旬至 11 月中旬陆续结茧化蛹越冬，越冬场所多在植物枯枝落叶中、树洞内、树皮下等处。越冬蛹来年 4 月下旬开始羽化，6月上旬见卵，7～9 月数量增多，9 月下旬以后天气渐冷，食料减少，田间虫量随之下降。丽草蛉各虫态的发育历期与温度的关系见表 6-5。

表 6-5　丽草蛉各虫态的发育历期与温度的关系

虫态	6～7月上旬			8月			9～10月		
	平均温度/℃	历期/d	平均历期/d	平均温度/℃	历期/d	平均历期/d	平均温度/℃	历期/d	平均历期/d
卵	21.3	4～5	4.6	28.4	3～4	3.6	27.8	3～4	3.8
幼虫	21.8	10～17	12.6	28.3	9～10	10.3	22.8	9～18	12.3
蛹	22.0	11～14	12.3	28.6	10～13	11.5	13.2	29～34	31.0
产卵前期	21.7	6～8	7.0	26.9	5～9	6.6	—	—	—
全代总历期	21.5	31～43	36.5	28.3	27～36	32.0	—	—	—

　　成虫有较强的趋光性，晚间在黑光灯下或电灯下可诱集到大量成虫。成虫羽化后 4～5 d交尾，产卵前期 6～8 d，产卵历期 8～27 d。每雌产卵量 426～1262 粒，平均 633 粒，日产卵量 24.3～78.6 粒，延长光照可提高产卵量。20 头雌虫在每天 24 h 光照下，10 d 产卵量为 4128粒，比在 14 h 光照下的产卵量（2682 粒）增加 53.9%，比全黑下产卵量（2466 粒）增加 67.4%。

成虫喜欢捕食各种蚜虫，1 头成虫可捕食蚜虫 4000 头以上。

卵多散产于棉花嫩叶、嫩头、苞叶处。卵的颜色随胚胎发育而变化，由绿色变灰白色再变为灰色。

幼虫行动活泼，扩散能力强，喜捕食各种蚜虫、多种鳞翅目的卵及幼虫，到 3 龄时每 10 头幼虫平均捕食棉蚜 560.4 头，或虫卵 503.9 粒。1 头幼虫发育期可捕食蚜虫 2077 头，幼虫成熟后在植物上结茧很少，大多数在土缝中化蛹。

在西北棉田中以丽草蛉和中华通草蛉数量最多，大草蛉数量较少，6～7 月棉田中以丽草蛉为主，7 月下旬以后中华通草蛉数量剧增，8 月 3 种草蛉的数量增多，但以中华通草蛉的数量最多。在河南丽草蛉发生数量较大，草蛉、中华通草蛉较少，越冬代成虫发生也较晚，5 月底在麦田始见成虫，以后代次不明显，7～8 月在棉田零星发生，9 月上旬有一次较明显的成虫盛期，在夏高粱上产卵。

3. 中华通草蛉　　中华通草蛉在北京、河南和陕西以成虫越冬，越冬前体色由绿色变黄色，越冬后成虫体色又逐渐由黄变绿。越冬成虫在来年春末夏初在田间出现。在河南南阳地区，越冬代成虫 4 月 5 日始见于麦田，4 月 8～10 日为高峰期，产卵盛期持续到 4 月中旬末，卵多产于麦株上。第 1 代成虫 5 月中旬开始发生，5 月下旬较多，主要产卵在麦田，部分产于春玉米、榆、桃、李、槐及棉花，5 月底至 6 月初麦收时麦穗上仍见少数第 1 代茧。第 2 代成虫 6 月下旬开始发生，6 月底至 7 月初盛发，7 月上旬为产卵盛期，主要产卵于春玉米、棉花、春高粱等作物上。第 3 代成虫开始发生于 7 月中旬，7 月下旬盛发，7 月底高峰，7 月底至 8 月初为卵盛发期，主要产卵于棉花、夏高粱、夏玉米上，部分产于春高粱上。第 4 代成虫 8 月上、中旬始发，8 月下旬盛发，9 月初出现产卵高峰，多产于夏高粱、部分产于夏玉米及棉花上。第 5 代成虫 9 月下旬发生，但数量较少，产卵于夏高粱和萝卜上。

在棉田早期，中华通草蛉的数量较少，大草蛉、丽草蛉数量较多，随着田间害虫数量增多，3 种草蛉的数量也随之增多，7～8 月，中华通草蛉数量剧增，大草蛉、丽草蛉数量下降。造成这种数量变动的原因与食性和对温度的适应性密切相关：大草蛉单食蚜虫对其个体发育没有不良影响，发育和产卵良好，而中华通草蛉成虫不食蚜虫，在棉花生长前期蚜虫数量多，对大草蛉的数量增长有利；但中华通草蛉抗高温能力强，大草蛉不耐高温，在 35℃高温下，中华通草蛉卵孵化率为 100%，而大草蛉只有 16.6%，这就造成高温季节下中华通草蛉种群数量上升。

中华通草蛉羽化后 2～4 d 交尾，成虫产卵前期 4～8 d，产卵历期 6～128 d，较为集中的产卵历期为 15～25 d，白天和晚间都能产卵，但一般在晚间，每雌产卵 211～914 粒，平均 488 粒，日产卵量为 24.3～78.6 粒。延长光照可提高卵量。温度影响各虫态的发育历期（表 6-6）。

表 6-6　中华通草蛉各虫态历期与温度的关系

虫态	4～5 月			6～7 月			8 月		
	平均温度/℃	历期/d	平均历期/d	平均温度/℃	历期/d	平均历期/d	平均温度/℃	历期/d	平均历期/d
卵	13.2	12～14	12.2	21.3	3～7	4.2	28.4	3～4	3.1
幼虫	15.2	25～31	27.9	22.0	9～14	11.0	28.3	7～10	8.0
蛹	17.7	14～19	17.2	22.5	8～9	8.8	29.4	7～10	8.3
产卵前期	19.6	6～8	7.0	22.6	5～7	6.2	27.8	4～7	5.4
全代总历期	16.9	57～72	64.9	21.9	25～37	30.2	28.3	21～31	24.8

中华通草蛉成虫喜食多种虫卵和鳞翅目害虫的初龄幼虫，不捕食蚜虫。幼虫行动活泼，扩

散能力强，3 龄幼虫在 28℃条件下，1 h 爬行距离达 64.2 m。幼虫能捕食多种蚜虫（棉蚜、麦蚜、菜蚜、烟蚜、豆蚜、桃蚜、苹果蚜、红花蚜等）、多种鳞翅目害虫的卵（棉铃虫、地老虎、银纹夜蛾、甘蓝夜蛾、小造桥虫、麦蛾等）及幼虫（棉铃虫、烟青虫、银纹夜蛾、小造桥虫等）。

三、草蛉的繁殖利用方法

（一）草蛉的饲料

草蛉食性虽然较广，但作为大量饲养繁殖草蛉所需的饲料，仍须具备两个基本条件：一是草蛉喜爱取食，并且对草蛉个体发育和繁殖力无不良影响；二是来源广泛，容易获得，成体低廉，便于贮存[4]。

根据来源，可以分为天然饲料和人工合成饲料两大类，而由于成、幼虫发育阶段的差异，二者在食性上可能也有不同，因此成、幼虫的饲料可能也会有差别[4]。

1. 草蛉的天然饲料

（1）蚜虫　　蚜虫是绝大多数草蛉幼虫的最佳饲料，草蛉幼虫嗜食蚜虫，部分种类的成虫也捕食蚜虫，如大草蛉和丽草蛉。在各种蚜虫中，以豆蚜（*Aphis craccivora*）、棉蚜（*A. gossypii*）和桃蚜（*Myzus persicae*）的养蛉效果最佳。遇到低温多雨天气，自然界蚜虫发生量往往急剧下降，为了保证蚜虫供应量，可利用温室繁育蚜虫，根据不同季节种植蚜虫寄主（如分批种植大豆、蚕豆或小麦），接上蚜虫，可不间断满足草蛉繁育的需要。

收集蚜虫，可利用纸张制成高 5 cm、直径 2 cm 的小纸圈，将其装入洗净晾干的玻璃或塑料瓶内，用软毛笔将植株上的蚜虫轻轻扫入瓶中。蚜虫跌落瓶内后，会自动爬进小纸圈躲藏，不会因集中瓶底而挤压致死。喂饲草蛉时，直接将带有蚜虫的小纸圈夹起投入饲养草蛉的容器中，既可减少蚜虫爬动，又可对草蛉幼虫个体间起到隔离作用。

在采集蚜虫时，要防止混入瓢虫、蜘蛛、食蚜虻、蚜茧蜂和高龄蚜狮等天敌。

（2）仓库害虫卵　　仓库害虫米蛾（*Corcyra cephalonica*）、麦蛾（*Sitotroga cerealella*）和粉斑螟（*Ephestia cautella*）的卵也是草蛉幼虫的良好食物资源。用米蛾卵饲养草蛉幼虫，其效果与用蚜虫饲养无明显差异；用麦蛾卵饲养草蛉幼虫，效果也很好；用粉斑螟的卵饲养大草蛉幼虫，幼虫历期和捕食棉蚜相近，比捕食棉蚜短一半时间，幼虫成活率高达 84.2%～100%，蛹羽化率为 66.6%～75%。

2. 草蛉的人工合成饲料　　根据草蛉生长发育的需要，用不同的营养物质配制成人工合成饲料，用来饲养草蛉，可以解决大规模饲养中的饲料来源问题[4]。

（1）成虫人工合成饲料

1）啤酒酵母干粉饲料。啤酒酵母粉 10 g 和蔗糖 8 g，混合研磨，用 60 目铜筛过筛即成。用此配方饲料饲养中华通草蛉和普通草蛉成虫，产卵率达 100%，平均每雌产卵达 800～1000粒。晋草蛉成虫取食此配方饲料，也能正常产卵。

2）酵母片饲料。酵母片 25 g、蔗糖 10 g、蜂蜜 10 g、水 100 mL。在 27℃条件下，饲养中华通草蛉成虫，产卵前期为 4～5 d，平均每雌产卵量为 580～940 粒，成虫寿命最长达 2 个月。

3）发面饲料。发面干粉 35 g、蜂蜜 20 mL（或蔗糖 10 g 加蜂蜜 10 mL）、水 80 mL。发面为普通发酵馒头的"面头"（"老面"）。取食此配方饲料的中华通草蛉成虫，产卵前期为 3 d，平均每雌产卵 670～830 粒，雌虫寿命最长达 2 个月。

4）酱渣饲料。酱渣 20 g、面粉 10 g、蔗糖 10 g、蜂蜜 10 mL、水 100 mL。酱渣为酱油制作过程的中间产物。用此配方饲料饲养中华通草蛉成虫，产卵前期约 4 d，平均每雌产卵 676 粒，雌虫寿命最长 59 d；叶色草蛉取食此配方饲料，产卵前期为 16～26 d，平均每雌产卵 87～315 粒。

5）猪肝粉饲料。猪肝粉 10 g、啤酒酵母 10 g、蜂蜜 20 g、水 100 mL。用此配方饲料连续饲养中华通草蛉成虫 10 代，平均每雌产卵 669～1561.7 粒。饲养亚非草蛉、红肩尾草蛉、八斑绢草蛉和白脸草蛉成虫，均能正常产卵。

（2）幼虫人工合成饲料

1）配方 1：生鸡蛋 40 g（蛋黄和蛋清）、蜂蜜 20 g、啤酒酵母粉 30 g、蔗糖 10 g、抗坏血酸 100 mg、水 100 mL。这是我国最早研制成功的草蛉幼虫人工合成饲料，用此配方饲料连续饲养繁殖中华通草蛉 16 个世代幼虫，成虫期饲喂猪肝粉饲料，第 1～10 代幼虫平均结茧率为 58.3%～76.5%，平均羽化率为 76.7%～94.2%，成虫产卵前期为 4～6 d，平均每雌产卵 464.8～1561.7 粒，其中第 1～3 代产卵量均在千粒以上，最高达 2428 粒。

2）配方 2：啤酒酵母粉 30 g、生鸡蛋 40 g、抗坏血酸 100 mg、水 100 mL。用此配方饲料饲养晋草蛉幼虫，在 26℃条件下，全幼虫期平均为 18.81 d，蛹历期平均为 13.35 d，结茧率为 81.48%～86.6%，羽化率为 86.38%～93.1%。

（二）人工繁殖方法

草蛉的饲养工作，在国内正不断发展，饲养工具也随各地条件不同而异，总的原则是简单易行、省钱省工、能大量饲养。

1. 设备

（1）养虫室　　饲养草蛉的养虫室，要求并不像微生物生产那样严格，原来饲养其他昆虫的养虫室及房间都可以饲养草蛉。只要空气流通、光线充足、防雨、防晒、防蚁、冬天温暖、夏天凉爽、清洁的房子就可以作为养虫室。

（2）饲养架　　用木、竹或金属制成书架状，规格视养虫室大小而定，一般以能放置幼虫饲养瓶、成虫饲养笼和省料、操作方便为标准。

（3）幼虫饲养器皿　　可以因陋就简，选择适当的容器作为饲养幼虫的器皿。需要注意的是，幼虫具有同类相食的习性，器皿内需要用瓦楞纸、擦手纸等设置隔离，防止幼虫直接接触。

以装果酱或加工食品用的玻璃瓶（500 mL）为例。瓶盖用 60 目的细铜纱制成。盖中央插入一根去底的指形管。管口塞以棉花或铜纱塞。喂食时，饲料可以通过指形管加入，不必打开瓶盖，以防虫子逃逸。瓶底放入用白纸或旧报纸折叠成 4 cm 宽的纸折，再横剪成 1 cm 宽的纸条，每条约有 10 个折。将纸条沿瓶壁顺序排在瓶底，呈菊花形，共排 2 层，由于纸折有许多缝隙，可以供幼虫栖息躲藏，减少了幼虫互相残杀的机会。

（4）成虫饲养笼　　塑料、木头或其他材料制作的盒、盆等都可以使用，但盖上要开窗并用网纱覆盖通气。以马粪纸或铁纱网材料为例，制成高 10 cm，直径 14 cm 的圆筒，接头处用胶黏合，在笼壁内侧用浆糊或桃胶涂几个点，沿内侧贴上一张白纸或棕色纸，笼顶和笼底都衬一层白纸，上下底用纱布封盖，并用橡皮圈固定。

（5）饲料槽　　用直径 1 cm 左右的小塑料瓶盖，盖腔内放入人工饲料，并放入一小块泡沫塑料，便于草蛉成虫取食和防止粘住。盖外周绕一小铁线，铁线一端弯成钩，挂在成虫饲养笼内。也可用纸折成长 2 cm、宽 1 cm 的小纸槽，用蜡煮过以防漏水，纸槽内放入人工饲料，填两块泡沫塑料。

（6）饮水器　用小型指管盛满水，指管中放一块泡沫塑料或其他吸水的枝条。

（7）其他用品　包括小剪刀、镊子、捕虫网、纱布、白纸、旧报纸、糖、蜂蜜及少量面粉等。

2. 饲养方法

（1）幼虫饲养　把收集到的同种而且发育期比较一致的草蛉卵，均匀散放在幼虫饲养瓶内的纸条皱褶空隙中，每瓶 100 粒。在正常饲养温度下孵化，幼虫孵化后立刻喂饲料，如以鳞翅目仓库害虫（麦蛾卵、米蛾卵等）喂养，则可先将卵制成卵卡（卵卡不用时可放在冰箱冷藏），用时把卵卡有卵的一面向下盖在纸条皱褶上，幼虫就可从纸条空隙中爬出来取食。幼虫期一般换三次饲料就可结茧。如喂蚜虫，在采集蚜虫时，瓷盆中放入旧报纸做的高 3 cm、直径 2 cm 的小纸圈，采集来的蚜虫都趴在纸圈上，可防蚜虫互相挤压或逃走，加料也方便。喂饲时，将小纸圈连同蚜虫一起放进幼虫饲养瓶内就行。每天或隔天更换一次，保证供应足够的蚜虫，防止草蛉幼虫饥饿时互相残杀。幼虫结茧多数附着在纸条上。

此外，饲养过程还必须注意保持瓶内清洁、干燥，较低湿度对草蛉幼虫生长发育有利。湿度大，死亡率高。特别以蚜虫作为饲料时，如果连植物枝条都加进瓶内，易引起高湿，造成幼虫大量死亡。喂饲料要及时、喂饱，以减少相互残杀。

用上述方法集体饲养草蛉幼虫，成茧率都比较高。反复饲养的结果证明，用蚜虫或米蛾卵作饲料，一般成茧率丽草蛉可达 78%～91%，大草蛉 68%～79%，亚非草蛉 58%，叶色草蛉 54%，中华通草蛉 46%～52%。成茧率的高低与蛉种也有关系。

（2）成虫饲养　将收集的蛹放在成虫饲养笼内，蛹发育羽化出成虫或从田间直接捕捉来的成虫也可放在成虫饲养笼内饲养，每笼放雌虫 500～750 头，并搭配 1/4 的雄虫。成虫喂人工饲料或蚜虫，每天喂饲料和加水一次。新羽化的成虫，经过几天的取食，逐步达到性成熟，便交尾产卵。产卵时间多在晚上 7：00～9：00。卵产在笼顶和内侧的纸上，收卵时，将笼内的纸取出，换上新鲜的纸即可。

收卵一般可以每天 1～2 次，同时换饲料和加水。收卵时先准备一批空笼子（笼内贴好纸，笼顶盖上纸和纱布），笼底打开，顶面向光，然后将有虫的笼底面纱布拆开，笼底对准笼底，由于草蛉成虫有强趋光性，成虫马上向有光的方向集中，从原来的笼内飞到新的笼内，有时可能仍有少数飞行力差的成虫留在原来的笼内，用手在笼外拍一拍，就可飞过去，在新笼内加上喂水器，用纱布封盖底面，并用橡皮圈扎紧。换出的纸条上面就黏附着草蛉产的卵，可直接在纸条上记录好草蛉种类、产卵时间、数量，然后放在低温保存，准备田间释放，或放在幼虫饲养瓶内继续扩大饲养。

成虫饲养时注意喂足饲料，食料不足，成虫就不产卵；注意保持笼内清洁，勤换饲料，防止饲料变质产生不良气味。成虫在黑暗条件下活动活跃，晚上可适当加光照，减少成虫活动，避免相互碰伤。

四、田间释放方法

田间释放草蛉，卵、幼虫和成虫三种虫态都可以释放，但以前两种为主[4]。

（一）释放卵

释放即将孵化的灰色草蛉卵，卵在田间很快孵化，可以有效避免虫卵损失。有三种方法。

1. **挂卵法**　把灰色卵箔剪成条状（每条有卵 10～20 粒），绕在植株上即可。
2. **撒放法**　用刀片将灰色草蛉卵从卵箔上轻轻刮下，或用电推剪剪下，混合在盛有无味锯末的容器内，人工撒放在植株的嫩头心叶上即可，力求撒放均匀。
3. **喷施法**　将灰色卵粒放入 1% 琼脂液中，用农用喷雾器（取掉旋水片）喷在植株上。适用于防治果树叶螨、温室粉虱和森林害虫。

（二）释放草蛉初孵幼虫

将草蛉卵均匀地混合于麦麸或无味锯末（1000 粒卵混入约 2 kg）并适量拌入米蛾卵或蚜虫，以备初孵出的幼虫取食，置于 25～27℃待其孵化，及时将其均匀分撒在植株新叶或嫩头上。适用于防治棉铃虫。

（三）释放成虫

利用自然存量，在野外捕捉成虫，随捕随放。每 666.7 m² 自然存量超过 1000 头，补充放 500 头即可取得良好效果。

五、我国利用草蛉防治害虫概况

（一）利用草蛉防治棉花害虫

1. **防治棉铃虫**　棉铃虫是棉花的最重要害虫之一，曾给我国棉花种植带来巨大损失。河南省民权县有棉田 10 000 hm² 以上，利用草蛉防治棉铃虫，据不完全统计，放蛉后棉田益虫增加了 2.5 倍，棉铃虫残存量下降 61.3%～82.1%。又如江苏省东台市，每公顷释放 1～2 龄草蛉幼虫计 21 万头，放蛉后 15 d 棉铃虫幼虫百株虫量为 10 头，而对照区为 40 头，施药区为 50 头，放蛉区的防治效果达 66.7% 以上。河北、山东、山西、湖北等地相继开展了利用草蛉防治棉铃虫的试验和大田应用，均在不同程度上获得良好的防治效果和经济效益[4]。

2. **防治棉蚜**　棉蚜是我国各棉区棉花苗期主要害虫，一些地区开展了利用草蛉防治棉蚜的试验。例如，江苏省沛县在棉苗期百株蚜量曾高达 4810 头的情况下，按每公顷投放蛉卵 18.6 万粒，3 d 后蚜虫减退率达 48.4%，第 7 天减退率达 71.9%。江苏省东台市在放蛉防治棉铃虫的同时，也兼治了棉蚜，放蛉后 10 d，百株蚜量由原来的 4500 头下降到 166 头，减退了 96.31%，对照区由原来的 3185 头仅减退 2.83%（下降到 3095 头），而施药区同期则由原来的 5938 头上升到 9135 头（上升 53.84%）[4]。

3. **防治其他害虫**　在释放草蛉防治棉铃虫和棉蚜的同时，对棉田其他害虫如棉红蜘蛛和棉小造桥虫也起到有效的兼治作用。例如，山西省阳城县利用草蛉防治棉虫，共养蛉和助迁草蛉成虫达 1.5 亿头，释放面积 1200 hm²，放蛉卵 30 万～52.5 万粒/hm²，与放蛉前相比，有蚜株率下降 28.04%，百株蚜量下降 24.28%，卷叶率下降 19.8%，至 8 月与施化学农药田比较，花、桃总数增加了 31.8%。在放蛉区，平均百叶有害螨量仅 14 头，棉叶受害株率仅 1%，棉叶生长正常。而化防区平均百叶有害螨 888 头，棉叶受害率达 100%，棉叶变红，棉株早衰。放蛉时百株有棉小造桥虫总数达 292 头（粒），放蛉后 10 d 调查，百株有虫总数 12 头，棉叶受害极轻[4]。

（二）利用草蛉防治果树害虫

1. 防治苹果叶螨　　包括山楂叶螨（*Tetranychus viennensis*）和苹果全爪螨（*Panonychus ulmi*）。例如，山东省济南市南郊果园利用草蛉防治山楂红蜘蛛，连续 3 年防治面积达 6.7 hm²，取得了明显效果；河北省农业科学院昌黎果树研究所经 5 年试验，在 180 hm² 大面积的苹果园利用草蛉防治苹果害螨，可减少用药 2～3 次，防治效果为 38.9%～74.5%。

2. 防治柑橘全爪螨　　在柑橘园大量释放草蛉，防治柑橘全爪螨（*Panonychus citri*）效果明显，但在释放草蛉前最好全园喷施 0.5°Bé 石硫合剂一次，降低叶螨密度，以降低草蛉的捕食压力。

（三）利用草蛉防治蔬菜害虫

1. 防治温室白粉虱　　温室白粉虱（*Trialeurodes vaporariorum*）是北方蔬菜、花卉的重要害虫。北京市农林科学院植物保护研究所利用中华通草蛉防治温室白粉虱，同年 12 月底在 265 m² 的温室投放第一批蛉卵，折合约 120 粒/m²；在第一批投放的草蛉结茧时，再投放第二批蛉卵，折合为 79 粒/m²。放蛉后，温室粉虱虫口密度始终低于放蛉前，防治效果明显。需要注意的是，草蛉与粉虱之比不要大于 1：100，否则不能控制粉虱的危害。

2. 防治蔬菜蚜虫　　蚜虫是多种蔬菜上常发生的害虫，不少单位曾开展利用草蛉防治菜蚜的试验，如新疆巴音郭楞蒙古自治州用普通草蛉防治油菜蚜虫，黑龙江一些地区利用草蛉防治黄瓜蚜虫，均取得良好效果。

（四）利用草蛉防治旱粮及其他作物害虫

1. 利用草蛉防治麦蚜　　麦蚜是小麦的重要害虫。河北省定州市在小麦收割前 1 个月，释放中华通草蛉幼虫（以 1 龄为佳），利用田间麦蚜增殖草蛉，既减少了药剂防治面积、保护生态环境，又能为棉花和玉米等夏作物及蔬菜培殖害虫天敌，是一举两得控制害虫的好方法。

2. 利用草蛉防治玉米和其他作物害虫　　利用草蛉防治旱粮（小麦、玉米）、大豆和烟草害虫也取得了一定成效。例如，黑龙江一些地区利用草蛉防治玉米蚜，防治效果为 90%；湖北省保康县利用草蛉防治玉米螟，放蛉田的玉米螟蛀茎率下降 40%～58%，虫口减退 60.8%～68.3%；吉林省柳河县释放草蛉幼虫防治大豆蚜虫，防治效果达 68%；河南省许昌市按 1：86.8 蛉蚜比，释放 2～3 龄草蛉幼虫防治桃蚜（*Myzus persicae*），6 d 后调查，虫口减退率为 73%～88%，未放蛉区蚜虫上升 3.1～6.8 倍。

六、草蛉的保护和招引

草蛉种类繁多，在我国大部分地区均有分布，是松蚜（*Cinara pinea*）、柳蚜（*Aphis farinosa*）、桃蚜、梨蚜（*Toxoptera piricola*）等各类蚜虫及介壳虫的重要天敌，对森林、苗圃、果园、农田中的蚜虫、介壳虫种群数量的消长起着有效的抑制作用，如何保护自然发生的草蛉，增强其对害虫种群的调节作用，也是利用草蛉进行害虫生物防治需要关注的重要问题。在自然界，直接影响草蛉种群的因素有两个：一是自然因素（如草蛉天敌）的调节作用，二是农事活动如施用杀虫剂等的影响，后者的影响远大于前者[4]。

（一）合理使用化学农药

在害虫防治实践中，适当放宽害虫的防治指标，可以减少用药次数，保护天敌，利于充分发挥天敌对害虫的抑制作用，同时也减少了环境污染，并降低了生产成本。当必须要使用化学防治时，应选择高效低毒、对草蛉杀伤力低的农药。施用农药时，根据害虫的发生时间和田间分布，改变用药方式，尽量挑治，避免大面积广泛施用。

（二）改善农田栖境

大田作物种类单调，也是导致农田草蛉种群凋零的原因之一。田内外植物种类多样化，可形成草蛉喜爱的栖境和繁衍的良好环境，从而招引更多的草蛉入田。有的蛉种如大草蛉的成虫喜爱趋向高大植物栖息，在农田周围适当种些树木或在田间适当种些诱集作物，有助于招引其成虫。

（三）草蛉的天敌

我国草蛉的天敌已知有 40 余种，其中大多为捕食性天敌，包括捕食性昆虫、蜘蛛、蛙类和鸟类等。这些天敌主要捕食害虫，草蛉属兼食种。

草蛉的寄生性天敌多为专性寄生，对农田草蛉种群的增殖极为不利。已知成虫期有线虫寄生，茧期有多种寄生蜂寄生，其中仅姬蜂就有 5 种，某些地区寄生率较高。例如，广州地区的亚非草蛉被突脊草蛉姬蜂（*Brachycytrus nawaii*）和草蛉沟姬蜂（*Gelis* sp.）寄生，第 5～8 代寄生率达 32%左右；又如湖北省草蛉茧被草蛉姬蜂和草蛉亨姬蜂（*Hemiteles* sp.）寄生，寄生率可高达 37%。草蛉卵期的寄生性天敌主要是草蛉黑卵蜂（*Telenomus acrobates*），中华通草蛉、大草蛉、丽草蛉和晋草蛉的卵均能被其寄生，其中以大草蛉卵的寄生率最高。

这些天敌的捕食和寄生作用是草蛉自然种群增长和田间释放应用的障碍，如何应对草蛉的这些天敌，有待深入研究。

七、展望

（一）草蛉在生物防治中的优势

1）安全性。草蛉作为一种捕食性天敌，能有效控制害虫，可避免或少用化学农药，且不会对人体和牲畜有任何毒副作用，安全性高，不会污染环境，也不会提高害虫抗药性。

2）持久性及广泛性。草蛉在全国各地均有其优势种群，繁殖快，能在合理用药的农田建立起强大且持续稳定的种群，因而可以利用草蛉长期抑制许多害虫的发生发展。草蛉的食性广，能够捕食农田中的多种害虫，在农业生产中作为一种防治害虫的天敌非常有前途。草蛉喜食棉蚜和棉铃虫，可以单独或同时应用在棉田防治棉蚜和棉铃虫的防治中，还可以兼治棉叶螨[5]。

3）经济性。草蛉使得害虫的生长及其危害得以减轻，作物产量和品质有所提高。同时，减少了化学农药的使用量，降低了成本，也减少了农药残留量，提高了棉花的品质和产量，可以获得更高的经济效益，提高了我国农业的国际竞争力[5]。

（二）草蛉在生物防治方面中的不足

1）发生的滞后性。草蛉的发生具有跟随效应，有的滞后于害虫发生高峰期，影响防效。例如，前述的草蛉高峰期的出现总是滞后于麦蚜高峰期，因此在麦蚜发生时，必须先依靠杀虫剂才能控制其的危害，应尽量选择高效、低毒、低残留杀虫剂以保护草蛉，充分发挥其控制作用[5]。

2）对农药的敏感性。草蛉对有机磷、氨基甲酸酯类农药敏感，对有机氯、菊酯类农药忍耐力较强；微生物杀虫剂、植物提取物、杀螨剂和杀菌剂对草蛉无明显影响。因此，在田间释放草蛉后，要注意农药的使用，否则会造成草蛉死亡，影响生物防治效果[5]。

3）研究和应用的落后性。我国在草蛉的饲养方面的研究和技术相对落后，制约着我国利用草蛉进行生物防治的进展。传统的人工繁殖方法费用高，远超过化学防治，对调动农民的热情有影响，无法大面积推广使用。另外，农村的改革及农耕制度的变化也是重要的、不可忽视的影响因素之一[5]。

（三）需要进一步研究的问题

鉴于草蛉在生物防治应用中存在的不足，加强以下研究将有助于草蛉在生物防治中的推广应用。①结合形态学、分子生物学、遗传学和生态学完善草蛉科分类鉴定体系，为草蛉天敌物种的准确鉴定提供基础平台。②通过草蛉捕食行为研究，结合 DNA 条形码和物种特异性引物等分子生物学技术鉴定消化道残留物，并通过实验室和田间检验发掘更多具有生防潜力的草蛉天敌物种。③深入研究草蛉天敌物种的生物学习性，在标准化光周期、温度和相对湿度等试验条件下，比较草蛉科物种间的捕食功能反应差异，调查田间优势种的发生动态及其生境选择，筛选适于规模化繁育及高效应用的物种。④建立草蛉专业化人工饲养、保存、销售与运输的生产链条，并示范性推广应用。⑤在控害应用方面应逐步从单种草蛉控害扩展建立多种草蛉或联合其他天敌昆虫（如瓢虫等）的协同控害模式[3]。

第三节　蚂蚁的繁殖和保护利用

一、繁殖利用黄猄蚁防治柑橘害虫

（一）黄猄蚁的生物学特性

黄猄蚁巢内有工蚁及有翅蚁两类，工蚁分大、小二型（图 6-1）。

黄猄蚁的蚁巢是由幼虫吐丝与植物叶缀成。巢内常有丝质薄膜与叶片分隔为多个小室，外壁紧密，仅留数个开口供工蚁出入。工蚁建巢排列成行，以中、后足拉柑橘叶片，并以身体前身及前足拉紧邻近叶片，逐渐缀合一起，如两叶片距离太远，一蚁长度不够，常有他蚁咬住其胸腹部搭成桥梁。另一部分工蚁用上颚咬大龄幼虫，迫使吐丝在二叶片的内缘，来回移动而使黏结，随蚁群大小由数片到数十片筑成一巢。蚁巢常结于树冠向阳处枝叶较密的树上，有时一树蚁巢多至 4~5 个，一般近长方形，有长达 54 cm 者，一般到 40~50 d 后成巢的叶片开始干枯时，便在附近弃旧巢建新巢，2 d 即建巢就绪。

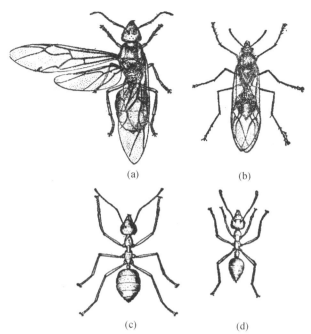

图 6-1　黄猄蚁（*Oecophylla smaragdina*）的有翅蚁和工蚁
（a）雌有翅蚁；（b）雄有翅蚁；（c）大工蚁；（d）小工蚁

有翅蚁平时极少外出，如蚁巢被破坏而随之掉落，工蚁必将其拖入巢内，绝不允许留在巢外。

巢外常有数个工蚁守卫，一旦受惊，巢内工蚁立即大批涌出，张开上颚，竖起腹部，从肛门射出蚁液以御敌。伤口触此蚁液疼痛异常，单是蚁咬则不甚痛。有巢树上的主干及支干分支处也有工蚁守卫，一般 10～30 头，随巢的大小而异，夜晚也照样守卫。工蚁有趋光和向上活动的习性。

工蚁四处觅食，全天活动，日夜不停，但黑夜则少出且行动缓慢，一般日出后活动力较强。工蚁捕食与御敌都能主动进攻，尤其在蚁巢附近更是凶猛异常，一经咬住至死不放，而且力量甚大，能把大于自身数倍的昆虫拖入巢内。

工蚁喜温好湿，一般在 26～34℃、相对湿度为 74%～84% 时最为活跃，当气温高于 36℃或相对湿度低于 53% 的天旱之时，工蚁则成群下地饮水。下雨时蚁急促回巢，大风大雨时蚁不活动，强台风可刮烂蚁巢。蚁抗寒力差，当温度低于 12℃时，则甚少出巢活动，在 7℃时，可发现在巢外、枝条、叶片上有不少冻僵的工蚁，若温度继续下降，则巢内工蚁成团如絮状落下。在日出后，气温回升可全部或部分复苏，若温度继续下降，则不可复苏，受冻而死。

（二）黄猄蚁的采集和饲放

冬季由于低温和食料减少的影响，黄猄蚁大部分死亡或走失，因此需每年春到外地采蚁放饲。黄猄蚁大都集居山林的半山腰、山谷或山脚，一般在向阳面，水翁（*Cleistocalyx operculatus*）、白榄（*Canarium album*）、榕树（*Ficus retusa*）、龙眼（*Dimocarpus longan*）、荔枝（*Litchi chinensis*）等枝叶较密的树上蚁巢较多。

采蚁时，用锯或剪把有蚁巢枝条取下，立即放入布袋，扎紧袋口运回。据湖北从广东移殖黄猄蚁的报道，黄猄蚁可以混群装运，五群装在一箱内未见有互斗残杀。运回黄猄蚁在放饲前应先将果园内原有的旧蚁桥割断，使新、旧蚁不相接触，避免互斗残杀。然后选择晴天将所采蚁巢用竹箩装好，放在树杈间。刚出布袋的蚁，由于运途饥饿、受扰，一经放出凶猛异常。隔天便可在树冠向阳处结巢。为便于蚁到邻树活动，扩大受益面积，常在各树间架设蚁桥。可用竹片或树藤作蚁桥延伸邻树。忌用金属线作蚁桥，因热天留热，蚁易遭伤害。为防止蚁下地走失，可在树干基部抹以草木灰，但遇雨流失即需重抹，天天更新，花工甚大。用陶瓷式水泥制成的"防逸圈"，代替抹草木灰法的效果良好。"防逸圈"是用两个半圆形的水槽，围于柑树树干基部，两接口用水泥黏合，而成一圆周水槽，槽内盛水后，黄猄蚁便不能下地。使用"防逸圈"不但可以防止黄猄蚁下地外逃，还可防止长吻象鼻虫等从树的基部爬上树为害，同时，遇天旱时，还有利于黄猄蚁饮水。当食料不足时，可视具体情况补充食料如黄粉虫等。

每年 9～10 月，柑橘开始落叶，同时因摘果修枝，使蚁巢受损，供其取食的害虫减少，蚁便外逃或受冻而死。为了保护蚁群安全过冬，使种群不致凋落，采用必要的越冬保护措施是繁殖利用黄猄蚁的一项十分重要的措施。过去曾有用竹箩收蚁保护过冬的。现介绍一种采用保温加饲的越冬保护措施，其做法是入秋后剪取附近的蚁巢，集中放在背北向阳浓绿的柑树上，然后搭简易竹栅，加盖塑料膜。这样栅内温度一般可比气温提高 2～4℃；如遇低温时，栅要注意密闭，温度过高时，要揭开塑料膜，以通风散热，这样可使蚁避免低温致死的影响。与此同时，要经常供给黄粉虫等其他昆虫补充食料，以提高抗寒力、使其得到必要的营养，从而获得足够的越冬基数。次年春增加喂饲，工蚁即加强外出活动，蚁巢增大，并开始营新巢。

（三）黄猄蚁的治虫效果

黄猄蚁的食性甚杂，且能主动攻击，捕食对象主要有大绿蝽、吉丁虫、柑橘潜叶甲、天牛、铜绿丽金龟、金花虫（*Gastrolina depressa*）、粉绿象甲（*Hypomeces squamosus*）、锯蜂等的成虫及螽蟖、蝗虫、马陆等，也捕食一些鳞翅目的幼虫回巢，且能驱逐大绿蝽和天牛等的成虫以防止产卵。由于黄猄蚁的繁殖盛期和最活跃时期与一些柑橘主要害虫的发生期吻合，故柑农除辅之人工捕捉天牛幼虫之外，基本上可不使用农药，而把害虫控制在较低水平。

黄猄蚁不捕食介壳虫如橘小粉蚧（*Pseudococcus citriculus*）、褐软蚧（*Coccus hesperidum*）等，凡黄猄蚁较多的树，介壳虫也较多。此外，黄猄蚁也不捕食潜叶甲幼虫（因在叶内潜食）、白蛾蜡蝉（*Lawana imitata*）的成、若虫及天牛和柑橘恶性叶甲（*Clitea metallica*）的幼虫。

二、繁殖利用红蚂蚁防治甘蔗螟虫

对甘蔗螟虫的生物防治，除繁殖利用赤眼蜂取得良好效果外，在我国台湾和福建一带，还曾利用当地的一种红蚂蚁，也取得较好的效果。

（一）红蚂蚁的生物学特性

红蚂蚁（*Tetramorium guineense*）又名竹筒蚁，属膜翅目蚁科。一生经卵、幼虫、蛹、成虫 4 个时期。蚁群的组织内可分雌蚁（包括有翅雌蚁和无翅雌蚁）、雄蚁及工蚁三种蚁型。

红蚂蚁是一种营集群生活的小型昆虫，无翅雌蚁专营生殖；有翅雌蚁一般为性未成熟，待性成熟后即交尾产卵；雄蚁专司交尾；工蚁负责觅食、养育幼虫及保护本群中的所有成员。

红蚂蚁为多雌蚁的群体。一般每群有无翅雌蚁 6～10 头及以上，最多可达 62 头。有翅雌蚁终年存在，但以 7～9 月出现最多，平均每巢 5～6 头，最多可达 68 头。雄蚁在冬季没有发现，其他季节发生量不稳定，一般在 0～9 头，也以 7～9 月出现较多。工蚁则终年存在，其在整个群体中所占比例最大，平均每群 200～300 头，最多的可达 923 头。

红蚂蚁的发育历期与温度有关，温度越高发育越快，经室内饲育观察，平均温度在 29.4℃历期最短，自卵发育至成虫仅 33 d；温度在 25℃时，需 48 d。在 27.5～28.7℃饲育，卵期 6.5～7 d，幼虫期 21.5～26.3 d，蛹期 10.5～11.0 d。雌蚁的寿命最长，可达 25～30 个月，直至死亡前尚能正常产卵；雄蚁寿命较短，仅 26～67 d；工蚁寿命可达 3～4 个月。

红蚂蚁性喜潮湿，常栖居于避风向阳、湿润而富有机质的山谷草地、荒田烂坭田埂、池塘边岸及终年潮湿多杂草的沟边，也有居住于低湿的香蕉园、茭白和芦苇丛中。在高旱地，保水力差的砂土和土质坚硬、杂草稀少、有机质缺乏且偏碱性或常受洪水淹没的地区，则分布极少。

红蚂蚁的食性甚广，目前已知能取食 60 余种食物，基本上属动物性食料（约占 99%），其中以软体小昆虫为主，尤喜捕食鳞翅目螟蛾科的幼虫，人工供给的蛆、小蚯蚓及糖蜜等也甚喜爱。对作物害虫方面已知能捕食黄螟（*Vitessa suradeva*）、二点螟（*Chilo infuscatellus*）、条螟（*C. sacchariphagus*）、大螟（*Sesamia inferens*）、玉米螟、甘薯茎螟（*Omphisa illisalis*）、二化螟（*C. suppressalis*）、斜纹夜蛾（*Spodoptera litura*）、黏虫（*Mythimna separata*）、菜螟（*Hellula undalis*）、蚊子等的幼虫，以及飞虱、叶蝉、蝼蛄、蟋蟀等的若虫。红蚂蚁的食性虽杂，但野外饲料种类多，所以一年四季均未见有贮藏食物的现象。调查发现，红蚂蚁与蔗绵蚜（*Ceratovacuna lanigera*）和蔗粉蚧（*Dysmicoccus boninsis*）的发生没有密切关系。在食料不足情况下，蚁群也能捕食绵蚜和粉蚧。

红蚂蚁的活动与温度、湿度、光照有关。在闽南地区能终年活动，冬季气候正常情况下，气温上升到 9℃时，工蚁就能出巢捕食，14℃以上，捕食蚁数显著增加，中午气温虽升至 20℃以上，但因阳光照射强烈，相对湿度较低，活动有减少趋势，下午 2 时，活动数又增多，日落和夜间基本停止活动。在春、夏、秋三季，除早晨 4：00～5：00 及中午活动较少外，其他时间不分昼夜活动均甚活跃。当天气发生变化时，如大风雨前夕，天气闷热或气压降低，蚁群受惊动，活动紧张频繁，往往引起迁巢。

（二）红蚂蚁的繁殖技术

1. 室内繁殖　用直径 15 cm 的养虫缸进行饲养，每缸接种一小群，饲喂螟虫、白蚁、蚯蚓和蛆等各种动物性饲料。在适宜季节，经 7 个月的繁殖，每巢可繁殖至 20 000 头以上，平均可增殖约 100 倍。

2. 野外繁殖　野外繁殖可利用蔗田、香蕉园、菜园或茭白田放蚁繁殖。以蔗田就地繁殖为例，宜选择土壤肥沃、排灌良好、不易受淹、离水田较远的蔗田为好。采用低放蚁量，每 666.7 m² 放蚁 120～150 群，每隔二畦放一畦。在每一蚁管周围，再插 2～3 个供蚁分群用的空管，每半月供给前述的各种动物性饲料，或添些稀糖蜜，或在蔗地施加些有机肥，可增加动物性饲料。待蚁繁殖至一定数量时，需适时分群，因小群体可促进繁殖，但每群至少需雌、雄蚁各 1 头，工蚁 50 头以上及一定数量的幼虫和卵，如此一年可繁殖 8～10 倍。

（三）红蚂蚁的收捕和助迁

1. 收捕蚁群用的材料　一般的芦苇秆、竹筒、蔗叶鞘及其他空心管状的秆均可，但以芦苇秆和蔗叶鞘为优。前者的优点是容易插竿收捕，便于保存运输，可作永久性蚁巢。后者的优点是用材方便，用以雨前插竿，雨后立即收捕，也可得到较多蚁群；缺点是保湿性差，而且体积较大，不宜远途运输，不能作永久性的巢穴，适于近地收捕和作为芦苇秆来源不足时的辅助材料。所用的芦苇秆具有两节，长 20～25 cm，直径 1.2～1.7 cm，两端切口削成 45°斜面，方向相反，节部穿通。

2. 收、放蚁群的方法　　一般宜于 4～5 月气温回升雨水充沛红蚂蚁开始大量繁殖时，在雨前 1～2 d 到有蚁群居地，用锄或镰刀挖破蚁巢，将收蚁管斜插于巢中 5～7 cm 深，管上端切口斜面朝下，以防雨水淋入。视蚁群大小，一般每巢可插 2～4 管。待降雨后 1～2 d，如在管口上端见有细土堆积，即可拔起蚁管，下端用湿土堵塞，运回蔗园散放。此外，在水源方便的地方，在旱季也可采用泼、灌水的方法，迫使蚁群迁居筒中。

放蚁数量：每 666.7 m² 300～500 管，每管约有工蚁 200 头。蚁管斜插入土中 3～10 cm 深，湿土宜浅，干土宜深，以利蚁群安居。插管时上端切口斜面朝下，并紧靠蔗苗。

（四）红蚂蚁防治甘蔗螟虫效果

福建省各主要蔗区放蚁治螟调查结果表明，螟害枯心苗率及螟害节率分别比对照减轻 86.1%～98.4% 和 76.5%～100%。而且治螟的有效期可延续数年，治螟效果和单位面积蚁群密度随治螟时间的延长而有提高的趋势。

（五）红蚂蚁对其他害虫的防治

红蚂蚁除对防治甘蔗螟虫有良好的效果外，对茭白二化螟、玉米螟及甘薯茎螟等害虫也有较好的防治效果。例如，在 666.7 m² 的茭白田放蚁 120～600 管，二化螟存活头数占调查总株数的 0.48%～0.87%，而对照却高达 15.87%～29.57%；每 666.7 m² 放蚁 400 管，对春玉米和秋玉米的螟害均有良好的防治效果。对甘薯茎螟的防治效果：放蚁区被害率比对照区降低 49.8%～84.6%。

三、利用森林蚂蚁防治松毛虫

双齿多刺蚁（*Polyrhachis dives*）、日本弓背蚁（*Camponotus japonicus*）、日本黑褐蚁（*Fomica japonica*）、扁平虹臭蚁（*Iridomyrmex anceps*）和圆梗举腹蚁（*Crematogaster artifex*）是森林蚂蚁中常见的种类，对松毛虫幼虫或蛹有较强的捕食能力，控制效果一般可达 20%～80%[6]。以双齿多刺蚁为代表介绍如下[7]。

（一）双齿多刺蚁的生物学特性

工蚁体黑色，密被金黄色平贴短绒毛，分大、小两型，大工蚁体长 6～7 mm，小工蚁体长 5～5.5 mm。雌蚁黑色有光泽，被稀疏白色绒毛，体长 10 mm。雄蚁体黑色，体长 6 mm，具两对翅。

该蚁生活于植被丰富的林地，在树上、地面建巢。可分树上巢、灌木巢和地面巢，以树上巢居多，地面巢最少。巢由树木枝叶、杂草碎屑和吐丝物等构成，内似海绵状，有蚁道和气孔。巢口 3～10 个及以上，位于巢与枝条连接处或顶端。蚁巢长 10～39 cm，宽 6～20 cm，厚 5～17 cm。每巢有蚁数千至 45 000 头，平均每巢含卵 432 粒，幼虫 1654 条，蛹 1210 头，工蚁 6162 头，雄蚁 1948 头，雌蚁 26 头。

雌蚁产卵以 3～10 月最盛，11 月至翌年 2 月停止产卵。卵历期 15～17 d，幼虫期 23～25 d，蛹期 13～16 d。该蚁在广州每年 3～4 月后开始筑巢，雨后筑巢更频繁。

蚁巢内蚂蚁的活动距离一般为 8～14 m，最远可达 30 m；上树高度一般为 5～15 m，最高达 22 m。其活动随温度的变化而变化，在春、夏、秋季的晴天或久雨的晴天，活动最频繁。据广西报道，当冬季气温降到 10℃以下时，停止活动，春季气温上升到 15℃以上开始活动，20℃以上，上树筑巢活动频繁，3～5 d 即可筑成新巢。

双齿多刺蚁是松毛虫 1～3 龄幼虫的主要天敌，一个大巢的蚂蚁一天可捕食 20 000 多头 1～2 龄幼虫，可使 1～3 龄幼虫的虫口减退率达 95%以上，可有效地控制松毛虫的危害。但在人工助迁时应特别注意选择植被丰富、湿润、林冠茂密的林分，且只有在环境条件适宜时，它们才能定居和发展，否则对松毛虫就起不到抑制作用。

（二）双齿多刺蚁的收捕、助迁和治虫效果

1. **收捕**　　选择巢大且老熟的蚁巢进行收捕，以保证蚁量较多，且易迅速分巢。

（1）套袋法　　先将蚁巢周围障碍物轻轻除去，然后用麻包、布袋或尼龙袋迅速套上剪取，随即扎紧袋口。

（2）分离取巢法　　利用该蚁有受惊逃离和安定后又返回原巢，以后再受轻微震动也不外出的习性，用利刀将蚁巢连树枝一起砍下，放回原处，待 5～10 min 蚁自动回巢后，不用包装即可带回，或装袋扎口运回释放。

2. **助迁与繁殖**　　将采集到的蚁巢运到受害松林，按一定密度挂在树上，每 666.7 m² 保持 20 巢以上，可以收到较好的控制效果。为了加速蚁的扩散和提高治虫效果，可将蚁巢打烂，使蚁群倾巢而出，促进自然分巢。或将树上的松毛虫击落地下，诱蚁暴食，增加繁殖能力。

还可采取人工箱式管理和人工加饲的方法，以提高繁殖能力。例如，该蚁以自然繁殖与同期采用人工箱式管理（每箱放 1 巢）的方法，对比两者增加的蚁巢数，后者是前者的 1.5 倍。试验表明，在该蚁活动的树上，分别以白糖水、尿素加白糖水及清水作补充饲料（以试管盛放），蚁巢数分别增加 1.81 倍、1.34 倍和 1.14 倍。

3. **治虫效果**　　双齿多刺蚁对松毛虫防治效果良好。广东台山市试验表明，在山沟荆棘丛生处采回 200 巢双齿多刺蚁，放到近水源、郁闭度大的 1.3 hm² 松林内，1 年后蚁巢增至 1000 个，面积扩大到 3.3 hm²，3 年后蚁巢数达 6000 个，控制面积为 13.3 hm²，6 年后控制面积已达 33.3 hm²，平均每株树有 1 个蚁巢，多的达 4～5 巢，很好地控制了松毛虫的危害。广西也有类似调查，无蚁林区有虫株率是有蚁林区的 1～3 倍，虫口密度是 2～6 倍。

四、利用蚂蚁防治害虫的前景与展望

蚂蚁在害虫生物防治中的潜力和作用不可估量，是可持续农业发展的重要天敌资源[8, 9]。首先，蚂蚁种类繁多，个体数量庞大，赋予了其在害虫生物防治中的资源潜力。已知的蚂蚁种类超过 13 000 种，而昆虫生物量的大约 1/3 是蚂蚁。其次，蚂蚁具备害虫生物防治所需的特质。一是蚂蚁具有基于铺设步道、串联奔跑和报警信息素的招募系统，在猎物密度较高的情况下可以快速招募巢穴中的同伴。因此，当害虫数量增加时，可以表现出快速的数值反应。二是大多数蚂蚁都是多食性的，而且常具有多态的工蚁，大小工蚁之间相互协作，可以捕食各种不同的猎物，会对不同种类的害虫产生压力。三是蚁群的领地和筑巢行为，能利用多余的猎物来增加

幼虫和营养卵的数量。因此，即使在害虫密度很高的情况下，蚂蚁仍能捕食，对害虫施加持续的压力。四是蚁后和工蚁一般寿命较长，使蚂蚁种群具有较高的稳定性，从而对害虫能产生较长期、稳定的控制效果。

需要注意的是，有些蚂蚁种类与蚧、蚜具有共生关系，特别在冬季及食物不足时，蚂蚁以蚧、蚜分泌的蜜露为食，不但不伤害它们，甚至为其提供保护，对害虫的天敌（如寄生蜂、寄生蝇等）有明显的干扰作用，使这些害虫的天敌减少，为害虫种群增长创造了条件。因此有些国家对蚂蚁的利用前景提出异议，如美国曾研究了蚂蚁，尤其是阿根廷蚁（*Linepithema humile*）对柑橘害虫的干扰问题，认为取食蜜露的蚂蚁明显干扰多种介壳虫、叶螨和蚜虫的天敌活动，妨碍了这些害虫的生物防治。南非柑园也有类似情况，他们认为，为了提高柑橘害虫的生物防治效果，要消灭取食蜜露的蚂蚁。

蚂蚁种类不同，其习性也不尽相同，因此需要具体情况具体对待。例如，黄猄蚁虽与蚧共生，但其对介壳虫天敌（如瓢虫、草蛉、寄生蜂）的活动影响不大，所以蚧虽发生普遍，但并不成灾；又如松林中的多种蚂蚁，喜食蚜虫蜜露，由于蚂蚁的接近，使蚜虫周围的捕食性及寄生性天敌减少，而使蚜虫免遭捕食或寄生，但蚜虫的存在可使蚂蚁上树活动更为频繁，增加了害虫惊落和被捕食的数量，间接地保护了树木。此外，在害虫等节肢动物数量少时，蚧、蚜蜜露也是蚂蚁的主要食物来源，因而一定数量的蚧、蚜存在对于保护蚂蚁资源、减轻林木被害虫为害是有益的。

对于蚂蚁在害虫生物防治中的作用，还有许多问题值得进一步研究。一是蚂蚁种群与害虫种群（包括蚧、蚜和目标害虫）之间要保持一个什么样的比例才能达到最大的控制效应，目前这方面的研究不多；二是蚂蚁和害虫种群间的作用机制问题，尚需从群落和生态系统的角度出发，研究各成员间（包括种内、种间）的相互联系和相互制约的内在数量关系，只有这样才能在害虫的综合治理中充分发挥蚂蚁的效能；三是无论从害虫生物防治还是生物多样性保护的角度，除了对有益蚂蚁要进行保护利用外，也迫切需要开展对有益蚂蚁的人工大量繁殖研究。

 思考题

一、名词解释

捕食性天敌昆虫；同类相食；草蛉；黄猄蚁；红蚂蚁；双齿多刺蚁；三化螟卵啮小蜂；三化螟

二、问答题

1. 捕食性天敌昆虫具有哪些一般特性？
2. 有哪些天然饲料可以用来饲养草蛉？
3. 草蛉的田间释放方法有哪些？
4. 如何保护和招引草蛉？
5. 如何采集和饲放黄猄蚁？
6. 黄猄蚁主要捕食哪些害虫？
7. 如何收捕和助迁红蚂蚁？
8. 说说你对捕食性天敌昆虫的认识？举例说明。

参考文献

［1］张古忍，张丹丹，陈振耀. 昆虫世界与人类社会. 广州：中山大学出版社，2016

［2］湖北省农业科学院植物保护研究所. 棉花害虫及其天敌图册. 武汉：湖北人民出版社，1980

［3］赖艳，刘星月. 中国草蛉科天敌昆虫及其生防应用研究进展. 植物保护学报，2020，47（6）：1169-1187

［4］张宣达. 草蛉的人工饲养与应用//包建中，古德祥. 中国生物防治. 太原：山西科学技术出版社，1998

［5］邵振芳，尹文兵，陈建华，等. 草蛉在虫害生物防治中的应用研究进展. 现代农业科技，2016，（3）：171-174

［6］陈昌洁. 松毛虫综合管理. 北京：中国林业出版社，1990

［7］刘复生. 蚂蚁及其他捕食性天敌的研究与应用//包建中，古德祥. 中国生物防治. 太原：山西科学技术出版社，1998

［8］Benckiser G. Ants and sustainable agriculture. A review. Agronomy for Sustainable Development，2010，30：191-199

［9］Offenberg J. Review：Ants as tools in sustainable agriculture. Journal of Applied Ecology，2015，52：1197-1205

第七章 食虫蛛形动物的繁殖释放与保护利用

第一节 食虫蛛形动物的主要类群

蛛形动物是指蛛形纲（Arachnida）的节肢动物，包括蜘蛛、蝎、螨和蜱等动物，大多数蛛形动物生活在陆地上，以小动物为食。食虫蛛形动物则是指那些捕食昆虫的蛛形动物，农田中常见的有蜘蛛和捕食螨，是害虫的重要捕食性天敌。

一、捕食螨类

捕食螨属节肢动物门蛛形纲蜱螨目（Acarina）。捕食螨包含的种类很多，仅叶螨类的捕食螨就有9科，其中以植绥螨科（Phytoseiidae）和长须螨科（Stigmaeidae）的种类报道较多，利用前景较大，尤其是植绥螨科是目前已知的最有效的捕食性螨类，从北极至热带都有分布[1,2]。

1. 植绥螨科（Phytoseiidae） 植绥螨是栖息在植物上最普遍的螨类，在一年生和多年生农业生态系统中都有分布，捕食叶螨、瘿螨、跗线螨等植食性螨类，还能捕食蚜虫、蓟马、介壳虫等小型昆虫，也有不少取食花粉，在植食性螨类的生物防治中具有重要的地位和作用，也是在生物防治中应用最多的捕食螨类。我国研究和应用较多的主要有胡瓜新小绥螨（*Neoseiulus cucumeris*）、西方静走螨（*Galendromus occidentalis*）、智利小植绥螨（*Phytoseiulus persimilis*）、尼氏钝绥螨（*Amblyseius nicholsi*）和纽氏钝绥螨（*A. newsami*）等。

植绥螨卵散产，一般日产卵 1~5 粒，平均 2 粒/d，每头雌成虫的产卵总量与温、湿度及食料有关，在合适条件下，每头雌成螨产卵量一般在 30~40 粒，较高的产卵量使之在控制柑橘全爪螨方面保持优势。

2. 囊螨科（Ascidae） 多栖息于土壤、腐殖质、垃圾、树叶、树皮、花和脊椎动物的巢中。蠊螨属（*Blattisocius*）的一些种类在某些储藏害虫的生物防治中具有一定的潜力。例如，跗蠊螨（*B. tarsalis*）是一种世界性分布的种类，能捕食许多昆虫的卵，特别是仓储鳞翅目害虫和某些人工饲养的昆虫种类。

3. 厉螨科（Laelapidae） 主要栖息在粪肥、落叶和土壤、储藏的谷物及不同脊椎动物和昆虫的巢中。有广食性捕食者、兼性寄生者和温血动物的专性寄生者。有关证据表明，厉螨能抑制害虫种群的增长，施用粪肥的玉米田比不施用粪肥的玉米田捕食螨的种群密度更高，而玉米根象甲（*Diabrotica longicornis*）的种群密度则更低。有些狭板螨属（*Hypoaspis*）能捕食植食性的金龟子的卵，而有些种类则是犀金龟属（*Oryctes*）甲虫重要的致死因子，并曾被引种到托克劳群岛（Tokelau）防治椰树害虫椰蛀犀金龟（*O. rhinoceros*）。

4. 巨螯螨科（Macrochelidae） 栖息在腐殖质、落叶或其他靠近或在地面上的栖息地，少数种类发现于鸟、哺乳动物、蜜蜂或蚂蚁等的巢中，有些甚至在动物的皮毛中。巨螯螨属

（*Macrocheles*）是巨螯螨科中最大的属，超过 700 种，有些种类在有害蝇类的生物防治方面具有潜力。多数巨螯螨属种类的雌性成虫附生在蝇总科（Muscoidea）昆虫或粪金龟身上。这些种类捕食蝇类的卵和小幼虫，并可能偏食某些种类。例如，在厩螫蝇（*Stomoxys calcitrans*）、夏厕蝇（*Fannia canicularis*）和家蝇（*Musca domestica*）三者的卵中，家蝇巨螯螨（*Macrocheles muscaedomesticae*）更喜欢家蝇的卵；其也捕食线虫。

5. 尾足螨科（Uropodidae）　　主要栖息于落叶、碎屑、朽木、储藏物和粪肥等生态系统，第二若虫可以利用肛门突附着在昆虫身体上扩散。大多数种类的取食习性不清楚，但有些种类能取食真菌、有机碎屑、线虫和昆虫的卵与幼虫等。目前对 *Fuscuropoda vegetans* 研究得较多，其可用于家禽养殖场苍蝇的生物防治。

6. 肉食螨科（Cheyletidae）　　采用"绑架"的方式进行捕食。捕食前，大角度地张开足和触肢等待猎物的出现；捕食时，首先用触肢抓住猎物，然后很快将其麻痹。发生在果园的种类能捕食介壳虫的爬虫期若虫和包括叶螨科（Tetranychidae）和植绥螨科在内的不同种类的螨，有些也可捕食属于细须螨科（Tenuipalpidae）和瘿螨科（Eriophyidae）的螨类。但因其繁殖能力和猎物消耗能力较低而影响了其作为生物防治因子的重要性。

二、蜘蛛类

蜘蛛类属蛛形纲蜘蛛目（Araneae），截至 2020 年，全球已知蜘蛛 120 科 4159 属 48 478 种，中国有 69 科 809 属 5084 多种[3]。其中，约有 10 科的种类与传统生物防治有关，但还没有足够的证据能够证明单一的蜘蛛种对有害昆虫或螨类种群具有调节作用。一般认为，蜘蛛对害虫种类具有稳定的影响[4]。

1. 球蛛科（Theridiidae）　　体小型至中型。农田内主要有八斑鞘腹蛛（*Coleosoma octomaculatum*）、叉斑巨齿蛛（*Enoplognatha japonica*）、背纹巨齿蛛（*E. dorsinotata*）、三点希蛛（*Achaearanea kompirense*）等。其中八斑鞘腹蛛分布较广，生境多样，如水稻、棉花、蔬菜、茶园、果园和森林内种群数量较大，在长江流域棉田内其种群数量占蜘蛛总量的20%以上；在水稻田内也占10%以上。该种蜘蛛既可结不规则网又可过游猎生活，主要捕食半翅目、双翅目昆虫的成虫和若（幼）虫及鳞翅目昆虫的低龄幼虫[5]。球蛛科中的其他蜘蛛，在农田内大多结不规则网，以网来捕食鳞翅目、半翅目和双翅目昆虫的成虫。

2. 皿蛛科（Linyphiidae）　　体小型至中型。农田主要有草间小黑蛛（*Erigonidium graminicolum*）、隆背微蛛（*Erigone prominens*）、食虫沟瘤蛛（*Ummeliata insecticeps*）、齿螫额角蛛（*Gnathonarium dentatum*）等[6]。其中草间小黑蛛分布广，是稻田、棉田、果园和其他农田优势种。尤其是在旱地作物田内的种群数量最多，如在长江流域棉田内，此种蜘蛛的种群数量要占棉田蜘蛛总量的40%以上。食虫沟瘤蛛在稻田内种群数量最多，是华南稻田内一种优势种天敌，对水稻田内叶蝉和飞虱的发生有一定的控制作用。

3. 园蛛科（Araneidae）　　体中型至大型。农田内主要有角园蛛（*Araneus cornutus*）、横纹金蛛（*Argiope bruennichii*）、黄金肥蛛（*Larinia argiopiformis*）、黄褐新园蛛（*Neoscona doenitzi*）、茶色新园蛛（*N. theisi*）、灌木新园蛛（*N. adianta*）、灰斑新园蛛（*N. griseomaculata*）、嗜水新园蛛（*N. nautica*）、四点亮腹蛛（*Singa pygmaea*）等[6]。在麦田、棉田等旱地以新园蛛属的种群数量最多，其中黄褐新园蛛是一个分布较广、种群数量较大、对害虫控制作用较强的种。四点亮腹蛛在稻田内有一定的种群数量，在靠近水边的棉田内数量也较多。该科的蜘蛛均结垂直大型圆网，以网捕食鳞翅目、半翅目、直翅目、膜翅目和鞘翅目等昆虫的成虫，对这类害虫有一定的控制作用。

4. 肖蛸科（Tetragnathidae）　　体细长。农田内主要有四斑锯螯蛛（*Dyschiriognatha quadrimaculata*）、柔弱锯螯蛛（*D. tenera*）、鳞纹肖蛸（*Tetragnatha squamata*）、圆尾肖蛸（*T. vermiformis*）、锥腹肖蛸（*T. maxillosa*）、前齿肖蛸（*T. praedonia*）等[6]。该科蜘蛛除锯螯蛛属外，其他属个体较长。以肖蛸属蜘蛛在农田内分布较广，稻田和靠近水边的旱地内种群数量为最多。圆尾肖蛸和锥腹肖蛸在北方麦田内种群数量较多。这些蜘蛛在田间结大型水平圆网，以网捕食猎物。主要捕食鳞翅目、双翅目、直翅目、膜翅目和半翅目等昆虫的成虫。

5. 狼蛛科（Lycosidae）　　体小型至中型。农田内主要有拟环纹豹蛛（*Pardosa pseudoannulata*）、星豹蛛（*P. astrigera*）、沟渠豹蛛（*P. laura*）、拟水狼蛛（*Pirata subpiraticus*）等[6]。其中以拟环纹豹蛛分布最广，无论是水田还是旱地，种群数量均很大，由于个体大，活动迅速敏捷，捕食量大，对叶蝉、飞虱、蚜虫和各种鳞翅目昆虫的幼虫均有很强的捕食能力。星豹蛛为旱地内一种优势种蜘蛛，以长江以北旱地内种群数量为最多。水狼蛛属的拟水狼蛛主要发生在南方稻田内，在北方靠近水边的旱地内也有一定的数量。狼蛛科蜘蛛一般在地面和稻株基部活动，因此对地下害虫和植株基部的害虫有一定的控制作用。

6. 猫蛛科（Oxyopidae）　　体中型。不结网，善跳跃。游猎型蜘蛛，多叶面活动，行动敏捷。农田常见种类有斜纹猫蛛（*Oxyopes sertatus*）、线纹猫蛛（*O. lineatipes*）、小猫蛛（*O. parvues*）等[6]。可捕食大型害虫，如棉铃虫、造桥虫、地老虎、金刚钻、蝗虫的成虫和若虫等。捕食量较大。

7. 盗蛛科（Pisauridae）　　大型游猎型蜘蛛，主要生活在稻田、芦苇田和其他水生作物的田内，靠近水边的旱地也有一定的数量。农田内主要有白跗狡蛛（*Dolomedes pallitarsis*）、黄褐狡蛛（*D. sulfureus*）等[6]。能捕食鳞翅目的高龄幼虫和成虫及体积较大的蝗虫和蝼蛄等害虫，而且捕食量很大。

8. 管巢蛛科（Clubionidae）　　体中型。农田内主要有粽管巢蛛（*Clubiona japonicola*）和斑管巢蛛（*C. reichlini*）等[6]。多夜晚活动，行动敏捷，捕食力强，对双翅目、膜翅目、半翅目和鞘翅目的幼虫和成虫均有一定的捕食作用。粽管巢蛛分布较广、生境多样，种群数量较大，在我国南北稻田、棉田、麦田、果园和蔬菜田均有一定数量。斑管巢蛛在果园和森林内较多，是长江地区橘园的优势种。

9. 蟹蛛科（Thomisidae）　　体中型。农田内主要有三突花蛛（*Misumenops tricuspidatus*）、白条锯足蛛（*Runcinia albostriata*）、圆花叶蛛（*Symaema globosum*）、鞍形花蟹蛛（*Xysticus ephippiatus*）、蒙古花蟹蛛（*X. mongolicus*）、斜纹花蟹蛛（*X. saganus*）等[6]。均为游猎型蜘蛛，搜索能力较强，可捕食鳞翅目、鞘翅目、直翅目、半翅目、双翅目、膜翅目昆虫的成虫和幼（若）虫。三突花蛛分布最广，种群数量最大，对害虫控制作用最强，是很有利用前途的一种蜘蛛，它是稻田、棉田后期优势种天敌，在长江流域棉田内，种群数量约占蜘蛛总量的 20%，棉花后期最高可达 40% 以上。

10. 跳蛛科（Salticidae）　　体小型至中型。农田内主要有白斑猎蛛（*Evaecha albaria*）、条纹蝇虎（*Plexippus selipes*）、纵条蝇狮（*Marpissa magister*）、微菱头蛛（*Bianor aenescens*）、日本蚁蛛（*Myrmarachne japonica*）、吉蚁蛛（*M. gisti*）[6]等。游猎型蜘蛛，行动敏捷，以跳跃方式捕食害虫，主要捕食双翅目、鳞翅目、半翅目、膜翅目等昆虫的成虫和幼虫。

第二节　捕食螨的大量繁殖和利用

一、繁殖和利用的捕食螨种类

（一）引进种的研究与应用

我国自 20 世纪 70 年代中期后，先后引进了智利小植绥螨（*Phytoseiulus persimilis*）、西方静走螨（*Galendromus occidentalis*）、伪新小绥螨（*Neoseiulus fallacis*）、胡瓜新小绥螨（*Neoseiulus cucumeris*）、加州新小绥螨（*Neoseiulus californicus*）和斯氏钝绥螨（*Amblyseius swirskii*）6 种捕食螨[7]。

1. 智利小植绥螨　智利小植绥螨是我国引进的第 1 个捕食螨种类。1975 年从瑞典引进广州，此后又多次引入，并在国内一些科研单位间交流。对其研究包括生物学，生态学，饲养，防治花卉、蔬菜上的害螨及药剂对智利小植绥螨应用的影响等方面。智利小植绥螨单食性，需要用叶螨饲养，规模化生产较为复杂，目前尚无其他替代饲养技术。因此，在释放应用上一直发展不快。在 1996～2004 年研究与利用几乎完全停顿。但由于其对叶螨的贪食性与极好的防控效果，研究者仍对其情有独钟，近年来相关研究再度受到关注。

2. 西方静走螨　曾用名为西方盲走螨（*Typhlodromus occidentalis*）。1980～1981 年从澳大利亚和美国引进，为抗有机磷农药品系。西方静走螨被引入我国后，人们对其生物学、越冬、捕食功能反应、饲养等进行了研究，并在陕西延安、甘肃兰州、新疆、江苏徐州、辽宁兴城和朝阳、山东青岛与河北承德等多地释放，对苹果上的山楂叶螨（*Tetranychus viennensis*）、李始叶螨（*Eotetranychus pruni*）等表现出较好的控制作用。

3. 伪新小绥螨　曾用名为伪钝绥螨（*Amblyseius fallacis*）。1983 年从美国引进，此后 10 余年的研究集中于生物学、生态学、适应性、药剂的影响、饲养及释放与防治试验。在 1994～2008 年未研究。近几年在贵州及广东发现，研究包括用花粉饲养、种群生命表、对二斑叶螨的捕食作用及阿维菌素对其生长发育的影响等。

4. 胡瓜新小绥螨　曾用名为胡（黄）瓜钝绥螨（*Amblyseius cucumeris*）。20 世纪 80 年代由复旦大学引进，1996 年福建省农业科学院植物保护研究所又从英国引进。胡瓜新小绥螨是 2000 年以后国内研究最多、规模化生产程度最高的种类。研究涉多个方面，如温度及猎物等对其生长发育与繁殖的影响、功能反应、化学农药的影响及抗性品系筛选等。胡瓜新小绥螨在多种植物上如柑橘、棉花、蔬菜等得到释放与应用。

5. 加州新小绥螨　2009 年从欧洲引进，开展了一些生物学与生态学研究工作。

6. 斯氏钝绥螨　斯氏钝绥螨曾从国外引入，2011 年中国农业科学院植物保护研究所从荷兰正式引进，目前在室内进行一些风险性评价工作。

（二）本土种的研究与应用

与引进种相比，本土捕食螨具有适应性强、生态风险小等优点，受到了更加广泛的关注与研究。

1. 资源调查　在所有本土捕食螨类群中，关于植绥螨科的工作开展最多，发现的种类也最为丰富。至 2009 年已鉴定植绥螨 300 余种。除植绥螨科外，其他具有生物防治潜力的捕食螨类群，如异绒螨、厉螨、肉食螨、囊螨、长须螨、镰螯螨、半疥螨、巨螯螨、吸螨等也陆续被发现[7]。

2. 主要种的研究

（1）拟长毛钝绥螨（*Amblyseius pseudolongispinosus*）　第 1 个被证明对叶螨具有显著防效的本土植绥螨种，研究包括生物学特性及捕食作用、与朱砂叶螨两种群的关系、嗅觉反应、交配生殖、性比及生殖机制等方面。

（2）巴氏新小绥螨（*Neoseiulus barkeri*）　曾用名为巴氏钝绥螨（*Amblyseius barkeri*），具有与胡瓜新小绥螨相类似的生物学习性。20 世纪 80 年代初，两物种在国际上几乎同时被商业化开发出来。由于巴氏新小绥螨饲养简单、分布广泛、对蓟马和叶螨有良好的控制作用，近年来成为国内重点研究与应用的对象，也是目前国内生产量最大的本土捕食螨种。生物学、生态学特性及捕食作用等都受到广泛的研究，可联合白僵菌防治西花蓟马。

（3）尼氏真绥螨（*Euseius nicholsi*）　曾用名为尼氏钝绥螨（*Amblyseius nicholsi*），是另一种长期受关注，生物学被了解较多、较透彻的植绥螨。研究涉及生物学特性、温度对其发育繁殖的影响、人工饲养与释放等方面。

（4）芬兰真绥螨（*Euseius finlandicus*）　曾用名为芬兰钝绥螨（*Amblyseius finlandicus*），对其生物学、生态学及捕食作用有较多研究。在我国北方地区广泛分布，夏末至秋中在田间种群十分丰富，此时叶螨数量很少或根本没有，目前尚不清楚此时的食物来源。花粉是其重要食物，但花粉难以显著扩大芬兰真绥螨种群，由于没能解决规模化饲养问题，该螨的田间应用受到直接影响。

（5）东方钝绥螨（*Amblyseius orientalis*）　过去一直被认为是叶螨的专食性天敌，对叶螨的捕食作用及其生物学等有较多研究。近年来，发现其对蓟马、粉虱等其他害虫具有捕食作用，规模化生产技术也得到了解决，从而引起了进一步的关注。

（6）异绒螨　我国最早受到关注并被研究的益螨类群，其幼螨是蚜虫的重要寄生性天敌，若、成螨为捕食性。我国常见的异绒螨种类为小枕异绒螨（*Allothrombium pulvinum*）和卵形异绒螨（*A. ovatum*）。

（三）其他种类植绥螨及捕食螨

从 20 世纪 80 年代到 21 世纪初，其他受关注程度较高的植绥螨包括草栖钝绥螨（*Amblyseius herbicolus*）［旧称德氏钝绥螨（*Amblyseius deleoni*）］、纽氏钝绥螨（*A. newsami*）、江原钝绥螨（*A. eharai*）、间泽钝绥螨（*A. aizawai*）、冲绳钝绥螨（*A. okinawanus*）、长毛钝绥螨（*A. longispinosus*）、拉哥钝绥螨（*A. largoensis*）、亚热冲绥螨（*Okiseius subtropicus*）、苏氏盲走螨（*Typhlodromus soleiger*）、竹盲走螨（*T. bambusae*）、南非盲走螨（*T. transvaalensis*）、余杭植绥螨（*Phytoseius yuhangensis*）、栗真绥螨（*Euseius castaneau*）、有益真绥螨（*E. utilis*）等。其他类群有镰螯螨、圆果大赤螨（*Anystis baccarnm*）、长须螨、肉食螨、厉螨、毛绥螨等[7]。

二、捕食螨的生物学和生态学

对捕食螨种类生物学和生态学的充分了解，有助于捕食螨的大量繁殖，并提高田间应用效能[8]。

（一）生活史与世代历期

不同种类的捕食螨生活史和发育历期因种而异。一般来说，捕食螨的生活史包括卵、幼螨、第 1 若螨、第 2 若螨和成螨 5 个发育阶段。卵椭圆形，无色透明；幼螨 3 对足；卵和幼螨对恶劣环境的抵抗力较弱。在 25℃条件下，胡瓜新小绥螨历时 32 d 完成一个世代，其中包括产卵前期 3 d、产卵期 26 d、产卵后期 3 d。在 33℃时，完成一个世代仅需 8 d。成螨平均寿命为 31 d。

捕食螨的世代历期受到环境温度的显著影响。以胡瓜新小绥螨为例，在 20～33℃，世代历期随温度升高而缩短；在 20℃、25℃和 33℃分别为 13 d、32 d 和 8 d。在适温条件下（25℃），大多数植绥螨的发育历期为 4～7 d，比相同温度下的柑橘全爪螨历期短，由于发育历期短，对控制柑橘全爪螨十分有利。雌虫寿命普遍较长，尼氏真绥螨雌虫寿命最长达 107 d，一般在适温和合适饲料情况下，雌成虫寿命在 20～30 d，由于成螨食量大，较长的雌虫寿命有利于对柑橘全爪螨的取食和控制。

（二）生殖方式与产卵

捕食螨以两性生殖为主，也有产雄或产雌孤雌生殖。两性生殖有直接和间接两种交配方式。行直接交配的种类，雄螨有交接器，能与雌螨直接完成交配；行间接交配的种类，雄螨没有交接器，交配前雄螨首先产生精包，然后将精包放入雌螨交配孔以完成精子的传递，因而是间接交配。螨类一般交配 1～9 次。交配前，有些种类的雄螨守候在雌若螨旁，等其蜕完最后一次皮变成雌螨后即行交配。

雌螨多将卵散产在叶片背面主脉两侧凹陷处，产卵量随种类和食料变化而不同。例如，胡瓜新小绥螨每天产卵 1～3 粒，一生平均产卵 38 粒；智利小植绥螨一生产卵 41～68 粒。大多数捕食螨的日产卵量受捕食量和猎物种类的影响很大。

雌雄性比在捕食螨的生产应用中十分重要。无论是室内大量繁殖，还是田间应用，性比平衡时，有利于其种群数量的增长，如胡瓜新小绥螨种群中一般 64%为雌螨。

（三）种群消长与越冬

长江以南柑橘园内，尼氏真绥螨在 3 月出蛰活动，4～7 月和 9～11 月出现两次种群高峰，但多发生在柑橘全爪螨的数量高峰之后，不能及时控制害螨的发生，这也是要在害螨高峰出现前补充释放捕食螨的原因。夏季高温能抑制柑橘全爪螨和捕食螨种群的增长，二者种群数量都会下降。捕食螨以滞育或非滞育雌螨越冬，越冬场所可以是植物的芽或鳞片、树皮裂缝、节肢动物的蜕皮壳，或随有猎物的落叶在土壤表层或杂草丛中越冬。

北方地区的大多数捕食螨在秋天完成交配后，以雌螨滞育越冬，冬季不产卵。由于北方的树多为落叶树种，冬季树上叶子落光加上猎物稀少或消失，捕食螨必须找到庇护所才能度过严寒的冬季。捕食螨越冬的庇护所包括树皮缝隙、树干上的苔藓、废弃鸟巢、介壳虫的空壳及其他节肢动物残骸、地表土层和地面覆盖物等。苹果园的植绥螨可隐藏在落地苹果的花萼空隙处，直到翌年春天，每果隐藏的植绥螨越冬数量最多可达 6 头。

（四）捕食行为

捕食螨的捕食行为可以分为 6 种类型。

1）漫游或追逐捕食型：捕食螨主动搜索和追逐猎物，如植绥螨科的一些种类。

2）伏击或静伏捕食型：捕食螨静伏一处，等候猎物进行伏击，如肉食螨科的一些种类伏击粉螨或介壳虫，绒螨伏击跳虫等。

3）突进搜索捕食型：捕食螨的行为介于主动追逐和静伏捕食之间，遇有猎物时可进行突进搜索捕食，如大赤螨和巨须螨科的种类属于这种类型。

4）束缚和变化捕食型：捕食螨喜欢捕食静止或活动迟缓的猎物，如巨须螨科中的鞘瘤螨（*Coleoscirus* sp.）喜欢捕食高密度发生的线虫，赤螨总科和绒螨总科的漫游性种类能捕食跳虫等昆虫。

5）相互捕食型：指不同类群或同类群不同种之间的捕食螨相互捕食，如大赤螨捕食巨须螨，具瘤神蕊螨（*Agistemus exsertus*）捕食纽氏钝绥螨，江原钝绥螨与鳞纹钝绥螨（*Amblyseius imbricatus*）相互捕食对方的幼（若）螨等。

6）自相残杀型：捕食自己的同类，如纽氏钝绥螨捕食同种的幼（若）螨，前气门目的捕食螨比中气门目的捕食螨更喜欢捕食自己的同类，包括自己的后代。

三、捕食螨的大量繁殖与收储

（一）捕食螨的大量繁殖方法

捕食螨的大量繁殖是田间应用的前提，由于不同种类食性的差异，采用的繁殖方法也不同。一般来说，捕食螨的大量繁殖可以分为替代猎物繁殖和非替代猎物繁殖两种方式。前者的食性较广，可以利用替代猎物（如花粉、昆虫的卵或粉螨等）进行大量繁殖；后者的食性比较专一，如智利小植绥螨，只能用叶螨属种类进行繁殖，因此需先培养寄主植物大量饲养叶螨后再进行繁殖。具体应用时，应根据具体情况选择合适的繁殖方法[8]。

1. 培养寄主植物　　栽培健康的寄主植物，需要注意植物的种类、土壤、水分、温度和光照等条件。不同的寄主植物可以培育不同的植食性螨类。豆科植物适合作为叶螨的寄主植物，它们适宜在 20～30℃、RH 50%～80%、光照 12～16 h、强度大于 1000 lx 条件下生长，并需要适当的授粉。培养大多数植物的基质可以用土壤，也可以使用其他基质（如聚氨酯泡沫和泥炭土）或土栽培植物。用土壤作为基质者，使用过的土壤必须经过熏蒸消毒，避免影响产量和增加疾病的污染。

2. 饲养害虫或害螨　　叶螨通常在其寄主植物上饲养，其他螨类、昆虫和线虫，可以室内饲养，也可以从田间直接采获。例如，紫红短须螨（*Brevipalpus phoenicis*）可用带叶的茶树枝，插在带水的塑料管内饲养；也可以把茶树枝基部放在室内水盘中饲养；根螨大量发生在百合植物田间，可以直接从百合植物田间采获；粗脚粉螨（*Aleurobius farinae*）可用莴苣种子放在小面粉袋内饲养；尾足螨可用马铃薯或莴苣的切片先养得大量蛞蝓后再繁殖等。

3. 饲养捕食螨

（1）圆盘饲养　　将黑色滤纸铺在海绵上，放在 20 cm×20 cm 水盘中，周围用湿纸巾卷成纸条围成"水障"。饲养捕食螨时，先将食物（如叶螨、其他小型节肢动物或花粉）均匀铺放在滤纸上，然后接入捕食螨进行饲养，28 d 后即可收获数千头捕食螨。这种方法尤其适合用花粉繁殖的植绥螨。

（2）叶盘或叶片饲养　　通常是利用培养皿为容器，先在培养皿底部铺上棉布或滤纸保湿，然后将带叶螨的叶片放在上面（无螨叶可后接叶螨），让其继续繁殖。通过保湿叶片可以保持数天，便于观察和更换叶片。一般在 10 d 后，叶螨已繁殖达到相当数量，即可接入智利小植绥螨，再过 14～21 d 可收获各种发育阶段的智利小植绥螨近 1000 头。使用叶盘或叶片饲养叶螨及其捕食螨，需要选择相对容易保持较长时间的豆叶和蓖麻叶，如带有叶柄和几张叶片的菜豆叶，至少维持 14 d。为了饲养捕食蓟马的植绥螨，可以将黄瓜叶片（底面朝上）及其蓟马，放在加有植物生长调节剂和杀菌剂的凝固培养基上饲养，可维持蓟马若虫及其植绥螨 15 d 以上；如果需要，可以添加不同猎物，即可减少天敌逃亡。但是叶盘或叶片饲养法不适合大量饲养捕食螨。

（3）容器饲养　　有些捕食螨因为喜欢逃逸，不宜采用圆盘饲养或叶盘饲养方法，由于水障的围困易于掉入水中淹死，所以必须用特制的容器饲养。

一种方法是用一个纸箱（或木板箱），去掉上下部面板后，中间用一层铁丝网把箱子间隔成上下 2 室，上下口用网孔可允许捕食螨通过的窗纱网封住形成窗口，即成可互相倒置的植绥螨饲养容器。饲养时，先把带有叶螨的叶片放在上室，然后接入植绥螨，3 d 后将容器倒置，利用植绥螨有趋上运动的习性，它们可向上爬行而聚集在上方的窗纱上，3 d 后即可获得 50～100 头捕食螨。

另外一种方法是用塑料圆筒组合而成类似的容器，用以饲养智利小植绥螨，每天可获得捕食螨 500～2000 头。

还有一种为了控制木薯绿螨、专门大量饲养植绥螨的饲养容器。该容器为塑料套筒，置于温室内，以金属架支撑，用卷纱毛料封口。饲养前，先在温室内种植木薯，通过中央灌溉和施肥系统，经 14 d 长出 5 张以上叶片后，即可接入猎物（木薯绿螨），然后分别单株套上该塑料套筒容器并用卷纱毛料封口，再过 14 d 接入几百头捕食螨。一段时间后，每株树每 7 d 可收获大约 1 万头捕食螨。

（4）温室饲养　　在 24℃、RH 35%～99%、自然光照条件下，先在方盘中放入土壤培植豆苗，然后把豆苗盘子放在长凳上，接入叶螨饲养，几天后再接入西方静走螨，叶螨与捕食螨的比例控制在（20～40）∶1。可以在 4～10 月连续生产，为大田释放准备捕食螨。

（5）果园饲养捕食螨　　可以在苹果园内，直接利用苹果树上的二斑叶螨（*Tetranychus urticae*）或在树下种植菜豆苗饲养一定数量的二斑叶螨，然后接入西方静走螨让其繁殖，当捕食螨的数量每叶达到 1.2～3.0 头时，将带有捕食螨的枝条剪下放到新果园的苹果树上。

（6）田间饲养捕食螨　　在农田专门的小区种植菜豆 15 行，然后在豆苗上接上叶螨，繁殖一定数量后再接入西方静走螨饲养，42 d 后估计每个小区即可繁出大量的西方静走螨。

（二）捕食螨的收获和储藏

植绥螨可以利用吸气机来收集。每人每小时可吸得 1000 头捕食螨，带有叶螨和捕食螨的叶片可以保持在塑料袋内直到植物凋谢后，捕食螨爬到袋顶时通过低压真空抽气泵吸收或扫集。快速爬动的捕食螨种类可以先冷却到 4℃后采集。智利小植绥螨常围绕猎物聚集，可将带有叶螨的叶片放在捕食螨饲养器中，当捕食螨聚集到叶片时收集起来。这种螨还有喜欢聚集在棉花丝线团中的习性，可将一小团松棉花球放到饥饿的智利小植绥螨区域，它们会迅速爬到棉花球中，然后将其转移到管中封好。

收集好的大量捕食螨可以和带有叶螨的叶片直接冷藏，或保存在 10℃、RH 95% 条件下。需要长途运输的捕食螨，要放在湿润且表面粗糙的麸糠、蛭石或砂砾等介质中。长途运输后，要及时释放。捕食螨的数量估计可以用直接计数和除掉介质两种方法计算。

四、捕食螨的释放及效果影响因素

　　田间释放捕食螨是捕食螨利用中的一个重要环节。首先，要解决运送技术问题。目前，多采用容器或纸袋进行捕食螨的运输。到达田间后，根据害螨发生范围及密度进行释放，释放的方法应根据储存容器和作物类型不同进行适当调整。例如，利用尼氏真绥螨防治柑橘全爪螨，应将捕食螨容器挂在有害螨的树枝上，选的部位应在树冠偏内层地方，以利于分散后取食和减少太阳光曝晒。一般每树释放 200～400 头捕食螨足以控制害螨的危害[9]。

　　1）气候因素对捕食螨释放效果的影响最大。例如，1978 年 3 月上旬在四川释放尼氏真绥螨，释放密度分别为每株柑橘树 300 头、600 头、1200 头，10 周后才控制住柑橘全爪螨，密度为 0.1～0.3 头/叶，同期对照园为 17.4 头/叶。而在温度开始上升的 4 月下旬释放，4 周内即已把柑橘全爪螨密度压低到 0.2～10.4 头/叶。而在深秋季节释放则效果略差，1986 年 10 月在广西桂林市郊一果园释放尼氏钝绥螨抗亚胺硫磷品系，每树 780～800 头，释放后 1 个月内明显将柑橘全爪螨控制到防治水平，但由于寒潮袭侵，捕食螨大量死亡，控制能力也下降[9]。

　　2）益害比影响释放效果。在 20℃条件下，释放尼氏真绥螨益害比达 1∶78 时仍可控制害螨的危害。按 1∶40 释放冲绳钝绥螨，柑橘全爪螨虫口密度 21 d 后从 3.2 头/叶下降到 0.5 头/叶，对照区害螨仍保持原先密度。无论按 1∶20 或 1∶30 的益害比释放拟长毛钝绥螨，均能控制二点叶螨到最低水平。按 1∶57 或 1∶73 的益害比释放东方钝绥螨防治苹果全爪螨和山楂叶螨，全年不喷药，结果苹果全爪螨密度控制在（0.3±0.2）头/叶，山楂叶螨为（0.1±0.2）头/叶，东方钝绥螨为（0.3±0.2）头/叶，校正防效为 93.4%[9]。

　　3）作物地的环境条件也影响释放效果。释放捕食螨的果园有良好的植被覆盖，将十分有利于释放后捕食螨的栖息及取食。捕食螨一般喜欢潮湿环境，地面杂草覆盖可以满足这一条件，加上草上的其他害虫、花粉等又是捕食螨在树上害螨减少时的补充食料。例如，四川自贡的两个果园，一个树冠下有豆科作物，梯田的梯壁上又有茅草丛生植被，虽然 5 月下旬柑橘全爪螨达每叶 27.5 头，但由于小生境适宜捕食螨生存繁殖，全爪螨高峰后仅一星期就下降到 2.6 头/叶。相反，另一个无地面植被又干燥的果园，春季时尽管每树放 1000 头钝绥螨，但钝绥螨虫口几乎无增长，4～5 月的柑橘全爪螨一直在 10～20 头/叶，相当时间后才受到控制[9]。

五、捕食螨的田间繁殖与保护利用

　　在生产实践中，单纯依靠人工繁殖、释放来控制害螨虽然有效，但费工多，成本高，广大农民不易掌握，释放防治面积毕竟有限，如何利用自然环境提高田间捕食螨的种群数量，是捕食螨研究和利用应该关注的问题。我国在 20 世纪七八十年代做了大量工作，采用田间种草、留草等保护和利用捕食螨的措施，效果显著[9]。

（一）改善作物生态环境有利于捕食螨生存

　　在应用纽氏真绥螨防治柑橘全爪螨中发现，果园种植一种可作绿肥的菊科植物——藿香蓟（*Ageratum conyzoides*）进行覆盖，可明显地改善果园的小气候，使果园在夏季的气温比地面裸露的低 3～8℃，从最高的 40～45℃下降到 35℃左右，相对湿度提高 5%，不仅有利于捕食螨等天敌生存繁殖，而且保护了柑橘树根系免受高温的不良影响，藿香蓟的花粉又可作捕食螨食料，捕食螨也喜欢在藿香蓟茸毛上产卵。使整个果园的捕食螨无论种类还是数量都大为增加。

藿香蓟叶上通常有捕食螨约 0.3 头,多的时候一叶有 3～4 头,而柑橘全爪螨数量低于防治水平;而不留草的果园则相反,捕食螨不足 0.1 头/叶,柑橘全爪螨则数量大。

为了提高和提早达到捕食螨对害螨的控制作用,田间繁殖捕食螨有省工又及时的效果。各地在推广这一综防措施中, 普遍采用在柑橘园内、外种植藿香蓟等绿肥, 一般每亩①用 0.5 kg 藿香蓟种子就足够。广东省在 3 月播种,下种前先锄去其他杂草或施一次除草剂,一般 3 个月后草即可长到 40 cm 左右,完全适合捕食螨或其他天敌在上面生存繁殖。从其他有捕食螨的地方助迁一部分虫源入内,有时通过自然扩散,捕食螨也会随风或本身爬动迁入其中,逐步在藿香蓟上繁殖起来。一般田间繁殖的捕食螨种类较多, 在园内, 种藿香蓟后 4 个月调查, 草上有江原钝绥螨、冲绳钝绥螨、卵圆真绥螨(*Euseius ovalis*)和一种棘螨(*Gnorimus* sp.)等, 秋季还见有具瘤长须螨(*Aagistemus exsertus*), 可见比人工释放的效果还好。

田间繁殖的捕食螨除了果园内的自然扩散迁移上树以外, 还可以通过助迁手段, 人工接种到树上去控制害螨的危害。即将带有捕食螨的藿香蓟草割下来挂到有柑橘全爪螨等害螨的树上, 可以起到快速控制其的危害的作用。

也有相当多地方的农民改变以往将果园的草锄精光的习惯, 畦面留下以藿香蓟为主的多种杂草, 如天文草(*Spilanthes paniculata*)、拖地莲(*Hedyotis chrysotricha*)、蒲公英(*Taraxacum mongolicum*)、鸭脚草(*Phymatopsis hastata*)等浅根良性杂草, 既调节了果园小气候, 也为捕食螨提供多种花粉食料和栖息场所, 使以捕食螨为主的各种天敌在果园中长期定居繁衍和扩散。

(二)合理使用化学农药

选用对捕食螨等天敌杀伤力小的农药来防治其他病虫害, 改全面喷药为查虫情挑治, 既可减少对天敌的伤害, 又可降低农药费用。

六、利用捕食螨防治害虫的前景与展望

捕食螨在小型刺吸性害虫的防治中发挥了重要作用。捕食螨规模化生产技术的成熟、生产量的扩大、生产种类的增加,使得人工规模化释放成为可能。捕食螨释放的环境主要有果园及保护地蔬菜和水果,这些环境相对稳定,有利于捕食螨种群建立及持续发挥作用。释放的品种有胡瓜新小绥螨、巴氏新小绥螨、智利小植绥螨、拟长毛钝绥螨和尼氏真绥螨等。据不完全统计, 每年捕食螨的应用面积在 20 000 hm² 以上。捕食螨的大量推广使用, 在减少农药使用、提高蔬果产品安全、保护环境、增加生态多样性方面发挥了积极的作用。为充分发挥捕食螨在害虫生物防治中的潜力, 还需要寻找技术与管理上的突破[7, 11]。

第三节　农田蜘蛛的保护和利用

一、农田蜘蛛的资源优势

1. 丰富的种类资源　　蜘蛛分布广、繁殖快。农田、果园、森林、草原都有蜘蛛。蜘蛛捕食多种活的害虫。在自然条件下, 不易死亡, 也不为黑光灯等诱杀, 因此是农、林害虫的重

---

①　1 亩≈666.7 m²

要天敌类群之一。浙江、江苏、江西、湖南、湖北、广东、广西、四川等省（自治区）结合害虫综合治理工作，积极开展稻田、棉田、果园内蜘蛛种类普查、数量消长、食性、发生发展与外界环境条件关系、化学农药的影响及保护利用途径等问题的研究，发现了蜘蛛在害虫综合治理中是控制害虫发生的重要因素之一。

据调查，我国稻田蜘蛛有 21 科 100 属 283 种，棉田有 20 科 150 余种，柑橘园蜘蛛 25 科 152 种，森林蜘蛛 25 科 146 种，草原蜘蛛 10 科 125 种，茶园蜘蛛 80 余种，菜地蜘蛛 70 余种。种类仅次于昆虫。农田蜘蛛不仅种类多，而且种群数量很大，农林草原等生境中，蜘蛛种群数量常居各类捕食性天敌之首。例如，通过保护，早稻田中后期田间蜘蛛每公顷可达 120 000～150 000 头，晚稻中后期达 120 000～300 000 头，占捕食性天敌总发生量的 60%～92%；棉田蜘蛛达 60 000～90 000 头，占捕食性天敌总量的 59.5%～78.23%。由此说明，我国农田蜘蛛资源十分丰富，有保护利用的雄厚物质基础。

2. 稳定的优势地位　蜘蛛捕食飞虱、叶蝉、叶螨、蚜虫、蝗蝻以及蛾蝶类卵、幼虫及成虫。据江苏调查，无论棉田、稻田还是其他冬季作物田，蜘蛛在捕食性天敌中占有绝对优势，在棉田中占 57%，是瓢虫、草蛉、猎蝽、小花蝽等的总和，稻田与其他绿肥、冬种田中蜘蛛占 90%以上。

3. 显著的捕食作用　蜘蛛的捕食量相当大。稻田蜘蛛主要捕食稻飞虱及叶蝉，也捕食稻纵卷叶螟幼虫、蝗蝻、双翅目昆虫。例如，白条走蛛（*Thalassius phipsoni*）对稻飞虱若虫的日平均捕食量为 23.3 头，斜纹猫蛛为 14.8 头，拟环纹豹蛛为 12.6 头，茶色新圆蛛为 9.2 头。在拟环纹豹蛛的总捕食量中，飞虱和叶蝉类占了将近 80%，尤以黑尾叶蝉的 4、5 龄若虫和成虫、飞虱高龄若虫和成虫的比例最高。从田间消长来看也是如此（图 7-1），广东四会大沙镇实行水稻害虫综合防治后，田间天敌种类丰富，节肢类捕食性天敌 50 种，个体数量达 52 500～1 197 000 头/hm²，其中蜘蛛类就有 30 多种，数量也占多数，那里的飞虱、叶蝉基本上被天敌控制，大大减少了药剂防治。

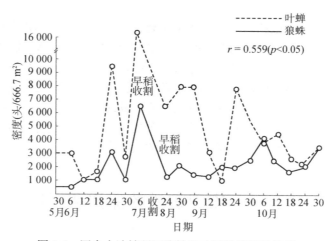

图 7-1　四会大沙镇稻田狼蛛和叶蝉数量消长关系

由此可见，蜘蛛是农田中重要的捕食性天敌，种类多，数量大，分布于农作物的上、中、下层，捕食多种农作物害虫，对害虫种群数量的增长具有重要的抑制作用。保护和利用这些蜘蛛，充分发挥其抑制害虫的作用，这是贯彻落实我国以"预防为主、综合防治"的植物保护方针中要考虑的问题。

二、蜘蛛的生物学特性

1. 生活史与世代　　蜘蛛的世代发育经过卵、幼蛛和成蛛 3 个阶段，幼蛛与成蛛外形差别不大，一般只有大小和色泽不同。幼蛛经过多次蜕皮后，才能发育成熟。蜕皮的次数因种类、性别和营养状况的不同而有差异。一般来说，个体大的蜕皮次数多于个体小的；雌蛛要多于雄蛛。蜘蛛每年发生的世代数，因种类和地区的不同而有差异。发生世代数的多少与个体大小有一定关系。一般个体小的蜘蛛由于蜕皮次数少，历期短，发生世代数多，反之世代数就少[2]。

2. 繁殖　　蜘蛛均为两性繁殖。由于雄性蜘蛛的生殖器官与交配器官不相连接，因此在交配之前，雄蛛有个精子转移的过程，这时，雄蛛先织个精网，把精液排在精网上，然后以触肢器吸入精液，这些工作完成之后再去寻找雌蛛完成交配任务。交配的次数也随种类不同而异，一般雌、雄蛛可进行多次交配，也有一生只能交配 1 次的[2]。

雌蛛产卵前期的长短，因种类不同而异，在适宜的温度范围内，产卵前期的长短与温度呈负相关；在没有得到充足食物的情况下，产卵前期的时间延长。雌蛛在产卵前先用丝做成产卵垫，把卵产在卵垫上，再泌丝覆盖而成卵袋。蜘蛛卵袋的形状和大小多种多样。每头雌蛛一生产卵袋的多少因种而异；同种蜘蛛也受温度和食物等因素影响而变化。每个卵袋内的含卵量多少与种类和产卵次数的关系较密切。一般个体大的种类，卵袋内的含卵量就高，反之则少；同一雌蛛在前期产的卵袋内含卵量较多，后期较少[2]。

3. 食性　　蜘蛛为肉食性动物，一般嗜活的动物，主要以昆虫为食，是农田害虫的重要天敌。与农田其他害虫天敌相比，它具有以下特点[2]。

首先，蜘蛛的食谱更加广泛，而且食量大。虽然不同种类的蜘蛛均有其自身最嗜的食物，但它对食物的选择不严格。在农田内，几乎所有农作物的害虫均可被蜘蛛捕食，而且可捕食昆虫的多种虫态。因此，它对害虫的控制作用，不受害虫发育阶段的影响[2]。

其次，由于蜘蛛无翅，迁移范围不大，一旦进入农田，就能在田内生长、发育和繁衍后代，能够形成较稳定的蜘蛛群落。只要条件适合，就能迅速扩大其种群数量。因此蜘蛛在农田内的种群数量之多是任何一类天敌都无法相比的。

最后，蜘蛛群落复杂，捕食方式多样，可以控制不同习性的害虫。在农田或果园内，有穴居型的蜘蛛，如栉板蛛科、地蛛科和螲蟷蛛科等；有地面游猎的蜘蛛，如狼蛛科、隐石蛛科、平腹蛛科、栅蛛科和部分皿蛛科等，这些蜘蛛可以控制地下或地面害虫。有些蜘蛛如卷叶蛛科、微蛛亚科、部分球蛛科等结小网，把网结在农作物的叶片之间或细枝条之间，以小网捕食半翅目、双翅目等害虫的成虫。园蛛科的蜘蛛在植株之间结大型垂直圆网；肖蛸科的蜘蛛则在植株间结水平大网，这些结大网的蜘蛛就可以捕食从不同方向飞来的鳞翅目、直翅目、半翅目、鞘翅目等害虫的成虫。不结网的蟹蛛科、管巢蛛科、逍遥蛛科和跳蛛科等，日夜游猎于植株的茎秆、叶片、果实上面，而且均具有较强的搜捕能力，这些蜘蛛主要捕食各种害虫的卵和幼（若）虫。可以这样认为，蜘蛛在农田内布下了天罗地网，以各种不同的方式捕食害虫，这是其他任何害虫天敌无可比拟的。

三、农田蜘蛛的保护措施

农田蜘蛛不但种类多，而且种群数量大，只要采取切实可行的措施，创造有利于蜘蛛生长发育所需的必要条件，对现有的蜘蛛加以保护，使它在农田内维持一定的数量，就能充分发挥蜘蛛对害虫种群的自然调控作用[2]。

（一）越冬蜘蛛的保护

保护蜘蛛越冬场所。蜘蛛属变温动物，由于它不能通过自身调节体温来适应外界温度的变化，而靠变换栖息场所来适应恶劣的环境。随着冬季的到来，当气温降至 5℃以下，蜘蛛就会寻找较温暖的场所进行越冬。蜘蛛的越冬场所较为广泛，如土块下、树皮内、冬播作物根隙内、枯枝落叶层下等。可以根据这个习性，进行越冬保护。例如，在果园内，可在树干基部捆草把、种植冬播作物、园内堆草或挖坑堆草等方法，人为创造越冬场所供其栖息，以保证蜘蛛顺利越冬。

扩大冬播作物面积。在冬播作物中，苕籽下面的温度较高，因此给蜘蛛提供了良好的越冬场所，减少了蜘蛛在越冬期间的死亡。其他如扩大油菜、小麦、蔬菜、蚕豆等种植面积，既增加粮食收入，又保护蜘蛛顺利越冬。待翌年春季，苕籽田内的蜘蛛数量就达到相当可观的数字。最多每 666.7 m² 可达 20 余万头，卵袋有 1 万余个，把这样大量的蜘蛛用人工的方法，转移到其他农田内，就能发挥较大的作用。

（二）冬播作物田内蜘蛛的保护

在我国冬播作物主要是麦类、油菜、豆类、苕籽等。这些作物是我国广大稻区和棉区稻、棉的前茬作物，保护好冬播作物田内蜘蛛，不但可控制冬播作物上的害虫，而且对后续作物田内害虫数量的控制起着重要的作用。其保护的方法主要是严格防止滥施化学农药。

（三）合理使用化学农药

大量施用化学农药是导致农田蜘蛛种群数量减少的重要原因，如何协调使用化学农药与保护蜘蛛的矛盾，是非常重要的问题。为了解决这个矛盾，我国的科技工作者，做了大量的、非常有益的工作，积累了不少的经验。

1. 选择高效低毒对蜘蛛影响较小的农药

（1）不同种类的农药对蜘蛛的杀伤力不同　对蜘蛛杀伤力较小的农药有 30%三氯杀螨醇 800 倍、40%乐果 1500 倍、3%呋喃丹 300 倍、棉油皂 80 倍、石硫合剂 0.2°Bé。以微生物农药对蜘蛛最安全。

（2）同种蜘蛛对不同农药的抗性不同　草间小黑蛛在不同农药处理后，死亡率在 50%以下的农药有敌杀虫 200～1000 倍、乐果 1500～2000 倍、二氯苯醚 3000 倍、呋喃丹 333 倍、杀虫脒 300 倍、除虫精 5000 倍、甲胺磷 2500 倍、杀虫畏 500 倍、西维因 300 倍、杀虫脒 800 倍等；对草间小黑蛛没有杀伤作用的农药有石硫合剂 0.2°Bé、苏云金杆菌、蔬果磷 1500 倍等。

（3）同种农药对不同种类的蜘蛛杀伤力不同　例如，40%乐果 1500 倍，对不同种蜘蛛的杀伤率分别是三突花蛛和隆背微蛛为 100%，八斑鞘腹蛛为 93.3%，草间小黑蛛为 33%～50%，粽管巢蛛为 25%。

（4）同种农药不同浓度对蜘蛛的杀伤力也不相同　例如，90%乐果 200 倍，对星豹蛛杀伤率达 85.7%，草间小黑蛛为 25%；90%乐果 800 倍，对星豹蛛杀伤率为 0，草间小黑蛛为 10%。

（5）同种农药不同剂型对蜘蛛的杀伤力不同　例如，利用杀虫双大粒剂，不但治虫效果好，而且对稻田蜘蛛的保护效果明显优于水剂喷雾。

2. 做好"两查五定"，缩小打药面积　　掌握田间益虫、害虫发生消长动态，做好"两查五定"，是科学用药的前提和基础。"两查"是查田间益害比和发育进度；"五定"是根据田间益虫和害虫数量及发育进度、作物状况、为害期的气候，定防治对象田、施药时间、施药种类、施药浓度和施药方法。

施行挑治、治小面积保大面积。单双季稻区、迟插早稻、早插中稻、二季稻的秧田、早插二季稻田等是多种害虫集中为害的对象田，只要对这些对象田进行药剂防治，就可起到治小面积保大面积、一药治多虫的效果，能起到治虫保蛛，减轻害虫发生，保护后期蜘蛛和其他天敌的作用。

3. 放宽防治指标，充分发挥蜘蛛对害虫的控制作用　　近年来，人们在充分考虑作物、害虫和天敌三者关系的基础上，放宽防治指标，收到了很好的治虫效果。例如，湖北省对褐飞虱的防治指标：水稻孕穗至齐穗阶段，100 丛水稻混合虫量不超过 1500 头，蛛虱比不超过 1 : 7；乳熟至黄熟阶段，100 丛混合虫量不超过 2500 头，蛛虱比不超过 1 : 10，基本不需用药防治，蜘蛛和其他天敌可以控制其为害。江苏省灌云县过去二代棉铃虫的防治指标是百株累计卵量 30 粒，放宽后的指标是百株累计卵量 332 粒，1986～1988 年，在按原防治指标的棉田，需施药 1～2 次，而按新指标的棉田从未防治过，后者棉田内的蛛量比前者多 40% 以上。

（四）调整作物布局，注意农事操作

农作物的布局、茬口的安排、栽培与收获是一个系统工程。只有根据作物、害虫和天敌的生物学特性，科学制订农业技术措施才能保证作物增产和保护环境。

农田生态系统中的收、种、管是引起生态环境变迁的主要环节。经过越冬后的蜘蛛，在冬播作物上（麦、豆、苕籽等）进行活动、取食和繁衍后代。随着害虫数量的增加，给蜘蛛提供了丰富食物，使其种群数量得到迅速扩大，待这些冬播作物收获时，每公顷麦田内的蜘蛛可达 60 万头左右，多者达 120 万头；油菜田达 30 万头，最多达 60 万头；蚕豆田可达 75 万头左右；苕籽田最多可达 300 万头以上。随着这些作物的收割，食物链和栖息环境改变，蜘蛛大量转移或死亡。因此，如何在冬播作物收获时保护这些蜘蛛，是一个非常重要的问题。

采取的方法主要有：①留高茬。就是在割麦时将麦茬留 15～30 cm，这样可造成田间荫蔽，使一部分蜘蛛留在田内。这种办法在棉、麦间种的田内效果较好，可使田内蜘蛛减少 30% 左右的损失。②挖穴堆草。在冬播作物收割时可在田埂上挖穴，穴内放草或直接在田埂上堆草，这样人工制造荫蔽和暂时藏身的场所。③做好翻耕时蜘蛛的助迁。在我国南方稻区，苕籽是重要的绿肥作物。苕籽在翻耕时，最好采取上午灌水、下午翻耕的办法。这样在灌水后一段时间再翻耕，可以增加蜘蛛外迁的机会，可减少 10%～20% 的损失。在苕籽翻耕或早稻收割灌水后，要在苕籽田、早稻田内插草把（基部齐水），蜘蛛可藏入草把，1～2 d 后再将这些草把转移到早稻田或二季晚稻田内。④科学管水。在稻田坚持"浅水勤灌、开沟排水、适时晒田、干干湿湿"，不但是防病的重要措施，对保护稻田蜘蛛也有重要作用。这样早稻浅水田管理比深水田管理的总蛛量增加 70%～80%；双季晚稻田晒田后，田间蛛量增加 20%～35%。⑤推广田埂和田间种植诱集作物。在稻田田埂种植黄豆、黄花等作物不但可以充分利用地力，增加粮食产量，而且对保护稻田蜘蛛和其他天敌有重要作用。因为不但这些作物上的害虫是蜘蛛的食物资源，而且也是蜘蛛越夏的良好场所和早稻收割、翻耕时很好的荫蔽栖息地。在棉田内种植高粱、玉米等诱集作物，这些作物上的害虫不但可为蜘蛛提供丰富的食物，有利于蜘蛛种群的增长，而

且从苗期到蕾铃期，诱集作物可起到相衔接的作用。当棉田喷施化学农药时，由于诱集作物上喷不到化学农药，可以对蜘蛛起到保护作用，待喷药后，棉花害虫再度发生时，蜘蛛又转入棉田。充分说明了种库中丰富的蜘蛛资源能促进棉田蜘蛛群落的迅速重建。

 思考题

一、名词解释

食虫蛛形动物；捕食螨；植绥螨；蜘蛛

二、问答题

1. 捕食螨主要捕食哪些害虫？

2. 我国引进了哪些种类的植绥螨科捕食螨？

3. 捕食螨具有哪些生物学和生态学特性？

4. 如何大量繁殖捕食螨？

5. 怎样保护利用田间的捕食螨？

6. 农田蜘蛛具有哪些保护利用的资源优势？

7. 农田蜘蛛的保护措施有哪些？

8. 说说你对蛛形动物的认识，举例说明。

 参考文献

[1] Kagen K S，Mills N J，Gordh G，et al. Terrestrial arthropod predators of insect and mite pests. *In*：Bellows T W，Fishe T W. Handbook of Biological Control. Pittsburgh：Academic Press，1999

[2] 湖北省农业科学院植物保护研究所. 棉花害虫及其天敌图册. 武汉：湖北人民出版社，1980

[3] Li S Q. Spider taxonomy for an advanced China. Zoological Systematics，2020，45（2）：73-77

[4] 赵敬钊. 农田蜘蛛的保护和利用//包建中，古德祥. 中国生物防治. 太原：山西科学技术出版社，1998

[5] 湖北省农业科学院植物保护研究所. 水稻害虫及其天敌图册. 武汉：湖北人民出版社，1978

[6] 冯钟琪. 中国蜘蛛原色图鉴. 长沙：湖南科学技术出版社，1990

[7] 徐学农，吕佳乐，王恩东. 捕食螨在中国的研究与应用. 中国植保导刊，2013，33（10）：26-34

[8] 林坚贞. 捕食性螨类//林乃铨. 害虫生物防治. 北京：科学出版社，2010

[9] 杜桐源，黄明度. 捕食螨的保护和利用//包建中，古德祥. 中国生物防治. 太原：山西科学技术出版社，1998

第八章 食虫脊椎动物的保护和利用

第一节 食虫鸟类的保护和利用

食虫脊椎动物是指那些以昆虫为主要食物的脊椎动物，包括鸟类、两栖类、鱼类甚至哺乳类等的一些种类。我国利用食虫脊椎动物防治害虫已有相当长的历史，取得了显著成绩，积累了不少成功经验。

一、我国主要食虫鸟类的种类

我国已知鸟类1445种（2344种及亚种），分属于26目109科497属[1]，其中以昆虫为主要食物的约占半数，尤其是有相当多的种类是完全或主要以昆虫为食，对抑制农林害虫的发生具有重要作用。食虫鸟类对害虫的捕食作用，见于诸多古籍[2]。据文献记载，我国常见主要食虫鸟类见表8-1，共计7目17科57种，其中红脚隼、大杜鹃、大山雀、大斑啄木鸟、灰喜鹊、家燕和黄鹂等是最常见的食虫鸟类。

表 8-1 我国常见主要食虫鸟类[3]

目	科	种类	分布	居留类型
隼形目	隼科	红脚隼（*Falco amurensis*）	华北、东北、华南	夏候鸟
鸻形目	燕鸻科	普通燕鸻（*Glareola maldivarum*）	全国各地	夏候鸟
鸥形目	鸥科	白翅浮鸥（*Chlidonias leucopterus*）	东北及沿海各地	夏候鸟、旅鸟
鹃形目	杜鹃科	四声杜鹃（*Cuculus micropterus*）	沿海各地	夏候鸟
		大杜鹃（*C. canorus bakeri*）	全国各地	夏候鸟
		褐翅鸦鹃（*Centropus sinensis*）	南方沿海各地	留鸟
		小鸦鹃（*C. bengalensis*）	华南地区	留鸟
雨燕目	雨燕科	普通楼燕（*Apus apus*）	西北、华北、东北	夏候鸟
鴷形目	啄木鸟科	蚁鴷（*Jynx torquilla*）	全国各地	夏候鸟、留鸟
		大斑啄木鸟（*Dendrocopos major*）	全国各地	留鸟
		棕腹啄木鸟（*D. hyperythrus*）	东北、华北、中南	夏候鸟
		星头啄木鸟（*D. canicapillus*）	全国大部分地区	留鸟
雀形目	燕科	家燕（*Hirundo rustica*）	全国大部分地区	夏候鸟
		金腰燕（*Cecropis daurica*）	中部、东部地区	夏候鸟
	鹡鸰科	树鹨（*Anthus hodgsoni*）	东北、华北、华中、华南	夏候鸟、旅鸟
		田鹨（*An. richardi*）	全国各地	夏候鸟、旅鸟
		山鹡鸰（*Dendronanthus indicus*）	东北、华北、华中、华南	夏候鸟
		白鹡鸰（*Motacilla alba*）	全国各地	夏候鸟、留鸟

目	科	种类	分布	居留类型
雀形目	鹡鸰科	灰鹡鸰（*M. cinerea*）	全国各地	夏候鸟
	山椒鸟科	暗灰鹃（*Coracina melaschistos*）	东部至西南、华南	夏候鸟
		灰山椒鸟（*Pericrocotus divaricatus*）	东北和东部地区	夏候鸟、旅鸟
		赤红山椒鸟（*P. flammeus*）	南部地区	留鸟
	伯劳科	红尾伯劳（*Lanius cristatus*）	除西藏外，遍布全国	夏候鸟、旅鸟
		虎纹伯劳（*L. tigrinus*）	东北、华北、中南、西南	夏候鸟、留鸟
		棕背伯劳（*L. schach*）	南部及西南地区	留鸟
	黄鹂科	黄鹂（*Oriolus chinensis*）	东部各地	夏候鸟
	卷尾科	黑卷尾（*Dicrurus macrocercus*）	东部和南部地区	夏候鸟、留鸟
		灰卷尾（*D. leucophaeus*）	东北、华北、华南、西南	夏候鸟
	椋鸟科	灰椋鸟（*Sturnus cineraceus*）	东北、华北、长江以南	夏候鸟
		紫翅椋鸟（*S. vulgaris*）	西北、华北、华东、华南	夏候鸟、旅鸟
		粉红椋鸟（*S. roseus*）	西北、华东	夏候鸟
		八哥（*Acridotheres cristatellus*）	长江以南、西南	留鸟
		鹩哥（*Gracula religiosa*）	云南、广东、广西等	留鸟
	鸦科	松鸦（*Garrulus glandarius*）	全国各地	留鸟
		红嘴蓝鹊（*Urocissa erythrorhyncha*）	华东、华中、华南	留鸟
		灰喜鹊（*Cyanopica cyana*）	东北、华北、华东	留鸟
		喜鹊（*Pica pica*）	全国各地	留鸟
	鹟科鸫亚科	蓝歌鸲（*Luscinia cyane*）	东北、华北和东部	夏候鸟
		红胁蓝尾鸲（*Tarsiger cyanurus*）	东北、华北、华东、华南	夏候鸟
		鹊鸲（*Copsychus saularis*）	长江以南	留鸟
		北红尾鸲（*Phoenicurus auroreus*）	东北、华北、中南、西南	夏候鸟、冬候鸟
		蓝头矶鸫（*Monticola cinclorhynchus*）	东北、华北、华南	夏候鸟
		乌鸫（*Turdus merula*）	华南、西南、西北	留鸟
		红尾鸫（*T. naumanni*）	东北、华北、长江以南	旅鸟、冬候鸟
	鹟科画眉亚科	棕颈钩嘴鹛（*Pomatorhinus ruficollis*）	秦岭以南	留鸟
		黑脸噪鹛（*Garrulax perspicillatus*）	陕西、河南以南	留鸟
		栗头凤鹛（*Yuhina castaniceps*）	华南、西南	留鸟
		白腹凤鹛（*Y. zantholeuca*）	华南、西南	留鸟
	鹟科莺亚科	矛斑蝗莺（*Locustella lanceolata*）	东部各省	夏候鸟、旅鸟
		大苇莺（*Acrocephalus arundinaceus*）	全国各地	夏候鸟
		厚嘴苇莺（*A. aedon*）	东部和南部地区	夏候鸟
		黄眉柳莺（*Phylloscopus inornatus*）	全国各地	夏候鸟、留鸟
		黄腰柳莺（*Ph. proregulus*）	全国各地	夏候鸟
	鹟科鹟亚科	白眉鹟（*Ficedula zanthopygia*）	东部和中部各地	夏候鸟、旅鸟
	山雀科	大山雀（*Parus major*）	全国大部分地区	留鸟
		沼泽山雀（*P. palustris*）	全国各地	留鸟
	䴓科	普通䴓（*Sitta europaea*）	东北、华北、华东、西南	留鸟

二、几种主要食虫益鸟的生活习性

1. 大山雀　　大山雀分布于我国绝大部分地区，为留鸟。在低山和近山的树林和灌木丛，以及道旁树上，到处可见[4]。它性不畏人，灵巧迅速，举动活泼，常于树丛和茂密的灌木丛间跳跃或进行短距离飞翔。飞翔时姿态略呈波浪状。它常攀附或倒悬于枝上，搜索小虫和虫卵等为食，繁殖期中，雄鸟鸣声为"呼吁里"，故称之为"呼吁里"鸟。据山东省林业部门在昆嵛山林场的观察，大山雀的繁殖季节在 3～8 月，在山林内，营巢于树洞、岩缝中。巢窝用苔藓和毛类构成，营巢所需时间约 13 d，营巢至 5、6 d 时，即开始产卵，每日产卵一枚，一窝有卵7～8 枚。成鸟孵卵期为 13～14 d，卵的孵化率为 95.6%。育雏期间，每天自凌晨 4 时左右至傍晚 7 时不停飞翔，为雏鸟捕食，雏鸟经 17～18 d 飞出。

大山雀在果树和森林中捕食各种害虫，如栗实象鼻虫（*Curculio elephas*）、青刺蛾（*Latoia consocia*）幼虫、桃小食心虫（*Carposina niponensis*）、天牛幼虫、松毛虫、松鞘蛾、天幕毛虫（*Malacosoma neustria testacea*）、舟蛾、巢蛾、尺蠖的成虫和幼虫、叶蝉、小型甲虫、小型蛾类，也捕食蚊子、蝇蛆等卫生昆虫。据辽宁省本溪市达贝沟林场观察，5 月 24 日至 6 月 10日大山雀第一次繁殖，一窝有 13 个雏雀；7 月 9～24 日大山雀第二次繁殖，一窝有 7 个雏雀。第一次繁殖期喂雏鸟共 18 d，第二次繁殖期喂雏鸟 17 d，两次共喂雏鸟 35 d，喂雏鸟达 6678次，以每次喂雏鸟一头昆虫来计算，再加上亲鸟自己所吃的，一天所捕昆虫可达 300～450 条。以此推算，一对大山雀一年 2 次营巢，可捕食森林害虫 10 500～15 750 条。由此可见，大山雀捕食害虫的数量是相当大的。

我国雀科的益鸟，常见的还有沼泽山雀，分布于东北、华北、西北、华东、西南部分地区。

2. 大杜鹃　　大杜鹃分布于我国绝大部分地区，为夏候鸟，在少数地区还是旅鸟[4]。它栖居于开阔的林地，特别在近水的地方。善啼叫，叫声为"Kuk-kwoh Kuk-kwoh"，常在晨间鸣叫，每分钟连续达 24～26 次之多，连续约叫半小时才停下来。大杜鹃性孤独，不成对生活，不自营巢，卵置于小鸟巢中。在河北地区常在苇莺或麻雀、灰喜鹊的巢中，孵卵历期 12～14 d。

大杜鹃的食物主要有甲虫、叶蜂、五月金龟子及鳞翅目幼虫，特别嗜食毛虫。常以大型毛虫为主，这些虫体表上长着刺毛，往往是其他鸟类所不敢啄食的，如天幕毛虫、枯叶蛾幼虫、舞毒蛾（*Lymantria dispar*）幼虫、松毛虫等。

与大杜鹃体形和羽色相似的还有四声杜鹃（俗名"快快割麦"，取其鸣声），但下体横斑较粗，鸣声四声一度，在我国主要分布在河北沿海至广东，为夏候鸟。食性似大杜鹃。这两种杜鹃在松林内均为消灭松毛虫的能手。

3. 红尾伯劳　　红尾伯劳分布极广，除西藏未有记录外，遍布全国，因地区不同而成为夏候鸟、旅鸟[4]。此鸟性凶猛，叫声粗厉，嘴强而曲成钩状，似鹰嘴，适于捕食昆虫及其他小动物。主要栖息于低山丘陵和山脚平原地带的灌丛、疏林和林缘地带，尤其在有稀矮树木和灌丛生长的开阔旷野、河谷、湖畔、路旁和田边地头灌丛中较常见，也栖息于草甸灌丛、山地阔叶林和针阔叶混交林林缘灌丛及其附近的小块次生杨桦林内。红尾伯劳为广布于中国温湿地带森林的鸟类，为平原、丘陵至低山区的常见种，尤以在低山丘陵地的村落附近数量更多。

单独或成对活动，性活泼，常在枝头跳跃或飞上飞下。有时也高高地站立在小树顶端或电线上静静地注视着四周，待有猎物出现时，才突然飞去捕猎，然后再飞回原来栖点上栖息。常在较固定的栖点（树枝、电线）停栖，环顾四周以猎捕地表的小动物和昆虫。该栖点的这一段较粗树枝的树皮被剥光，并用树皮纤维筑巢。繁殖期间则常站在小树顶端仰首翘尾地高声鸣唱，鸣声粗犷、响亮、激昂有力，有时边鸣唱边突然飞向树顶上空，快速地扇动翅膀原地飞翔一阵后又落于枝头继续鸣唱，见到人后立刻往下飞入茂密的枝叶丛中或灌丛中。红尾伯劳在 5～7 月繁殖，巢呈大杯状，由草茎、草根、草穗、韧茎等构成，杂以苔藓、棉花和羽毛，内敷以更细的草穗。在河北昌黎一带，巢大多营在杏树上，距地面 3～6 m。每次产卵 4～6 枚。红尾伯劳食物中昆虫占 99.6%，其中以鞘翅目昆虫最多，包括金龟子、叩头虫、拟步行虫、象鼻虫等。其次为鳞翅目昆虫，有夜蛾、天蛾的幼虫，还有蝼蛄、蝗虫、蟓象、蜂、螳螂、蜻蜓等。

除红尾伯劳外，常见的伯劳科的益鸟还有虎纹伯劳（*Lanius tigrinus*）等，其分布于东北南部至长江下游及四川、贵州、福建、湖南、广东、广西、云南等地。

4. 大斑啄木鸟　　除西藏和台湾未有记录外，大斑啄木鸟分布于全国，为留鸟[4]。常见于山地和平原的园圃、树丛及森林间，为国内啄木鸟中最常见的一种。它的嘴强直如凿，舌细长，能伸缩自如。在树干上，一面做螺旋形攀登，一面以嘴快速叩树，笃笃作响，察出树干内有虫时，就啄破树皮，以舌探入，钩出害虫而食之。

大斑啄木鸟啄凿腐朽或局部心腐的树干为巢，每年繁殖时，自行凿洞，秋末冬初凿洞最盛。一年繁殖一次，5 月中下旬为产卵期，每窝产卵 4～5 枚，孵卵期 10 d，育雏期在 6 月上旬；两亲鸟喂雏 50～53 次，1 只雏鸟平均每天得食 22.5 次，每次 1 虫，育雏 30 d，天牛幼虫占总食物的 56.6%，蛾子占 10.1%，其他占 33.3%。据山东报道，500 亩林地仅能容 1 对大斑啄木鸟，这叫作鸟的巢区。

大斑啄木鸟捕食害虫的种类很多，一般最喜欢捕食树干害虫，特别是冬、春季节，主要以树干害虫或在树皮缝隙越冬的害虫为食，包括象甲、拟步行虫、天牛幼虫、金龟子、避债蛾、螟蛾、花蟓象、臭蟓象、蝗卵、蚂蚁等。

应该指出，䴕形目的种类如蓝喉拟啄木鸟（*Psilopogon asiaticus*）、绿啄木鸟（*Picus canus*）、棕腹啄木鸟（*Dendrocopos hyperythrus*）等，在不同程度上都嗜好昆虫，而䴕形目的种类（包括亚种）在我国多达近百种，这对农林业害虫的控制作用不可估量。同时啄木鸟捕食昆虫一般有专一性，这样当某一地区发现某一种啄木鸟活动时，以及根据这种啄木鸟的数量多寡，可对虫害进行预测预报。

5. 粉红椋鸟　　中等体型。每年 5～7 月，粉红椋鸟就会成群结队地迁飞至繁殖地，先在食物丰富的低山地带落脚，然后集群占据石头堆、崖壁缝隙等处选择巢址。为了争夺有利地势，雄鸟之间经常发生激战。雄鸟头顶上部羽毛蓬展，用以恐吓其他雄鸟并吸引雌鸟。通过数日的选配，最终组建成"一夫一妻制"的家庭，开始共同筑巢，准备繁育后代。

粉红椋鸟每年繁殖一代，巢呈杯状，主要由枯草茎和草叶构成。每窝产卵 4～6 枚，偶尔多至 7～8 枚和少至 3 枚。卵白色或淡蓝色，大小为（25～30）mm×（19.7～22）mm。卵产齐后间隔一天开始由雌鸟孵卵，孵化期 14～15 d。雏鸟晚成性，破壳而出后，经雌雄亲鸟共同喂养 14～19 d 后才随父母离巢，离巢后还需要父母喂养一段时间，并跟随父母学习捕食本领。

粉红椋鸟是新疆蝗区的一种食蝗鸟。在国内为夏候鸟，每年 5 月由印度、斯里兰卡等越冬地带北迁至新疆及中亚、西亚等地繁殖。粉红椋鸟食量很大，每只成鸟每天进食蝗虫 120～170 头，这些蝗虫的总重量超过鸟本身的体重。雏鸟成长过程中食量剧增，甚至超过成鸟。好胃口、大食量是粉红椋鸟成为灭蝗能手的原因之一。

粉红椋鸟性喜群居，集大群营巢。在繁殖季节内也聚集为数百或上千只群居。鸟群常常飞得很低，往返于捕食区与营巢地之间，远远看去就像一片云影在浮动。它们落到地上后，共同向一个方向跑，大量地啄食地上的蝗蝻及成虫，鸟群不停地向前移动，就像滚滚的波浪。在西伯利亚蝗羽化后成群迁飞时，它们更能腾空而起，在空中飞捕成虫。因此，草原上的牧民称其为"铁甲兵"。

三、食虫益鸟保护与利用

（一）建立和健全法制，把鸟类保护工作纳入法制轨道

保护鸟类的意义和作用，已不局限于控制害虫和害兽，而是成为保护环境、保护生物多样性、保护自然资源和持续利用、调节生态系统平衡的重要内容之一。为保护包括鸟类在内的野生动物，我国颁布了一系列有关的法律、法规和政策性文件。有些地方政府和有关部门也颁布了相应的规章、条例或规定。

1962 年 9 月 14 日，国务院发布《关于积极保护和合理利用野生动物资源的指示》。

1981 年 9 月 25 日，国务院批转林业部等 8 个部门《关于加强鸟类保护执行中日候鸟保护协定的请示》，1982 年开始在全国范围开展"爱鸟周"活动。

1985 年 7 月 6 日，林业部颁布《森林和野生动物类型自然保护区管理办法》。

1988 年 11 月 8 日，第七届全国人民代表大会常务委员会第四次会议通过《中华人民共和国野生动物保护法》。

2004 年 8 月 28 日，第十届全国人民代表大会常务委员会第十一次会议《关于修改〈中华人民共和国野生动物保护法〉的决定》第一次修正《中华人民共和国野生动物保护法》。

2009 年 8 月 27 日，第十一届全国人民代表大会常务委员会第十次会议《关于修改部分法律的决定》第二次修正《中华人民共和国野生动物保护法》。

2016 年 7 月 2 日，第十二届全国人民代表大会常务委员会第二十一次会议修订《中华人民共和国野生动物保护法》。

2018 年 10 月 26 日，第十三届全国人民代表大会常务委员会第六次会议通过，修改《中华人民共和国野生动物保护法》。

在制定法律的同时，也确定了《国家重点保护野生动物名录》，并进行了两次修订。

1989 年 1 月 14 日，林业部、农业部首次发布《国家重点保护野生动物名录》，共列入野生动物 256 种，其中国家一级保护野生动物 96 个种或种类，国家二级保护野生动物 160 个种或种类。

2003 年 2 月 21 日，国家林业局发布调整过的《国家重点保护野生动物名录》，增加了麝属（Moschus）所有种类为一级保护物种。

2021 年 1 月 4 日，国家林业和草原局、农业农村部发布《国家重点保护野生动物名录》，共列入野生动物 980 种和 8 类，其中国家一级保护野生动物 234 种和 1 类、国家二级保护野生动物 746 种和 7 类；新增一级保护鸟类 37 种、二级保护鸟类 123 种。

此外，我国积极参与有关国际合作，加入有关野生动物保护国际组织和签订有关协定。1980 年加入"人与生物圈计划国际协调理事会"；1980 年中日签订《中华人民共和国政府和日本国政府关于保护候鸟及其栖息环境的协定》；1986 年中澳签订《中国政府和澳大利亚政府关于保护候鸟及其栖息环境的协定》；1992 年 6 月中国签署联合国《生物多样性公约》等。

由于政府、有关主管部门、执法部门和有关学会、野生动物保护协会等的重视和积极工作，

并通过每年开展的"爱鸟周"活动，向群众普及鸟类知识，宣传保护鸟类的重要意义，使爱鸟、护鸟思想在群众中扎根，并开展各种爱鸟、护鸟活动。同时，执法部门大力打击破坏野生生物资源的违法犯罪活动，制止乱捕、滥杀鸟类的行为，使鸟类保护工作取得了良好的社会效益、生态效益和经济效益。

（二）建立自然保护区

建立自然保护区，是加强对野生动物管理，保护生物多样性，保持对野生动物资源持续利用，延缓及防止物种绝灭的有效策略和方法。我国自然保护区建设始于1956年，1979年以来发展迅速。截至2020年底，全国自然保护区总数量达到1.18万个，约占我国陆域国土面积的18%[5]。自然保护区为保护我国丰富的鸟类资源发挥了重要作用，使鸟类生存、繁殖与发展条件得到较好的保障，并可对鸟类做进一步研究和开发。

（三）为鸟类创造良好的栖息环境

1. 营造混交林，改变单一的林分结构　我国广大地区长期实行封山育林、植树造林、退耕还林、退牧还草、退田还湖等一系列举措，已取得大范围、大面积的绿化效果。为鸟类的生存、繁衍提供了基础条件。

2. 悬挂巢箱招引益鸟　悬挂人工制作的巢箱，是给鸟类提供良好居留和繁殖条件的方法之一。目的是为益鸟的栖息及繁殖创造条件，以增加益鸟数量，有利于防治害虫。招引用的巢箱可分树洞巢箱和木板巢箱两种类型，一般木板巢箱制作较方便，使用最多。木板巢箱用6块木板拼成，巢箱的颜色以绿色的招引益鸟最多。各地大量试验结果表明，采取这种方法招引食虫益鸟的效果良好，招引率一般达到60%～75.1%。各式木板巢箱见图8-1，规格及招引种类见表8-2。

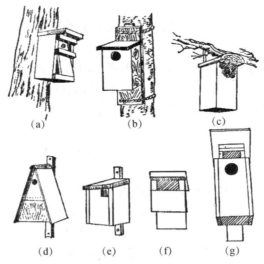

图 8-1　招引食虫益鸟的各种木板巢箱

（a）前壁可取下的巢箱；（b）后板条后面垫木楔，并用绳绑的安置方法；（c）用铁丝套挂在树上的山雀巢箱；（d）三角巢箱；（e）寒鸦与其他大型鸟类适用的巢箱；（f）半开口式巢箱；（g）顶板可以开启的巢箱

在森林设置巢箱的时间，北方一般是大雪封山以前，最迟不得晚于翌年3月末。

表 8-2　各种巢箱的规格及招引的鸟类

巢箱名称	规格（长×宽×高，cm×cm×cm）	出入口大小		能够招引到的种类
		方形/（cm×cm）	圆形（直径）/cm	
寒鸦式	35×16×16	—	7.0	山宝鸟、椋鸟、红角鸮
椋鸟式	30×15×15	—	6.5	红角鸮、椋鸟、大山雀等
山雀式	22×10×10	40×40	4.0	大山雀、沼泽山雀、白眉鹟等
小山雀式	22×8×8	—	3.0	沼泽山雀等
半开口式	12×12×12	5×5	—	白眉鹟、红尾鸲等

布巢前应在林内进行虫情调查，将鸟巢设置在害虫密度比较大的林分，然后根据所招引的益鸟种类及它们不同的生活习性而设置不同的巢箱及安置于不同位置。例如，椋鸟巢箱应设在林缘，招引白眉鹟用的半开口式巢箱应设置在林内。对山地林分一般应将巢箱设置在山坡的中下部。

在落叶松人工林内，每公顷设置 5～6 个巢箱比较适宜。因各种巢箱的大小不同，各鸟类对巢箱的选择也不同，招引的方法也因种类而异。以大山雀、大斑啄木鸟、粉红椋鸟为例介绍如下。

（1）大山雀　　大山雀人工巢箱的制作，一般选用的是山雀式巢箱。要求木板厚度为 1.5～2 cm，木板的表面不要刨光，箱口的直径可在 3.5～4.5 cm，巢箱要坚固无缝。

悬挂巢箱的时间最好在大山雀繁殖期未到来之前，可在秋冬季悬挂巢箱，有利于大山雀冬季进箱避寒。巢箱在林地的布置，可根据林地自然地形决定，一般是方格状，箱间的距离为 30 m。悬挂巢箱的高度以 2.5～4.0 m 为宜。据辽宁省的经验，一般以 7 m 的招引率最高。巢箱的挂法：可用铁丝固定在树干上，巢箱稍前倾，避免雨水进入箱内，春季，常有大黄蜂进入巢箱，可在 5 月检查 1～2 次，将黄蜂驱逐。每年的秋冬季要清扫、修整一次巢箱，以便大山雀来年居住。

（2）大斑啄木鸟　　可利用其凿洞为巢的习性，采用招引木。招引木长约 60 cm，直径约 20 cm，以失去用材价值的心腐木材最好，材质松软的木料也可。如用健康木材则将木材劈开挖空（挖空长度 25 cm，内径 10 cm，不凿洞口），再原缝捆紧也可代用。挂木高度不严格，一般 4 m 左右，以挂在树干的北向最好，东西向次之。用铁丝捆在树干或主枝上。

悬挂季节，最好 7～8 月，初冬也可。一对鸟要凿三个以上的树洞，因此可在 33 hm² 林内设置招引木一组，每组 3～5 块，招引木间距约 150 m。招引木每年要检查、维修、清理，如铁丝勒进树干者，要移动位置，以免影响树干生长。

除了人工鸟巢可作招引外，还可考虑因地制宜地利用当时当地的适宜于鸟类繁殖的材料和环境如树洞、灌木林、杂草等为各种鸟类营造鸟巢，也是可取的。

（3）粉红椋鸟　　天山北坡草原是新疆蝗区之一，常年蝗灾面积约 1 600 000 hm²，虫口密度高达 44.5 头/m²。粉红椋鸟是大型食蝗候鸟，每年 5 月初开始迁来，海拔 900～2100 m 的天山北坡草原均有分布，6 月为繁殖期，7 月下旬至 8 月上旬迁走，在草原停留 80 多天，喜群居，常成群捕食蝗虫。通过招引粉红椋鸟取得了灭蝗效果[6]。招引方法是：在蝗虫发生密度高的连片草地，选择小山头或山坡作招引点，收集大石块堆积起来，设置饮水槽，栽植灌木丛，如新疆锦鸡儿（Caragana turkestanica）、黄刺玫（Rosa xanthina）等，为椋鸟创造荫蔽的栖息地和营巢繁殖场所。据调查，每设置 3 处招引点，控制草场面积为 4670 hm²，有效灭蝗面积为 3330 hm²，距招引点 1000 m 处蝗虫平均密度原为 38.5 头/m²，经鸟群捕食后，下降到 1.3 头/m²，灭蝗效果显著。在建立临时招引点的基础上，还可建立永久式招引点：用砖和混凝土建成敞顶式房屋，墙高 3 m，墙内外自下而上砌成一排排鸟窝，墙顶堆放石块；招引点用带刺铁丝围栏，栏内设固定饮水槽，栽植灌木丛和树木，堆积大石块。结果招来大量粉红椋鸟，石块堆里几乎每一缝隙都有鸟巢并产有卵。至 6 月下旬，离招引点 500 m 内蝗虫平均密度由 42.3 头/m² 下降至 2.3 头/m²。说明建造永久式招引点是成功的。

3. 补充饮水和食物　　在气候干燥地区和季节，设置饮水槽供给鸟类饮水，或撒放瓜果或其他多汁农产品供鸟类啄食。必要时还须设立水浴，供鸟洗浴。在冬季，鸟类常因饥寒而死。应在林内、树杈和地面等处设置食物台或投放食物，以补充食物。

4. 保护鸟巢、卵和幼雏　　鸟类繁殖期间，创造和保持适宜的营巢条件，勿大量修枝、间伐和砍伐灌木丛，以免降低郁闭度和隐蔽作用，使鸟遭受猛禽攻击。在屋檐墙上，适当安置竹木等物，供家燕筑巢之用。保持环境宁静，排除干扰。

繁殖期间，亲鸟最易遭杀害。应禁止使用猎枪、鸟枪、气枪、弹弓和毒饵等打杀、诱杀和捕杀鸟类。不任意破坏鸟巢、不掏鸟卵和幼雏。幼雏遭风雨袭击掉落地上时，应救治和送回鸟巢。

鸟类繁殖期间，各种敌害如蛇、野猫和鹰等增多，会对鸟类尤其小型鸟类造成危害。应加强保护、及时驱赶和捕杀害敌。

总的来看，利用食虫鸟类防治森林或果树害虫，简单易行，花工少，成本低，是个好方法，也是生物防治中的一个环节。由于我国的鸟类繁多，而食虫鸟类几乎占了一半，数量较大，且鸟类活动范围广，新陈代谢旺盛，消化力强，所以利用鸟类防治农林业以至果业的害虫是很有前途的。从 20 世纪 80 年代的封山育林，到当前的生态文明建设，对于食虫鸟类的栖息和繁殖是有利的，为利用食虫鸟类控制害虫创造了良好的条件。事实上也是如此，当前鸟类数量越来越多，甚至以前已经少见的鸟类也回来了，而森林害虫特别是松毛虫的大发生基本没有报道，这应该归功于食虫鸟类。

四、稻田养鸭除虫

养鸭除虫的防治对象是多种水稻害虫，其中尤以叶蝉、稻飞虱、黏虫（*Mythimna separata*）、蝗虫为主，三化螟（*Tryporyza incertulas*）、稻纵卷叶螟（*Cnaphalocrocis medinalis*）及其他害虫也可被鸭吞食。根据全年禾苗生长情形和害虫发生规律，分批放鸭群，早稻第一批在水稻生长前期放鸭，主要捕食水稻生长前、中期害虫，如三化螟、稻纵卷叶螟、稻蝗等。在水稻生长中、后期放养第二批鸭，主要捕食水稻中、后期害虫，如稻飞虱等。晚稻也是根据稻虫发生及水稻生长情况而放鸭下田。早、晚稻从插秧到水稻黄熟，均放鸭下田吃虫，对害虫虫口密度的下降起着重要作用，使害虫数量难以发展，同时还能除掉田间部分杂草。

具体操作可视实际情况选择具体方法。

（1）掌握规律，分批放养　　根据水稻禾苗生长情况和虫害发生规律，在水稻生长前后期放小鸭，中期大小鸭兼放，一年二造水稻共放鸭四批。

（2）看虫放鸭，保证每块田都有鸭除虫　　当害虫集中在一个地方时，就视虫情而调动鸭群，集中围歼。

（3）上扫虫苞下放鸭　　水稻生长到中后期，禾叶多，鸭子吃不到叶尖的卷叶虫，就用扫子扫落卷叶虫的虫苞，鸭子就能够吃到掉落下的卷叶虫幼虫。

（4）秧田灌水，放鸭除虫　　秧苗发生严重虫害时，及时灌水，水浸到秧尖 3 cm 左右，放小鸭下田除虫。

养鸭除虫还能明显降低水稻枯纹病的发生率[7]。稻鸭共作中稻田的漂浮菌核比水稻常规种植低 86%～91%，水稻植株的菌核低 67%～78%。鸭子在田间取食部分菌源、杂草和无效分蘖，清除病老枯叶，使田间通风透光增强，妨碍病菌的生长发育。

第二节　食虫两栖动物的保护和利用

一、两栖动物的食虫种类

我国的两栖动物已知 270 种，隶属于 11 科 40 属，其中的蟾蜍（*Bufo*）、雨蛙（*Hyla*）、蛙（*Rana*）、树蛙（*Rhacophorus*）、狭口蛙（*Kalophrynus*）和姬蛙（*Microhyla*）等属的许多种类都以昆虫和小动物为食，表 8-3 记载了 19 种蛙类的主要食物，包括各种害虫和其他有害动物、益虫及其他有益动物等。

表 8-3　19 种两栖类动物的食物[8]

种类	主要食物		有益系数/%	标本采得场所
	害虫及其他有害动物	益虫及其他有益动物		
中华蟾蜍（*Bufo gargarizans*）	蚱蜢、蝶蛾幼虫、象鼻虫、蚁、蛆、蝇、叶甲、沼甲、谷盗、蚊、蜗牛、蝼蛄、金龟子、蚜虫、椎实螺	蜘蛛、步甲、螳螂、隐翅虫、瓢虫、食蚜蝇	90.14	菜园、池塘边
黑眶蟾蜍（*B. melanostictus*）	蝼蛄、蝗虫、蟋蟀、白蚁、蟀象、枯叶蛾、蛆、蝇、蚊、金龟子、天牛、蚁、蜚蠊、蜗牛、叩甲、蚜虫、螟蛾、叶蝉、叶甲、象鼻虫	蚯蚓、螳螂、步甲、黑眶蟾蜍幼体	71.88	池塘边、菜园、田野、溪坑边、路旁
雨蛙（*Hyla chinensis*）	蟀象、金龟子、象鼻虫、蚁	蚯蚓、蜘蛛	71.15	田边、稻田内、灌木丛中
三港雨蛙（*H. sanchiangensis*）	白蚁、叶甲、金龟子、蚁	—	93.33	同上
泽陆蛙（*Fejervarya multistriata*）	蝗虫、蝼蛄、蚱蜢、蟋蟀、叶蝉、金龟子、叶甲、蚊、螟蛾、蟀象、沫蝉	蚯蚓、蜘蛛、豆娘、步甲、斑腿树蛙蝌蚪、四点瓢虫	34.45	田野、池塘边
粗皮蛙（*Rana rugosa*）	蚜虫、叶蝉、象鼻虫、蚁	蜘蛛	80.31	大溪边
金线蛙（*R. plancyi*）	蝗虫、螽斯、蚜虫、蝇	蜘蛛、虾	37.65	水田、池塘边
林蛙（*R. amurensis*）	蝗虫、蟀象、蝶蛾幼虫、蝇、蚊、蜗牛、金龟子、叶甲、蚁	蚯蚓、虾、螳螂、蛇蛉	62.86	池塘、水沟边
虎纹蛙（*Hoplobatrachus rugulosus*）	负子虫、蟀象、蛆、蝇、金龟子	草蜥	75.00	池塘、水田中
棘胸蛙（*Quasipaa spinosa*）	菱蝗、蚱蜢、蟀象、沫蝉、枯叶蛾、金龟子、象鼻虫、天牛、蚁、龙虱、蜗牛、叶甲、叩甲、谷盗	豆娘、螳螂、步甲、草蜥、胡蜂、泽蛙蝌蚪	46.55	深山小溪坑、石洞中和石缝间
黑斑侧褶蛙（*Pelophylax nigromaculatus*）	蜚蠊、蝗虫、蟋蟀、蝼蛄、蟀象、蚁、天牛、叩甲、叶蝉	蚯蚓、蜘蛛、豆娘幼虫、步甲、四点瓢虫、姬蜂、泽蛙、姬蛙	31.20	稻田中、池塘边
阔褶水蛙（*Hylarana latouchii*）	蟋虫、蚁	—	87.50	池塘、水田边
沼水蛙（*H. guentheri*）	蝼蛄、蝇、蟀象、蜗牛	蜘蛛、螳螂	42.11	池塘边、水田中
弹琴水蛙（*H. adenopleuraur*）	螽斯、蝗虫、蟀象、螟蛾、蝇、蚊、叩甲、天牛、蚂蟻、金龟子、叶甲	蚯蚓	64.74	稻田边

续表

种类	主要食物		有益系数/%	标本采得场所
	害虫及其他有害动物	益虫及其他有益动物		
花臭蛙（*Odorrana schmackeri*)	螽斯、叩甲、叶甲、金龟子	蜘蛛、豆娘幼虫、食虫蝽、步甲	33.33	小溪边
华南湍蛙（*Amolops ricketti*)	蝼蛄、蟋蟀、蚜虫、沫蝉、蝽象、叶甲、金龟子、叩甲、枯叶蛾、螟蛾	隐翅虫	73.29	溪流中
斑腿树蛙（*Rhacophorus leucomystax*)	沫蝉、金龟子、蚁	蚯蚓、蜘蛛、虾、螳螂	52.63	水田及池塘边
小弧斑姬蛙（*Microhyla heymonsi*)	白蚁、叶甲、蚁	蜘蛛、隐翅虫	97.84	泥窝中、土坑下、菜园及田边草丛中
姬蛙（*M. ornata*)	白蚁、叶甲、金龟子、叩甲、蚁	步甲	97.89	同上

注：①除上述昆虫及动物种类外，在 19 种两栖类动物的胃中还检出螺、马陆、蜈蚣、石蝇等，这些动物的益害情况未明。胃中还有植物的叶、种子。②有益系数由公式 $v=(n-u)/t$（n 为胃内有害动物个体数，u 为有益动物个体数，t 为胃内食物个体总数）求出，用百分比表示，由调查所得的益、害动物数量代入公式求出

　　19 种两栖动物都是有益的，其有益程度是：姬蛙和小弧斑姬蛙最大，其次是三港雨蛙、中华蟾蜍，再次是阔褶水蛙、粗皮蛙、虎纹蛙、华南湍蛙、黑眶蟾蜍、雨蛙、弹琴水蛙、林蛙，再其次是斑腿树蛙、棘胸蛙、沼水蛙、金线蛙、花臭蛙、泽陆蛙、黑斑侧褶蛙。

　　中华蟾蜍、黑眶蟾蜍、泽陆蛙、虎纹蛙、金线蛙、黑斑侧褶蛙、沼水蛙大都生活于平原地区的水稻田、菜园或池塘中；雨蛙、三港雨蛙、林蛙、阔褶水蛙、弹琴水蛙、斑腿树蛙、小弧斑姬蛙和姬蛙大都生活在山区或丘陵地带的水稻田或池塘边；棘胸蛙大都生活在海拔 500 m 左右山溪中的石缝间、石洞中或溪边灌木丛中；粗皮蛙、花臭蛙、华南湍蛙大都生活于大溪边。

二、几种食虫两栖动物的生活习性

　　1. 中华蟾蜍　　一般称大蟾蜍，俗名癞蛤蟆[9]。穴居在泥土中，或栖于石下及草间；栖居草丛、石下或土洞中，黄昏爬出捕食。产卵季节因地而异，卵在管状胶质的卵带内交错排成 4 行。卵带缠绕在水草上，每只产卵 2000～8000 粒。成蟾在水底泥土或烂草中冬眠。蝌蚪生活在水沟或水坑里，常成群向一个方向游动，吞食底泥土，或聚在死动物体上摄食。除产卵季节外，日间常栖于石下、草丛或土洞里；黄昏时出现于草地上或路旁，晚间觅食。捕获蜗牛、蛞蝓、蚂蚁、甲虫与蛾类等动物为食。分布很广，我国各地都有分布。

　　2. 黑眶蟾蜍　　别名癞蛤蟆[9]。主要栖息于阔叶林、河边草丛及农林等地，也会出没在人类活动的地区，如庭院及沟渠等。夜行性，日间主要躲藏在土洞及墙缝中休息，至晚间才外出寻找昆虫为食，偶尔也吃蚯蚓等。少跳跃，多以爬行方式活动。繁殖季节相当长，但多是以春夏两季为主（2～6 月）。每到繁殖季节便成群聚集在较开阔的河边交配，雄性发出高昂的"咯咯咯咯"声以吸引异性。常发生群交现象，一群雄性围抱着少数雌性，并进行体外受精。雌蟾多于流水或静水中产卵，每次可达数千颗，成念珠状，黑色卵子则在透明胶质长串中，一般可达 8 m 以上。产卵季节随地区不同而异，在爪哇终年产卵，广州于 2～3 月产卵，西双版纳在 4～5 月产卵，在海南岛 11～12 月产卵于深水坑内。卵带内有卵两行、受精三日后孵出。卵子在水中发育成黄棕色蝌蚪，蝌蚪有毒性，体色渐深并慢慢长出四肢及脊棱。蝌蚪成群生活于水坑内或河边回水荡中。在我国分布于浙江、江西、贵州、福建、广东、广西、云南、台湾等地。

3. 黑斑侧褶蛙（黑斑蛙）　　黑斑蛙[9]喜群居，营水陆两栖生活，黄昏后、夜间出来活动、捕食，冬眠，蝌蚪期为杂食性，成体期以昆虫为食。4～7月繁殖，每次产卵2000～3500粒，栖息于海拔500～1000 m的水域及附近的草丛中。一般11月开始冬眠，钻入向阳的坡地或离水域不远的砂质土壤中，深10～17 cm，在东北寒冷地区黑斑蛙可钻入沙土中120 cm以下，次年3月中旬出蛰。成体黑斑蛙只能捕食活动的食物，食物以昆虫最多，如鞘翅目、双翅目、直翅目、半翅目、鳞翅目等，还吞食少量的螺类、虾类，以及脊椎动物中的鲤科、鳅科小鱼及小蛙、小石龙子等。捕食时，黑斑蛙先蹲伏不动，发现捕食对象时，微调一下身体的方向，靠近捕食对象时迅猛地扑过去，将食物用舌卷入口中，整个吞咽进腹中。吞咽时眼睛收缩，帮助把食物压入腹中。分布于除海南岛、云南、台湾以外的各地区。

4. 泽陆蛙（泽蛙）　　泽蛙[9]广泛生活于田野、池塘附近及丘陵地带。在高纬度地区，秋季开始冬眠，4月出蛰后产卵，产卵期可延至9月。在南方，1只雌蛙每年产2～3批卵。卵大都产于水层较浅的静水域中，一般沉入水底。在产卵时，抱对的雌雄泽蛙先将头部潜入水中，仅肛部露于水面。排出20～70枚卵以后，雄蛙用足猛然将卵蹬离肛部。这样的产卵动作一般连续6～7次，卵量为527～1226粒。卵棕色，小，卵径约1 mm，一端色较浅，微带乳色。蝌蚪背面橄榄绿色，尾长约为体长的两倍，有棕褐色麻点，尾细弱，末端尖细，尾鳍上下缘有若干黑色短横斑。卵和蝌蚪适应能力强，水温40℃时仍能正常发育，且速度很快。一般35～45 d完成变态，有的在3周内完成。主要以有害昆虫为食，因而对控制农田害虫有积极作用，但也捕食少量有益动物。在我国分布于华东、西南、中南、华南等地区。

5. 雨蛙　　又称中国雨蛙[9]。一般夜间栖息在路旁的灌木上；日间匍匐在树根附近石隙或洞穴内。雨蛙有很好的保护色，与环境混为一体，静止不动时不易被发现。以昆虫为食，捕食蚁类、蝽象、象鼻虫、金龟子等。在正常情况下，处于繁殖季节的雨蛙喜欢纵声歌唱。在产卵时，雌蛙会将卵集中产在池塘中某一片水域内。卵的直径约1 mm。在福建地区常于4～5月大雨以后的晚上产卵；卵单粒分散，附着在水草或池边的石块上，数十至数百粒黏成一堆。蝌蚪体肥硕，背面黑色，腹面为白色。在我国分布于陕西、河南、福建、四川、湖北、江苏、浙江、江西、湖南、广东、广西、台湾等地。

三、保护利用措施

1. 繁殖与保护两栖动物的措施　　春末近出蛰时，选定近水源的田块、低地或池塘、萍田等作繁殖池。经翻耕，保持浅水，施少量有机肥，放入少量青苔（藻类），四周围上保护网（或竹帘）。收集蟾蜍、蛙类放进池中，或在它们出蛰后放入池中，加以保护，避免敌害。密度以20～30只/m²为宜。用灯光诱虫供食。也可收集蛙卵投入繁殖池（田）中，每0.1 hm²可饲养蝌蚪1 500 000～2 170 000只，可供5～7 hm²稻田放养。

在南方，4月卵孵化后7 d左右的蝌蚪开始取食植物性物质，如藻类、浮游生物和腐烂有机质等。为促进其生长发育，可薄施农家肥（猪、牛粪等）或混合性饲料（土壤有机质、浮游生物等混合物）。据调查，在施肥的繁殖池中，蝌蚪完成发育变态的时间为24～29 d，比对照池缩短15 d。

繁殖基地实行专人管理，保持清洁的水源，防止有毒污水灌入，防止水体干涸。大雨时注意及时排水；及时补充食料。蝌蚪经20～30 d完成变态发育，如密度过大，每0.1 hm²超过1 500 000只时，需及时分养。

　　2. 分散放养　　蝌蚪孵化后 30 d 左右，应从繁殖池分散放养于池塘、水沟、洼地或水田。在连片稻田中可采用"保护带"式放养方法，即在稻田中选一带状田片放养蝌蚪，面积约为总面积的 15%，以便于管理。在中耕、烤（晒）田时，挖保护坑或保护沟，让蝌蚪游入坑或沟内，以避免或减少死亡。

　　近水陆地和沼泽四周是农田两栖类上岸后主要的生活与摄食环境，喜潮湿阴凉条件。应减少或避免割草、铲草或践踏，以保持良好的环境。

　　3. 科学使用农业化学物质，减少环境污染和对两栖动物的直接伤害　　普遍使用的农业化学物质，包括各类杀虫剂、杀菌剂、除草剂、杀鼠剂，各种化学肥料如尿素、硫铵、氨水和石灰等，其中不少种类或剂型，对两栖动物卵、蝌蚪、幼体和成体均有不同程度的毒性，有些甚至是剧毒的。长期、高浓度和滥用农业化学物质，是造成农田生物多样性降低，两栖动物种类减少和数量贫乏的重要原因。

　　解决施用农业化学物质与保护有益生物（包括两栖动物）之间矛盾的方法与措施有多种，其中包括准确测报病虫鼠草的发生；选用适宜的农药种类和剂型；采用适合的施药技术与工具，如深层施药、药剂浸苗、缓释施药、超低容量喷雾等；化学肥料施用技术有球肥深施、根际施肥等。只要从农业生态系统整体性来认识问题和进行决策，两栖动物这一可持续利用的生物资源，就可能取得很大的经济效益和生态效益。

　　4. 加强科普宣传　　保护两栖动物，利用两栖动物治虫，是一项经济、安全、有效的好办法。要向群众广泛宣传两栖动物的除虫作用和利用其开展生物防治的意义，使大家都注意和重视对两栖动物的保护，禁止捕捉蛙食用或捞取蝌蚪喂鸡鸭等。

第三节　利用食虫鱼类防治害虫

一、主要食虫鱼类

　　利用鱼类防治害虫一般是指养鱼捕食双翅目长角亚目一些种类（如蚊及摇蚊）的幼虫。曾有 41 个国家先后试用 216 种鱼来防治 35 种蚊子幼虫。在国外，利用的鱼类主要是食蚊鱼（*Gambusia affinis*），又名长颏鳉鱼或柳条鱼。我国结合淡水养鱼事业进行养鲤治蚊试验，并研究了鲈形目的叉尾斗鱼（*Macropodus opercularis*）习性及食蚊能力，又观察了鲤形目的麦穗鱼（*Pseudorasbora parva*）、黄颡鱼（*Pelteobagrus fulvidraco*）的吃孑孓习性，为扩大利用本地鱼种防治孑孓提供了依据。近年来，随着有机农业和可持续农业发展的需要，我国传统农业模式——稻田养鱼又受到了广泛重视，利用鱼类防治水稻害虫，经济效益、生态效益和社会效益显著。鲤鱼（*Cyprinus carpio*）是稻田养鱼的最常见鱼种。

二、几种食虫鱼类的生物学特性

　　1. 食蚊鱼　　胎鳉科（Poeciliidae）食蚊鱼属种类。原产美国得克萨斯州的瓜达鲁普河，后渐分布于美国南部和墨西哥北部大西洋沿岸的低洼地和沟渠等水体中，因嗜食蚊的幼虫而闻名。1905 年北美开始利用食蚊鱼来灭蚊，由政府部门大规模饲养繁殖，并传播至南美、菲律宾及其他各地，1925 年由意大利传入俄罗斯。中国先后几次引进食蚊鱼，1911 年从夏威夷将 600

尾食蚊鱼经日本横滨运至我国台湾，途中大部死亡，最后尚存 126 尾，由于气候适宜，不久分布台湾全省；第二次在 1924 年由菲律宾医学科学研究所赠送一批食蚊鱼运至上海试养；1926年又从美国渔业局运来一批，通过较长期的驯育和适应，食蚊鱼已在上海郊区小河、池塘大量自然繁殖。20 世纪 50 年代后期开始广泛移殖至中国南北许多省份，20 世纪 60 年代在广州地区繁殖，已成为该地池塘、水沟、低洼地等小水体中数量很多的优势种。广州市分别在 2006年和 2014 年向公园等水体投放过食蚊鱼灭蚊[10]。

　　食蚊鱼是一种胎生鱼类，雄鱼臀鳍前部的一部分鳍条特化成交配器，生殖时一尾雄鱼常追逐多尾雌鱼进行交配。精子由雄鱼交配器送入雌鱼生殖孔，在体内受精、孵化。繁殖能力强，周期短，产仔量大。初生的幼鱼在水温适宜的条件下，经 1 个多月达到性成熟，即可开始繁衍后代。繁殖季节为 4～10 月，最适宜季节为 5～9 月，每隔 30～40 d 即产仔 1 次，每年繁殖 3～7 次。当水温上升至 20℃以上时开始产仔，每次产 30～50 尾，每尾雌鱼每年能产 200～300 尾，产仔后经 2～7 d，卵子成熟后即可再次交配怀胎。出生仔鱼长 7～9 mm，产完仔后，雌鱼在没有食物的情况下，会吞食自己的仔鱼，数小时内如果没有饵料，大半以上仔鱼会被雌鱼吃掉。

　　澳大利亚研究发现，食蚊鱼至少与 9 种原生鱼类和 10 种原生蛙类的衰退有关联，塔斯马尼亚的绿纹树蛙（*Litoria aurea*）因为受到食蚊鱼威胁，已经被列入濒危动物保护名单。此外，许多原生物种以藻类和浮游生物为食，原生物种的减少就意味着水域内藻类和浮游生物过剩，造成水体透明度下降，水质恶化。正是因为对环境的负面影响很大，食蚊鱼被多个国家和组织列为入侵物种，更入选世界自然保护联盟（International Union for Conservation of Nature，IUCN）物种存续委员会的"世界百大外来入侵物种"[10]。因此，对于食蚊鱼的利用，在充分评价并完全了解其生态安全性之前，应该慎重投放使用。

　　2. 斗鱼　　有叉尾斗鱼和圆尾斗鱼两种，属斗鱼科（Belontiidae）斗鱼属。两种斗鱼体型相似，为小型鱼类。叉尾斗鱼尾鳍叉形，分布于长江上游及南方各省；圆尾斗鱼尾鳍圆形，分布于长江流域以北的广大地区。腹鳍有 1 根分节鳍条特别延长，雄鱼鳍条延长尤甚。多生活于山塘、稻田及泉水等浅水地区，食无脊椎动物。繁殖期雄鱼吐泡沫为巢，将卵汇集于中，雄鱼有护巢的习性。体色鲜艳，且雄鱼好斗，是著名的观赏鱼。

　　叉尾斗鱼对水质要求不严，在水温 20～25℃的脏水中，生长良好。喜食昆虫幼体和鱼苗，也食干饵料。性好斗，不仅互斗，也能吞食别的热带鱼小鱼，不宜混养。养时在水中多植水草并多放些石块，为其设置藏身隐蔽之处。要用大型水族箱饲养，环境光线要暗些。属夜行性鱼类，白天也摄食，夜间比较活跃，能跃出水面。

　　圆尾斗鱼食性以肉食性为主，在自然环境中主要以稻田害虫及孑孓为食，是一种有益鱼类。人工饲养条件下，刚孵化出来的幼鱼以草履虫、醋虫等活食作为开口饵料，长到 3 cm 左右就可以接受人工饲料。在实验条件下，圆尾斗鱼优先摄食蚊幼虫和摇蚊幼虫，对食物的选择性明显。圆尾斗鱼喜欢幽暗的环境，可在缸内植入金鱼藻、黑藻，在缸底放入千层石、鹅卵石，有利于营造隐蔽的环境。

　　3. 麦穗鱼　　鲤科麦穗鱼属鱼类。1 周龄即达性成熟期。成鱼常在水域周边附近的木杆、水草及石块表面配对产卵，而其雄鱼有护卵的习性。产卵期在晋南伍姓湖为 4 月初至 5 月底；在河南、山东稍早，在内蒙古及宁夏为 5～6 月。卵浓黄色，卵径约 1.3 mm，为沉性黏着卵，常平铺于水下光石块及树枝等硬物体上。产卵后雄鱼护卵，怀卵量 388～3060 粒。由于其吃蚊子幼虫等的特性，许多国家引进来灭蚊，但由于缺乏天敌，有成为外来入侵物种的隐患，在中国云贵高原地区成为外来入侵物种，是滇池等湖泊土著物种灭绝的元凶之一。

4. 黄颡鱼　　鲿科（Bagridae）黄颡鱼属一种常见淡水鱼。一年一次性产卵型鱼类，在自然条件下有集群繁殖习性。繁殖季节在 5 月中旬至 7 月中旬，适宜的水温变化幅度为 25～30.5℃。黄颡鱼最小成熟个体中雌鱼体长 11.5 cm，雄鱼体长 13.5 cm，雌鱼的性成熟较雄鱼早。黄颡鱼绝对怀卵量为 2500～16 500 粒，平均 4000 粒，相对怀卵量为 58.33～77.77 粒/g，平均 65.71 粒/g。黄颡鱼的主要繁殖区域在水位浅、底质硬、有一定滩脚、透明度高、水流缓慢、饵料资源丰富、适宜筑巢孵化的水域。

黄颡鱼多栖息于缓流多水草的湖周浅水区和入湖河流处，营底栖生活，尤其喜欢生活在静水或缓流的浅滩处，且腐殖质多和淤泥多的地方。白天潜伏水底或石缝中，夜间活动、觅食，冬季则聚集深水处。适应性强，即使在恶劣的环境下也可生存，甚至离水 5～6 h 尚不致死。杂食性，自然条件下以动物性饲料为主，鱼苗阶段以浮游动物为食，成鱼则以昆虫及其幼虫、小鱼虾、螺蚌等为食，也吞食植物碎屑。

5. 鲤鱼　　四大家鱼之一，稻田养鱼常用鱼种，隶属于鲤科（Cyprinidae）。鲤鱼平时多栖息于江河、湖泊、水库、池沼的水草丛生的水体底层，杂食性，主要以食底栖动物为食。单独或成小群地生活于平静且水草丛生的泥底的池塘、湖泊、河流中。掘寻食物时常把水搅浑，增大浑浊度，对很多动植物有不利影响。

三、稻田养鱼

传统的稻田养鱼鱼种主要是鲤鱼。随着养殖鱼类人工孵化的成功，家养新鱼种的推广，现在稻田放养鱼类已包括草鱼（Ctenopharyngodon idella）、鳙（花鲢）（Hypophthalmichthys nobilis）、鲢（H. molitrix）和尼罗罗非鱼（Oreochromis niloticus）等。稻田养鱼的目的已不再是单一地为了防治孑孓，而是要发展成有机、高效、可持续发展的稻田种养产业[11]。

四、利用鱼类治虫

1. 稻田养鱼灭蚊、除虫　　据试验，草鱼、杂交鲫鱼和尼罗罗非鱼在正常状况下，每尾（体长 4.1～6.0 cm）24 h 平均吞食蚊幼量分别为 236.0～336.3 头、74.2～143.3 头和 79.0～100.2 头；在饥饿状态下，吞食量分别为 313.0～467.0 头、201.6～397.2 头和 230.2～270.9 头。三种鱼中以草鱼吞食量为最大[12]。

河南鹿邑早稻田放养鲤鱼和草鱼（长 1.2～2.0 cm），三带喙库蚊（Culex tritaeniorhynchus）幼虫密度下降率达 83.8%～90.3%，中华按蚊（Anopheles sinensis）下降率达 52.2%～64.3%，还使稻谷增产和获渔利。湘西双季稻田，混合放养鲤鱼、草鱼和杂交鲫鱼，每亩放养鱼苗（体长 3.3～5.0 cm）600 尾，放养时间为 108～120 d，对中华按蚊和三带喙库蚊的防治率分别为 76.7% 和 70.4% [13]。浙江上虞区和萧山区的试验结果表明，在稻田分别放养草鱼、鲤鱼、尼罗罗非鱼，或者混合放养三种鱼类，对白背飞虱、褐飞虱、二化螟（Chilo suppressalis）、稻纹枯病（Pellicularia sasakii）和多种稻田杂草均具有良好的控制作用，但对稻纵卷叶螟和稗草无效[14]。

2. 利用食蚊鱼防治孑孓　　食蚊鱼是以动物性食物为主的杂食性鱼类，食物主要有蚊（包括卵块、幼虫、蛹和刚羽化成虫）、轮虫类、枝角类、桡足类和藻类等，尤其喜食蚊虫。据测定，体长 34 mm、重 1.1 g 的雌鱼，在饥饿状态下，24 h 可捕食蚊幼虫 438 头，总重量达 1.6 g；

以后连续每天给食，每 24 h 捕食 250 头以上。体长 14～16 mm 的小鱼 24 h 可捕食 20～30 头。初产仔鱼不能捕食蚊幼；产后 10 d，仔鱼可吞食长度为其体长一半的蚊幼，且吞食率相当高[15]。

　　食蚊鱼的效果，主要取决于良好的管理和适当的应用。因此，在技术上须抓好几个基本环节：①获得足够的鱼种。可从当地野生资源中收集，于清晨或傍晚进行捞捕；也可从外地购买。为在短期内获得大量鱼苗，可选择适当的小水塘做专门繁殖；或把鱼种放养在池、塘、沟等处，进行大量繁殖。②适时把鱼投放到有蚊幼的各种水域中。包括野外的池、塘、沟、坑、稻田、水井、蓄水池和室内的防火桶、家庭水缸等，凡能放养食蚊鱼的水体均可放养。放鱼量可视水体大小和深浅、蚊幼密度等而定，一般水面放养 3～8 尾/m² 即可。③做好管理工作。注意水源、水质和水温的变化，防止水体干涸，防止鱼群逃逸，防止鱼被鸭群或肉食性鱼类吞食或被捕捞等。

　　3. 利用斗鱼防治孑孓　　斗鱼杂食性，以动物性食物为主，特别喜欢吞食活动于上层水体的昆虫、浮游动物和小仔鱼等。据室内观察，在水温 23～25℃时，1 尾饥饿雌鱼 24 h 可吞食蚊幼 200～210 头，以后每天吞食量为 130～150 头。水温 23～30℃时，其摄食量较大；高于 30℃和低于 23℃，摄食量显著减少；34℃以上和 12℃以下，则停止摄食。野外小池放养结果表明，叉尾斗鱼放养后第 3 天，池中蚊幼便被吞食殆尽。在人工大量饲养中，要防止其互相残食。

 思考题

一、名词解释

食虫脊椎动物；食虫鸟类；人工巢箱；稻田养鸭除虫；食虫两栖动物；食虫鱼类；食蚊鱼；稻田养鱼

二、问答题

1. 常见的食虫鸟类有哪些种类？举例说明。
2. 食虫鸟类啄食的害虫种类主要包括哪些类群？
3. 啄木鸟主要捕食哪类害虫？
4. 为什么要在草原上招引粉红椋鸟？
5. 为鸟类创造良好栖息环境的措施有哪些？
6. 稻田养鸭除虫有哪些可视实际情况选择的具体方法？
7. 怎样保护和利用食虫两栖动物？
8. 为什么要慎重利用食蚊鱼防治孑孓？

 参考文献

[1] 郑光美. 中国鸟类分类与分布名录. 3 版. 北京：科学出版社，2017

[2] 沈晓昆，戴网成. 养鸭治虫史新考. 农业考古，2008，（1）：258-259

[3] 包为民. 利用脊椎动物防治害虫//包建中，古德祥. 中国生物防治. 太原：山西科学技术出版社，1998

[4] 郭冬生，张正旺. 中国鸟类生态大图鉴. 重庆：重庆大学出版社，2015

[5] 中华人民共和国中央人民政府. 我国各类自然保护地已达 1.18 万处. http://www.gov.cn/shuju/2019-01/14/content_5357610.htm

[6] 俞家荷. 草原食蝗鸟及其招引. 生物防治通报，1988，4（4）：68-70

[7] 杨静，高亮，朱毅. 稻鸭共作研究进展. 作物杂志，2020，（3）：1-6

[8] 张继秀，郭汉身，朱丰雪，等. 浙江省两栖纲的动物食性的初步分析. 动物学杂志，1966，8（2）：70-74

[9] 费梁. 中国两栖动物图鉴. 郑州：河南科学技术出版社，2020

[10] 刘国伟. 广州投放食蚊鱼防登革热有风险"灭蚊英雄"食蚊鱼功不抵过. 环境与生活，2014，（19）：48-53

[11] 刘贵斌，周江伟，黄璜. 中国稻田养鱼生产的发展、进步与功能分析. 作物研究，2017，31（6）：591-596

[12] 汪建国，倪达书. 几种鱼类捕食蚊幼虫之比较//中国农业科学院. 稻田养鱼技术新进展. 北京：农业出版社，1990

[13] 李蓓思，张金桐，刘文建，等. 双季稻田养鱼防制蚊虫效果观察. 生物防治通报，1986，2（3）：135-137

[14] 俞水炎，吴文上，吴庆斋，等. 稻田养鱼对水稻病虫草害控制效应的研究. 生物防治通报，1989，5（3）：113-116

[15] 潘烔华，苏炳之，郑文彪. 食蚊鱼（*Gambusia affinis*）的生物学特性及其灭蚊利用的展望. 华南师院学报（自然科学版），1980，（1）：117-138

第九章 从国外引进天敌防治害虫

第一节 引进天敌的概念与发展

一、引进天敌的概念

从入侵害虫的原产地引进天敌进行生物防治，是传统生物防治的核心内容。特点是成本低，对环境安全；效果持久，天敌建立种群后可以达到一劳永逸的效果。

有三个容易混淆的概念如下所示。

天敌引进：将天敌从一个国家移引至另一个国家，如美国从澳大利亚引进澳洲瓢虫（*Rodolia cardinalis*）。

天敌移殖：国内范围将天敌移至异地繁殖，如将大红瓢虫（*Rodolia rufopilosa*）从浙江移殖到湖北防治柑橘吹绵蚧（*Icerya purchasi*）。

天敌助迁：从较近的地方或邻近田野人为迁移，如采取某些措施帮助蜘蛛从一个生境迁移到另一个生境。

二、引进天敌的发展

（一）引进天敌的成功事例

在 19 世纪中后期，美国的柑橘树被吹绵蚧严重为害，1888 年由大洋洲引进澳洲瓢虫，到 1889 年底就完全抑制了吹绵蚧的发生，并建立了永久群落，直到现在澳洲瓢虫对吹绵蚧仍起着有效的抑制作用，长期以来，不需要使用其他防治方法。

自从引进澳洲瓢虫成功之后，全世界都十分重视天敌昆虫的引进，认为这是一种一劳永逸的害虫防治方法。有不少地方，曾一度大量引进天敌昆虫来防治某一种或若干种害虫，如大洋洲为了防治在大洋洲南部为害多种果树的橄珠蜡蚧（*Saissetia oleae*），自 1902 年起，引进了一系列天敌昆虫，其中主要是瓢虫。1899～1911 年，先后引进 40 种以上瓢虫。瓢虫的原产地，近者是大洋洲东部及西部或附近的岛屿，远者则是亚洲、欧洲及美洲等地。各种瓢虫捕食的对象不一致，既有捕食橄珠蜡蚧的瓢虫种类，也有捕食蚜虫、其他介壳虫甚至捕食螨类的瓢虫种类。这种引进害虫天敌的规模，可说是盛大了，但最终能够在大洋洲南部建立种群的只有两种：一种是 1902 年由新南威尔士引进的 *Orcus chalybeus*，另一种是在 1901～1902 年由澳大利亚南端的塔斯马尼亚岛屿引进的 *Leis conformis*。

从上述事例看来，成功引进天敌可以达到永久防治某一种害虫的目的，但能成功引进天敌的机会并不多。引进天敌来防治害虫，究竟能发挥多少作用？从世界各地的经验来看，地域不同，成功的概率也不同。一般引进大陆地带的比引进热带或亚热带岛屿或半岛的成功率稍低。例如，美国 1875～1951 年由国外引进美国大陆而且释放到田野中的天敌昆虫约 485 种，引进而未释放的有 175 种，能建立种群的只有 95 种。从引进释放的 485 种来计算，成功率为 19.6%。1932 年有人统计在数十年间引进夏威夷岛的天敌昆虫约 300 种，其中能建立种群的共 80 种，为引进总数的 26.67%。引进斐济岛的昆虫天敌，建立种群的约有 50%。据 1975 年的资料记录，加拿大曾引进害虫天敌 208 种，成功的有 44 种，成功率为 21.15%。有人统计过全世界引进的天敌能在新地区建立种群的约为 10%。这里所谓建立种群的天敌，不是都能够满足防治害虫的要求。可是，从减少害虫种类的数目方面来看，成功率倒是颇高，有人考查过，用引进天敌的方法来防治 223 种害虫，成功的超过半数。

（二）影响引进天敌成功的因素

1. 地域　　在害虫天敌引进方面，曾出现过所谓生物防治的岛屿学说，认为天敌昆虫被引进到岛屿的成功率较大陆的高，目前看来并不尽然。世界上约 31 个岛屿和 34 个大陆国家已报道引进成功，约 55% 来源于大陆，而其中约 60% 是属于完全成功的。从更近资料来看，在 102 个引进例中，完全成功的在大陆占 66%；在 144 引进例中，基本成功的和部分成功的，在大陆分别占 59% 及 56%。这些成功的例子，可分为完全成功、基本成功和部分成功三个类别，从施用化学农药方面来说：完全成功的不需要化学农药进行防治；基本成功的有时还要用农药来补充防治；部分成功是指用农药还是必需的，但应用次数较少。夏威夷岛的 24 项成功引进天敌昆虫的例子中，有 2 项是完全成功的，10 项是基本成功的，12 项是部分成功的。

引进天敌成功的例子，多数是针对从外国入侵的害虫种类，如美洲开发历史较短，开发后引种多种作物及树种，同时也带进了许多害虫；害虫进入后，它原来的天敌一般很少跟进去。由于在新地区没有天敌的控制，往往易于大发生。对于这类害虫，如果能够从害虫原产地引进天敌，效果往往是显著的。

2. 寄主类型　　引进天敌防治介壳虫成功的最多。有人统计了引进天敌防治 107 种害虫的成功例子，其中介壳虫有 41 种，鳞翅目昆虫 21 种，鞘翅目昆虫 18 种，半翅目昆虫 16 种，还有其他一些目的昆虫。有人考查引进天敌防治 64 种介壳虫，其中 50 种防治成功，约占 78%。

3. 天敌食性　　引进的天敌中，寄生性昆虫比捕食性昆虫成功得多。例如，1875～1951 年在美国大陆建立种群的 95 种天敌昆虫中，81 种是寄生性天敌，14 种是捕食性天敌。

关于引进天敌昆虫来防治一种害虫，是不是一定要该种害虫的天敌才有效呢？这倒不一定，如 1925 年由马来西亚引入斐济岛防治椰树斑蛾（*Levuana iridescens*）的寄生蝇（*Ptychomyia remota*），在马来西亚是寄生于另一种斑蛾（*Antona* sp.）的，引进后达到完全防治的目的。有人考查过 66 个引进成功的例子，其中 39% 是用害虫近缘种或近属的天敌。

4. 寄主范围　　关于引进对于寄主专一性或寡食性天敌的防治效果比引起多食性天敌的效果高或低没有统一的意见。无疑地，如果高度专一性的天敌生活史能吻合其寄主，是有高度防治效能的，但寄主种群的下降会导致专一性的天敌绝灭；多食性的天敌在自然界容易找到其他寄主，不因寄主的稀少而绝灭，维持存在的种群对控制再发生的害虫种群很有好处。

5. 引进天敌的种类数　　对于一种害虫的防治，引进一种天敌还是引进多种天敌，也有争论，但近来多赞同引进多种天敌来防治一种害虫，因为天敌对环境的适应性一般比寄主低，寄主的各个分布点，则往往不是一种天敌所能适应的，引进多种天敌，可得到较全面防治，而且 2～3 种天敌袭击同一种害虫，往往起到相互补充的作用。例如，美国加利福尼亚州防治红圆蚧（*Aonidiella aurantii*），先后引入多种天敌，目前有 5 种天敌分别在加利福尼亚州内地及沿海地区表现不同的及互相补充的防治作用，对红圆蚧有较好的控制效果。

6. 天敌的释放方法 为了建立种群，应该释放多少引进的天敌昆虫呢？通常，在几个点内释放较大量天敌胜于把它们稀疏地放在一个大面积内。

引进天敌释放后经过多久才生效？有人认为在寄主 3 个世代以内就能决定生效与否，或天敌在释放后 3 年内如能定居就可察知其治虫效能。事实上有些天敌引进后很快可以见效，如澳洲瓢虫；也有些引进后经过长时间才开始生效，如孟氏隐唇瓢虫（*Cryptolaemus montrouzieri*）于 1955 年被引进广州，释放于田间，多年未见其踪，经过了 24 年才出现于广州及附近地区。

第二节 引进天敌的一般程序

引进天敌的一般程序包括国外天敌调查与采集、检疫处理、饲养与研究、田间释放和效果评价等环节（图 9-1）。

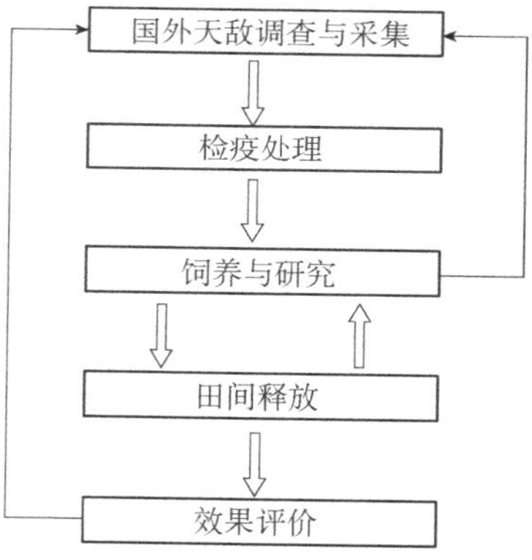

一、国外天敌调查与采集

（一）制订计划

1. 害虫鉴定 在了解当地动物区系的基础上，对害虫种类进行鉴定。种类鉴定需要有成虫标本，以及相关的文献资料，必要时请求国内外权威机构协助鉴定，并根据文献、名录或分类学论文等资料，确定害虫是本地种还是入侵种。

2. 生物防治可行性分析 利用博物馆、早期的研究报告和亲缘种，了解害虫的危害类型、经济允许损失水平和防治方法，明确该害虫及其亲缘种可能的自然天敌种类，并收集利用天敌及相关种类进行生物防治的历史，对进行生物防治的可行性进行分析。

图 9-1 引进天敌的一般程序[1]

3. 对本地天敌的可能影响 对本地自然天敌进行调查，明确这些天敌与害虫的生态位关系，了解其是否可能对害虫发挥有效的防治作用，并考虑待引进的天敌对本地天敌存在的可能影响。考虑是否有与其他项目相结合的可能。

4. 计划开展调查 与天敌原产地的有关单位和个人取得联系，了解当地的法律或法规要求，防止后续的调查、采集和运输出现法律纠纷。准备好采集和运输所需要的工具和设备等。

5. 检疫实验室的准备 在出发进行调查采集前，就要在国内准备好检疫实验室，确保所采集的材料在到达后即能进行检疫，防止任何延误所带来的不利影响。

（二）天敌的选择

从目标害虫考虑，选择从害虫的原产地获得有效的天敌。

从环境条件考虑，应从那些与自己国家目标害虫存在地生态条件相似的地方着眼。在气候条件和食料条件有利于害虫发生，但害虫数量较少、危害较轻的地方，往往容易发现有效的天敌。

从天敌本身的特性考虑，要求繁殖力强、繁殖速度快、生活周期短、雌性个体比例高、生活习性与害虫生活习性相吻合、适应力强、寻找寄主能力强。专食性天敌的引进与定居要比非专食性的天敌容易得多。有时引进多种天敌比单独引进一种天敌效果好。处于休眠的天敌适于远距离运输，可减少运输过程中的死亡。

从天敌遗传多样性考虑，应尽可能收集较多的天敌种类或种下类群，保证引进天敌遗传多样性的最大化，遗传多样性决定了引进天敌的潜力。这些类群的天敌防治同一种害虫能力可能各有不同。单独一种天敌很难有效地防治寄主植物所有害虫，要获得有效防治，必须引进和释放多种天敌。能定居的天敌种类越多，则获得有效防治的机会就越多。

（三）天敌的搜集

搜集天敌的方法有 3 种，所采得的材料要及时处理，有些容易饲育的种类，可在实验室大量饲育、繁殖，然后运输。

1. 搜集被寄生的害虫　自然条件下被寄生的害虫具有特定的形态，如被赤眼蜂寄生的虫卵呈黑色，被蚜茧蜂寄生的蚜虫会形成僵蚜，野外调查时只需要搜集这些特殊形态的害虫，然后带回实验室就会获得所需要的天敌种类。这种方法比较费时，但需要的设备简单。如果空运方便而引进目的地已做好繁殖的准备，那只要采集少数标本就够了。

2. 田间暴露寄主　将人工培养的或在田间受人工保护的未经寄生的寄主材料，暴露于田间以诱集天敌，定期回收暴露的材料，同样也能获得所需要的天敌种类。这种方法在寄主虫口密度低的地区，很容易搜集到有效天敌。

3. 搜集活的天敌　与目标害虫种类同属一科的寄生性和捕食性天敌种类都属于搜集的对象，包括专食性、寡食性及广食性天敌，如利用扫网可以采集瓢虫。

（四）天敌的运输

1. 运输的虫态　以不取食的阶段如卵或蛹为宜。这两个发育阶段的天敌在一定时间内不需要照料，因此运输时间要尽可能短，防止卵或蛹在运输阶段孵化或羽化，以免造成损失。如果运输的是成虫或幼虫，必须提供食物，防止运输过程中因食物短缺而死亡。运送尽可能多的材料，发送前必须通知检疫实验室运送的清单和到达时间。

2. 温、湿度的要求　要特别注意运输过程中的湿度。箱内可用海绵提供有限的水分，并将海绵用网状材料与虫体隔开。要注意运输过程中的温度。采用夹层盒隔离包裹，保持箱内凉爽，降温的冰块放在夹层中，但不要接触容器的内壁，防止内壁出现冷冻。

3. 运输包装　应符合国家行业标准《引进天敌和生物防治物管理指南》（SN/T 2118—2008）的规范要求。

4. 快递公司的选择　选择安全、快速、信誉好的快递公司，保证运输物品的准时到达。

二、检疫处理

我国高度重视天敌的引进和检验检疫管理，行业标准《引进天敌和生物防治物管理指南》

（SN/T2118—2008）[2]，规定了对引进天敌和生物防治物的基本要求、有害生物风险分析、入境检验检疫、包装要求、实验室检疫、隔离检疫、检疫监督、释放、监测与评价等管理措施，具体要求如下。

1. 基本要求

1）国家主管部门及其授权机构对引进天敌和生物防治物实施检疫监督管理。

2）输入天敌和生物防治物应符合国家和国家主管部门的有关规定，具有有效的防范控制措施并符合生物安全和生态安全要求，申请人提供的材料应真实有效。

3）国家主管部门及其授权机构对申请引进的天敌和生物防治物实行风险分析管理。风险分析结果证明其确实安全并有利用价值的，方可引进。

4）凡需要引进天敌和生物防治物的单位或个人，应依照有关植物检疫法律、行政法规和规章的规定，办理植物检疫手续，取得《中华人民共和国进境动植物检疫许可证》（以下简称《检疫许可证》），并在有关协议中订明植物检疫要求。

5）引进天敌和生物防治物应考虑对环境可能产生的影响，如对非目标生物的影响。

2. 有害生物风险分析

1）国家主管部门及其授权机构开展有害生物风险分析应当遵守国家法律法规的规定，并参照国际植物保护公约组织制定的国际植物检疫措施标准、准则和建议的有关规定实施，风险管理措施可采取高于国家标准、准则和建议的科学措施。

2）需要引进天敌和生物防治物的单位或个人，应当向国家主管部门授权的机构提出申请并提供开展风险分析的必要技术资料，如引进天敌和生物防治物的分类地位、寄主范围、数量、原产地、分布、用途、引进方式、进境后的防疫措施、科学研究的立项报告、国内外相关研究的论文和技术资料等。

3. 入境检验检疫

1）输入天敌和生物防治物之前，国家主管部门及其授权机构根据检疫工作的需要，可以派检疫人员赴输出国家或地区进行境外预检。

2）输入的天敌和生物防治物，应当按照《检疫许可证》指定的口岸进境。

3）输入天敌和生物防治物的单位或个人，应当持《检疫许可证》、贸易合同或协议、信用证等有效单证，在输入天敌和生物防治物之前向进境口岸检疫机构报检，并提交输出国家或地区官方检疫机构出具的有效检疫证书。

4）输入天敌和生物防治物无输出国家或地区官方检疫机构出具的有效检疫证书或者未办理检疫许可手续的，进境口岸检疫机构可以做退运或销毁处理。

5）输入的天敌和生物防治物运抵口岸时，检疫人员实施现场检疫，包括核对货、证是否相符，检查包装是否破损，抽查整批货物有无其他有害生物、禁止进境物等，并送实验室鉴定。

4. 包装要求

1）输入天敌和生物防治物的包装应是全新的或者安全的，符合检疫要求，并能防止输入天敌和生物防治物从包装中逃逸。外包装应当标明输入天敌和生物防治物名称、数（重）量、原产地等。

2）输入天敌和生物防治物的铺垫材料及培养物应当经过消毒除害处理，不得带有土壤和其他有害生物，并对生态环境无害。

3）输入天敌和生物防治物在包装的明显位置应贴上中文标签，其中包括包装内容和打开方式，以及防止输入天敌和生物防治物的逃逸和突发事件的紧急处理措施。

5. 实验室检疫

1）将现场抽样的样品或发现可疑症状的样品进行室内检验，确认送检样品是否与检疫许可物种一致，详细记载样品名称、基本特征特性，注明报检编号、产地、日期及发现情况等，并将样品制成标本长期保存。

2）经检疫未发现病原体、昆虫、软体动物及其他有害生物的样品，准予放行。经检疫发现病原体、昆虫、软体动物及其他有害生物的样品，进行除害处理。带有危险性有害生物，又无有效除害处理办法的，做退运或销毁处理。

6. 隔离检疫

1）所有输入的天敌和生物防治物应在检疫机构指定的场所隔离检疫。隔离场所的条件和隔离检疫期管理应当符合国家主管部门的有关规定。

2）隔离检疫期间，检疫机构按照《检疫许可证》要求及其他有关规定抽样和实施检疫。

3）隔离检疫期满，检疫合格的，解除隔离状态，允许用于释放；检疫不合格的，做销毁处理，并对隔离场所做消毒处理。

7. 检疫监督

1）检疫机构对天敌和生物防治物的输入、运输、隔离检疫、释放天敌等过程实施检疫监督管理。承担输入、运输、隔离检疫、释放天敌和生物防治物的单位，应严格按照检疫机构的检疫要求，落实检疫防疫措施。

2）在运输装卸和隔离检疫过程中，天敌和生物防治物输入单位或个人，应当采取有效的防疫措施。

8. 释放

1）当地检疫机构根据可接受风险水平，对申请释放者提供的关于目标有害生物及天敌和生物防治物的文件进行风险评估，经检疫和风险评估合格的方可释放。

2）不育技术处理的天敌和生物防治物释放，应提供不育技术及其使用方法、不育效果等有关资料。

3）天敌和生物防治物的释放或淹没式释放，要向检疫机构提供它们的释放程序、释放数量、地点、日期、释放物种的科学鉴定证明等。

4）天敌和生物防治物的释放或淹没式释放，释放者要有专业技术人员负责管理，并建立必要的安全管理制度，防止危险性有害生物扩散到环境中去。如发生任何安全事故，释放者应及时启动应急计划和扑灭措施，并及时报告当地检疫机构。

5）天敌和生物防治物的释放或淹没式释放，要符合生态安全要求和考虑生物多样性，要防止物种的变异和对非目标生物的影响，发现异常问题要及时通报当地检疫机构。

9. 监测与评价

1）检疫机构根据需要，对释放或淹没式释放的天敌和生物防治物的使用范围和使用过程进行定期检疫监管和疫情监测，发现疫情和问题及时采取相应的处理措施，并将情况上报国家主管部门。

2）检疫机构根据需要，对释放或淹没式释放的天敌和生物防治物防治效果进行追踪监测，没有防治效果的天敌和生物防治物，应终止引进和释放。

三、饲养与研究

（一）基础研究

对引进的天敌，释放前必须进行生物学、生态学特性的研究，如世代发育周期、对新环境的适应性、对各种寄主的寄生（或捕食）能力、不同寄主上的生殖力变化、与目标害虫的生态位关系、生态安全性评价等。总之，盲目释放很危险。

如果引进的天敌是当地已有分布的种类，那么应该考虑到释放后，引进的外地品系与当地品系杂交的可能性。第一种情况是杂交后代及以后的世代表现出优势，具有比原有品系更强的生活力、生殖力和对不良环境的抵抗力，如 20 世纪 50 年代我国从苏联引进的日光蜂（*Aphelinus mali*），与本地蜂杂交，生殖力显著提高。第二种情况是杂交后代及以后的世代表现出劣势，生活力和繁殖力下降，对不良环境的抵抗力减弱，甚至产生不育后代。因此，引进当地已有分布的天敌时，释放前进行上述研究十分必要，以便对能否释放做出妥善抉择。如不适于释放，应重新考虑引进别的天敌。

（二）大量繁殖方法的建立

养虫室内大量繁殖方法的研究，是获取足够天敌数量、满足田间释放所需的保证。饲养过程中要同时保持几个品系，以防止病原物感染等；保持品系活力，繁殖过程中温度和光照周期的波动，能够防止种群退化，并可解除滞育、改变行为如交配时间和减少运动性等；改进繁殖系统，确保不同批次产品质量的稳定。

实验室采用单一寄主长期饲养，出现种群退化是正常现象，可以考虑采用以下 3 种方法对退化种群进行复壮。一是利用自然寄主进行饲养，如实验室利用米蛾（*Corcyra cephalonica*）卵保种玉米螟赤眼蜂（*Trichogramma ostriniae*），可以将米蛾卵换为玉米螟卵进行复壮。二是引进自然种群个体，即将田间获得的自然种群适量个体引入保存的种群。三是改变环境条件，如温度和光照的波动。

四、田间释放

（一）概念

根据天敌作用的特点，田间释放可以分为淹没式释放（inundative release）和接种式释放（inoculative release）两种方式。前者主要依靠释放的天敌本身控制害虫，是为了达到迅速降低一种害虫种群密度，而以压倒性优势释放大量繁殖的天敌，但不一定产生持续的影响；而后者则主要依赖所释放天敌的后代控制害虫的发生，释放的天敌在田间建立种群并持续增殖，进而持续抑制害虫种群的发展。

（二）安全释放

通过寄主选择、寄主搜索、繁殖力等一系列试验，从保存的天敌品系中，筛选对目标害虫最具控制潜力的品系进行人工大量饲养繁殖。

选择安全的地点释放，并通知土地的管理者；如果是利用养虫笼释放，应选择不太引人注意的地点，确保干扰的最小性。

释放的虫态一般以成虫为宜，但并不绝对，要具体情况具体分析。例如，寄生蜂自然是成虫最好，释放后的成虫离开释放点即可开始搜寻寄主；而对于捕食性的草蛉来说，有些种类的成虫并不捕食，因此应该释放即将孵化的虫卵或直接释放幼虫。

（三）释放时间

释放时间主要按寄主及寄生天敌的生活史来决定。从季节上考虑，天敌与害虫生活史相互吻合是十分重要的，即合适寄主阶段出现的最早时期，天敌昆虫有足够的时间搜索和繁殖；从昼夜变化考虑，一般选择早晨或傍晚，释放的天敌不太可能马上扩散；从天气情况考虑，宜选择晴朗和暖的日子和时刻，尽可能避免在极端温度和大风天气释放。

（四）释放量

释放量要根据现有的天敌数量而定，一般释放量应有一个最高限度。如果释放的寄生天敌没有立刻成功，需要继续释放几年，一次释放失败并不意味着这种天敌不适合，也许释放时间、地点或释放方法不对，或者是由于这种昆虫在关键的阶段受到不良天气的阻碍。究竟要释放多少年或多少世代，根据它本身的特点来决定。如果一种天敌确实无法定居下来，应当尽一切努力来寻找其失败的原因。如果这些原因是无法改变的，那么只好放弃应用这种天敌。

为了建立种群，应该释放多少引进的天敌昆虫呢？如果条件允许，大量释放易于成功。大量释放能使被释放天敌易于发现配偶；或是释放已经交配的雌性，天敌在田间不需要再寻找配偶即可繁殖。

通常，较大量集中释放在几个点胜于稀疏地释放在大面积内。多点释放能保证种群的定殖，释放的天敌不一定能在所有的释放点定殖。因此，需要平衡好大量释放与多点释放的关系。有些种类有现成的释放指南可以利用，指南会告诉你怎么做。值得注意的是，有时候技巧比科学更重要。

（五）释放方法

1. 敞开释放   将天敌直接释放在田间或自然界，看起来比较"自然"。优点是天敌被捕食的风险较小；缺点是可能会扩散得太快，给寻找配偶带来困难，当然，可以通过释放已经交配的雌性解决这个问题。

2. 笼内释放   将天敌放在养虫笼中释放。优点是雌性容易发现配偶完成交配，且容易发现建立种群的证据；缺点是增加了被捕食的风险，有些被粘在笼上，或不能扩散。

3. 有限的笼内释放   将待释放的天敌放在养虫笼内几小时或几天，然后移去养虫笼。优点是平衡了上述的利益和风险，是较好的方法；缺点是比较费时费工，但如果能获得较好的效果，自然是值得的。

五、效果评价

（一）效果评价的原因

开展生物防治项目效果评价的主要原因有 3 个。一是从引进天敌的历史来看，不是所有的项目都是成功的，需要找出失败的原因。二是来源于化学杀虫剂的压力，以证明生物防治的效果。三是投资方也需要知道投入的经费和资源，是否达到了预期的效果，以后是否能资助其他类似的项目。

（二）释放效果

天敌昆虫引进后的应用情况大体分为 3 类[3]，主要依据是引进后能否在目标害虫栖息地建立种群。

第 1 类是适应了新的引进地的生态环境，建立了稳定的种群，并对目标害虫起到了一定的控制作用。这一类属于比较成功。

第 2 类是释放后经过较长时间对新环境的适应仍然处于不稳定的状态。原因可能是多方面的。首先原产地与引入地的地理纬度不相符合，如从较为温暖的地区引入的种或品系在较为寒冷的地区不能越冬，或是新的引入地的植被种类与原产地差别过大，有些天敌昆虫对不同的植物的选择性不同，甚至对某种植物形成特定的依赖，利于栖息和补充营养。还有些种类的天敌昆虫对害虫的不同发育阶段有严格的选择性，在新的引入地这种选择性未能很好地得到满足。这一类的天敌昆虫往往通过进一步的研究，找出原因并加以人为辅助，仍能成为引入地的优良天敌昆虫种群，发挥长期的控害作用。

第 3 类属于不成功的引进种类，这一类通常是对防治对象的选择性差，进入新的环境后对目标害虫的搜索能力差，捕食寄生能力差，无法继续繁殖；另外，对新的环境条件适应性差，难以度过极端的恶劣条件，如高温、干燥、强烈的紫外线、寒冷的冬季、食物缺乏等；复杂的天敌类群也会对新引进的种类产生多种影响，如种间竞争、相互攻击等。这一类天敌昆虫占引进种类的 40% 左右。

（三）效果评价的方法

引进的天敌是否能建立种群，是发挥其生物防治效能的标志。因此，天敌释放后，首先需要明确的就是该天敌是否已经建立种群。

在释放的当年即要进行调查，此时天敌种群密度较低，要发现释放的天敌可能会比较困难，可以通过寻找成虫、粪便或僵蚜等间接证据，同样证明种群的存在。如果确实要获得成虫，应尽量避免毁灭性采集，或是采到后获得已确认其存在的证据后即放回田间。此外，释放的天敌并不是能在所有的释放地点建立种群，在有些地点可能不能建立种群，因此需要多地点调查。更重要的是，在释放的随后几年内要跟踪调查，因为获得一个有效的天敌可能需要几年时间。

第三节　我国的天敌引进工作与成效

一、我国引进天敌的概况

我国的天敌引进始于 1909 年，当时从美国引入两批次澳洲瓢虫到我国台湾，控制了柑橘吹绵蚧并在当地建立起稳定的种群，不需要喷施农药防治吹绵蚧。新中国成立后，开展了大量工作。大规模的天敌引进始于 20 世纪 70 年代末期，共引进境外天敌昆虫至少 69 种、212 批次，包括茧蜂、瓢虫、草蛉、赤眼蜂、蚜茧蜂、蚜小蜂、跳小蜂、姬小蜂、绒茧蜂、捕食螨、捕食螨、古巴蝇、食蚜瘿蚊等。这些引进天敌中的小窄径茧蜂（*Agathis pumila*）、菜蛾盘绒茧蜂（*Cotesia vestalis*）、小黑瓢虫（*Delphastus cataline*）、半闭弯尾姬蜂（*Diadegma semiclausum*）、豌豆潜蝇姬小蜂（*Diglyphus isaea*）、丽蚜小蜂（*Encarsia formosa*）、恩蚜小蜂（*Encarsia* sp.）、桨角蚜小蜂（*Eretmocerus* sp.）、暗红瓢虫（*Rodolia concolor*）、小毛瓢虫（*Scymnus* sp.）、甘蓝夜蛾赤眼蜂（*Trichogramma brassicae*）、广赤眼蜂（*Trichogramma evanescens*）、玉米螟赤眼蜂（*Trichogramma ostriniae*）、沟卵蜂（*Trissolcus* sp.）、胡瓜新小绥螨（*Neoseiulus cucumeris*）、智利小植绥螨（*Phytoseiulus persimilis*）等，部分种类已经完成规模扩繁，实现了产业化，在农田、果园、保护地蔬菜害虫防控中得到大面积应用，有效控制了农林害虫的发生与为害[4]。

二、我国引进天敌的代表性种类

（一）引进澳洲瓢虫防治吹绵蚧

1. 分布与捕食特性　　澳洲瓢虫（图 9-2）属瓢虫科（Coccinellidae）。原产大洋洲，能大量捕食吹绵蚧，先后被 57 个国家引进。南起新西兰、北至俄罗斯，跨南纬约 44°至北纬 44°，在各地区均能发挥其治虫效能。在国内分布于广东、福建、浙江、江西、四川等地。

图 9-2　澳洲瓢虫（*Rodolia cardinalis*）

2. 生物学特性　　澳洲瓢虫由原产地大洋洲引到世界各地，适应了当地气候环境，世代数及生活习性也相应地改变。澳洲瓢虫在重庆北碚饲养，1 年 8 代，世代历期最长 229 d，最短 19 d，平均 56.26 d。在广州地区无明显的越冬现象，在冬季寒潮来临时，隐伏不动，等到温度回升，又恢复活动。

成虫活跃，飞翔力较强，常栖于荫蔽环境，活动于树冠内、杂草间，一经触动便落地假死。成虫羽化后便可交配，有多次交配习性。交配后 1~2 d 产卵，一生产卵 5~612 粒，平均 173.82粒。卵散产或成堆，排列不整齐，常产于吹绵蚧背上、腹下、卵囊内，卵历期 3.18~12.27 d。

幼虫 4 龄，历期 5.77~24.23 d。1、2 龄幼虫常集中于吹绵蚧腹下，取食虫体汁液和卵粒。1 龄幼虫日平均食卵为 7.5 粒，2 龄幼虫 8.5 粒，3 龄幼虫 18 粒。除食卵外，幼虫日平均食介壳虫幼虫 0.85 头。在食料奇缺的情况下，常自相残杀，以 1、3 龄幼虫最为严重。4 龄幼虫成熟后，在叶背或较荫蔽的树干缝隙固定下来，变成前蛹。前蛹期历时平均 1.51~7.55 d。蛹历期平均 3.30~14.13 d。

澳洲瓢虫抗农药能力弱。相对来说，成虫抗农药能力较强，卵次之，幼虫最弱，常用浓度的 1605 及 DDT 乳剂，对卵、幼虫、成虫均有很高的杀死力，一般在 80%～100%。常用浓度的敌百虫，对卵、幼虫、成虫伤害较少，死亡率为 0～30%。

澳洲瓢虫与吹绵蚧的虫口比例为 1∶15 左右时，经 14～20 d 后，吹绵蚧被全部消灭。

3. 引进和释放效果　　我国于 1955 年 11 月又引进了澳洲瓢虫，当时仅得活成虫及活蛹各一对，经陆续在室内繁殖，先后分送至广东、广西、浙江、江苏、四川、河北等有吹绵蚧为害的地区。

1957 年，在广东电白县（现茂名市电白区）博贺防护林释放成虫 40 头，防治木麻黄（*Casuarina equisetifolia*）的吹绵蚧。该林带 1956 年 8 月间开始发生吹绵蚧，危害逐渐加剧，10 万株木麻黄中，当时被害的有 2 万多株，其中有些被害枯死。释放澳洲瓢虫之后，对吹绵蚧起到了显著的抑制作用。澳洲瓢虫也在该林带定居下来，不用人工管理，直到今天仍在发挥对吹绵蚧的抑制作用。澳洲瓢虫已在广东省许多地区定居下来，继续抑制为害柑橘、木麻黄及台湾相思（*Acacia confusa*）的吹绵蚧的发生。

澳洲瓢虫自广东引进四川、重庆后，有效控制了柑橘、柚树上的吹绵蚧。引进后两个月就扩散到 1 km 以外地区，虽有小丘、建筑物、河流阻隔，仍未妨碍其扩散迁移。柑橘园放养澳洲瓢虫进行生物防治，应定期检查，加强管理，必要时辅以人工和化学防治，巩固防治成果，不要认为一放瓢虫就万事大吉。

根据各地利用澳洲瓢虫防治吹绵蚧的评价，这种瓢虫不仅繁殖力高、迁飞扩散快、抗逆性强、适应范围广，而且利用的有效时间长，利用方法简单，花劳力少，成本低。这是化学防治不及之处。因此，这种瓢虫具有广泛利用的价值。

（二）引进孟氏隐唇瓢虫防治粉蚧

1. 分布与捕食　　孟氏隐唇瓢虫（图 9-3）属于鞘翅目瓢虫科，曾一度成为近代害虫生物防治的重要材料之一，不少国家先后从大洋洲引进此虫加以繁殖和利用，以防治粉蚧（*Pseudococcus* spp.），效果显著，目前仍有不少国家和地区继续利用。我国曾于 1955 年引进孟氏隐唇瓢虫，先后在广东、福建等地进行繁殖和利用试验，并初步应用以防治可可、咖啡、桑树等的粉蚧，获得一定效果。

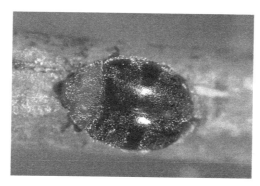

图 9-3　孟氏隐唇瓢虫（*Cryptolaemus montrouzieri*）

2. 生物学特性

（1）世代发育　　世代发育经历卵、幼虫、蛹和成虫 4 个阶段。成虫产卵于粉蚧的卵囊内或在有粉蚧分泌物黏附的枝叶上。幼虫 4 龄，老熟幼虫在叶背、卷叶中或爬至养虫笼壁化蛹。

蛹藏于第 4 龄幼虫皮内,成虫羽化后在蛹壳内隐伏一些时候才出来活动。成虫的性别可由第一对胸足的颜色来判断:雄虫为黄色,雌虫为棕褐色。

经在广州及福州室内外饲育观察,该种瓢虫一年可完成 6 代,各季节由于气温的差异,其发育历期不同。在广州室内自然条件下饲育,世代最短的为 24.9 d(平均气温 28.6℃,RH 92.5%),最长的为 59.2 d(平均气温 19.6℃,RH 72.4%);室外情况也类似,最短为 25 d(平均气温 29.8℃,RH 77.6%),最长为 91.4 d(平均温度 16.8℃,RH 59.1%)。

(2)不同饲料对孟氏隐唇瓢虫生长发育及繁殖力的影响   孟氏隐唇瓢虫的食性较广,能取食多种粉蚧,但取食不同种类的粉蚧,对其生长发育以至产卵量均有不同影响。经用柑橘粉蚧(*Planococcus citri*)、可可粉蚧、红毛榴莲粉蚧、甘蔗粉蚧(*Saccharicoccus sacchari*)、长尾粉蚧(*Pseudococcus longispinus*)等饲育幼虫,其中以田间采回的可可粉蚧作饲料的幼虫发育较快、性比高、成虫产卵量多。衰老的成虫转食由田间采回的可可粉蚧,可恢复生殖能力,并保持相当长时期的高产卵量,因此在进行人工繁殖时,可考虑用更换饲料的方法作为复壮的措施之一。

(3)温、湿度对孟氏隐唇瓢虫生长发育与繁殖的影响   温度影响成虫的寿命、产卵及孵化。一般在秋、冬及春末夏初,成虫可活 7 个多月,寿命最长的可达 245 d,并且在死前数天仍可产卵。雌虫在正常情况下 1 d 产卵 5~6 粒,最多达 14 粒,以在 20℃左右产卵量较多。在炎热的夏天平均温度达 31℃(RH 81.1%)和严寒的冬季平均温度 17.7℃(RH 59.1%)时,成虫不产卵或卵不孵化。所以成虫产卵对高温(高于 30℃)和低温(低于 17℃)的适应能力都弱。成虫如以蜂蜜喂饲一个月后再给以粉蚧,仍能正常产卵孵化,因此在介壳虫缺乏时,可用以暂时维持成虫生命。成虫在冬季进入半越冬状态,低温时一般躲在卷叶中隐伏不动,天气稍暖,温度达 12℃以上时,成虫即开始活动取食和交尾。

温度同样影响发育历期的长短。在 30℃、RH 75%~80%条件下世代历期最短,仅需 18.4 d。在同一温度内,发育历期与相对湿度的关系规律不明显,但在 18~27℃,相对湿度增高(75%~100%)时对发育历期并无抑制作用,而在低湿(40%~60%)下,发育历期较长。30℃、RH 75%~80%的条件对发育最有利,而在饱和湿度中绝大部分不能完成发育。30℃、RH 100%的条件对幼虫发育极为不利,仅有 6.7%存活。在 18~30℃、RH 40%~80%时,幼虫死亡率都不高。温、湿度对蛹期的影响和幼虫期相似。

综合发育历期和各虫期的存活率指标,在人工繁殖孟氏隐唇瓢虫时,以控制温、湿度条件在 24~27℃、RH 60%~80%为宜。

3. 人工繁殖   首先要解决的是食料问题,即大量繁殖粉蚧;要有足量的粉蚧,也要先保证粉蚧的食料。马铃薯芽是人工繁殖粉蚧的好饲料。最好建立一间粉蚧和瓢虫繁殖室,栽培马铃薯以繁殖粉蚧,获得供给瓢虫的食料。

(1)建立粉蚧及瓢虫繁殖室   繁殖室为长方形,内部两边设 3 层木架,为放置马铃薯木盘之用,木架最好稍离墙壁,以利通风。小室的数目可视需要而定,但最少需建立两个,以足够供给马铃薯芽。

(2)马铃薯的种植   种植马铃薯的箱用木板制成,规格可视需要而定,一般长 30 cm、宽 30 cm、高 12 cm,箱底开孔,便利排水。这种种植箱,种植马铃薯后,重约 27 kg。因重量不大,所以便于搬运,且可放入养虫笼中做其他观察或试验。此种种植箱可以种中等大小的马铃薯 30 个(约 1.7 kg),可得薯芽 61~75 条;若每箱种 16 个(约 1.2 kg),可得薯芽 27~46 条,平均 34.9 条。可根据薯块大小来决定种植个数。

马铃薯下种后要立刻充分浇水（以后若土壤过干也要浇水）。将种植箱放在繁殖室的木架上，并垂下繁殖室的黑布窗帘，晚上可以把暗室的窗帘打开使充分通风。日间也需打开窗帘通风 1～2 次，每次约 30 min，室内遮黑布，使马铃薯萌发的芽成黄白色，以利于粉蚧的生长。

（3）粉蚧的接种、培育和冷藏　在马铃薯种植后，待黄化的薯芽长至 25 cm 左右时（常温下约需 1 个月）就可以接种粉蚧。接种方法有两种，一种是移爬虫法，即将绿色植物嫩叶如山指甲（*Ligustrum sinense*）等的嫩叶（要求是容易干枯，不带病菌或其他昆虫，幼虫喜于上去的叶子），放在已经孵化的长满粉蚧幼虫的马铃薯上，待幼虫转到嫩叶上后，把这些叶子放到新薯芽旁，让其自行迁移固定。另一种是移入卵囊法，即用针或镊子收集成熟的卵囊（每卵囊含卵 200～300 粒），移于马铃薯芽上，卵孵化后即行分散固定。前一方法较简便，但不如后一方法的成活率高。接种的数量，如种植 16 个薯块薯芽总长 443 cm 的一箱薯芽，接种粉蚧幼虫的数量为 40 000 头左右。如果接种量过少，薯芽利用率低；接种过多，生长过密，幼虫易迁离，同时雄虫比例增高，雌虫生长不良。

接入粉蚧后，仍需保持黑暗 3～4 d，以后每天将暗室的黑布窗帘打开一定时间，让光线照入室内，使马铃薯芽顶部变绿，并有数片叶子张开，这既有利于薯芽的生长，也有利于粉蚧的发育。

培育粉蚧以 26～28℃、RH 50%～70% 的条件最适宜，如果过高或过低对每卵囊的含卵量均有影响，且会出现幼虫迁移的现象。在 26℃左右接入刚刚孵化的粉蚧幼虫，约经 18 d 雄虫大量羽化，经 20～21 d 雌虫也开始形成卵囊，共经 32 d，下代幼虫又开始大量孵化。粉蚧在薯芽上的密度，平均每 3.5 cm 长的薯芽上有老龄雌虫 120～170 头，多的可达 5000 头左右。

如果粉蚧暂时不用，可用冷藏的方法保存。试验证明粉蚧的卵囊，在 4～8℃可保存 15 d 仍能孵化。在干燥密封的条件下，−10～−5℃的低温中卵囊可以保存三个月或更长，瓢虫仍喜于取食。

除马铃薯芽外，南瓜也是繁殖粉蚧的好饲料。尤其在南方，马铃薯不多，南瓜来源比较广泛，且繁殖程序也较简便，是易行的方法。繁殖时只要将粉蚧的卵囊或初孵幼虫移放在瓜蒂处，粉蚧即在瓜皮上固定生长。在用南瓜繁殖粉蚧时应选用老熟瓜，且以盒形、瓜面多凹线的瓜型利用率最高，接种粉蚧后生长良好，每卵囊含卵量多，利用期长。用南瓜培育粉蚧时，粉蚧的接种量按每 4 cm² 接入一个卵囊为宜，过稀或过密同样会造成浪费或出现幼虫爬离、雄虫多的现象。

（4）孟氏隐唇瓢虫的繁殖　在初引进或瓢虫数量不足时，可用小量繁殖的方法，将从野外采回的粉蚧连同叶片放入养虫缸中，一个缸放瓢虫成虫 10～20 头，每周更换 1～2 次饲料。更换食料时，养虫缸中原有叶片上尚有一部分粉蚧和卵囊残留，因此换下的枯叶和粉蚧残余另以养虫缸放置，待卵孵化后继续以粉蚧饲养瓢虫。或将野外采回带有卵囊的粉蚧，黏附于 3 mm×10 mm 的 5 片硬纸片上，放入养虫缸中，即可供 10～20 头瓢虫成虫春季一星期的食料而有余，1 星期后瓢虫便在硬纸片上产卵。将硬纸片连同卵取出，并换入如同上述新的带有粉蚧及其卵囊的硬纸片加以繁殖。

在用马铃薯芽培育粉蚧达到 3 龄时，就可用来人工大量繁殖瓢虫。每箱可放入成虫 30 头，待其在薯芽的粉蚧堆上繁殖，在平均温度 23℃时，约经 23 d 即平均可得瓢虫成虫 240 头。如果粉蚧生长良好则可收 350 头。在粉蚧被瓢虫吃完后，仍有约半数亲本成虫存活，并有幼龄的瓢虫幼虫，因此可以早一些时候把亲本瓢虫收回。

4. 孟氏隐唇瓢虫的利用　孟氏隐唇瓢虫可捕食多种粉蚧，能够有效地防治柑橘树的粉蚧类，但它对温度的适应范围窄，据报道饥饿和毫无准备而越冬的孟氏隐唇瓢虫在−10℃时就会死亡，超过 27℃的高温对它也不利。因此在许多地区不能在自然界建立种群，要用人工繁殖来增加数量，在需用时放到田间去，这是孟氏隐唇瓢虫的一个缺陷。在广州，冬季气温并不过低，可以安然过冬，但夏季温度相当高，对瓢虫的生存不利，加之广州的粉蚧在夏季密度不大，瓢虫的食料来源困难，在野外生存有一定困难。

孟氏隐唇瓢虫在饲育技术上并无困难，繁殖也迅速，释放田间防治粉蚧的效果显著。例如，1956 年在广州郊区一个受粉蚧为害相当严重的柑橘园中释放孟氏隐唇瓢虫，10 d 内就控制了粉蚧。1957 年 8 月在福州进行了释放隐唇瓢虫防治重阳木（*Bischofia polycarpa*）粉蚧的试验，每株放成虫 20 头，至 10 月初，树上的瓢虫形成优势，每树的瓢虫数量已增至 1000 头左右，粉蚧被控制。又如在广州、海南岛、福建等地也都进行过用隐唇瓢虫来防治可可、咖啡、桑树及柑橘等粉蚧的试验，均得到不同程度的效果。

在孟氏隐唇瓢虫的应用上，还需注意的是天敌为害瓢虫的问题。例如，在广州曾将孟氏隐唇瓢虫移到有粉蚧的菠萝树上，瓢虫一到树上就遭到与粉蚧共生的一种蚂蚁的围歼。在海南岛和福州，把隐唇瓢虫释放到可可树上防治可可粉蚧时，瓢虫同样遭到一种蚂蚁为害，这种蚂蚁不但取食粉蚧分泌的蜜露，包围粉蚧，而且可噬咬瓢虫（对幼虫更甚）致死，严重影响瓢虫生长繁殖。因此，对孟氏隐唇瓢虫的天敌进行调查和了解粉蚧的生物学，对其进一步的利用是很必要的。

自 1955 年从国外引进孟氏隐唇瓢虫到广州并分寄至各地之后，一直未在野外发现其踪迹。直到 1979 年 5 月，才在广州、佛山的石栗（*Aleurites moluccana*）树上发现其取食石栗粉蚧（*Pseudococcus* sp.）。它们或以孟氏隐唇瓢虫为主，或以弯叶毛瓢虫（*Nephus* sp.）为主，两者共同起着控制石栗粉蚧发生的作用。1993 年起在鹤山等地释放孟氏隐唇瓢虫，防治从美国传入的湿地松粉蚧（*Oracella acuta*）也取得良好效果[5]。

（三）引进日光蜂防治苹果绵蚜

1. 分布与寄生特性　　日光蜂又名苹果绵蚜蚜小蜂（*Aphelinus mali*），属膜翅目小蜂科（Chalcididae），是苹果绵蚜（*Eriosoma lanigerum*）的一种重要内寄生蜂，国内外广泛用于防治苹果绵蚜。

日光蜂原产美洲，寄生于苹果绵蚜体内。寄生效率很高，适应性强，许多种植苹果而受绵蚜为害的国家，都设法引进这种寄生蜂。引进的国家及地区已达 51 个，在其中 42 个国家建立了种群。引进地区也和澳洲瓢虫一样，跨南纬约 44°至北纬 44°。我国于 1942 年从日本引种到大连，1950 年在山东烟台发现此蜂，目前在我国云南、四川、山东、台湾等地均有分布[6]。

2. 生物学特性　　日光蜂在青岛以老熟幼虫在苹果绵蚜尸体内越冬，青岛冬季自然界最低温度−12℃时，越冬幼虫仍安然度过，最低羽化率还达 85%，可见其耐寒性是很强的。日光蜂在青岛一年发生 10～12 代。越冬代一般经 184 d，第 1 代经 28～30 d，往后气温渐升，发育时间逐渐缩短，至 6 月中旬以后，最短仅需 7 d 多即可完成 1 代。日光蜂发育以 22～27℃、RH 80%～90%为宜。

在青岛，越冬幼虫一般在 4 月中旬温度达 11℃时化蛹。4 月下旬，旬平均温度达 12～14℃时进入羽化盛期。随后气温渐升，开始活动，交配及寻找绵蚜寄生。可以寄生各个发育阶段的苹果绵蚜，但最喜欢寄生 3 龄若虫，其卵产于苹果绵蚜体内，未受精的卵发育成雄蜂，受精的卵发育成雌蜂。卵和幼虫在僵蚜体内的发育速率受温度和寄主龄期的影响，其中寄生 4 龄若虫和成虫的寄生蜂发育最快，寄生 1 龄若虫的发育最慢。日光蜂各代的寿命长短不一，雌蜂的寿命长于雄蜂，最长的可达 41 d[6]。

成虫不大飞翔，气温高或受惊动时能做短距离飞行，但迁移扩散较慢。温度显著影响成虫寿命，在 26.5～27.2℃时，雌、雄蜂寿命为 7.4～12.7 d；在 22.6～23.4℃时，寿命为 18.6～20.9 d。成虫产卵数与气温高低也有密切关系。在 16～20℃时，一头雌蜂一生产卵 10.2～22.7 粒，21～23℃时为 29～32.4 粒，24～26℃时为 21～70.4 粒。高于 27℃，成虫寿命短，产卵数为 22～28 粒。在最适宜条件下，一头雌蜂一生可产卵 108 粒。在青岛地区日光蜂除寄生苹果绵蚜外，在野外也寄生白杨（*Populus candicans*）的绵蚜，并可发育为成虫。成虫将卵产入绵蚜腹部内，卵期 3～4 d，幼虫期 10～20 d。被寄生的绵蚜死亡后由体内渗出液体，将死虫胶着在树枝上，死虫色转黑，胀大，体表绵粉大部分脱落，形成僵蚜。

日光蜂成虫 4 月中旬开始羽化，由于气温仍低，活动受影响，产卵数少，而且由于越冬蜂部分死亡，故该时蜂数不多。5 月上旬绵蚜已大量出现，而果园内日光蜂数量尚少，故寄生率仅在 4%～12%，因此在夏初没有达到抑制绵蚜发生的要求。到 6 月，日光蜂迅速增殖，寄生率经常保持在 40%～60%，为当年寄生率的第一个高峰，7 月间仍保持相似的寄生率，到 8 月日光蜂发育更快，寄生率达 60% 以上。有些果园可达 90% 左右，为当年寄生率的第二个高峰，故 6～8 月日光蜂对绵蚜的发生具有一定的抑制作用。9 月以后由于气温逐渐降低，日光蜂发育迟缓，相反地，这时刚巧是绵蚜繁殖最盛期，寄生率又一度下降，到了 10 月，寄生率一般为 20% 左右，形成绵蚜的盛发。总的说来，初夏及秋季，日光蜂寄生率不高，绵蚜在夏初和秋季易形成灾害。

3. 控虫效果　为进一步提高日光蜂寄生率，更有效地控制绵蚜，可否由国外引进一些活动力较强的日光蜂种？1955 年，曾从国外引进日光蜂到青岛进行试验。引进的蜂种先在室内观察其产卵量，并与本地蜂种杂交，比较其后代及本地蜂种的产卵量，一直杂交到第 5 代，结果是杂交种无论用外来种作为父本还是母本，产卵量均高出本地蜂种，第 1 代高出 97.13%～100.93%，第 2 代高出 78.99%～101.68%，第 3 代高出 60.45%～130.53%，第 4 代高出 70.24%～114.57%，第 5 代高出 54.85%～71.86%。外来蜂种产卵量也比本地蜂种高。根据这些试验结果，可推知将外来蜂种放进果园，不会引起坏的效果。1955 年开始在苹果园里释放外来日光蜂，1956 年又在一个有 35 株 27 年苹果树的果园内进行试验，以另一管理和生产期相仿的果园作对照，于 4 月 3 日放入外来蜂种，先后放蜂共 71 000 头，其中 4～5 月共 10 000 头，6 月 59 000 头，8～9 月共 1500 头。放蜂后分期进行绵蚜被寄生率调查，发现放外来蜂种的果园，绵蚜被寄生数显著增多，其中 10 月下旬的寄生率达到 40% 以上，对抑制秋季绵蚜发生而减低来年春季绵蚜虫口基数起了一定的积极作用。事实也如此，1957 年青岛地区绵蚜普遍严重发生，但在放蜂园中（1956 年及 1957 年都放）的绵蚜发生仍较别的果园为轻。1957 年 10 月 17～18 日调查当年生枝条被害情况，放蜂园的苹果树被害率为 19%，而对照园则为 93%。

因此，引进生活力较强的与本地相同的蜂种，通过与本地蜂种杂交后，可改变原有蜂种的生活力，因而寄生率能保持在较高的水平，达到控制害虫的目的。但要着重指出，引进与本地同种的天敌昆虫，在释放于田间之前，必须周详地进行其生活力及发生规律的研究，并尽可能进行与本地种类或近缘种进行杂交的研究，确定其利用价值后再散放于田间，以免降低本地天敌种类的效能。

4. 合理利用　鉴于日光蜂在苹果园的发生滞后于苹果绵蚜，控制效果不甚理想，可考虑采取以下措施增强日光蜂对苹果绵蚜的控制作用[6]。

1）储藏僵蚜和早期释放。由于日光蜂较苹果绵蚜发育滞后，田间早期释放日光蜂来控制苹果绵蚜效果较好。通过冬季剪取被日光蜂寄生的枝条储存，翌年在果园释放防治苹果绵蚜可取得良好的效果。但为了持续有效地防治苹果绵蚜，应考虑日光蜂的储藏问题。研究表明，以冷藏老熟幼虫为佳。在0～4℃时，冷藏日光蜂老熟幼虫170 d，对其发育、羽化和成虫的产卵数没有显著影响。而冷藏日光蜂的蛹，经过33 d，成虫羽化率和产卵量均显著降低。

2）果园种植开花植物。果园种植开花植物如苜蓿等有利于日光蜂的寄生，而且使日光蜂的滞后作用降低，寄生率上升，控制作用增强。

3）引进新的日光蜂品系。上述山东青岛由国外引进该蜂新品系提高防治效果就说明了这个问题，新西兰从加拿大引进的一个品系也改善了原有荷兰品系的耐寒性。

4）使用选择性药剂。在澳大利亚，利用昆虫生长调节剂苯氧威（fenoxycarb）或氟虫脲（flufenoxuron）代替防治苹果蠹蛾的对硫磷，可减少对日光蜂的毒害作用。

5）人工繁殖日光蜂。人工繁殖日光蜂，必要时予以释放，控制苹果绵蚜的发生，但迄今没有建立有效的人工繁殖方法。

6）研究影响苹果绵蚜天敌生存的外界因素，保护苹果绵蚜的各种天敌，以联合使用日光蜂与其他天敌，共同控制苹果绵蚜。

 思考题

一、名词解释

天敌引进；天敌移殖；天敌助迁；敞开释放；笼内释放；有限的笼内释放

二、问答题

1. 影响引进天敌成功的因素有哪些？
2. 有哪些引进天敌的成功经验？
3. 引进天敌中存在哪些缺点？
4. 引进天敌的一般程序包括哪些步骤？
5. 引进天敌的选择标准是什么？
6. 有哪些搜集天敌的方法？
7. 天敌运输过程中要注意哪些问题？
8. 谈谈你对引进天敌开展害虫生物防治的认识。

 参考文献

[1] 陆庆光. 天敌引进的历史及规章制度//包建中，古德祥. 中国生物防治. 太原：山西科学技术出版社，1998

[2] 中华人民共和国深圳出入境检验检疫局. 引进天敌和生物防治物管理指南：SN/T 2118—2008. 北京：中华人民共和国国家质量监督检验检疫总局，2008

[3] 陈红印，陈长风，王树英. 引进天敌昆虫的效果评估. 植物检疫，2003，17（5）：269-272

[4] 张礼生，陈红印. 我国天敌昆虫与生防微生物资源引种三十年成就与展望. 植物保护，2016，42（5）：24-32

[5] 蒋瑞鑫，李姝，郭泽平，等. 孟氏隐唇瓢虫研究现状及其种质资源描述规范的建立. 环境昆虫学报，2009，31（3）：238 -247

[6] 马明，郭建英，谭秀梅，等. 苹果绵蚜蚜小蜂—对苹果绵蚜有控制潜能的寄生蜂. 华东昆虫学报，2008，17（1）：71-75

第十章 | 移殖及助迁国内天敌防治害虫

第一节　移殖大红瓢虫防治柑橘吹绵蚧

一、生物学特性

1. 形态与分布　　大红瓢虫（*Rodolia rufopilosa*）与澳洲瓢虫同属于瓢虫科红瓢虫属（*Rodolia*）。体近圆形，呈钢盔状，密披金黄色毛（图 10-1）。分布于广东、广西、江西、湖南、福建、浙江、江苏，后来移殖到湖北、四川，用于防治柑橘吹绵蚧，成效显著。

2. 生活史及习性　　大红瓢虫在浙江省 1 年发生 4 代。以成虫越冬，越冬成虫在 3 月中、下旬活动，4 月中、下旬产卵。第 1 代由 4 月中、下旬至 6 月下旬；第 2 代由 6 月下旬至 7 月下旬；第 3 代由 8 月上旬至 9 月上旬，第 4 代由 9 月上旬至次年 4 月中、下旬。因雌虫的寿命及卵期颇长，故在 6、7 月之交，前后代次重叠。卵期平均 3.7～9.5 d，幼虫期平均 15.3～25.3 d，蛹期平均 6.1～15.4 d。成虫寿命第 1 代平均 45.8 d，第 2 代 88.2 d，第 3 代 153 d，第 4 代成虫越冬。

图 10-1　大红瓢虫成虫[1]

成虫行走敏捷，在中午时最为活跃，入晚或风雨之日则隐藏在枯叶下或树干空穴，尤以卷缩树叶内最多。食物缺乏或遇外物惊扰，则飞翔远离，飞翔距离为 15～20 m。成虫一生交配多次，交配后数小时可开始产卵。卵产在吹绵蚧卵囊背面或卵囊与腹部间。第 1 代成虫产卵 439 粒，第 2 代 598 粒，第 3 代 195 粒，越冬代 326 粒。成虫最喜欢取食吹绵蚧卵，也取食其幼虫及成虫。

成虫交尾产卵最适温度是日平均气温 26～29℃。平均气温低于 15℃即停止产卵。在阴天无阳光直射的条件下，22～23℃即停止活动，但饥饿 2～3 d，即在 16～23℃的天气，也还取食。越冬后活动所需温度较低，在阳光照射下，19～20℃即能活动。气温达 35℃时，表现骚动，急行乱爬。高温时选择茂密林中栖息。由于其适应的温度范围较窄，在温带地区，活跃的时间较短，在四川柑橘产地，活跃期为 5～9 月，在此期间，遇到酷热天气，也减低活动，如果没有适当的隐蔽场所，往往难以存活。

二、大红瓢虫在防治柑橘吹绵蚧中的应用

1. 移殖方法　　移殖老熟幼虫最易成功。将 4 龄末期幼虫放进盒内，任幼虫尾部黏附于盒壁或顶盖下，即可包装起运或邮寄，路程 1 周左右的可用此法。

2. 繁殖方法　　收到瓢虫之后，要集中繁殖到一定数量，才能分发到各处防治吹绵蚧。繁殖方法中以野外自然繁殖为最经济而有效。选择植株生长茂密、吹绵蚧发生严重的柑橘园，把成虫集中放到吹绵蚧最多的树上，放后要注意防止蚂蚁的侵害。四川泸州农场曾先后放成虫2955 头，到 9 月底检查，瓢虫数估计达 198 000 头。在室内繁殖则要事先饲养吹绵蚧。

在瓢虫活动期内，释放时间愈早愈好，数量则随季节迟早而不同，放虫早的，每 500 株被害树，一般放 200～500 头成虫，放虫迟的，则应加大放虫量。四川省在 6 月上旬放出瓢虫，到 7 月 11 日对吹绵蚧的控制效果达 99.76%。

树叶稀少或经吹绵蚧为害较久、树势衰败的柑橘树，释放瓢虫的效果不大，解决办法是提早放虫，加大放虫量，同时在树枝上多挂阔叶杂草，人为造成荫蔽条件，以利于瓢虫的生存和繁殖。

3. 大红瓢虫越冬问题　　大红瓢虫以成虫越冬，越冬期内需要补充营养，否则不利于长期隐伏。因此，在越冬时，不仅要有避风寒的地方，同时附近还要有充足的吹绵蚧，以便天气温暖时就近取食。一般在柑橘园内，不易有理想的越冬地方。根据湖北及四川经验，人工保护越冬是有必要的。湖北宜都在果园内掘一地窖，窖顶用覆盖物阻挡风雨，窖内温度可在 7～10℃，RH 75%～85%，瓢虫在地窖内由 11 月到次年 2 月，仍存活 81%。四川省曾试用地窖、铁纱笼、一般房屋的楼上及楼下 4 种场所作为瓢虫越冬场所，由 12 月 27 日到次年 3 月 19 日，存活瓢虫率分别为 47.5%、78%、83% 及 83%。结果显示越冬瓢虫在室内越冬成活较多。越冬期间食料不足，可饲以下列混合饲料：鸡蛋黄 1.5 g，琼脂（或以冻粉代用）1.25 g，白糖 10 g，蜜糖6 g，酵母粉 0.5 g，清水 100 mL，再加吹绵蚧榨汁 1～2 g，瓢虫成虫喜食，可维持生命，但幼虫不喜食。

第二节　移殖白虫小茧蜂防治紫胶白虫

一、白虫的危害与防治

白虫（*Eublemma amabilis*）属鳞翅目夜蛾科（Noctuidae），为紫胶虫（*Kerria lacca*）最严重的捕食性敌害[2]。我国各紫胶产区都遭受白虫为害，有的产区受害严重，造成紫胶生产上较大损失。白虫在大部分紫胶产区一年可繁殖 4 代，它不仅捕食胶虫，也吞食紫胶。每头白虫一生为害的胶被面积，在紫胶虫若虫期平均为 2 cm²，最大达 6 cm²；在紫胶虫成虫期平均为 1.5 cm²，最大达 1.7 cm²，可见紫胶虫若虫期受害较大。受害的结果是紫胶产量降低，质量变劣。

对于白虫的防治，曾用人工捕捉和化学农药喷杀等方法，虽有一定效果，但费工较多，大面积生产难以应用。利用白虫的天敌来控制白虫，国内外曾有过一些研究。在海南岛乌烈紫胶场找到了白虫的主要天敌——白虫小茧蜂（*Bracon greeni*），并经人工饲育，在胶林放蜂，基本上控制了白虫的危害。后来从海南岛把白虫小茧蜂移殖到没有白虫小茧蜂的粤东紫胶产区，进行防治白虫的林间试验，小茧蜂在粤东紫胶产区建立了种群，有效控制了白虫的危害。

二、白虫小茧蜂的生物学特性

1. 生活史及寄生习性　　白虫小茧蜂属膜翅目姬蜂总科小茧蜂科。在紫胶产区可终年发生，无滞育现象。但其发育周期长短因气候不同而异，一般气温越高，发育周期越短。在云南景东接近于自然条件下，白虫小茧蜂一年发生 11～12 代，龙陵勐兴 12～13 代。在广东夏季，11～13 d 就可完成一个世代。广州室内自然温度下，一年可繁殖 15 代；广东丰顺县自然条件下，一年可繁殖 14～15 代。

白虫小茧蜂为幼虫体外寄生蜂，仅寄生于体长 3 mm 以上的适龄白虫。白虫小茧蜂雌蜂的产卵管较长，能沿着胶虫的肛突插入胶被内，刺中白虫使之瘫痪，并产卵于其体表。卵孵化后，白虫小茧蜂幼虫即附在白虫体表吸食白虫体液，老熟幼虫在白虫尸体附近结茧化蛹。成虫羽化交尾后又在胶被上寻觅白虫寄生产卵。每个寄主体上一般可产卵 2～5 粒，最多达 13 粒。也常有只刺死而不产卵者。1 头雌蜂一生产卵量最多 231 粒，最少 41 粒，平均 113 粒。可寄生白虫的数量最多 126 头，最少 21 头，平均 66.3 头。在林间一般雌蜂多于雄蜂，性比（♀：♂）为（1～4）：1，白虫小茧蜂可行孤雌生殖，但其子代均为雄蜂。

2. 白虫小茧蜂活动与环境因素的关系 白虫小茧蜂活动受各种环境因素的影响较大。气温、光照、风等条件不适时，产卵活动往往受到限制。林间观察，冬季寒潮低温期间，当白天气温上升到 16.5℃以上时，白虫小茧蜂就能较正常产卵。若气温较低，就藏于杂草或落叶堆中。这些小环境内的温度一般比林间气温高 1～2℃。但遇晴朗静风天气，即使气温较低，仍可见白虫小茧蜂活动。夏季气温较高，白虫小茧蜂多在阴凉处活动，在阳光直射的胶被上则少见；一般早晨白虫小茧蜂较活跃，产卵也频繁；上午 8：00 以后气温升高，活动渐少，多停息于叶背等阴凉处；下午 5：00 后，又恢复活动，产卵。夜间多停息于叶背、胶背上。风速对白虫小茧蜂的活动也有影响，风力较大时，一般都不活动，微风则无影响。在适温情况下，下小雨时白虫小茧蜂仍能活动，中雨到大雨时，均躲藏于叶背等雨水淋不到处。

3. 补充营养对白虫小茧蜂成虫寿命的影响 补充营养对白虫小茧蜂的发育有显著的影响。白虫小茧蜂以喂食 15%蜂蜜水的寿命最长：雌蜂平均 99.9 d，最长 140 d，最短 64 d；雄蜂平均 76.6 d，最长 100 d，最短 38 d。喂 15%蔗糖水的寿命次之，喂胶虫蜜露的更次之。喂清水的最短：雌蜂寿命平均 6.2 d，最长 8 d，最短 4 d；雄蜂寿命平均 4.6 d，最长 8 d，最短 1 d。在繁殖白虫小茧蜂过程中，需要适当补充营养。在紫胶林间白虫小茧蜂的成虫主要以紫胶虫分泌的蜜露为补充营养。

三、白虫小茧蜂的繁殖和利用

用白虫小茧蜂防治紫胶白虫主要有 3 种方法：一是室内大量繁殖白虫小茧蜂释放林间；二是林间繁殖小茧蜂；三是从外地移殖小茧蜂。前两种方法适用于已有白虫小茧蜂存在的地方，当林间蜂群凋落时，人工释放增加蜂量。第三种方法适用于没有白虫小茧蜂的地方。

（一）室内繁蜂

1. 养蜂的设备和用具 繁蜂室要求光线充足，空气流通，切忌农药烟熏。冬季能保温，夏季清凉。冬季气温较低，若无加温设备，可用塑料薄膜围于背风向阳的房室，以利保温。夏季室温超过 30℃时要注意降温。

（1）繁蜂箱 用无不良气味的木料制造，蜂箱的长、宽、高分别为 25 cm、15 cm、11 cm，但根据实际需要可适当增加或缩小。蜂箱上方光面安装能抽动的玻璃，两旁镶上 180～200 目网眼的铜纱，其中一旁底部留一个活动接种门，便于接种更换寄主。箱的两端中，一端开两个喂食的圆形小孔，另一端开一个较大引蜂圆孔，套上玻璃或塑料圆管。

（2）繁蜂架　　书架状，用木、竹或铝等材料制成。一般长 1.5 m，高 1.5 m，宽 0.3 m。上下分成三层，最低层离地面 0.3 m，四脚垫以盛水碗，防蚂蚁侵袭。

（3）冷藏设备　　用于低温保存白虫或低温饲育棉红铃虫（*Pectinophora gossypiella*）及子蜂。

（4）繁蜂用品　　芒秆，培养皿，玻璃管或塑料管，指形管，药棉，蜂蜜，滴管，量筒，镊子，剪刀等。

2. 蜂种的采集　　将虫口密度较大的梗胶挂在有白虫小茧蜂的林内诱集雌蜂产卵。或检查树上胶被内白虫幼虫情况，若白虫已被寄生，便可采回，放在蜂箱中待子蜂羽化。此外，也可在蜂的羽化高峰期，用指形管捕捉白虫小茧蜂的成虫。

3. 寄主的收集　　室内繁蜂的寄主除白虫外，棉红铃虫也是比较理想的寄主。

（1）野外采集白虫　　可在胶园中把虫口密度较大的胶枝取回备用。

（2）收集棉红铃虫　　到产棉区晒花场或棉花仓库大量收集越冬幼虫或茧，棉红铃虫冬季可在自然温度下保存，但 3 月以后气温回升，须进行低温冷藏。

4. 接种、繁蜂和放蜂

（1）接种　　羽化后的白虫小茧蜂引进接种箱内使群体交配，3～7 d 后开始接种（夏季 3 d，春秋季 5 d，冬季 7 d）。接种时把有白虫为害的梗胶或胶块放入接种箱，如用芒秆或培养皿接种，事先用白虫粪便或碎胶把白虫、棉红铃虫幼虫或茧盖好。每天每头种蜂供给 1～2 头寄主比较恰当，接种后取出检查寄生情况，如已产卵则移到其他蜂箱让其发育羽化，以供释放或继续繁殖。若暂时不需蜂种时，可待白虫小茧蜂结茧后放在 5～10℃低温下存放。

（2）室内繁蜂应注意的事项　　①温度 20～25℃、RH 65%～80%较适宜。②繁蜂时白虫小茧蜂雌蜂和寄主比例一般控制在 1∶1，避免复寄生。③要繁殖一定数量的雌蜂时，幼龄白虫或棉红铃虫的用量要比老熟白虫适当增多，在有条件的情况下，尽量选用新鲜的老熟白虫。④为延长白虫小茧蜂的寿命以提高其繁殖力，可每天饲喂 15%～30%新鲜的蜂蜜水。

（3）人工放蜂　　将子蜂集中在玻璃管或小箱中，拿到白虫为害地段中心或东、西、南、北布点释放，释放时将出口处朝光，另一端用黑布包住，蜂会自行飞出。

（二）林间繁蜂

1. 繁蜂林地的选择　　林地的生境要求冬季背风向阳，夏季迎风阴凉。蚂蚁较多的林地，白虫小茧蜂寄生产卵受干扰较大，选择时要注意。

2. 梗胶的选择　　选取白虫虫口密度较大的新鲜梗胶作为繁蜂寄主，以期获得较多的子蜂。供繁蜂的梗胶，若发现即将羽化的白虫蛹，需用铁丝把其刺杀，以防羽化的成蛾飞出，繁衍后代，为害胶虫。

3. 繁蜂方法　　把选好的梗胶逐根用绳绑好，悬挂在预先确定的繁蜂林地内，离地面 1～1.5 m 高的树枝上，5～8 d 即可收回。全年都可进行林间繁蜂。在林间接种的时间，可根据季节及天气状况适当缩短或延长，在夏季晴朗天气，悬挂梗胶 3～5 d 即可收回。在冬季遇寒潮低温，可适当延长梗胶在林间悬挂时间，以待天气回暖。

采用林间和室内繁蜂的方法，虽能繁殖一定数量的蜂种，但要适时提供大量的蜂种就必须进行蜂种的保存。白虫小茧蜂可进行冷藏，在一定条件下冷藏的子蜂可作蜂种，并可正常繁殖后代，冷藏的虫态以发育 3～5 d 的幼虫为好，冷藏的温度在发育起点（12.2℃）以下 6～11℃，冷藏时间以一个月为宜，超过 40 d 羽化率很低。在冷藏前把子蜂放在 11～13℃低温室或自然温度下发育 1 d，使它逐步适应温度的降低，可提高冷藏效果。

（三）从外地移殖小茧蜂

从外地移殖蜂种，或室内繁育的蜂种带到较远处的紫胶产区释放时，无论携带成蜂或子蜂都不方便，且在运输过程容易造成蜂种死亡。梗胶带子蜂引种的方法，简化了蜂种的携带，便于生产上大面积推广应用白虫小茧蜂防治白虫时往各地引种。

供引种的梗胶有两种：一种是上述林间繁蜂收回的梗胶；另一种是已有蜂群的放胶林内直接采下的种胶。这两种梗胶的胶层内均繁育有子蜂。一般以种胶移殖的方法在生产上推广应用有更大的实际意义。有白虫小茧蜂的紫胶产区调进大量育有子蜂的种胶，即可起到移殖蜂种的作用。

四、白虫小茧蜂防治白虫的效果

1. 白虫小茧蜂释放的时间和数量　　由于白虫小茧蜂仅寄生于适龄白虫，因此在每代胶被上出现适龄白虫以后，都可以释放白虫小茧蜂。但以开始出现适龄白虫时为最适宜时机。在粤东地区，一般冬代胶虫为 6 月底至 7 月。放蜂量视白虫虫口密度的大小而定。当虫口密度为 10～30 头/m 时，每 666.7 m² 胶林地释放 30～50 头雌蜂（一般要求雌雄比为 3∶1）即可；虫口密度更大时，则放蜂量也需相应增加。放蜂量不足，短时间内达不到预期效果。对面积很大或面积虽小但分散相隔远的胶林地，一般采用多点释放，使小茧蜂迅速地在林间均匀分布。

2. 白虫小茧蜂的林间寄生效果　　广东省丰顺县从海南岛乌烈移殖白虫小茧蜂，经室内繁殖 5 个世代后，在虎局紫胶林场放胶林地释放。翌年，结合简化蜂种繁育和引放技术的试验，又在该县另外 4 个胶虫放养点释放。各放养点原来白虫危害较重，白虫虫口密度（按胶枝 1 m 内的虫口计算）一般为 20～35 头/m，最高者达 68 头/m，各点均只放蜂一次。白虫小茧蜂的寄生率在放蜂后的第 1 个胶虫世代达 50% 以上，随后的两个胶虫世代均达 60% 以上，最高达 100%，白虫虫口密度则显著降低。对照区在第 1 个胶虫世代未见白虫被寄生，虫口密度达 34.6 头/m。放蜂后第 2 个胶虫世代，白虫小茧蜂扩散到距放蜂区 1.25 km 的对照区，经历了冬、夏 2 个胶虫世代后，对照区的寄生率由零逐渐增高到 66.9%，而相应期间内放蜂区白虫虫口密度由 34.6 头/m 逐渐被压低到 7.1 头/m，效果相当显著。

无白虫小茧蜂的紫胶产区引进白虫小茧蜂之后，蜂群在冬季经常是凋落的，采用人工补充寄主的方法，可维持蜂群稳定，并加快在春夏间的繁殖速度，使蜂群发挥更大的作用。人工补充寄主的办法就是把胶层内含有白虫幼虫的梗胶悬挂在林间让小茧蜂寄生产卵。由此可见，在紫胶产区，要使白虫小茧蜂建立稳定的自然种群，保持对白虫的优势，人工补充寄主是完全必要的。

白虫小茧蜂扩散能力很强，扩散范围较大，在放蜂后的第 2 个胶虫世代，最远的扩散点直线距离达 7.5 km。

利用白虫小茧蜂防治白虫的过程中，小茧蜂除具有显著压低白虫虫口密度，可初步建立自然种群，达到 1 次放蜂长期控制白虫的防治效果外，还可提高紫胶产量，节约劳动力。

第三节　助迁七星瓢虫防治棉蚜

一、形态与分布

七星瓢虫（*Coccinella septempunctata*）属鞘翅目瓢虫科，俗称麦大夫、花大姐、豆瓣虫，因其鞘翅上的 7 个黑色斑点而得名（图 10-2）。国内广泛分布。因喜食蚜虫而被我国许多地区助迁到棉田防治棉蚜，在河南、河北、山东、四川等地的广大棉区推行了这种新的防治方法，收到了满意的防治效果。除蚜虫外，七星瓢虫还能捕食木虱、蚧虫、粉虱、蓟马、网蝽等[3]，是具有很大应用潜力的本地捕食性天敌种类。

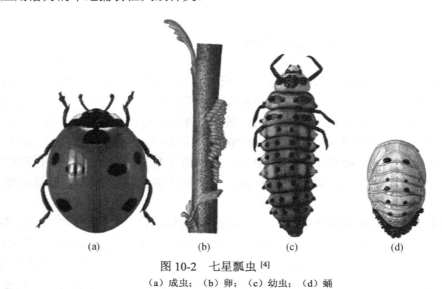

图 10-2　七星瓢虫 [4]

（a）成虫；（b）卵；（c）幼虫；（d）蛹

二、生物学特性

（一）生活史及生活习性

七星瓢虫以成虫在小麦和油菜等的分蘖、根茎间、土块下、土缝中越冬，但没有明显的滞育期；10℃以下停止取食，5℃以下不食不动。越冬成虫于翌年 2～3 月开始在越冬场所活动，取食蚜虫。在河南安阳地区，2 月中旬即见越冬成虫活动，2 月下旬采到卵块。由于越冬成虫寿命长，产卵期可长达 2～3 个月，造成世代重叠，以致田间难以分代，从室内饲养和田间调查情况来看，一年有 6～8 代。第 1 代为 3 月上、中旬至 4 月中旬；第 2 代为 4 月中旬至 5 月中、下旬；第 3 代为 5 月中、下旬至 6 月上旬；第 4 代为 6 月上旬至 6 月下旬。一进入伏天，因为气温升高，食料缺乏，不利于其生活和繁殖，再加上施用农药多、伤亡大、繁殖少，在田间就很难找到七星瓢虫，直到 8 月下旬，田间才偶然发现成虫活动，8 月下旬至 10 月下旬，成虫在玉米、高粱、萝卜、白菜等处产卵繁殖，估计可繁殖 2～3 代。10 月中、下旬大量聚集在萝卜、白菜上取食菜蚜。据调查，白萝卜地的虫口可达 7500～15 000 头/hm²，同时陆续向小麦、油菜等冬种作物地里迁飞，准备越冬。

七星瓢虫在室内 22℃ 条件下，卵期平均 4 d，幼虫期 14.2 d，其中 1 龄 2.0 d、2 龄 2.3 d、3 龄 3.7 d、4 龄 6.2 d，预蛹期 1.5 d，蛹期 5.5 d，完成 1 个世代共需 25.2 d。在 4～5 月需 1 个月左右，而在 6～7 月约需 24 d 完成 1 个世代。

七星瓢虫成虫有假死性、避光性。成虫羽化 2～7 d 开始交尾，经过 1 次交尾，雌虫一生所产的卵都可孵化。交尾次数的多少与产卵量的关系不大。交尾后 2～5 d 开始产卵，产卵期最短 3.1 d，最长 42.8 d，平均 17.1 d，1 头雌虫平均产卵 535 粒，卵一般产在荫蔽的叶片背面。室内饲养的越冬成虫，一生能产卵 4725 粒，产卵期长达 90 d，最多的 1 d 能产卵 179 粒。越冬成虫寿命最长的可达 8 个月。

幼虫爬行能力很强，初孵幼虫群集在卵壳附近，长达 4～10 h 才分散取食。

老熟幼虫选叶背、卷叶、树缝、土块下等隐蔽处化蛹。

七星瓢虫的成虫和幼虫主要捕食蚜虫，其次还可以捕食红蜘蛛、玉米螟、棉铃虫（Helicoverpa armigera）等的卵和幼虫。其食量大小与气温高低、害虫种类和个体大小等有关，以捕食蚜虫为例，1～4 龄幼虫平均日食蚜量分别为 10.7 头、37.7 头、60.5 头和 124.2 头。成虫每天能捕食棉蚜 100 头左右。成虫和幼虫均有同类相食的习性，在饲料缺乏或密度过大时，以及龄期大小不一的情况下，尤为常见，幼虫蜕皮和准备化蛹时，常被更强大的幼虫食掉。成虫、幼虫均有食卵的习性。

（二）温、湿度对七星瓢虫生长发育的影响

温、湿度对七星瓢虫的生长发育影响很大。当气温平均超过 25℃，RH 55% 左右时，七星瓢虫百株虫量显著下降。室内饲养一般控制温度 20～25℃，RH 70%～80%，如在室温 30℃ 以上环境中饲养，产卵量很少，死亡率高。七星瓢虫耐寒能力较强，在田间自然越冬成活率很高，在温度低达 −18℃ 情况下，仍能存虫 9000 多头/hm²。

七星瓢虫各虫态历期天数的长短也与温、湿度有关。在温度 25℃、RH 92% 时完成 1 世代需 25 d；温度 26℃、RH 90.6% 时完成 1 世代需 27；温度 23.5℃、RH 85.3% 时完成 1 世代需 31.3 d。

三、七星瓢虫的利用方法

（一）田间调查

田间瓢虫发生量的多少、发生期的早晚，以及瓢虫与棉蚜的发生期是否吻合，直接影响瓢虫的利用效果。为了进一步发挥瓢虫的效用，给大面积利用瓢虫治蚜提供可靠依据，应着重对七星瓢虫的主要越冬场所——冬小麦和油菜地的瓢虫发生进行调查，以便对利用瓢虫治蚜做出近期预报。

1. 越冬前基数调查　在 11 月下旬，选择晴朗天气的中午（12：00～15：00），对当地不同类型的小麦、油菜等主要越冬作物，以平方米为单位取样调查。为了积累麦蚜发生与瓢虫发生相互关系的资料，同时应调查麦蚜发生情况，每样点 1 m² 单行，将调查结果记入表 10-1，再算出当前小麦、油菜地每亩瓢虫越冬基数。

表 10-1　蚜虫及其天敌田间调查记录表

调查日期	调查地点	作物及类型	蚜虫					七星瓢虫					其他天敌					
			样点面积	有翅蚜	无翅蚜	合计	蚜量/（头/m²）	样点面积	卵	幼虫	蛹	成虫	多异瓢虫	龟纹瓢虫	异色瓢虫	草蛉	食蚜蝇	天敌总量/（头/hm²）

2. 越冬后基数调查　　3 月上旬在冬前调查越冬基数的田块，以同样方法进行调查，主要了解越冬死亡情况和年后田间瓢虫存量。

3. 田间种群动态调查

1）从 3 月下旬开始，选择几块瓢虫存量较多的小麦、油菜地，每隔 5 d 对蚜虫发生情况和瓢虫各虫态数量进行系统调查。

2）4 月底至 5 月初对当地不同类型的小麦、油菜、绿肥等作物进行 1～2 次调查。了解当地瓢虫存量和发育进度，这是决定当年是否能利用瓢虫治蚜的一次关键性调查。

3）4 月下旬麦田已见第 1 代成虫（新成虫鞘翅发黄而不红）；假如 4 月底至 5 月初每亩麦田瓢虫成虫、幼虫和蛹总存量在 1000 头以上，并有 1/3 田块每亩总存量在 2000 头以上时，可作当年利用瓢虫治蚜的预报。

（二）大面积利用七星瓢虫

1. 自迁　　利用瓢虫从麦田向棉田自然迁飞的特点来防治棉蚜，叫作自迁或自然利用。在作物栽培上可采用麦、棉间作，麦、棉带状间作或麦、棉、油菜间作等方法，收效很好。

同时针对瓢虫往棉田自然迁飞晚、棉蚜发生早的矛盾，主要采取以下两项措施。

1）做好"3911"（甲拌磷，内吸性农药，用于防治刺吸式口器和咀嚼式口器害虫）拌种，控制棉田早期蚜害（药效最低可维持 30 d 左右），随药效的消失，瓢虫也发展起来，大量向棉田迁飞，实现以瓢治蚜。

2）未用"3911"拌种的棉田，在麦田瓢虫没有往棉田大量迁飞以前，先用氟乙酰胺或柴油黏土防治一次早期发生的棉蚜，待麦田瓢虫大量往棉田迁飞时停止用药。

2. 助迁　　人工助迁是用人工在麦田捕捉瓢虫，然后放进棉田的方法。在棉田蚜虫发生时，可及时把麦田的瓢虫迁到棉田。同时可将无迁飞能力的幼虫迁到棉田繁殖，避免收麦时瓢虫受到重大损失。如棉田的瓢虫少，可采用捕捉释放办法。首先选择播种早、生长好、未施过农药的麦田作为捕捉瓢虫的虫源田，捕捉最好用捕虫网，网口稍低于麦穗，顺着麦行慢走轻抖，随着麦穗的摆动，瓢虫即被抖入袋中，一个人一早晨可捉 6000～7000 头。

捕虫时间以清早、傍晚无风天为好，同时将捕到的瓢虫放入麻袋，袋底最好放些带蚜虫的青草或树叶，减少瓢虫自相残杀。瓢虫的释放是田间利用的一项关键措施。在释放前首先应摸清瓢虫存量和棉田蚜虫分布情况，做好释放瓢虫规划。百株蚜数在 1000 头以上的，放瓢虫和蚜虫的比例是 1∶100，500～1000 头的是 1∶150，500 头以下的是 1∶200。释放时一人可兼管 3～4 行棉田，每走 2～3 步放几头，让它自行分散。释放量要严格按照算出的应放瓢虫数，力求释放均匀。

释放时的注意事项如下。

1）以傍晚释放为宜，因这时气温较低，光线较暗，虫较稳定，不易迁飞，最好放成虫、幼虫的混合群体。有的地方为解决成虫飞跑的问题，采用饥饿和冷浸法（放时将成虫用凉水浸一下），也有一定效果。

2）放后 2 d 不宜搞中耕及其他大型田间管理工作，以免损害瓢虫或惊动迁飞及死亡。

3）放后应注意经常检查，根据棉田调查结果，计算瓢蚜比。计算瓢蚜比以后，分别采用相应的对策，分三种情况：①瓢蚜比在 150 以下，表明现有瓢虫已够用，不必再放；②瓢蚜比在 150～200，2 d 后再查一次，如蚜量上升，则应补充瓢虫，如蚜量下降，则不必再放；③瓢蚜比在 200 以上，则应捕捉瓢虫放入棉田，凡需补充瓢虫的，均以补瓢蚜比到 150 为准；④初放瓢虫时间从 4 月底开始为好，时间越晚越不易控制。

3. 瓢虫的贮存与田间保护 人工保护瓢虫过冬是使自然界瓢虫数量增多的一种有效措施。河南省采用以下方法人工保护瓢虫越冬。

1）抓紧有利时机，采集越冬瓢虫。在豫北地区采集越冬成虫的有利时机是 10 月下旬，霜降前后，萝卜、白菜收获前为好。

2）冬前室内饲养，增强抗寒能力。从田间采回的瓢虫，由于当时气温尚高，能取食活动，这时让瓢虫多吃一些东西，体内多积累一些脂肪体，就可以增强抗寒能力。方法是将瓢虫放在养虫盒、瓦盆（下铺湿沙土）或纸箱中，用带有蚜虫的白菜、萝卜叶进行喂养，每隔 2～3 d 换一次，以供瓢虫食用。

3）选择越冬环境，人工保护越冬。到 11 月中、下旬，气温降低，瓢虫不吃不动后，就要找条件适宜的地方让其过冬。七星瓢虫越冬适宜的温度在 0℃左右(高不过 5℃，也不低于−5℃)，RH 70%～80%。在豫北地区，一般地道、防空洞、机井房都是比较合适的场所，切勿在有煤火的房子里。也可在背风处挖深 1 m、上盖土的小地窖，将盛瓢虫的盒子或瓦盆放在这些地方。在越冬期每 1～2 个月应做一次检查，检查其死亡情况。当气温回升到日平均温度 5℃时，应及时取出干草，并适当进行喂养。

4）安排放虫田块，注意田间管理。到 3 月中、下旬，选择蚜虫多的油菜地、麦地，将室内饲养的瓢虫有计划地放到田间，让其在自然情况下繁殖。放虫田块要注意尽量少浇水（最好在浇水后放虫），少锄地，以免在耕作过程中大量毁坏瓢虫及其卵粒。到 5 月上、中旬，即可在这些田块捕捉瓢虫，防治棉蚜。

5）瓢虫的天敌很多，特别是麻雀、鸡，一般距村近的田块受害更重。这些田块放瓢虫后应注意管理，或采取少放、勤放的办法来解决这一问题。

4. 七星瓢虫的人工饲养及繁殖 利用替代饲料饲养瓢虫，使成虫正常产卵，幼虫正常发育，这是人工饲养七星瓢虫的技术关键。先后有不少单位对人工饲料进行了研究，目前已知 A、B、C、D 4 种人工饲料[5]，不同配方各有千秋。后有一些优化（表 10-2），总体来说产卵量仍然低于用蚜虫饲养的瓢虫，仍然有进一步改进的空间。当然，实际操作中，也可以考虑利用人工饲料和蚜虫混合饲养的方法，目的是提高瓢虫的生命力和繁殖力。

4 种饲料配方如下，其中前 3 种为糊状，最后一种为粉状。

配方 A：每 100 g 含黄粉虫蛹 11.36 g、水果 56.82 g、花粉 5.68 g、蜂蜜 13.26 g、玉米油 0.38 g、猪肝 3.79 g、鸡蛋黄 7.56 g、琼脂 1.14 g、水 170.45 mL。

配方 B：每 100 g 含蜂蛹 11.54 g、水果 57.69 g、花粉 5.77 g、蔗糖 11.54 g、橄榄油 0.77 g、奶粉 3.85 g、鸡蛋黄 7.69 g、琼脂 1.15 g、水 173.08 mL。

配方 C：每 100 g 含蚕蛹 11.45 g、水果 57.25 g、花粉 5.73 g、蔗糖 11.45 g、秋葵油 0.38 g、酵母粉 1.15 g、玉米粉 3.82 g、鸡蛋黄 7.63 g、琼脂 1.15 g、水 171.76 mL。

配方 D：每 100 g 含蜂蛹 35 g、水果干 33 g、猪肝 10 g、花粉 15 g、奶粉 7 g。

表 10-2   七星瓢虫人工饲料优化后各组分含量[6]

饲料组分	数量	饲料组分	数量
猪肝	210.0 g	维生素 C	3.0 g
奶粉	30.0 g	保幼激素	9.0 μL
蔗糖	60.0 g	蛋白粉	6.0 g
橄榄油	6.0 mL	维生素 E	1.5 mL
鸡蛋黄	30.0 g	蜂蜜	15.0 g
玉米油	4.0 mL	南瓜	20.0 g
酵母粉	10.0 g	山梨酸	2.1 g
胆固醇	1.0 g	琼脂	12.5 g
干酪素	10.0 g	蒸馏水	750.0 mL
酪蛋白水解物	10.0 g		

四、七星瓢虫防治棉蚜的效果

（一）利用麦田瓢虫自然迁移防治棉蚜的效果

利用麦田瓢虫自然迁移到棉田控制棉蚜效果显著。据河南安阳县的调查，5 月中旬以后棉田蚜虫发展到高峰，百株蚜数平均 779 头，严重地块百株蚜数达 5436 头，七星瓢虫迁移进来后，5 d 就可看出明显效果。在瓢虫控制期间，百株蚜数下降到 36～289 头，平均 125 头，控制效果在 83% 以上。新疆棉田利用七星瓢虫自然控制棉蚜的研究表明，瓢蚜比低于 1∶360 时，七星瓢虫对棉蚜种群的控制效果达 80% 以上；1∶671 时的控制效果为 50%；1∶720 时的可达 44% 以上[7]。

（二）人工助迁防治棉蚜的效果

人工助迁能有效控制棉蚜的种群增长。据河南省安阳县的试验结果，放瓢虫前棉蚜每日以 40%～50% 的增长率上升，放瓢虫后每日以 20%～30% 的减退率下降，2～5 d 后蚜量平均减退 59.8%，6～9 d 后蚜量平均减退 90%。

在棉田里，只要使有效瓢虫和棉蚜保持适当比例，棉蚜对棉苗就不致形成危害。以瓢治蚜具有自行调节瓢蚜比例、普遍控制蚜虫的危害的优点，当瓢虫饲料不足时，能向四周迁移觅食，当某些地段棉蚜特别严重时，四周的瓢虫就会很快向那里云集聚迁。瓢虫治蚜与农药治蚜对棉花生长发育的影响也有不同。不少地方观察，瓢虫治蚜对棉花发育十分有利。河南省滑县综合调查，放瓢虫治蚜的平均单株现蕾 4～6 个，比农药治蚜的多 2～4 个。汤阴县的结果是瓢虫治蚜的棉花现蕾比前一年提前 10～15 d，长势普遍良好。

利用七星瓢虫防治蚜虫不仅节省了用药成本，也减少了用工，获得了很好的经济效益。河南省不少棉区用药剂防治棉蚜，防治次数少则 4 遍，多的达 6～8 遍，每 666.7 m² 需用工 4 人，但以瓢治蚜只需 1 人。农民看到了瓢虫治蚜的效果深有体会地说："过去一治虫就发愁，打起药来没个头，既费工来又花钱，对于人畜不安全，现在采用以瓢治蚜，克服了这些缺点，战胜了虫害，夺得了丰产。"

第四节　国内移殖和助迁害虫天敌工作的前景与展望

一、移殖和助迁害虫天敌工作的物质基础

我国幅员广阔，地形、气候、植被都很复杂，在这种环境条件下，昆虫种类十分丰富，为开展移殖和助迁害虫天敌进行生物防治提供了丰富的物质基础。以寄生蜂为例，新中国成立以来发现的寄生蜂种类多达数千种，包括姬蜂总科（Ichneumonoidea）的姬蜂科（Ichneumonidae）489 属 2125 种、茧蜂科（Braconidae）321 属 2124 种；小蜂总科（Chalcidoidea）的蚜小蜂科（Aphelinidae）16 属 242 种、小蜂科（Chalcididae）16 属 70 种、跳小蜂科（Encyrtidae）126 属 483 种、姬小蜂科（Eulophidae）63 属 388 种、旋小蜂科（Eupelmidae）9 属 56 种、金小蜂科（Pteromalidae）114 属 452 种、棒小蜂科（Signiphoridae）2 属 4 种及赤眼蜂科（Trichogrammatidae）38 属 173 种；细蜂总科（Proctotrupoidea）的细蜂科（Proctotrupidae）19 属 365 种、柄腹细蜂科（Heloridae）1 属 9 种、窄腹细蜂科（Roproniidae）2 属 30 种，离颚细蜂科（Vanhorniidae）和修复细蜂科（Proctorenyxidae）均为 1 属 1 种；钩腹蜂总科（Trigonaloidea）8 属 45 种；旗腹蜂总科（Evanioidea）中的旗腹蜂科（Evanioidae）5 属 18 种、举腹蜂科（Aulacidae）2 属 25 种、褶翅蜂科（Gasteruptiidae）1 属 32 种；冠蜂总科（Stephanioidea）6 属 27 种；青蜂总科（Chrysidoidea）的短节蜂科（Sclerogibbidae）2 属 3 种、犁头蜂科（Embolemidae）2 属 8 种、肿腿蜂科（Bethylidae）10 属 104 种、螯蜂科（Dryinidae）16 属 190 种[8]。这些分布在不同农林生态系统中的天敌资源，各自发挥着对害虫的自然控制作用，为保护和利用本地天敌资源开展害虫生物防治提供了丰富的物质基础，也为移殖和助迁天敌提供了可能。

二、移殖和助迁本地天敌工作的广阔前景

我国主要农作物的分布很广，如我国水稻生产遍及全国，分为 6 个稻区，即华南双季稻稻作区、华中双季稻稻作区、西南高原单双季稻稻作区、华北单季稻稻作区、东北早熟单季稻稻作区和西北干燥区单季稻稻作区。水稻分布南起海南岛、北至黑龙江，东起江苏、西至新疆。我国小麦的分布尤为广泛，全国分为 10 个麦区，即东北春麦区、北部春麦区、西北春麦区、新疆冬春麦区、青藏春冬麦区、北部冬麦区、黄淮冬麦区、长江中下游冬麦区、西南冬麦区和华南冬麦区。甘蔗原为热带亚热带作物，但分布也很广泛，种植区是广东、台湾、广西、四川、云南、福建、江西、贵州、湖南、浙江、湖北、安徽、河南、陕西等地，其中以广东、台湾、广西、四川、云南、福建等地区种蔗面积较大。再如马尾松分布东至江浙沿海山区，西至四川及贵州东部，南至广东、广西和台湾，北至山东南部和河南西南、陕西及甘肃天水，垂直分布东部在海拔 200～500 m 处，西南四川、贵州等地可达海拔 1500 m。

我国农作物分布的广泛性，一方面为作物害虫创造了广泛分布的条件，如单食性水稻害虫水稻三化螟（Tryporyza incertulas）原产地是热带区或亚热带区，本来在较冷地区是难以生存的。但由于水稻向北扩种，我国三化螟的分布，也到了山东省汶上县（北纬 35.8°）。另一方面有些杂食性害虫在各地区存活的机会也增多，如二化螟（Chilo suppressalis）可为害多种农作物，如水稻、玉米、高粱、甘蔗、粟、蚕豆、油菜、小麦，又能为害多种野草，因而分布地区很广，

北起黑龙江，南达海南岛，西至甘肃、四川、云南、贵州，东抵台湾及沿海各省。

　　一种害虫的分布广泛，它的天敌情形可以是：①原来的天敌没有跟随害虫一起到新地区，而新地区也就缺少原地区的一些天敌；②到了新地区的害虫，可以被新地区其他害虫的天敌所袭击，该天敌即成为这种害虫的新天敌；③跟害虫一起到新地区的天敌种类，由于长期受新地区环境因素的影响而发生内在的变化，结果形成一种与原来天敌种类不同的生态型，甚至形成新亚种；④分布广泛的害虫，由于各地环境因素不同，在害虫、天敌间关系的长期演化过程中，在各地区都可能出现本地区特有的天敌种、亚种或生态型。因此，农作物分布愈广，该作物的害虫也分布愈广，它的天敌类型也愈多。因此，移殖和助迁国内害虫天敌来防治害虫的条件也更好，具有广阔的应用前景。

 思考题

一、名词解释

天敌移殖；天敌助迁；大红瓢虫；白虫小茧蜂；七星瓢虫

二、问答题

1. 如何解决大红瓢虫的越冬问题？
2. 影响白虫小茧蜂活动的环境因素有哪些？
3. 室内繁蜂白虫小茧蜂应注意哪些事项？
4. 释放七星瓢虫时有哪些注意事项？
5. 谈谈你对移殖和助迁本地天敌开展害虫生物防治的认识。

 参考文献

[1] 任顺祥，王兴民，庞虹，等. 中国瓢虫原色图鉴. 北京：科学出版社，2009

[2] Lefroy H M，Howlett F M. Indian Insect life. Calcutta：Thacker，Spink & co.，1909

[3] 段宇杰，何恒果，蒲德强，等. 七星瓢虫基础研究现状. 生物安全学报，2021，30（1）：20-28

[4] 湖北省农业科学院植物保护研究所. 棉花害虫及其天敌图册. 武汉：湖北人民出版社，1980

[5] 曾睿琳，刘虹伶，冯长春，等. 人工饲料对七星瓢虫成虫生物学特性的影响. 中国农学通报，2020，36（34）：117-123

[6] 程英. 七星瓢虫人工饲料的优化和评价. 贵阳：贵州大学博士学位论文，2018

[7] 晁文娣，吕昭智，赵莉，等. 七星瓢虫对不同初始密度棉蚜种群的调控作用. 环境昆虫学报，2021，43（1）：206-213

[8] 时敏，唐璞，王知知，等. 中国寄生蜂研究及其在害虫生物防治中的应用. 应用昆虫学报，2020，57（3）：491-548

第十一章 利用植物源杀虫活性物质防治害虫

第一节 植物源杀虫活性物质的来源

一、植物源杀虫活性物质与植物源杀虫剂

植物源具有杀虫活性的次生代谢物质已在第三章有所介绍，这些物质对植食性昆虫而言表现为抗性，即抗拒植食性昆虫的危害。但有些植物含有某些独特的具有杀虫作用的化学物质，可以直接作为杀虫剂或具有开发为杀虫剂的潜力，这是本章要讨论的内容。

植物源杀虫活性物质是指植物体内含有的具有杀虫活性的一类化合物，包括生物碱、萜烯类、类黄酮、甾醇、独特的氨基酸和多糖等。目前全球已知超过 2400 种植物含有杀虫活性物质，我国有 1300 多种[1]。

植物源杀虫剂是利用含有杀虫活性物质植物的某些部分或提取的有效成分而制成的一类杀虫剂。与化学杀虫剂相比，具有高效、低毒或无毒、无污染、选择性高、不使害虫产生抗药性等优点。具体表现在：①植物源杀虫剂的活性成分是自然存在的物质，能自然降解，不易对环境造成危害。其安全间隔期短，特别适用于蔬菜、水果和茶叶等食用的作物，对作物也不易产生药害。②植物源杀虫剂对有害生物的作用机理与常规化学类杀虫剂的差别较大，大多数常规化学类杀虫剂作用于有害生物的某一生理系统的一个或少数几个靶标，而多数植物源杀虫剂成分复杂，能够作用于有害生物的多个器官系统，有利于避免有害生物形成抗药性。③植物源杀虫剂不仅具有杀虫活性，还兼有杀菌和调节植物生长的作用，且作用方式多样。④对高等动物及害虫天敌较为安全，大多数植物源杀虫剂触杀作用不强，对害虫天敌影响很小。⑤植物源杀虫剂原料较易得到，既绿化了环境，又提供了原材料，有时可以因地制宜，就地取材，就地加工，制造方法简单，成本较低[2, 3]。

二、我国杀虫植物资源

我国杀虫植物中研究较多的有楝科、卫矛科、菊科、木兰科、杜鹃花科、蓼科、柏科、茄科、豆科等植物（表 11-1）。

表 11-1　我国代表性杀虫植物[4]

科别	代表植物	主要活性	活性部位	分布地区
楝科（Meliaceae）	印楝（*Azadirachta indica*）	拒食、生长发育抑制	种核、叶子	已在华南地区引种成功
	苦楝（*Melia azedarach*）	拒食、忌避、生长发育抑制	全株、种子	我国中部、西南部
	川楝（*M. toosendan*）	拒食、毒杀	树皮	云南、贵州、四川等西南各地

续表

科别	代表植物	主要活性	活性部位	分布地区
卫矛科（Celastraceae）	苦皮藤（Celastrus angulatus）	拒食、麻醉、毒杀	根皮、种子	长江、黄河流域的山区
	雷公藤（Tripterygium wilfordii）	忌避、拒食、胃毒	全株	广西、广东、湖南、江西、浙江、安徽、四川等地山坡、灌木丛中
菊科（Asteraceae）	除虫菊（Pyrethrum cinerariifolium）	麻醉	花果	各地均有栽培，江苏南通一带种植最多
	万寿菊（Tagetes erecta）	触杀	花果	我国广泛栽培
	猪毛蒿（Artemisia scoparia）	触杀	全草	遍布全国，青藏高原尤为丰富
木兰科（Magnoliaceae）	八角茴香（Illicium verum）	忌避、杀卵、生长发育抑制、熏蒸	枝叶	我国广泛分布
杜鹃花科（Ericaceae）	闹羊花（Rhododendron molle）	触杀、胃毒、熏蒸	全株	广西、广东、湖南、湖北、云南丘陵或山地
蓼科（Polygonaceae）	辣蓼（Polygonum hydropiper）	拒食	全草	河北、河南、陕西、甘肃、浙江、湖北、福建、广东、广西、云南等地
柏科（Cupressaceae）	砂地柏（Sabina vulgaris）	拒食、毒杀	茎、叶、果	西北各省、内蒙古、西藏、四川、山东等地
茄科（Solanaceae）	烟草（Nicotiana tabacum）	毒杀	全株	我国各地均栽培
豆科（Leguminosae）	鱼藤（Derris trifoliate）	触杀、胃毒	根茎	南方各地
百部科（Stemonaceae）	百部（Stemona japonica）	触杀、胃毒	块根	陕西、山东、安徽、江苏、浙江、湖南、湖北、四川
大戟科（Euphorbiaceae）	巴豆（Croton tiglium）	触杀	全株	南方各地
珙桐科（Nyssaceae）	喜树（Camptotheca acuminata）	不育、杀虫	根	长江流域及南方各地山区疏林中

第二节　植物源杀虫活性物质的种类

植物源杀虫活性物质不仅为新农药的发现提供了大量新颖的先导化合物，还为发现新的农药作用靶标提供了基础。以活性分子为先导结构经多次先导优化、衍生合成，是新型杀虫剂研制的重要途径。例如，以豆科植物毒扁豆（*Physostigma venenosum*）种子中的毒扁豆碱（physostigmine）为先导创制出甲萘威、抗蚜威、克百威等氨基甲酸酯类杀虫剂；以菊科植物除虫菊花中的除虫菊素（pyrethrin）为先导，创制出丙烯菊酯、溴氰菊酯、氯氟氰菊酯等拟除虫菊酯类杀虫剂；以异足索沙蚕（*Lumbricomereis heeropoda*）体内的沙蚕毒素（nereistoxin）为先导创制出杀虫双、杀螟丹、杀虫环等沙蚕毒素类杀虫剂[5, 6]。以烟碱型乙酰胆碱受体为作用靶标，先后研制出吡虫啉、烯啶虫胺、啶虫脒、噻虫嗪、噻虫啉、噻虫胺、呋虫胺等新烟碱类杀虫剂；以鱼尼丁受体（ryanodine receptor，RyRs）为作用靶标创制了氟虫酰胺和氯虫酰胺等作用于昆虫肌肉系统的新型杀虫剂。这些新型杀虫剂均具有对害虫高效、对非靶标生物低毒及对环境安全等显著特点[6, 7]。

一、商业化应用的植物源杀虫活性物质[6]

1. 除虫菊素　　除虫菊素（pyrethrins）是从菊科（Asteraceae）除虫菊（*Pyreyhrum cineriifoliun*）植物花中分离萃取的具有杀虫效果的活性成分，萜类化合物，包括除虫菊素 I （pyrethrin Ⅰ）、除虫菊素Ⅱ（pyrethrin Ⅱ）、瓜叶菊素Ⅰ（cinerin Ⅰ）、瓜叶菊素Ⅱ（cinerin Ⅱ）、茉酮菊素Ⅰ（jasmolin Ⅰ）、茉酮菊素Ⅱ（jasmolin Ⅱ）等（图 11-1）。除虫菊素见光慢慢分解成水和 CO，用其配制的农药或卫生杀虫剂等使用后无残留，对人畜无副作用，是国际公认的最安全的无公害天然杀虫剂。可用于防治蚊、蝇等多种卫生害虫，是家用气雾剂和蚊香的主要成分，农业上可防治多种蚜虫、叶甲、蟒象等害虫，广泛用于绿色蔬菜、绿色水果、绿色茶叶等经济作物的害虫防治。

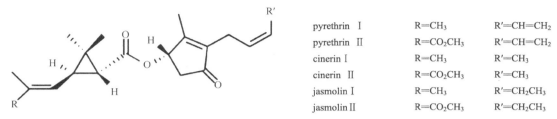

pyrethrin Ⅰ	R=CH₃	R′=CH=CH₂
pyrethrin Ⅱ	R=CO₂CH₃	R′=CH=CH₂
cinerin Ⅰ	R=CH₃	R′=CH=CH₃
cinerin Ⅱ	R=CO₂CH₃	R′=CH=CH₃
jasmolin Ⅰ	R=CH₃	R′=CH₂CH₃
jasmolin Ⅱ	R=CO₂CH₃	R′=CH₂CH₃

图 11-1　除虫菊素化合物的结构[6]

2. 鱼尼丁　鱼尼丁（ryanodine）是从南美大风子科（Flacourtiaceae）灌木尼亚那（*Ryania speciosa*）中提取出来的一种肌肉毒剂，为二萜类化合物，包括鱼尼丁及其水解产物 ryanodol（图 11-2）。昆虫中毒后表现为一直很兴奋，兴奋得不能停下来，最后瘫痪而死，对鳞翅目害虫，包括欧洲玉米螟（*Ostrinia nubilalis*）、甘蔗螟虫、苹果小卷蛾（*Adoxophyes orana*）、苹果小食心虫（*Grapholitha inopinata*）、舞毒蛾（*Lymantria dispar*）等十分有效。但对人畜毒性高，限制了其应用。通过化学方法进行人工合成，对其结构进行修饰，可以降低其对人畜的毒性，但因合成方法复杂，进展不大。目前，已发现其衍生物 ryanodol 的 15 步人工合成法，简化了合成步骤，为进一步研究提供了条件[8]。

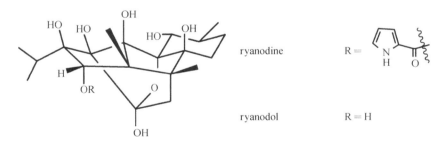

图 11-2　鱼尼丁及其衍生物的化学结构[6]

3. 印棟素　印棟素（azadirachtin）是从棟科（Meliaceae）印棟（*Azadirachta indica*）的种子、树皮、树叶等部位提取的杀虫活性物质，尤以种子含量最高，为三萜类化合物，包括 azadirachtin、salannin、nimbin 和 nimbolide 等（图 11-3）。对直翅目、鳞翅目、鞘翅目等害虫具有较高的特异性抑制功能，且不伤天敌，对高等动物安全，被公认为开发最为成功的商业化应用的植物源杀虫活性物质。

4. 尼古丁　尼古丁（nicotine）俗名烟碱，是一种存在于茄科（Solanaceae）烟草（*Nicotiana tabacum*）中的活性物质，包括（*S*）-尼古丁［（*S*）-nicotine）］、原烟碱（nornicotine）、可替宁（cotinine）和麦斯明（myosmine）等（图 11-4），为生物碱类，是 N 胆碱受体激动药的代表，可用于防治蚜虫、白粉虱、蓟马等害虫。

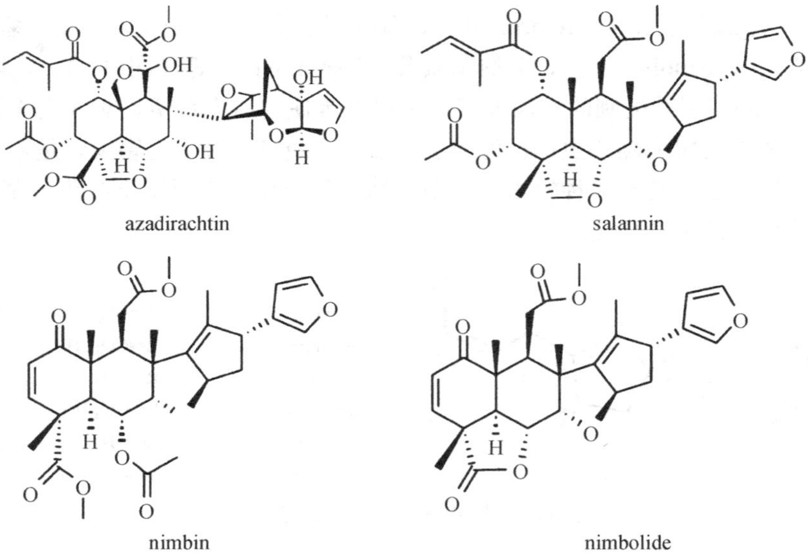

图 11-3　印楝素的化学结构[6]

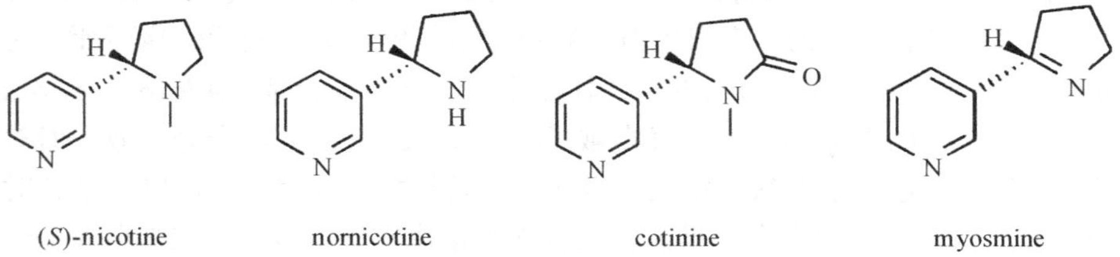

图 11-4　烟碱的化学结构[6]

5. 新烟碱　新烟碱（anabasine）和去氢新烟碱（anatabine）等是从苋科（Amaranthaceae）无叶假木贼（*Anabasis aphylla*）中分离的活性物质，为生物碱类，结构（图 11-5）和杀虫活性都与烟碱类似。

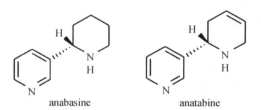

anabasine　　　　　anatabine
图 11-5　新烟碱和去氢新烟碱的化学结构[6]

6. 藜芦碱　藜芦碱（sabadilla alkaloids）是从百合科（Liliaceae）藜芦属（*Veratrum*）和菊科喷嚏草（*Achillea ptarmica*）植物中分离的活性物质，包括 veratridine、veratridine、cevacine、cevadine 和 3-*O*-vanilloylveracevine 等生物碱类（图 11-6）。作为杀虫剂的植物原料主要是喷嚏草的种子和白藜芦的根茎。对昆虫具有触杀和胃毒作用，可用于防治家蝇、蜚蠊、虱等卫生害虫，也可用于防治菜粉蝶、蚜虫、叶蝉、蓟马和蟓象等农业害虫。

7. 鱼藤酮　鱼藤酮（rotenone）是从豆科（Leguminosae）鱼藤属（*Derris*）和醉鱼豆属（*Lonchocarpus*）植物根中分离的活性物质 [图 11-7（a）]，在一些中草药如地瓜子（*Pachyrhizus erosus*）、厚果鸡血藤（*Millettia pachycarpa*）、昆明鸡血藤（*M. dielsiana*）的根中也存在，为

黄酮类化学物。可用于防治蚜虫、飞虱、黄条跳甲、蓟马、黄守瓜、猿叶虫、菜粉蝶、斜纹夜蛾、甜菜夜蛾、小菜蛾等。

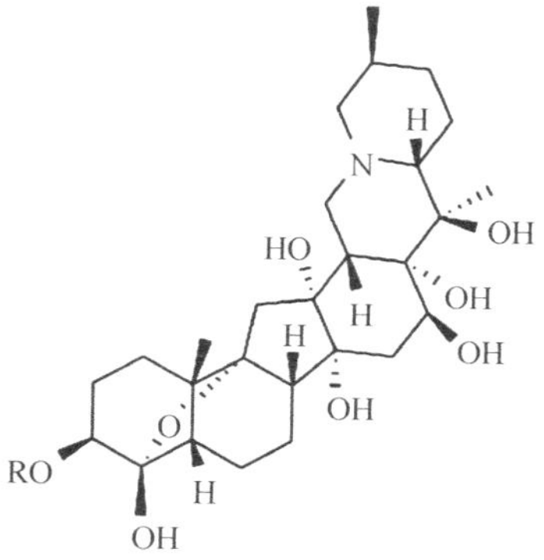

veratridine		R＝H
veratridine		R＝CH₃CO
cevacine		R＝3,4－(CH₃O)_qPhCO
cevadine		R＝(z)－CH₃CH＝C(CH₃)CO
3-O-vanilloylveracevine		R＝3－CH₃O－4－OH－PhCO

图 11-6　藜芦碱的化学结构[6]

8. 水黄皮次素　水黄皮次素（karanjin）是从豆科植物水黄皮（*Pongamia pinnata*＝*Derris indica*）中分离的活性物质［图 11-7（b）］，为黄酮类化合物，可用于防治螨类及白粉虱、蓟马、潜叶蝇、叶蝉、蚜虫等害虫。

9. 丁香酚　丁香酚（eugenol）是从樟科（Lauraceae）月桂树（*Laurus nobilis*）、桃金娘科（Myrtaceae）丁香（*Syzygium aromaticum*）等植物花蕾中分离的一种结构简单的苯丙素类化合物［图 11-7（c）］。此外，在芸香科（Rutaceae）植物九里香（*Murraya paniculata*）和樟科植物紫樟（*Cinnamomum tamala*）的叶，姜科（Zingiberaceae）植物大高良姜（*Alpinia galanga*）的根茎，木兰科（Magnoliaceae）植物辛夷（*Yulania liliflora*）、石蒜科（Amaryllidaceae）植物水仙（*Narcissus tazetta* var. *chinensis*）和蔷薇科（Rosaceae）植物玫瑰（*Rosa rugosa*）的花，橄榄科（Burseraceae）植物没药树（*Commiphora myrrha*）、菊科植物麝香草（*Achillea moschata*）和茄科植物夜香树（*Cestrum nocturnum*）的挥发油等中都有丁香酚。对蚜虫、黏虫、地老虎、蚂蚱、尺蠖、象鼻虫等都具有一定的防效。

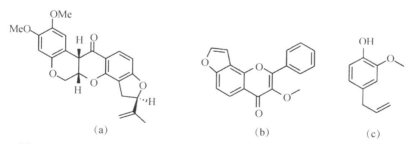

图 11-7　鱼藤酮［（a）］、水黄皮次素［（b）］和丁香酚［（c）］的结构[6]

10. 柠檬酸和油酸等有机酸类化合物　柠檬酸（citric acid）是从芸香科（Rutaceae）柠檬（*Citrus limon*）、柑橘（*C. reticulata*）、青柠（*C. aurantiifolia*）和凤梨科（Bromeliaceae）菠萝（*Ananas comosus*）等水果中提取得到的一种有机酸［图 11-8（a）］，对蚂蚁、蚜虫、叶蝉、螨类和白粉虱等都具有一定的杀虫活性。众多植物中广泛存在的油酸（oleic acid）［图 11-8（b）］对蚜虫、蓟马等害虫也具有很好的防治效果。

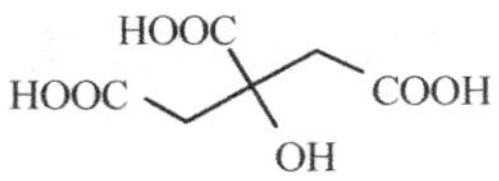

$$HOOC-C(CH_2COOH)(CH_2COOH)OH \quad\quad CH_3(CH_2)_7CH=CH(CH_2)_7CH_3$$

（a） 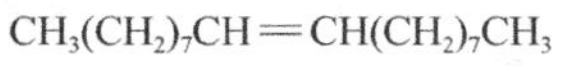　　　　　　　　　　　　　　　　（b）

图 11-8　柠檬酸［（a）］和油酸［（b）］的化学结构[6]

二、其他重要植物源杀虫活性物质

除了上述已经在国际市场上商品化应用的植物源杀虫活性物质外，还有许多正在研究中的各种杀虫活性化合物，如萜烯类、生物碱类、糖苷类、香豆素等简单苯丙素类、萘醌类、黄酮类、木脂素类、二苯乙烯类、多炔类等[6]，为未来新杀虫剂的创制储备了丰富的基础知识和先导化合物。

三、植物光活化毒素

一些植物次生物质在光照条件下对害虫的毒效可提高几倍、几十倍甚至上千倍，显示出光活化特性，这类植物次生代谢物称为光活化毒素或光敏毒素。植物源光活化毒素已分离鉴定出十大类，来自约 30 科的高等植物，其中噻吩类、呋喃色酮、呋喃喹啉生物碱仅分布在某一科中，多炔类化合物分布在多种植物中，但发现仅在菊科植物中的这类化合物具有显著的光活化杀虫作用。光活化毒素主要用于蚊、蝇等卫生害虫的防治，用于农业害虫的防治不多[9]。

第三节　植物源杀虫活性物质的作用方式和杀虫机理

一、作用方式

植物源杀虫活性物质的作用方式主要包括毒杀、忌避和拒食、麻醉、生长发育抑制、引诱和不育等 [10, 11]。

1. 毒杀作用　　毒杀作用包括胃毒、触杀、熏蒸毒杀和内吸毒杀作用等。

具有胃毒作用的植物源杀虫物质很多。苦楝和川楝中的三萜类化合物川楝素对菜粉蝶（*Pieris rapae*）和黏虫（*Mythimna separata*）幼虫具有很强的胃毒作用；苦豆子（*Sophora alopecuroides*）生物碱对菜粉蝶和黏虫有一定的胃毒作用。苍耳（*Xanthium sibiricum*）植株、泽漆（*Euphorbia helioscopia*）植株和曼陀罗（*Datura stramonium*）叶提取液胃毒活性极高。苦皮藤素Ⅱ、Ⅲ、Ⅴ对黏虫有胃毒作用。

苦豆子生物碱对麦二叉蚜、麦长管蚜和棉蚜 3 种蚜虫均有较强的触杀作用。黄花蒿（*Artemisia annua*）精油中的 3 种萜烯类成分乙酸龙脑酯、α-水芹烯和异松油烯对玉米象（*Sitophilus zeamais*）和绿豆象（*Callosobruchus chinensis*）成虫均表现出强烈的触杀和熏蒸活性。日本扁柏（*Chamaecyparis obtusa*）叶中提取的精油对绿豆象成虫有强烈的熏蒸毒杀作用，对玉米象成虫表现出强烈的触杀和熏蒸毒杀活性。山苍子（*Litsea cubeba*）芳香油对蚕豆象（*Bruchus rufimanus*）有强烈的熏蒸作用。砂地柏的提取物对玉米象、黏虫、赤拟谷盗（*Tribolium castaneum*）和小菜蛾均表现出较强的熏蒸毒杀作用。

苦皮藤的浸出液具有内吸毒杀作用。

2. 忌避和拒食作用 忌避作用是昆虫不能忍受某些物质散发出的特殊气味而表现出的逃离行为，如茼蒿（*Chrysanthemum coronarium*）和菊蒿（*Tanacetum vulgare*）精油散发出的特殊气味。

拒食作用是某些物质（如印楝素、川楝素、脱氧鬼臼毒素等）抑制了昆虫的味觉功能而使其表现出拒食，同时还能对昆虫的生长产生抑制。川楝素对白脉黏虫（*Leucania venalba*）、小菜蛾和亚洲玉米螟（*Ostrinia furnacalis*）均表现出强烈的拒食活性。苦楝素对二斑叶螨（*Tetranychus urticae*）的成虫有较强的忌避作用，对菜青虫、三化螟等具有显著的拒食作用。

丁香酚对菜粉蝶，苦皮藤素对东亚飞蝗（*Locusta migratoria*）、小菜蛾幼虫和草地黏虫（*Mythimna separata*），闹羊花素-Ⅲ对柑橘潜叶蛾（*Phyllocnistis citrella*）和菜粉蝶幼虫都具有很强的拒食作用。辣椒碱对小菜蛾表现出较强的产卵忌避活性和拒食活性。马樱丹（*Lantana camara*）、蟛蜞菊（*Sphagneticola calendulacea*）、飞机草（*Eupatorium odoratum*）的乙醇提取物对美洲斑潜蝇（*Liriomyza sativae*）的产卵行为具有明显的干扰抑制作用。

3. 麻醉作用 某些植物源杀虫物质对害虫具有特殊的麻醉作用，如雷公藤总碱对 5 龄菜粉蝶有很强的麻醉作用（麻醉中量 ND_{50} 为 2.29 μg/g）。苦皮藤素Ⅳ是苦皮藤根皮中的麻醉有效成分，对多种害虫有麻醉作用，除了作用于神经-肌肉接头处以抑制兴奋性接头电位（excitatory junctional potential，EJP）外，还使昆虫体内解毒酶系受到抑制，导致外源毒物在昆虫体内不能及时被清除。

4. 生长发育抑制作用 有些萜烯类和生物碱类杀虫活性物质可以干扰害虫的生长发育及变态等，如延长幼虫发育历期、增加死亡率、引起不正常变态、减少产卵数等，虽然有些对害虫生长发育的影响在害虫当代表现并不明显，但可以持续控制害虫种群数量的增加，对害虫的综合治理有重要意义。印楝素对杂拟谷盗具有很强的生长发育抑制作用和种群抑制作用，是防治杂拟谷盗的一种高效而又安全的新型杀虫剂。延胡索（*Corydalis yanhusuo*）和北乌头（*Aconitum kusnezoffii*）生物碱能够使菜粉蝶提前化蛹或形成畸形蛹；天南星（*Arisaema erubescens*）、藜芦（*Veratrum nigrum*）、苦参（*Sophora flavescens*）和曼陀罗（*Datura stramonium*）生物碱能够导致菜粉蝶体重逐渐下降，最后死亡。

5. 引诱作用 引诱作用是昆虫对某些植物次生代谢物质表现出的正向趋性反应，是昆虫与植物在长期协同进化过程中，利用此类物质作为寻找、发现食物资源的信号。反式马鞭草烯醇、3-蒈烯和 α-蒎烯对松纵坑切梢小蠹，1,8-桉树脑对烟粉虱都具有强烈的引诱作用。利用这种引诱特性，可以用来监测和诱捕害虫，同时，还可以利用次生代谢物对昆虫的引诱作用来研究昆虫的飞翔行为，从而揭示昆虫的生物学习性。

6. 不育作用 有些植物次生代谢物质能影响昆虫生殖系统的发育，导致昆虫不育。喜树碱是不育作用很强的天然化合物，对家蝇雌虫在 0.000 25%～0.0005%的浓度下即有效，但对雄虫则需用 0.1%的浓度。其他不育剂还有长春花碱（vinblastine）、长春新碱（vincristine）、天芥菜碱（heliotrine）、单猪尿豆碱（monocrotaline）等。有部分种类昆虫受印楝素处理后出现很高的绝育率，其处理的马铃薯甲虫（*Leptinotarsa decemlineata*），雌虫食量降低、寿命延长、产卵力下降等，导致绝育。

二、杀虫机理

植物源杀虫活性物质通过作用于昆虫神经、生长发育及消化、呼吸、神经、神经肌肉及解毒代谢酶等系统而发挥杀虫功能[10, 11]，不同活性物质的作用机理有所不同。

1. 影响昆虫生长发育及消化系统　　喜树碱可能通过影响昆虫保幼激素和蜕皮激素，从而对昆虫的变态、生殖器官的发育、卵黄原蛋白和精子的生成等产生较大影响。

印棟素属柠檬素类化合物，其活性与结构变化有关。研究发现，印棟素 C-1、印棟素 C-3 和印棟素 C-11 的替代与拒食活性相关，环氧环的存在对毒效和生长发育抑制作用有重要意义。主要通过扰乱昆虫内分泌系统，影响促前胸腺激素（PTTH）的合成与释放，减低前胸腺对 PTTH 的感应而造成 20-羟基蜕皮酮（20-hydroxyecdysone，20E）的合成、分泌的不足，致使昆虫变态发育受阻。柠檬素类由三萜类或具有 4,4,8-三甲基-17-呋喃甾类骨架的前体衍生而来，通过 I 环氧化等作用，逐步形成具有较高生物活性的四环三萜类物质。

川棟素对昆虫下颚瘤状栓锥感觉器具有抑制作用，这种抑制作用使神经系统内取食刺激信息的传递中断，幼虫失去味觉功能而表现为拒食作用。菜粉蝶在取食一定量川棟素后，虫体昏迷、僵直、中肠食物残渣滞留、结块，并伴有拉稀，体表大量脱水，最后中肠穿孔破裂，食物漏出，腐烂而死。辣蓼（*Polygonum hydropiper*）中的蓼二醛（polygodial）则能激活欧洲粉蝶（*Pieris brassicae*）幼虫下颚外颚叶上的中央栓锥感觉器内的拒食细胞，将非食信号传入中枢神经系统，继而产生拒食行为。蓼二醛对侧边栓锥感觉器上的糖感受细胞、氨基酸感受细胞和芥子油苷感受细胞有较强的抑制作用，这可能是蓼二醛上存在的不饱和键在感受细胞的树突膜上争夺巯基致使后者失活的结果。

苦皮藤素 I 为拒食成分，苦皮藤素 II、苦皮藤素 III、苦皮藤素 V 为毒杀成分，苦皮藤素 IV 为麻醉有效成分。苦皮藤素 V 对昆虫的胃毒作用主要是其破坏了中肠细胞质和消化酶。

2. 影响昆虫呼吸系统　　影响昆虫呼吸系统的植物源杀虫活性物质主要是鱼藤酮，其作用部位在 NADH 和辅酶 Q 之间，使电子传导受阻，影响 ATP 合成。川棟素可抑制昆虫的呼吸中枢。菜粉蝶经川棟素处理后，幼虫呼吸强度降低，呼吸熵升高，呼吸节律完全失去控制而成为直线型。桉树脑和 α-蒎烯对玉米象的呼吸节律产生严重干扰作用。

从番荔枝（*Annona squamosa*）和巴婆（*Asimina triloba*）中分离的 annonin、neoannonin 和 asimicin 杀虫活性很强，都具有四氢呋喃脂肪酸内酯的结构，是强烈的呼吸毒剂。其中，neoannonin 对果蝇成虫的半数致死量（LD_{50}）为 6.25 μg/g；asimicin 对墨西哥大豆瓢虫（*Epilachna varivestic*）的 LD_{50} 为 500 μg/g 时，致死率为 100%，而对秀丽隐杆线虫（*Caenorhabditis elegans*）的 LD_{50} 仅为 0.1 μg/g，致死率达 100%。此外，asimicin 还对棉红蜘蛛、棉蚜、蚊幼虫等均有强烈的致死作用。asimicin 在低浓度下抑制了 ATP 酶的活性，在高浓度下，电子传递链在 NADH 和辅酶 Q 之间被抑制。这种抑制作用与鱼藤酮的抑制作用不同，鱼藤酮作用于 NADH-辅酶 Q 氧化还原酶偶联位点，并抑制了氧化磷酸化。

3. 影响神经系统

（1）胆碱能系统　　乙酰胆碱酯酶（acetylcholine esterase，AChE）是生物神经传导中的一种关键性酶，在胆碱能突触间，该酶能降解乙酰胆碱，终止神经递质对突触后膜的兴奋作用，保证神经信号在生物体内的正常传递[12]。当乙酰胆碱酯酶受抑制时，乙酰胆碱在突触积累，导致突触后膜受到持续刺激，调节失效，最终昆虫死亡。

烟碱是乙酰胆碱受体（acetylcholine receptor，AChR）的激动剂，低浓度时刺激烟碱型受体，使突触膜产生去极化，与乙酰胆碱（acetylcholine，ACh）作用相似，高浓度时对受体产生脱敏性抑制，即神经冲动传导受阻但神经膜仍保持去极化。

有些生物碱作用于昆虫乙酰胆碱酯酶而影响神经系统，如蓟罂粟（*Argemone mexicana*）和博落回（*Macleaya cordata*）中的主要有毒成分血根碱（sanguinarine）及苦豆子生物碱喹诺里西定类（quinolizidine alkaloids）对昆虫的 AChE 活性都有明显的抑制作用；印楝素对褐飞虱的乙酰胆碱酯酶有显著抑制作用。芳香植物的几种精油、单萜烯、芳香醇和其他的天然产物对不同昆虫如家蝇和蜚蠊等的乙酰胆碱酯酶都有抑制作用。生物碱如小檗碱（berberine）、巴马亭（palmatine）、血根碱（sanguinarine）能影响乙酰胆碱酯酶、丁酰胆碱酯酶、乙酰胆碱转移酶等受体，小檗碱和血根碱还能抑制 DNA 合成和反转录酶，血根碱可改变膜通透性，小檗碱会影响蛋白质生物合成[11]。

（2）γ-氨基丁酸系统　　γ-氨基丁酸（gamma-aminobutyric acid，GABA）是动物体内一种主要的抑制性神经递质，其作用与乙酰胆碱相反，通过与 GABA 受体结合引起神经传递的抑制，造成突触后膜的超极化作用，减少离子内流、降低细胞代谢即氧消耗等，使突触后神经元处于保护性抑制状态。作为杀虫剂作用的重要靶标，GABA 受体已成为杀虫剂毒理机制研究的焦点[13]。GABA 系统门控氯通道的阻断能减少对神经细胞的抑制，导致中枢神经系统过度兴奋，昆虫麻痹、死亡。植食性昆虫的 GABA 和一些相关的氨基丁酸促进其取食和刺激味觉细胞反应，植物次生物质可拮抗昆虫体内的 GABA，阻止其取食；除虫菊素（环丙烷单萜酯类）通过作用于神经膜上的电压敏感的钠离子通道来扰乱昆虫神经系统；精油的另一个靶标是作用于 γ-氨基丁酸 A 亚型受体的神经毒剂，麝香草酚通过一些未知的结合位点加强了 γ-氨基丁酸 A 亚型受体的生理作用[11]。

（3）章鱼胺系统　　章鱼胺（octopamine）是一种天然的多功能生物胺，对无脊椎动物非常重要，在神经系统中作为神经递质、神经调节剂和神经激素，与脊椎动物中的异内肾上腺素的生理作用相似。精油的作用靶标就是昆虫的章鱼胺受体，通过抑制章鱼胺受体而产生毒性作用，某些组分如丁香酚或麝香草酚可阻断章鱼胺受体和（或）通过酪胺受体的一系列后续影响而起作用；可卡因（cocaine）也具有杀虫作用，源于它增强了昆虫体内的章鱼胺神经传递效应[11]。

4. 影响昆虫神经肌肉系统　　鱼尼丁（ryanodine）及脱氢鱼尼丁（dehydroryanodine）是一种肌肉毒剂，主要作用 Ca^{2+} 通道，影响肌肉收缩，使昆虫肌肉松弛性麻痹。鱼尼丁对 Ca^{2+} 通道有两种作用，在微摩尔浓度水平打开通道，在毫摩尔浓度水平又关闭通道。

川楝素是一种多作用位点的物质，它阻断突触前神经肌肉接头传递，影响昆虫脑和神经组织中 Na^+、K^+-ATP 酶活性及 ACh 含量。

苦皮藤素Ⅳ作用点位于神经肌肉接头，抑制兴奋性接点电位，对黄守瓜（*Aulacophora femoralis*）等昆虫的幼虫表现出麻醉作用；苦皮藤素Ⅰ可以使谷氨酰胺（Glutamine，Glu）含量升高，增强神经肌肉接头的兴奋性突触后电位，引起肌细胞膜的去极化，导致肌肉收缩，从而使机体表现兴奋、抽搐症状，如黏虫和美洲大蠊（*Periplaneta americana*）摄食苦皮藤素Ⅰ后，较短时间内表现出虫体扭曲、翻滚等症状。

5. 影响昆虫解毒代谢酶　　昆虫体内涉及植物次生物质代谢降解的酶系，主要有微粒体多功能氧化酶（microsomal mixed function oxidase，MFO）、酯酶（esterase，EST）和谷胱甘肽硫-转移酶（glutathione S-transferase，GST）三大类；植物源杀虫活性物质能够诱导或抑制此类解毒酶系的表达。

昆虫体内细胞色素 P450 单加氧酶参与单萜类物质的解毒代谢，带一个羟基化功能组的单萜类物质显著地降低斜纹夜蛾微粒体 P450 和艾氏剂环氧酶（aldrin epoxidationase）活性。

烟碱能抑制斜纹夜蛾 3 龄幼虫羧酸酯酶（carboxylesterase，CarE）的活性，还可诱导谷胱甘肽硫-转移酶的活性；苦豆子生物碱野靛碱和苦参碱对小菜蛾 α-乙酸萘酯酶、α-乙酸萘酯 CarE 及酯酶同工酶活性均有显著的抑制作用。

第四节　植物源杀虫剂的开发利用前景

一、植物源杀虫活性物质的利用方式及存在的问题

1. 利用方式

1）直接利用。对植物中的杀虫活性物质进行粗提取后，直接加工成可利用的制剂。优点是能够发挥粗提物中各种成分的协同作用，而且投资少，开发周期短。我国在这方面做的工作较多，已开发出楝素乳油、苦藤乳油、鱼藤酮乳油、双素碱水剂、烟碱乳油等多种商品化制剂[14]。

2）间接利用。在分离、纯化植物源活性物质的基础上，对其化学结构、作用机制、结构与活性间的关系进行研究，发现先导化合物，进而人工模拟合成筛选，从中开发新型植物源杀虫剂。间接利用是国外植物源农药研究开发的重点，也是我国植物源农药研究发展的方向[14]。

2. 存在的问题

1）直接利用多，间接利用少。目前，大多数植物农药还停留在粗提物或复配阶段，对植物中活性物质及其作用机制缺乏深入研究。

2）成本较高，作用缓慢，田间持效期短，往往要重复用药或与其他化学农药混用才能达到预期防治目的。

3）药物稳定性差，一些植物源农药制剂的防治效果在实际应用上稳定性不高，易受环境因素影响。

4）植物源农药品种和类型不多，主要集中在植物源杀虫剂类，而植物源杀菌剂、除草剂和抗病毒剂等方面的开发研究不足。

二、植物源杀虫活性物质的开发利用

1. 直接利用　　植物源杀虫活性物质直接利用流程见图 11-9。

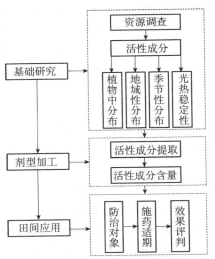

图 11-9　植物源杀虫活性物质直接利用流程[5]

需要特别注意的是，活性物质提取溶剂的选择对提取效果影响显著。提取溶剂的选用原则是，对活性成分有较大的溶解度、对无效成分应不溶或少溶、对人低毒或无毒、价廉易得。可选用的溶剂有水、甲醇、乙醇、苯、石油醚、乙酸乙酯、丙酮、乙醚、氯仿等，不同溶剂对应的提取化合物种类不同，应根据目标化合物选择合适的溶剂。此外，同种植物中往往含有多种活性成分，这些物质结构不同，极性不同，在不同的溶剂中有不同的溶解度。为了能充分提取有效成分，往往采用二元或三元混合溶剂。至于混合的比例，则要根据有效成分的结构、性质，经试验后决定。最常见的一种二元混合溶剂就是不同含水量的乙醇[5]。

2. 间接利用 植物源杀虫活性物质的间接利用，就是在生物活性追踪指导下，提取分离杀虫活性成分，鉴定其分子结构，研究有效成分的作用机制及有效成分结构与活性的关系，进而人工模拟合成筛选，从中开发新的杀虫剂，操作流程见图 11-10，操作过程细节可参照吴文君等（1998）[5]。

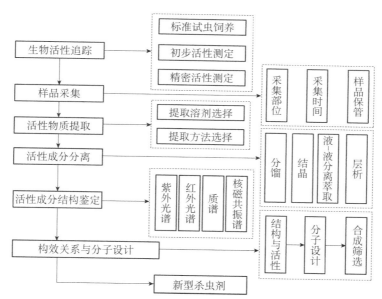

图 11-10 植物源杀虫活性物质间接利用流程[5]

三、植物源杀虫剂的开发前景

化学农药曾经是、现在是、将来很长一段时间仍然是解决病虫害问题的主要手段，但农药对环境和人类健康带来的危害，也有充分的认识。如何减少农药用量或尽量不用农药或使用环境友好的替代品是当下面临的重要课题。植物源杀虫活性物质的研究与开发利用提供了解决这一问题的选项。可以肯定，植物源农药的应用将会成为 21 世纪农业可持续发展的重要措施，在保证农作物高产稳产的同时，对于保护生态系统健康也将发挥积极的作用[14]。

首先，植物粗提取直接应用要比将有效成分提纯加工后应用更有前景。粗制品对害虫的防治效果一般情况下明显要比纯品高，这可能是粗制品中除主成分外，还含有多种化合物，可能对主成分有增效性，也可能是次要活性物质的作用对靶标物形成多点作用，药效有加成性，同时还可使害虫不易产生抗性。此外，粗制品的使用成本相对较低，而且更容易加工操作。有人置疑，直接将植物加工后作为杀虫剂使用，是否很快就会把植物资源耗尽，对环境造成破坏，形成新的生态问题。此问题可以通过大面积人工种植来解决，而且实践也证明人工种植的植物其杀虫活性成分含量基本上没有太大变化。例如，印楝原产于印度和缅甸，中国引种到云南、海南及广东等地后，经测定发现种子中印楝素含量和生物活性水平与原产地接近[14]。通过品种选育后的栽培品种有效成分含量还可能高于野生植物。

其次，与化学农药复配使用，这样可以大量减少化学农药的用量，并可使高毒农药低毒化、低毒农药微毒化，改造利用老品种农药。降低研制新活性物的投入和研制周期，化学农药的危害在其使用剂量小到一定程度时就变得很小，甚至可以忽略，从而对环境的安全性显著提高。有时植物源杀虫剂与化学杀虫剂混配，如拟除虫菊酯类与烟碱、鱼藤酮、苦参碱、印楝素等混配后可显著降低拟除虫菊酯的用量。需要强调的一点是，农药制剂剂型的加工技术同样很重要，使用方法和使用工具的配套改进也必不可少[14]。

最后，通过对植物中活性成分的筛选，对其活性物质进行结构鉴定，寻找化学合成农药的先导化合物，再通过合理的结构改造，最终合成新型杀虫剂，也是今后植物源杀虫剂研究开发的方向之一[14]。

 思考题

一、名词解释

植物源杀虫活性物质；植物源杀虫剂；除虫菊素；印楝素；烟碱；鱼藤酮；植物光活化毒素；章鱼胺

二、问答题

1. 与化学杀虫剂相比，植物源杀虫剂具有哪些优点？
2. 已经商业化应用的植物源杀虫活性物质有哪些？
3. 简述植物源杀虫活性物质的作用方式。
4. 简述植物源杀虫活性物质的杀虫机理。
5. 植物源杀虫活性物质的利用方式有哪些？
6. 植物源杀虫活性物质利用中存在哪些问题？
7. 植物源杀虫活性物质提取溶剂的选择原则是什么？
8. 说说你对利用植物源活性物质防治害虫的认识。

 参考文献

[1] 罗都强，张兴. 植物源杀虫剂研究进展. 西北农林科技大学学报（自然科学版），2001，29（增刊）：94-97

[2] 张洁. 中国植物源杀虫剂发展历程研究. 杨凌：西北农林科技大学博士学位论文，2018

[3] 王燕，师光禄，吴振宇，等. 植物源杀虫剂作用机理研究进展. 北京农学院学报，2008，23（4）：70-73

[4] 王云峰，石伟勇. 中国杀虫植物资源的开发利用. 资源科学，2001，23（2）：62-64

[5] 吴文君，刘惠霞，朱靖博，等. 天然产物杀虫剂—原理方法实践. 西安：陕西科学技术出版社，1998

[6] 张继文. 苦皮藤素的衍生合成与杀虫活性研究. 杨凌：西北农林科技大学博士学位论文，2013

[7] 王唤，米娜，范志金，等. 鱼尼丁受体类杀虫剂的研究进展. 四川师范大学学报（自然科学版），2011，34（3）：427-434

[8] Chuang K V, Xu C, Reisman S E. A 15-step synthesis of（+）-ryanodol. Science，2016，353（6302）：912-915

[9] 徐汉虹，鞠荣. 植物源光活化毒素的研究与新农药开发. 华南农业大学学报（自然科学版），2003，24（4）：

100-105

[10] 刘雨晴，陈飞，崔炜. 植物中萜烯类和生物碱类杀虫活性物质研究综述. 农业灾害研究，2013，3（6）：111-121

[11] 邓鹏飞，桑晓清，周利娟. 植物次生代谢物质的杀虫作用机理. 世界农药，2011，33（3）：17-21

[12] 徐恩斌，张忠兵，谢渭芬. 乙酰胆碱酯酶的研究进展. 国外医学（生理、病理科学与临床分册），2003，23（1）：73-75

[13] 卢文才，何林，薛传华，等. 昆虫 γ-氨基丁酸系统受体研究现状. 昆虫知识，2009，46（1）：152-158

[14] 杨群辉，马云萍，尹彤，等. 植物源杀虫剂的开发与利用. 西南农业学报，2004，17（增刊）：3511-3621

第十二章　利用转基因抗虫作物防治害虫

第一节　转基因抗虫作物

一、转基因抗虫作物的概念

转基因技术（transgenic technique）是将高产、抗逆、抗病虫、提高营养品质等已知功能性状的基因，通过现代科技手段转入目标生物体中，使受体生物获得新的功能特性，产生新的品种和新的产品。转基因技术是现代生物发展的核心技术之一，在保障全球粮食安全、保护生态环境和拓展农业基本功能等方面具有重要作用和巨大潜力[1]。

转基因作物（genetically modified crop，GMC）是指运用分子生物学（基因重组和组织培养）技术，将其他生物或物种（植物、动物、微生物）的基因转入作物后培育出来的具有特定性状的农作物品种。转基因作物通常具有高产优质、抗病虫、抗非生物逆境、抗除草剂、耐储存、提高某些营养成分含量、改善作物品质、增强口感和色泽等优良性状[2]。

转基因抗虫作物是转基因作物中的一类，利用转基因技术把外源杀虫基因转化至作物中并表达，使作物获得抗虫性，在提高作物产量和减少化学农药使用方面发挥了重要作用[3]。

二、转基因抗虫作物的发展

苏云金芽孢杆菌（*Bacillus thuringiensis*，*Bt*）中的有毒蛋白基因，简称 *Bt* 基因。在芽孢形成时，该基因编码的 δ-内毒素（δ-endotoxin），也称杀虫晶体蛋白或晶体毒素，对直翅目、膜翅目、鳞翅目、双翅目、半翅目、鞘翅目等多种昆虫，以及原生动物、线虫、螨等具有特异性的杀灭作用。*Bt* 杀虫晶体蛋白（130～160 kDa）自身没有生物活性，当其被目标昆虫摄食后，在昆虫中肠的碱性环境下被胰蛋白酶水解并激活，形成毒素核心肽段（65～75 kDa），与昆虫中肠上皮细胞刷状缘膜上的高亲和受体结合，毒素核心肽段部分插入细胞磷脂双分子层，使细胞膜允许离子（Na^+、K^+等）及寡糖（蔗糖或麦芽糖等）自由通过，影响细胞渗透压，导致细胞裂解死亡，最终灭杀敏感昆虫[4]。

1987 年，世界上首例转 *Bt* 基因抗虫烟草和番茄植株分别培育成功。但早期的转 *Bt* 基因抗虫植株抗虫性普遍较低，杀虫晶体蛋白的含量只占可溶性蛋白的 1/1000，远远达不到农林业生产种植的要求。1990 年 Perlak 等通过修饰 *Bt* 基因，使其在转 *Bt* 基因棉花中的表达量大大提高，植株抗虫性明显增强，从而使转 *Bt* 基因抗虫技术在农林业中的应用成为可能[5]。到目前为止，*Bt* 基因已经成功转入玉米（*Zea mays*）、水稻（*Oryza sativa*）、马铃薯（*Solanum tuberosum*）、番茄（*Lycopersicon esculentum*）等农作物，以及杨树（*Populus* spp.）、核桃（*Juglans regia*）、苹果（*Malus pumila*）等经济林木。我国已开始大面积种植转 *Bt* 基因抗虫作物，并在增产增收、降低农药使用量方面获得了显著成效[4]。

第二节 抗虫基因的来源

应用于转基因抗虫作物的抗虫基因主要来源于微生物、植物、昆虫及其他动物等[4-6]。

一、源于微生物的抗虫基因

1. *Bt*杀虫晶体蛋白基因 苏云金芽孢杆菌中编码杀虫晶体蛋白（insecticidal crystal protein，ICP）的基因称为晶体蛋白质基因，即 *Cry/Cyt* 基因。自 1981 年首条 *Cry* 基因被成功克隆测序以来，截至 2021 年 5 月，已报道的 *Bt* 基因已经达到 858 种，其中 *Cry* 共 818 种，分属 78 个群，*Cyt* 共 40 种，分属 3 个群。近几年，对鞘翅目和鳞翅目具有特异性灭杀作用的杀虫晶体蛋白（CryV）及对线虫具有特异性灭杀作用的杀虫晶体蛋白（CryVI）也相继被发现。

2. *Bt*营养期杀虫蛋白基因 营养期杀虫蛋白（vegetative insecticidal protein，VIP）是一种新型高效的杀虫毒蛋白。VIP 在苏云金芽孢杆菌生长的对数期开始分泌，在稳定前期达到最高。目前，VIP 主要由杀虫作用机理不同的 VIP1、VIP2 和 VIP3 共 3 种毒蛋白组成。其中 VIP1A 分为 VIP1A（a）和 VIP1A（b）2 类，VIP2A 分为 VIP2A（a）和 VIP2A（b）2 类。VIP1A（a）与 VIP2A（a）构成二元毒素，对鞘翅目叶甲科（Chrysomelidae）昆虫有特异性灭杀作用。编码这 2 种蛋白质的基因分别为 *vip1A* 和 *vip2A*，约有 12%的 *Bt* 中存在这两类基因。VIP3A 主要包括 VIP3A（a）、VIP3A（b）和 VIP3A（c），前两种蛋白质对鳞翅目昆虫有广谱的灭杀活性。目前，VIP1 和 VIP2 这两种毒蛋白未进行细胞病理学和免疫化学试验，其对敏感昆虫的灭杀作用机理也不了解。而 VIP3 对敏感昆虫的灭杀作用机理为 VIP3A 蛋白特异性地与昆虫中肠内的微绒毛结合，诱发昆虫细胞凋亡，导致细胞核溶解，最终杀灭敏感昆虫，这与杀虫晶体蛋白的作用机理完全不同。

3. *Bt*分泌期杀虫蛋白基因 作为苏云金芽孢杆菌分泌的一种新型的杀虫蛋白，分泌期杀虫蛋白（secreted insecticidal protein，SIP）的研究还比较少。对敏感昆虫的灭杀作用机理也没有相关的报道。但作为 *Bt* 杀虫毒蛋白的重要组成部分，研究者已经开始对其进行相关的研究并取得了部分成果。例如，从编号为 QZL26 的 *Bt* 野生菌株中成功克隆得到 1038 bp 的碱基序列，生物信息学分析表明，其编码的 345 个氨基酸与 SIP1A 氨基酸序列同源性达 91.83%[7]；从编号为 DQ89 的 *Bt* 菌株中成功提取并克隆得到 *sip* 基因（1188 bp），并在大肠杆菌中完成表达，对鞘翅目叶甲科的大猿叶甲（*Colaphellus bowringi*）具有灭杀活性[8]。针对目前昆虫抗性增强，新型毒蛋白基因的研究意义重大。

4. 源于其他微生物的抗虫基因 异戊烯基转移酶（isopentenyl transferase，IPT）是细胞分裂素合成中的关键酶。将根癌土壤杆菌（*Agrobacterium tumefaciens*）的 *IPT* 基因导入烟草、番茄中表达后，可明显减少烟草夜蛾（*Heliothis assulta*）对植株的损伤。但是，*IPT* 基因的表达会影响植物生长发育。

作为第二代抗虫基因，胆固醇氧化酶（cholesterol oxidase）基因广泛存在于链霉菌属（*Streptomyces*）、红球菌属（*Rhodococcus*）、假单胞菌属（*Pseudomonas*）和短杆菌属

（*Brevibacterium*）等细菌中。其编码的胆固醇氧化酶对敏感昆虫有灭杀活性，将其基因导入烟草和番茄后发现，转基因植株可以有效抵御烟草夜蛾的危害。

胆固醇氧化酶是胆固醇代谢过程中的关键酶，其对敏感昆虫的灭杀作用机理是催化分解昆虫体内胆固醇，产生 17-酮类固醇（17-ketosteroide，17-KS）与过氧化氢，进而导致昆虫中肠细胞溶解死亡，最终灭杀昆虫。胆固醇氧化酶对棉铃象甲（*Anthonomus grandis*）及烟草夜蛾等鞘翅目、鳞翅目、直翅目、半翅目和双翅目的敏感昆虫均有灭杀活性。作为一种宽谱杀虫基因，可以有效弥补 *Bt* 基因抗虫谱的不足。

二、源于植物的抗虫基因

1. 蛋白酶抑制剂基因　　蛋白酶抑制剂（PI）是一种主要存在于植物块茎、种子等储藏器官中的低分子质量多肽或蛋白质。该抑制剂的基因编码区较短，一般没有内含子。PI 对植物许多重要的生命活动均有调节作用。经研究发现，其对部分敏感昆虫有灭杀活性。1987 年 Hilder 等首次成功培育了转豇豆蛋白酶抑制剂基因的抗虫烟草植株，使蛋白酶抑制剂基因在植物抗虫基因工程方向的应用成为可能[9]。

蛋白酶抑制剂基因对敏感昆虫的灭杀作用机理是蛋白酶抑制剂被敏感昆虫取食后，会与其消化道内的蛋白消化酶结合，抑制其活性，导致昆虫体内蛋白消化酶过量分泌，影响昆虫消化作用，最终导致昆虫死亡。根据与酶结合的活性位点不同，植物蛋白酶抑制剂可分为丝氨酸蛋白酶（serine proteinase）抑制剂、胱天蛋白酶（caspase）抑制剂和金属羧肽酶（carboxypeptidase）抑制剂三类。前两类对敏感昆虫的灭杀作用明显，相比于其他抗虫基因（如 *Bt* 基因、凝集素基因等）具有抗虫谱广、敏感昆虫不易产生耐受性、不污染环境和生物安全性高等优点，因而被广泛研究。

目前蛋白酶抑制剂基因抗虫技术已广泛应用于玉米（*Zea mays*）、棉花（*Gossypium* spp.）等农作物，并取得了较大进展。将杜鹃红山茶（*Camellia azalea*，Ca）胱天蛋白酶抑制剂（CPI）基因（*CaCPI*）转入烟草植株并实现过量表达，转 *CaCPI* 基因的烟草植株对蚜虫的灭杀活性明显提高，接虫 5 d 后蚜虫累计死亡率达 90.75%[10]。

2. α-淀粉酶抑制剂基因　　α-淀粉酶抑制剂（α-amylase inhibitor）基因是一种植物中普遍存在的基因，豆科（Fabaceae）植物和禾谷类植物的储藏器官中均含有较为丰富的该基因。α-淀粉酶抑制剂基因在植物对抗病虫害侵染的天然防御系统中至关重要。α-淀粉酶抑制剂基因对敏感昆虫的灭杀作用机理是该基因表达的 α-淀粉酶抑制剂与敏感昆虫消化道内 α-淀粉酶 1∶1 结合，有效抑制其活性，阻断淀粉的水解反应，使昆虫体内能量供给不足，通过刺激昆虫生理反馈调节系统，导致昆虫体内消化酶过量分泌，产生厌食反应，最终导致昆虫死亡。转基因小麦中 α-淀粉酶抑制剂与胱天蛋白酶抑制剂的协同作用可以有效减缓四纹豆象（*Callosobruchus maculatus*）的生长发育。

3. 植物凝集素基因　　植物凝集素（phytoagglutin，PNA）是一种活性蛋白，具有一个或多个可与单糖或寡糖可逆性结合的非催化结构域，这种结合不会改变糖基的共价结构。研究发现，植物凝集素对鳞翅目、鞘翅目、双翅目和半翅目等昆虫具有灭杀活性。由于缺乏相关研究，其对昆虫的灭杀作用机理尚不明确，一般认为植物凝集素是通过与昆虫消化道内糖蛋白，如昆虫中肠纹缘膜细胞、围食膜表面或糖基化的消化酶等结合，阻碍昆虫营养吸收，抑制其生长发育，最终灭杀昆虫。植物凝集素在植物界广泛分布，植物种子和营养器官中的含量最为丰富。

菜豆凝集素（*Phaseolus vulgaris* agglutinin，PVA）是第一种被报道具有抗虫作用的植物凝集素。

目前应用的植物凝集素基因包括雪花莲凝集素（*Galanthus nivalis* agglutinin，GNA）基因、豌豆凝集素（*Pisum sativum* agglutinin，PSA）基因、半夏凝集素（*Pinellia ternata* agglutinin，PTA）基因和麦胚凝集素（wheat germ agglutinin，WGA）基因等。虽然植物凝集素基因对敏感昆虫灭杀活性显著，但部分植物凝集素如麦胚凝集素对哺乳动物同样存在毒性，而雪花莲凝集素和豌豆凝集素对哺乳动物毒性较小，是抗虫基因工程的重点研究方向。目前雪花莲凝集素已成功转入水稻、马铃薯、葡萄（*Vitis vinifera*）、甘蔗（*Saccharum officinarum*）、番茄、欧洲油菜（*Brassica napus*）、烟草（*Nicotiana tabacum*）、向日葵（*Helianthus annuus*）等经济作物，均有较好的抗虫性。

此外，棉花凝集素、天南星凝集素（*Arisaema heterophyllum* agglutinin，AHA）、蓖麻凝集素（*Ricinus communis* agglutinin，RCA）及伴刀豆凝集素对棉蚜（*Aphis gossypii*）和麦长管蚜（*Sitobion avenae*）也具有较高的毒性。

4. 源于植物的其他抗虫基因　植物中提取的核糖体灭活蛋白、几丁质酶、色氨酸脱羟酶、番茄素、过氧化物酶和豌豆脂肪氧化酶、多酚氧化酶、脂氧化酶等都对敏感昆虫有灭杀活性。这几种酶虽然表现出了不同的抗虫效果，但其对敏感昆虫的灭杀机理尚不明确，抗虫谱及生物安全性还有待实验验证。

三、源于昆虫及其他动物的抗虫基因

1. 几丁质酶基因　几丁质酶（chitinase）广泛存在于昆虫、微生物和植物体内，能够降解入侵生物的完整结构（如膜或昆虫表皮、卵壳或线虫的外壳），或释放出能诱导寄主产生其他防御反应的物质，从而对某些昆虫（尤其是半翅目昆虫）表现出一定的毒性。某些几丁质酶还能催化糖基反应。大多数植物在受到外源几丁质、乙烯、水杨酸、机械损伤、紫外线辐射等因素诱导时，其几丁质酶可被诱导表达或活性提高，同时几丁质酶的表达具有时序性和组织特异性[11]。

转昆虫几丁质酶基因植物的抗虫性强于转植物源几丁质酶基因植物的抗虫性。通过各种途径将昆虫几丁质酶基因导入植物中以增强其抗虫性。然而，转基因植物中表达的昆虫几丁质酶与其天然形式有所不同。在转基因植物中表达的昆虫几丁质酶大多数被截短，可能是由外源几丁质酶对寄主体内的蛋白水解酶的敏感性造成的。通过定点突变和缺失或功能区交换可能有助于提高几丁质酶在植物体内的活性和稳定性。植物几丁质酶不抗虫的原因可能是大多数植物几丁质酶的最适 pH 为 4～6，而昆虫几丁质酶的最适 pH 为碱性，因为昆虫中肠的 pH 为碱性，这使得食植性昆虫能够适应植物几丁质酶而不被其降解。目前转几丁质酶基因获得成功的抗虫植物只有烟草、水稻、马铃薯等少数几种[11]。

2. 昆虫激素基因　昆虫激素是影响昆虫生长、繁殖、变态、代谢和行为等生命活动的重要因素。将昆虫激素及有关代谢酶如神经肽激素和保幼激素酯酶等昆虫激素基因引入植物，有可能扰乱害虫体内激素平衡，或干扰昆虫交配或栖息习惯，或干扰昆虫的发育，从而达到控制虫害的目的。

3. 其他动物毒素基因　一些动物的毒素如蝎子毒素、蜘蛛毒素、蜂毒素等，对昆虫也有毒害作用，可引起昆虫神经麻痹，使昆虫失去知觉，不能取食而死亡，甚至直接杀死昆虫。

第三节 转基因抗虫作物操作技术

植物基因工程研究过程中，将外源基因导入植物受体细胞，使之发生永久性的定向遗传变异是其关键步骤之一。经过研究者的不断探索，目前发展比较成熟的植物基因遗传转化方法主要有农杆菌介导法、聚乙二醇介导法、基因枪法、电穿孔法、显微注射法、花粉管通道法等多种方法。其中，农杆菌介导法和基因枪法是目前应用最广泛的两种方法[4, 6]。

一、农杆菌介导法

农杆菌是一类革兰氏阴性土壤杆菌，主要有根癌农杆菌（*Agrobacterium tumefaciens*）和发根农杆菌（*A. rhizogenes*）。对根癌农杆菌的研究主要分为两类：对其作为模式病原菌的研究和根瘤农杆菌在植物基因工程应用上的研究。

在植物基因工程上的应用主要是基于其基因转移的特性，这一基因转移功能最早由奇尔顿（Chilton）通过用根癌农杆菌 Ti 质粒上的酶切后的片段与侵染后的烟草冠瘿瘤组织杂交后证实[11]。Ti 质粒上含有转移 DNA（T-DNA）区、毒性区（Vir 区）、结合转移区（Con 区）和复制起始区（Ori 区）4 部分。T-DNA 被证实是 Ti 质粒上被转移整合到植物基因组中的片段[12]。T-DNA 片段拥有控制植物激素合成及冠瘿碱合成的基因，这些基因能够促进植物增生产生冠瘿瘤，并给根癌农杆菌提供营养。Ti 质粒上还有一组毒性 Vir 蛋白合成基因片段 *vir* 基因。*vir* 基因是一组基因，它们起到接收植物信号，将 T-DNA 转移整合到植物中的作用[13]。T-DNA 的转移不依赖 T-DNA 上的基因。植物基因工程正是基于这一原理，将 T-DNA 替换成目的基因片段，利用根癌农杆菌作为载体将目的基因转入植物中[14, 15]。

农杆菌作为一种天然的植物基因转化系统，其介导的转化属于一种纯生物学的方法。与其他转化方法相比具有明显的优点：①转化频率高；②可导入大片段的 DNA，且导入植物细胞的片段确切；③导入基因拷贝数低，大多只有 1～3 个，表达效果好，稳定遗传，多数符合孟德尔遗传规律；④农杆菌转化方法使用的技术和仪器简单。因此。农杆菌介导法是目前应用最广泛的转化方法，不足之处是主要适合于双子叶植物的基因转化。

二、聚乙二醇介导法

聚乙二醇（polyethylene glycol，PEG）介导基因转化是植物遗传研究中较早建立且应用广泛的一个 DNA 直接转化系统。主要原理就是聚乙二醇、多聚-L-鸟氨酸、磷酸钙在高 pH 条件下诱导原生质体摄取外源 DNA 分子。这种方法具有在转化过程中避免嵌合体产生、易于选择转化体及受体植物不受种类限制等优点。但缺点是只局限于转化原生质体和未脱壁或酶解脱壁不完全的小细胞团（50～100 个细胞），且转化率较低。

三、基因枪法

基因枪法又称粒子轰击（particle bombardment）、高速粒子喷射（high-velocity particle microprojection）或基因枪轰击（gene gun bombardment），主要适用于单子叶植物。其原理是将 DNA 包裹于微小的钨或金粒的表面，在高压下使金属颗粒喷射，高速穿透受体细胞或组织，使外源基因导入受体细胞核并整合表达的过程。之所以选择钨或金作为"子弹"，在于它们在植物细胞和原生质体中呈现惰性，不会影响植物细胞或原生质体正常的生理活动。

迄今为止，该法已成为除了农杆菌介导法以外应用最广泛的基因转移技术。基因枪法与其他遗传转化法相比，具有无宿主限制、受体类型广泛、可控程度高、操作简便快速等突出优点，但具有转化率较低（与农杆菌介导法相比）、稳定遗传的比例小及成本较高等缺点。

四、电穿孔法

电穿孔（electroporation）法又称电激法，是在高压电脉冲作用下在新鲜分离的原生质体的质膜上形成可逆性的瞬间通道，从而发生外源 DNA 的摄取。通过高强度的电场作用，瞬时提高细胞膜的通透性，从而吸收周围介质中的外源分子，可以将核苷酸、DNA 与 RNA、蛋白类、染料及病毒颗粒等导入原核和真核细胞内。

电穿孔法对植物细胞不产生毒性，而且转化效率较高，特别适用于瞬间表达。缺点是易造成原生质体损伤。

五、显微注射法

显微注射（microinjection）法是利用管尖极细（0.1～0.5 μm）的玻璃微量注射针，将外源基因片段直接注射到原核期胚或培养的细胞中，然后由宿主基因组序列可能发生的重组（rearrangement）、缺失（deletion）、复制（duplication）或易位（translocation）等现象而使外源基因嵌入宿主的染色体内。

用该法进行基因导入前，通常需要先把原生质体或培养的细胞固定在低熔点的琼脂糖上或用聚赖氨酸处理使原生质体附着在玻璃平板上，也可通过一根固着的毛细管将原生质体吸附在管口，再进行操作。

优点是转化效率高、无特殊的选择系统，但必须以精细的显微操作技术和低密度的培养为基础，同时，需要注射大量的细胞或原生质体，比较费工费时。因此，该方法比较适合大细胞的操作，主要用于动物的基因转化。

六、花粉管通道法

花粉管通道（pollen-tube pathway）法是利用在有性生殖的授粉受精过程中使外源 DNA 沿着花粉管进入胚囊，转化尚不具备正常细胞壁的卵、合子或早期胚胎细胞的方法。其优点是利用整体植株的卵细胞、受精卵或早期胚细胞转化 DNA，不需要细胞、原生质体等组织培养和诱导再生植株等一整套人工培养过程，操作十分方便，一般育种工作者易于掌握。可以任意选择生产上的当家品种进行外源 DNA 的导入，单胚珠和多胚珠的单、双子叶植物均可利用这一技术。缺点是这一方法的成株转化率较低，影响因素多，如受体植物的受精过程及时间规律，导入 DNA 的浓度、分子结构及片段大小等。

基因的转化方法还有很多，不管选择哪一种，重要的是选择最适合所要研究的基因转化对象，当然也可以选择两种甚至多种方法结合使用，也许会有更优的效果。

第四节　转基因植物的环境安全评价

一、转基因植物的环境安全问题

转基因植物在生长过程中会不可避免地与周围环境发生交流，对生态环境造成潜在的风险，包括转基因植物自身或通过与野生近缘种间的基因流动演变为杂草的可能性、对靶标生物及非靶标生物种群的影响、对土壤生态系统和生物地球化学循环的影响等。因此，转基因作物商业化种植前都必须通过系统深入的环境安全性评价[16]。

转基因作物对生物多样性的影响一直是转基因作物对环境影响研究的重点，大部分研究表明转基因作物对非靶标生物有极小的影响或者没有影响。但靶标生物的抗性问题也越来越引起人们的重视，如转基因抗虫玉米推广数年后，在美洲和非洲均检测到了害虫田间抗性种群，且抗性水平呈上升趋势。近年来，研究人员对转基因作物的基因漂移问题做了大量的研究工作，还未有转基因作物中的外源基因渗入非转基因作物品种、野生近缘种存在负面影响的报道[16]。

二、国内外转基因植物生物环境安全评价标准的建立概况

为保障转基因产品安全，国际食品法典委员会（Codex Alimentarius Commission，CAC）、联合国粮食及农业组织（Food and Agriculture Organization of the United Nations，FAO）、世界卫生组织（World Health Organization，WHO）、经济合作与发展组织（Organization for Economic Co-operation and Development，OECD）等制定了一系列转基因生物安全评价标准，成为全球公认的评价准则。依照这些评价准则，各国制定了相应的评价技术规范和标准。我国借鉴欧美普遍做法，结合我国国情，建立了涵盖 1 个国务院条例、5 个部门规章的法律法规体系。根据《农业转基因生物安全管理条例》要求，农业转基因生物安全评价的标准和技术规范由国务院农业行政主管部门制定。2017 年，农业部组建了全国农业转基因生物安全管理标准化技术委员会，主要承担全国农业转基因生物安全管理领域标准的研究、拟定、审定、宣传贯彻、国际合作交流等相关技术性工作。截至 2021 年 1 月，农业农村部共发布农业转基因生物安全标准 230 项，现行有效 220 项[16]。

农业转基因生物环境安全检测标准主要由农业农村部制定，目前已发布 47 项环境安全检测标准。此外，2012 年环境保护部发布了《抗虫转基因植物生态环境安全检测导则（试行）》（HJ 625—2011）。作为农业转基因生物安全标准体系的重要组成部分，转基因植物环境安全检测标准为指导安全评价试验、规范检测机构复核验证工作、协助全国转基因安委会开展风险评估提供了重要的参考依据。为规范转基因生物的研发和安全评价检测工作，进一步推动我国农业转基因生物安全评价检测体系建设，进而建立可追溯的规范数据体系，我国还制定了《转基因生物良好实验室操作规范　第 2 部分：环境安全检测》（农业农村部公告第 111 号—17—2018）[17]。

三、我国转基因植物的环境安全检测标准

我国的农业转基因生物环境安全检测标准，由目标性状功能效率的有效性、生存竞争能力、外源基因漂移、对生物多样性影响和对非靶标生物影响五大部分构成，涉及的农业转基因生物包括玉米、大豆、水稻、油菜、棉花和苜蓿6个类别（表12-1）。下面以玉米为例，说明我国转基因抗虫玉米的生物环境安全检测标准。

表 12-1　我国现行有效农业转基因植物环境安全检测标准数量*[16]

分类	项目	数量
按评价内容划分	目标性状功能效率的有效性*	11
	生存竞争能力	12
	外源基因漂移	10
	对生物多样性影响	10
	对非靶标生物影响	4
按作物类别划分	转基因玉米	15
	转基因大豆	7
	转基因水稻	10
	转基因油菜	6
	转基因棉花	4
	转基因苜蓿	1

*《转基因植物及其产品环境安全检测 育性改变油菜》（农业部953号公告—7—2007）中包括了转基因油菜育性、生存竞争能力、外源基因漂移和对生物多样性影响4项内容，仅在"目标性状功能效率的有效性"中计数1次

（一）转基因玉米的环境安全检测标准

转基因玉米环境安全检测标准有4套。①2003年发布的《转基因玉米环境安全检测技术规范》，包括生存竞争能力检测（NY/T 720.1—2003）、外源基因流散的生态风险检测（NY/T 720.2—2003）、对生物多样性影响的检测（NY/T 720.3—2003）3项标准。②2007年发布的《转基因植物及其产品环境安全检测 抗虫玉米》，包括抗虫性（农业部953号公告—10.1—2007）、生存竞争能力（农业部953号公告—10.2—2007）、外源基因漂移（农业部953号公告—10.3—2007）、生物多样性影响（农业部953号公告—10.4—2007）4项标准。③2007年发布的《转基因植物及其产品环境安全检测 抗除草剂玉米》，包括除草剂耐受性（农业部953号公告—11.1—2007）、生存竞争能力（农业部953号公告—11.2—2007）、外源基因漂移（农业部953号公告—11.3—2007）、生物多样性影响（农业部953号公告—11.4—2007）4项标准。④2014年发布的《转基因植物及其产品环境安全检测 耐旱玉米》，包括干旱耐受性（农业部2122号公告—10.1—2014）、生存竞争能力（农业部2122号公告—10.2—2014）、外源基因漂移（农业部2122号公告—10.3—2014）、生物多样性影响（农业部2122号公告—10.4—2014）4项标准。

（二）转基因玉米环境安全检测内容

1. 目标性状功能效率的有效性　《转基因玉米环境安全检测技术规范》（NY/T 720—2003）不包括对目标性状功能效率的有效性检测。

农业部953号公告—10.1—2007适用于对鳞翅目靶标害虫的抗性水平检测，不适用于进口用作加工原料的转基因抗虫玉米。该标准通过田间人工接虫，比较了转基因抗虫玉米、受体玉

米、普通栽培玉米感虫对照对亚洲玉米螟（*Ostrinia furnacalis*）、黏虫（*Mythimna separata*）、棉铃虫（*Helicoverpa armigera*）的抗性水平。

农业部 953 号公告—11.1—2007 通过田间喷施不同剂量的除草剂，比较了转基因抗除草剂玉米和对应的受体玉米对目标除草剂的耐受性。

农业部 2122 号公告—10.1—2014 在种子萌发期、苗期、开花期、灌浆期 4 个关键时期，对玉米的耐旱性进行了鉴定。

2. 生存竞争能力　　4 套标准均分析了转基因玉米在荒地和栽培地条件下的竞争能力，均在翌年调查了前一年种植转基因玉米的试验小区内自生苗情况，均未进行种子自然延续能力检测。NY/T 720.1—2003 设置了对应的受体玉米和当地推广的非转基因玉米作为对照，而其他 3 套标准只设置了对应的受体玉米为对照。

荒地生存竞争能力检测时，采用 3 次分期播种，在地表撒播和深度播种条件下，调查杂草种类、数量、覆盖率。栽培地生存竞争能力检测时，在苗期、心叶中期、心叶末期、抽雄期、吐丝期，调查玉米株高并估算覆盖率。

在成熟期，比较了转基因玉米与受体玉米在种子产量方面的差异，并对收获种子进行发芽率检测。除了田间自然环境下的生存竞争能力检测，农业部 2122 号公告—10.2—2014 还增加了在干旱环境条件下的生存竞争能力检测。

3. 外源基因漂移　　农业部 953 号公告—10.3—2007、农业部 2122 号公告—10.3—2014 规定了受体玉米或与转基因玉米生育期相当的当地普通栽培品种，可作为接受花粉者，并明确规定了需对非转基因玉米做去雄处理。NY/T 720.2—2003、农业部 953 号公告—11.3—2007 仅规定了与转基因玉米生育期相当的当地普通栽培品种，可作为接受花粉者。

4 套标准均选择了面积不小于 10 000 m² 的试验地，在试验地中心划出 25 m² 的小区种植转基因玉米，周围种植非转基因玉米，沿试验地对角线方向测定不同距离基因漂移的距离和频率。

4. 对生物多样性影响　　4 套标准均分析了对节肢动物多样性、主要鳞翅目害虫、玉米病害的影响。NY/T 720.3—2003 设置了对应的受体玉米和当地普通栽培玉米作为对照，而其他 3 套标准只设置了对应的受体玉米为对照。

对节肢动物多样性的影响，NY/T 720.3—2003、农业部 953 号公告—11.4—2007 利用了直接观察法和吸虫器调查法，农业部 953 号公告—10.4—2007、农业部 2122 号公告—10.4—2014 除了利用直接观察法和吸虫器调查法外，还增加了陷阱调查法。

对主要鳞翅目害虫的影响，4 套标准均在心叶末期和穗期调查 1 次，调查对象为亚洲玉米螟、棉铃虫、甜菜夜蛾（*Spodoptera exigua*）、黏虫、高粱条螟（*Chilo sacchariphagus*）、桃蛀螟（*Conogethes punctiferalis*）。此外，农业部 953 号公告—10.4—2007 还在心叶初期调查玉米心叶被棉铃虫、甜菜夜蛾或黏虫为害的情况。

对玉米病害的影响，4 套标准均在心叶末期和穗期调查 1 次，调查对象为玉米茎腐病、玉米粗缩病、玉米瘤黑粉病、丝黑穗病、玉米大斑病、玉米小斑病、玉米弯孢菌叶斑病、玉米矮花叶病、玉米纹枯病、玉米穗腐病。

相比于其他 3 套标准，农业部 953 号公告—10.4—2007 增加了对玉米蚜（*Rhopalosiphum maidis*）、家蚕（*Bombyx mori*）、柞蚕（*Antheraea pernyi*）影响的检测，其中，进口用作加工原料的转基因抗虫玉米不需要分析对家蚕和柞蚕的影响。农业部 953 号公告—11.4—2007 增加了对主要杂草发生影响的检测。

第五节　转基因植物的应用现状与发展趋势

一、转基因植物的基本优势和存在的问题

1. 转基因植物的基本优势　　转基因植物可表现出抗旱、抗虫、抗除草剂等优良性状，在降低农业成本、缓解粮食短缺问题等方面具有明显优势[18]。

（1）抵抗生物逆境　　杀虫剂在传统农业耕作中被普遍使用，但长期使用该类化学农药会对土壤和环境产生不利影响。通过转基因技术种植具有抗虫特性的转 *Bt* 基因作物，可大量减少化学农药使用量。研究者还从多种生物中检测出抗生物素蛋白，可提高作物防御能力，抗击蚜虫、夜蛾等害虫。

（2）抵抗非生物逆境　　研究发现，携带胁迫诱导基因的转基因作物对干旱、寒冷和盐分胁迫表现出较强的耐受性。当遭到干旱胁迫时，表达转录因子 OsWARKY11 的转基因水稻幼苗比普通水稻的生育期更长，失水量更少。转录因子 DREB1 和 DREB2 在缺少 ABA 的抗旱信号转导下，可通过触发应激反应基因使植物具备抗旱特性。

（3）改善营养品质　　应用转基因技术可添加新的营养物质、提高已有营养成分含量、减少或消除抗营养物质或毒素等。例如，鉴于水稻缺乏维生素 A 的前体物质 β-胡萝卜素，目前已研发出一种含有 β-胡萝卜素的胚乳，可长成具有较高营养价值的"黄金水稻"。

世界卫生组织报告中提到，转基因作物可以作为普通作物的补充，其明显改善了作物的品质，提高了产量，对解决全球粮食问题有积极的作用。

2. 转基因植物存在的问题　　转基因植物也存在不可忽视的不足之处[18]。

（1）产生有毒物质　　转基因作物是通过改造原有基因来改变其性状的，因此作物在这个改造过程中有可能会生成不利于人类健康和自然环境平衡的有毒物质。一些转基因作物中所含的物质元素可能不利于人体健康。

（2）破坏作物自身营养成分　　引入的外来基因可能会与作物原有的基因发生作用，破坏作物本身营养成分，使转基因作物优良性状无法发挥。

（3）增加基因污染风险　　普通植物变异需要经历很长的时间，一般情况的杂交无法改变植物的天然特性，而将转基因作物与普通植物放置在同一个环境中时，转基因作物有可能与普通植物发生作用，使普通植物的基因受到污染，甚至会对生态环境造成破坏。

（4）攻击非目标生物　　转基因作物可能会对环境中的非目标生物展开攻击，如某转基因作物含有抗虫性状，它除了会攻击目标害虫外，还可能会对其他动植物展开攻击。

二、全球转基因植物产业化发展现状

1. 全球转基因植物种植总体情况　　2018 年全球种植转基因作物的面积为 $1.917×10^8 hm^2$；种植面积超过 50 000 hm^2 的国家有 26 个，发展中国家居多，共有 21 个，发达国家有 5 个，可见转基因作物的种植日益受到发展中国家的重视，且在未来一段时间内将呈现持续增长的态势（表 12-2）。

表 12-2　2018 年各国转基因作物种植面积和品种情况[18]

排名	国家	种植面积/×10⁶ hm²	转基因作物
1	美国	75.0	玉米、大豆、棉花、油菜、甜菜、苜蓿、木瓜、马铃薯、苹果
2	巴西	51.3	大豆、玉米、棉花、甘蔗
3	阿根廷	23.9	大豆、玉米、棉花
4	加拿大	12.7	油菜、玉米、大豆、甜菜、苜蓿、苹果
5	印度	11.6	棉花
6	巴拉圭	3.8	大豆、玉米、棉花
7	中国	2.9	棉花、木瓜
8	巴基斯坦	2.8	棉花
9	南非	2.7	玉米、大豆、棉花
10	乌拉圭	1.3	大豆、玉米
11	玻利维亚	1.3	大豆
12	澳大利亚	0.8	棉花、油菜
13	菲律宾	0.6	玉米
14	缅甸	0.3	棉花
15	苏丹	0.2	棉花
16	墨西哥	0.2	棉花
17	西班牙	0.1	棉花
18	哥伦比亚	0.1	棉花、玉米
19	越南	<0.1	玉米
20	洪都拉斯	<0.1	玉米
21	智利	<0.1	玉米、大豆、油菜
22	葡萄牙	<0.1	玉米
23	孟加拉国	<0.1	茄子
24	哥斯达黎加	<0.1	棉花、大豆
25	印度尼西亚	<0.1	甘蔗
26	埃斯瓦蒂尼	<0.1	棉花
	总计	191.7	

2. 全球主要转基因植物具体种植和应用情况　依照 2018 年各类转基因作物种植面积大小，排在前 4 位的是大豆、玉米、棉花、油菜。其中，种植面积在 5×10^7 hm² 以上的转基因作物有大豆和玉米，特别是大豆的种植面积在 2018 年达到了 9.59×10^7 hm²，成为全球各国最广泛种植的作物品种。从上述 4 种主要转基因作物在粮食、饲料、加工原料等领域的应用情况来看，2018 年转基因大豆的商业化应用率最高，达到了 78%，棉花应用率为 76%，玉米和油菜应用率分别为 30% 和 29%，说明这些转基因作物越来越受到农民认可[18]。

3. 全球转基因植物主要种植国家的种植面积　从各国在 2018 年种植转基因作物面积来看，美国、巴西、阿根廷、加拿大和印度 5 个国家种植面积居于世界前列，共种植转基因作物 1.745×10^8 hm²，占全球总种植面积的 91%。有关数据显示，一些北美洲和南美洲国家过去几年致力于扩大转基因作物种植面积，推进其市场化。2018 年种植转基因作物面积超过 5×10^7 hm² 的国家是美国和巴西，阿根廷、加拿大和印度 3 个国家种植面积紧随其后，但与美国和巴西相比差距仍然较大[18]。

三、中国转基因植物产业化发展现状

当前，中国的抗虫棉和抗病毒番木瓜已获批规模化种植。截至 2019 年年底，中国有两种安全证书通过审批：一种是生产应用安全证书，获批的作物包括抗虫水稻、高植酸酶玉米、抗病甜椒等 7 种作物；另一种是进口安全证书，获批的作物有进口玉米、油菜等 5 种作物，该类作物均为加工使用，不用作粮食使用[18]。

政府监管、科技环境及水平、粮食供求等因素关系到转基因作物的产业化。政府监管方面，中国已出台转基因有关法律规定，并由专门管理机构进行监管，具有安全管理经验；科技环境及水平方面，中国科研机构自主研制了多种具有产业化价值的转基因作物；粮食供求方面，中国的玉米和大豆存在需求缺口，需要通过进口来补充国内需求[18]。

尽管中国积极推动转基因作物产业化，但社会争论和政策实际操作困难等问题始终存在。例如，媒体舆论误导和信息披露缺失使公众对转基因领域理解不足；科研机构和人员科普宣传不够；管理者受舆论和公众情绪影响，在转基因产业化决策和具体行动上更为谨慎[18]。

四、全球转基因作物产业化发展趋势

1. 发展中国家转基因作物种植面积超过发达国家　2018 年，在种植转基因作物总面积较多的国家中，发展中国家数量超过 2/3。从年份的发展变化角度来看，1996～2018 年发达国家和发展中国家转基因作物种植面积基本保持逐年增加的态势，发展中国家变化幅度稍大。1996～2011年，发展中国家种植面积逐年增长且一直小于发达国家，但差距在逐年缩小，到 2011 年种植面积赶上发达国家，2012 年种植面积超过发达国家并保持平稳增长态势，具体变化情况见图 12-1[18]。

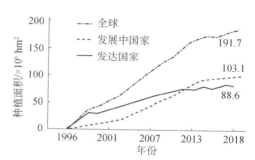

图 12-1　1996～2018 年发展中国家和发达国家转基因作物种植面积变化情况[18]

2. 复合性状转基因作物呈现增加趋势　首先，复合性状转基因作物成本低，农户普遍选择种植，使该类作物的种植面积增加。2018 年复合性状转基因作物种植面积占总种植面积的 42%。其次，一些国家加强了复合性状转基因作物的研制，以满足国民需求[18]。

3. 转基因作物更加多样化　随着科技的进步，近几年的转基因作物呈现出更加多样的特性，如美国的抗疫病马铃薯、澳大利亚种植的高油酸红花、巴西的抗虫甘蔗和具有抗虫抗除草剂性状的转基因玉米[18]。

五、展望

农业农村部办公厅发布的《关于鼓励农业转基因生物原始创新和规范生物材料转移转让转育的通知》[19]，促进和规范了我国农业转基因生物研发应用的相关活动，体现了国家对转基因技术在我国种业研发、推广和应用中的高度重视，并将其作为粮食安全、提高农业生产效率、增强国际竞争力、增加农民收入和实现农业可持续发展的重要途径。同时，转基因植物的商业化生产是解决目前耕地面积不断减少、人口不断膨胀导致的人类生存矛盾的有效途径，具有历

史必然性和现实需求性。虽然目前转基因植物在我国的推广应用仍存在许多科学、监管和社会方面的障碍，但通过科学进行转基因植物的应用和发展，未来转基因植物必将会为我国绿色农业的发展增添新的强大动力[20]。

 思考题

一、名词解释

转基因技术；转基因作物；转基因抗虫作物；昆虫激素；δ-内毒素；蛋白酶抑制剂；植物凝集素；几丁质酶

二、问答题

1. 有哪些源于微生物的抗虫基因？
2. 有哪些源于植物的抗虫基因？
3. 有哪些源于昆虫及其他动物的抗虫基因？
4. 转抗虫基因植物技术有哪些具体操作方法？
5. 转基因作物有什么基本优势？
6. 转基因作物存在哪些问题？
7. 农杆菌介导的转化与其他转化方法相比具有哪些明显优点？
8. 说说你对利用转基因抗虫作物进行害虫生物防治的认识。

 参考文献

[1] 农业部农业转基因生物安全管理办公室，中国科学技术协会科普部. 农业转基因生物知识 100 问. 北京：中国农业出版社，2011

[2] 段灿星，孙素丽，朱振东. 全球转基因作物的发展状况. 科学普及与实践，2020，（12）：29-32

[3] 周晓静，申坚定，李金玲，等. 转基因抗虫植物的发展现状. 农业科技通讯，2018，（9）：16-18

[4] 刘一杰，薛永常. 植物抗虫基因工程的研究进展. 浙江农业科学，2016，57（6）：873-878

[5] Perlak F，Deaton R，Armstrong T，et al. Insect resistant cotton plants. Nature Biotechnology，1990，8：939-943

[6] 康俊梅，熊恒硕，杨青川，等. 植物抗虫转基因工程研究进展. 生物技术通讯，2008，2：14-19

[7] 刘艳杰，李海涛，刘荣梅，等. *Bt* 新型基因 *sip* 的克隆、表达和生物信息学分析. 生物技术通报，2012，（12）：101-105

[8] 张金波，李海涛，刘荣梅，等. *Bt* 菌株 DQ89 的 *sip* 基因的克隆、表达及杀虫活性分析. 中国生物防治学报，2015，31（4）：598-602

[9] Hilder V A，Gatehouse A M R，Sheerman S E，et al. A novel mechanism of insect resistance engineered into tobacco. Nature，1987，330（6144）：160-163

[10] 王江英，范正琪，殷恒福，等. 杜鹃红山茶 *CaCPI* 基因的克隆及过量表达提高烟草植株的抗虫性. 华北农学报，2015，30（5）：57-64

[11] 程茂高，乔卿梅，原国辉. 外源毒性物质及其在植物抗虫品种培育中的应用概况. 中国生物工程杂志，2005，（S1）：87-90

[12] Chilton M D，Drummond M H，Merio D J，et al. Stable incorporation of plasmid DNA into higher plant cells：the molecular basis of crown gall tumorigenesis. Cell，1977，11（2）：263-271

［13］Chilton M D，Saiki R K，Yadav N，et al. T-DNA from *Agrobacterium* Ti-plasmid is in the nuclear fraction of crown gall tumor cells. Proceedings of the National Academy of Sciences of the United States of America，1980，77（7）：4060-4064

［14］Hoekema A，Hirsch P R，Hooykaas P J J，et al. A binary plant vector strategy based on separation of vir- and T-region of the *Agrobacterium tumefaciens* Ti-plasmid. Nature，1983，303：179-180

［15］Barton K A，Binns A N，Matzke A J M，et al. Regeneration of intact tobacco plants containing full length copies of genetically engineered T-DNA，and transmission of T-DNA to R1 progeny. Cell，1983，32（4）：1033-1043

［16］柴志坚，张芳，黄园园，等. 根瘤农杆菌基因工程. 分子植物育种，2016，14（1）：92-97

［17］梁晋刚，张开心，张旭冬，等. 中国农业转基因生物环境安全检测标准体系现状与展望. 中国油料作物学报，2021，4（1）：1-14

［18］中华人民共和国农业农村部. 转基因生物良好实验室操作规范　第 2 部分：环境安全检测：农业农村部公告第 111 号—17—2018. 北京：中国农业出版社，2019

［19］侯军岐，黄珊珊. 全球转基因作物发展趋势与中国产业化风险管理. 西北农林科技大学学报（社会科学版），2020，20（6）：104-111

［20］农业农村部办公厅. 关于鼓励农业转基因生物原始创新和规范生物材料转移转让转育的通知. 北京：农业农村部办公厅，2021-02-04

［21］凌闵. 浅谈转基因植物在我国农业上的应用现状及未来. 上海农业科技，2020，（6）：12-13

第十三章　利用昆虫病原真菌防治害虫

第一节　昆虫病原真菌

一、昆虫真菌病的一般特征

昆虫病原真菌（entomopathogenic fungi），或称虫生真菌，是寄生于昆虫而引起昆虫死亡的一类真菌寄生物。通常被这类真菌寄生的昆虫体表覆盖有肉眼可见的菌丝、子实体或各种颜色的分生孢子[1]。

真菌病是由于昆虫被病原真菌感染而引起的疾病。在昆虫病原微生物中，由真菌致病的最多，约占 60%。昆虫真菌病的共同特征是，当昆虫被真菌感染之后，常出现食欲锐减，体态萎靡，体表颜色异常等现象。死于真菌病的昆虫，其尸体都有硬化现象，尸体呈干枯的外形，所以一般又称硬化病或僵病。

昆虫真菌病的发生，受温、湿度条件的严格控制，其中尤其是湿度因素影响最大。在地势低洼、气候湿润地区，常有昆虫真菌病的发生，低温多雨季节也容易引起真菌病的流行。

二、利用昆虫病原真菌防治害虫的途径

1. 引入定殖　　这种途径是一种昆虫地方性病（enzootic）的人工建立。它可通过土著病原的再扩散或引入外来病原在无病虫种群中定居而实现。此种途径着眼于长期防治效果，要求作物有较高的经济损失阈限，并须研究清楚疾病发生的基本因素与施用面积和虫口密度相关的定居点数，以及高毒力及在环境中高存活力菌株的选育等问题。通过这种途径取得成功的典型例子是将一种雕蚀菌（*Coelomomyces* sp.）引入定殖于一蚊子种群中[2]。

2. 流行性病的建立、诱发及调整　　这种途径本质上是地方性疾病的强化，是适时利用人工培养的病原物扩散、诱发、克服自然流行病（epizootic）的时滞（timelag）现象，调整流行高峰出现的时间和强度。在生产实践中，改善环境条件及利用害虫本身的习性也是诱发流行病的有效措施[2]。

3. 作为 IPM 系统的组分　　在害虫综合治理（IPM）系统中，昆虫病原真菌是一类十分重要的自然控制因子。由于它们种类多、数量大、生理特性各异，具有能侵染各类昆虫和昆虫各个发育阶段、不少种类能大量产孢并扩散流行等优点，因而在 IPM 中有其独到的作用。国内外通过合理施用化学农药、其他微生物制剂、天敌昆虫和栽培技术措施等都能有效调节昆虫病原真菌的作用，发挥了很好的治虫效果[2]。

4. 微生物杀虫剂　　在农林害虫防治上已取得成功的昆虫病原真菌杀虫剂主要有球孢白僵菌（*Beauveria bassiana*）、金龟子绿僵菌（*Metarhizium anisopliae*）、蜡蚧轮枝孢（*Verticillium* *lecanii*）、汤普森被毛孢（*Hirsutella thompsonii*）和座壳孢（*Aschersonia* spp.）等。微生物杀虫剂要求安全无毒、有效、廉价和使用方便，对昆虫病原真菌来说，获得一种在田间各种气候条件下（特别是低湿度）能作用持久、毒力高而稳定的菌种具有特别重要的意义[2]。

5. 真菌毒素的应用　　昆虫病原真菌形成的毒素物质种类很多，其中多为环状缩羧肽类（cyclodepsipetides）物质。一些非真正病原的兼性病原乃至腐生真菌也能产生对昆虫有毒的次生代谢产物。这些物质或者污染食物（经口），或者污染栖居的环境（经体壁接触），能使昆虫中毒引起霉菌毒素病（mycotoxicosis）。据统计约 13 属 47 种及变种的真菌能产生 34 种以上这类物质。其中多数产毒的种类属于曲霉属（*Aspergillus*）、镰刀菌属（*Fusarium*）和青霉属（*Penicillium*）[2]。

毒素对昆虫的作用方式也多种多样，可阻碍 RNA 的合成（虫草菌素）、核变性（白僵菌素）、降低血淋巴中吞噬细胞的活性及被囊化（细胞松弛素）、肌肉麻痹（野村菌素）、绝育（黄曲霉毒素）、拒食（单端胞霉素）及影响幼虫发育及卵孵化（镰刀菌素）等[2]。

真菌毒素的开发应用有多种意义：①毒素的种类多，作用方式各异且真菌又易于培养，这为害虫生物防治提供了新的资源。②有综合开发利用的前景，如一些交链孢（*Alternaria* spp.）产生的细格孢氮杂酸（tenuazonic acid）不仅对丝光绿蝇（*Lucilia sericata*）幼虫有毒杀作用，而且对双子叶植物也有毒害（但对水稻无毒），因而可考虑杀虫与杀草相结合。金龟子绿僵菌、球孢白僵菌和莱氏野村菌（*Nomuraea rileyi*）的某些菌株在一定条件下，皆能产生对榆树枯萎病病原榆长喙壳菌（*Ceratocystis ulmi*）有拮抗作用的物质。展现了将昆虫病原真菌用作防虫与防病相结合综合开发应用的前景[2]。

三、昆虫病原真菌主要类群

世界上发现寄生于昆虫的真菌，已知有 100 多属 700 余种，分属于真菌的半知菌亚门（Deuteromycotina）、接合菌亚门（Zygomycotina）、鞭毛菌亚门（Mastigomycotina）、子囊菌亚门（Ascomycotina）及担子菌亚门（Basidiomycotina）中，大部分是兼性或专性病原体[3,4]。

在含有昆虫病原真菌的 100 多属中，50 多个属于半知菌亚门。目前已在生产上得到应用的主要有白僵菌（*Beauveria*）、绿僵菌（*Metarhizium*）、拟青霉（*Paecilomyces*）、莱氏野村菌、汤普森被毛孢、蜡蚧轮枝菌（*Verticillum lecanii*）等。

接合菌亚门的昆虫病原真菌包括虫霉目（Entomophthorales）的虫霉科（Entomophthoraceae），有 150 多种，可寄生 32 科的 120 多种昆虫，寄主的幼虫、蛹、成虫等均可被感染，是蝗虫、蝇类、蛾类、蚜虫、蚧类及螨类的主要寄生菌。虫霉科中的逸孢霉属（*Strongwellnea*）、虫霉属（*Entomophthora*）、疫霉属（*Phytophthora*）、新接合霉属（*Neozygites*）、虫疫霉属（*Erynia*）和团孢菌属（*Massospora*）等真菌，均可引起蚜虫 30%～100%的死亡率。

鞭毛菌亚门的昆虫病原真菌，主要存在于雕蚀菌属（*Coelomomyces*）和链壶菌属（*Lagenidium*）中，前者已发现 40 多种，均为水生昆虫的专性寄生菌，寄主以蚊科（Culicidae）幼虫为主，此外还可侵染半翅目（Hemiptera）的仰泳蝽科（Notonectidae），双翅目（Diptera）的毛蠓科（Psychodidae）、摇蚊科（Chironomidae）、蚋科（Simuliidae）及虻科（Tabanidae）等昆虫。链壶菌可以寄生剑水蚤（*Cyclops*）和多种蚊科幼虫，对库蚊（*Culex*）、伊蚊（*Aedes*）、按蚊（*Anopheles*）幼虫等有很强的毒性。

子囊菌亚门的昆虫病原真菌主要分布于虫草属（*Ophiocordyceps*）中，已发现能够寄生昆虫的有 200 种以上，通常可侵染半翅目、等翅目、直翅目、鞘翅目、鳞翅目、膜翅目和双翅目的昆虫，有的种还可以寄生蜘蛛和其他丝状真菌的菌核及子实体。

担子菌亚门中的昆虫病原真菌分布于隔担耳属（*Septobasidium*）中，常侵染介壳虫，形成真菌屋（fungal house），与介壳虫形成一种半寄生、半共生的关系，介壳虫提供此类真菌生活所需的营养物质，而真菌构建的真菌屋则可帮助介壳虫免于风吹日晒或受到蓟马等天敌为害。

第二节　典型昆虫病原真菌——白僵菌

一、白僵菌的种类、形态及生物学特征

白僵菌属半知菌纲（Deuteromycetes）丛梗孢目（Moniliales）丛梗孢科（Moniliaceae）白僵菌属（*Beauveria*）。被这种真菌寄生的昆虫，虫体坚硬，体表长有白色的菌丝层，普遍称为白僵病或硬化病（图 13-1）。白僵菌是昆虫重要病原菌之一，广泛分布于欧洲、亚洲、非洲、大洋洲、南美洲、北美洲。

图 13-1　寄生于云杉八齿小蠹（*Ips typographus*）虫体上的白僵菌气生菌丝

（一）白僵菌属的属征

菌丝体具隔膜，分枝，柔软，匍匐至茸毛状，有时有菌花或菌束，表面色泽多变化，白色至不同程度的乳色，带有橙黄色、红色，偶有绿色。分生孢子梗单生或分枝，最终形成产孢细胞。产孢细胞通常球形，有时呈瓶状的圆柱形，弯曲或正直，孢子生于产孢细胞的呈线形的顶端，产孢细胞则生于一系列排成"Z"形，呈伞形、蝎形或螺旋形的小枝梗上，分生孢子离基型。

（二）白僵菌的种类

自 1912 年 Vuillemin 建立白僵菌属，现在共有 18 个属内种用多基因位点联合分析的方法被划分出来。根据分生孢子的形态（图 13-2），白僵菌属主要被划分为 4 个类群。第 1 个类群

中包含 6 种，即多形白僵菌（*B. amorpha*）、苏格兰白僵菌（*B. caledonica*）、马拉维白僵菌（*B. malawiensis*）、李氏白僵菌（*B. lii*）、中华白僵菌（*B. sinensis*）和 *B. hoplocheli*，分生孢子是加长的椭圆形或圆柱形；第 2 个类群包含 3 种，即布氏白僵菌（*B. brongniartii*）、亚洲白僵菌（*B. asiatica*）和 *B. sungii*，分生孢子椭圆形；第 3 个类群包含 8 种，即球孢白僵菌（*B. bassiana*）、南方白僵菌（*B. australis*）、*B. kipukae*、拟球孢白僵菌（*B. pseudobassiama*）、华氏白僵菌（*B. varroae*）、*B. rudraprayagi*、*B. medogensis* 和阿拉尼奥拉白僵菌（*B. araneola*），分生孢子球形或亚球形；第 4 个类群包含 1 种，即蠕孢白僵菌（*B. vermiconia*），分生孢子逗号形[5]。在这些种类中，以球孢白僵菌和布氏白僵菌（卵孢白僵菌）（*B. brongniartii*＝*B. tenella*）最为常见，寄主范围广泛。

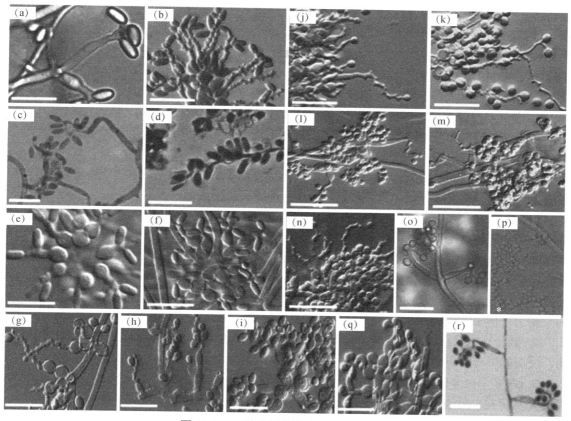

图 13-2　18 种白僵菌的分生孢子形态[5]

（a）～（f）长椭圆形或圆柱形分生孢子：（a）. *B. lii*；（b）. *B. amorpha*；（c）. *B. sinensis*；（d）. *B. hoplocheli*；（e）. *B. malawiensis*；（f）. *B. caledonica*。（g）～（i）椭圆形分生孢子：（g）. *B. asiatica*；（h）. *B. sungii*；（i）. *B. brongniartii*。（j）～（p）、（r）球形或亚球形分生孢子：（j）. *B. australis*；（k）. *B. bassiana*；（l）. *B. kipukae*；（m）. *B. varroae*；（n）. *B. pseudobassiama*；（o）. *B. medogensis*；（p）. *B. rudraprayagi*；（q）逗号形分生孢子，*B. vermiconia*；（r）. *B. araneola*。比例尺：10 μm，*表示比例尺不可用

1. 球孢白僵菌　　菌丝细弱，直径 1.5～2 μm，无色透明，具隔膜，菌落平坦，如新破碎的粉笔表层所呈现的粉状。表面白色至淡乳色，在马铃薯冻粉培养基的底部无色。分生孢子梗的分枝或小枝可多次直接分叉，聚集成团，分生孢子生于自瓶状细胞延伸而成的小枝梗顶端。瓶状细胞多变化，由腹端逐渐变细，其与主枝或侧枝着生的部位多对称成直角。

2. 卵孢白僵菌　　菌丝茸毛状、柔毛状、棉絮状或粉状。表面色泽白色至乳色或淡黄色，被感染的昆虫呈粉红色至酒红色。在明胶培养基的底部呈深红色至紫色，某些菌系使马铃薯冻粉培养基斜面呈不同程度的浅紫色至红色，有些则使之呈不明显的色泽到肉橘黄色，菌丝直径

1.5～2 μm，具隔膜。产孢细胞有各种形状，从膨大的至细丝状的，生于主干的分枝上，或与主轴呈直角的小枝梗上，聚集成紧密的头状。孢子亚圆形至椭圆形，直径（2.0～6.0）μm×（1.5～3.0）μm，生于产孢细胞顶端所延伸的"Z"形丝状器上。

（三）白僵菌的生物学特征

1. 温度　　白僵菌的菌丝在 13～36℃均能生长，8℃及 40℃不能生长，21～31℃生长旺盛，以 24℃为最适宜；30℃最适于孢子的产生，孢子萌发最适温度与菌丝生长最适温度相同。在低温处理（−21℃）情况下，无论空气相对湿度低或高，经 400 h 以后孢子仍有萌发力，而且随着低温处理时间的增加，芽管伸长的速度也增快，在高湿度下伸长速度更快。白僵菌孢子在 100℃条件下 5 min，90℃、20 min 或 86℃、40 min 即全部丧失生活力；在 60℃、70℃及 80℃条件下 2 h 仍未完全丧失生活力；在固定温度 40℃条件下，如空气相对湿度高，则易丧失生活力；相对湿度 90%以上，144 h 后孢子完全不能萌发；在干燥条件下，264 h 才能使孢子完全丧失其生活力。

2. 空气相对湿度　　低湿有利于孢子的形成，以相对湿度 25%～50%最适宜，过干、过湿均不利。孢子萌发和菌丝的生长则需要高的相对湿度，以 100%最为适宜，其次是 99%。相对湿度 95%时孢子萌发率显著降低，90%以下则不利于孢子萌发。在相对湿度为 0 或 34%时，分生孢子的寿命比在相对湿度 75%时要长。过于干燥对孢子生活力有不良影响，如在（22±1）℃，干燥处理后孢子萌发率显著下降，处理 432 h 的孢子完全不能萌发。

3. 光　　在黑暗条件下，菌丝伸展速度稍慢，但菌落经一段时间的光照处理后，能大量形成孢子，其产量比一直有光条件的还多。在一定光强度范围内，孢子产量随光强度的增加而增加。不同光质对孢子产生不同的效应，在可见光中，光波较短的蓝绿光（波长 500 nm 以下）比光波较长的红黄光（565 nm 以上）更有效。一般的散射阳光对孢子萌发有促进作用，可提高萌发率 4～5 倍或更多。孢子在阳光下暴晒 5 h 以上，即丧失生活力。紫外线对白僵菌有一定的杀伤力，但不同菌株对紫外线的忍耐力有明显的差别。

4. 氧　　氧对白僵菌孢子萌发和菌丝的生长均有促进作用，但对孢子产生未显示其有利作用，反而似乎有阻碍作用。在供氧不足或通气不良的情况下，孢子产生数量比供氧充足下多。

5. pH　　白僵菌孢子在 pH 3.0～9.4 均能萌发，pH 2.4 或 10.0 则不萌发，以 pH 4.4 萌发率最高，萌发也最快。菌丝在 pH 4.5～5.0 生长最旺盛，孢子产生以 pH 6 最好。

6. 营养物质　　白僵菌在蒸馏水或自来水中萌发率很低，开始萌发时间也迟，如加少许糖或将 pH 调至更低（pH 4.4），则能提高萌发率并提早萌发的时间。试验证明，很多高等植物组织的煎汁均适于孢子萌发，其效果不逊于糖水溶液，如松针叶汁有促进白僵菌孢子萌发的作用。

在缺乏碳或氮的合成培养基上，白僵菌菌丝虽能勉强生长，但几乎不能产生孢子，如稍加碳，孢子即可大量产生。无论是在有光或黑暗条件下，孢子产生的数量均随碳浓度的提高而增加，但碳的浓度并不影响菌丝伸展的速度。氮对孢子产生的作用必须在有光的条件下才显示出来，增加氮的浓度则菌落的厚度随之增加，但菌丝伸展速度稍下降，对孢子产生来说，碳比氮似乎更重要。

虽然白僵菌能利用多种碳，但利用情况各不相同。在单糖中，对己醛糖（葡萄糖）利用很好，对戊醛糖（木糖）及甲基戊糖（鼠李糖）利用很差；在双糖中，对蔗糖及麦芽糖利用良好，而对乳糖利用较差；在多糖中，对淀粉利用得很好，对菊糖的利用就差得多，对纤维素几乎不能利用；对三糖类的棉子糖利用很好，对有机酸（乳酸）利用很差；对三碳醇（甘油）的利用比六碳的山梨醇更好。无论碳种类如何，待白僵菌利用以后，pH 一般均有降低，但对于不能很好利用的碳，经白僵菌生长后，pH 反而有所提高，可达 7.8～8.0。

白僵菌对有机氮及无机氮均能很好利用。无机氮中，对硝态氮的利用较铵态氮更好。在几种铵态氮中，对酒石酸铵的利用又较氯化铵或硫酸铵好。例如，将尿素的浓度提高到 10 倍，不但对白僵菌无抑制作用，反而显著提高了孢子的产量。与此相反，将硫酸铵的浓度提高 10 倍，则对白僵菌孢子的产生有抑制作用，对蛋白胨、天冬酰胺、氯化铵、酒石酸铵、硝酸铵及硝酸钾来说，浓度提高 10 倍后，也能提高孢子的产量，但不显著。色氨酸和丙氨酸对白僵菌生长和产孢最有效。

稻草、各种禾本科野草或木屑加 10%～20%的米糠或麸皮（以干重计算），均可用来培养白僵菌以获得孢子，其结果不逊于纯马铃薯块或纯麸皮。例如，于马铃薯块中加 2%（以重量计算）米糠，则可显著提高孢子产量。

白僵菌生长要求有一些微量元素，如铁及锰对白僵菌孢子的产生有促进作用，同时还需要维生素 C。

7. 白僵菌的发育及生殖力

（1）发育　　白僵菌由于发育阶段的不同而有几种形态。

生在昆虫尸体上的白粉是一种分生孢子，在显微镜下微呈淡绿色（一般认为是白色），球形，直径 2～3 μm。孢子吸收水分后萌发生出极小的管状物，称为芽管（图 13-3）。芽管进入虫体渐渐伸长为营养菌丝。每条菌丝都由许多细胞上下连贯而成，故有相当于细胞壁的隔膜，不过膜薄而无色，不易看见。菌丝发育长大，旁生分枝，分枝上又生小分枝。其原菌丝称为主菌丝，分枝称为分菌丝，小分枝称为支菌丝，三者粗细不同，主菌丝直径为 2.8～3.6 μm，分菌丝直径约为 2.5 μm。菌丝越生越多，因而彼此以分枝相接。连接两丝间的横枝很细，没有横隔。

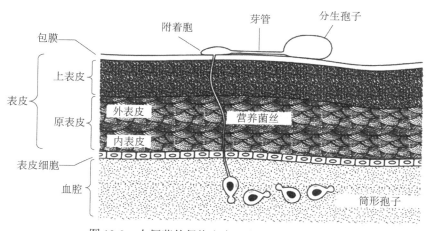

图 13-3　白僵菌的侵染和在昆虫组织中的繁殖[6]

在虫体组织内，由芽管生成的菌丝，一面生出分枝，一面在一端或两端（或一旁）生出圆筒形或卵形的大孢子，称筒形孢子，或称芽生孢子（blastospore）、虫菌体（hyphal body）、短菌丝，长 6～10 μm。这种筒形孢子，有时又在一端或两端再生较小的第二筒形孢子。筒形孢子与分生孢子不同，它们本身能够连续地分生，萌发起来很快，也无须先经芽管的阶段，并能在无氧的情况下进行。不过，它们只能在活的昆虫体内存活，当体液还充足的时候，才能顺利生长发育。各个筒形孢子成熟后，就与母菌丝分离，自行生长到 20～30 μm，内部形成 2～3 个隔膜，就在一端或两端发芽，直接长成菌丝。这种新生成的菌丝与以前的母菌丝同时再生筒形孢子，如此增殖不已，就使昆虫血液内充满了筒形孢子，致昆虫毙命。虫体各组织间也有菌丝伸长进去，靠近体壁的菌丝就从尸体的气门孔隙和环节间膜处透出，向体外发展，这就是虫体上所显出的白毛。

生在昆虫体内的菌丝称为体生菌丝，而生在体外的称为气生菌丝。气生菌丝生出 2 d 后，已充分发育，即于先端生出分生孢子梗。分生孢子梗有的是单根的，有的有分枝，长 15～30 μm，上面又生出小柄，小柄对生或互生，为纺锤形而前端略尖，长短不一，长的达 10 μm 以上，短的仅 3 μm。每个小柄生一个或数个分生孢子。在较大的分生孢子梗上，所生的小柄数多，分生孢子也多，形状很像葡萄。

分生孢子成熟后，即脱离小柄飞散而传播，再行感染昆虫。体生菌丝在发育的时候，常分泌出一种红色素（卵孢素）和多量的草酸钙结晶。草酸盐类分泌得很多，而红色素则有多有少，因此病虫尸体有时也不出现红色。

（2）生殖力　摇瓶培养条件下，孢子的产生随培养时间的延长而增加。

16 h：分生孢子开始萌发，数量不多。

24 h：菌丝分枝。

28 h：菌丝多而粗壮，交织成网，可见到少部分芽生孢子。

32 h：菌丝断裂生成芽生孢子，镜检计数为 0.5 亿/mL。

36 h：有大量菌丝，少量芽生孢子，镜检计数为 1 亿/mL。

40 h：芽生孢子数量增多，镜检计数为 3 亿/mL。

44 h：芽生孢子数量增多，镜检计数为 5 亿/mL。

50 h：芽生孢子数量增多，镜检计数为 6 亿/mL。

60 h：少量菌丝，90%以上为芽生孢子，镜检计数达 11.4 亿/mL。

（四）白僵菌的生活力

白僵菌一般在培养基上可保持 1～2 年，在虫体上可维持 6 个月，而在土壤中仅为 3 个月。若制成制剂，保存于室温条件下，344 d 后仍有 75%存活，484 d 则完全死亡。据报道，将分生孢子混入干燥白陶土中盛于瓶内室温保存，经过 7 年还有毒力。分生孢子在 32℃的阳光下曝晒 5 h 就会失去致病力，在 100℃热水中保持 2 min 全部死亡，在 70℃热水中保持 2 min 大部分还能萌发，分生孢子在 0.1%的氯化汞溶液（24℃）中浸 10 min，在 1%福尔马林溶液（25℃）中浸 3 min，在 0.2%漂白粉（20℃）澄清液中浸 25 min，在 5%冰醋酸溶液中浸 10 min，在 5%苯酚溶液中浸 1 min 都会失去致病力或死亡。

白僵菌在人工培养基上很容易培养，但在继代培养过程中，随着继代次数的增多，会有多个生物性状发生改变，包括产孢量、毒力、菌落形态、菌株活力、抗逆能力等[7-9]。试验表明，经 30 代的移殖，毒力降低 50%。因此，经人工培养基长期培养的菌种，在转入生产应用前，都必须进行虫体接种或其他措施，对菌种进行复壮，确保菌种的生活力与致病力。

二、白僵菌的侵染过程与致病机理

（一）侵染过程

白僵菌的侵染过程一般包括 4 个阶段（图 13-3），即分生孢子附着在寄主表皮、孢子萌发形成芽管、芽管穿过表皮和寄主防御等。

1. 附着　　白僵菌的传播，主要靠分生孢子。分生孢子借助气流、雨水或虫体互相接触，传染到健康的虫体。昆虫感染白僵菌主要是经过表皮，近年也有认为从口腔及体皮毛孔、气孔进入虫体。当空气湿度较大时，分生孢子极易黏附在昆虫体表。此外，孢子飞散恰好落在虫体或体表创伤上或昆虫体表比较粗糙的部位，都能使孢子容易附着在虫体上。

2. 萌发　　在一定温、湿度条件下，孢子便吸水膨胀，经 8～12 h 即可萌发，从孢子的端部或侧面长出 1～2 条芽管。

3. 穿过表皮　　芽管侵入虫体与酶和机械压力有关，同时也与白僵菌菌丝表面存在的半乳糖残基有关。这种糖的残基能够有效地解除昆虫血细胞凝集素（hemagglutinin）的活性，从而大大降低昆虫血淋巴细胞对白僵菌菌丝的吞食作用或其他免疫反应的敏感性。昆虫体壁由蛋白质、类脂、苯酚化合物和几丁质组成。很薄的外层即上表皮含有抗真菌活性的类脂（脂肪和石蜡）。在白僵菌孢子伸出芽管的同时，其也分泌蛋白质分解酶、解脂酶和几丁质酶等，在这些酶的共同作用下，将虫体局部体壁溶解，芽管靠机械压力穿透上皮组织，伸入体腔内。在体内血淋巴丰富的营养、水分条件下，芽管伸长变为菌丝，生长旺盛，穿插于虫体内各组织、器官之间，或侵入各组织的细胞内吸收营养。当菌丝伸长至一定程度时，菌丝一节一节地断裂，产生大量的菌丝段，或以芽生方式产生大量的芽生孢子。这些菌丝段或芽生孢子能直接伸长（不需要经萌发阶段）成为新的菌丝。新菌丝生长到一定程度时，又可产生大量的菌丝段或芽生孢子，伸长成为新菌丝，如此不断循环反复增殖，使菌丝充满整个体腔及各组织内。这样，不但有碍于体液循环，造成生理饥饿，而且也会引起组织细胞的机械破坏。例如，被侵染的细胞丧失生命活力，邻近细胞出现大型液泡，着色力降低。被侵染部位的血细胞虽增多，但失去吞噬作用，最后成为菌体的养料。脂肪体被侵害后，萎缩解体，体液变得浑浊。菌丝生长过程中分泌的毒素和代谢产物（如白僵菌素、草酸盐类等）使血液理化性质发生变化。由于上述种种直接致死因素的作用，寄主的正常代谢机能和形态结构发生变化，最终因不能维持正常的生命活动过程而死亡[2]。

最后，因菌丝猛烈地夺取虫体水分，被寄生的昆虫尸体干硬。当菌丝吸尽体内养分后，因空气相对湿度很大，便能沿着虫体的气门间隙和各环节间膜伸出体外，生成气生菌丝，然后在气生菌丝顶端产生分生孢子。这时，便可看见虫体上披着的白毛，即气生菌丝和分生孢子。

4. 寄主防御　　白僵菌对昆虫的入侵过程是昆虫与病原真菌之间相互抑制、相互斗争的过程。在白僵菌侵入昆虫的同时，昆虫的防御机制便开始发生作用。对白僵菌的防御机制有两种：一是外部屏障作用的防御，包括体壁防御和消化道防御；二是血腔内部的天然防御反应，包括体液免疫及细胞免疫反应[10]。

（1）体壁防御　　当白僵菌侵入昆虫表皮时，酚氧化酶在表皮的入侵部位发生黑化防御反应形成黑斑，黑斑对白僵菌的入侵具有防御功能，昆虫经过蜕皮后黑斑会消失。昆虫体壁对白僵菌的防御主要是低级脂肪酸对白僵菌孢子萌发的抑制作用，但昆虫表皮中存在的多数是中、高级脂肪酸，对促进孢子萌发和进一步生长发育又是有利的，所以很多昆虫对白僵菌的体壁防御是有限的。

（2）消化道防御　　白僵菌的分生孢子随昆虫进食进入消化道，在消化道内萌发，长成菌丝，再穿过肠壁细胞向体腔内入侵扩展。不过，很多昆虫的消化道中还存在着微生物区系，如鳞翅目和鞘翅目的消化液呈碱性，加上缺少充足的氧气，不适于白僵菌的生长，构成了一道生物屏障。此外消化道中还存在着一些从植物中直接吸收的抗生物质（如有机酸类），对某些病原菌也有抵抗作用。

（3）体液免疫及细胞免疫反应　　昆虫没有以免疫球蛋白为基础的免疫系统，但是昆虫对外来入侵的异物一般会产生体液免疫及细胞免疫反应。体液免疫主要由昆虫体内的一些可溶性蛋白参与，细胞免疫主要是指血细胞对入侵异物的吞噬作用、形成结节及产生包囊，在包囊形成的过程中由于多酚氧化酶的作用会发生黑化现象，但血细胞对病原物的抵御作用又受到病原物有毒代谢物的影响。所以，它们的防御机制并不能有效地抑制真菌的生长。在血腔中，球孢白僵菌一旦击溃了昆虫的细胞防御机制，便旺盛生长起来，最终导致昆虫死亡。

（二）致病机理

白僵菌不像化学农药那样直接毒杀害虫，而是通过吸取虫体内的水分和养分满足自身菌丝生长，致使昆虫生理代谢紊乱或代谢发生障碍而死亡。因此，不同菌株对寄主昆虫的致病能力即毒力是有所差异的，主要体现在侵染昆虫过程中的酶的变化和毒素两个方面[10]。

1. 毒力　　毒力是病原微生物不同种或不同菌株间在一定条件下致病性大小的综合表现。昆虫病原真菌毒力的大小，与昆虫病原真菌的发生、发展直至寄主死亡的寄生过程有十分密切的关系。能快速引起寄主昆虫感染并最终死亡的这样一种高毒力特征的病原真菌，至少与其感染体的特性，孢子萌发及芽管的行为，芽生孢子在血淋巴中的增殖能力及毒素形成的质量等因素有关，是多种因素共同作用的结果，同样也受到环境条件的影响[2]。

2. 酶　　与球孢白僵菌致病性相关的酶主要包括水解酶、氧化酶和脱氢酶等。

白僵菌在入侵昆虫体壁的过程中能合成、分泌一系列胞外水解酶，如蛋白酶（protease）、几丁质酶（chitinase）、脂肪酶（lipase）和淀粉酶（amylase）等。它们在白僵菌侵染害虫时，尤其在穿透昆虫体壁过程中，溶解昆虫表皮，以利于菌丝的侵染，与侵染结构形成及菌株毒力等关系密切。

当昆虫被白僵菌感染后，昆虫体内的超氧化物歧化酶（superoxide dismutase，SOD）、多酚氧化酶（polyphenol oxidase，PPO）、过氧化物酶（peroxidase，POD）和过氧化氢酶（catalase，CAT）等氧化酶活性发生变化，从而使昆虫的生理代谢紊乱，各项生理机能失常，发育受阻或停滞，最后死亡。

当昆虫细胞中毒后，包括乳酸脱氢酶（lactate dehydrogenase，LDH）、苹果酸脱氢酶（malate dehydrogenase，MDH）等脱氢酶在种类和含量上都有所减少，细胞代谢发生紊乱。

3. 酶与毒力的关系　　目前研究较多的是胞外蛋白酶系，因为昆虫体壁由蛋白质、几丁质等物质组成，其中蛋白质是昆虫体壁的主要组成成分，据测定占55%～80%，还有一些蛋白质镶嵌在几丁质内。因此白僵菌的胞外蛋白酶的产生水平与其对体壁穿透作用的大小，即毒力的大小是密切相关的。

已知昆虫病原真菌的胞外酶系主要包括蛋白酶、几丁质酶、脂酶、DNA 酶及其他分解纤维素和酚类化合物的酶或酶系。胞外蛋白酶的产量与毒力之间存在相关性，可作为大量菌株初筛的参考性毒力指标，但应谨慎使用，不能以胞外蛋白酶测定完全取代常规的毒力测定；而脂酶活性不宜作为所试菌种的毒力参考指标，但对虫生真菌几丁质酶与毒力的关系，却众说纷纭，不能统一。

对于昆虫体内氧化酶和脱氢酶的研究则不够深入。当昆虫被白僵菌感染后，体内这些酶活性发生变化，但未能明确酶活性变化的真正原因，对昆虫感染白僵菌后虫体的调节机制及免疫系统的作用机理也未能明确说明，只是推测昆虫体内这些酶的活性发生变化后，使昆虫的生理代谢紊乱，各项生理机能失常，发育受阻或停滞，直至死亡。

4. 毒素

（1）毒素的种类　　国外在 1947 年观察到菌丝的丙酮蒸气浸出物中的一种物质，在高度稀释后，对于某些蚊虫幼虫具有明显的毒杀作用，同时又注意到这种正在萌发的菌类可分泌一种对家蝇有致死作用的化学物质，在 0.5 h 内，家蝇即在供试的温室内从墙壁及天花板上开始掉落，在 3 h 内有 100% 晕倒而没有一头能再复活。据 1969 年报道，从白僵菌菌丝中分离出一种毒素，称为白僵菌素（beauvericin，BEA）。目前，共发现有 3 种毒素，即白僵菌素、白僵菌素 A 和白僵菌素 B[10, 11]。

白僵菌素是从球孢白僵菌菌丝体内纯化出来的一种环状三羧酸肽（图 13-4），用丙酮和乙醇可以提取，对多种昆虫具毒杀作用，会影响离子的运载。白僵菌素分子质量为 783 Da，分子式为 $C_{45}H_{57}N_3O_9$，是由 3 个相同 D-α-羟异戊基-L-N-苯基组成的环状化合物，$R_1=R_2=$ CH_3。该毒素为白色针状晶体，熔点为 93～94℃，耐热、较稳定，100℃、1 h 仍保持毒性，可致细胞核变形、组织崩解[10]。白僵菌素 A 的分子质量为 797 Da，分子式为 $C_{46}H_{59}N_3O_9$，$R_1=$ CH_2CH_3，$R_2=CH_3$。白僵菌素 B 的分子质量为 811 Da，分子式为 $C_{47}H_{61}N_3O_9$，$R_1=R_2=CH_2CH_3$[11, 12]。

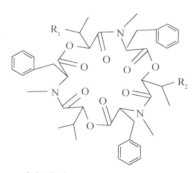

图 13-4　白僵菌素（beauvericin）化学结构式[11]

（2）毒素的作用机理　　毒素不仅可以抑制昆虫的细胞免疫反应，如降低吞噬性血细胞的数量、改变浆细胞的形态和结构、降低浆细胞的吞噬活性等，还可以引起体液免疫中酚氧化酶活性的改变，影响马氏管和中肠的正常功能，破坏寄主昆虫的生理平衡，并扰乱昆虫的蜕皮和变态，进而使昆虫肌肉发生强直性瘫痪，直至引起死亡[10]。

关于白僵菌素的致病机理还有一种 K^+-Ca^{2+} 学说。该学说认为，白僵菌素作为 K^+ 载体，能非特异性地与微粒体膜上的活性残基相互作用，导致 Ca^{2+} 的流通，或白僵菌素引起质膜超极化，间接导致 Ca^{2+} 流通。Ca^{2+} 流通激活了 Ca^{2+} 依赖性的核酸内切酶，导致 DNA 断裂，引发细胞衰亡。

（三）白僵菌病的病征及病理变化

1. 病征　　昆虫受白僵菌侵染后，发病初期，运动呆滞，食欲减退。静止时或全身倾侧或头胸俯伏，呈萎靡乏力的状态。体壁失去原有的光泽，有些病虫的体壁上有黑褐色的病斑，形状大小不一，有些是极细小的点，有些是 2～3 个较大的斑。个别的在胸腹足上环绕一条黑色带状的病斑，出现在表皮上或表皮下。随着病势的进展，患病昆虫身体转侧，有时吐出黄水或排泄软粪，不久即死。某些感染白僵菌的昆虫，死后内部组织液化，这种液化常在该菌形成孢子时即行停止。

刚死的虫，身体柔软、松弛，2~3 h后开始变硬，常变成粉红色，这种红色是白僵菌产生的抗细菌作用的物质，即卵孢素的颜色。硬化后的尸体，过1~2 d，气生菌丝在气门、口器及各环节间伸出，死后3~4 d，布满全身，而且菌丝上又逐渐长满分生孢子。

2. 病理变化　感染白僵菌后，昆虫主要在血液中发生变化，其次是体表上出现黑斑。其他病理变化，在昆虫病毙后才显现。

（1）血液　白僵菌侵入虫体后，先在血液中和血液直接到达的组织部分繁殖，由芽管形成的菌丝，稍经伸长，即产生芽生孢子，同时不断产生草酸钙。血液中由于充满着单细胞的芽生孢子，并伴有草酸钙结晶，因此血液失去固有的透明性，黏滞性变大，稍带浑浊。

（2）表皮　被寄生昆虫的表皮肥厚，其中菌丝盛行繁殖，表面露出气生菌丝。菌丝是依靠分泌能溶解表皮的几丁质酶而侵入表皮细胞，至形成黑色病斑。皮下细胞层方面，菌丝起初沿着细胞膜生长发育，其后穿过细胞膜，进入细胞内，于是细胞核及原生质死去，终至消失。

（3）气管　菌丝开始在气管周围缠绕而发育，渐次穿破气管膜，侵入其内，再侵入螺旋丝中，有的螺旋丝也被破坏。

（4）脂肪细胞　脂肪细胞是白僵菌繁殖最多的部位。菌丝开始沿着细胞膜，在细胞间隙发育，而后侵入细胞内，再侵入原生质和细胞核中。被寄生的细胞死亡而萎缩，终被破坏。到昆虫死后硬化，体外露出气生菌丝时，脂肪组织已全被破坏。

（5）肌肉　菌丝侵入各种肌肉中，纵横贯穿发育，因而细胞被破坏。

（6）马氏管　马氏管内繁殖的菌丝较其他组织中繁殖的粗。最后，马氏管也被破坏。

（7）中肠上皮细胞　菌丝先沿着中肠上皮细胞的细胞膜生长、发育，而后进入细胞内，再侵入原生质及细胞核内。菌丝繁殖后，上皮细胞被破坏，与纵走肌肉分离，至中肠组织离解。在消化管管腔内少有繁殖。

（8）神经组织　白僵菌侵入虫体血腔后，经一段时间的寄生繁殖，在寄主濒于死亡之际，菌丝也侵入脑、咽神经节及腹神经索，破坏神经细胞，使神经传导失调，因而虫体表现出迟钝，对外界刺激缺乏反应[2]。

（四）白僵菌的致病性及僵病流行的条件

1. 白僵菌的致病性　白僵菌对害虫的致病性是受综合因素影响的结果，它牵涉到白僵菌的专化性、害虫的敏感性和环境条件等。

（1）白僵菌的专化性　一般来说，白僵菌的专化性不强，但如果长期侵染一种害虫，就会或多或少地对寄主产生较强的喜嗜性。有人曾试验用从不同寄主上分离的白僵菌，对麦扁盾蝽（*Eurygaster integriceps*）进行接种试验，结果表明，以蝽象菌株接种，寄生率为100%；自另一种叶甲分离得的白僵菌，寄生率为90%；自植物的枯枝落叶上分离得的白僵菌，寄生率只有56%。由此可见，不同来源的菌株对同一种昆虫的致病性是有差别的，这是因为不同菌株对营养成分的要求不同，所以说白僵菌不同菌株的致病力与寄主昆虫的体液成分有关。当某种昆虫的体液成分符合该菌的营养要求时，便显出该菌对这种虫有较强的致病性。因此，在生产、应用实践中，首先要测定所用菌株对营养的要求，创造适宜的条件进行生产，才能得到高产、优质的产品。同时，要经杀虫试验，防治特定昆虫，才可收到预期的效果。在大量繁殖中，如果发现病菌致病力有所衰退，则可以通过活虫重复接种，使其致病力得以恢复。

（2）害虫的敏感性　　不同害虫种类对于白僵菌的敏感性因种而异，因此致病作用有差异。试验表明，白僵菌对美洲大蠊（*Periplaneta americana*）的寄生率为 100%，豆蚜（*Aphis craccivora*）为 100%，杂拟谷盗（*Tribolium confusum*）为 40%，玫瑰长管蚜（*Macrosiphum rosae*）为 80%，致倦库蚊（*Culex quinquefasciatus*）为 92%，大豆食心虫（*Leguminivora glycinivorella*）为 100%，亚洲玉米螟（*Ostrinia furnacalis*）为 100%，苹果小食心虫（*Grapholitha inopinata*）为 80%，榆紫叶甲（*Ambrostoma quadriimpressum*）为 0。白僵菌对于各种害虫的寄生率差异，可能是由于害虫对病菌具有不同的免疫性。例如，一些老熟的鳞翅目蛹对于白僵菌、黄曲霉（*Aspergillus flavus*）和琉球曲霉（*Asp. luchuensis*）的侵染有免疫性，其原因是在蛹的表皮蜡质层中有一种具癸酸性质的游离性、中饱和的脂肪酸，可能具有抗生素的作用。

害虫的敏感性与其生理状况有关系。害虫的不同发育阶段，对白僵菌的敏感性不同。例如，大豆食心虫的幼虫于越冬前被白僵菌寄生的很少（仅 1%左右），至羽化前则大为提高（20%左右）。亚洲玉米螟的幼虫，在越冬前被白僵菌感染发病的不足 10%，而至羽化前可达 30%～50%，如果将越冬幼虫放于室内饲养，即使对饲育环境给予充分消毒，其自然罹病率也常达100%。可以这么说，自然界中的白僵菌是普遍存在的，而且数量很大，这样绝大部分害虫均有带菌现象，在遇有适宜病菌发育的条件时，则引起害虫罹病死亡。

（3）环境条件　　环境条件的改变及虫体营养消耗，也使害虫生理机能有所削弱，从而降低其对疾病的抵抗性。例如，西北麦蝽（*Aelia sibirica*）在越冬前对白僵菌的感染率是 6.6%，而越冬后感染率提高到48%～60.8%，其原因是西北麦蝽经过越冬以后，体内脂肪含量减少了，而表皮几丁质的渗透性有所提高，有利于白僵菌的寄生。因此，在使用白僵菌时加入少量农药，可削弱害虫对病菌的抵抗性，从而提高防治效果。

2. 僵病流行的条件　　僵病流行主要与病原、寄主和环境三者密切相关，并由它们之间的相互作用决定。

（1）病原　　病原方面，要看其毒性和感染力如何。毒性强的致病力也强，而感染力是指病原菌由一头昆虫扩展到其他昆虫的能力。正如前文所述，已知白僵菌的毒性和感染力都是强的，但不同菌株间是有差异的，若以菌液浓度（孢子数）来表示，其间的差别可达 10～100 倍。例如，用白僵菌 208$^{\#}$防治黑尾叶蝉（*Nephotettix bipunctatus*），效果比其他菌株的高，用卵孢白僵菌防治金龟子幼虫，效果特别显著。

（2）寄主　　寄主方面，取决于种群性状、昆虫个体对病原的抗性及感染方式，也就是说昆虫种群密度大的，对病原的接触和传播的机会都多，因而容易造成僵病流行，而昆虫个体对病原的抗性，主要取决于生长发育的生理状况。一般认为幼龄虫抗病力小，如黑尾叶蝉幼龄初期最容易受白僵菌侵染。另外，当寄主昆虫的营养条件恶化，或受不良气候条件、药物刺激等影响时，必然会引起正常生理机能的改变，这时也容易遭受病原的侵染。

（3）环境　　环境是温度、湿度、光、风、雨、土壤及其他环境条件等组成的一个极其复杂多变的整体，它直接影响病原和寄主的生长发育。

在环境因素中，对真菌影响最大的是湿度和温度。真菌生长一般适宜于高湿和中等温度。白僵菌生长的最适温度为 24℃、最适湿度为 100%，只有在湿度高于 92.5%以上时，才能保证孢子萌发、菌丝生长和孢子形成。在白僵菌生长的适温、适湿条件下，最适于其孢子萌发侵入虫体，致病力最强。值得指出的是，在白僵菌生长的适温范围内，其侵染致病能力随温度的升高而增强。若是高温干燥时，害虫虽死，但往往不能长出气生菌丝和分生孢子，病菌不易蔓延。

低温干燥时也不易形成流行病。低温潮湿，只要温度有短时间上升（如在沿海地区）则可形成某种程度的流行。高温潮湿，在沿海地区也有可能形成流行。适温高湿，病菌最易形成流行，蔓延范围也最大。僵病流行与传染源的关系很大。白僵菌不但能寄生在农业害虫上，也能寄生益虫如家蚕等。因此，受白僵菌寄生的昆虫，其上分生孢子的飞散，又可到处传染。昆虫的病原真菌有着极其广泛的分布和稳定的传染源，如僵病的菌丝留存于植物枯枝落叶残体，当昆虫聚集其上时，常使昆虫感染致病。

综上所述，在有大量病原和易感病的寄主昆虫存在时，发病主要取决于适宜的外界环境条件，而当有适宜的环境条件和合适的寄主昆虫时，则初次侵染的病原数量、毒力常常起着主导作用。但如果已经有了足够的初次侵染病原和合适的环境条件，那寄主昆虫的密度和易感期，就成为僵病蔓延流行的主要条件了。在人工施用白僵菌的情况下，要求所用菌剂的毒力强、数量足（计每头虫有 250～500 个孢子），在害虫的幼龄阶段，采取一些削弱害虫生理机能的措施，选择适温高湿的天气如小雨天或小阵雨后施用，或施用后人工改善微气候中的湿度条件等，都比较有可能达到僵病流行。

第三节　白僵菌制剂的生产与应用

一、高毒力菌株选育

由于白僵菌遗传多样且毒力差异大，选育出产孢量高、毒力强、见效快的优良菌株对生物防治害虫尤为重要。目前，对于白僵菌高致病性菌株的选育主要有自然筛选法、人工诱变育种和基因工程等手段[13]。

1. 自然筛选法　　自然筛选法是一种常规选育方法，在野外采集的白僵菌致死虫体上分离得到自然菌株，根据其产孢量和毒力高低从中筛选具有较强侵染能力的菌种。自然界中的白僵菌菌种资源极为丰富，这为筛选高毒力菌株提供了便利。利用此方法，研究者已从土壤和不同虫体上分离得到大量白僵菌菌株，并进行了毒性测定等研究。

2. 人工诱变育种　　人工诱变育种主要是利用物理诱变因素和化学诱变剂选育高毒力的白僵菌菌株。目前，在白僵菌诱变育种方面主要采用的是紫外诱变、低能离子（N+）注入诱变等。

利用紫外诱变白僵菌，获得了具有较高毒力和稳定性的突变株，其菌株感染烟粉虱（*Bemisia tabaci*）、小菜蛾（*Plutella xylostella*）、苜蓿叶象甲（*Hypera postica*）的毒力试验，结果显示突变株致死率均显著高于自然菌株。将白僵菌的孢子悬浮液置于紫外灯下进行诱变处理，筛选获得高毒力菌 BH01-12，致死率为原始菌株的 1.30 倍，且经 6 代继代培养后，无论产孢量还是对美国白蛾（*Hyphantria cunea*）幼虫的致病力均未下降。

低能离子（N+）注入诱变是利用离子束与生物体作用产生能量沉积、动量传递、质量沉积等作用，对生物体内的高活性自由基团造成间接损伤，从而诱发碱基的改变。近年来离子注入微生物育种的研究发展非常迅速。利用这种方法获得的高毒力菌株，Pr1 蛋白酶和几丁质酶活性显著高于母菌株，对油茶叶蜂（*Caliroa camellia*）、油茶毒蛾（*Euproctis pseudoconspersa*）均具有较强的致病力。

3. 基因工程　　随着分子生物学的发展，白僵菌致病机理逐渐被人们所熟识。基因工程技术能够对菌株毒力基因进行定位和定向诱变，从而提高病原真菌的致病性，提高杀虫效率。营养期杀虫蛋白 Vip3A（vegetative insecticidal proteins 3A）是由苏云金芽孢杆菌（*Bacillus thuringiensis*，*Bt*）分泌产生的高效杀虫蛋白，利用芽生孢子转化体系介导，将 *Vip3Aa* 基因导入球孢白僵菌野生株，筛选获得了 1 株遗传稳定性高、毒力强的工程菌株。几丁质是昆虫体壁的重要组分，是虫体抵御外界侵扰的机械屏障，将几丁质酶基因 Bbchit1 转入野生型球孢白僵菌中，显著提高了菌株几丁质酶的活性，对马尾松毛虫具有较强的侵染和致死能力。

随着技术的发展，菌株选育方法日益多样，但各有不足。例如，自然筛选法虽然最为方便易行，但对白僵菌的自然性状只能筛选，无法改良。同时，自然界菌株来源多样，需要进行大量的生物活性和毒力测定。人工诱变育种在一定程度上改良了自然菌株的生物特性，提高了菌株的产孢量和致病力，但改良菌株在之后的培养过程中常会出现毒力退化和产孢量降低等问题。基因工程虽然为菌种选育提供了更为精确的改良手段，但相关方面的研究进展不够理想，而且还涉及转基因生物释放前的安全评价和释放许可审批。

二、白僵菌粉剂的土法生产

白僵菌粉剂的土法生产工艺流程如下：原菌种→斜面菌种→二级液体种子→三级固体扩大培养→干燥→粉碎过筛→计数、加填充剂→成品包装。

（一）菌种培养

斜面培养基通常有如下几种：①硝酸钠 0.2%，磷酸二氢钾 0.2%，硫酸镁 0.02%，硫酸亚铁 0.001%，淀粉 1%，蔗糖 2%，琼脂 2%；②花生饼 3%（取煮出液过滤），蛋白胨 0.2%，磷酸二氢钾 0.02%，硫酸镁 0.02%，蔗糖 3%，琼脂 2%～2.5%；③马铃薯 20%（去皮，切碎，取煮出液过滤），蔗糖 2%，琼脂 2%。以上配方加水量均为 100%，自然 pH。

接种后的斜面培养基放于 24～28℃恒温箱内培养，开始 1～2 d 应着重检查有无细菌生长，如见斜面上有黏稠具光泽的菌膜出现，这支斜面应弃去。3～4 d 后如无其他杂菌污染，则会布满白色的白僵菌菌丝。继续培养至 20～24 d，肉眼观察结合镜检无杂菌时，斜面菌种的制备便算完成。

（二）种子扩大培养

1. 二级液体培养基配方
1）洗米水培养基（1 kg 水洗 1 kg 米）。
2）花生饼粉 3%（取煮出液过滤），蔗糖 3%，蛋白胨 0.2%，磷酸二氢钾 0.02%，硫酸镁 0.02%，水 100%。

二级培养接种量尽量大一些，一支斜面菌种接 4～5 瓶，也可用接种铲铲一块斜面菌苔接进液体培养基内，于往复式（80～100 次/min）或旋转式（100～120 r/min）摇床上振荡培养 72 h，温度控制在 24～28℃，产生大量孢子时即可作二级菌种。

2. 三级扩大培养的培养基配方

1) 米糠 30%，麦麸 60%，谷壳 9%，酵母 1%。
2) 麦麸 70%，谷壳 30%。
3) 麦麸 30%，米糠 40%，谷壳 30%。

以上灭菌后的培养基，按 15%～20%的接种量加入二级液体培养的菌种，平铺 2～3 cm 厚。在整个培养过程中，始终存在其他杂菌污染的问题，必须采取一切措施来抑制杂菌、促进白僵菌的生长。

环境消毒是从数量上削弱杂菌的一种手段，加大接种量则是从数量上加强白僵菌的一种手段。但这还不够，还需严格控制培养条件，特别是温、湿度。白僵菌生长的最适温度是 24℃，而孢子萌发和菌丝生长都要求较高的湿度（90%以上的相对湿度），杂菌生长则需高温高湿。因此，早期培养温度应控制在 22～24℃。不但要注意气温，更重要的是注意料温。如果料温升高，则适当调节气温或培养基铺薄些。当气温达 26℃时，就要开动鼓风机、风扇和打开窗、门，增强空气对流，避免高温高湿引起杂菌丛生。

白僵菌的菌丝充分生长布满全部培养基，变成雪白的一块时，必要时可以将培养物放在室外，稍微干燥，然后放回室内，因为低湿有利于孢子形成，而不利于杂菌的生长。大约培养 3 d 后菌丝大量繁殖，7～10 d 开始产生孢子，10～15 d 孢子盛期，20 d 以上便可收获了。

（三）菌粉加工

将生长成熟的固体菌块，在红外光下或在 40～45℃的烘房内鼓风干燥，也可成块在自然条件下风干或晒干，用粉碎机粉碎。注意粉碎升温不得超过 45℃，否则会造成孢子的大量死亡。把粉碎好的粉末通过 100 目筛孔。选干燥细陶土、红土、白泥等作填充剂，粉碎过筛，使含水量在 10%以下。按孢子含量 50 亿/g 的标准，加入烘干的孢子粉，用塑料袋包装，备用，一般可贮藏半年至 1 年。

（四）产品质量检查

产品质量的检查主要是测定菌粉的含水率和含孢子数或含活孢子数，但这两项指标都不能完全反映产品的质量，因为产品的质量还应反映产品的毒力，目前还没有测定毒力的简便易行的标准方法，因而暂时还是以含孢子数或含活孢子数作为主要的质量指标。

1. 含水量 用分析天平称取菌粉 1 g，放在烘箱内用 120℃烘 2 h，算出失水重量百分比：

$$B = (b/G) \times 100$$

式中，B 为含水量（%）；b 为烘干后减轻重量；G 为烘干前菌粉重量。

2. 含菌量 平板计数法：在无菌条件下，取 1 g 白僵菌样品，系列稀释至 1 000 000 倍，取 1 mL 做平板培养 48～72 h，根据长出的菌落数，即可推算出 1 g 菌剂中含有的活孢子数。

样品孢子数/g＝（菌落平均数×稀释倍数）/样品重量

血细胞计数板法：取 1 g 白僵菌样品，依次稀释后，用灭菌滴管滴于血细胞计数板上，小心加盖玻片，勿使产生气泡，在显微镜中直接计数血细胞计数板上每个小方格（体积 1/4 000 000 mL）中的孢子数，进一步推算出 1 g 菌剂中的孢子数。

样品孢子数/g＝（20 个小格总孢子数/20）×4 000 000×稀释倍数

3. 孢子存活率 孢子存活率用发芽率表示。测定时，取孢子液少许滴于一片四边涂有凡士林的盖玻片，翻转放在载玻片上，轻压四边使凡士林将上下两玻片粘紧，密封，置 25～30℃

培养 2~3 d，取出放显微镜下观察。计数观察到的孢子数和发芽的孢子数，求出孢子萌发率，即孢子存活率。

$$孢子存活率（\%）=（萌发的孢子数/检查的总孢子数）\times 100$$

或将稀释后待测的白僵菌孢子，用 0.1%亚甲蓝乙醇溶液染色 10~15 min，按同样方法滴于血细胞计数板上，加盖玻片，镜检。失去生活力的孢子因无呼吸作用，不产生脱氢酶而被染上蓝色；而活孢子能产生脱氢酶，把亚甲蓝还原成亚甲白不着色，仍呈原来的色泽。通过显微镜观察，计算不着色的活孢子数，即可推算出样品中活孢子的含量。

（五）菌种的分离、复壮和保存

1. 菌种的分离　菌种污染了杂菌，必须进行菌种分离、纯化。由于真菌生长对 pH、温度、化学药品及营养的要求都有差异，故在分离菌种时，要根据各类真菌生长所要求的条件，采取适当的方法，选择和控制培养条件，如调节 pH、控制温度和渗透压、添加化学抑制剂，以获得纯培养的菌种。

分离的方法有两种，即琼脂平板划线法及稀释分离法。前者是用沾有孢子的接种环在琼脂平板上往不同的方向划蛇形折线，从浓到稀分成 4 个区，然后放置在 24~28℃恒温箱中培养 3~4 d，将稀疏处的单个完整的菌落移至斜面，培养 2~3 d 后，再往另一斜面移接，如此反复 1~2 次，直至获得纯粹的菌种。稀释分离法是把待分离的白僵菌孢子配成悬液，依次稀释 6 次，然后用无菌吸管从稀到浓分别吸取相应浓度的孢子悬液 1 mL 放入培养皿内，倒入琼脂培养基充分摇匀，置 24~28℃恒温箱培养。3~4 d 后，选单个、孤立的菌落移至斜面，再从斜面移接 2 次即得纯种。

2. 菌种的复壮　白僵菌经人工培养多代，生长能力和毒力都会减弱，因此要做好菌种复壮工作。复壮的方法有很多，如活虫复壮法、虫尸复壮法、紫外诱变法、高温处理法、紫外+活虫复壮法及紫外+虫尸复壮法等。

1）选择接种后 7~10 d，菌丝生长旺盛的斜面菌种，紫外灯下 50 cm 距离照射 30 min，再继续培养，待长出孢子后复接留种。

2）选择刚开始长孢子的菌种，在紫外光下照射 30 min，即用来做孢子的复接，复接后 4~7 d，菌丝生长旺盛的留作菌种。

3）从施药后的田间或林间采回白僵菌致死的虫尸，用平板划线分离或稀释分离方法分离出菌种，经检查确无杂菌便可作菌种。

4）利用 ^{60}Co、γ 射线等诱变剂使白僵菌发生变异，再经过人工选择，从中选育出优良菌株，这种方法在生产上是可取的。试验表明，突变菌株比原始菌株成熟早，生产周期短，孢子含量也有增加。在用药量与对照区相同的情况下，致病力增强，但突变菌株在遗传稳定性方面还需进一步提高。

5）改变培养基成分，在培养基中增加或改变碳源、氮源，加 B 族维生素，特别是加入碾碎的玉米螟等昆虫的汁液，使培养基内增加动物性营养（因白僵菌最适在虫体上寄生），使其复壮，然后分离或直接作为菌种，一般以分离筛选为好。

3. 菌种的保存　可用石蜡把培养好的斜面菌种封口，放在冰箱或室温下，可保存 2 年左右时间。用砂土管保藏，放在盛有生石灰或氯化钙的干燥器或广口瓶内，封闭，也可保藏 1 年以上。

三、白僵菌的露天培养法

（一）场地选择

选无积水的空地、林地。夏季气温较高时，以遮阴通风的地方为好。然后用疏松的细土（最好是新土，不必消毒）做一个长方形的平整床面，高 15～20 cm，以不被水淹为原则。或挖 15 cm 深的长坑，坑底要平，周围垫以 3 cm 左右的土，以防水淹。床宽 75 cm 为宜，以便操作。长度不限，可按投料多少而定。床面四周挖顺水沟，以防积水淹没床面。为避免日晒雨淋，在床上应搭一个南高北低的凉棚，棚子南面高 120 cm 左右，北面高 90 cm 左右。如床面太干，可喷些水，保持床面土湿润，以免土干吸取培养基的水分，影响白僵菌生长繁殖。

（二）接种和培养

一级麦麸菌种，采用试管装湿麦麸〔麦麸与水比例为 1∶（0.5～0.8）〕，灭菌，接种后置 25～28℃培养 7～10 d，待麦麸中长满白色粉状孢子，即进行二级固体扩大。

二级生产一般用罐头瓶装湿麦麸〔麦麸与水比例为 1∶（0.5～0.8）〕，所装的湿麦麸为瓶容量的 1/3～1/2。高压灭菌或干热高温灭菌 1.5 h，待瓶温降至 45℃时，用接种针刮入麦麸菌种，接种量为每瓶用一支试管菌种。摇匀置 25～28℃培养。培养前期 3～4 d 为保湿利于菌丝体迅速生长，纱布棉垫盖和牛皮纸盖都一起盖着。培养后期为适应孢子对高温低湿的要求，把牛皮纸盖去掉，并提高培养温度至 30℃促使产生大量孢子。严格选择无杂菌的二级固体种子，准备露天培养接种用。

（三）露天培养接种顺序

1. 灭菌接种　　三级露天培养料可选用新鲜麦麸，或加入 10%的谷壳、锯末、粉碎的玉米秸粉等（料水比例为 1∶0.8），用 0.1%～0.2%高锰酸钾液拌料。经试验，由于微量元素锰的作用，培养 24～26 h，白僵菌菌丝即可布满培养基，不易被污染，但高锰酸钾液低于 0.1%则效果不明显。把拌湿的料用布袋疏松包成 0.5～1 kg 的小包，轻轻放入高压灭菌锅或常压高温灭菌锅内（如常压高温灭菌须 130℃保持 2 h 以上）进行灭菌。接种以清晨或夜间最好（空气杂菌少），先将灭过菌的三级料倒入干净的盆子或铺有塑料薄膜的簸箕中（手、盆、塑料薄膜须事先用 2%的来苏水洗刷消毒）摊开降温，待料温降至 50℃左右时才接种。因为白僵菌丝的穿透力比较弱，接种时不但要搅拌均匀，而且要把培养基中的料团搓细，以免污染杂菌。接种量可以稍大些，按料与二级种子 10∶1 的比例接种，这样长得较好。

2. 入床　　先在床面上铺两层灭过菌的旧报纸，再将接过种的培养基迅速疏松铺平（厚 3～6 cm），料上再盖灭过菌的旧报纸，并根据不同天气加覆盖物：晴天应在灭菌的报纸上盖上 1～2 cm 厚湿润细土或细砂（不用消毒）以控制水分蒸发。阴天多雨时，空气湿度大，只用两层灭过菌的旧报纸覆盖即可。

3. 管理　　根据白僵菌最适宜发育的温度（24℃），培养前期（3～4 d）需低温高湿，以利于菌丝体繁殖；后期低湿高温，便于形成孢子的要求。夏季露天培养时一定要有凉棚，以利遮阴和通风，避免阳光直射，且能散发品温急剧增加的热量。如气温高，培养前期还要在覆盖物上少喷、勤喷些凉水，以保持培养基湿度。但要防止湿度过大，使培养基污染杂菌造成霉烂。接种后遇低温，可覆盖一层塑料薄膜进行保温保湿，5～7 d 即可收获。

（四）白僵菌露天培养的优点

1）设备简单，方法简便，不需要大量投资，操作管理简便，适宜于农村推广。

2）杂菌污染少，利于大量生产。培养床面在新接种时不必消毒，如重复接种，可在接种前用日光灯照射半天或更新床面，达到消毒的目的，这样可节省大量消毒药剂。因生产范围不受房间限制，可选择适当场地，大量生产。

3）露天培养前期湿度易控制，后期品温较均衡，利于菌丝和孢子的生长，产品质量好，含菌量多。

4）露天接菌，作业方便，人接触孢子粉的机会少。

四、白僵菌的工业生产

工业化生产白僵菌的工艺流程见图 13-5。

1. 菌种　　所用菌种要求达到如下标准：菌丝形态正常，整齐；斜面布满很厚的分生孢子层；外观颜色为乳白色或乳黄色；涂片检查，分生孢子形态正常，密集布满整个视野；外观无杂菌污染。

2. 发酵工艺过程

（1）一级菌种培养　　50 L 种子罐加入新鲜的黄浆水（豆腐厂废水）30 L（按罐容积的 60% 加入），以硫酸调 pH 至 2，加热煮沸 10 min，酸化降温后以工业氨水（NH_4OH）回调 pH 至 5～5.5。另补加 K_2HPO_4 0.7 g/L，$MgSO_4$ 0.1 g/L，$CaCl_2$ 0.2 g/L，玉米浆 5.0 g/L，蔗糖 12 g/L，NH_4NO_3 8.0 g/L，底油 0.2%等养料。经消毒（压力 1.1 kg/cm²，温度 121℃，30 min）后罐温降至 30℃时，接入 50 支斜面菌种，控制培养条件为罐温在（27±1）℃，罐压 0.5 kg/cm²，空气流量 1∶1（V/V 1.8 m³/h），当培养时间达到 38～40 h 或 60 h 时，检查在整个培养周期内，各阶段菌形发育是否正常。标准如下：菌丝时期，菌种液呈黏稠状，发酵终期菌种液稍变稀，气味正常（不酸、不臭），色泽为深黄或棕黄色；涂片检查，视野内为大量芽生孢子（占 80%以上），无杂菌；菌数达 20～30 亿/mL 以上；碳、氮消耗接近终点。符合以上标准，即可转入二级菌种扩大培养。

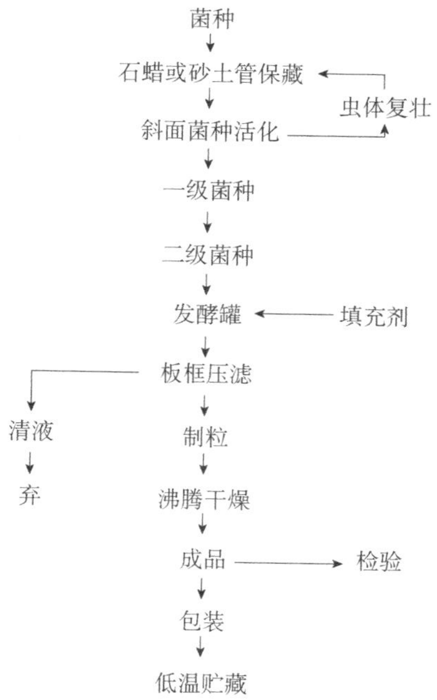

（2）二级菌种扩大培养　　500 L 罐加入新鲜的黄浆水 300 L，酸化、加料、消毒与一级同。消毒完毕待罐温降至 30℃时，即行移种（一般按 10%加入一级菌种液）。培养条件［除空气流量为 1∶0.7（V/V，12.6 m³/h）与一级不同外］、培养时间及菌的质量检验标准均与一级同。

（3）三级发酵培养　　5000 L 发酵罐加入新鲜的黄浆水 3000 L，酸化、加料、消毒、移种及培养条件［除空气流量为 1∶0.4（V/V，72 m³/h）与一级不同外］、培养时间和放菌、检验标准均与一级同。

菌种
→ 石蜡或砂土管保藏 ← 虫体复壮
→ 斜面菌种活化
→ 一级菌种
→ 二级菌种
→ 发酵罐 ← 填充剂
→ 板框压滤
清液 → 弃
→ 制粒
→ 沸腾干燥
→ 成品 → 检验
→ 包装
→ 低温贮藏

图 13-5　白僵菌工业生产工艺流程简图

（4）集菌及干燥　　当发酵菌液达到质量标准，收率在 10%以上，根据收率按 1∶0.3 加入助滤剂（滑石粉或碳酸钙）用暗流式板框压滤机集菌。压滤后的板框进行 1 h 的通风吹干（含水分 50%～58%），然后以单轴式混合机将板框上的湿菌块和填充料（按 1∶0.6 加入滑石粉或碳酸钙）混合均匀，混合后含水分 32%～33%，以摇摆式颗粒机进行制粒，再行沸腾干燥（设备由沸腾床、加热器、集菌器、粉尘收集器、引风机等组成），随即将制成的湿颗粒由加料孔送进沸腾床内，借助引风机的吸引力，使颗粒在沸腾床内上下沸动，水分便由气流带走，使之干燥。

3. 成品检验及装存　　合格的产品，外观的色泽为乳白色或乳黄色，具有发酵物的特殊香味，颗粒大小不一，通常可过 16～40 目的筛孔，结构松散，手捻成粉条状。测定含水率，允许的含水量为 5%～8%，用平皿混菌法计算活孢子数，应含有 200 亿～400 亿活孢子/g。再经室内杀虫毒力试验，以亚洲玉米螟（或菜粉蝶）幼虫供试，感染后 5～7 d，感染率达 70%～80%者为合格。

干燥经检验合格的菌粉，一般采用双层包装。内层用牛皮纸袋称装 1 kg 封严，外用塑料袋加封，置于−4～0℃的低温处保存。在通风、避光、干燥的条件下，可保存 5～8 个月，一般在地下室内保存效果也很好。保存期间应定期抽样检查，以防变质。

五、白僵菌的应用

（一）防治范围及效果

白僵菌对人、畜无害，而对多种昆虫有传染致病作用。白僵菌适应性强，施用菌剂 2～3 年仍可能有效。白僵菌的寄主范围很广，有鳞翅目、鞘翅目、半翅目、膜翅目、直翅目昆虫及蜱螨类 700 多种[14]。

利用白僵菌防治效果比较显著的农林害虫有下列种类：欧洲玉米螟（*Ostrinia nubilalis*）、大豆食心虫、草地螟（*Loxostege sticticalis*）、咖啡小蠹螟（*Stephanoderes hampei*）、墨西哥豆甲（*Epilachna varivestis*）、麦扁盾蝽、马铃薯甲虫（*Leptinotarsa decemlineata*）、甜菜象甲、松树蝽（*Aradus cinnamomeus*）、苹果蠹蛾（*Cydia pomonella*）、甘薯象甲、马尾松毛虫、油茶毒蛾、茶黄毒蛾（*Euproctis pseudoconspersa*）、稻飞虱、稻叶蝉、金龟子幼虫、苹果小食心虫（*Grapholitha inopinata*）、甘蓝夜蛾（*Mamestra brassicae*）、黄毒蛾（*Euproctis chrysorrhoea*）、松扁蝽（*Aradus orientalis*）、棉褐带卷蛾（*Adoxophyes privatana*）等。

（二）施菌方法

1. 喷液法　　菌剂先用 30℃左右温水浸 2～3 h，按菌粉含菌量用水稀释至 1 亿孢子/mL 的浓度，直接喷在植物枝叶上。

2. 喷粉法　　直接喷撒菌粉或掺入 3%敌百虫配成菌药合剂。为使喷施均匀，可用填充剂稀释，但要求菌粉中含孢子量达到 1 亿/g。在防治松毛虫时，喷粉或喷雾的方式有带状喷粉、喷雾，块状喷粉、喷雾，全面喷粉、喷雾，或在一定范围内设若干喷菌点，高浓度集中放菌，制造发病传染中心。

吉林省在防治越冬代玉米螟时，用白僵菌粉封玉米茬垛（玉米茬堆垛时，分层喷上白僵菌粉，用药量 75 g/m²），致死率达 86.1%。用颗粒剂（白僵菌粉与炉渣按一定比例混合而成）在玉米抽雄以前（喇叭筒时期）撒于玉米心叶中，效果良好。

3. 放活虫法 在防治松毛虫方面，将幼虫喷上菌液后放回林间，任其自由爬行扩散。每个点放虫 400～500 头，可控制 3～6 hm² 林地。

4. 虫尸扩大法 施放白僵菌后，将发病致死的虫尸收回，撒于尚未感病地区的风口处，或将虫尸研烂，用水稀释后喷雾或撒粉，以扩大防治效果。

5. 沟施法 适用于地下害虫，如茶丽纹象甲（*Myllocerinus aurolineatus*）、金龟子等幼虫的防治。方法是在茶、果树下或蔗行植株边挖 5～10 cm 深的沟，每亩施用菌粉（孢子含量 50 亿/g）1000 g，最好能与腐熟的堆肥混合施用，然后覆土平沟。若天气晴朗，土壤干燥，须浇水 1500 kg/666.7m² 或灌水一次，以增大湿度，提高防治效果。

6. 飞机喷施法 据黑龙江省国营 855 农场的试验，将含白僵菌孢子 50 亿～100 亿/g 的菌粉，按 100～250 g/666.7m²，以农用"运五型"飞机于早晨及傍晚进行喷施防治玉米螟。飞行高度一般为 5 m 左右，大于 1 级风力，则停止作业。结果表明，当年的防治效果与人工施菌区的相似（因为单株着菌量高），超过喷施 DDT 的效果。第二年对玉米秸秆中越冬的幼虫仍能寄生致死，而且菌可向四周扩散，经几年连续飞机喷菌治螟，对螟害发生有明显的控制作用。由于每架次可喷 45～65 hm²，适于国营农、林场大面积应用。

（三）影响防治效果的因素

使用菌剂的效果与其用量及浓度成正比。也就是说，在单位面积上使用真菌孢子数越多，使虫体上沾着的孢子数越多，则幼虫寄生率越高，所起防治效果就越大。

利用真菌防治害虫的效果不能完全从真菌的施用量多少来衡量，施用时期、次数、土壤紧密度、食物和其他自然因素（特别是温、湿度），以及昆虫的抵抗性等对害虫的寄生率都有很大影响。因此，在进行这一工作前，应充分研究害虫的生态学习性、它们对于病菌的抵抗能力及病菌感染昆虫时的环境因素等。

1. 产品质量 产品质量的优劣直接影响防治效果。选用毒性高的菌株进行生产，而且制剂中所含的孢子数（特别是活孢子数）高，防治效果一般都好。反之，所用菌种毒性低，生产的产品含活孢子数又少，那施用效果必然差。

2. 环境条件 在环境条件方面，虽说白僵菌侵染昆虫，常受大气条件的限制，其实易被人们忽视的田间微气候条件，才是真菌致病的关键。若能认真地改善和利用有利于白僵菌生长、繁殖的微气候条件，就有可能提高白僵菌的防治效果。例如，吉林省 1973 年天气干旱，应用白僵菌防治玉米螟，效果仍在 80% 以上，就是将白僵菌颗粒剂施放于玉米心叶内，利用心叶内潮湿的微气候，使白僵菌孢子萌发、侵入虫体。又如，福建农科院茶叶研究所在天气晴朗、土壤稍干的情况下，施用白僵菌防治茶丽纹象甲幼虫，采用沟施、浇水增加茶园微气候中的湿度，防治效果提高 10%。因此，在林区施用时，应考虑林地覆盖（植被）和林木密度。水稻田间施用，则应"看苗情、看时间、看气候"。

3. 施用方法 一般认为白僵菌的施用，喷雾的效果比喷粉好，混用比单施好。将含孢子量为 0.974×10^7 孢子/mL 的球孢白僵菌，分别与氯虫苯甲酰胺和虫酰肼混合，用于防治小菜蛾（*Plutella xylostella*），其致死中浓度（LC_{50}）分别为 22.60 mg/L、5.20 mg/L。氯虫苯甲酰胺和虫酰肼单剂的 LC_{50} 分别为 35.178 mg/L、7.52 mg/L，混剂较单剂的 LC_{50} 分别下降了 35.76%、30.85%。可见球孢白僵菌与杀虫剂混配后能够有效减少农药的使用量[15]。又如，以 2×10^6 孢子/mL 中等浓度白僵菌分别与 1/10 推荐浓度的吡虫啉、1/5 推荐浓度的乐果和高效氯氰菊酯进行混用处理，可使萝卜蚜（*Lipaphis erysimi*）死亡率显著提高到 97.3%～100%，半数致死时间（LT$_{50}$）由 76.8 h 缩短到 46.9～56.5 h，表明白僵菌与 3 种农药具有良好协同增效作用[16]。

此外，根据具体情况，提早施用，或增加施用次数。在制剂中加入一些增效剂，或结合施肥，与腐熟的有机肥、尿素等混施，都有提高效果的作用。

（四）使用时应注意的问题

1. 具体操作中应注意的问题

1）白僵菌是嗜虫性微生物，也是家蚕的重要病害，这是防治害虫与蚕丝生产的矛盾。因此，白僵菌杀虫剂在蚕区使用时，应根据具体情况加以控制，否则容易引起家蚕等有益昆虫的病害。在使用时，要认真对待，不要在蚕场附近使用，最好间隔一定的距离。

2）放菌时应选择湿度大、地面覆盖物丰富的地方，以利于喷撒后能迅速自然扩散。由于自然扩散的效果受到空气湿度的影响，所以最适宜的放菌季节是立春到清明。

3）喷撒菌剂最好选择阴天、小雨或雨后，晴天应选清晨或傍晚湿度较大时为宜，以利于害虫感染致病。

4）菌剂与少量（常用量的 1/10～1/5）敌敌畏、敌百虫或苏云金芽孢杆菌制剂等农药混用，可降低成本，提高防治效果，并有利于克服害虫的抗药性。

5）用水稀释菌液时，以即释即喷为好，不要超过 2 h，以免孢子萌发，降低感病能力。

2. 值得进一步研究的问题

1）寄生于昆虫的真菌种类甚多，利用病原真菌治虫有极大的潜力。但真正应用的种类并不多，就拿应用的真菌来说，对其生物学、生态学和生理学及与害虫的相互关系，如在什么环境条件下适宜于防治某种害虫等，缺乏深入的研究。

2）筛选培育高毒力菌株及其繁殖的简单办法。

3）环境条件对病原真菌治虫效果的影响。昆虫病原真菌在使用方面有局限性，如对自然条件的依赖性较大，当敏感的昆虫与真菌孢子接触后必须等到孢子萌发、侵染直至整个虫体被菌丝充满，才能使虫死亡。若缺乏适宜的温、湿度，那就影响这一过程的发生和发展。

4）扩大病原真菌的杀虫谱，使一种制剂能防治多种害虫等。

3. 稳定性和安全性问题

在大量生产、使用某种真菌杀虫剂之前，应进行稳定性和安全性的试验，从而确定其田间的杀虫效果和对人、畜安全的影响，否则，将造成损失，因为某些真菌对人可能有致病性和引起过敏的反应等。

一般微生物病原具有杀虫价值，需具备如下条件。

1）对所要杀灭的害虫有高度的毒效，能尽快地使害虫死亡，虫口下降。

2）在自然条件下稳定，能保藏较长的时间而毒力不受影响。

3）对人、畜、作物、有益昆虫无害。

4）便于大规模工业生产。

5）在田间能形成疫病流行。

当然不是说每种微生物杀虫剂都要具备以上的条件才能应用，而是要求我们深入研究杀虫微生物与环境条件诸因素间的关系，即研究昆虫流行病发生、发展的条件，做好各方面的调查研究工作，从而巧妙地运用，例如，与农业技术的、化学的及寄生和捕食性昆虫等措施相配合，创造一切可能的条件使它完善，成为具有高效能的杀虫剂。

六、问题与展望

白僵菌虽然具有分布广、寄生害虫种类多、对害虫天敌无害、生产成本低等诸多优点，但从选种、培育到利用生产的白僵菌菌剂在自然环境中进行病虫害防治，仍然面临诸多问题[14]。

从生物防治的发展趋势来看，白僵菌作为一种重要的昆虫病原真菌，其制剂的应用开发潜力巨大。但由于复杂多样的自然环境为病虫害提供天然庇护所，单一利用白僵菌生物制剂往往很难收到很好的防治效果，未来可以将其作为害虫综合治理的一项措施，注重多种措施的综合应用，能有效推动其在生物防治中的应用。

白僵菌对害虫的防治效果，是评价菌剂高效与否和施用策略优劣的最终标准。目前建立的药效试验准则多为农业领域，如针对蔬菜烟粉虱、十字花科蔬菜蚜虫、蘑菇菇蛆和害螨等的防治。但由于白僵菌寄主多样、生物特征差异大，很难针对白僵菌建立一套完整的评价体系和标准。随着白僵菌对特定虫害的精准化使用，建立白僵菌防治虫害的评价标准也是未来的研究方向。

未来对于白僵菌生物制剂的应用研究，除了选育更多的优良菌种和开发新剂型，同时还要建立白僵菌菌种库，绘制精准的害虫防治谱，并建立科学的田间应用指南。

 思考题

一、名词解释

昆虫病原微生物；昆虫病原真菌；真菌病；分生孢子；芽管；体生菌丝；气生菌丝；毒力；白僵菌素；人工诱变育种

二、问答题

1. 简述昆虫病原微生物感染昆虫后的发病过程。
2. 简述昆虫真菌病的一般特征。
3. 简述昆虫病原真菌的利用途径。
4. 简述白僵菌的侵染过程和致病机理。
5. 简述僵病流行的条件。
6. 阐述工业生产白僵菌的工艺流程。
7. 在利用白僵菌防治害虫的具体操作中应注意哪些问题？
8. 谈谈你对利用昆虫病原真菌防治害虫的认识。

 参考文献

［1］徐庆丰. 昆虫病原真菌//包建中，古德祥. 中国生物防治. 太原：山西科学技术出版社，1998

［2］梁宗琦，叶育昌. 昆虫真菌病//蒲蛰龙. 昆虫病理学. 广州：广东科技出版社，1998

［3］李涛，裴强. 昆虫病原真菌研究进展. 植物医生，2007，20（3）：8-10

［4］Poinar G O，Thomas G M. Identification of the categories of insect pathogens and 5 parasites. *In*： Poinar G O，Thomas G M. Laboratory Guide to Insect Pathogens and Parasites. Boston：Springer，1984

［5］郭东升，翟颖妍，任广伟，等. 白僵菌属分类研究进展. 西北农业学报，2019，28（4）：497-509

［6］Vega F E，Meylingy N V，Luangsa-ard J J，et al. Fungal entomopathogens. *In*：Vega F E，Kaya H K. Insect Pathology. London：Academic Press，2012

［7］唐晓庆，樊美珍，李增智. 球孢白僵菌继代培养中菌落局变现象及环境影响因素的研究. 真菌学报，1996，

15（3）：45-53

[8] Rajanikanth P，Subbaratnam G V，Rallaman S J. Effect of frequency of subculturing of different isolates of *Beauveria bassiana* Vuillemin on their biological propenies. Bio-resource Management，2011，2（1）：60-65

[9] 张正坤，孙召朋，张语迟，等. 继代培养对球孢白僵菌毒素产生水平的影响. 中国农学通报，2012，28（24）：243-249

[10] 田志来，阮长春，李启云，等. 球孢白僵菌对昆虫致病机理的研究进展. 安徽农业科学，2008，36：16000-16002

[11] Logrieco A，Moretti A，Ritieni A，et al. Beauvericin: chemistry，biology and significance. *In*：Upadhyay R K. Advances in Microbial Toxin Research and Its Biotechnological Exploitation. Boston：Springer，2002

[12] 陈文文，胡美变，彭伟，等. 僵蚕中有效成分白僵菌素的研究进展. 中国药房，2019，30（24）：3452-3456

[13] 阙生全，喻爱林，刘亚军，等. 白僵菌应用研究进展. 中国森林病虫，2019，38（2）：29-35

[14] 阙生全，喻爱林，刘亚军，等. 白僵菌应用研究进展. 中国森林病虫，2019，38（2）：29-35

[15] 陈翰秋. 化学药剂与球孢白僵菌的混配对小菜蛾的联合毒力. 西藏科技，2018，（6）：5-9

[16] 王峰，郑鹏飞，农向群，等. 球孢白僵菌与三种农药对萝卜蚜的协同防治效果. 中国生物防治学报. 2017，33（6）：752-759

第十四章 利用昆虫病原细菌防治害虫

第一节 昆虫病原细菌

一、昆虫病原细菌的一般特征

昆虫病原细菌是指能感染昆虫引起疾病的细菌。细菌繁殖极快，它的种类和个体众多，广泛分布于自然界中，所以与昆虫接触机会很多，细菌感染昆虫而引起的疾病称为细菌病，在昆虫病原微生物中，有关细菌病的研究最多。

虽然昆虫受病原细菌侵染后的发病方式各有不同，且细菌病也有多种，但细菌病都有共同的特征：①当昆虫被细菌病感染以后，都不大活动，食欲减退，口腔与肛门带有排泄物；②大多数的病原细菌侵入昆虫体腔后，常常先引起感染而终成为败血症；③死后的虫体颜色加深，迅速变为褐色或黑色，虫体大都软化腐烂，失去原形；④内部组织也可能因溃烂而呈黏着性，一般还带有臭味；⑤昆虫的细菌病通称为软化病，软化病都具有传染性，任何地区、任何时期都易发生流行。

二、昆虫病原细菌的主要类群

细菌主要以无性二分裂方式繁殖（裂殖），即细菌生长到一定时期，在细胞中间逐渐形成横隔，由一个母细胞分裂为两个大小相等的子细胞。细胞分裂是连续的过程，分裂中的两个子细胞形成的同时，在子细胞的中间又形成横隔，开始细菌的第二次分裂。有些细菌分裂后的子细胞分开，形成单个的菌体，有的则不分开，形成一定的排列方式，如链球菌、链杆菌等[1]。这意味着新个体基本上是克隆的，即个体之间在自然界中进行 DNA 交换几乎不可能。

细菌物种发展为克隆系，通过遗传变异缓慢分化，但在一个谱系内本质上是相同的。许多具有致病性的细菌物种存在许多不同的谱系或克隆，其中只有少数包含致病性编码的遗传信息[2]。例如，球形芽孢杆菌（*Bacillus sphaericus*）菌株间的遗传多样性解释了对蚊子幼虫毒性的差异[3]。因此，根据其致病性对昆虫病原细菌进行分类有很大的困难。在某些情况下，非致病和致病性的克隆谱系，常根据其致病性生态位而被命名为不同的物种[4]。为了解决这一问题，人们提出了基于成员共享核心基因组（管理基因）的细菌物种概念[5]，将错误描述为多样性的物种根据序列相似性命名为细菌物种内的克隆[4, 6]。DNA 测序技术的进步伴随着可获得的细菌基因组数据的增加，以及细菌种群遗传学特性的增加，预计将使细菌种类的定义更加准确和有用，从而增加对昆虫病原体的了解[7]。

昆虫病原细菌多属于芽孢杆菌科（Bacillaceae）、肠杆菌科（Enterobacteriaceae）和假单胞菌科（Pseudomonadaceae）。在这三科中，能成为杀虫剂的，主要分布在芽孢杆菌科，该科包括两属，即芽孢杆菌属（*Bacillus*）与梭菌属（*Clostridium*）。在芽孢杆菌属中，人们所熟知的是苏云金芽孢杆菌（*Bacillus thuringiensis*，Bt），它在形成孢子的同时，产生蛋白质晶体及其毒素。梭菌属中有变短梭菌（*Clostridium brevifaciens*）及天幕毛虫梭菌（*C. malacosomae*），是专性昆虫病原细菌，只能在寄主体内生长和形成芽孢。天幕毛虫梭菌曾被用来防治美洲天幕毛虫（*Malacosoma americanum*），获得良好效果。肠杆菌科中的粘质沙雷氏菌（*Serratia marcescens*），不形成芽孢，在一定条件下，可能是一些昆虫的病原。假单胞菌科的铜绿假单胞菌（*Pseudomonas aeruginosa*），是正常或偶尔地存在于健康昆虫消化道的细菌，这些细菌是条件致病菌，即偶然找到进入寄主体腔内的途径，并能在血淋巴或组织中生长发育引起疾病。

第二节　典型昆虫病原细菌——苏云金芽孢杆菌

苏云金芽孢杆菌是一种分布极广、在其生活史中能形成芽孢和产生伴孢晶体的需氧（或兼性厌氧）革兰氏阳性杆菌。Bt 能寄生于昆虫并引起虫体发病，选择性强，对多种昆虫具有高毒力。目前，Bt 制剂广泛用于粮食、经济作物与蔬菜、林业及一些卫生害虫的防治，是近年来研究最深入、开发最快速、应用最广泛的微生物杀虫剂之一[8]。

一、苏云金芽孢杆菌的发现

1901 年日本细菌学家 Shigetane Ishiwata 首次从受感染的家蚕（*Bombyx mori*）中分离出 Bt，命名为"Sottokin *Bacillus*（*Bacillus sotto*）"，翻译过来就是猝死芽孢杆菌。

1911 年 Aoki 和 Chigasaki 在一系列论文中描述了桑蚕幼虫摄入该细菌引起的疾病。同年，德国动物病理学家 Ernst Berliner 从德国图林根州一个面粉厂收集到的受感染地中海粉螟（*Ephestia kuehniella*）中分离出一株致病菌，并于 1915 年将该细菌正式命名为苏云金芽孢杆菌（*Bacillus thuringiensis*，Bt）。Berliner 详细描述了该菌的形态和培养特征，报道了晶体的存在，但晶体的杀虫活性直到很久以后才被发现，后来该菌不幸失传。

1927 年 Mattes 再次从地中海粉螟中分离出类似杆菌，即苏云金芽孢杆菌 Mattes 品系，并广为流传（目前称为德国品系），该菌株是晶体形成细菌的模式种。此后世界各国又先后从蜡螟（*Galleria mellonella*）、家蚕、西伯利亚松毛虫（*Dendrolimus sibiricus*）、印度谷螟（*Plodia interpunctella*）、棉红铃虫（*Pectinophora gossypiella*）及其他鳞翅目幼虫中分离出与 Bt 类似的产晶芽孢杆菌，被陆续命名为 Bt 的各个亚种。

我国的 Bt 研究，大概可以分为两个阶段：第一阶段为 20 世纪 90 年代前的收集资源、菌株鉴定、生产发酵等研究的常规阶段；第二阶段是 20 世纪 90 年代后，以分子生物学、蛋白质组学、转录组学、代谢组学、转基因植物等现代技术手段全面介入的新阶段，新基因的发现、转基因新成果的不断涌现，大大提升了我国微生物农药在国际上的地位[9]。

二、苏云金芽孢杆菌的形态及生物学特性

1. 形态　苏云金芽孢杆菌是一种能产生晶体、具芽孢、能寄生于昆虫体内引起昆虫发病的杆菌，其营养体直形、肥壮、能产生芽孢，菌端圆角，菌体有坚实的膜，大小为（1.2～1.8）μm×（3.0～5.0）μm。周生鞭毛，微动或不动（图 14-1）。菌的营养体单个存在或两个以上在

一起成链状。营养体是繁殖阶段，横裂生殖，在繁殖旺盛时，即对数生殖期，往往 2 个、4 个、8 个连成串。此时苏云金芽孢杆菌繁殖快，代谢特别旺盛。因此，在本菌的工业发酵中，常用对数期作接种材料，这样可以在短期内得到最大量的菌体。苏云金芽孢杆菌孢子出现前首先呈现的征象是繁殖停止，菌体的细胞质变为有液泡的，并充满微粒，称为细胞质浓缩，随后芽孢和伴孢晶体逐渐形成，直至芽孢和晶体形成完整，此时的菌体已成长老熟，称为孢子囊。

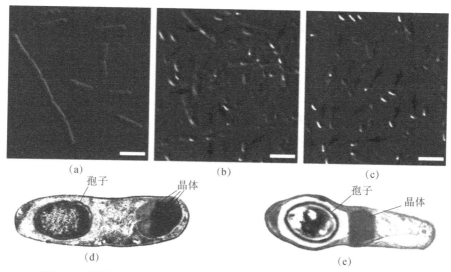

图 14-1　通过差分干涉对比显微镜记录的苏云金芽孢杆菌 *kurstaki* 亚种（*Bacillus thuringiensis* subsp. *kurstaki*）HD-73 菌株的培养变化[7]

（a）早期阶段，可以观察到形成长链的单个营养细胞，这些细胞通过鞭毛运动；（b）由于培养基中的营养物质被耗尽，苏云金芽孢杆菌细胞开始产孢，后期在芽孢细胞内可以看到芽孢（蓝色箭头）和含有 Cry1Ac 毒素的双锥体伴孢晶体（红色箭头）；（c）后期培养阶段可以观察到游离孢子（蓝色箭头）和晶体（红色箭头）；（d）苏云金芽孢杆菌的孢子和附孢子体，注意三种不同的包涵体（晶体）代表不同的毒素；（e）球状芽孢杆菌细胞的电子显微图，显示了位于肿胀孢子囊末端的典型球形孢子。比例尺为 5 μm

孢子囊呈长卵圆形，芽孢和伴孢晶体被包裹着，用苯酚品红染色时，营养体为红色，晶体为深红色，芽孢不着色。孢子囊到一定时间后破裂，放出游离的伴孢晶体和孢子，还有残余营养体和孢子囊的膜。

孢子也称为芽孢，于菌体的近端部产生，卵圆形，有光泽，大小为（0.8～0.9）μm×2.0 μm。孢子是休眠阶段，它对不适宜的条件有较强的抵抗力，在干燥、高温、寒冷等条件下，比营养体能保持更长久的时间，因此它是保持种的存活形式。产品也是以孢子进行贮存的。伴孢晶体简称晶体。芽孢形成的同时，在菌体的另一端产生一个菱形或正方形的伴孢晶体，大小为 0.6 μm×2.0 μm，是一种蛋白质毒素，能破坏害虫肠道，引起瘫痪。

2. 生物学特性　苏云金芽孢杆菌在多种培养基上均能生长，但菌落表现有所不同，现以柏林纳变种（*B. thuringiensis* subsp. *berliner*）为例，描述如下。

在蛋白胨琼脂培养基上 30℃培养 24 h，菌落为大头针大小的黄色小点，边缘平滑，在显微镜下观察，深处菌落为毡块状，有丝状放射线，72 h 后圆盘状菌落直径约为 1 cm，淡黄色而潮湿，边缘不整齐，呈粗布状向外展开，略呈放射状皱纹。在 2.2%葡萄糖琼脂培养基上，30℃条件下，经 24 h，可见到表面黄色小菌落，48 h 后，长成相当厚的圆环形，直径约 3 mm，中央有一较深的圆环，表面暗白色，微有光泽，干燥，粗颗粒状，边缘状如卷发，深层菌落不整齐,似小块奶油,3 d 后菌落直径达 2 cm。在肉汁蛋白胨琼脂培养基上菌落表面多皱,边缘不平。而苏云金芽孢杆菌蜡螟变种（*B. thuringiensis* subsp. *galleriae*）的菌落则是半透明、乳白色、表面平坦、边缘短绒状。苏云金芽孢杆菌在肉汤培养基中,不甚浑浊,有的形成薄膜,易摇碎成片状下沉,晃动不易扩散。

苏云金芽孢杆菌对营养条件的要求不高,能在多种氮源、碳源和无机盐中发育正常。通常利用的碳源有淀粉、糊精、麦芽糖、葡萄糖等。氮源为有机氮,如牛肉膏、蛋白胨、酵母粉、花生饼粉、豆饼粉、鱼粉、玉米浆等。通常加进培养基的无机盐有磷酸氢二钾、硫酸镁、碳酸钙等。

苏云金芽孢杆菌在 12～40℃均能生长；但以 28～32℃较为适宜,35～40℃生长很快,但易衰老,温度低则生长慢。

苏云金芽孢杆菌是一种好气性细菌,需要充足的空气才能生长良好,特别是芽孢形成时,缺乏足够的空气,会延迟芽孢的形成,甚至不能形成。

苏云金芽孢杆菌所要求的酸碱度是中性或稍偏碱性,前期 pH 7.0～7.2 最适宜,后期升高到 pH 8～8.5,甚至 pH 9 时还能正常形成芽孢,但若降至 5 以下则不能形成芽孢。

如果各种条件适宜,苏云金芽孢杆菌的发育过程大致如下：2～4 h 芽孢萌发成营养体,4～6 h 开始分裂繁殖,6～10 h 分裂最旺盛,10 h 前后营养体进入原生质凝聚阶段,分裂逐渐减慢,14～16 h 形成孢子囊；如果是进行工业生产,18～20 h 即可放罐进行采收。控制营养和培养条件,可以加快或延缓发育周期的时间。

苏云金芽孢杆菌的生理生化反应：引起牛奶凝固；在葡萄糖、果糖、甘油、可溶性淀粉、麦芽糖、海藻二糖中产酸；不产生吲哚；对甲基红有正反应；乙酰甲基甲醇正反应；在马血琼脂培养基中有溶血作用；可生长于氰酸盐培养基,还原硝酸盐为亚硝酸盐；柠檬酸不被利用为唯一能源及碳源；不还原硫酸盐为硫化物；磷酸酯酶产生,无红色颗粒出现。

三、苏云金芽孢杆菌的毒素及致病机理

Bt 的主要特征之一是在芽孢形成过程中,在芽孢旁边产生具有立方形、双锥状、球形、椭圆形或不规则形状伴胞晶体,由 δ-内毒素单体聚集而成,也称杀虫晶体蛋白或晶体毒素。根据它们的序列相似性可分为晶体毒素（crystal,Cry）和溶细胞毒素（cytolytic,Cyt）。此外,*Bt* 还可以产生其他重要的毒素,如副孢毒素（parasporin,PS）和表面层蛋白（S-layer protein,SLP）。这些毒素都存在于 *Bt* 细胞内,被称为内毒素。

Bt 细胞还可以将一些毒素分泌到细胞外,包括营养期杀虫蛋白（vegetative insecticidal protein,Vip）和分泌期杀虫蛋白（secreted insecticidal protein,Sip）。这两类毒素由于分泌在细胞外,故称外毒素。

目前,*Bt* 毒素已被分离并分类为至少 78 个 Cry、3 个 Cyt、6 个 PS、1 个 SLP、1 个 Sip 和4 个 Vip 蛋白家族（http://www.lifesci.sussex.ac.uk/home/Neil_Crickmore/Bt/toxins2.html）[10, 11]。

（一）*Bt* 毒素

1. 内毒素

（1）Cry 毒素   Cry 毒素主要是在 *Bt* 芽孢形成过程中产生,根据其序列同源性提出了一

个四级分类系统。序列同源性小于 45% 的 Cry 毒素在初级水平上不同，如 Cry1、Cry2 等。序列同源性大于 78% 的 Cry 毒素被进一步分为二级，名称加上大写字母，如 Cry1A、Cry1B；95% 同源性的毒素构成第三级的边界并用小写字母区分这些蛋白质，如 Cry1Aa、Cry1Ab、Cry1Ac。

　　Cry 蛋白的晶体结构显示其含有 3 个结构域［图 14-2 和图 14-3（a）］，因此 Cry 毒素也被称为 3d-Cry 毒素。结构域 I 主要与毒素的寡聚化和在细胞膜上形成穿孔有关。结构域 II 与毒素的特异性有关，参与和受体的结合。结构域 III 与受体特异性结合和细胞膜上的孔隙形成有关。3d-Cry 蛋白可由分子质量约 130 kDa 的长原毒素产生，如 Cry1Aa 蛋白；或分子质量为 65～70 kDa 的短原蛋白产生，如 Cry11Aa 蛋白。长原毒素在 C 端和 N 端由昆虫中肠蛋白酶处理加工，而短的原毒素只在 N 端进行加工，产生分子质量为 60～70 kDa 的核心活性区域，保留了 3d 结构，该片段对昆虫幼虫、线虫、原生动物和人类癌细胞具有细胞毒性。

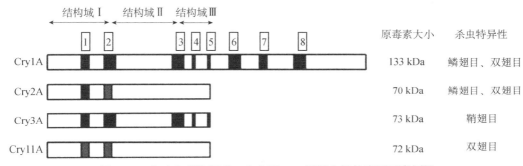

图 14-2　苏云金芽孢杆菌 4 个主要 Cry 原蛋白组的序列示意图[7]

每一组由一个代表性大小的原蛋白家族（Cry1A、Cry2A、Cry3A 和 Cry11A）进行定义；编号块代表 Cry 蛋白之间保守的氨基酸序列，分别用黑色或灰色表示原蛋白类型之间的高序列同源性和低序列同源性；Cry 毒素三个结构域表示的是相对位置；保守区和毒素结构域的位置及原蛋白的长度都是近似的，没有按比例绘制

　　（2）Cyt 毒素　　Cyt 毒素分子质量为 25～28 kDa，三维结构显示 Cyt 蛋白是一个单一的 α-β 结构域［图 14-3（b）］，与 Cry 毒素序列同源性较低。Cyt 毒素主要对作为人类疾病媒介的蚊子有活性，如按蚊属（疟疾）、伊蚊属（登革热、寨卡和基孔肯雅）和库蚊属（尼罗河热和裂谷热）。Bt 以色列亚种由于可以产生 Cry4Aa、Cry4Ba、Cry10Aa、Cry11Aa、Cyt1Aa、Cyt2Ba 和 Cyt1Ca 毒素，常被用来控制这些媒介生物。到目前为止，主要鉴定了 3 个 Cyt 毒素亚家族，它们都具有很高的序列同源性：Cyt1（1Aa、1Ab、1Ac 和 1Ad），Cyt2（2Aa、2Ba、2Bb、2Bc、2Ca）和 Cyt3Aa1。

　　Cyt 毒素还与不同家族成员之间具有协同作用。当 Cyt1Ab 和 Cyt2Ba 共同作用时，增强了对埃及伊蚊（Aedes aegypti）幼虫和致倦库蚊（Culex quinquefasciatus）幼虫的杀虫活性。Cyt1Aa 的两个已知表位（196EIKVSAVKE204 和 220NIQSLKFAQ228）与 Cry4B 和 Cry11Aa 毒素结合，增强其对按蚊（Anopheles sp.）和致倦库蚊的毒性作用。当 Cyt1Aa 与膜细胞受体结合时，Cry11Aa 或 Cry4B 与这种毒素结合，增加寡聚和孔形成效应。

　　（3）PS 毒素　　PS 毒素与 Cry 毒素的氨基酸序列同源性低于 25%，但其作用机制非常相似。副孢毒素可能具有杀虫活性。到目前为止，共鉴定出 19 种副孢蛋白，并分为 6 个家族，但作用机制尚不清楚。

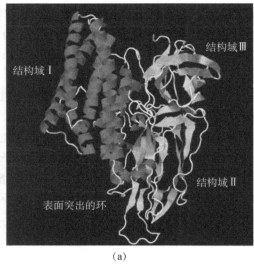
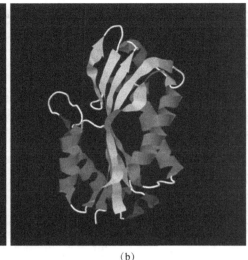

(a)　　　　　　　　　　　　　　(b)

图 14-3　苏云金芽孢杆菌 Cry1Aa 和 Cyt2Ba 的三维结构[7]

（a）Cry1Aa 结构由三个结构域组成，结构域 Ⅱ 中突出的环参与了毒素的特异性结合；（b）Cyt2Ba 晶体结构由 α-β 结构的单一结构域组成，β 片被两个 α 螺旋层包围，这两个 α 螺旋层代表细胞溶素折叠

（4）SLP 毒素　　　SLP 蛋白广泛存在于革兰氏阴性菌和革兰氏阳性菌中，包括芽孢杆菌。其可嵌入许多革兰氏阴性和革兰氏阳性细菌的细胞膜中；通常与多糖和肽聚糖结合，主要功能是与细胞外蛋白相互作用、抵御病原体、吞噬作用、膜稳定和黏附等。与 *Cry* 基因的不同点是，*Cry* 基因是在孢子形成过程中表达的，*SLP* 基因在整个细胞生命周期中都有组成性表达。SLP 毒素活性尚不清楚，有人认为 SLP 毒素与 Cry 毒素具有相似的杀虫活性，但机制不同。

2. 外毒素　　　外毒素是 *Bt* 在营养生长期分泌到胞外的具有杀虫活性的毒素。主要有两个家族，一个是营养期杀虫蛋白，另一个是分泌期杀虫蛋白。

（1）Vip 毒素　　　Vip 毒素是 *Bt* 在其营养生长期产生并直接分泌到胞外的一类毒素，一般在 *Bt* 孢子形成期开始之前结束。这类杀虫毒素根据其序列同源性主要可分为 4 类：Vip1、Vip2、Vip3 和 Vip4。目前已报道的 Vip 蛋白有 15 种 Vip1 蛋白、20 种 Vip2 蛋白、101 种 Vip3 蛋白和 1 种 Vip4，对昆虫的作用机制尚不完全清楚。

Vip1 原毒素分子质量约为 100 kDa，分泌后会形成约 80 kDa 的成熟毒素，此外，Vip2 会形成约 50 kDa 的成熟片段。Vip1 和 Vip2 以二元毒素的形式发挥毒性，对一些鞘翅目和半翅目的害虫具有协同杀虫活性。Vip2 具有 ADP 核糖基转移酶活性，其主要靶点是肌动蛋白。因此，当其被激活时，可能会导致细胞骨架破裂和细胞死亡。在单体形式下，Vip1 与其受体结合，从而促进 Vip1 毒素的多聚化，多聚化的 Vip1 进一步将 Vip2 转运到细胞质中。一旦进入细胞，Vip2 即破坏肌动蛋白丝和细胞骨架，最终导致细胞死亡。

Vip3 对多种鳞翅目昆虫具有明显的毒性。Vip3 原毒素分子质量约为 88 kDa，与其他已知的杀虫蛋白没有同源性。与 Vip1 和 Vip2 相比，Vip3 中的信号肽序列在分泌过程中不被加工，而是存在于成熟的分泌肽中，这表明它们在蛋白质结构和杀虫活性中起着重要作用。经蛋白酶处理之后，Vip3 会被酶解成分子质量分别约 66 kDa 和 19 kDa 的激活状态，两个片段仍然结合在一起。Vip3 以四聚体的方式存在，其作用机制尚不清楚。

Vip4 是最近发现的 Vip 家族成员，分子质量约为 108 kDa，对其研究较少。

（2）Sip 毒素　　Sip 是分子质量约为 41 kDa 的毒素蛋白。与 Vip 蛋白类似，Sip 毒素 N 端包含一个由 30 个氨基酸组成的信号肽序列，通过蛋白酶处理后，会释放出具有杀虫活性的蛋白片段。Sip 蛋白对鞘翅目昆虫具有杀虫活性，如马铃薯甲虫（*Leptinotarsa decemlineata*）和玉米根虫（*Diabrotica virgifera*）等，但作用机制并不清楚。

在上述毒素中，对晶体毒素的研究较多，对其杀虫机理也研究得比较透彻。

（二）*Bt* 毒素的致病机理

对苏云金芽孢杆菌晶体毒素作用机理的研究，主要以鳞翅目昆虫为模式昆虫，已研究得比较透彻[12]。

1. 发病过程　　苏云金芽孢杆菌晶体毒素引起的鳞翅目敏感昆虫（如家蚕）的疾病发生过程，可分为如下几个阶段。

0 阶段：外形及运动正常，停止取食。晶体进入虫体内 0～30 min，幼虫活动正常，但停止取食。血淋巴 pH 和 K^+ 浓度上升。中肠上皮不出现明显的组织病理变化。

第 I 阶段：轻度迟钝。晶体进入 30～120 min，幼虫运动缓慢，足部偶尔发生痉挛，心跳渐渐变慢，中肠停止蠕动，但是麻痹仅局限于中肠。此阶段末，幼虫呕吐和腹泻。中肠前段 1/3 处的柱状细胞发生早期病变，细胞顶部稍微膨胀，杯状细胞仍正常。血淋巴 pH 和 K^+ 浓度继续上升。

第 II 阶段：极度迟钝。晶体进入 2～3 h，幼虫受到机械刺激时，不能自主运动。中肠上皮前段发生病变的部位达整个中肠的 20%～30%。柱状细胞膨胀，向肠腔突出；杯状细胞的杯状腔变大。血淋巴中 K^+ 浓度仍在上升。

第 III 阶段：全身麻痹。晶体进入 3～4 h，幼虫无反射运动，心跳完全停止。在这阶段开始后 12～24 h，幼虫体表出现许多斑点，解剖中肠也有许多黑色斑点，但没有出现穿孔。上皮细胞病变已占整个中肠的 40% 左右，主要是中肠前段上皮细胞。中肠后段上皮细胞仍无明显病变。柱状和杯状细胞极度空泡化，并有细胞脱落到肠腔中。血液中的 K^+ 浓度几乎达到正常幼虫肠液 K^+ 浓度的一半。

最后幼虫死亡。临死时虫体伸展，不久发黑，并呈腐烂状。

鳞翅目幼虫依其对晶体毒素的敏感性及其食入晶体毒素后感病反应的不同，分为 3 种类型。

I 型：昆虫在摄入晶体毒素后几分钟即引起中肠麻痹，1～7 h 可使肠壁破损，肠道碱性内含物漏入血腔，引起血淋巴 pH 增高（1～1.5 单位），导致昆虫全身瘫痪而死亡。代表种类为家蚕、柞蚕和番茄天蛾。

II 型：昆虫在摄入伴孢晶体后几分钟内能引起中肠麻痹，但肠道内容物不自肠道漏入血腔，血淋巴 pH 只因停止取食后的饥饿而有微小升高，故无全身瘫痪出现，2～4 d 死亡。鳞翅目中大多数昆虫属此类型。代表种类为欧洲粉蝶和森林天幕毛虫。

III 型：昆虫摄入伴孢晶体不能致病，要同时食入伴孢晶体和芽孢才起作用。感染后不出现全身瘫痪症状，血淋巴 pH 也不发生改变，2～4 d 死亡。以地中海粉螟为代表。

2. 致病机理　　昆虫摄入晶体毒素或转 *Bt* 基因植物产生的 Cry 毒素后的致病机理见图 14-4。晶体毒素在中肠中被强碱性的肠液（pH 8.9 以上）溶解，释放出一个或多个分子质量为 27～140 kDa 的晶体蛋白，即 δ-内毒素。δ-内毒素被肠道蛋白酶水解释放出分子质量更小的毒性多肽。对鳞翅目幼虫专一的 130～145 kDa 的晶体蛋白被蛋白酶水解后，其激活的毒素分子质量为 50～70 kDa。以色列亚种的 28 kDa 晶体蛋白被蛋白酶水解成 24～25 kDa 的毒性多肽。对于多数 δ-内毒素来说，蛋白酶水解激活过程包括去掉原毒素的 C 端部分。被激活的 δ-内毒素穿过围食膜，与中肠上皮细胞绒毛膜上的受体结合。毒素结合可激活细胞内细胞死亡通路，或进一步促进毒素寡聚化。毒素寡聚体通过糖基磷脂酰肌醇（GPI）锚点与细胞膜上选定的蛋白质结合，并插入细胞膜形成孔洞，导致渗透细胞溶解，中肠上皮细胞屏障被瓦解，侵入血腔，最终导致败血症，引起昆虫死亡。

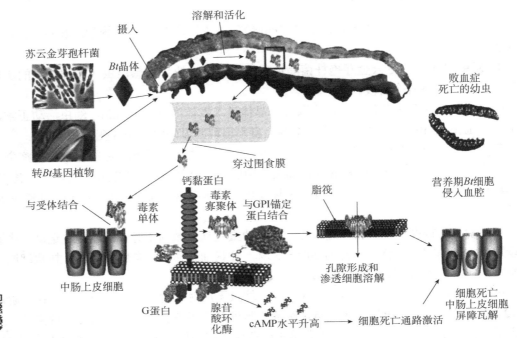

图 14-4　苏云金芽孢杆菌 Cry 毒素的作用模式图[7]

第三节　苏云金芽孢杆菌制剂的生产与应用

一、简易生产法

苏云金芽孢杆菌的简易生产方法很多，主要有固体浅盘培养法和液体浅层培养法。

（一）固体浅盘培养法

1. 固体浅盘培养法工艺流程

1）菌种原种（砂土管或斜面）→试管斜面菌种→菌种扩大培养→固体浅盘扩大培养→成品处理→大田使用。

2）工业菌粉→（扩大 50～100 倍）→固体浅盘培养→成品处理→大田使用。

2. 试管斜面菌种

用于生产的菌种，必须是经过选择、没有杂菌污染的苏云金芽孢杆菌纯种，在生产中要掌握好灭菌和无菌操作两个环节。

（1）培养基配方　　任选一种：①牛肉膏 0.5%，蛋白胨 1.0%，琼脂 2.0%；②30%蚬、蚌、螺（连壳）煮出液，琼脂 2.0%；③鱼 5%（煮液过滤），琼脂 2.0%。

（2）试管斜面培养基制备　　以配方①为例。若配制 1000 mL 培养基，则应称取蛋白胨 10 g，牛肉膏 5 g，加清水 1000 mL，加热使之溶解，用 5% NaOH 水溶液或石灰水澄清液调节 pH 至 7.0～7.5，再加入琼脂 20 g，继续加热使琼脂熔化，趁热分装试管。每支试管装 5 mL 左右，分装时防止培养基沾污管壁，否则易于污染杂菌，装好试管后塞上棉花塞，塞入长度为棉塞总长度的 3/5 左右，松紧程度以手提棉塞试管不脱落为准。制成的培养基要求澄清、透明。

（3）灭菌　　将制作好的斜面培养基试管，置高压灭菌锅内 0.68 MPa 蒸汽压下灭菌 20 min，灭菌后，稍待冷却，将试管斜放，冷凝即成斜面。制成的斜面在 28～32℃存放 1～2 d，无杂菌污染才可使用，或贮存在干燥和干净的地方备用。

（4）接种　　接种应在无菌室或无菌箱内进行。接种室（或接种箱）要先行消毒，消毒的方法可用福尔马林（10 mL/m³）熏蒸或喷射 3%～5%苯酚，如用紫外灯再照射 0.5 h 更好。接种时，先用 75%乙醇或 0.5%新洁尔灭将两手擦洗消毒。以左手并排拿起菌种和待接种的试管斜面，用右手把棉塞转动一下，再拿起接种针在酒精灯火焰上烧红，用右手小指和无名指或手掌夹取棉花塞，试管口在火焰上烫一周后，使试管口对着火焰。把已灭菌的接种针插入菌种试管，使之与管壁接触冷却，挑取少许菌苔迅速转入待接的斜面试管内，自斜面的下端向上划"之"形线，抽出接种针，再把试管口在火焰上烫一下，塞上棉塞，并烧红用过的接种针。

接种好的试管斜面，置 28～32℃培养 1 d 即可用于生产，若用以保藏传代，则培养 3～4 d，置 4℃冰箱中保藏。斜面上生长良好的菌苔，呈白蜡状，无光泽，微有皱纹，若有异样菌苔或噬菌斑出现，则应淘汰。最好用 2%漂白粉溶液浸泡，以防蔓延污染。

3. 菌种扩大培养

目的是活化菌种，扩大菌量，满足固体浅盘扩大培养的需要。菌种扩大培养一般采用液体培养，易于控制，杂菌污染机会少，继续扩大培养时接种也很方便。

（1）培养基配方　　任选一种：①蚬、螺、蚌（连壳）煮出液；②花生麸 5%，水 100%；③黄豆（打成粉）5%，水 100%；④鱼粉 2%，淀粉 0.5%，水 100%；⑤玉米粉 5%，水 100%。

（2）培养基的制备　　以配方①为例。若配制 1000 mL 液体培养基，称取蚬、螺、蚌（连壳）1 kg，加清水 1000 mL，置锅中加热煮沸后，继续煮 0.5 h，用纱布过滤，取其滤液，补足水分至 1000 mL，用 5% NaOH 水溶液（或石灰水澄清液）调节 pH 至 7.0～7.5，分装玻璃瓶，其量为瓶高的 1/3～1/2。若振荡培养，一般用 1000 mL 锥形瓶，装 250 mL 培养液，塞上棉塞，置高压锅中，在 0.11 MPa 蒸汽压下灭菌 30 min，或在培养液中预先加 0.1% KMnO₄，装瓶，置蒸笼中蒸煮 1 h（水沸开始计时），也能达到灭菌的目的。用花生麸、玉米粉、鱼粉或黄豆粉制的培养基不必过滤，可直接装瓶，蒸煮前 pH 调至 8.5 左右。

（3）接种和培养　　将消毒后的瓶装液体培养基，拿入无菌室（箱）内，以无菌操作的方法，在培养 1 d 的斜面试管中，加入 3～5 mL 无菌水，用接种环把菌苔轻轻刮下，摇匀后接种到瓶装液体培养基中，一般一支 15 mm×150 mm 的试管斜面菌种，可接 1000 mL 液体培养基，接种后，在 28～32℃，静止培养 12～16 h，或放在摇床上振荡培养 6～8 h，即可进行固体浅盘扩大培养。

4. 固体浅盘扩大培养

苏云金芽孢杆菌的固体浅盘扩大培养是一种可以大规模进行的开放式生产方式。让苏云金芽孢杆菌种子在新的环境中充分生长、繁殖和老熟，从而得到大量的芽孢和晶体。

（1）培养室　　　　培养室应选择通风透光、周围环境清洁、冬季易保温的房屋，最好分主室和缓冲室，房屋墙壁用石灰水粉刷，如无天花板，应在 2.5 m 高处用塑料薄膜拉一平顶，防止屋顶灰尘落入培养室且易于保温。主室大小视生产规模而定，一般以 6 m² 为一间，室内放置分为数层的培养架。为了达到良好的通气效果，每个培养室应留有空气对流窗，窗外封一层可以启闭的塑料薄膜，窗内层用 2～4 层纱布封闭，如是夏天生产，则可以完全开放。培养室应经常进行消毒，一般每生产 3～5 批消毒一次。可采用福尔马林隔夜熏蒸，用量为 5～10 mL/m³，最好加入少量高锰酸钾或用酒精灯加热，使福尔马林迅速挥发，密闭门窗至第 2 天，再开窗换气或洒少量氨水解毒。培养架及其他用具均可用 2%漂白粉水洗擦消毒。

（2）培养基配方　　　　任选一种：①统糠 65%，玉糠 15%，花生麸 10%，谷壳 10%，过磷酸钙 0.1%，石灰粉调节 pH 9.0 左右；②花生壳粉 70%，鱼粉 2%，花生麸 8%，玉糠 10%，谷壳 10%，过磷酸钙 0.1%，石灰粉调节 pH 9.0 左右；③豆饼粉（或棉籽饼粉）20%，麸皮 20%，谷糠 10%，肥土 50%，石灰粉调节 pH 9.0 左右；④花生麸 20%，统糠 30%，泥炭土（或肥泥或河沙）50%，石灰粉调节 pH 9.0 左右。

（3）培养基的制备　　　　以配方①为例。若配制 100 kg 固体培养基，则应称取统糠 65 kg，玉糠 15 kg，花生麸 10 kg，谷壳 10 kg，过磷酸钙 100 g，清水适量（约与培养料等重），石灰粉适量，充分拌匀，调节 pH 9.0 左右，培养料含水量以捏之成团、触之能散为宜。将培养料分装布袋，每袋 1.5～2.5 kg，置高压锅中，以 0.15 MPa 蒸汽压灭菌 1 h，如无高压灭菌锅，可以采用化学药物灭菌或半化学灭菌法。例如，用 0.2%的漂白粉溶液代替清水拌料，用塑料薄膜包封或置其他容器内闷 4～8 h，取出，并用石灰粉调节 pH，培养料分装于普通蒸笼或专门为之建造的消毒柜内，猛火蒸煮 1 h（从蒸汽上升开始计时），也可有效地达到灭菌目的。

（4）接种和培养　　　　已灭菌的固体培养料，取出并移入培养室，摊放冷却，待料温下降至 35℃左右即可接种。接种前两手及凡可能接触到培养料的用具，均需用 75%乙醇或 2%漂白粉水洗擦消毒。接种时将生长良好的种子液，按培养料 20%～50%的量倒入固体培养基，用手充分拌匀，平铺在培养架各层的竹箕上进行培养，料厚约 3 cm。若用工业菌粉作种子进行一步扩大培养，由于种子为芽孢，则以趁热接种为好，其做法是趁热取出灭菌好的培养料，倒于消毒过的塑料薄膜上，并将质量较好的工业菌粉（最好是喷雾干燥的产品）按 1%～2%的比例加进培养料中，稍加翻拌，立即包起热闷 15 min（温度可在 80℃以上），以达到减少杂菌和催芽的目的，然后打开充分拌匀，分摊培养。

固体浅盘扩大培养，初期室温保持在 25～30℃，料温不要超过 37℃，经 10～20 h 以后，菌数大量增加，为使培养料疏松通气，应翻拌 1～2 次，24～36 h 以后，菌体不再增长，这时可将料堆成 6 cm 厚，以提高料温至 35℃左右，促使菌体迅速老熟。一般经 2～3 d，大部分菌体形成孢子囊，并有少部分芽孢晶体脱落，便可终止培养。培养过程中必须控制好料温，尤其是料温，室内湿度也不宜过高，否则易污染杂菌。正常的产品一般具有一股豆豉气味，如有酸馊或较浓的氨味，则说明产品污染严重或者完全失败。

（5）成品处理　　　　培养好的固体料，湿重一般含菌 4×10⁹ 个/g 左右，高的可达 8×10⁹ 个/g 以上，检验产品的质量最好用生物测定法。如即时使用，则可加水浸泡搓捏，纱布过滤，兑水喷雾治虫。也可经干燥后保存在阴凉干燥处备用。干燥的方法可以采用烘干或晒干，烘干时温度不宜超过 60℃，否则会降低毒力，晒干时最好用涂上红漆的塑料薄膜架空遮盖，避免太阳光直射。

（二）液体浅层培养法

1. 工艺流程 液体浅层培养法的工艺流程如下所示。

试管斜面菌种 $\xrightarrow[\text{1 d}]{28\sim32℃}$ 菌种扩大培养 $\xrightarrow[\text{1}\sim1.5\text{ d}]{28\sim32℃}$ 液体浅层发酵 $\xrightarrow[\text{1}\sim1.5\text{ d}]{28\sim32℃}$ 成品处理 → 贮藏 ／ 大田使用

2. 液体浅层扩大培养

（1）培养室 培养室的要求和固体浅层培养法相同。室内地面如不平，可用河沙铺成一平面，用砖或方木条围成一方形框，即培养床，内铺一层塑料薄膜以盛装培养液，框上横架几根竹竿或木条，再盖上一层塑料薄膜，四周可以用沙压密。

培养床的大小不一，按条件而定，一般长 200 cm，宽 130 cm，可培养菌液 10～12 kg。培养床上罩一个塑料薄膜篷，以便福尔马林熏蒸消毒，杀死空气中的杂菌。塑料薄膜篷高 130 cm，宽 200 cm，长 240 cm，一边留有开口（似蚊帐），便于操作人员出入。当培养基接菌倒入培养床，盖上塑料薄膜，四周压沙后，就可将塑料薄膜篷移至另一张培养床上使用。培养床上的塑料薄膜和横梁竹竿或木条，应预先用 2%漂白粉水（或用 0.2%高锰酸钾水溶液）浸泡 2 h，再用漂白粉水浸过的净布擦干，然后放在塑料薄膜篷内熏蒸消毒。

（2）培养基的配制和灭菌 培养基的配制和试管斜面培养基的制备方法基本相同，但不需用琼脂。将配制好的培养基装入锅中，加 0.2%～0.3%的漂白粉或 0.1%高锰酸钾（漂白粉先用水溶解，滤去残渣，把滤液倒入锅中），用 NaOH 水溶液或石灰水澄清液调节 pH 7.5～8，盖上锅盖，加热煮沸，并继续煮半小时，让残存的漂白粉成蒸汽挥发，然后移入培养室中，待冷却至 35℃左右时可接种。漂白粉和高锰酸钾是强烈的氧化剂，在水溶液中与有机物接触时，能释放出原子氧，故有杀菌作用。

（3）接种和培养 取生长良好的扩大培养菌种，在接种箱（室）里，加入无菌水，以无菌操作的方法，洗下菌苔，拿至塑料薄膜帐篷里，倒入锅中，搅拌均匀，然后倒入培养床内培养。培养床倒入培养液以 7～9 kg/m² 为宜。培养液倒入培养床后，立即架上几根竹竿或木条，盖上塑料薄膜，四周用沙压密就可移开塑料薄膜篷，打开培养室的门窗，在 28～32℃培养 24～36 h，当培养液表面出现一层白蜡色菌苔时，即可收获。如果培养液表面出现异样菌苔或散发出恶臭味则为杂菌污染。

（4）成品处理 收获后的菌液可用水稀释，立即喷雾治虫，或用谷壳灰吸附（一般可吸附菌液 1 kg/kg），摊成薄薄的一层，在通风透光、阴凉干燥处，晾干 1 d，使菌体进一步老熟，若还不能干燥，可以晒干或 60℃烘干。

上述培养方法，各有其优缺点。固体浅盘培养含菌数高，湿产品一般含菌（4～8）×10⁹ 个/g，培养基灭菌可采用少量漂白粉或高锰酸钾加蒸煮的方法，可大规模培养，产量大；特别是用工业菌粉作种子，采用一步扩大法培养苏云金芽孢杆菌，操作简便，成本低，又易成功，成为苏云金芽孢杆菌生产中最简易的方法，便于在农村中推广。

液体浅层培养法设备简单，也可用一步扩大法培养，菌液使用方便；但在生产过程中，容易污染杂菌，由于通气量不足，含菌数不高，一般含菌量（3～5）×10⁸ 个/mL。生产的液体产品难以长期保存，添加防腐剂可以提高保存效果。

在简易生产过程中，成功的关键在于菌种要纯，接种量要大，灭菌要彻底，酸碱度要适宜，整个操作过程要迅速，尽量避免杂菌污染。此外，在实际操作中，应根据具体条件，因地制宜地制订生产流程及改进生产方法，使之更切实可行。

二、工业生产方法

（一）工艺流程

苏云金芽孢杆菌工业生产的工艺流程简图见图14-5。

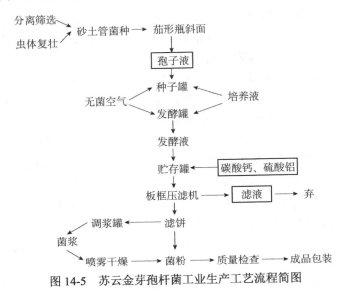

图 14-5　苏云金芽孢杆菌工业生产工艺流程简图

（二）工艺条件

1. 菌种

（1）**砂土管菌种**　菌种通常是以砂土管的形式保存的，因在低温干燥及营养缺乏的情况下，孢子呈休眠状态，可以长时间保藏，又便于随时取用，故可避免传代过多引起菌种退化。砂土管菌种的制备方法如下。

取细砂，先用稀盐酸处理，洗净，烘干，再用磁铁吸去其中带磁性的金属微粒，用 60 目筛过筛。取有机物少的黄土研细，用 120 目筛过筛。砂与土按 3∶1 混合均匀，分装于小试管中，每管装 2 g 左右（或直接装 2 g 的砂子也可），塞上纱布棉塞，湿热灭菌（0.15 MPa，1 h）2 次，干热（160℃）灭菌（2 h）1 次，经无菌检查合格后备用。

砂土孢子的制作：选虫体复壮或分离筛选且经摇瓶检验合格的斜面菌种一支，加无菌水 4～5 mL，用接种针轻轻地刮下菌苔，即高浓度的孢子悬液。吸取菌液 0.2 mL，移入灭菌后的砂土管中，置真空干燥器内（装 $CaCl_2$ 或 P_2O_5），用真空泵抽干，用蜡封口，放入冰箱保存，供生产用。

（2）**茄形瓶斜面菌种**

1）培养基配方：牛肉膏 0.3%，蛋白胨 1%，琼脂 2%，pH 7.2。每个茄形瓶装培养基 50 mL，经 0.11～0.12 MPa 灭菌 30 min，待温度降至 50℃左右，放置成斜面，32℃培养 24～48 h，如无杂菌污染可接种。

2）茄形瓶斜面的质量标准：肉眼观察，表面长满灰白色丰满的菌苔，无杂菌，无噬菌斑，显微镜检查95%以上菌体的芽孢晶体脱落，芽孢晶体形态正常。合格者置冰箱保存备用，但保存时间最好不超过7 d。

2. 发酵

（1）种子罐培养基配方　　任选一种：①花生饼粉0.6%，葡萄糖0.12%，糊精0.12%，蛋白胨0.03%，硫酸镁0.03%，硫酸铵0.03%，pH 7.6；②豆饼粉0.7%，玉米浆2.0%，油0.3%，pH 7.0～7.2；③花生饼粉0.5%，玉米浆0.5%，葡萄糖0.2%，pH 7.1～7.4，按0.1%加入甘油聚醚作消泡剂，50 L种子罐投料30 L；④玉米浆0.8%，黄豆饼粉0.1%，pH灭菌前7.5～7.6，灭菌后6.8～7.2。

（2）发酵罐培养基配方　　任选一种：①花生饼粉2%，过磷酸钙0.2%，糊精1.25%，蛋白胨0.1%，硫酸镁0.05%，硫酸铵0.1%，碳酸钙0.1%，花生油0.03%，pH 7.6；②豆饼粉1.5%，玉米浆3.0%，$CaCO_3$ 0.1%，$MgSO_4$ 0.03%，$(NH_4)_2SO_4$ 0.03%，植物油0.1%，pH 7.0～7.2；③豆饼粉1.5%，鱼粉0.5%，$CaCO_3$ 0.5%，$(NH_4)_2SO_4$ 0.2%，KH_2PO_4 0.1%，葡萄糖1.0%，pH 7.2～7.4；④花生饼粉2%（或黄豆饼粉1.5%），玉米浆0.9%，糊精0.8%，饴糖0.5%，蛋白胨0.1%（用黄豆饼粉则为0.06%），$CaCO_3$ 0.2%，$MgSO_4$ 0.075%，KH_2PO_4 0.07%，$(NH_4)_2SO_4$ 0.2%，pH 7.1～7.4。

（3）配料　　按发酵罐或种子罐总容量的60%投料，入配料罐，打浆搅匀，用水泵打入发酵罐（或种子罐）。

（4）灭菌　　为了保证各管路的蒸汽压力，灭菌时，锅炉的总蒸汽压应达到0.4～0.45 MPa。

管路灭菌：所有管路，阀门通入蒸汽灭菌1 L（采用流通蒸汽应维持蒸汽压0.2～0.3 MPa）。

发酵罐（种子罐）及培养基灭菌：先于夹层（或罐内冷却管道）通入蒸汽，使培养基预热至90℃左右，再直接通入蒸汽，保持罐内蒸汽压0.1～0.12 MPa（温度120～126℃），时间为30～40 min。然后关闭蒸汽，并用无菌空气放压，使发酵罐罐压始终保持0.1 MPa。同时夹层通入冷水，使培养基迅速冷却至30～35℃，备用。

空气过滤器灭菌：棉花、活性炭充填的总空气过滤器灭菌，也应先于夹层通入蒸汽，预热10～15 min，然后自下口通入蒸汽，保持罐内蒸气压0.12～0.2 MPa 30～40 min，随后关闭下口，从上口通入蒸汽，保持相同压力20 min，最后关闭蒸汽，通入无菌空气，吹干保压备用（过滤器内的棉花、活性炭最好10 d换一次，这样可防止将噬菌体带入罐内）。超细玻璃纤维滤板结构的分空气过滤器灭菌，保持蒸汽压力0.15～0.2 MPa 30～40 min，应注意进气和排气必须和缓，以免压力过大而使纤维板击穿。

加料罐（油罐）灭菌：油罐贮油量一般都不超过总体积的1/2，灭菌时先于夹层通蒸汽预热使油温达到100℃左右，然后通入蒸汽，压力保持1.5～2 kg/cm^2（130℃）1 h，再放出蒸汽，并用无菌空气补压，冷却至30～35℃后，备用。

（5）接种　　种子罐的接种，一般采用茄形瓶或摇瓶菌种。它们必须预先进行"考核"，纯度须达到标准。茄形瓶菌种可先用无菌水做成菌液，然后将棉塞换成特制的无菌橡皮塞，并与种子罐接种口接通（注意以上操作必须严格遵守无菌操作技术）。再将无菌空气输入种子罐逐步上升到0.15 MPa，然后逐步排气，在降压过程中，将菌液吸入种子罐。

发酵罐的接种，主要通过与种子罐连通做无菌管道，当种子罐内的菌种进入"生长旺盛期"（对数期）时，菌种生命力最旺盛时，经检查合格做种子，输入发酵罐。

（6）发酵条件的控制

1）罐温：种子罐和发酵罐中温度的变化，可通过罐壁插孔中放置的温度计进行测量，并在夹层或罐内冷却管道中通入蒸汽或冷水来调节。培养苏云金芽孢杆菌要求温度控制在 28～35℃。

2）罐压：发酵罐保持一定压力，有利于防止污染，一般种子罐保持罐压 0.05 MPa，发酵罐 0.03～0.05 MPa。

3）搅拌：种子罐为 250～300 r/min，发酵罐为 185 r/min。

4）空气流量：一般种子期搅拌速度快，通气量小 [1：（0.5～0.8）]，对种子发育有利。进入大罐后，降低搅拌速度，再加大通气量（1：1），容量为 1 t 的发酵罐，配用 1 m³/min 的空气压缩机，即可达到 1：（0.5～1）的通气量。

5）加油：主要用作消除罐内产生的大量泡沫。

6）抽样检查：每 2 h 取样一次，主要测定 pH 和涂片，染色镜检菌态发育及有无杂菌污染，在种子罐移种前和大罐成熟期或必要时计菌数。发现菌态异常或菌数骤减的现象，应做双层平碟，检查噬菌体。

7）培养周期：种子罐培养周期一般为 8～10 h，当培养液 pH 降到最低值时开始回升，菌数骤然大量增加，菌体涂片，细胞质着色性变强，这时种子已到达"生长旺盛期"。如无污染，即可用以接种。

大罐培养周期为 16～24 h，当发酵罐内含菌数不再增加并略有下降时，说明大部分菌体已形成孢子囊，而其中 20%左右的芽孢晶体开始脱落时即可停止培养。

3. 产品处理

（1）填充剂的加入　　发酵罐菌液通过物料管压入贮存罐，根据以下公式加入轻质碳酸钙作填充剂，加入后搅拌 0.5 h。

$$填充剂（CaCO_3）加入量（kg）= \frac{发酵液菌数（亿/mL）\times 放罐体积（L）\times 收率}{成品菌数（亿/g）} - 发酵罐残存物（亿/g）$$

（2）板框压滤机过滤　　用 0.2 MPa 的压力，由贮存罐压入板框，通过 7#滤布过滤，如有浑浊现象，可适当降低压力，以不浑浊为宜，滤液含菌数不应超过 3×10^7 个/mL，否则回收率太低。

（3）打浆　　过滤完后，将滤饼刮入打浆地下罐，按加入碳酸钙量的 8%加入浓乳 100 号，再加适量滤液搅拌 0.5 h，使含量达 40%～50%（或 20～23°Bé）。

（4）喷雾干燥　　在喷雾干燥塔进口温度达 140℃时，将菌浆喷雾干燥，喷嘴流量 400～500 L/h，使中层温度保持在 65～75℃。或在 60℃以下的烘房内通风干燥。

（5）粉碎、混合、包装　　将旋风分离器内的菌粉与喷雾干燥塔底的菌粉和经粉碎以后黏附塔壁的菌粉混合装袋，并取样进行质量检查。

（三）生产中存在的问题

1. 噬菌体的危害

（1）噬菌体出现的主要症状　　在发酵过程中，如果菌体受到噬菌体的侵染，时常出现不正常的发酵现象，不同菌种遭到不同噬菌体侵染所出现的异常发酵现象是不同的，同一菌种被相同的噬菌体侵染，由于遭到侵染时间和数量的不同，也会造成不同的后果。

在培养皿中单个细菌菌落受到噬菌体的侵染后，可引起缺损状的"噬菌斑"，大片的细菌菌苔上噬菌斑则呈圆形或针点状。液体培养中噬菌体的感染一般在生长对数期表现最突出。初期先发现 pH 上升，温度升高，显微镜检查发现有长形菌体，且有畸形菌体；菌体中部膨大或局部出现缺刻等。2～3 h 后，菌数突然下降，甚至全部自溶，有的虽不全部自溶，菌数也很低，严重时连续倒罐，影响正常生产。固体发酵如有噬菌体的污染，有的品温上升缓慢，有的品温上升只有很短时间（指培养室温度稳定的情况下），其含菌量则迟迟不能提高。

（2）噬菌体的传播　　噬菌体的最初来源有两种，一种是菌种本身带有噬菌体，另一种是生产环境的自然条件中存在有噬菌体，或由相近的噬菌体经过变异而侵染。此外促成噬菌体连续发生还有其他原因，如设备安装不合理，空气过滤器、管道、阀门、罐壁、轴封等存在"死角"或渗漏，致使灭菌不彻底，或使噬菌体有机会潜伏，而这些隐患并不容易被发觉和消除，必须加以严格的检查。

（3）防止噬菌体污染的主要措施

1）纯化菌种：为了防止从菌种中带入噬菌体，生产上所用的菌种，要经过严格的纯化和考核。例如，反复进行稀释平板分离纯化，并利用细菌芽孢的耐热性，将老熟的菌种在 80～85℃ 水浴中处理 15 min，杀死菌液中污染的噬菌体（但还不能杀死潜伏在芽孢内的噬菌体），然后再进行平板分离，至平板上长出的菌落完整而无噬菌斑时，方可选留备用。

2）加强环境卫生和设备的消毒管理：因为噬菌体总是有寄主才能传播的，防止细菌的污染环境就可减少噬菌体的危害，所以应定期对周围环境进行消毒处理。严重污染噬菌体的地点应及时利用药剂或其他方法处理。严格控制所废弃的菌体及倒罐排出的废液，应无菌处理后放出，经常保持厂房及周围环境的清洁，操作人员严格执行无菌安全操作。在设备的改进和管理方面，可在空气过滤系统中，多设一个油水分离器，空气过滤器内的棉花及活性炭要 10 d 换一次，这样可防止噬菌体带入罐内。管道末端的连接处改用法兰盘，这样可防止噬菌体从管道连接处侵入。对种子罐定期用刮板将罐内壁刮一次之后再消毒，可起到对噬菌体的防治作用。

3）选育抗噬菌体的菌株：使用抗噬菌体菌株，替代敏感性的生产菌株，这是苏云金芽孢杆菌生产中克服噬菌体的危害的有效措施之一。抗噬菌体的菌株，首先应该具有抵抗当地噬菌体侵染的能力，同时，在生产特性上不低于原生产菌种的水平，甚至在可能的情况下，应追求更高的质量标准。由于抗性并不一定能与发酵生产特性相关，所以在选育中应具体考虑。目前一般采用生产选育，从生产菌种中选得抗噬菌体的菌株。此外一些物理和化学诱变因子也可以被用于选育，获得所希望的特性，在选育抗株时，曾使用自发突变，此法较为简单，所选用抗株性能比较稳定。

4）菌种的轮换使用：为了解决生产中噬菌体的危害，在缺乏适宜的抗株时，根据生产需要，可以准备几株不同的生产菌株，按期轮换使用。由于噬菌体寄生的专一性很强，因此可以减少噬菌体的危害。

5）选择药物防治噬菌体：对于一种有利用价值的防治噬菌体药物，一般应具备以下几方面特点：一是能抑制噬菌体或使之失活，而不影响菌体生产和发酵积累；二是药物用量少，价格低廉，有供应生产使用的可能；三是不影响药物提取等。0.010%～0.025% $KMnO_4$、0.03%盐酸、0.25%石灰、0.1%漂白粉等都有明显杀灭噬菌体的效果。但是，这些药物如何达到理想的要求，并在生产上应用，尚需做很多试验。

2. 苏云金芽孢杆菌制剂的标准化问题　　苏云金芽孢杆菌制剂对害虫的毒效，与其所含

孢子和晶体的多少不一定呈正相关，采用毒力生物测定得出的毒力效价（国际单位/毫克，即 IU/mg），则能客观真实地反映出杀虫剂的质量。法国于 1961 年、美国于 1971 年相继实现了本国杀虫剂以毒力效价为指标的质量标准化。法国标准品 E-61 毒力效价为 1500 IU/mg，美国标准品 HD-1-1980 毒力效价为 16 000 IU/mg，并为许多国家所采用。为解决我国杀虫剂的质量标准化难题，研究者经过大量试验，选定了棉铃虫（*Helicoverpa armigera*）和小菜蛾（*Plutella xylostella*）作为标准试虫，建立起一套完整的毒力生物测定技术规程，以规范化的工艺条件制备了两个品种和标准品，其中 CS3ab-1986 毒力效价为 7400 IU/mg，CS5ab-1987 毒力效价为 8600 IU/mg。1988～1994 年，我国主要生产厂家开始利用生测标准化技术，对国内主要杀虫剂产品实行质量检测，使我国成为继法国、美国之后，第三个采用毒力效价为标准实现杀虫剂质量标准化的国家。1995 年 10 月我国农业部发布了农业行业标准《苏云金芽孢杆菌制剂》（NY 293—95），填补了我国微生物杀虫剂质量检测技术的空白[13]。

不同类型的昆虫对苏云金芽孢杆菌的毒效反应有所不同，因而用一种昆虫来准确标定菌剂的各种毒素是困难的。在选用标准昆虫时，除必须考虑其对菌剂的敏感性以外，还必须考虑如下几点：①品系纯一，遗传稳定；②能够人工饲养，各地容易得到。用哪一种昆虫来作苏云金芽孢杆菌生物测定为宜，意见颇不一致，测定方法各国也不一样。菜粉蝶、家蚕、地中海粉螟、甘蓝夜蛾（*Mamestra brassicae*）、灯蛾等幼虫，在国外都曾被用过，1970 年的第四届国际昆虫病理会议又建议用粉纹夜蛾（*Trichoplusia ni*）幼虫作为标准的生物测定用虫，但至今仍未为各国所接受和采用。在实际应用中，最好根据制剂的具体应用对象进行测定，会更准确，防治效果也会更好。

3. 提高产品质量和降低成本问题　　目前苏云金芽孢杆菌类的工业生产或简易生产的产品质量都存在问题。工业生产的发酵液菌数一般不高，有些厂只达到 20 亿/mL；有的产品菌数虽高，而毒力很低。上述问题造成苏云金芽孢杆菌制剂生产周期长，成本高，原料消耗增加，价格比一般化学农药高，难以满足生产应用的需要。简易生产的产品质量也不稳定，且制剂成品保存不好，很容易使产品变坏。

因此，应该选育优良菌株，改革培养基配方，根据各地条件，综合利用。事实上，国内有些工厂采用高浓度的丰富培养基进行液体深层发酵生产，发酵液含菌数已超过 $1×10^{10}$ 个/mL，还有进一步提高的可能。

（四）产品质量检查控制

苏云金芽孢杆菌产品应遵循中华人民共和国农业行业标准《苏云金芽孢杆菌制剂》（NY 293—95）的质量要求（表 14-1）。

表 14-1　苏云金芽孢杆菌制剂的质量标准[14]

项目	可湿性粉剂			悬浮剂		
	优级	一级	合格	优级	一级	合格
毒力效价/［*Px* IU/mg（μL）］、［*Ha* IU/mg（μL）］*	≥32 000	≥16 000	≥8 000	≥8 000	≥4 000	≥2 000
pH	6.5～7.5			4.5～6.5		
细度/μm	98%≤75 μm（200 目筛）			100%≤180 μm（80 目筛）98%≤150 μm（100 目筛）		
含水量/%（*m/m*）	≤4.0			—		

Px 和 *Ha* 分别为小菜蛾（*Plutella xylostella*）和棉铃虫（*Helicoverpa armigera*）的缩写

1. 毒力效价的测定方法　　*Bt* 杀虫剂毒力效价的测定方法由法国人 Bonnefoi 等（1958）

提出，在生物测定中同时测定供试样品对试虫的致死中浓度（LC$_{50}$），以此来估计供试样品的毒力效价；同时他们还提出以"生物单位"（biological units）作为与标准品相比较的供试样品的毒力计量单位。1964 年，Mechalas 和 Anderson 在美国首次提出 Bt "标准品"和"效价"的概念。1982 年，美国重新公布的标准品为 HD-1-S-1980，效价为 16 000 IU/mg，是源于苏云金芽孢杆菌库斯塔克亚种（Bt subsp. kurstaki，Btk）的粉剂[15]。以下是利用马尾松毛虫幼虫测定苏云金芽孢杆菌制剂毒力效价的具体操作方法[16]。

（1）样品制备　　称取标准制剂样品和待测样品各 100 mg，加入 5 mL 稀释液（NaCl 8.5 g，K$_2$HPO$_4$ 3g，水 100 mL）于振荡器振荡 10 min（120 r/min）；然后再加入上述稀释液 5 mL；振荡 5 min 混合均匀后，将上述悬浮液（100 mg/10 mL）加 10 mL 水为原液（5 mg/mL），然后用蒸馏水将原液进行成倍稀释，其浓度依次为 2.5 mg/mL、1.25 mg/mL、0.625 mg/mL、0.3125 mg/mL，供生物测定用。

（2）感染方法　　将上述每个浓度悬浮液 10 mL 置于 18 mm×200 mm 试管中，每个试管加入一束洗净、风干的松针，浸泡 20 min（使松针全部浸入悬浮液中）后取出，风干后放入 500 mL 灭菌烧杯中，每杯放入被测马尾松毛虫幼虫 20 头，放入光照培养箱中 [（25±1）℃，12L∶12D]，连续观察 6 d，记录死亡虫数，计算试虫死亡率。以清水为对照。

（3）测定结果　　标准制剂及待测制剂对马尾松毛虫幼虫的生测结果及毒力效价见表 14-2。结果表明，待测制剂浓度与死亡率密切相关（r 值为 99%），LC$_{50}$ 为 87.79 μg/mL，毒力效价为 27 332 IU/mg。

表 14-2　标准制剂和待测制剂对马尾松毛虫幼虫的生测结果及毒为效价[16]

样品	样品浓度/（μg/mL）	死亡率/%	机率值	回归式	LC$_{50}$/（μg/mL）	毒力效价/（IU/mg）
待测制剂	500.00	98	7.0537			
	250.00	75	5.6745			
	125.00	60	5.2533	$y=4.5698+0.0049x$ $r=0.99$	87.79	27 332
	62.50	50	5.0000			
	31.25	35	4.6147			
标准制剂	500.00	85	6.0364			
	250.00	60	5.2533			
	125.00	50	5.0000	$y=4.5501+0.0030x$ $r=0.98$	149.97	16 000
	62.50	45	4.8743			
	31.25	30	4.4756			

比较而言，采用国际单位需要标准品作参照，对有些单位可能存在一定的困难。而 LC$_{50}$ 相对要简单一些，用最小的量、在最短时间内达到高死亡率，就是高质量的产品。因此，在近些年的文献报道中，大多采用 LC$_{50}$ 作为毒力测定指标。

2. 细度的测定　　称取样品 100 g，经 200 目、100 目或 80 目筛轻筛，收集筛下的菌粉称重。

细度（%）＝［筛下的菌粉重（g）/100（g）］×100

3. 含水量的测定　　称样品 1.00 g，打开称量瓶盖，置 105℃恒温干燥 2 h 后称重。

含水量（%）＝［（烘干前重量－烘干后重量）/烘干前重量］×100

三、利用苏云金芽孢杆菌防治害虫

（一）苏云金芽孢杆菌的杀虫范围及效果

1. 我国登记产品及分类　　我国对所有 *Bt* 菌株都是按一类有效成分登记的。截至 2017 年 2 月 20 日，我国登记了 226 个含 *Bt* 有效成分的农药产品，其中原药和母药 12 个，大田杀虫剂 203 个，卫生杀虫剂 11 个。这些登记产品中，除了 11 个卫生杀虫剂原药、母药或制剂明确属于以色列亚种外，其他都未细分到血清变种或亚种水平[8]。

2. 防治对象和使用方法　　*Bt* 在我国的登记作物有甘蓝、白菜和萝卜等十字花科蔬菜；水稻、玉米、甘薯、高粱等粮食作物；梨树、苹果树、柑橘树、枣树等水果；棉花、茶树、大豆、烟草等经济作物；林木及室内、外卫生用等。防治对象主要是鳞翅目的菜粉蝶、小菜蛾、甜菜夜蛾（*Spodoptera exigua*）、稻纵卷叶螟、玉米螟、茶毛虫（*Euproctis pseudoconspersa*）、棉铃虫、烟青虫（*Heliothis assulta*）、天幕毛虫、松毛虫、尺蠖、柳毒蛾（*Stilprotia salicis*）及双翅目的蚊（幼虫）等。主要剂型为可湿性粉剂和悬浮剂，其他剂型还有粉剂、颗粒剂、悬浮种衣剂、悬乳剂和油悬浮剂。施药方法为喷雾、毒土，防治高粱、玉米的玉米螟时可加细沙灌心使用，作卫生杀虫剂时可喷洒使用[8]。

（二）使用技术

细菌杀虫剂的治虫效果在很大程度上受制于使用技术。施用细菌杀虫剂，除考虑菌剂本身的特性外，还应考虑害虫的习性、寄主植物和环境条件等因素。综合上述条件，为了达到理想的防治效果，必须选用质量好的菌剂，选择施药适期、施药次数、施药方法及施药用量等。

1. 菌剂的质量和用量　　前已提及，菌剂的质量一般以其活孢子数及其致病毒性作为指标。实践证明，菌剂质量的高与低，直接影响杀虫效果。因此，保证制剂的质量，提高其杀虫毒力，是保证和提高杀虫效果的关键。菌剂的使用量，则视不同害虫而异，使用浓度根据菌粉规格和防治害虫的种类来进行计算稀释。

2. 施药适期和次数　　苏云金芽孢杆菌制剂只有被害虫吃进体内才能起毒杀作用。害虫死亡的速度和数量，取决于随食料进入昆虫肠道的制剂数量和肠道微生物区系的丰富程度。因此，要提高防治效果，就必须提高害虫的摄入菌量。而要达到这个目的，重要一步是摸清害虫的生活习性，把虫情测报和天气预报结合起来，为制订施药适期和施药次数提供依据。例如，防治水稻三化螟（*Tryporyza incertulas*）应在盛孵期施药 2～3 次，特别在蚁螟期防治效果较好，螟虫蛀入茎内后效果就差得多。又如，防治玉米螟必须严格掌握在玉米心叶末期用菌，才能收到效果。

由于苏云金芽孢杆菌制剂的效力一般只能保持 6～12 d，要使田间不断造成感病条件，就要考虑连续喷施，次数则要根据害虫活动和作物生长情况而定。防治水稻三化螟要每 5～6 d 喷一次，盛孵前期喷上 3～4 次；防治菜粉蝶，田间喷药间隔时间以 5～7 d 为宜。在应用苏云金芽孢杆菌制剂时，施用时期应较一般药剂提早 3～4 d。

3. 施药方法　　苏云金芽孢杆菌类的使用方法，可以喷雾、喷粉、泼浇、点兜、撒粉等。无论哪种方法，一个基本原则就是力求施药均匀，采用小容量、细雾点的弥雾法，适用于全部微生物制剂。喷雾法虽较均匀，但速度慢。喷粉可选择早晨有露水或湿度较高的情况下采用。泼浇的速度比较快，但泼得不当容易不均匀。点兜可以重点用，此法节省用药。撒粉是用泥粉或谷壳灰等吸附菌液然后撒施，这是一种处理菌液的办法，但要注意吸附剂的 pH，应控制在 7 左右，而且要及时晾干，以免长杂菌。晾干要防止太阳光直接曝晒，烘干温度不超过 60℃。

防治水稻三化螟还可采用浸秧的办法，这种方法效果良好而且稳定。

4. 添加增效剂和黏附剂　为了提高制剂防治害虫的田间毒效，人们总是设法提高害虫对细菌的易感性。根据各地的经验，提高害虫易感性的措施，是在不大量杀伤害虫天敌的前提下，添加低剂量的化学农药。因为低剂量的化学农药能破坏害虫的正常生理状况，降低害虫的抵抗力，为病原菌的侵入创造条件，从而提高了对细菌的易感性；同时，它也使害虫体内潜伏的细菌、病毒和原生动物等病原暴发流行，使病加速。而且，害虫受细菌感染后也降低了对化学农药的抵抗力，从而达到增效的目的。添加了小量农药，还可以兼治非鳞翅目害虫，弥补了杀虫细菌杀虫范围较窄的不足。

为提高菌剂的杀虫效力、延长毒效时间，在大田应用时，需要加入适当的可湿剂或黏附剂，帮助菌液很好地黏附和扩散在植物上。如常用的可湿剂、黏附剂有树胶、肥皂粉、茶麸粉或其他高分子化合物。一些具有黏性的植物，只要不造成杀菌或起相反作用而又经济实用，就可以试验作为黏附剂；一些乳剂农药可以考虑作为黏附剂。黏附剂的量，以肥皂粉或茶麸粉为例，使用时加入用水量的千分之一。

（三）应注意的问题

使用苏云金芽孢杆菌类制剂时，要特别注意可能造成对养蚕业的危害，因为苏云金芽孢杆菌对家蚕、柞蚕、蓖麻蚕也像对菜粉蝶等有同样的毒杀作用。由于这个原因，苏云金芽孢杆菌不能用于防治桑树上的害虫，也不能在桑园附近使用，以免病原菌沾在桑叶上毒害家蚕。另外，这种细菌在土壤中也能生存，随尘土或流水传播，故在养蚕区不宜生产与使用。

第四节　共生细菌 *Wolbachia*

一、*Wolbachia* 的发现

沃尔巴克氏菌（*Wolbachia*）为革兰氏阴性菌，是世界上分布最为广泛的共生细菌。*Wolbachia* 最初被发现于尖音库蚊（*Culex pipiens*）的生殖组织中，属 α-变形菌门立克次体目。随后通过抗生素消除处理证实宿主的胞质不亲和现象和该菌有关，接着陆续发现 *Wolbachia* 具有杀雄、雌性化、孤雌生殖等其他生殖调控作用，使其逐渐成为研究热点。*Wolbachia* 存在于许多节肢动物尤其是昆虫中，包括库蚊（*Culex*）、伊蚊（*Aedes*）、果蝇（*Drosophila*）、寄生蜂、小菜蛾、褐飞虱（*Nilaparvata lugens*）等，其中有多种昆虫属于农业害虫及疾病媒介昆虫。*Wolbachia* 在昆虫中的广泛分布及其对宿主的调控作用被认为具有良好的生物防治应用前景[17]。

Wolbachia 是一种在节肢动物中普遍存在的内共生菌。据推测，40%～60% 的节肢动物都感染有 *Wolbachia*，有大量不同宿主中 *Wolbachia* 感染情况检测及系统发育分析的相关研究报道，如白纹伊蚊（*Aedes albopictus*）雄性的感染率为 98.6%，雌性为 95.1%；不同地理种群的花蓟马（*Frankliniella intonsa*）感染率为 0～60%、棉蚜（*Aphis gossypii*）6.67%～46.67%。但其对 *Wolbachia* 感染率的检测数据都远远低估了其在自然界中的感染率。主要原因如下：①有的物种感染有 *Wolbachia*，但由于感染率较低、取样量有限，存在样本中未检测到 *Wolbachia* 感染但自然种群中存在 *Wolbachia* 的情况；②目前检测 *Wolbachia* 感染的方法主要是通过 PCR 扩增 *Wolbachia* 的细菌表面蛋白基因 *wsp*，而在 PCR 扩增过程中可能会因操作不当等主观原因存在

假阴性现象[17]。

采用多位点序列分型分析（multilocus sequence typing，MLST）的方法，构建不同株系间的系统发育关系，可以把 *Wolbachia* 分为多个超群（supergroup），目前研究报道最多的是 A～D 超群。不同的昆虫物种与不同的 *Wolbachia* 超群间可能存在某种特殊的"适应性"，如 A、B、E、G、H、I、K、M、N、O、P 和 Q 超群感染的宿主都是节肢动物；C 和 D 超群感染的宿主是线虫；F 超群感染的宿主既有线虫也有节肢动物；鳞翅目昆虫感染的 *Wolbachia* 多属于A 超群和 B 超群，而且大多都属于 B 超群[17]。

二、*Wolbachia* 对宿主的调控作用

（一）生殖调控

Wolbachia 对宿主的调控作用一直是 *Wolbachia* 相关研究中的热点，而且由于它在生物防治方面的应用前景，受到研究人员的高度关注。目前已有记载的 *Wolbachia* 对宿主的生殖调控方式主要有 4 种，分别是胞质不亲和、杀雄、雌性化及孤雌生殖（图 14-6）[17]。

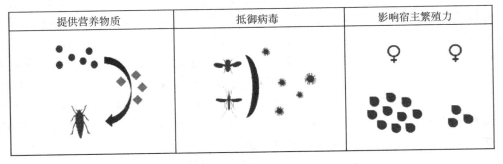

图 14-6　*Wolbachia* 对宿主的主要调控方式[17]

1. 胞质不亲和　　胞质不亲和（CI）是指未感染的雌性个体与被感染的雄性个体交配后所产的卵无法发育为正常个体的现象。胞质不亲和又分为单向不亲和与双向不亲和两种形式。

单向不亲和是指被感染的雄性个体与未感染的雌性个体间交配不亲和，但感染的雌性个体与未感染的雄性个体间交配则是亲和的；双向不亲和是指感染的雄性个体与未感染的雌性个体间及感染的雌性个体与未感染的雄性个体间的交配都是不亲和的[17]。

胞质不亲和是 *Wolbachia* 在节肢动物中记载最多的一种生殖调控方式。虽然胞质不亲和的分子机制目前仍不清楚，但细胞学的相关研究显示被感染后父系染色体凝集异常，且在第一次有丝分裂时期异常分离，导致胚胎死亡。在一些昆虫宿主中，胞质不亲和可用"修饰-营救"（modification-rescue）模型解释：*Wolbachia* 修饰（modification）感染雄性个体的精子使其丧失生殖功能，且这种修饰作用只有在与感染同种 *Wolbachia* 的雌性个体卵子融合时才可以被营救（rescue）[17]。

2. 杀雄　　杀雄（male killing）是指感染 *Wolbachia* 的宿主的雌性个体的雄性后代被杀死在发育早期（通常发生在卵期，也可以发生在 1 龄幼虫期），从而出现明显偏向于雌性的性比失衡现象。例如，二星瓢虫（*Adalia bipunctata*）、非洲珍蝶（*Acraea encedon*）、赤拟谷盗（*Tribolium castaneum*）、幻紫斑蛱蝶（*Hypolimnas bolina*）、果蝇（*Drosophila innubila*）等中都存在具杀雄作用的 *Wolbachia* 株系，可以将雄性宿主个体杀死于胚胎发育时期[17]。

关于杀雄作用的机理，有学者提出以下假说：*Wolbachia* 可使其感染雌性个体从未感染雄性个体的死亡中获得某种"好处"，这种"好处"可能是近亲繁殖的减少或资源竞争力的下降，瓢虫中的相关研究结果符合该种假说。而在果蝇中 *Wolbachia* 的杀雄作用跟染色质异常重排有关；果蝇中有些杀雄 *Wolbachia* 也会导致 DNA 损伤及雄性胚胎形成时期的不正常细胞死亡，这跟果蝇中另一具杀雄作用的共生螺原体（*Spiroplasma*）的杀雄作用极为相似，不同的是未发现 *Wolbachia* 对雄性胚胎的神经发育有明显影响[17]。

3. 雌性化　　雌性化是指基因型为雄性表型却为雌性的一种现象，是 *Wolbachia* 对宿主生殖系统调控的另一种方式。*Wolbachia* 雌性化调控的最典型例子是甲壳纲（Crustacea）等足目（Isopoda）鼠妇（*Armadillidium vulgare*），在雌性为异性配子的叶蝉和鳞翅目昆虫中也有相关报道[17]。

雌性化的具体机制目前尚不清楚。鳞翅目昆虫性别决定机制较为特殊，雌性为异性配子。在鳞翅目中 *Wolbachia* 诱导产生的雌性化应是基因型为雄性（ZZ）表型为雌性的个体。*Wolbachia* 诱导鳞翅目昆虫中的雌性化最早发现于北黄粉蝶（*Eurema mandarina*）。通过对不同龄期的北黄粉蝶幼虫喂食抗生素，发现经抗生素喂食后发育的成虫在翅、生殖系统及生殖器上表现出明显的中性特征，且这些中性特征在 1 龄幼虫期喂食处理后发育的成虫上最为显著；但北黄粉蝶中的雌性化似乎比预期中的情况更为复杂，感染雌性化 *w*Fem 株系 *Wolbachia* 的雌性个体只有 1 条 Z 染色体，并不是假想中的 ZZ 型雌性个体，随后的研究证实 *w*Fem 株系 *Wolbachia* 可以扰乱感染雌性个体中 Z 染色体的遗传[17]。

4. 孤雌生殖　　*Wolbachia* 引起的孤雌生殖会扰乱早期胚胎发育时期的正常细胞周期。诱导孤雌生殖的 *Wolbachia* 株系主要被发现于膜翅目、缨翅目及螨类。孤雌生殖可分为产雄孤雌生殖和产雌孤雌生殖，而 *Wolbachia* 被认为是引起产雌孤雌生殖的常见微生物之一[17]。

孤雌生殖 *Wolbachia* 株系在超群 A 和 B 中都有研究报道，这些株系的作用机制不尽相同。在赤眼蜂（*Trichogramma*）和环腹蜂科（Figitidae）的 *Leptopilina clavipes* 中，细胞学研究表明，孤雌生殖是由第一次胚胎细胞分裂时期的染色体不正常分离导致的。通过比较金小蜂科（Pteromalidae）产雌孤雌生殖物种 *Muscidifurax uniraptor* 的早期胚胎发育时期与其联系较为紧密的产雄物种 *Muscidifurax raptorellus* 的未受精的卵发育时期，发现 *M. uniraptor* 中的二倍体恢复时期与之前描述的 *Wolbachia* 产雌孤雌生殖的时期不同；另一较为特别的孤雌生殖机制发现于一种植食螨类 *Bryobia* 中。抗生素处理显示苜蓿苔螨（*Bryobia praetiosa*）及另一未鉴别物种中的孤雌生殖直接与 *Wolbachia* 感染相关，微卫星位点显示该孤雌生殖是功能性的单性生殖而不是配子复制[17]。

在目前已有的研究报道中，*Wolbachia* 引起的孤雌生殖都与单倍二倍体性别决定机制有关，即单倍体卵发育为雄性，双倍体卵发育为雌性的特殊性别决定机制。大体而言，孤雌生殖 *Wolbachia* 株系可引起未受精的单倍体卵形成双倍体卵，并发育成雌性子代[17]。

（二）其他调控方式

除了 *Wolbachia* 的 4 种常见生殖调控方式外，另有相关研究报道了不同 *Wolbachia* 株系的一些其他调控方式，如提供营养物质、抵御病毒和影响宿主繁殖力等（图 14-6）[17]。

1. 提供营养物质　　*Wolbachia* 是一种兼性内共生菌，在一些节肢动物物种中可为其宿主提供生长发育、繁殖所必需的营养物质，如在温带臭虫、灰飞虱和褐飞虱中，*Wolbachia* 可为其宿主提供 B 族维生素[17]。

2. 抵御病毒　　*Wolbachia* 感染有利于提高果蝇的免疫力，能帮助宿主抵抗 RNA 病毒，提高果蝇对病毒的抗性。将 *w*AlbB、*w*MelPop 及 *w*Mel 株系 *Wolbachia* 转染入埃及伊蚊中，转染 *Wolbachia* 后的埃及伊蚊传播登革热病毒的能力显著下降，*w*Mel 株系在野外释放可以抑制登革热病毒在埃及伊蚊中的传播，而 *w*MelPop 株系因其对宿主寿命及生殖力方面的影响被认为不适合于野外释放[17]。

3. 影响宿主繁殖力　　*Wolbachia* 还可影响宿主的行为及繁殖力。摩洛哥赤眼蜂（*Trichogramma bourarachae*）中 *Wolbachia* 的存在可引起其繁殖力的提高；果蝇寄生蜂 *Leptopilina heterotoma* 中的 *Wolbachia* 使其繁殖力、成虫存活率及移动能力显著下降；二斑叶螨（*Tetranychus urticae*）中 *Wolbachia* 感染个体相比于未感染个体优先配对[17]。

三、*Wolbachia* 在生物防治中的应用

Wolbachia 对宿主的生殖调控作用在很早以前就被认为具有生防应用前景，率先开始生防应用相关研究的是胞质不亲和。早在 1967 年，就有研究人员试图把 *Wolbachia* 应用到害虫的生物防治中。例如，在笼子中放置比例为 1∶1 的尖音库蚊正常雄性个体与不亲和雄性个体，经过 3~4 代后可以达到对尖音库蚊的预期防控效果，且在后续小规模田间试验中观察到卵不孵化的比例升高[18]；但在 1982 年的一项田间试验中，通过室内饲养携带胞质不亲和 *Wolbachia* 株系的雄性蚊子并释放于野外后并未获得理想的生防效果[19]。*Wolbachia* 胞质不亲和作用的生防应用试验长期不能成功开展的原因主要是把携带具胞质不亲和作用 *Wolbachia* 株系的实验室饲养种群释放到自然种群中，在短时期内确实可以观察到自然种群数量的减少，但由于释放的 *Wolbachia* 感染的雌性个体是可育的，有替代自然种群的风险，因此很难达到持续、长期的生防效果。同时，释放到野外的携带 *Wolbachia* 雄性个体与自然种群中雄性个体间的竞争也是一个备受研究人员关注的问题。在半野外环境中同时释放野生型蚊子及感染胞质不亲和株系 *Wolbachia* 的雄性蚊子，调查携带 *Wolbachia* 雄性蚊子的配对竞争力。结果表明，在半野外环境中释放感染胞质不亲和株系 *Wolbachia* 的雄性蚊子确实会对蚊子种群产生抑制作用[20]。通过比较基于辐射的昆虫不育技术（sterile insect technique，SIT）和基于 *Wolbachia* 的昆虫不亲和

技术（incompatible insect technique，IIT），结果表明，在实验条件下，昆虫不亲和技术相比于昆虫不育技术表现出更高的效率[21]。近期，研究人员结合基于辐射的昆虫不育技术及可产生胞质不亲和作用的 *Wolbachia* 株系，通过胚胎注射技术对白纹伊蚊进行改造后，持续两年相比于对照点，释放改造后蚊子的试验点野生蚊子的数量锐减率可达 90%[22]。这项成功得到了 *Nature* 杂志的专题报道，同时进一步肯定了 *Wolbachia* 的生防前景[17]。

除胞质不亲和外，*Wolbachia* 在果蝇中可提高宿主对 RNA 病毒的抗性的现象也引起了研究人员的关注。埃及伊蚊可携带登革热等虫媒病毒，将自然宿主为果蝇的 *w*Mel 株系 *Wolbachia* 转染入埃及伊蚊后于野外释放，可起到抑制登革热病毒传播的作用[23]。此外，*Wolbachia* 的其他几种生殖调控作用也被认为具有良好的生物防治应用前景，部分研究人员试图通过对 *Wolbachia* 生殖调控作用分子机制的深入研究来寻找关键功能基因，目前在黑腹果蝇中已有胞质不亲和及杀雄的相关功能基因被报道[24, 25]，这也为研究人员提供了对于 *Wolbachia* 生物防治及遗传改造应用前景的更多思路。*Wolbachia* 的不同生殖调控作用能否更为广泛地应用于更多农业害虫及疾病媒介昆虫的生物防治中？不同的生殖调控作用是否都存在着相关关键功能基因?将已证明在某些宿主种群中生防效果良好的 *Wolbachia* 株系转染进其他宿主种群后生防效果如何?随着测序技术、细胞生物学及生物信息学的飞速发展，不同宿主不同株系的 *Wolbachia* 基因组被不断破译，相信相关机制会逐渐被阐明，相关应用前景会逐渐被拓宽[17]。

 思考题

一、名词解释
苏云金芽孢杆菌；δ-内毒素；内毒素；外毒素；沃尔巴克氏菌；胞质不亲和；杀雄；雌性化

二、问答题
1. 简述昆虫细菌病的一般特征。
2. 简述苏云金芽孢杆菌的生物学特性。
3. 简述苏云金芽孢杆菌晶体毒素的作用机理。
4. 比较利用固体浅盘培养法和液体浅层培养法生产苏云金芽孢杆菌的特点。
5. 简述苏云金芽孢杆菌工业生产方法的工艺流程。
6. 生产苏云金芽孢杆菌过程中要注意哪些问题？
7. 简述 *Wolbachia* 在生物防治中的应用。
8. 你对昆虫病原细菌在害虫生物防治中的应用有哪些认识？

 参考文献

[1] 邓子新. 微生物学. 北京：高等教育出版社，2017

[2] Selander R K，Musser J M，Caugant D A，et al. Population genetics of pathogenic bacteria. Microbial Pathogenesis，1987，3：1-7

[3] Krych V K，Johnson J L，Yousten A A. Deoxyribonucleic acid homologies among strains of *Bacillus sphaericus*. International Journal of Systematic Bacteriology，1980，30：476-484

[4] Lan R，Reeves P R. When does a clone deserve a name? A perspective on bacterial species based on population genetics. Trends in Microbiology，2001，9：419-424

[5] Dykhuizen D E，Green L. Recombination in *Escherichia coli* and the definition of biological species. Journal of

Bacteriology，1991，173：7257-7268

[6] Lan R，Reeves P R. Intraspecies variation in bacterial genomes：the need for a species genome concept. Trends in Microbiology，2000，8：396-401

[7] Jurat-Fuentes J L，Jackson T A. Bacterial entomopathogens. *In*：Vega F E，Kaya H K. Insect Pathology. London：Academic Press，2012

[8] 李敏，傅桂平，任晓东，等. 苏云金芽孢杆菌鉴定与分类方法评述. 农药，2017，56（7）：469-473

[9] 关雄，蔡峻. 我国苏云金芽孢杆菌研究 60 年. 微生物学通报，2014，41（3）：459-465

[10] 刘一杰，薛永常. 植物抗虫基因工程的研究进展. 浙江农业科学，2016，57（6）：873-878

[11] 张琳琳，杜忠华. 苏云金芽孢杆菌毒素杀灭谱：从昆虫到人类癌细胞. 绿色科技，2021，23（6）：205-207

[12] 龙絷新，庞义. 昆虫细菌病//蒲蛰龙. 昆虫病理学. 广州：广东科技出版社，1994

[13] 陈建峰. 中国苏云金芽孢杆菌杀虫剂商品化生产、质量标准化及应用研究技术成果回顾与展望//成卓敏. 植物保护科技创新与发展——中国植物保护学会 2008 年学术年会论文集. 北京：中国农业科学技术出版社，2008

[14] 中华人民共和国农业部. 苏云金芽孢杆菌制剂：NY 293—95. 北京：中国人民共和国农业部，1995

[15] 张玮玮，李红梅，弓爱君，等. *Bt* 生物农药毒力效价检测方法综述. 化学与生物工程，2009，26（11）：14-15

[16] 王学聘，戴莲韵. 用马尾松毛虫幼虫测定苏云金芽孢杆菌制剂毒力效价. 林业科技通讯，1996，（8）：29-30

[17] 朱翔宇，尤士骏，刘天生，等. 节肢动物内共生菌 *Wolbachia* 的研究进展. 昆虫学报，2020，63（7）：889-901

[18] Laven H. Eradication of *Culex pipiens fatigans* through cytoplasmic incompatibility. Nature，1967，216（5113）：383-384

[19] Curtis C，Brooks G，Ansari M，et al. A field trial on control of *Culex quinquefasciatus* by release of males of a strain integrating cytoplasmic incompatibility and a translocation. Entomologia Experimentalis et Applicata，1982，31（2-3）：181-190

[20] Chambers E W，Hapairai L，Peel B A，et al. Male mating competitiveness of a *Wolbachia*-introgressed *Aedes polynesiensis* strain under semi-field conditions. PLoS Neglected Tropical Diseases，2011，5（8）：e1271

[21] Atyame C M，Labbé P，Lebon C，et al. Comparison of irradiation and *Wolbachia* based approaches for sterile-male strategies targeting *Aedes albopictus*. PLoS ONE，2016，11（1）：e0146834

[22] Zheng X，Zhang D，Li Y，et al. Incompatible and sterile insect techniques combined eliminate mosquitoes. Nature，2019，572（7767）：56-61

[23] Hoffmann A A，Montgomery B L，Popovici J，et al. Successful establishment of *Wolbachia* in *Aedes* populations to suppress dengue transmission. Nature，2011，476（7361）：454-457

[24] Conte C A，Segura D F，Milla F H，et al. *Wolbachia* infection in Argentinean populations of *Anastrepha fraterculus* sp1：preliminary evidence of sex ratio distortion by one of two strains. BMC Microbiology，2019，19（Suppl. 1）：289

[25] LePage D P，Metcalf J A，Bordenstein S R，et al. Prophage WO genes recapitulate and enhance *Wolbachia*-induced cytoplasmic incompatibility. Nature，2017，543（7644）：243-247

第十五章　利用昆虫病原病毒防治害虫

第一节　昆虫病原病毒

一、昆虫病原病毒的一般特征

病毒（virus）是一类非细胞形成的形态最小、结构最简单的微生物，是一种最原始的生命形态，其主要成分是核酸和蛋白质，只是核酸能够繁殖和有感染能力。昆虫病原病毒是能侵染并导致昆虫发生疾病的病毒，由此产生的疾病被称为昆虫病毒病。

一个病毒叫作一个病毒粒子（virion），其基本构造分两部分：①里面是髓核（core，nucleoid），成分是核酸；②外层是衣壳（capsid），成分是蛋白质。这两种成分构成一个形态单位，就是病毒粒子，或叫核衣壳（nucleocapsid）。病毒粒子形态各异，有些是长形的，有些近于球形。病毒有些是裸露的核衣壳，有些由囊膜（envelope，peplos）包封着一个或多个核衣壳而成。

一种病毒只含有一种类型的核酸，或者是 DNA，或者是 RNA。衣壳的蛋白质是由蛋白质分子所构成的许多同形状的构造单位，称为衣壳粒（capsomere）。囊膜包于核衣壳之外，主要由蛋白质及脂类组成。病毒没有细胞器和细胞构造，不能独立生活，只有在活的寄主细胞内才能复制增殖。

（一）病毒与细菌及其他生物的主要区别

病毒与细菌及其他生物的主要区别是：①病毒只含有一种核酸，或者是脱氧核糖核酸（deoxyribonucleic acid，DNA），或者是核糖核酸（ribonucleic acid，RNA），而其他生物一般都同时含有 DNA 和 RNA 两种核酸；②病毒通过复杂的生物合成过程依靠自身的核酸进行复制，而不是通过二分裂或类似二分裂的方式进行繁殖；③病毒缺乏完整的酶系统，不含核糖体（ribosome），没有细胞构造，因此也没有细胞器，病毒必须利用寄主细胞的核糖体合成自身蛋白质，乃至直接利用寄主细胞的成分；④病毒不含氨基糖酸，是与其他微生物，包括细菌、立克次体和衣原体等的明显区别；⑤病毒对抗菌素或其他对微生物代谢途径起作用的因子不敏感。

（二）病毒的大小

病毒的体积很小，是自然界中最小的生物，一般以纳米（nm）来计算。最大的病毒，如痘病毒，直径达 200 nm 以上，可在普通光学显微镜下看到，但是绝大多数病毒是超显微的，仅能在电子显微镜下观察到。最小的病毒，如细小病毒（*Parvovirus*）和小 RNA 病毒（*Picornavirus*），体积与最大的蛋白质分子相仿，如血清蛋白，直径为 20～30 nm。

（三）病毒的形态

1. 圆形或近圆形　大多数病毒粒子呈圆形或近圆形。圆形病毒的直径，小者 20 nm，如小 RNA 病毒或细小病毒；大者可达 150～200 nm。有呈二十面立体对称，无囊膜的，如小 RNA 病毒、细小病毒等；也有内部为二十面体或螺旋状的核衣壳，外包一层囊膜的病毒，核衣壳二十面体的如疱疹病毒（*Herpes virus*）、披膜病毒（*Togaviridae*）等，核衣壳螺旋状的如反转录病毒（*Retrovirus*）、布尼亚病毒（*Bunyavirus*）等。

2. 杆状或长丝状　病毒粒子呈杆状，核衣壳呈空心的螺旋状对称，有的无囊膜，也有的被囊膜。丝状形态常见于植物病毒，而在动物病毒，则只见于流感病毒（*Influenza virus*）等少数几种病毒，常与圆形、椭圆形和短杆状等其他形态同时存在。

3. 弹状　病毒粒子呈子弹状，一头呈圆弧形，另一头是平坦的，内部由螺旋对称的核衣壳紧密卷曲构成，外被一层囊膜，如弹状病毒（*Rhabdoviridae*）。

4. 砖状　病毒粒子呈砖状，如大多数痘病毒（*Poxvirus*）。核酸位于病毒粒子的中心，其外为一层蛋白质膜，两者组成类核体。脊椎动物的痘病毒类核体形似哑铃状，在凹陷的两侧各有一个很大的椭圆形"侧体"（lateral body）。类核体和侧体一起包在由微管状脂蛋白组成的衣壳（或囊膜）内（由磷脂、胆固醇和蛋白质组成），微管在病毒粒子表面形成无数突起，呈桑椹状。在副痘病毒（*Parapoxvirus*）中，这些微管组成长丝，呈"8"字形盘绕，使病毒粒子形似椭圆的毛线团。

5. 蝌蚪状　病毒粒子呈蝌蚪状，常见于各种噬菌体。大肠杆菌 T 偶数噬菌体的头部为二十面体结构，中心为核酸，头部连接中空的尾部，尾部与头部连接处称颈部；尾部的中心为尾管，外面为能收缩的尾鞘。尾部的末端为基板，基板上有 6 个尾钉和 6 根很长的尾丝，它们都是吸附细菌的机构。

（四）病毒的结构与化学组成

病毒由核酸（RNA 或 DNA）和蛋白质组成。某些病毒，特别是动物病毒，除核酸和蛋白质外，还常含有脂质、碳水化合物和少量的其他成分。例如，流感病毒除 RNA 和蛋白质外，还含有 4%～6% 的多糖类、11% 的磷脂和 6% 的胆固醇。少数植物病毒和噬菌体也含少量脂质。

1. 核酸　核酸是病毒遗传信息和生物活力的载体，不同病毒之间核酸含量的差异极大，如流感病毒仅含 0.8% 的 RNA，而大肠杆菌噬菌体（*Coliphage*）却含 56% 的 DNA，痘苗病毒约含 4% 的 DNA。

（1）核酸的类型　病毒只含有一类核酸，为 DNA 或者 RNA。大部分病毒的 DNA 是双股的，RNA 是单股的，但有些病毒不是这样，如细小病毒的 DNA 为单股，呼肠孤病毒（*Reoviridae*）的 RNA 为双股。

DNA 病毒的 DNA 为一条不断裂的长链，一般为单分子。多数 RNA 病毒的 RNA 也是单分子，但有些分为多个节段，形成几个分子，如呼肠孤病毒的 RNA 分为 10～12 个节段，流感病毒的 RNA 分为 8 个节段，这些节段可能疏松地连接在病毒粒子内。病毒核酸大多呈线状，也有环状如乳多空病毒（*Papovavirus*）和多型瘤病毒（*Polyomavirus*）等。

对于单股核酸的病毒，在病毒学中常以 mRNA 的碱基序列为标准，凡是与此相同的称为正股核酸，与其互补的则称为负股。

（2）核酸的分子质量　RNA 病毒基因组的分子质量变化较小，为 2～13 kDa；DNA 病毒基因组的分子质量变化较大，为 1.6～200 kDa。据估计，RNA 病毒基因组的核苷酸数目有些可达 40 kb 左右，而在某些 DNA 病毒中，核苷酸数目可高达 500 kb 以上。

组成不同病毒核酸的各种碱基的含量差别很大，如 G+C 含量，多者可达 74%，少者只有 35%。同属病毒的核酸碱基组成相似，但不同属病毒之间的核酸组成常有较大差别。

2. 病毒的蛋白质　　病毒的蛋白质可分为衣壳蛋白、间质蛋白、囊膜蛋白和酶蛋白 4 类。衣壳蛋白包裹核酸，形成保护性外壳；间质蛋白位于外层脂质和衣壳之间，如流感病毒的内膜蛋白，起到维持病毒内外结构的作用；囊膜蛋白主要是糖蛋白，位于囊膜表面；酶蛋白是病毒基因组编码的一些非结构病毒蛋白，病毒复制过程中发挥一定的作用，不会结合到病毒粒子中去。

病毒蛋白质的含量占病毒粒子总重的 70% 以上，少数病毒，如披膜病毒，蛋白质的含量较低，为 30%～40%。病毒粒子的蛋白质，是在病毒基因组的信息支配下于感染细胞内合成的，因此都是病毒特异的，而且是结构蛋白质。

（1）病毒蛋白质的功能　　病毒蛋白质的主要功能是对病毒核酸形成保护性外壳，与病毒粒子对细胞的吸附、侵入和感染有关：①病毒粒子表面的蛋白质与敏感细胞表面的受体具有特殊亲和力，是某些病毒感染必不可少的前提；②病毒蛋白质具有抗原决定簇，可使机体发生免疫反应，如产生特异性抗体，与病毒粒子蛋白质结合后，常可使病毒丧失感染性（中和作用）；③病毒蛋白质具有毒性作用，是使动物机体发生各种毒性反应的主要成分，如发热、血压下降、血细胞改变和其他全身性症状等。

（2）病毒衣壳　　病毒衣壳是包在核酸外面的蛋白质外壳，多数是一层，少数是两层（如呼肠孤病毒），是由许多相同的蛋白亚单位——结构单位组成，在衣壳中呈规则排列。结构单位也称蛋白质单体（monomer）或原聚体（protomer）。每一单体由一种或几种多肽构成，因此多肽称为衣壳的化学单位或结构亚单位。动物病毒中的衣壳结构有二十面体对称和螺旋对称两类。

二十面体对称的衣壳，也叫等轴对称，是因为它们在直角坐标上有相同的长度。这种衣壳是由 20 个等边三角形构成，有 20 个面、12 个角（顶）和 30 条边（棱）。以棱为中心，旋转 180°，其形不变，转 2 次复位，为 2 重对称；以面为中心，旋转 120°，其形不变，转 3 次复位，为 3 重对称；以顶为中轴，旋转 72°，其形不变，转 5 次复位，为 5 重对称。为此，凡是二十面体的衣壳必然是 2：3：5 对称。

螺旋对称的衣壳，呈空心圆筒状，蛋白质单体呈螺旋状排列，并不聚集成壳粒，核酸链盘绕在单体形成的沟槽之中，与单体排列对应呈螺旋状。螺旋状衣壳直径因病毒的种类不同而有差异。单位排列一般不太紧密，因此容易弯曲，常卷曲于囊膜内，如许多动物病毒。但也有一些不易弯曲者，如弹状病毒和某些植物病毒。这类病毒有具囊膜和不具囊膜的两种。

复杂的衣壳，也称复合对称，常见于某些动物病毒，如痘病毒，结构特别复杂，看不到二十面体对称和螺旋对称的核衣壳。外膜由不规则排列的管状脂蛋白亚单位组成，外膜内包含一个核心和两个"侧体"，核心中含有 DNA 和蛋白质。

（3）其他蛋白质　　二十面体病毒的衣壳大多由几种不同的多肽分子组成，而所有管状或线状核衣壳，则常由单一种类的多肽分子组成。某些蛋白质与病毒核酸紧密结合，形成所谓的病毒"核心"。DNA 病毒，除最小型的细小病毒和乳多空病毒以外，几乎都有比较复杂的结构，其蛋白质呈向心性多层排列，而且看起来是分阶段逐层形成的。"核心"蛋白质是最先形成并与核酸结合的蛋白质，壳粒蛋白则是随后形成的一层。

3. 病毒的囊膜　　囊膜是有些病毒衣壳外包裹着的一层（或几层）富含脂质的外膜。这层外膜的基本结构与所有生物膜的结构相同，为双层脂质结构，内镶嵌有病毒特异的蛋白质，突出于囊膜表面，称作纤突（spike）或囊膜粒（peplomer）。

囊膜的主要功能可能与病毒吸附于细胞、侵入细胞有关，如正黏病毒（*Orthomyxovirus*）的血凝素纤突。不同纤突还有其他功能，如正黏病毒的神经氨酸苷酶纤突、副黏病毒（*Paramyxovirus*）的 F（fusion）蛋白质纤突（与导致合胞体形成和溶血作用有关）等。

二、昆虫病原病毒的主要类群

昆虫病原病毒的主要类群见表 15-1，其中只有杆状病毒科的全部成员能在昆虫中增殖。有些科只有一部分的属能在昆虫中增殖，如痘病毒科中昆虫痘病毒亚科的昆虫痘病毒 A、B、C 3 属，虹彩病毒科的虹彩病毒属和绿虹彩病毒属，细小病毒科的浓核病毒属、Itera 病毒属和短浓核病毒属，T4 病毒科的松天蛾 ω 样病毒属和松天蛾 β 样病毒属，多分 DNA 病毒科的茧蜂病毒属和姬蜂病毒属。其余科则只有个别属与昆虫有关。

表 15-1 昆虫病原病毒类群及其分类位置[1-3]

科	特征	属	代表种
杆状病毒科（*Baculoviridae*）	dsDNA，有囊膜，杆状	α-杆状病毒属（*Alphabaculovirus*）	苜蓿银纹夜蛾核型多角体病毒（*Autographa californica multiple nucleopolyhedrovirus*, AcMNPV）
		β-杆状病毒属（*Betabaculovirus*）	苹果蠹蛾颗粒体病毒（*Cydia pomonella granulovirus*, CpGV）
		γ-杆状病毒属（*Gammabaculovirus*）	松叶蜂核型多角体病毒（*Neodiprion lecontei nucleopolyhedrovirus*, NeleNPV）
		δ-杆状病毒属（*Deltabaculovirus*）	环纹库蚊核型多角体病毒（*Culex nigripalpus nucleopolyhedrovirus*, CuniNPV）
痘病毒科（*Poxviridae*）	dsDNA，有囊膜，大，砖状或卵形	昆虫痘病毒 A 属（*Entomopoxvirus* A）	五月鳃角金龟子昆虫痘病毒（*Melolontha melolontha entomopoxvirus*）
		昆虫痘病毒 B 属（*Entomopoxvirus* B）	桑灯蛾昆虫痘病毒（*Amsacta moorei entomopoxvirus*）
		昆虫痘病毒 C 属（*Entomopoxvirus* C）	淡黄摇蚊昆虫痘病毒（*Chironomus luridus entomopoxvirus*）
虹彩病毒科（*Iridoviridae*）	dsDNA，无囊膜，二十面体	虹彩病毒属（*Iridovirus*）	无脊椎动物虹彩病毒 6 型（*Invertebrate iridescent virus 6*），如奇洛彩虹色病毒（*Chilo irridescent virus*, CIV）
		绿虹彩病毒属（*Chloriridovirus*）	无脊椎动物虹彩病毒 3 型（*Invertebrate iridescent virus 3*），如带喙伊蚊虹彩病毒（*Mosquito iridoescent virus*, MIV）
囊泡病毒科（*Ascoviridae*）	dsDNA，有囊膜，杆状、尿囊状或椭圆形	囊泡病毒属（*Ascovirus*）	草地贪夜蛾囊泡病毒（*Spodoptera frugiperda ascovirus*）
T4 病毒科（*Tetraviridae*）	dsDNA，有囊膜，蝌蚪状	松天蛾 ω 样病毒属（*Nudaurelia ω-like viruses*）	松天蛾 ω 病毒（*Nudaurelia capensis ω virus*）
		松天蛾 β 样病毒属（*Nudaurelia β-like viruses*）	松天蛾 β 病毒（*Nudaurelia capensis β virus*）
细小病毒科（*Parvoviridae*）	ssDNA，无囊膜，等轴	浓核病毒属（*Densovirus*）	鹿眼蛱蝶浓核病毒（*Junonia coenia densovirus*）
		Itera 病毒属（*Iteravirus*）	家蚕浓核病毒（*Bombyx mori densovirus*）
		短浓核病毒属（*Brevidensovirus*）	埃及伊蚊浓核病毒（*Aedes aegypti densovirus*）
呼肠孤病毒科（*Reoviridae*）	dsRNA，无囊膜，二十面体	质型多角体病毒属（*Cypovirus*）	质型多角体病毒 1 型（*Cypovirus 1*），如家蚕质型多角体病毒（*Bombyx mori cytoplasmic polyhedrosis virus*, BmCPV）
双节段病毒科（*Birnaviridae*）	dsRNA，无囊膜，二十面体	昆虫双节段 RNA 病毒属（*Entomobirnavirus*）	果蝇 X 病毒（*Drosophila X virus*）
野田村病毒科（*Nodaviradae*）	dsRNA，无囊膜，二十面体	α 野田村病毒属（*Alphanodavirus*）	黑甲虫病毒（*Black beetle virus*）
多分 DNA 病毒科（*Polydnaviridae*）	dsRNA，有囊膜，长椭圆或柱形	茧蜂病毒属（*Bracovirus*）	厚角绒茧蜂病毒（*Apanteles crassicornis bracovirus*）
		姬蜂病毒属（*Ichnovirus*）	四月齿唇姬蜂病毒（*Campoletis aprilis ichnovirus*）
披膜病毒科（*Togaviridae*）	ssRNA，有囊膜，球形	甲病毒属（*Alphavirus*）	辛德比斯病毒（*Sindbis virus*, SINV）

续表

科	特征	属	代表种
布尼亚病毒科（Bunyaviridae）	ssRNA，有囊膜，球形或卵形	白蛉热病毒属（Phlebovirus）	裂谷热病毒（Rift Valley fever virus）
弹状病毒科（Rhabdoviridae）	ssRNA，有囊膜，棒状或子弹状	—	果蝇西格马病毒（Drosophila sigma virus）
双顺反子病毒科（Dicistroviridae）	ssRNA，无囊膜，二十面体	蟋蟀麻痹病毒属（Cripavirus）	蟋蟀麻痹病毒（Cricket paralysis virus）
传染性软化病毒科（Iflaviridae）	ssRNA，无囊膜，二十面体	家蚕传染性软化症病毒属（Iflavirus）	家蚕传染性软化症病毒（Bombyx mori infectious flacherie virus）
转座病毒科（Metaviridae）	ssRNA，有囊膜，卵圆形	漂移病毒属（Errantivirus）	地中海实蝇 Yoyo 病毒（Ceratitis capitata Yoyo virus）

第二节　典型的昆虫病原病毒——杆状病毒

杆状病毒是一类昆虫特异性的 DNA 病毒，产生两种不同形态的病毒粒子：出芽型的病毒粒子（BV）和包埋型病毒粒子（ODV），分别介导病毒的系统感染和口服感染[4]。昆虫杆状病毒也是发现最早、研究最多且实用意义很大的昆虫病毒，专一性强，是鳞翅目昆虫的重要病原微生物，在重要农业害虫的生物防治中具有很大的应用前景。本节将以核型多角体病毒（NPV）为代表，介绍杆状病毒的研究概况。

一、杆状病毒的种类组成

杆状病毒包括杆状病毒科的所有成员，如表 15-1 所述，包括 α-杆状病毒属、β-杆状病毒属、γ-杆状病毒属和 δ-杆状病毒属。从昆虫中分离的杆状病毒有 500 多种，大部分来源于鳞翅目昆虫，另外膜翅目 31 种，双翅目 27 种，鞘翅目 5 种，脉翅目 2 种，蚤目、缨尾目、毛翅目各 1 种。

1. α-杆状病毒属　　大多数已描述的 NPV 都是该属成员，主要感染鳞翅目昆虫。该属区别于其他属的特征是，产生的 ODV 可以包含一个或多个核衣壳。模式种是苜蓿银纹夜蛾核型多角体病毒（AcMNPV）。

2. β-杆状病毒属　　从鳞翅目昆虫中分离的颗粒体病毒是该属成员。模式种是苹果蠹蛾颗粒体病毒（CpGV）。

3. γ-杆状病毒属　　从松叶蜂（Neodiprion spp.）中分离的 NPV。迄今为止，已测序的 γ-杆状病毒的基因组要比其他杆状病毒的小得多，而且不包含在其他属杆状病毒中发现的任何编码 BV 包膜融合蛋白的基因，这些病毒仅限于感染宿主的中肠细胞。模式种是松叶蜂核型多角体病毒（NeleNPV）。

4. δ-杆状病毒属　　从环纹库蚊（Culex nigripalpus）中分离的 NPV。包涵体基质蛋白明显大于其他 3 属的病毒，且与其他多角体和颗粒体的氨基酸序列没有明显的相似性。模式种是环纹库蚊核型多角体病毒（CuniNPV）。

二、主要特征

病毒所含核酸是一个共价闭合的环状双链 DNA 分子，大小为 80～180 kb，编码 89～183 个基因，其被包裹在一个杆状衣壳中，占病毒粒子重量的 8%～15%，G+C 含量为 28%～59%。

病毒粒子至少有 10～25 条多肽，总分子质量为 10～160 kDa，多个多肽与外膜相连。包涵体的主要结构蛋白由单条多肽组成，这条多肽的分子质量为 25～31 kDa。

病毒粒子对热和乙醚不稳定。病毒粒子由一个或多个核衣壳组成，核衣壳被密封在一个单位膜结构的外膜内。病毒粒子杆状，大小为（40～110）μm×（200～400）μm。核衣壳电子致密，呈圆柱形，大小为（35～40）μm×（200～350）μm。

α-杆状病毒属和 γ-杆状病毒属的病毒只在细胞核内复制，β-杆状病毒属的病毒主要在细胞核内复制，但感染后期能继续在细胞质内复制。α-杆状病毒属和 β-杆状病毒属的病毒粒子能被包埋在晶体蛋白质包涵体中，包涵体可能呈多角形并包含许多病毒粒子（α），也可能呈椭圆形并仅包含一个、偶尔两个病毒粒子（β）。γ-杆状病毒属的病毒无包涵体。包涵体在自然环境中非常稳定，可以长期保护 ODV 的活性。只有未被包埋的病毒粒子具有侵染活性。

杆状病毒主要寄生鳞翅目、膜翅目、双翅目、脉翅目、鞘翅目、毛翅目和甲壳动物等，在半翅目、蜘蛛、螨类及昆虫寄生真菌的薄片中，已观察到类杆状病毒粒子的存在。杆状病毒在自然界通过污染的食物横向传递，通过卵纵向传递；实验室中通过注射昆虫或感染培养的细胞而传递。

三、核型多角体病毒

（一）多角体

1. 多角体的形状和大小　　多角体形状因昆虫种类不同而不同，常见的有三角形、四角形、五角形、六角形、立方体、近圆形和不规则形等，即使同种昆虫，甚至同一寄主细胞内，多角体大小也有变异。在暗视野显微镜下观察，多角体呈现一个闪烁明亮、四周具有隆起的无定形立方小体。昆虫核型多角体直径为 0.5～15 μm。例如，黄尾毒蛾核型多角体病毒（*Euproctis flava NPV*），大多呈不规则的立方形多面体，有四角形、六角形及近于圆形的；斜纹夜蛾多角体病毒（*Spodoptera litura NPV*）的多角体则呈不规则形，多数为五角形或六角形，大小变化很大，直径为 1.0～4.67 μm；隐纹稻苞虫核型多角体病毒（*Pelopidas mathias NPV*）多角体大多为四面体。

2. 多角体的化学成分　　多角体的主要成分是蛋白质，不含脂类，其组成中有约 95%重量的蛋白质和 5%重量的病毒粒子，还含有少量的其他一些化学成分，如磷、铁、镁、氯和硅等。例如，家蚕核型多角体蛋白质的分子质量是 378 kDa，僧尼舞毒蛾（*Lymantria monacha*）的是 336 kDa，舞毒蛾（*Lymantria dispar*）的是 276 kDa。棉铃虫核型多角体元素分析有如下结果：Ca 0.70%，Na 0.52%，Mg 0.43%，K 0.33%，Fe 0.18%，Si 0.16%，Al 0.13%，Cu 0.10%，Mn 0.01%，Ba＜0.01%。

3. 多角体的理化特性　　核型多角体不溶于水、甲醛、乙醇、二甲苯、乙醚、1 mol/L HCl、0.25%胰蛋白酶，溶于 0.1 mol/L Na$_2$CO$_3$，易溶于 NaOH、KOH、H$_2$SO$_4$ 和 CH$_3$COOH 的水溶液。但来源不同的核型多角体，对碱处理的抗性差异很大。有些病毒多角体在溶解时有一个临界点，超过这一界限，病毒也溶解了，所以在从多角体分离病毒时必须注意。

超薄切片显示，多角体蛋白质晶格呈线形式样平行排列。例如，家蚕多角体蛋白质晶格间距为 4.29 nm，斜纹夜蛾核型多角体病毒（*Spodoptera litura multicapsid nucleopolyhedrovirus, SpltMNPV*）的多角体切片的蛋白质晶格与多角体经碱溶解后所见块状蛋白质晶格相同，其晶格间距约为 2 nm，多角体蛋白质晶格的亚单位呈六角形螺丝帽状的结构。

核型多角体相对密度大于水。家蚕核型多角体的密度是 1.286，折光性强，透明，不具双折射性，干藏多年性质不变。例如，家蚕核型多角体有被 Na_2CO_3 溶解的性质，但在干燥器中，以 $CaCl_2$ 为干燥剂干藏 37 年，这一性质也不改变。家蚕的核型多角体等电点(pI)是 5.2，舞毒蛾的是 5.7，家蚕核型多角体在电场中移向正极。

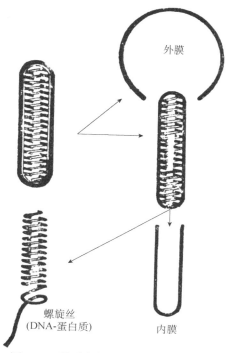

图 15-1　核型多角体病毒的一般构造[5]

（二）病毒粒子

核型多角体病毒的一般构造如图 15-1 所示。病毒粒子具囊膜，囊膜又常常称为外膜或发育膜。外膜是脂质膜，有典型的单位膜构造，每个外膜包封着一个或多个核衣壳。核衣壳由衣壳和髓核构成。衣壳又常称为内膜或"紧贴膜"，主要成分是蛋白质，内膜紧贴在髓核表面。髓核由 DNA 组成，呈螺旋状。用一定浓度的碱液处理，外膜形如气球而可消失，内膜仍然保留。由此，可以说核型多角体病毒的病毒粒子是由外膜包封着的核衣壳，脱去外膜就是裸露的病毒粒子即核衣壳了。具外膜的病毒粒子被包埋在由蛋白质构成的、结晶状的包涵体——多角体之内，一个多角体可以包埋一个至多个病毒粒子（图 15-2 和图 15-3）。

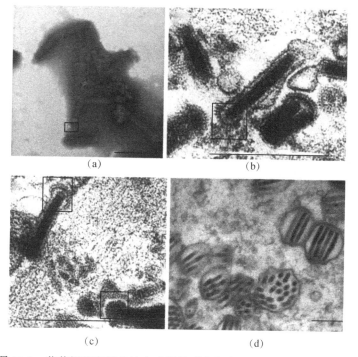

(a)　　　　　　　　　　　　(b)

(c)　　　　　　　　　　　　(d)

图 15-2　苜蓿银纹夜蛾多核衣壳型核型多角体病毒的杆状病毒粒子[3]

（a）负染的核衣壳，末端方框表示电子透明的帽状结构；（b）和（c）芽生型病毒粒子，方框内箭头型突起表示囊膜上的含糖基蛋白纤突；（d）包埋型病毒粒子，一个病毒粒子内有多个被囊膜包裹的核衣壳。比例尺：250 nm

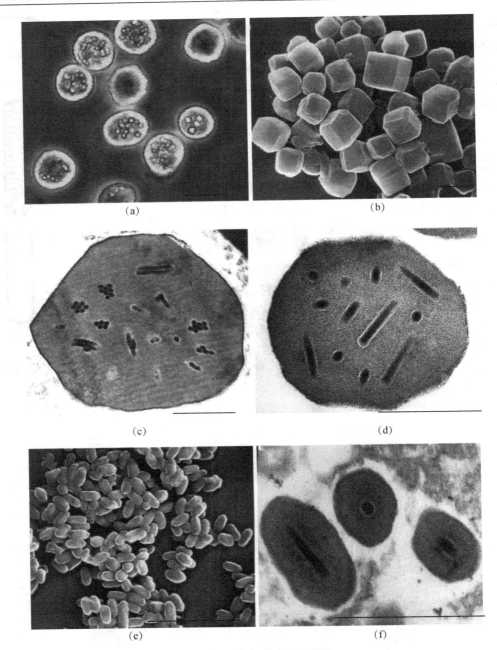

图 15-3　包埋型病毒粒子[3]

（a）草地贪夜蛾（*Spodoptera frugiperda*）Sf9 细胞株被苜蓿银纹夜蛾多核衣壳型核型多角体病毒
C6 株系感染后的光学显微照片，表示感染细胞内立方体形态的包埋体；（b）AcMNPV 包埋体的扫描电镜图；（c）秋黏虫（*Spodoptera eridania*）
核型多角体病毒包埋体的横切面，每个病毒粒子有多个核衣壳；（d）粉纹夜蛾单个核衣壳型核型多角体病毒包埋体的横切面，每个病毒粒
子只有一个核衣壳；（e）草地贪夜蛾颗粒体病毒粒子的扫描电镜图；（f）红带卷蛾幼虫颗粒体病毒粒子横切面。比例尺：（a）为 20 μm，
（b）和（e）为 2 μm，（c）、（d）和（f）为 0.5 μm

　　核型多角体病毒的病毒粒子为杆状，所以又称为病毒杆。单个具外膜的病毒粒子，其大小
为（40～70）nm×（250～400）nm。马尾松毛虫 *NPV* 病毒粒子大小为（40～60）nm×（250～
380）nm。病毒的长度在一种寄主昆虫中变异是不大的，但其直径却依外膜内杆状核衣壳的数
量不同而变异很大（40～140 nm）。在一些多角体的超薄切片中，发现有弯曲成"V"形的病

毒粒子，但多角体经碱溶解后，弯曲的粒子会挺直。家蚕 *NPV* 病毒粒子的外膜厚约 7.5 nm，内膜厚约 4 nm，髓核直径约 38 nm。同一种昆虫的核型多角体病毒，有的一层外膜内只有一个病毒粒子（核衣壳），但有的在一层外膜内可有多个排列成束的病毒粒子，所以被称为"病毒束"。例如，棉铃虫核型多角体病毒在一层外膜内可有 2～6 个排列成束的病毒粒子，斜纹夜蛾为 2～10 个，而黄尾毒蛾的病毒束最多可达 28 个病毒粒子，成熟的病毒粒子镶嵌在多角体的蛋白质晶格中。病毒粒子以"病毒束"形式（多核衣壳的病毒粒子）嵌入多角体蛋白质中，通称多粒包埋病毒（multiple embedded virus，MEV）；病毒粒子单个嵌入多角体蛋白质中的，通称单粒包埋病毒（single embedded virus，SEV）。两种不同类型的包埋病毒还与不同的病毒分离株有关，如黏虫 *NPV* 病毒束为短杆状体，大小为 250～500 nm，两端为盘状结构，如帽子式地盖在两端，外膜呈螺旋花样，有 14～17 个螺旋，膜内病毒粒子的排列是不规则的，由此推测病毒束是黏虫病毒多角体的一结构单位。实际上，病毒束可看成具有多个核衣壳的病毒粒子。

（三）核型多角体病毒对昆虫的感染

1. 宿主感染 *NPV* 后的主要病症　　鳞翅目幼虫感染病毒之后，一般食欲减退，动作迟钝，并常爬向高处，死亡前体躯变软，体内的组织液化，表皮易触破，流出白色或褐色的液体，无难闻臭味，直到有腐生菌进入体内，引起腐烂后，才有臭味。幼虫病死后，往往尾足仍紧附着树枝上，躯体下垂。这样，体内液化的组织下坠而使体躯前部膨大。体内组织液化是核型多角体病毒病的一种主要病征。家蚕感染病毒，皮肤破裂流出脓状的乳白色液体，故称为脓病。昆虫感染多角体病毒后，一般经过 4 d 以上才开始死亡，有些可维持到 24 d 才死亡。感病的鳞翅目幼虫，体色淡而少毛，常见皮肤呈油光或现淡黄斑（如家蚕）。但有的病死幼虫虽然虫体软化，但体壁仍坚韧完好。

2. 核型多角体病毒生活史　　当昆虫取食被包涵体污染的食物后，包涵体进入中肠并在碱性的肠道中被蛋白酶溶解，释放出 ODV（图 15-4）。ODV 穿过中肠围食膜，其囊膜与中肠上皮细胞微绒毛膜融合之后，核衣壳侵入中肠柱状上皮细胞，形成原发感染（primary infection）。随后，部分病毒核衣壳可以直接从中肠上皮细胞的基底膜上出芽释放，快速形成少量的 BV；另一部分核衣壳则进入细胞核并解聚释放病毒基因组，调控病毒基因的表达、病毒基因组 DNA 的复制和结构蛋白合成。子代核衣壳在病毒发生基质（virogenic stroma，VS）中形成后通过核膜出芽进入细胞质，而后脱去从核膜获得的包膜，并通过被病毒编码的糖蛋白修饰的质膜出芽，获得囊膜并形成 BV。释放出的 BV 穿过肠道基膜（basal lamina）进入血淋巴迅速扩散感染全身的组织细胞，也可以直接感染某些类型的细胞（如气管细胞、血细胞），从而引发继发感染（secondary infection）。BV 通过胞吞作用进入细胞质，在晚期内吞体的酸性环境下，BV 囊膜蛋白发挥膜融合作用，释放核衣壳到细胞质中。肌动蛋白多聚体可推进核衣壳的运输和穿过核孔，释放病毒基因组开始新一轮的复制。继发感染过程中产生的新的 BV 能在虫体内部的细胞和组织间传播扩散。而在病毒感染的晚期，BV 的生成减少，大量的病毒核衣壳被包装成 ODV，并被多角体蛋白包埋，多角体蛋白聚合结晶形成包涵体。随着感染进入极晚期，被感染的宿主细胞膜裂解，虫体液化。杆状病毒编码的几丁质酶和组织蛋白酶能降解昆虫的外骨骼，使得包涵体释放到环境中[6]。

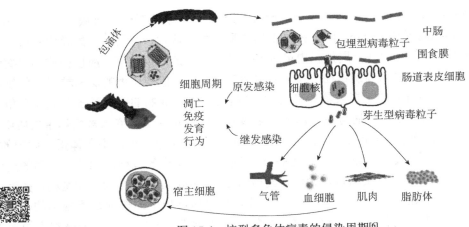

图 15-4　核型多角体病毒的侵染周期[6]

虽然 ODV 和 BV 的基因组相同，核衣壳的结构和组成上基本相似，但是囊膜有很大差别，导致其在病毒侵染过程中的功能显著不同。BV 从宿主细胞中出芽产生，其单层囊膜来源于被病毒蛋白修饰的细胞质膜；ODV 在细胞核内组装，其多层囊膜来源于被修饰的细胞核膜。ODV 和 BV 的核衣壳和囊膜上存在特异性和共有的蛋白质，如 PTP、BRO 等蛋白是 *AcMNPV* 的 BV 核衣壳特异性蛋白，GP64、v-UBI 等是 BV 囊膜特异性蛋白，P33、Ac5 等是 ODV 核衣壳特异性蛋白，PIF、ODV-E66 等是 ODV 囊膜特异性蛋白，P78/83、Ac58、VP39 等是 ODV 和 BV 共有的核衣壳蛋白，ODV-E25、ODV-E18 是共有的囊膜蛋白[6]。

BV 和 ODV 囊膜脂质组成也有很大的不同，如 *AcMNPV* 感染草地贪夜蛾 Sf9 细胞后产生的 BV 囊膜磷脂约含有 50%磷脂酰丝氨酸、13%鞘磷脂、12%磷脂酰肌醇、11%磷脂酰胆碱、8%磷脂酰乙醇胺及 6%溶血卵磷脂，而 *AcMNPV* 的 ODV 囊膜脂质大约由 39%磷脂酰胆碱、30%磷脂酰乙醇胺、20%磷脂酰丝氨酸及少量的溶血卵磷脂组成。脂质组分的差异可能在 ODV 和 BV 侵染宿主细胞及组装和出芽中有着重要作用[6]。

（四）核型多角体病毒侵染的病理特征

1. 包涵体溶解与 ODV 释放　包涵体/多角体蛋白是包涵体/多角体的主要蛋白，其三聚体通过二硫键相连形成结晶并将 ODV 包埋。多角体蛋白的 N 端区域含有约 40 个残基的无序氨基酸序列，可能参与 ODV 病毒颗粒与多角体晶体的互作。包涵体表面由糖类和蛋白质所组成的光滑无缝的多角体膜（PE）包裹，用于密封表面和提高多角体的稳定性。鳞翅目特异性的 *NPV* 都含有 PE 蛋白（Ac131），PE 蛋白和 P10 纤维化结构有关，而 P10 蛋白参与多角体膜的组装。包涵体表面的蛋白酶可能来源于虫体、细菌和病毒的混合物，可被热失活。在昆虫肠道碱性肠液的刺激下，包涵体迅速被肠道或多角体上的蛋白酶溶解，其中早期被破坏的就是连接三聚体的二硫键。破坏肠道的围食膜能降低杆状病毒的半致死剂量，表明围食膜是抵御 ODV 病毒侵染的物理屏障。一些 α-杆状病毒和 β-杆状病毒的包涵体含有一种叫作增强子素（enhancins）的金属蛋白酶，能消化围食膜组分黏蛋白，破坏围食膜从而提高病毒感染效率。*AcMNPV* 编码 ODV-E66（Ac46）降解围食膜上的硫酸软骨素从而增强原发感染。ODV 囊膜上 *ac145* 和 *ac150* 编码的几丁质结合蛋白也可能参与肠道感染[6]。

2. ODV 与中肠细胞　　　ODV 对昆虫上皮细胞的识别有很高的特异性，ODV 病毒颗粒首先和微绒毛膜直接接触并融合进入中肠上皮细胞。目前的研究结果显示，ODV 囊膜表面的病毒口服感染因子（*per os* infectivity factor，PIF）复合物介导 ODV 与微绒毛膜的结合和融合。PIF 复合物包括 9 种组分，P74（Ac138/PIF0）最早被发现，敲除 *p74* 基因不会影响 BV 的产生，却使 ODV 口服感染能力丧失。之后发现了 9 种 PIF，分别命名为 PIF1～PIF9，除了 PIF5 外，其他 PIF 都参与 PIF 复合物的组装。其中 PIF1、PIF2 和 PIF3 是核心成分，可以形成约 230 kDa 的核心复合物。PIF0、PIF4、PIF6、PIF7 和 PIF9 依赖 PIF1～PIF3 核心复合物而聚集形成约 400 kDa 的蛋白复合物，最终 PIF8 加入后形成完整的 PIF 复合物[6]。

AcMNPV 的 ODV 与中肠微绒毛细胞融合后，释放出 ODV 的核衣壳。中肠微绒毛细胞靠近肠腔侧含有很多交联的肌动蛋白丝，间接的证据表明肌动蛋白丝与 ODV 核衣壳的入核有关。除了入核，核衣壳也能绕过细胞核直接穿过肠道表皮细胞到达微绒毛细胞下的基膜，随后直接进入血淋巴。BV 在病毒感染 1～2 h 后就会出现在基膜附近，表明同时入核的基因组编码了早期基因参与到病毒对肠道细胞的快速穿过，从而逃避细胞和肠道免疫[6]。

3. BV 感染宿主细胞　　　GP64 是 *AcMNPV* 的 BV 粒子的主要囊膜蛋白，属于第三类病毒膜融合蛋白，其同源基因存在于所有的 Group Ⅰ *NPV* 中。GP64 单体通过二硫键相互连接形成三聚体融合蛋白复合物，参与受体结合。当 BV 感染细胞时，病毒通过 GP64 与细胞膜表面的潜在受体结合而吸附在细胞表面。随后 BV 通过网格蛋白（clathrin）介导的内吞途径进入中肠上皮细胞以外的其他组织细胞或离体培养的细胞。F 蛋白广泛分布于杆状病毒中，是 α-杆状病毒属 Group Ⅱ *NPV* 囊膜的主要糖蛋白，β-杆状病毒属和 δ-杆状病毒属的 BV 囊膜的主要糖蛋白，敲除 Group Ⅱ杆状病毒的 F 蛋白导致 BV 无法产生。F 蛋白能替代 GP64 并在 GP64 缺失的 *AcMNPV* 中发挥功能，但是两者的三级结构和构象变化存在较大差异。虽然 Group Ⅰ *NPV* 也含有 F 蛋白（称为 F-like 蛋白），如 *AcMNPV* 中的 Ac23，但是该蛋白质含量低。*AcMNPV* 的 Ac23 不是 BV 病毒的复制和感染所必需的，但会影响到 ODV 的囊膜化和致病活力。结合进化关系和功能实验显示，Group Ⅰ杆状病毒获得 GP64 之后，F 蛋白的功能可能就被取代[6]。

AcMNPV 的 BV 囊膜上还含有其他低丰度的蛋白，如 v-UBI（Ac35）、GP37（Ac64）、ODV-E25（Ac94）、ODV-E18（Ac143）和 BV/ODV-E26（Ac16）等。ODV-E25（Ac94）和 ODV-E18（Ac143）对于感染性 BV 的产生非常重要，v-UBI、GP37 和 BV/ODV-E26 蛋白虽然能影响 BV 的数量，但是并非 BV 的感染和增殖所必需的[6]。

BV 病毒颗粒内吞体的形成和转运与宿主细胞转运必需内体分选复合体（endosomal sorting complex required for transport，ESCRT）及可溶性 *N*-乙基马来酰亚胺敏感因子附着蛋白受体（soluble *N*-ethylmaleimide-sensitive factor attachment protein receptor，SNARE）系统有关。病毒颗粒被内吞之后，在内吞体膜上质子泵的作用下，内吞体酸化，GP64 的构象发生改变进而诱导病毒囊膜与内吞体膜或内吞体内的囊泡膜融合，从而释放核衣壳到细胞质中。BV 感染后能诱导细胞核周围的肌动蛋白骨架发生聚合，病毒非必需基因 *arif-1* 参与了肌动蛋白的定位。病毒的 P78/83（Ac9）定位于核衣壳末端，通过招募成核剂 Arp2/3 复合物促进肌动蛋白聚合，推进病毒核衣壳穿过核孔复合体进入细胞核。随着细胞核内病毒基因的表达和 DNA 的复制，子代核衣壳在病毒发生基质 VS 中组装后被运输到环带区域，该运输过程依赖于核内于 F-肌动蛋白的聚合及核衣壳蛋白 VP80（Ac104）、P78/83（Ac9）、VP1054（Ac54）和 BV/ODV-C42（Ac101）的参与[6]。

4. BV 从宿主细胞中释放　　*AcMNPV* 在核内组装好的一部分核衣壳会从核膜出芽用于产生 BV，另一部分核衣壳仍然留在细胞核内用于 ODV 的组装。决定核衣壳从核膜出芽还是留在细胞核的机制尚不清楚，可能受 BV 或 ODV 的核衣壳特异性蛋白的调控。BV 核衣壳的泛素化修饰多于 ODV 核衣壳，泛素化可作为核衣壳出核的标记并参与出核过程的调控。核衣壳通过细胞核膜上由病毒和宿主蛋白构成的蛋白复合物出核，核衣壳出核后被包裹在核膜形成的运输泡中。微管可能参与运输泡在细胞质中的运输，SNARE 蛋白也参与运输泡的产生或核衣壳从运输泡中释放，释放后的核衣壳借助肌动蛋白聚合或微管被运输到细胞质膜。ESCRT 也介导了核衣壳从核膜或细胞质膜的出芽释放过程。大量的病毒膜融合蛋白（GP64 或 F 蛋白）在细胞质中合成并被转运至细胞质膜，核衣壳通过病毒膜融合蛋白区域的细胞质膜包裹而出芽形成子代 BV。*AcMNPV* 囊膜 GP64 融合蛋白极大地决定了 BV 的组装效率[6]。

5. ODV 的组装　　在病毒复制的晚期，大量组装的核衣壳滞留于细胞核内并被内核膜（INM）内陷产生的核内微囊泡包裹形成 ODV（图 15-5）。ODV 的组装是复杂的，涉及 ODV 膜蛋白向宿主细胞核的转运、核内膜的形成、核衣壳的装配及其与核内膜的结合、核内膜对核衣壳的包裹，最终包涵体蛋白晶体将单个或多个 ODV 包埋，形成包涵体。ODV 囊膜蛋白在核内表达后转移到细胞质中加工成熟后入核，定位在细胞核内膜，诱导微囊泡形成。微囊泡在细胞核膜处形成后脱离，Ac76、Ac75 和 Ac93 参与了该过程，这三个蛋白也参与了核衣壳出核和 BV 的形成。随着核衣壳与核内病毒膜的互作，核衣壳聚集，其末端与微囊泡关联，微囊泡变长，其内的核衣壳平行排列。病毒极晚期基因高表达，产生大量包涵体蛋白和 P10 蛋白参与包涵体的形成[6]。

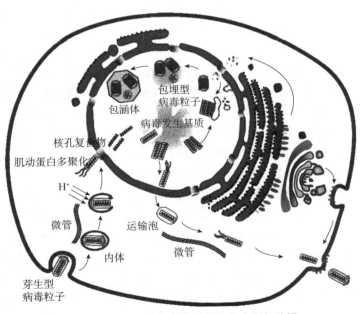

图 15-5　芽生型病毒粒子侵染非中肠细胞[6]

（五）核型多角体病毒与昆虫免疫

昆虫的免疫系统可分为体液免疫和细胞免疫。体液免疫主要通过 Toll-Spätzle、IMD（immune deficiency）、Jak-STAT（janus kinase-signal transducer and activators of transcription）等信号通路上调抗菌肽、活性氧和溶菌酶等效应分子（effector）的表达，杀灭病原物；而 *RNAi* 是昆虫

体内重要的抗病毒机制。细胞免疫主要通过血细胞参与吞噬、包囊和结节形成等过程清除异物。酚氧化酶（PO）属于体液蛋白，激活后引发黑化反应以杀灭病原物，能同时激活体液免疫和细胞免疫。此外，细胞凋亡、活性氧（reactive oxygen species，ROS）系统在昆虫免疫中也发挥功能[6]。

1. *NPV* 侵染与免疫信号通路　昆虫识别病原微生物后能将免疫信号转到细胞内级联放大，诱导产生效应因子，如抗菌肽。抗性和易感品系的家蚕感染 *BmNPV* 后，抗菌肽 Gloverin 在抗性品系中的表达显著高于易感品系，表明被病毒侵染的抗性品系的免疫反应被显著激活。在 *AcMNPV* 感染的细胞中添加 Gloverin 能降低 BV 的产量。但是，也有报道显示 *AcMNPV* 感染的幼虫中，抗菌肽 Gloverin 和 Attactin 的表达是下调的，可能跟侵染的时期和对象有关。JAK-STAT 通路调控细胞增殖、分化、凋亡和免疫，JAK-STAT 通路的关键蛋白 STAT 被激活后从细胞质转移到细胞核内调控基因表达。饲喂 *BmNPV* 后的家蚕血细胞中 *Bm*STAT 的表达量上调，而 Toll 受体的配体 Spätzle-1 的表达量并没有显著升高。降低 *Bm*STAT 的表达量导致细胞对 *BmNPV* 的抗性下降，增加 *Bm*STAT 的表达量后细胞对 *NPV* 的抗性也增加，表明 JAK-STAT 通路可能参与了抗病毒防御。感染 *BmNPV* 后，Toll 家族受体在抗性品系的家蚕中肠中表达高于易感品系。*AcMNPV* 会通过 TLR9（toll-like receptor 9）激活小鼠的先天免疫。唾液酸结合免疫球蛋白样凝集素（sialic acid binding immunoglobulin-like lectin，Siglec）作为 I 型膜蛋白，能参与识别流感病毒和触发病毒的内吞，Siglec 通过 TLR 信号通路来调节免疫反应。Siglec 在家蚕抗性品系的中肠中被 *BmNPV* 上调，Siglec 和 Toll 在 *NPV* 感染过程中的功能有待后续研究进一步验证[6]。

RNAi 作为一种先天的抵抗病毒感染的防御机制广泛存在于植物、线虫和动物中。RNAi 是利用非编码小 RNA 分子切割靶标 mRNA 抑制基因表达。果蝇的 microRNA（miRNA）和 small interfering RNA（siRNA）分别被 Ago1（argonaute protein 1）和 Ago2（argonaute protein 2）识别后，被加载到 RNA 诱导的沉默复合体（RISC），剪切或抑制靶标基因。此外，piwi-RNA（piwi-interacting RNA，piRNA）通路可在 siRNA 途径缺陷的条件下进行抗病毒免疫。这三种 RNAi 通路中，siRNA 通路是果蝇的主要抗病毒通路。感染 *HaSNPV* 的棉铃虫中能检测到大约 20 nt（nucleotide，核苷酸数，通常用于描述单链，如 RNA）的来源于病毒的小核酸片段，沉默 Dicer-2 后细胞中对应的病毒转录本增加，表明病毒的转录本通过宿主的 RNAi 途径被降解。虽然 RNAi 是有效的抗病毒途径，但是病毒能编码不同的 RNAi 抑制蛋白（viral suppressors of RNA silencing，VSR）以逃避宿主免疫。例如，DNA 病毒 IIV6 的 340R 能结合 dsRNA 和 siRNA 抑制其被 Ago2 剪切，敲除 340R 的病毒毒力显著减弱。研究表明感染了 *BmNPV*、家蚕质型多角体病毒（*BmCPV*）和家蚕二分浓核病毒（*BmBDV*）的家蚕中，Dicer-2 并没有被激活，表明 RNAi 通路没有被激活，具体机制有待后续研究[6]。

2. 昆虫血淋巴与 *NPV* 的免疫互作　酚氧化酶是黑色素合成的关键酶，可以响应病原的侵染产生具有细胞毒性的氧自由基和潜在毒性的半醌和三羟酚。当模式识别受体（PRR）识别病原物后，可触发丝氨酸蛋白酶级联途径，剪切酚氧化酶原（PPO）形成有活性的酚氧化酶。丝氨酸蛋白酶抑制剂 Serpins 通过反应中心环插入蛋白酶的活性区域，从而导致蛋白质的构象变化而失活。对 *AcMNPV* 有抗性的美洲棉铃虫（*Helicoverpa zea*）中，血细胞中的病毒滴度低，黑化和包裹反应能抑制病毒的感染。酚氧化酶原 2s（prophenoloxidase 2s）和磷脂酶 A2（phospholipase A2）通过释放溶血磷脂也能激活酚氧化酶原系统，抗病毒的家蚕血淋巴中这两个基因在 *BmNPV* 感染后显著上调表达，表明酚氧化酶原系统参与宿主对 *NPV* 的抵抗。

为了成功侵染宿主，*NPV* 进化出不同的策略抑制宿主的黑化反应。*Hemileuca* sp. *NPV* 的

hesp018 基因编码丝氨酸蛋白酶抑制剂，能抑制酚氧化酶的活性。棉铃虫 *NPV* 则能上调宿主的丝氨酸蛋白酶抑制蛋白（serpin 5/9）抑制 PPO 的激活。*AcMNPV* 的 *conotoxin-like*（*ctx*）基因能抑制血淋巴的黑化[6]。

  3. *NPV* 和宿主凋亡的发生 细胞凋亡是一种由基因控制的程序性死亡，由多种凋亡因子诱导而发生，在机体发育、组织稳态平衡及免疫中发挥着重要作用。*NPV* 感染昆虫初期，细胞凋亡被激活以抑制病毒复制和扩增；而在昆虫感染后期，病毒则会抑制宿主的凋亡以促进病毒扩增。多种 *NPV*（如 *BmNPV*、*SeMNPV*、*OpMNPV*）感染舞毒蛾 Ld652Y 细胞均会诱导凋亡，感染 *AcMNPV* 会诱导 Sl-zsu-1 细胞凋亡。在没有病毒 DNA 复制时，受斜纹夜蛾核型多角体病毒（*SpltMNPV*）和大豆夜蛾核型多角体病毒（*Anticarsia gemmatalis multiple nucleopolyhedrovirus*，*AgMNPV*）感染的家蚕 Bm-5 细胞会引发凋亡，这些结果表明杆状病毒通过多种机制诱导昆虫细胞的凋亡[6]。

  随着病毒的进化，病毒拥有不同的策略可以抑制宿主细胞凋亡，促使自身得以继续增殖。目前在杆状病毒基因组已发现 3 种凋亡抑制机制：p35 类凋亡抑制剂、凋亡抑制蛋白（inhibitor of apoptosisprotein，IAP）和凋亡抑制因子（apoptotic suppressor）。caspase 是诱导凋亡发生的关键组分，其中起始 caspase 能剪切自激活，引起 caspase 级联反应，效应 caspase 可直接降解胞内蛋白，引起凋亡。*AcMNPV* 的 p35 蛋白能直接抑制效应 caspase 大亚基的剪切从而避免 caspase 被激活，阻断凋亡的发生。海灰翅夜蛾核型多角体病毒（*Spodoptera littoralis nucleopolyhedrovirus*，*SpliNPV*）、黏虫核型多角体病毒（*Leucania separata multiple nucleopolyhedrovirus*，*LsNPV*）和 *SpltMNPV* 含有 *p35* 的同源基因 *p49*，p49 蛋白能抑制效应 caspase 和水解起始 caspase。与细胞编码的 IAP 相比，病毒编码的 IAP 缺少 N 端不稳定基序，*OpMNPV* 的 Op-IAP 也能抑制 caspase 的激活。caspase 大小两个亚基间的 TETE-G 位点被剪切后能激活 caspase，Op-IAP 能阻塞剪切位点从而抑制凋亡。被舞毒蛾核型多角体病毒（*Lymantria dispar multiple nucleopolyhedrovirus*，*LdMNPV*）感染的 Ld652Y 细胞中病毒基因 *apsup* 在早期表达，能抑制由 p35 缺失的 *AcMNPV* 诱导的凋亡。Ld652Y 细胞中 *apsup* 能阻止 Ld-Dronc（caspase）的蛋白酶解过程和失活 caspase-3-like 蛋白酶，从而抑制凋亡发生[6]。

（六）核型多角体病毒与宿主的其他互作过程

  杆状病毒的感染会改变宿主的细胞周期，创造适合病毒扩散的条件。杆状病毒在侵染过程中能阻碍宿主的细胞周期但不影响 DNA 的复制，从而促进病毒扩增。*AcMNPV* 的转录活化因子 ie2 在感染草地贪夜蛾 Sf 细胞后早期表达，参与阻止细胞有丝分裂的进行。*AcMNPV* 病毒对细胞周期的阻滞取决于侵染时细胞所处的周期状态。*HaSNPV* 和 *BmNPV* 分别感染棉铃虫和家蚕细胞系后，导致细胞有丝分裂停留在 G$_2$/M 期[6]。

  鳞翅目昆虫的变态发育受保幼激素和蜕皮激素的调控，蜕皮激素由昆虫的前胸腺分泌，能促使幼虫蜕皮。杆状病毒基因组中的 *egt* 基因可以编码蜕皮甾体尿苷 5'-二磷酸葡糖基转移酶（ecdysteroid uridine 5'-diphosphate glucosyltransferase），可以催化尿苷 5'-二磷酸葡糖基（uridine 5'-diphosphate glucosyl）添加到蜕皮激素上，形成没有活性的蜕皮激素 22-β-D-吡喃葡糖苷（ecdysone 22-β-D-glucopyranose），进而延迟蜕皮和化蛹，以利于病毒大量繁殖。当昆虫被病毒感染后，杆状病毒能增加宿主的活动能力以及促使其向高处攀爬，虫体死亡液化破裂时能促进病毒的传播。*LdMNPV* 的 *egt* 基因表达可以增强舞毒蛾的攀爬行为，这种行为可能与 *egt* 导致的蜕皮激素的失活有关。蛋白质酪氨酸磷酸酶（protein tyrosine phosphatase，PTP）能将蛋白质或者 RNA 去磷酸化，*ptp* 基因缺失的 *BmNPV* 无法诱导典型的病毒诱导性爬行症状。但是 *BmPTP* 的磷酸化活性与病毒对宿主的行为控制无关。此外，*NPV* 感染晚期的幼虫呈现能量代谢被抑制，食欲减退，体色变黄、发白的症状[6]。

（七）核型多角体病毒对环境的抵抗

多角体包埋着病毒，由于多角体不为一般有机溶剂所溶解，在正常状态下，也不为多种蛋白酶分解，细菌对它也不发生作用，因此，抵抗力是比较强的，这对于离开虫体的多角体病毒的生存是有利的。事实上许多昆虫的多角体病毒，能在自然条件下保存数年仍不失活。

高温容易使病毒失活。黏虫多角体在 100℃经 10 min 丧失感染力。木毒蛾（*Lymantria xylina*）多角体悬液经40℃处理20 min，不影响感染力，经60～80℃处理同样时间，则感染力下降30%～40%。*SpltNPV* 干制剂在室温下经 7 个月感染力无明显变化，4℃保存，经 18 个月于田间应用仍取得较好的杀虫效果。*TnNPV* 在阴凉保存的无菌水悬液中残存时间超过 15 年，在土壤中至少残存 5 年，而在寄主植物上残存时间不到一个月。置冰箱保藏 3 年的 *HaNPV*，与新制备的同一病毒相比，活性丧失 79.03%，置室温下经 3 年，活性丧失 90.20%。

紫外线对多角体病毒有较强的灭活作用。用 30W 的紫外灯管相距 50 cm 照射 *SpltNPV*，经 10 min 活力损失 90%，经 70 min 活力几乎全部损失；喷在植物叶面上的多角体，在阳光直射下，经 2 d 感染力降低 50%，经 9 d 几乎全部丧失。

一般用于消毒病菌的消毒剂可杀灭多角体病毒。

感染病毒的昆虫，一般抗菌素（如青霉素、链霉素、金霉素、土霉素等）无治疗作用，但由一种链霉菌（*Streptomyces* sp.）产生的抗菌素——蚕病霉素（grasseriomycin）可延长病毒的潜伏期。用少量砷剂喂饲病蚕，化蛹成数较高。添食 10% 的石灰乳清液，可增强蓖麻蚕的抗病力，添食灭活多角体，对幼虫感染该病毒也有干涉作用。

第三节　昆虫病毒杀虫剂的生产与应用

在已经发现的 1600 多种昆虫病毒中，大部分病毒对昆虫的侵染率和致病力并不高，不具备控制害虫的能力。能够作为杀虫剂进行产业化应用的主要是杆状病毒科的病毒，部分属呼肠孤病毒科质型多角体病毒属（*Cypovirus*，*CPV*）的病毒、痘病毒科昆虫痘病毒属（*Entomopoxvirus*，*EPV*）的病毒和细小病毒科（*Parvoviridae*）的浓核症病毒（*Densonucleosis virus*，*DNV*）[7]。

美洲棉铃虫核型多角体病毒（*Helicoverpa zea nucleopolyhedrovirus*，HzNPV）是最早正式注册的杆状病毒杀虫剂，在 1973 年由美国国家环境保护局批准，之后甜菜夜蛾 NPV（*Spodoptera exigua nuclearpolyhedrovirus*，SeNPV）、粉纹夜蛾 NPV（*Trichoplusia ni nuclearpolyhedrovirus*，TnNPV）、黄杉毒蛾 NPV（*Orgyia pseudotsugata nuclearpolyhedrovirus*，OpNPV）、舞毒蛾 NPV（*Lymantria dispar nuclearpolyhedrovirus*，LdNPV）和欧洲粉蝶 GV（*Pieris rapae granulosisvirus*，PrGV）等 30 多种杆状病毒杀虫剂被生产研发出来。我国第一个杆状病毒生物杀虫剂是由中国科学院武汉病毒研究所研制的棉铃虫核型多角体病毒（*Helicoverpa armigera nuclearpolyhedrovirus*，HearNPV），于 1993 年投入商品化使用，对防治棉花、蔬菜等作物上的棉铃虫有很好的效果。

到 2014 年，已有 17 个病毒杀虫剂投入商品化使用[8]。

一、病毒杀虫剂的生产

（一）病毒毒株成为杀虫剂的基本要素

杆状病毒的专一性非常强，除了苜蓿银纹夜蛾 NPV、芹菜夜蛾 NPV（*Anagrapha falcifera NPV*，*AfNPV*）、甘蓝夜蛾 NPV（*Mamestra brassicae NPV*，*MbNPV*）等少数几种多角体病毒宿主范围较广外，包括 GV 在内的其他病毒宿主范围很窄，有许多病毒与宿主是一对一的关系。因此，对于一个具体的病毒杀虫剂，杀虫范围只局限在其宿主范围内[7]。

一种杆状病毒往往有多个不同的生物型，一般称为毒株或分离株。不同地域的宿主昆虫对不同毒株敏感性会有差异。在确定开发某种病毒杀虫剂后，就要有针对性地筛选对害虫具有高毒力的毒株，这样才能生产出杀虫活性较高的产品。例如，棉铃虫核型多角体病毒有两种，一种是单粒包埋的病毒（每个病毒粒子只有一个核衣壳）*HaSNPV*，另一种是多粒包埋的病毒（每个病毒粒子含有多个核衣壳）*HaMNPV*。生物测定表明，*HaSNPV* 对棉铃虫的毒力要远远高于 *HaMNPV*，生产棉铃虫病毒杀虫剂时，*HaSNPV* 是合适的选择（实际上 *HaSNPV* 和 *HaMNPV* 属于两种不同的核型多角体病毒）[7]。

一种病毒能否产业化由多方面因素决定：①杀虫速度和杀虫效率较高。该病毒对宿主昆虫的致死作用需要达到农业生产的要求。②宿主昆虫能规模化生产。利用人工饲料室内流水线式地规模化饲养宿主昆虫是病毒杀虫剂能否开发成功的关键。虽然室外自然放养、围栏式饲养、利用天然饲料手工作坊式饲养等方式也能生产出一定量的病毒产品，但这些方式在产能、成本、生产控制、产品质量控制等方面，远不能达到产业化的要求。也就是如果不能用人工饲料在室内大量生产宿主昆虫，那么这种害虫的病毒杀虫剂将很难实现产业化。③具有稳定的市场需求。对于间歇性发生的害虫或者局域分布的害虫，市场需求有限，对其病毒杀虫剂可以进行试验性的小规模开发，不宜列入产业化研发的对象[7]。

（二）产业化生产的关键技术

所有病毒的扩增必须在活体细胞中进行，昆虫病毒也不例外。有两种途径生产病毒生物杀虫剂，体外培养的昆虫细胞和宿主昆虫活体。受到技术和成本的限制，目前用大规模体外培养昆虫细胞生产病毒杀虫剂的方式还不现实，几乎所有产业化的病毒杀虫剂都是通过规模化饲养宿主昆虫，以虫体作为病毒的培养载体进行生产。以甜菜夜蛾 NPV 为例，病毒的扩增必须在甜菜夜蛾幼虫体内进行，其规模化生产的主体是规模化生产甜菜夜蛾。因此，如何批量生产出适龄和健康的宿主昆虫是病毒杀虫剂产业化能否成功的关键。图 15-6 列出了用昆虫活体扩增病毒杀虫剂的基本生产工艺流程[7]。

在确定病毒的生产规模后，以"日"为单位，通过控制宿主昆虫每日的留种量，使留种昆虫产出后代的数量达到生产规模的要求。即在某一特定的生产日，生产车间中所有虫态和日龄的宿主将同时并存。以棉铃虫 NPV 生产为例，在 26℃的生产条件下，棉铃虫的整个生活周期是 28 d，病毒扩增周期是 5 d。在健虫车间（生产健康的宿主昆虫用于后期作为病毒扩增的载体）内，同时存在棉铃虫 4 个虫态（卵、幼虫、蛹、成虫）中任何一个日龄的虫体，即共存有 28 个不同日龄的棉铃虫。在病毒接种车间，感染病毒第 1～5 天的棉铃虫都有存在。以这种模式生产，各个生产环节的操作像流水线一样按部就班地进行，产量也基本维持稳定。例如，河南省某公司生产的病毒杀虫剂，就是按该模式设计生产，稳定的产量曾达日产 100 万头 4 龄棉铃虫用于病毒接种，收获的病毒可用于 3000 hm² 农田棉铃虫的防治[7]。

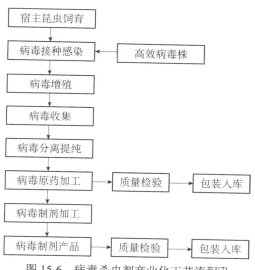

图 15-6　病毒杀虫剂产业化工艺流程[7]

昆虫和病毒是生物活体，生产和控制不可能像生产其他工业品那样精准，然而在较为全面掌握宿主昆虫及其病毒生长、发育、繁殖相关的关键生物学、生态学、生理学等知识的基础上，严格控制各生产环节及每个环节中的操作步骤，加强操作工人的理论和技术培训，较为理想的生产效率和规模是能够达到的。另外，病毒杀虫剂产业化生产的技术门槛较高，每个成功的企业都有属于自己的技术诀窍和技术秘密，往往在生产中发挥非常关键的作用[7]。

（三）污染控制

宿主昆虫是生物活体，在规模化生产时杜绝病毒和其他病原物（微孢子、细菌、真菌等）在虫体间的交叉感染，是产业化成功的又一个非常关键的控制步骤。如果在生产技术和流程上缺乏一整套科学系统的防控措施，结果常常导致昆虫饲养的失败，继而对整个生产造成毁灭性的影响，致使生产规模小、生产效率低下、产品质量得不到保证、生产无法持续稳定进行等后果。其进一步的后果是生产成本过高、市场的产品供应和产品质量不稳定。不过，令人鼓舞的是，目前国内在集约化养虫技术上有了根本性突破，首创出"棉铃虫群养技术"，使具同类相食习性、必须单头饲养的棉铃虫可以"和平共处"，因此大幅度提高劳动效率，降低了生产成本。这一技术突破就是建立在严格、有效控制病毒交叉感染基础上的，其他病原物的污染控制在其中也发挥了重要作用[7]。

（四）质量控制

国际上通用的病毒活性测定方法是生物测定法，但具体的测定方法和试虫在不同生产企业中有所不同。有的以初孵宿主幼虫为试虫，有的以 2 龄或更高龄宿主幼虫为试虫；毒力指标可以用致死中浓度（LC_{50}），也可以用半数致死剂量（LD_{50}），某些情形下，也可以使用一定浓度（剂量）下的半数致死时间（LT_{50}）表示。不管用何种方式，所有测试都必须使用统一的标准。综合考虑，以 2 龄末期皮层溶离期的宿主幼虫作为试虫获得生物测定的结果比较稳定，具有较高的实际参考价值。此时虫体大小合适，操作方便，空白对照死亡率低，与田间数据匹配较好[7]。

杆状病毒不能像其他活体微生物农药那样，可以通过计数平板上的菌落数来获得有效成分的含量，而只能在显微镜下用血细胞计数器对病毒的多角体进行计数（颗粒体病毒的颗粒体因远小于多角体病毒的多角体，需要用细菌计数板，在更高倍的显微镜下计数），这也是国际通行的杆状病毒含量测定方法。虽然这种方法受病毒悬液处理方式、试验环境、操作人员的经验等影响很大，误差较大，但目前还没有更好的、操作性强的取代方法，因而这种病毒定量方法被普遍采用[7]。

还有一些其他测定活性（毒力）和含量的方法，如测定体外培养细胞的半数细胞感染量 $TCID_{50}$（50% tissue culture infection dose）比较病毒的毒力大小，用免疫沉淀、酶联免疫、荧光定量 PCR 等方法测定病毒的含量等，但都不如生物测定和计数法直接和简便，仅用于实验室的研究和新测定方法的探索[7]。

二、应用技术

（一）适时施用最为重要

病毒杀虫剂是生物活体，田间应用效果主要取决于虫体的易感性和摄入活体病毒的数量。虫体越小对病毒越敏感，随着龄期的增长，敏感性呈指数下降。对于发生比较整齐的害虫，可以利用性诱剂监测成虫的发生，在预测的产卵高峰期用药，能起到最佳的防治效果。例如，在新疆生产建设兵团利用棉铃虫 NPV（科云 NPV®）防治棉铃虫时，同时使用棉铃虫性诱剂监测技术，监测棉铃虫的发生动态。每 1.5～2 hm^2 可设 1 个笼式诱捕器，在诱蛾高峰后喷洒棉铃虫病毒杀虫剂，取得了较好的防治效果[7]。

同其他微生物农药一样，阳光中紫外线对病毒活性影响很大。虽然在生产时病毒制剂中都要加入光保护剂，但田间施用时还是要避免阳光对病毒多角体的直接照射，这就要求田间喷雾应选择在傍晚或阴天进行，尽量将药液喷洒在作物的叶背面，避开阳光直射。在作物郁闭封行时期使用，持效期相对较长[7]。

（二）喷雾剂量必须保证

病毒杀虫剂通过胃毒作用进行杀虫，多角体或颗粒体必须进入害虫中肠才能发挥杀虫作用，根据这一特性，喷雾时应将药液均匀喷洒在作物的害虫取食部位。对于特定病毒杀虫剂，生产厂商都有推荐剂量，以棉铃虫 NPV 防治棉花上棉铃虫为例，一般推荐用量为 15 000 亿 PIB/hm^2（PIB 表示多角体）。根据棉花的长势和喷雾用水量，将病毒杀虫剂进行适当稀释，均匀喷洒在整个棉花植株上。在可能的情况下，喷雾用水量越少越好，既要保持喷雾均匀，又要减少药液流失[7]。

（三）可与化学农药混用

杆状病毒与其宿主昆虫是一对长期协同进化的矛盾统一体，在合理的浓度范围内，病毒不可将宿主昆虫全部杀灭，总是发挥着调节昆虫种群的作用，这就注定其杀虫效果不会像化学农药那样达到接近 100%的水平。推荐的田间用量一般能够保证田间防效达 80%以上，这种防治水平可以将害虫的发生与危害控制在中等程度。在害虫大发生的时候，建议与化学农药配合使用，这样既能减少化学农药的用量，又能保证对害虫的控制。昆虫生长调节剂类、有机磷、菊酯类、氨基甲酸酯类等杀虫剂都可以与病毒杀虫剂混用。杆状病毒在碱性环境下容易降解，因而不能与碱性化学农药或其他碱性制剂混用[7]。

（四）与苏云金芽孢杆菌制剂混配

由于很多鳞翅目 NPV 与 Bt 都是具有胃毒作用的昆虫病原微生物，故两者混配是 NPV 混剂研究的热点。目前已有报道的与 Bt 混配的 NPV 包括茶尺蠖核型多角体病毒（EoNPV）、茶毛虫核型多角体病毒（EpNPV）、甘蓝甜菜夜蛾核型多角体病毒（MbNPV）、舞毒蛾核型多角体病毒（LdNPV）、苜蓿银纹核型多角体病毒（AcMNPV）等。例如，将 Bt 与甘蓝甜菜夜蛾核型多角体病毒（MbNPV）共混，检测发现在较低 MbNPV 浓度下（5.0×10^6 PIB/mL），两者混用能显著提高 MbNPV 对甘蓝夜蛾的杀虫速度和防治效果；将茶尺蠖核型多角体病毒（EoNPV）$5.0 \times 10^6 \sim 1.50 \times 10^7$ PIB/mL EoNPV 与 2000 IU/μLBt 混用，不仅对茶树害虫茶尺蠖的防治具有明显增效作用，还扩大了 EoNPV 的杀虫谱，即由对茶尺蠖专一性致病，扩展为对茶尺蠖、茶刺蛾等茶树害虫均有防治效果[9]。

三、市场和应用范围

（一）建立规范的产品标注

病毒杀虫剂是专业性很强的农药产品，占有的市场份额极小，因而尚没有成熟的市场运营机制和规范，这样就为一些厂商利用病毒生物农药的概念进行炒作提供了空间。据检测，某些标明病毒含量较高的产品中实际上不含任何病毒成分，其杀虫的活性成分主要是毒性较强的化学农药，因此曾经出现病毒生物农药使用者中毒致死的案例。另一类情况则是利用病毒计量（含量）检测的专业性较强、公众对其较为陌生的特点，所登记产品中标注的病毒含量只有常规含量的百分之一甚至几万分之一，按这种含量计算，1 头昆虫扩增的病毒可以生产几百公斤这样的产品，加工 1 t 产品只需要饲养几头昆虫。在如此低量的情况下，产品中的病毒起不到杀虫作用。消费者对病毒生物农药产品建立起来的信心，也因为市场不规范和产品质量难以保证，受到了极大的损害[7]。

（二）把握好病毒杀虫剂的市场定位

由于病毒杀虫剂具有作用专一、安全环保、药效缓慢、持效期长的特点，因而具有自身的市场空间和应用范围，能在一些特殊的场合发挥更为重要的作用。例如，在蚕桑上既可控制斜纹夜蛾的危害，又不影响家蚕的生长；在需要蜜蜂、熊蜂等传粉昆虫传粉的作物上使用，不会对传粉昆虫造成影响。另外，在保护地、有机和绿色食品生产基地、要求安全间隔期较短的蔬菜（随产随收作物）生产基地和害虫发生单一的生产基地，病毒杀虫剂有着充分发展的空间。把握好病毒杀虫剂精确的市场定位，充分发挥病毒杀虫剂的特点和优势，病毒杀虫剂在农林业生产中将会有更大的发展[7]。

四、展望

与化学农药相比，病毒杀虫剂的杀虫效果和杀虫速度还有很大的缺陷，科学家试图通过将外源基因引入病毒基因组，构建重组病毒杀虫剂，提高杀虫效率及杀虫速度。迄今为止，多数重组病毒杀虫剂仅停留在实验室阶段，只有少量进行了田间释放试验，还没有被成功登记进行产业化生产的例子。值得提及的是，中国科学院武汉病毒研究所构建的含有蝎毒素的重组棉铃虫核型多角体病毒已通过国家农业转基因生物安全委员会的安全评价，先后进入了中间试验和田间释放，并进行了中试生产，向产业化迈出了重要一步。虽然目前还没有重组杆状病毒杀虫剂进入市场，相信不久的将来，随着生物技术和转基因安全评价的深入展开，重组杆状病毒杀虫剂将会得到快速发展，在农药市场上占有一席之地[7]。

病毒生物杀虫剂不同于化学农药，是完全源于自然的绿色环保产品，其生产过程主要是宿主昆虫的饲养，生产的原料主要是用于配制昆虫人工饲料的农副产品，是低耗能、可持续、无污染排放的产业。每推广应用 10 000 hm² 病毒生物农药，将直接减少 15 t 化学杀虫剂的田间释放，同时也减少了其合成生产过程的污染排放，是当前新型农药发展的重要方向之一，具有广阔的发展前景[7]。

推动病毒生物杀虫剂产业化的发展，不仅需要相关企业在产品研发、技术改进、产能提高上做足文章，而且也需要政府的政策扶植、市场引导和资金投入。国际上很多发达国家和发展中国家都非常重视生物农药的发展和应用，其中也包括促进病毒生物杀虫剂的发展，并积极制定和执行化学农药削减计划。继日本修改肯定列表制度之后，欧美等发达国家也相继修改农药残留指标，对农产品农药残留提出了更加严格的要求。另外，欧盟和国际经合组织近年来一直在推进以生物农药为主要内容的有害生物可持续综合治理技术，韩国、泰国政府每年都要拨付专款对使用生物农药的农户进行补助，鼓励农民使用生物农药[7]。

在建立资源节约、生态文明社会的大背景下，如果政府能够在项目立项上有所倾斜，产品税务上有所减免，产品使用上有所补贴，病毒生物杀虫剂这一朝阳产业，必将在产业化的道路上得到健康快速发展，为我国食品安全和生态安全做出更大贡献[7]。

 思考题

一、名词解释

病毒；病毒粒子；衣壳粒；昆虫病毒病；昆虫杆状病毒；核型多角体病毒；原发感染与继发感染；病毒杀虫剂

二、问答题

1. 简述病毒与细菌及其他生物的主要区别。
2. 昆虫病毒感染的诊断鉴定依据是什么？
3. 昆虫杆状病毒包括哪些主要类群？
4. 宿主感染核型多角体病毒后的主要病征是什么？
5. 昆虫病毒毒株成为杀虫剂应具备哪些基本要素？
6. 昆虫病毒杀虫剂产业化生产的关键技术有哪些？
7. 田间施用昆虫病毒杀虫剂时应注意哪些问题？
8. 谈谈你对利用昆虫病毒杀虫剂防治害虫的认识。

参考文献

［1］徐耀先，解梦霞，向近敏. 病毒命名与分类系统研究进展. 中国病毒学，1999，14（3）：190-204

［2］王赵玮. 昆虫病毒复制及昆虫抗病毒天然免疫机制研究. 武汉：武汉大学博士学位论文，2014

［3］Harrison R，Hoovery K. Baculoviruses and other occluded insect viruses. *In*：Vega F E，Kaya H K. Insect Pathology. London：Academic Press，2012

［4］李淑芬. 调控杆状病毒 BV/ODV 形成的关键因子研究. 北京：中国科学院大学博士学位论文，2015

［5］Krieg A. Arthropodenviren. Journal of Basic Microbiology, 1975，15（2）：75-140

［6］黄博，朱梦瑶，丘霈珊，等. 核型多角体病毒侵染及其与宿主免疫系统互作的研究进展. 环境昆虫学报，2021，43（2）：329-339

［7］秦启联，程清泉，张继红，等. 昆虫病毒生物杀虫剂产业化及其展望. 中国生物防治学报，2012，28（2）：157-164

［8］岳奇. 宿主内吞途径相关因子在苜蓿丫纹夜蛾核多角体病毒侵染中的作用. 杨凌：西北农林科技大学博士学位论文，2019

［9］叶幸，赵旭，马春英，等. 苏云金杆菌与病毒杀虫剂的混剂研究概况. 中国植保导刊，2018，38（2）：60-64

第十六章 利用昆虫病原线虫防治害虫

第一节 昆虫病原线虫

一、昆虫病原线虫的一般特征

（一）昆虫病原线虫的分类

昆虫病原线虫（entomopathogenic nematode，EPN）是指专性寄生昆虫的病原性线虫，属于线形动物门（Nemathelminthes）[1]。

早期的线虫分类，以形态学特征为依据，即传统分类法，主要对线虫的一些典型特征进行分析，如体长、头到神经环的距离、头到排泄孔的距离，以及雄虫交合刺和引带形态特征等，据此确定了初步的分类系统。但实际上由于寄主营养、培养温度、侵染态线虫收获时间等的不同，往往即使同种的不同品系或个体的形态特征也可能产生较大差异，因而很难确定在分类上有价值的特征。直到 1978 年 Akhurst 提出利用杂交的方法对线虫进行分类[2]。

分子生物学技术促进了昆虫病原线虫分类的发展。结合形态学特征、蛋白质、同工酶电泳及 DNA 分析给线虫的分类带来了新的突破，并对原来的分类系统进行了修正和完善。

20 世纪 90 年代发展起来的一些新技术越来越多地应用于线虫的分类，例如，淀粉酶电泳和特异酶染色、PCR 方法、PCR-RFLP 技术和 RAPD-PCR 技术等，为异小杆科（Heterorhabditidae）线虫的分类提供了有力的依据。到 2002 年，斯氏线虫科（Steinernematidae）被分为斯氏线虫属（*Steinernema*）和新斯氏线虫属（*Neoteinernema*），目前已知斯氏线虫属 62 种，新斯氏线虫属 1 种[3]。到 1996 年，异小杆线虫的鉴定才逐渐得以明确，目前已知异小杆科线虫 21 种[1, 4]。

同时昆虫病原线虫共生细菌的分类也取得了一些进步，分为致病杆菌属（*Xenorhabdus*）和发光杆菌属（*Photorhabdus*），分别与斯氏线虫属和异小杆线虫属（*Heterorhabditis*）侵染期病原线虫互惠共生（图 16-1）。

（二）昆虫病原线虫的主要种类与共生细菌

能使寄主昆虫致病的线虫种类分属于 4 目，即无尾感器纲（Adenophorea）咀刺目（Enoplida）和尾感器纲（Secernentea）的尖尾目（Oxyurida）、小杆目（Rhabditida）和垫刃目（Tylenchida）。

目前应用于害虫生物防治的斯氏线虫科和异小杆科属于小杆目，其侵染期幼虫的肠道内携带有致病杆菌或发光杆菌，会引起昆虫败血症，能迅速杀死寄主[5]。

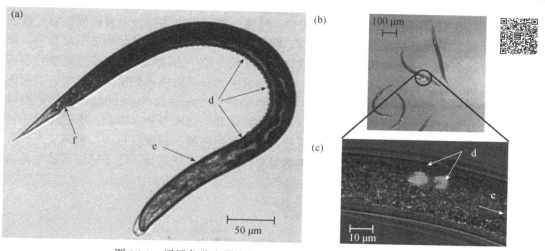

图 16-1　用绿色荧光蛋白标记的昆虫病原线虫肠道内的共生细菌[4]
（a）发光杆菌属（*Photorhabdus*）细菌（d）定殖于从咽部（e）到肛门（f）之间的肠道中；
（b）和（c）致病杆菌属（*Xenorhabdus*）细菌同样定殖于咽部的位置，但与发光杆菌属细菌不同的是，
致病杆菌属细菌定殖于肠道中一些特殊的囊泡中

二、昆虫病原线虫的生物学

（一）生活史

　　昆虫病原线虫一生可分为卵、幼虫和成虫 3 个虫态。幼虫期共 4 个龄期，其中只有第 3 龄幼虫可存活于寄主体外，也是唯一具有侵染能力的虫态，又称为侵染期幼虫（infective juvenile，IJ）。侵染期幼虫一般滞育不取食，体外仍包裹着已经蜕去的第 2 龄幼虫的表皮，对外界不良环境的耐受能力最强，故又称为耐受态幼虫（daner juvenile）[2]。

　　昆虫病原线虫和共生细菌具有独特的生活史（图 16-2）。侵染期线虫可以通过口器、肛门、气孔或直接刺破寄主体壁进入寄主昆虫体内。如果通过口器或肛门进入，线虫刺破肠壁进入血腔；如果通过气孔进入则直接进入血腔。线虫一旦进入寄主昆虫血腔，就开始释放共生细菌（图16-1），共生细菌在血淋巴中迅速繁殖，通常昆虫在被侵染 24～72 h 内患败血病死亡。依据其生活史的长短，线虫可分为两类：长生活史型和短生活史型。长生活史型线虫一般在寄主昆虫体内繁殖 2～3 代，而短生活史型线虫没有第二代，第一代雌成虫产的卵直接转化为侵染线虫。从侵染线虫侵入寄主昆虫到寄主昆虫内出现侵染线虫这个循环有暂时相关性，而且在一些种和品系之间有差异[2]。

　　异体受精是线虫最普遍的繁殖方式。大多数线虫是两性的和卵生的，经雌雄线虫交配后产卵（产的卵有的是单细胞卵，有的是早期分裂卵，有的是晚期分裂卵，有的是含胚卵）。除异体受精之外，孤雌生殖也是较为常见

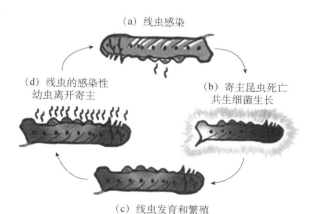

（a）线虫感染

（d）线虫的感染性
幼虫离开寄主

（b）寄主昆虫死亡
共生细菌生长

（c）线虫发育和繁殖

图 16-2　昆虫病原线虫及其共生细菌的生活史[3,6]

的一种繁殖方式。在自由生活和寄生性的线虫中，孤雌生殖还可分为减数分裂孤雌生殖、兼性减数分裂孤雌生殖和有丝分裂孤雌生殖。减数分裂孤雌生殖是在原始有丝分裂之后进行的，在原始有丝分裂期间形成了初级卵母细胞，在减数分裂孤雌生殖中出现联会。在兼性减数分裂孤雌生殖中，由于第二极核与卵原核相互融合，卵母细胞中的双倍染色体数量得以恢复。当前期同源染色体不配对时，出现了有丝分裂孤雌生殖，体染色体（somatic chromosome）因而得以保持下来。经一次有丝分裂即成熟，结果形成了第一极体和二倍卵原核。因此，不必经过受精就能正常形成胚胎。还有一种繁殖方式是假受精，是孤雌生殖的一种改变形式，也可能是孤雌生殖发展中的第一步。精子进入卵母细胞，刺激发育，随后精子核退化，卵子通过孤雌生殖方式进一步发育[7]。

（二）侵染期幼虫的扩散和存活

斯氏线虫属和异小杆线虫属都可主动或被携带在水平和垂直方向扩散。被动扩散主要借助于风、雨、人或昆虫。主动扩散一般用厘米度量，而被动扩散则可用千米度量。

线虫搜索寄主昆虫的对策有两类：埋伏（ambush），如小卷蛾斯氏线虫（*S. carpocapsae*）；巡游（cruise），如异小杆线虫（*H. bacteriophora*）、格氏线虫。侵染期幼虫一般不取食，可以依靠体内储存的养分存活几个星期仍具侵染力；或侵入附近有机体存活几个月仍具侵染力，这是线虫保持存活力的最重要的一种方式。线虫离开寄主昆虫后在土壤中存活期的长短主要取决于温度、湿度、天敌和土壤类型这几个因子。存活期是以星期或月来计量的，且在15～25℃、湿度较低的砂土或砂壤土中的存活力要比温度偏高或偏低的黏土中的高。一般来说，斯氏线虫属的存活力没有异小杆线虫属的强。

（三）昆虫病原线虫与共生细菌间的关系

昆虫病原线虫与共生细菌之间是一种典型的互惠互利关系。线虫在寄主间传输共生细菌，保护共生细菌不受土壤环境的影响，并在抵御寄主防御系统时保护共生细菌；共生细菌为线虫繁殖提供所需的基本营养成分，并产生毒素和抑菌物，为线虫繁殖提供良好的环境条件。在无共生细菌的情况下，外来细菌可明显地影响线虫的繁殖能力，使线虫后代的数量显著减少，而且在线虫体内，线虫的共生细菌也可抑制其他细菌的生长。

线虫对共生细菌带有明显的选择性。将线虫同共生细菌和其他细菌混合培养时，线虫只吸收与其共生的细菌而不吸收其他细菌，甚至在将共生菌的初生型与次生型同线虫混合培养时，线虫也只吸收并保留初生型共生细菌。昆虫病原线虫的共生细菌对环境的耐受能力极差，基本上不能独立生存于外界环境中，只有借助于昆虫病原线虫的携带方能进入昆虫体内，进行繁殖。同时，在缺少共生细菌的情况下，线虫对昆虫的毒力也大大降低。

（四）昆虫病原线虫的杀虫机理

昆虫病原线虫及其共生细菌的杀虫机理包括以下几个方面：①线虫及其共生细菌对寄主血淋巴有破坏作用；②线虫和共生细菌均能产生毒素；③共生细菌次生代谢物也有杀虫作用。共生细菌是引起寄主昆虫死亡的主要原因，线虫分泌的毒素对昆虫也有致死作用。

三、昆虫病原线虫的生态学特性

随着昆虫病原线虫的广泛应用，其生态学特性得到了较充分的认识。昆虫病原线虫离开寄主昆虫后在土壤中存活时间和防治效果主要取决于土壤温度、湿度、土壤类型和天敌等环境与生态因子。大多数研究表明，异小杆线虫属对环境要求更为严格[8]。

（一）温度

不同种类的昆虫病原线虫对温度要求各异。温度太高，不利于昆虫病原线虫存活；温度太低，昆虫病原线虫活动能力降低。但总的来说其存活温度幅度宽于侵染温度，侵染温度范围又宽于繁殖发育温度。大部分已经报道的昆虫病原线虫适宜的侵染温度是（25±1）℃，离体培养的最适温度为 20～25℃。不同品系线虫间有较小的差别，如嗜菌异小杆线虫（*Heterorhaditis bacteriphora*）沧州品系侵染蛴螬的适宜温度为 20～30℃。昆虫病原线虫的适合温度范围与它的原产地有关，在高寒地区分离到的线虫品系偏嗜低温，而热带地区采集到的线虫品系则适于在较高温度下生长发育和侵染寄主。目前昆虫病原线虫耐寒特性研究主要包括耐寒的行为策略、生理策略及耐寒分子机制等方面。对于昆虫病原线虫耐寒性的研究有利于扩大其应用范围。

温度影响线虫的侵染能力和运动能力。一般在 25℃左右时，侵染能力和运动能力都是最强的。不同温度下，夜蛾斯氏线虫（*Steinernema feltiae*）JY-17 品系对甘薯蚁象（*Cylas formicarius*）的致病力由高到低顺序为 25℃>20℃>30℃>15℃>10℃>35℃。但也有少数品系在 30℃左右比较活跃，例如，长尾斯氏线虫（*Steinernema longicaudum*）BPS 品系在 30℃条件下的水平运动能力比在 18℃和 25℃的强。

（二）湿度

昆虫病原线虫喜欢高湿环境，并非湿度越高越好；不同种类甚至不同品系的昆虫病原线虫，对湿度的需求不同。当砂土含水量为 5%～15%（*m/m*）的，小卷蛾斯氏线虫 Ohio 品系的杀虫活性最高，随湿度降低，线虫感染活性明显降低。但采自甘肃兰州的异小杆线虫（*H. megidis*）0627M 品系、夜蛾斯氏线虫 0619HT 品系和斯氏线虫 *S. krussei* 的 0657L 品系对湿度的要求有所不同，当砂土含水量低于 1%时，三者的侵染力基本丧失，随着含水量的升高，线虫的活动能力随之提高，当含水量达到 2%时，3 种线虫的侵染能力高于其他文献报道中线虫的侵染能力，说明这 3 种线虫对干旱环境的适应性强[9]。例如，在高湿有遮盖的条件下，或在温室内，昆虫病原线虫的侵染能力明显提高。尽管昆虫病原线虫不耐干旱，但如果土壤的水分逐渐降低，有部分昆虫病原线虫可进入脱水状态，存活于植株萎蔫点之下。

现在已经研发出助剂来提高昆虫病原线虫的抗干燥能力，如甘油和黄原胶可作为小卷蛾斯氏线虫 A11 品系的抗干燥保护剂。

（三）土壤类型

当昆虫病原线虫应用于土栖害虫的防治时，土壤的结构、质地等因子直接影响到线虫的寿命、分布、寻觅寄主和建立自然种群的能力。据河北省、甘肃省昆虫病原线虫资源调查报告，昆虫病原线虫在所调查的土样中以砂壤土和壤土所占比重较大，黏土所占比重较小，如甘肃省砂壤土和壤土各占 37.9%、51.7%，而黏土占 10.4%。这说明砂壤土和壤土更适宜于昆虫病原线虫的生存，而泥炭土比矿物土更能提高线虫的寄生效果，主要原因是土壤结构影响昆虫病原线虫觅食活动。当然，线虫的寄生效果不是单由土质这一因素决定的。

（四）天敌和太阳辐射

昆虫病原线虫的天敌会影响线虫防治害虫的效果。有研究表明，土壤中有些生物体如食线虫真菌、细菌、原生动物、捕食性线虫、螨类、弹尾目昆虫和其他微小节肢动物的存在会影响昆虫病原线虫在土壤中的活动。

太阳辐射也对昆虫病原线虫有很强的杀伤力。紫外线直接照射几分钟，线虫就会死亡。若在较高湿度下，或借助一些光保护剂（如 4-氨基苯甲酸等），线虫抗辐射力能得到一定程度的增加。

第二节　昆虫病原线虫的生产与应用

一、昆虫病原线虫大量繁殖方法

低成本、高效地大量繁殖昆虫病原线虫是利用其防治害虫的基础。关于昆虫病原线虫的大量繁殖，从 1927 年 White 建立的 White trap 法到今天的商品化生产，已有近百年的历史。在此期间，培养方法得到了不断改进和完善，从活体繁殖到离体繁殖，又从无菌培养法到单菌培养法，单菌培养法又分为固相培养法和液相培养法等[10]。

（一）活体繁殖

活体繁殖即侵染期线虫侵入寄主昆虫体内，以寄主体内有机质为营养，使线虫大量繁殖。

昆虫病原线虫的活体繁殖技术在不断地发展，White trap 法利用了线虫的趋水性，当线虫耗尽了寄主体内的有机质时，侵染期线虫从寄主尸体内钻出体外，向水源移动，将含有线虫的水收集起来即得到扩繁后的大量线虫。1964 年，Dutky 建立了以大蜡螟（*Galleria mellonella*）为寄主昆虫，培养皿水收集的活体繁殖法，沿用至今。这种方法简便易行，收集的线虫质量高，但是由于生产成本高，产量及其规模小，不利于工厂化生产，只能用于实验室小量试验。后来 Dutky 等在 White trap 法的基础上做了改进，用直径为 90 mm 的塑料皿，盖上具 3.2 mm 小孔的盖子，促进线虫从寄主体内出现，同时这种改进提高了收获效率。1993 年 Lindegren 等又做了些改进，主要是把寄主昆虫放在水槽上方，侵染期线虫出现后向水槽迁移，将水槽中的水倒出即可收集线虫。这些经改进的活体繁殖方法适用于实验室繁殖操作，为试验提供线虫，但大规模生产效率仍相当低。

规模化是从实验室到商品化生产的过程。规模化的活体繁殖则需要相当大的 White trap 装置，浪费很大的空间，效率低。1964 年 Carne 等描述了一种线虫收获装置，在大漏斗的下口部装有带孔的圆盘，寄主昆虫尸体置于圆盘上。当有侵染期线虫出现时，打开漏斗底部的阀，侵染期线虫从圆盘上沿着漏斗水流流出，在漏斗底部即可收集线虫，这种装置后来一直没有报道，但是利用有孔圆盘这一思想对昆虫病原线虫活体繁殖的发展起着重要的作用。后来关于线虫活体繁殖技术的进一步研究几乎停滞多年，该时期高效的离体繁殖得到了广泛的关注。尽管如此，如今活体繁殖公司仍然比过去多，在加快生物防治的进程中，这种繁殖法也起着重要的作用，所以提高活体繁殖技术也是必要的。

2001 年 Gauler 等利用以大蜡螟为寄主昆虫的 Lowtek 方法，进行了初具规模的昆虫病原线虫活体大量繁殖技术研究。主要利用有孔的筛子装载寄主昆虫，为了有效利用空间而把筛子垂直叠放在一起，比同样规模的常规 White trap 法利用的空间将扩大 7 倍。收获是通过喷雾洗涤而收集，不是利用线虫向水槽的主动移动，在生产过程中，包括收获、分离和洗涤都是自动化，大大减少了劳动力成本，提高了效率。这种设备结构简单，成本低廉，生产出的线虫主要是供实验室研究及尚未商品化的线虫品系的田间试验。在资金和专业技术有限的情况下，这种生产系统是可行的，尤其适合于发展中国家，在西方国家也有很多这种小产业。

（二）离体繁殖

离体繁殖是利用人工培养基来繁殖线虫的方法。根据培养条件，又可分为无菌培养和单菌培养。

1. 无菌培养　　无菌培养是指在人工培养基组分中添有特别的营养物质，如动物肝浸出物或牛血清等，在无菌条件下接种进行培养。

1931 年 Glaser 首先用琼脂-牛肉浸出液、面包酵母成功培养了昆虫病原格氏线虫，并用于田间防治日本丽金龟（*Popillia japonica*），这是固相培养法的最早尝试。在随后几年的研究中，还发现线虫经多代连续培养后，其产量和毒力均有下降，加入动物肾组织后可以恢复。Glaser 的研究表明，线虫可以在营养丰富的动物组织上培养，但其成本太高，无法大规模生产。目前很多国家以海绵作填充剂分别加鸡内脏或其他动物内脏，再加入豆粉、酵母膏和玉米油等完成线虫的三维培养过程，使线虫的固相培养走向了工厂化。但是这种油腻的培养基质给洗涤海绵中的线虫带来很大麻烦，比较费时和费力。这种单纯的无菌培养得到的线虫产量低，培养基费用昂贵，而且由于线虫在缺乏共生细菌的环境中生长，线虫的致病力明显下降。

2. 单菌培养　　昆虫病原线虫肠道中携带的共生细菌对线虫的繁殖起着重要的作用。共生细菌可抑制杂菌生长，产生大量的蛋白酶，分解培养基利于线虫取食。1952 年，Stoll 对斯氏线虫进行单菌培养，虽然成功了，但产量较低。由于培养基中含有非无菌的原料——兔肝，成本较高，很难开发。1965 年，House 等将共生菌接入犬饲料培养基中培养线虫，使每百万条线虫的成本降为 1 美元，这是线虫固相培养技术的一个重要突破。

单菌培养的开始得益于共生细菌的发现，共生细菌还可以刺激侵染期线虫脱鞘，加快线虫发育速度，有利于缩短线虫培养时间。体表消毒的侵染期线虫不能满足严格的单菌性。Lunau 等认为表面消毒的线虫不足以建立单菌培养，原因是线虫表皮底下有一些污染细菌。只有共生细菌存在时，才能为线虫繁殖提供稳定的条件，从而提高产量。

因此，线虫的单菌培养即在明确共生细菌的营养作用基础上，通过无菌操作技术在人工培养基中接种共生细菌和线虫而建立的培养方法，称为线虫的单菌体外培养。因为离体繁殖技术在无菌设备上进行，需要大量的资金投入，并且专业技术含量较高。这种繁殖方法所生产的线虫产量很高，具有参数易于控制、生产效率高和易于扩大生产等优点。国内外不同学者对线虫培养系统的各项技术参数，如接种量、共生菌培养时间、通气量及培养基组分等均进行了详细研究并优化组合，线虫的生产量得到了很大提高。

根据培养基质的状态，单菌培养可分为固相培养和液相培养。

（1）固相培养　　固相培养是通过无菌操作技术，在人工培养基中接种共生细菌和单菌线虫一级种后注入海绵中进行大量培养。1981 年，Bedding 发现一种新型固相培养基载体，由前人的平板培养改进为以海绵碎块为培养基载体的离体培养，使线虫培养面积大为增加。他还发现采用猪肾和鸡等动物内脏为培养基主要成分，能够降低生产成本，使每百万条线虫的生产成本仅为 2 美分。这种方法也称为线虫三维固相培养法。通过不断改进，目前固相培养已进入大规模工厂化生产，Bedding 固相培养技术成功地生产了斯氏属和异小杆属线虫。国外有很多公司都采用这种方法生产昆虫病原线虫，如 Bionema、Andermatt 和 Biocontrol 等。由于生产中最大的开支是劳力，因而固相培养更适合劳动力廉价的地区。

固相培养有很多优点，但也有它的缺点。这种方法需要一定的设备投入，培养过程中很难控制杂菌污染，同时由于线虫在介质中分布不均匀，限制了取样，所以还有待进一步改进。

（2）液相培养　　液相培养是在液体培养基中接种共生细菌和线虫一级种培养得到大量线虫。液相无菌培养的最早尝试，是 1940 年 Glaser 用小鼠肝匀浆培养格氏线虫。随后 Stoll 用小牛肉汁试管培养线虫，发现肝的粗提液对产量有很大影响，可以促进线虫繁殖。1966 年，Hansen 和 Cryon 研究通气与线虫生产的关系，表明液体薄层可以成功培养线虫，加大培养量时用旋动和摇动等方式均不能获得理想产量，而改用添加玻璃丝增大水膜面积则可达到目的，但这种方法不利于扩大生产。几年后，Buecher 和 Hansen 又提出易于扩大培养的气泡通气法。1986 年，Pace 采用以牛肾匀浆酵母抽提液或不同动物的废料如肠和肝等匀浆作培养基，接单菌线虫于发酵罐，采用气泡通气并拌以缓慢搅动的方法，在保证气体交换的条件下降低剪切力，发酵罐产量达 9×10^4 IJs/mL，而在摇瓶液体培养基中的产量达 19×10^4 IJs/mL。1989 年 Buecher 的研究表明，在液体培养基深度大于 4 mm 时必须进行通气培养。以大豆胨、酵母抽提物、胆固醇为主要培养基，两周后产量可达 5.8×10^4 IJs/mL，并且随共生细菌量的增加而增加。1990 年 Friedman 报道了用含有黄豆粉、酵母抽提液、玉米粉、蛋黄等混合物组成的培养基，在发酵罐中接入单菌培养线虫，仅用 8 d，线虫产量可达到 11×10^4 IJs/mL。在过去几年里，Biosys 公司用液相培养法生产线虫，生产的斯氏属线虫产量为 15×10^4 IJs/mL，异小杆属线虫为 7.5×10^3 IJs/mL。在液体发酵培养中，斯氏属线虫的几个种在产量和质量上较异小杆属线虫的高。

目前，昆虫病原线虫生产多数是液相培养，如欧洲公司有 E-NemaGmbh，Koppert B V 和 Microbio Ltd。生产线虫的发酵罐已从 5 L、20 L 到 Biosys 公司生产斯氏线虫的 15 000 L 和生产异小杆线虫的 7500 L 的规模。Shapiro 等调查，全球有 40 多个国家在研制线虫杀虫剂，美国、澳大利亚、荷兰、加拿大、日本及其他一些国家的数十家公司均可提供线虫商品制剂，已有 9 个品系线虫被商品化生产并广泛应用，其中美国就有 7 个品系防治多种害虫，市场销售非常好。

我国广东省昆虫研究所在液相培养方面做出很大贡献，是我国最大的一家"产虫车间"，可日产线虫 400 亿条。在摇瓶培养的基础上，应用气升内环流反应器、鼓泡式反应器和机械搅拌通气反应器进行昆虫病原斯氏线虫品系 A24 的液相培养研究，结果表明气升内环流反应器更适合于线虫的培养，不仅产量高而且线虫侵染率也高。

液相培养利用发酵罐进行工厂化生产已经实现，但线虫的致病力有所下降。与固相培养法相比，液相培养法更便于大规模生产、控制培养条件和收获线虫。

二、昆虫病原线虫大量繁殖的影响因素

昆虫病原线虫大量繁殖受到接种方法、培养温度、培养湿度、培养基成分、通气速度、共生细菌、培养容器、培养时间和收获方法等诸多因素的影响[10]。

（一）接种方法

线虫活体培养时接种方法对其最终产量影响较大。根据线虫和寄主昆虫的不同，主要有浸泡和移液管转移两种接种方法。浸泡是将装有寄主昆虫的筛子浸入线虫悬浮液中。当黄粉虫

（*Tenebrio molitor*）和大蜡螟幼虫接种斯氏线虫，或大蜡螟幼虫接种异小杆线虫时，用浸泡线虫悬浮液法，95%以上的寄主能被侵染，并且 1 个人 1 h 可以接种 20 万头寄主昆虫。但黄粉虫幼虫接种斯氏线虫时，采用浸泡方法满足不了它的侵染水平，无论线虫浓度多大，只有不超过 80% 的黄粉虫被侵染。此时采用移液管转移的方法，按照每克黄粉虫幼虫 800 条侵染期异小杆线虫或 1600 条侵染期斯氏线虫的量接种，效果更好。采用喷施培养介质的方法也可得到同样的效果。

昆虫病原线虫的接种量影响线虫产量。例如，*Heterohabditis bacteriophor* 的最高产量以中等接种量为宜，而 *Steinernema carpocapsae* 的最终产量与接种量成正比，但 *H. indica* 的产量与接种量之间无关系。线虫的最佳接种量是利用最小的接种量来发挥线虫最大的繁殖潜力，即确定线虫产量、营养成分与线虫密度的平衡点。

（二）培养温度

最佳的培养温度因线虫种（品系）的不同而异，一般为 19～28℃。活体培养一般是 25℃，离体培养一般选 23℃。温度影响线虫的产量、生活史和侵染期线虫出现的时间。

（三）培养湿度

培养湿度对活体培养影响很大，相对湿度一般控制在 95%～99%，较高的湿度可促进线虫快速地生长发育和侵染期线虫的出现。1989 年 Goodell 等试验表明，干燥的条件（－110～300 kPa）不会阻止线虫的生长发育，但是它阻止侵染期线虫的出现，当空气流动过快时也会干扰线虫的生长发育。

（四）培养基成分

培养基的营养成分明显影响线虫的产量和质量。

对于活体培养，大蜡螟作为寄主昆虫要好于黄粉虫。大蜡螟的体壁较薄，利于线虫穿透体壁进入体内，且有机质含量高，营养丰富。但大蜡螟的成本高于黄粉虫几倍甚至几十倍。

对于离体培养的培养基选择，应考虑不同线虫的营养需求、培养基来源的便利及成本。一般可以通过增加培养基脂类的质量和含量，来提高线虫的产量和质量。很多报道筛选的培养基有犬饲料培养基、动物组织匀浆培养基、豆粉玉米油培养基、豆粉蛋类培养基，还有以面粉、蛋类、玉米粉、植物油等干粉物质做成的培养基。动物组织匀浆培养基虽然适合线虫大量繁殖，产量高，但成本较高，操作不方便，且难以保藏。而干粉物质组分如豆粉、玉米粉、蛋黄粉类等自然饲料成分获取方便，室温易保藏，容易标准化选配，在商品化生产中具有良好的应用前景。蛋白胨水培养基（1%蛋白胨、0.5% NaCl）和营养琼脂（0.3%牛肉膏、0.5%蛋白胨、0.8% NaCl 和 1.5%琼脂）均能支持细菌的生长。培养基组分的质量和氧气供应对共生细菌的生长情况有一定的影响，而共生细菌的生长状况直接影响着线虫的产量和质量。

（五）通气速度

液相培养中的一个关键因素是通氧量。在液体发酵罐培养线虫的过程中，最大难题是通氧和线虫生长过程中对发酵罐搅拌切力的敏感性，尤其是对性成熟的大母虫。一般来说，摇瓶转速越大，通氧量越大，利于线虫生存，但是转速太大，剪切力也太大，不利于线虫繁殖。因此，转速一般控制在 100~200 r/min。不同的培养基和不同种线虫共生菌对氧的需求不一；不同线虫种和同种不同龄期的线虫对剪切力的敏感性也不同。经测定，认为在线虫成虫期发酵罐的转速应为 180 r/min，而在侵染期线虫应在 180~200 r/min。因此，昆虫病原线虫工厂化生产的发展与人们对昆虫病原线虫的发育生物学、营养学、微生物学、发酵罐的设计和生产过程中各种参数的筛选进展密切相关。

（六）共生细菌

共生细菌是线虫单菌培养的重要组成部分，培养时对其要求较严格。

1. 菌型　　大多数致病杆菌属细菌在指示培养基平板上呈现两种菌落形态，分别称为初生型和次生型。一般情况下，初生型能支持线虫的大量繁殖，少数菌株的次生型菌落也能支持线虫的繁殖。初生型菌可从侵染期线虫肠腔中分离得到，也可从被线虫侵染的寄主昆虫血淋巴中获得。初生型菌不稳定，体外培养时极易转化为次生型。初生型和次生型菌的鉴别可通过菌落的形态、产生的色素是否吸收百里酚蓝、是否有抗菌作用、从麦康凯琼脂中吸收中性红卵磷脂等几个方面加以区分。初生型共生细菌在上述生化指标中均为正（*Xenorhabdus nematophilus poinarii* 除外）。鉴别培养基 NBTA 和麦康凯培养基能较好地作为两型鉴别培养基，尤其是后者更为可靠。初生型菌体具有凸起的、圆形、不规则的边缘，菌体不透明，而次生型菌落平坦、半透明，菌落直径较初生型大许多。所有初生型菌均具有抗菌性，能抑制其他杂菌的生长；而次生型菌不能产生抗生素，但次生型 *Xenorhabdus luminescenens* 菌株也能产生抗菌物质。

2. 菌株　　昆虫病原线虫和共生细菌之间具有一定程度的营养专化性，一种线虫与一种细菌共生，多数线虫从自身携带的共生菌中获得最佳营养。但线虫在不同菌株中的生长率及产量不同，有些线虫（如格氏线虫和 *Heterorhabditis* 属的一些品系）能在其他品系的共生菌菌株中得到比自身携带共生细菌更高的产量。因此，根据某些线虫与共生菌之间并不完全专化的关系，创造比自然组合更好的线虫-细菌复合体系是可能的。因为各菌株对不同培养基组分的专化能力也不同，所以培养时有必要根据线虫品系和培养基组分选择最优菌株用于线虫繁殖。

3. 接菌量　　线虫在离体繁殖过程中，共生细菌明显影响线虫产量和质量。共生细菌指数生长阶段后，不同培养时间的共生细菌对线虫产量没有影响，但不同接菌量对线虫产量影响很大。为稳定线虫产量和质量，必须对接菌量进行标准化。

（七）培养容器

无论活体培养，还是离体培养，所选择的培养容器不仅要求防污染，还要具有通气的作用。因为培养过程中细菌及线虫的生长都需要氧气，同时生长过程中产生的气体如 CO_2、氨等需要及时排出。培养容器的大小对线虫产量有着一定的影响。

（八）培养时间

线虫培养时间与线虫种类、培养基组成、接种线虫量及培养温度有关。最佳的培养时间为培养基营养消耗已尽，侵染期线虫产量最大时。1990 年 Friedman 的专利中提到发酵罐培养 8 d 取得 1.1×10^5 IJs/mL 的产量；1992 年王进贤报道了采用摇瓶培养，3 周后产量可达 3×10^5 IJs/mL；1992 年 Ehlers 等报道在 10 L 的涡轮发酵罐中侵染期幼虫在 25 d 后平均产量为 4.1×10^4 IJs/mL。活体培养一般在 7~10 d 时开始收集，离体培养一般在 2~4 周时开始收集。培养时间过长可能提高产量，但线虫的死亡率也相应增加。

（九）收获方法

当线虫培养到最佳时间，侵染期线虫的产量最高，其他虫态的线虫比例最小，这时应该立即收获，否则会由于线虫死亡数增加而导致产量和质量下降。

固体培养收获线虫的步骤主要是将培养物浸泡于自来水中，让线虫通过筛网，留下海绵等杂质，95%左右的侵染期线虫从培养物中爬出。通过振荡海绵可提高线虫收获效率。清洗过程分级进行，包括多次浸泡、沉淀、换水，如浸泡过夜，则需要空气压缩机供氧。线虫分离可以采用离心、重力沉淀、过滤等方法。

液相培养基培养线虫收获时主要采用离心法，异小杆属线虫回收率可达85%～90%。但离心法用于线虫生产太昂贵，对于小批量生产可以采用悬浮液沉淀法，移除上清液。这种方法的缺点是处于底层的线虫所受压力重，缺氧，会逐渐消耗体内的脂类[10]。

第三种方法采用标准的过滤法，成本低。但是大规模生产时，过滤含有杂质、浑浊的线虫悬浮液时，过滤装置很容易堵塞，使过滤无法继续进行。有人提出根据线虫体长、大小不同采用连续几个不同大小网眼的斜面筛子进行过滤，可有效除去杂质、细菌、色素等及87%左右的废水。

保存线虫之前，应把培养物中杂质和其他虫态减到最少，否则会影响线虫质量和保存时间。

三、线虫的质量评价

收获及清洗完毕后，下一步是在实验室对线虫进行质量检测。衡量一种培养方法的指标主要有两个，即线虫产量和致病力。只有产量高、致病力强的培养方法才是可靠的技术。因此，收获的线虫必须进行质量测定[10]。

（一）线虫产量

收获的线虫中只有侵染期线虫比例大时才算成功，因为在生产应用上，只有侵染期线虫对环境因子具有一定的忍耐性。

（二）线虫致病力及其测定方法

离体繁殖的线虫对昆虫的致病力取决于线虫的带菌率，而线虫的带菌率（携带共生细菌的侵染期线虫的比例）与培养过程中的接菌量有关。因此，测定侵染期线虫（特别是与不同菌株共生的组合繁殖线虫种群）的带菌率可以作为线虫质量评定的指标。

线虫的致病力受很多因素影响，包括寄主和线虫种类、细菌的菌株、温度和生物测试（生测）方法，同时也受寄主位置、寄主的识别、细菌的释放、细菌的增殖及寄主的死亡等影响。滤纸法生测是筛选防治目标害虫最常用的方法，但因不能完全反映线虫杀死田间害虫能力的信息，从而推动了沙子和土壤生测领域的发展，所以目前线虫生测有3种方法：滤纸法、沙培法和土壤法。

不同种（品系）线虫有着不同的寻找和侵袭寄主策略，因此不能仅用一种方法测定所有线虫种（品系）的侵染潜力。一些种如 *S. carpocapsae* 和 *S. scapterisci* 主要用伏击策略来寄生寄主，生测适合用滤纸法；而其他的如 *S. glaseri* 和 *H. bacteriophora* 以追击式侵袭寄主，更适合用沙培法生测。伏击者习惯于长期静止等待路过的害虫进行侵袭，因此在防治近地面活动性强的害虫效果更好。而追击式的线虫不断地寻找寄主昆虫，对相对活动少的深层土壤害虫效果更好。

线虫的质量还可以通过蛋白质、含水量、硬度、颜色和再生能力等测定。

四、昆虫病原线虫储存技术

实验室保种常用低水层（2 cm 左右）或轻体海绵低温下储存，不同的昆虫病原线虫种（品系）对储存要求的温度不同，斯氏属线虫通常保存在 4～8℃的低温下，异小杆属线虫则在 10～15℃。每 6 个月以大蜡螟转代一次。线虫单菌种可用试管斜面、液氮、冰冻干燥等方法保存。但由于为了进一步适合商品化制剂的需要和要求，线虫保存技术的掌握有利于线虫适时应用于田间[10]。

线虫大批量的储存方法包括吸附物质保存法和干燥脱水保存法。吸附物质保存法是将线虫吸附于一定载体上的保存方法，常用的载体有海绵、硅藻胶、活性炭、高分子凝胶如聚丙烯酰胺、蛭石、藻酸盐凝胶或黏土等物质，使线虫部分干燥，活动处于抑制状态，以降低其代谢，从而使线虫保存时间更长[10]。

干燥脱水保存法则是在一定的温度下使线虫慢速脱水或使用脱水剂使线虫进入干燥状态，处于干燥状态下的线虫虫体弯曲，体内水分及虫体代谢明显降低，但在一定条件下又能恢复活动，因此这一方法便于大批量长期储存及运输。一般情况下，线虫储存密度是 1000～2000 IJs/mL。体积较大的线虫，储存密度相对要减小，如格氏线虫最适浓度为 300～500 IJs/mL，可适当地通入气体[10]。

经储存的线虫质量检测除了存活率和生测致病力外，还应进行虫体干重变化测定，因为线虫体内储存的脂类、海藻糖等物质的消耗与线虫的致病力有关[10]。

五、昆虫病原线虫在害虫防治中的应用

（一）单一使用病原线虫防治害虫

利用昆虫病原线虫防治土栖性及钻蛀性害虫有特殊防效。早在 20 世纪 90 年代，我国就有大田试验研究证明，应用昆虫病原线虫能很好地防治桃小食心虫（*Carposina niponensis*）。随着昆虫病原线虫应用的大量研究，我国开始有推广应用昆虫病原线虫防治地下害虫技术的报道。到目前为止，成功应用昆虫病原线虫防治的害虫类群有土栖性害虫、钻蛀性害虫、鳞翅目和跳甲类蔬菜害虫等。田间应用昆虫病原线虫后，部分害虫种群数量得到明显控制。例如，施用昆虫病原线虫后韭蛆（*Bradysia odoriphaga*）的种群数量大幅降低，并且防治韭蛆的效果优于辛硫磷。也有报道表示，单一使用昆虫病原线虫无法达到完全控制害虫种群的效果，如小卷蛾斯氏线虫 A11 品系对当代橘小实蝇（*Bactrocera dorsalis*）的控制效果为 86.3%，但是对下代种群密度仅为对照果园的 14.6%[8]。

已有报道表明，部分品系的昆虫病原线虫对寄主昆虫的田间侵染致死率超过 80%，如利用异小杆属线虫 ZH 品系和小卷蛾斯氏线虫 GA 品系防治光肩星天牛（*Anoplophora glabripennis*）

幼虫，施用 14 d 后均可达到 80% 以上防效；利用夜蛾斯氏线虫 SN 品系对双额岩小粪蝇（*Bifronsina bifrons*）的毒力很强，蘑菇大棚中施用该线虫，5 d 后的致死率为 86.67%[8]。

（二）用昆虫病原线虫与农药联合防治害虫

由于昆虫病原线虫是生物制剂，在实际的农业生产中，其速效性明显低于化学农药。为了弥补这一缺陷，人们开始研究将其与农药混配，以达到减少农药的使用剂量和提高速效性的目的。已有研究发现，某些品系的昆虫病原线虫与某些化学农药或微生物制剂联合使用，可明显提高防治效果[8]。

嗜菌异小杆线虫 H06 品系与杀虫剂（楝素、毒死蜱、辛硫磷、吡虫啉）联合有增效作用；小卷蛾斯氏线虫 A11 品系与毒死蜱混用，防效均高于单剂。吡虫啉、毒死蜱、高效氯氰菊酯对长尾斯氏线虫 X-7、嗜菌异小杆线虫 Cangzhou 品系和印度小杆线虫 LN2 品系存活及侵染率影响不大；异小杆线虫 Cangzhou 品系与吡虫啉混用有增效作用，与其他两种农药混用，则表现出相加作用[8]。

（三）应用昆虫病原线虫共生细菌防治害虫

由于共生细菌的杀虫毒素蛋白具有高效、杀虫谱广和杀虫迅速等诸多优点，从共生细菌中克隆杀虫毒素基因用于转基因抗虫作物的开发，以延缓害虫对转 *Bt* 基因抗虫作物产生的抗性，已成为当今的研究热点。杀虫毒素基因簇对害虫有口服毒性，这些基因各自的作用也在进一步深入研究中，部分研究表明，这些基因的联合作用效果更好。已有报道显示嗜线虫致病杆菌（*Xenorhabdus nematophila*）对鳞翅目、鞘翅目、膜翅目、半翅目、直翅目、等翅目等多种昆虫都具有较高的口服胃毒活性[8]。

格氏线虫 SY5 品系及其共生细菌波氏致病杆菌（*Xenorhabdus poinarii*）SY5 对家蚕幼虫的发育历期、存活率、化蛹率和全茧量均无明显影响，表示其有望应用于蚕区农作物及桑树害虫的防治。用嗜线虫致病杆菌 HB 310（与小卷蛾斯氏线虫共生）的菌液饲喂小菜蛾 2 龄幼虫，存活幼虫的生长发育指标、蛹重、雌虫寿命及成虫产卵量均明显下降，推测可抑制小菜蛾下一代种群数量的增长。嗜线虫致病杆菌 A24-1（与斯氏属线虫共生）有很好的杀虫抑菌活性，用 A24-1 菌液配制饲料饲喂甜菜夜蛾，处理 120 h 后，甜菜夜蛾的平均校正死亡率为 100%[8]。

共生细菌与部分农药混合也能达到增效作用，如嗜线虫致病杆菌 HB310 与氯氰菊酯的 LC_{50} 比值为（74∶26）～（60∶4）［质量比（1006.4∶2.6）～（816∶4）］的混配组合均表现为增效作用[8]。

（四）昆虫病原线虫的应用条件及施用方法

昆虫病原线虫的应用环境对其防治地下害虫效果有很大影响。在土壤环境结构和质地方面，一般来说，潮湿、疏松和通气性好的土壤，能够为线虫的存活、寻觅和感染寄主提供有利的环境，而黏土或淤泥含量高的土壤，或水势高的土壤均不利于线虫的寄生活动。在潮湿环境中，温度在 0～10℃时，昆虫病原线虫不活动，但它们可存活若干年。当温度上升到 10℃以上时，开始活动。对于小卷蛾线虫来说，发育的最适温度为 23～28℃，低于 10℃和高于 33℃时生长发育处于停滞状态。20℃以下或 30℃以上将延长感染时间，而 12℃以下或 35℃以上时，线虫丧失致病能力。因此，田间应用昆虫病原线虫应在 18℃以上，一般线虫施放温度应在 20～28℃[10]。

根据目标害虫和环境条件，线虫的施用方法有多种，如用棉花球蘸线虫悬浮液、喷雾器喷雾，或通过灌溉设施、液体肥料、含有线虫的诱饵，在叶面、地面、空中施用等，并且有很多商品剂型。用小卷蛾线虫防治松树皮象（*Hylobius abietis*）时，用悬浮液浸泡带土的苗木，使线虫进入苗木根际土壤中，效果比喷施明显提高。线虫可以与多种保护剂如抗蒸腾剂、保水剂、黏合剂、紫外保护剂等混用以提高大田防治效果[10]。

六、存在的问题与展望

用昆虫病原线虫控制隐蔽性害虫能达到比单一使用农药更好的效果，我国在昆虫病原线虫制剂的应用方面取得了很大的进步。由广东昆虫研究所研发的异小杆 LN2 和 H06 线虫生物制剂，已走入市场，但是主要应用在高尔夫球场、有机农场这类附加值较高的行业。昆虫病原线虫的应用技术在我国的研究相对较少，多是采用直接灌溉法。随着昆虫病原线虫应用需求的扩大，这方面的研究会得到进一步的加强[8]。

近年来的热点研究包括共生菌的培养与致病性研究、某种病原线虫的杀虫谱和昆虫病原线虫与农药混用增效的研究等。目前我国在农业生产上关于线虫制剂在田间大量应用的报道和实例尚不多见。昆虫病原线虫制剂怎样有效地应对环境变化，昆虫病原线虫的杀虫谱和有效范围，昆虫病原线虫在我国的分布、种类和种群丰富度，这些都需要开展更多的基础性工作。这些工作的开展将为昆虫病原线虫在现代农业中的应用奠定重要基础[8]。

制约线虫制剂在田间应用效果的因素，主要与线虫的生态特性有关。其中涉及环境温度、湿度、土壤类型、太阳辐射等几个主要的因子，目前已经报道有相应的应用对策。但是，针对这些研究还需要加强，以增强它们在应用中的稳定性、方便性和实效性[8]。

大量有关共生细菌杀虫蛋白研究的报道说明，昆虫病原线虫共生细菌有望成为继 *Bt* 后，又一个能提供杀虫蛋白基因的微生物资源，而且这种微生物的变异类型更为丰富。目前已报道的昆虫病原线虫共生细菌超过 2000 个株系，并在杀虫毒素蛋白的杀虫机理、基因克隆等许多方面取得了一定进展。加强昆虫病原线虫和其共生细菌杀虫蛋白的应用研究，在未来农业害虫综合防治中将会发挥重要的作用[8]。

 思考题

一、名词解释

昆虫病原线虫；侵染期幼虫；假受精；昆虫病原线虫共生细菌；活体繁殖；离体繁殖；吸附物质保存法；干燥脱水保存法

二、问答题

1. 简述昆虫病原线虫的生活史。
2. 简述昆虫病原线虫与共生细菌之间的关系。
3. 试述昆虫病原线虫的生态学特性。
4. 简述昆虫病原线虫大量繁殖方法。
5. 谈谈你对利用昆虫病原线虫进行害虫生物防治的认识与看法。

参考文献

［1］张红玉. 昆虫病原线虫优良品系的筛选及生物学特性分析. 哈尔滨：东北林业大学硕士学位论文，2016

［2］钱秀娟，许艳丽，刘长仲. 昆虫病原线虫研究的历史现状及其发展应用动力. 甘肃农业大学学报，2005，40（5）：693-697

［3］李星月，李其勇，符慧娟，等. 新型生防因子—昆虫病原线虫的研究进展. 四川农业科技，2019，（1）：37-39

［4］Lewis E E，Clarkey D J. Nematode parasites and entomopathogens. *In*：Vega F E，Kaya H K. Insect Pathology. London：Academic Press，2012

［5］刘南欣. 昆虫病原线虫//包建中，古德祥. 中国生物防治. 太原：山西科学技术出版社，1998

［6］Ffrench-Constant R H，Bowen D J. Novel insecticidal toxins from nematode－symbiotic bacteria. Cellular and Molecular Life Sciences，2000，57（5）：828-833

［7］罗河清，刘南欣. 昆虫病原线虫//蒲蛰龙. 昆虫病理学. 广州：广东科技出版社，1994

［8］吴文丹，尹姣，曹雅忠，等. 我国昆虫病原线虫的研究与应用现状. 中国生物防治，2014，30（6）：817-822

［9］谷黎娜，钱秀娟，刘长仲. 甘肃省昆虫病原线虫3个优良品系的生物学特性研究. 甘肃农业大学学报，2009，44（2）：85-89

［10］李春杰. 昆虫病原线虫大量繁殖技术研究. 兰州：甘肃农业大学硕士学位论文，2006

第十七章 利用昆虫微孢子虫防治害虫

第一节 昆虫微孢子虫

一、微孢子虫的一般特性

微孢子虫（microsporidia）是一类专性细胞内寄生的单细胞真核生物，其寄主分布十分广泛，能够感染昆虫、鱼类、哺乳动物甚至患有免疫缺陷疾病的人类。早期通过形态学分析曾把微孢子虫归类为原生动物门，后来随着分子生物学的发展，利用分子标记构建的系统发育树等都表明微孢子虫是从真菌分化而来，更接近于真菌。家蚕微孢子虫（*Nosema bombycis*）于19世纪中期在家蚕中分离并命名，是第一个被人类认识的微孢子虫，由此开启了对微孢子虫研究的大门[1]。

昆虫微孢子虫可以寄生在昆虫体内，通过侵染昆虫的中肠、马氏管、脂肪体、卵巢甚至神经，引起昆虫的流行病。微孢子虫不仅在昆虫种群中水平传播，还能垂直传播，引起下一代的感染，影响昆虫的生殖健康和后代发育，是自然界中制约昆虫种群密度的重要因素之一。利用微孢子虫防治农、林业害虫，可持续有效地控制害虫的种群密度，在害虫生物防治中占有重要的地位，是一种很有前途的防治方法，在害虫可持续治理上具有重要意义[2]。但家蚕微孢子虫引起的家蚕微粒子病也依然是对养蚕业最具威胁的毁灭性病害之一[1]。

二、微孢子虫的分类

微孢子虫的起源与进化一直是进化生物学和真菌学争议的焦点之一。一方面，它具有类似原核生物的特征，如缺乏典型的线粒体、高尔基体、过氧化物酶体和"9+2"微管结构，具有原核生物大小的70S核糖体，其5.8S rRNA分子整合到核28S rRNA之中；但最初的RNA小亚基基因系统发育的分析也将其置于古老的真核生物之中。另一方面，它的闭合式有丝分裂和含几丁质及海藻糖的孢子壁等又符合真菌的特征；加之越来越多的分子进化研究显示，微孢子虫具有高度进化的特征，有研究者将其置于真菌界最早的分歧支系之一[3]。

微孢子虫门在分类上已公认归属真菌界，但是它一直使用国际动物命名法规来描述其分类单元，而且第十八届国际植物学大会分类会议对此也予以承认。门的分类特征主要是具有极管、后液泡、极胞体等特征，门以下的分类主要基于形态学和超微结构特征，以及宿主和栖息地。用于微孢子虫分类更专化性的特征包括宿主细胞、孢子大小、核的单倍体或双倍体结构、极丝圈的数量及结构、核及细胞分裂类型（二分裂或原质团分割）、与宿主细胞的界面（后极泡内复制或与宿主细胞质直接接触）、有无产孢泡囊等。最初根据有无孢母细胞泡囊把微孢子虫分为两组，即孢囊亚目和无孢囊亚目，后来根据核结构分为单核排列（单倍期纲）或双核排列

（双单倍期纲），再后来根据双二倍体核形成是通过减数分裂还是核分离来分组。目前微孢子虫门主要分为 3 个类群：①原始类型，梅氏虫科（Metchnikovellidae），具有 1 个初步的极丝，孢子无极胞体，主要是栖息于海洋环节动物肠道中的簇虫的寄生菌；②拟壶孢虫科（Chytridiopsidae）、海斯虫科（Hesseidsae）和博克虫科（Burkeidae），具短的极丝、最低发育的极胞体和内壁；③高级类型，具有 1 个发育良好的极丝、极胞体和后液泡。微孢子虫的各种现代分类系统主要把第三个类群进一步细分为亚组[3]。

从传统的形态分类向分子系统分类的转变过程中，微孢子虫的高阶元分类仍未取得实质性的进展，尚未有被广为接受的分类体系。Vossbrinck 和 Debrunner-Vossbrinck[4]利用 SSU rDNA 序列把 125 种微孢子虫划分为 5 个独立的进化支系，并把这 5 个支系划分为 3 纲，即水生孢子纲（Aquasporidia，支系Ⅰ、Ⅱ和Ⅴ）、海生孢子纲（Marinosporidia，支系Ⅲ）和陆生孢子纲（Terresporidia，支系Ⅳ）。一些研究者因该研究的代表性不足（取样的物种约占已知微孢子虫总数的 10%）而持怀疑态度。虽然这 3 纲尚未被广泛承认，但是其 5 个 SSU rDNA 支系被学界广泛采用，成为判断属种阶元系统发育关系的通用标准[3]。

微孢子虫门的属、种阶元是当前分类研究的重点，SSU rDNA 序列和 β-微管蛋白可起重要作用，尤其是对于形态、细胞超微结构乃至寄主都相同的属或种，SSU rDNA 序列的相似度或遗传距离成为判断属或物种的首要标准。建立新的属阶分类单元时，除了要有明确的形态或生活史特征差异，还要有分子系统树来证实与现有属或种的系统发育关系。对寄生于软体动物的肝孢虫属（Hepatospora）的研究显示，SSU rDNA 序列相似度在鉴定物种时比形态特征更可靠。至于用 SSU rDNA 序列相似度判定属种的标准，Terry 和 Dunn[5]界定网腔孢虫属（Dictyocoela）时提议相似度 1% 以内为同一个物种，相似度 2%～11% 属于同一属，这也成为后来鉴定新种的最低标准。例如，Troemel 等[6]在建立巴黎杀线孢虫（Nematocida parisii）新属的同时，发现了该属的 1 个菌株 Nematocida sp.，它与前者的 rDNA 序列相似度约为 95%，后来 Zhang 等[7]据此描述为新种奥氏杀线孢虫（Nematocida ausubeli）。但也存在 rDNA 序列相似度与形态特征相矛盾的情况，寄生于澳大利亚海蛇的微孢子虫与鳗鲡异孢虫（Heterosporis anguillarum）的 rDNA 序列相似度超过 99%，但是其孢囊和孢子形态等超微结构却符合多孢子属（Pleistophora）的特征。分子数据的采用大大加快了发现新属、新种的步伐。从 Didier 等[8]在《菌物进化系统学》（第二版）承认了 190 属（附有 190 个属的名录，其文献截至 2012 年）之后，又陆续发表了许多新属，近百个新种。迄今全世界发现的微孢子虫已达 221 属 1300～1500 种，以昆虫为宿主的超过 90 属 600 种，几乎占了所描述属种的一半（表 17-1）。

表 17-1　从不同昆虫目中分离到的微孢子虫属数量[9]

昆虫目	微孢子虫属
弹尾目（Collembola）	1
双翅目（Diptera）	57
鞘翅目（Coleoptera）	5
蜉蝣目（Ephemeroptera）	5
半翅目（Hemiptera）	1
膜翅目（Hymenoptera）	3
等翅目（Isoptera）	1
鳞翅目（Lepidoptera）	5
蜻蜓目（Odonata）	2
直翅目（Orthoptera）	4

续表

昆虫目	微孢子虫属
蚤目（Siphonaptera）	2
缨尾目（Thysanura）	1
毛翅目（Trichoptera）	3
总计	90

三、昆虫微孢子虫的主要特征

（一）孢子的形态

微孢子虫含有单孢子，形状大多为卵圆形，也存在呈杆状、球状的。孢子种间差异小，种类不同，孢子的大小各异，直径一般为 2～40 μm，同种宿主昆虫内的孢子多为 2～6 μm。在湿封盖玻片下孢子壁是均质、光滑而具强折光性，尤以在相差显微镜下更明显（图 17-1）[9]。

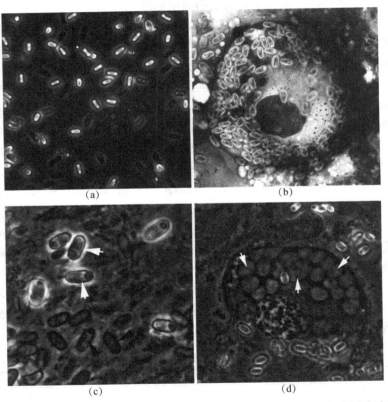

图 17-1　葡萄黑象甲（*Otiorynchus sulcatus*）中分离得到的微孢子虫（*Nosema* sp.）生活史阶段的相差显微图[9]

（a）环境孢子（明亮折光）和未成熟孢子（黑/灰色）（×1000），成熟的环境孢子表面通常光滑，具双折光性，未成熟孢子缺乏孢子内壁，呈黑/灰色；（b）中肠上皮细胞中吉姆萨（Giemsa）染色的环境孢子（×500）；（c）中肠上皮细胞中的初生孢子（白色箭头）和已经萌发的初生孢子（黑色箭头）（×1000）；（d）中肠上皮细胞中的营养生长形态（箭头所指）（×1000）

但有些属的微孢子虫的孢子形态则很不相同。辛孢属（*Octosporea*）的孢子呈杆状；而螺孢属（*Spiroglugea*）的孢子呈"S"形；箭孢属（*Tocoglugea*）的孢子呈"C"形；尾孢属（*Caudospora*）的孢子末端有附器，如蚋尾孢虫（*C. simulii*）的孢子还包以胶状物，呈龙骨状的侧翅，感染水生昆虫的孢子表面也可能有同样的胶状包膜，包膜的作用显然是使孢子增加浮力，有助于传播；

双孢属（*Telomyxa*）的孢子由一共通的抗性膜端连成双，给人造成是单一孢子而又具二极丝在两端的错觉[10]。

　　微孢子虫环境孢子的组成部分如图 17-2 所示。孢壁位于最外层。条件允许时，微孢子虫细胞内的渗透压和离子开关发生改变，激发极丝弹出，刺透较薄的孢壁，孢内的孢原质便通过极丝进入邻近细胞，完成侵染过程。微孢子虫孢壁由孢子外壁（exospore）、孢子内壁（endospore）和细胞膜（plasma membrane）构成。孢子外壁由蛋白质构成，其表面蛋白质分布均匀。孢子内壁由几丁质和蛋白质组成，除顶端内壁较薄外，其余部分厚而均一。孢原质是微孢子虫的主要遗传物质。极管、极丝和后极泡在侵染寄主时，主要起辅助作用。由膜和糖蛋白构成的极管一端附着在孢子细胞前端的锚定盘，另一端与膨大的后极泡连接。后极泡膨胀过程只有在成熟孢子细胞内才能被观察到[11]。

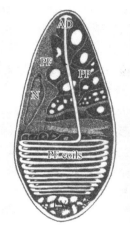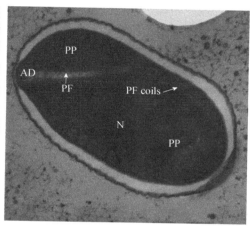

图 17-2　微孢子虫环境孢子图示（左）和透射电镜图像（右）[9]

AD. 锚定盘（anchoring disc）；PP. 极质体（polaroplast）；PF. 极丝（polar filament）；PF coils. 极丝卷；
N. 核（nucleus）；PV. 后极泡（posterior vacuole）

　　在电子显微镜下，一般较容易在孢子前端分辨出明暗交替、互相重叠的片层结构，组成一层层囊状物，称为极质体（polaroplast），极质体占据了孢子 25%～30%的空间，有些孢子的极质体可分为两部分，前部的囊状物较大、排列疏松，后部却排列很紧密。位于孢子最前端多层明暗相间的伞状结构为锚定盘。孢子顶端具一极孔，是放出极丝（PF）的出口，与极孔相连是一条比极丝较粗的极丝柄，通过锚定盘附着孢子前端的内面，极丝从固定板延伸下来，穿过极质体的中心，在孢子的中部盘绕成球状的圈，即极丝卷，多数以单层排列，个别以多层排列，如蜜蜂微粒子（*Nosema apis*）。极丝的圈数因不同孢子种类而异，少的仅有 3～4 圈，如脑孢子虫（*Encephilitozoon* spp.），多的可达 30～40 圈。蜜蜂微粒子一般为 10～13 圈，电子显微镜研究证明，极丝是以多层黑白相间的同心层构成，有时可分辨出 6～10 层[10]。

（二）生活史

　　微孢子虫个体微小，无线粒体，专性细胞内寄生，生活史一般经历孢子发芽、裂殖生殖和孢子形成 3 个阶段。第 1 阶段也称感染阶段，微孢子虫将其孢子释放到环境中，将具有感染性的孢子内容物摄入宿主细胞内；第 2 时期即裂殖增殖，微孢子虫即在细胞内繁殖；第 3 时期即孢子增殖阶段，可形成感染性的孢子。但某些微孢子虫在增殖过程中能形成两种形态和功能各异的孢子（图 17-1）[12]。

在自然条件下，成熟的孢子在适合的寄主消化道内发芽，孢子被活化。鳞翅目昆虫取食混有微孢子虫的食物后，孢子在消化道内强碱性环境（pH＞10）的刺激下发芽，发芽的孢子通过一种爆发性外翻的"注射针"（极管、极丝或入侵管）等方式将孢原质注射到寄主细胞的细胞质中。这种入侵方式是通过微孢子虫后极泡和寄主细胞的质膜发生相互反应，引发极丝的弹出和肌动蛋白介导的孢原质的吞没造成[1]。刚放出的孢质由细胞核、未分化的细胞质及来源于极质体的细胞膜构成。在 20 min 内，细胞构造分化，形成了一层真正的细胞膜，并合成内网膜，成为球形细胞。这样，进入了裂殖生殖期或营养生殖期[10]。

裂殖体具有完整的细胞核。它吸收寄主细胞的营养，体积不断增大，细胞核分裂。这时可能有两种情况：①在细胞核分裂时，未同时发生细胞质分裂，结果产生了多核变形体，最后才发生细胞质分裂，形成裂殖体。②在细胞核分裂时，细胞质也同时分裂，形成成对的裂殖体。有时，细胞核的分裂速度比细胞质快些，会形成一串相接的裂殖体。裂殖体的特征是具有丰富的内质体及核糖体，有时可以看到高尔基体等，但没有线粒体。有趣的是，寄主细胞的线粒体会紧密靠近寄生虫细胞膜，这显然与提供能量有关。细胞核一般是单核，呈球形，但有些种类呈半球形的双核[10]。

进入孢子形成期（sporogony），一般是以存在母孢子为标志。按照定义，母孢子直接分裂为孢子母细胞（sporoblast）。但是实际上，一些母孢子在形成初期，在光学显微镜下形态结构上与裂殖体十分相似。电子显微镜下早期的母孢子是有第二层膜围着细胞，或者在母孢子细胞膜外不规则沉淀电子致密的物质。除此之外，母孢子与裂殖体的超微结构十分相似。由母孢子分裂产生孢子母细胞，所产生的孢子母细胞因不同种类而异，因此可作为微孢子虫分类的重要特征之一。例如，微粒子属，从 1 个母孢子可产生 2 个孢子母细胞，而在多数情况下，母孢子行减数分裂，细胞核经分裂多次，成为多核体；然后，产生单倍体的孢子母细胞。其结果从 1 个母孢子产生 4 个（如古勒虫属）、8 个（如泰罗汉孢虫属）、16 个（如杜波斯克孢虫属）或 16 个以上（如具褶孢虫属）的孢子母细胞[10]。

微孢子虫的生活史一直被认为是简单的。但一些寄生水生昆虫的微孢子虫的生活史很复杂，如钝孢虫属（Amblyospora）。蚊子的幼虫吞吃了污染这种孢子的食物，孢子发芽后孢质侵入了血细胞；经过无性分裂繁殖后，裂殖体以某种方式侵入雄蚊幼虫脂肪体，在那里，微孢子虫进入孢子形成期，经过减数分裂，从 1 个母孢子形成 8 个单倍体孢子母细胞，最后形成孢子。但是这种孢子不能感染蚊子幼虫。由雄性蚊子幼虫产生的孢子可侵染桡足类的幼虫，并经历与在雄蚊幼虫中完全不同的生活史，即孢子进入虫体后，最初产生的单核裂殖体，成双融合后成了双核，接着核融合成为单核双倍体裂殖子，经无性繁殖进入母孢子；最后，每个母孢子产生 4 个孢子，而这些孢子可感染蚊子幼虫。因此，桡足类幼虫是钝孢虫属的中间寄主。另外，钝孢虫属在雌性蚊子幼性内又经历完全不同的生活史：侵入雌性蚊子幼虫后，侵入绛色细胞进行无性繁殖，形成双核裂殖子；但不侵染其他组织，直到幼虫成为成虫，双核裂殖子侵入卵巢组织的卵母细胞，经雌蚊成虫吸过一次血而产生 B_7 蜕皮激素高峰后，大多数微孢子虫才进入孢子形成期；然后，经卵把微孢子虫传给下一代蚊虫（其雌性蚊子微孢子虫生活史与微孢子属相似，而雄性蚊子孢子虫的生活史与泰罗汉孢虫属相似）。另外，一些属的微孢子虫也会随温度变化而产生二型变态，如变态孢虫属（Vairimorpha）。当幼虫饲养在 20℃以下时，部分变态孢虫与泰罗汉孢虫相似，其母孢子形成 8 个孢子母细胞；但是在 25℃条件下，与微孢子属相似，每个母孢子形成 2 个孢子母细胞。有时，同一虫体内也有两种形态的孢子存在[10]。

（三）病理学

1. 组织病变　　昆虫病原微孢子虫可寄生于任何发育阶段的昆虫。受感染昆虫的病理学表现一般为慢性和亚致死病变，随着微孢子虫在体内的增殖，会表现一系列显著的组织病变及异常的发育和行为特征。最常见的病变组织是脂肪体和中肠上皮细胞，常呈乳白色，且由于孢子的聚集而膨胀、畸形。外观典型症状是体表出现黑点或隆起的黑斑，黑点（斑）的产生可能源于昆虫的防御反应[12]。

受感染昆虫的产卵量和卵的孵化率下降，可能与微孢子虫对寄主卵巢的破坏和储存能量的消耗有关。微孢子虫的感染常导致雌虫繁殖力降低，未受精卵增加，甚至可能改变昆虫种群的性比，还会干扰寄主昆虫的光周期反应，阻止滞育，进而影响昆虫的蜕皮和变态[12]。

2. 细胞病变　　昆虫微孢子虫的发育是在寄主细胞的细胞质内进行的，微孢子虫和寄主在细胞水平上的特异性关系表现为共生肿瘤的生成。目前已发现的有多核的共生肿瘤和向肿瘤转化的共生肿瘤两种类型。共生肿瘤的形成是寄生双方共同作用的结果，其形成和发挥功能的生理和免疫机理有待于进一步研究[12]。

3. 致病机理　　昆虫微孢子虫病的病理过程是从昆虫细胞的病理变化开始的。由于微孢子虫的各个发育时期本身都不具有线粒体，其营寄生生活的营养来源完全依赖于寄主细胞的线粒体来供给，因此微孢子虫进入寄主细胞后，其周围的线粒体参与微孢子虫的代谢过程，为微孢子虫提供能量，从而导致寄主细胞的细胞核和细胞质之间正常的代谢作用被破坏。微孢子虫对寄主昆虫的破坏作用主要体现在掠夺养分、分泌蛋白酶溶解寄主细胞内容物、机械破坏寄主细胞完整性等方面。随着破坏作用的逐渐扩大和加剧，导致寄主组织和器官丧失功能，寄主昆虫死亡[12]。

家蚕等昆虫感染微孢子虫后，体内某些与营养生理和泌丝生理密切相关的物质（如碱性磷酸酶、谷丙转氨酶、过氧化物酶、海藻糖酶、蛋白质、糖类等）的活性或含量会发生显著变化[12]。

4. 感染类型

（1）普通型感染　　微孢子虫在裂殖生殖期扩散进入寄主组织，最后导致寄主细胞破裂，孢子被释放到肠道内[12]。

（2）溃疡型感染　　微孢子虫只局限于大型器官，并在其中大量繁殖，细胞破裂后引起穿孔，受到其他微生物的再侵袭[12]。

（3）积累型感染　　微孢子虫的孢子储存于寄主的各种组织中，脂肪体全部细胞均受感染，不断充满孢子。微孢子虫对鳞翅目昆虫的感染大多属于积累型感染类型[12]。

（4）退化型感染　　寄主组织受到感染后立即退化，受破坏的细胞不能被新的细胞所取代，孢子相当稀少，被感染的昆虫极度衰弱，并且失水[12]。

（四）传播途径

昆虫微孢子虫病的传播有水平传播和垂直传播两种途径。水平传播的主要方式是经口感染，垂直传播的主要方式是经卵感染[12]。

从染病昆虫释放出的病原体主要是孢子，而孢子的体外释放，则取决于微孢子虫对寄主组织的亲和性。环境中的理化、生物等因素能影响昆虫微孢子虫病传播和发生的程度。病原体孢子到达感受性宿主的方式，包括同类相残和经卵传递等直接接触传染，以及通过物理和生物媒介（如寄生蜂）的间接接触传染[12]。

1. 水平传播　昆虫微孢子虫病水平传播的常见方式是食下具有感染性的微孢子虫孢子。经口感染依赖于孢子的数量和合适的寄主消化道环境（pH、酶），孢子在肠道内发芽后放出的芽体穿过肠壁到达感受性细胞并在其中增殖。不同种类的微孢子虫具有特定的亲和性组织。

野外昆虫间直接的经口感染一般是通过昆虫间的同类相残实现的。驯养的家蚕主要通过蚕座内传染进行水平传播。微孢子虫同时也能通过一些膜翅目拟寄生物的产卵活动而传播。某些对寄主微孢子虫易感的拟寄生物也可能将寄主的微孢子虫传至自己的子代。病原微孢子虫的传播及随后的食下传染过程可能会受到寄主昆虫吐液或丝腺分泌的影响。

2. 垂直传播　垂直传播即微孢子虫从亲代直接传递至子代的过程，是许多昆虫微孢子虫主要的传播方式，同时也代表了微孢子虫在进化过程中形成的对环境的一种适应性，有助于微孢子虫的保存和继代。

在大多数寄主昆虫中，垂直传播是由母体介导的，微孢子虫通过母体的产卵传递至子代的传播途径称为经卵传染。卵巢传染是微孢子虫垂直传播的最普遍模式，但病原侵入卵的确切机制尚未探明。昆虫的微孢子虫经父本垂直传播至次代的情形罕见，只在枞色卷蛾微孢子（*Nosema fumiferanae*）和谷螟微孢子（*Nosema plodiae*）2 种中有报道。垂直传播既是家蚕养殖中应重点防范的传播途径，也是微孢子虫用于生物防治的天然优势。

（五）寄主特异性

1. 体外寄主特异性　微孢子虫专性细胞内寄生，通过建立细胞培养系或组织移殖，已在组织培养系中对昆虫微孢子虫开展了体外研究。许多有关这方面的研究主要包括在自然寄主的组织培养系中调查微孢子虫的生活史，或是在非寄主来源的细胞培养系中调查微孢子虫的增殖能力[12]。

按蚊微孢子（*N. algerae*）、蜜蜂微孢子（*N. apis*）、家蚕微孢子（*N. bombycis*）、天幕毛虫微孢子（*N. disstriae*）、棉铃虫微孢子（*N. heliothidis*）、梅氏微孢子（*N. mesnili*）、亚洲玉米螟微孢子（*N. furnacalis*）、黏虫变态微孢子虫（*Vairimorpha necatrix*）、*Vavraia culicis* 和 *Cystosporogenes operophterae* 等昆虫微孢子虫先后在体外细胞培养系中培养成功。其中，按蚊微孢子虫是目前已知的在不同细胞培养系中生长能力最强的微孢子虫，其适合生长的细胞系可以来源于脊椎动物或无脊椎动物。但还没有发现能在 37℃及以上的温度条件下生长的昆虫微孢子虫，这似乎就是寄生昆虫的和寄生恒温脊椎动物的微孢子虫之间最大的生理差异[12]。

2. 体内寄主特异性　许多昆虫微孢子虫对寄主的特异性都得到了研究，主要目的是确定微孢子虫作为生物杀虫剂的靶标害虫的范围及对非靶标生物的安全性。例如，蝗虫微孢子虫（*N. locustae*）的寄主特异性研究显示，该种微孢子虫只特异性地作用于直翅目昆虫，对蜜蜂和家蚕等昆虫，以及哺乳动物、鸟类和鱼类等都不构成感染，从而成为控制蝗虫危害的理想的生物杀虫剂[12]。

相反，按蚊微孢子则能经口传染给 4 个不同科的昆虫和 2 种吸虫，也能注射传染给 6 个目的昆虫、甲壳动物，但对温血动物并无威胁，可能是由于温血动物的体温条件和免疫系统抑制了该种微孢子虫的增殖[12]。

有数项试验比较了陆生和水生昆虫来源微孢子虫的生理寄主特异性（实验室）和生态寄主

特异性（田间），有关实验结果可用来将不同种的微孢子虫按其对非靶寄主安全性的不同进行分级[12]。

（六）影响微孢子虫侵染作用的环境因素

1. 温度　　温度对微孢子虫的侵染作用最为重要。大多数微孢子虫侵染的最适温度是 20～30℃，低于 10℃ 则不能侵染。寄主昆虫冬眠或夏眠时，微孢子虫的发育也缓慢或完全停止。例如，用 *Octosporea muscaedomestica* 的孢子对伏蝇（*Phormia regina*）接种，在 12℃ 时不受感染，因为孢子不能萌发极丝。温度高时对微孢子虫的致病力也有影响，如当温度由 25℃ 升至 30℃ 以至 35℃ 时，*Nosema whitei* 对赤拟谷盗的致病力降低；感染西方五月鳃角金龟（*Melelontha melelontha*）幼虫的鳃角金龟微孢子（*Nosema melolonthae*）的发育最适温度为 20℃，这在生态上极为重要，因为西方五月鳃角金龟幼虫生活的土壤，温度常低于 20℃[10]。

季节变化也影响微孢子虫的侵染作用。寄主昆虫冬眠或夏眠时，微孢子虫的发育也缓慢或完全停止，如棕尾毒蛾（*Eupraetis* sp.）幼虫秋天感染泰罗汉孢虫（*Thelohania* spp.）时，寄生物只在春天幼虫取食后，才完成其发育，从寄主被感染到孢子形成，需要 6 个月左右[10]。

气候状况（主要是温度）会影响到某些微孢子虫的分布。例如，微粒子 *Nosema serbica* 只在南欧和亚热带地区侵染舞毒蛾（*Lymantria dispar*），而在中欧地区，则不受它的侵染；有些微孢子虫冬天才在寄主体内繁殖，如 *Nosema stricklandi*；有些则在夏天才在寄主体内繁殖，如蚋具褶孢虫（*Pleistophora simulii*）和泰罗汉孢虫[10]。

温度是微孢子虫的侵染屏障，感染昆虫的微孢子虫不可能感染温血动物和人。体外培养证明，昆虫的微孢子虫不能在较高的温度下存活，如家蚕微孢子、蚊微孢子、天幕毛虫微孢子、斜纹夜蛾微孢子、棉铃虫微孢子、蝗虫微孢子、变态微孢子及冬蛾微孢子等，均不能在 37℃ 存活[10]。

2. 湿度　　湿度会影响微孢子虫孢子的生存时间，干旱季节寄主体外的孢子会引起死亡，但湿度对微孢子虫感染过程带来的影响却知道得很少。当相对湿度从 10% 分别增至 30%、50%、70%、90% 时，微孢子 *Nosema whitei* 对赤拟谷盗的致病力连续下降，低湿度环境使寄主昆虫受到抑制而微孢子虫的致病力增加[10]。

3. 光照和太阳辐射　　在发育或滞育条件下的昆虫，光照不同，其体内微孢子虫的发育也不同，如欧洲粉蝶（*Pieris brassicae*）低龄幼虫感染了微孢子虫后，将一部分置于长光照（18 h）条件下，另一部分置于短光照（12 h）条件下，结果寄主昆虫前者 100% 发育正常，而后者 100% 滞育。此时微孢子虫的发育也不相同，进入滞育的昆虫体内的微孢子虫比发育正常的昆虫体内的微孢子虫发育更快、繁殖更旺盛。寄生物似乎在与寄主竞赛，试图阻止滞育发生和解除休止状态[10]。

紫外辐射会直接杀死微孢子虫的孢子。如果在孢子悬浮液中加入紫外线防护剂，可使喷洒到棉花上的孢子的半存活期增加到 1.1 d，使喷到大豆上的孢子的半存活期增加至 3.7 d；有保护剂的孢子的田间储存期在菜豆上为 6 d、在烟草和大豆上则超过 14 d。因此，在田间应用时增加紫外线防护剂，可延长孢子的存活时间[10]。

4. 寄主的生理状况　　由于微孢子虫不能独自存活，其侵染与存活依赖于寄主的生理状况。因此，微孢子虫是其寄主生理状况的敏感指示者，它能对在外界环境因子作用下虫体体内发生的最微小变化产生反应[10]。

第二节 利用蝗虫微孢子虫防治蝗虫

蝗虫微孢子虫（*Paranosema locustae*）最早发现于非洲飞蝗（*Locusta migratoria migratorioides*），但其寄主不局限于非洲飞蝗，双带黑蝗（*Melanoplus bivittatus*）、血黑蝗（*M. sanguinipes*）、黑翅蝗（*M. dawsoni*）、*M. brunneri*、沙漠蝗（*Schistocerca gregaria*）、*Cordillacris occipilulis*、巨头蝻（*Aulocara elliotti*）、加罗林蝻（*Dissosteira carolina*）等都是蝗虫微孢子虫的寄主，蟋蟀（*Gryllus* sp.）及另外 58 种蚱蜢也受到它的侵染。在我国能感染东亚飞蝗（*Locusta migratoria manilensis*），并能感染内蒙古、新疆的 11 种草原飞蝗，如白边痂蝗（*Bryodema puctuosum luctuosum*）、亚洲小车蝗（*Oedaleus decorus asiaticus*）等[10]。

一、蝗虫微孢子虫的生物学特性

蝗虫微孢子虫生活史可以分为裂殖生殖和孢子形成两个发育阶段。裂殖生殖包括单核裂殖体和双核裂殖体。从东亚飞蝗自然种群上分离的微孢子虫还观察到 6～8 核等多核裂殖体。产孢体为双核，核分裂产生两个子代双核孢子母细胞。成熟孢子为圆形，双核，大小为（3.5～5.5）μm×（1.5～3.5）μm，极丝长 86～145 μm，极丝圈为 18～20 个。生活史的各个发育阶段均为双核。目前已从蝗虫上分离、鉴定了 5 种微孢子虫[13]。

蝗虫微孢子虫具有较广的寄主范围，已知蝗科 90 多种蝗虫均易感染。蝗虫微孢子虫主要感染寄主脂肪细胞，其次是围心细胞和神经组织。感染东亚飞蝗的微孢子虫还从唾液腺、卵巢组织中见到孢子和裂殖体。感染蝗虫的脂肪体由于微孢子虫寄生而逐渐由黄色、透明的片层结构变成浅黄色、不透明的豆腐渣样。解剖病虫，取小块脂肪组织制水压片，显微镜下可见到大量微孢子虫孢子。寄主感病早期或轻度感染，外部症状不明显，但感病后期病虫体色变深，呈褐色或红褐色，腹部肿胀，腹节明显胀开，整个虫体外形比健虫肥大。从病虫的唾液、排出的粪便中均能检查到孢子，这是该病原物水平传播的重要途径。卵表面黏附着孢子或可能经卵巢组织传播，形成该病原物的垂直传播[13]。

蝗虫微孢子虫对寄主有明显的致死作用。死亡率大小因接种病原物浓度、寄主种类、虫龄及饲养方式等不同而有差异。用 $5.5×10^3$ 孢子/头、$5.5×10^4$ 孢子/头、$5.5×10^5$ 孢子/头的浓度分别接种 3 龄双带黑蝗，单头饲养死亡率为 0～10%，群体饲养则为 51.9%～63.9%；用 $1×10^4$ 孢子/头、$1×10^5$ 孢子/头、$1×10^6$ 孢子/头接种 3 龄东亚飞蝗，单头饲养死亡率为 26%～81%，群体饲养为 78%～100%。可见东亚飞蝗对微孢子虫比对双带黑蝗更敏感。在群体饲养的东亚飞蝗中，个体间有自残习性，感染微孢子虫后病虫体弱，活动能力减少，因而增加自残机会，大大提高饲养群体的死亡率，这种第二性死亡因素在生物防治上可以应用[13]。

感染了蝗虫微孢子虫的蝗虫发育受阻，蜕皮困难或蜕不下，或造成翅、腿畸形等，生育期拖后，以致不能发育为成虫。病虫取食也明显少于健虫。接种 24 d 后，病虫比健虫取食量减少 30%～75%。病虫即使成活到成虫并能交配产卵，其产卵力也大大降低。蝗虫微孢子虫感染寄主脂肪体，并在其中繁殖产生大量裂殖体和孢子，消耗寄主营养，最后导致寄主死亡[13]。

二、蝗虫微孢子虫的生产

蝗虫微孢子虫作为生物杀虫剂用于生物治蝗，首先要解决其生产问题。目前，唯一可靠的方法是活体增殖，而利用组织培养（离体增殖技术）生产蝗虫微孢子虫尚处于探索和实验阶段。

美国早期采用双带黑蝗增殖微孢子虫，产量较低。近年来，已经筛选到异黑蝗（*Melanoplus differentialis*）作增殖寄主，单头产孢子量提高到 $6×10^9$ 孢子，达到工厂化生产水平。我国利用东亚飞蝗生产微孢子虫，单头产量达 $(5\sim7)×10^9$ 孢子，可以进行工厂化生产[14]。

（一）活体增殖

1. 寄主飞蝗的饲养

（1）养虫设备和器具　　饲养室分为健虫饲养室、病虫饲养室及饲料准备室，试验室用于器具洗涤、消毒及产品加工等。养虫室内装有恒温恒湿控制装置、日光灯、养虫笼、养虫管等。试验室内备有显微镜、离心机、电冰箱、冰柜和灭菌锅等。

（2）卵的采集和保存

1）田间挖卵。春季解冻或秋季上冻前，到东亚飞蝗发生基地组织人工挖卵块，连同湿砂土一起装入塑料袋内，保持一定温度，置于4℃保存。

2）田间采集成虫室内产卵。待成虫进入产卵前期，到东亚飞蝗发生基地采集成虫，室内饲养成虫产卵，收集产下的卵块，放入保温塑料盒内，置于4℃冰箱保存待卵孵化。

3）田间罩笼养至成虫产卵。在东亚飞蝗发生基地附近，建立饲养大笼，田间采集成虫放入饲养大笼内，让其在笼内地面产卵。卵孵出后，在笼内饲养，每天采集天然禾本科杂草饲喂至成虫再产卵。

4）室内养虫至成虫产卵。在温度和湿度完全控制的条件下养虫，一年四季均可以饲养，能饲养多代质量高的卵块。室内饲养条件要求严格，特别是无菌条件，以预防真菌、细菌污染。适于工厂化生产微孢子虫。

（3）卵孵化及若虫饲养

1）少量饲养（几千头）。经挑选卵块，放入大养虫箱（50 cm×50 cm×100 cm），上面覆盖0.5 cm厚的砂土，再盖一层塑料布保温，每天检查初孵若虫，待若虫孵出，除去塑料布，让若虫自然爬行。若虫孵出后，箱内放入麦苗、玉米苗做饲养并加些麦麸。同时打开灯光，昼夜光照，每箱可以孵若虫3000～4000头，待养至4～5龄移入接种养虫笼内。

2）大量饲养（几万头）。将卵块置于大罐头瓶内，内装湿砂土，卵块放中部，上面覆盖1 cm厚湿沙土，盖上盖，置于养虫室内，每天检查，孵出若虫放同一养虫笼内（养虫笼30 cm×30 cm×50 cm），使之生长发育一致，每笼养虫300～500头。按生产规模，增加养虫笼。

3）若虫饲养。养虫笼或养虫箱控制温度为30℃、RH 70%，昼夜光照，每天加入麦苗或玉米苗和麦麸，清除粪便，保持清洁，减少污染。

4）成虫饲养与产卵。成虫饲养条件与若虫相同，如能增加饲喂较老玉米叶，则有利于成虫发育产卵。为使成虫产卵，养虫箱底部挖有6个直径15 cm的孔，每孔下面放有高10 cm的玻璃缸，内装湿砂土，以便成虫产卵，1～2周采收一次。如果饲养在小养虫笼内，在笼内放有7～8 cm高的塑料杯，内装湿砂土，让成虫产卵，每天采收一次。

5）饲料。天然饲料，如麦苗、玉米苗，加麦麸饲养蝗虫。

2. 蝗虫微孢子虫的生产

（1）接种孢子虫病源　　选择感染微孢子虫病原症状的典型虫尸，外观表现为个体肥大，虫体肿胀，腹节节间膜全部胀开，拉长；色变白或粉白色，手触即有柔软感，单头孢子量高达 $2×10^{10}$ 孢子左右。研磨、过滤、差速离心，取沉淀即得微孢子虫，保存于 $-20℃$ 冰箱中待用。

（2）接种及病虫饲养　　将上述提取的蝗虫微孢子虫液，稀释至 $1×10^6$ 孢子/mL，喷在麦苗饲料表面上晾干。喂饲 4～5 龄蝗虫若虫 2 d，然后更换新鲜饲料喂饲，连续饲养 20～35 d。采集病死虫尸，放入 $-20℃$ 冰箱保存。病虫饲养条件同健虫，应注意保持养虫室适宜温度和湿度，以利减少细菌和其他杂菌污染。

（3）蝗虫微孢子虫液制备和贮存　　将 $-20℃$ 贮存的病死的虫尸取出，如虫尸量少，可以用大研磨器研磨；如虫尸量大，可以用绞肉机绞碎，尼龙纱布过滤，差速离心 30 min，重复 2 次，取沉淀即得粗提取孢子液。用无菌水洗下，孢子计数后，分装于塑料瓶（500 mL/瓶）或塑料桶（5000 mL/桶）内，置于 $-20℃$ 保存，通常可以贮存 1 年。

（4）蝗虫微孢子虫质量检查　　蝗虫微孢子虫液产品用血细胞计数板计数孢子含量，其生物活性采用生物测定法，安全性检测送有关部门进行。

（二）离体增殖

离体增殖是指利用昆虫细胞-组织培养系统增殖微孢子虫。微孢子虫在体外培养的昆虫细胞中建立感染需要一定的条件，首先要有敏感细胞，其次要有大量高纯度的无菌孢子，在体外条件下使孢子在细胞附近萌发感染细胞。利用组织培养生产微孢子虫优越性明显：①培养细胞远较饲养大量寄主昆虫要求的空间小，时间短，可节省大量人力、时间和空间。②组织培养生产的微孢子虫容易提纯，便于管理，易于工厂化生产。利用组织培养生产微孢子虫很大程度上依赖于开发廉价的昆虫细胞大规模培养技术。随着基因工程产品的不断问世，昆虫细胞大规模培养备受国内外学者的青睐。目前，国外已有商品化的昆虫细胞无血清培养基投放市场，可以预见，一旦昆虫细胞大规模培养得以实现，专性细胞内寄生的昆虫病原体的工业化生产将会发生惊人变化。

三、蝗虫微孢子虫在蝗虫生物防治中的应用

1986 年，中国农业大学植物保护学院严毓骅教授由国外引进了蝗虫微孢子虫，在我国农业部的领导下成立了微孢子虫治蝗科研推广协作组，列入我国"七五""八五"部级、"九五"国家级重点课题。新疆、内蒙古是荒漠、半荒漠草地，植被稀疏且蝗虫虫体较大，微孢子虫的载体为大片具有淀粉层的麦麸。青海是高寒草甸草地，植被盖度大且虫体较小，微孢子虫的载体为草地牧草。也可以用超低量喷雾器直接喷洒于蝗害区的草地上。据青海省草原总站 1987～2003 年监测，蝗虫微孢子虫每年灭蝗率平均为 68.76%，与卡死克（flufenoxuron）混合剂灭蝗，每年灭效可达 77.83%～79.03%[13]。

目前，在新疆、青海、甘肃、内蒙古、北京、天津、山东、广东和海南等地，利用蝗虫微孢子虫防治意大利蝗、西伯利亚蝗、红胫戟纹蝗、亚洲小车蝗、宽须蚁蝗、白边痂蝗、皱膝蝗、中华稻蝗、棉蝗、东亚飞蝗和黄脊竹蝗等，取得了良好的防治效果[14]。

四、利用微孢子虫防治害虫的前景与展望

微孢子虫的特性使它具备了作为生物杀虫剂的条件：①它的生活周期短并具有形成大量孢子的能力；②微孢子虫的孢壁主要成分为蛋白质和几丁质，能抵抗不良环境的影响，在昆虫体外维持生活力可达数月至数年之久；③某些微孢子虫的经卵传染性，使其可以越年持续流行，具有持续性防治效果；④微孢子虫防治害虫的成本显著低于化学防治；⑤对人畜等其他动物无害，有利于保护天敌，保持生态系统的生物多样性，防止农业生态环境的农药污染。在实际应用中要注意选择合适的施用方法和喷施时期，筛选开发致病力强、对多种害虫有效而对家蚕、蜜蜂等经济昆虫无致病性的种源，合理评估防治效果等问题[12]。

但微孢子虫也有经典生物防治通常具有的缺点：①微孢子虫的感染通常是慢性的而不是急性的，对宿主的影响主要是寿命和繁殖能力的降低。虽然这些作用已经被证明可以抑制害虫的数量，但微孢子虫的作用不够快，通常也不会产生化学或微生物杀虫剂预期的高死亡率。②微孢子虫不能在人工培养基或发酵罐中廉价培养，只能利用活细胞来繁殖，因此需要大量饲养宿主或大量培养细胞来进行体内生产，这两种方法耗时费工，成本高。而且大多数种类的微孢子虫在细胞培养中很难成功，或即使能成功培养，但产生的孢子比在寄主中少。因此，虽然微孢子虫已有近 70 年的研究历史，发现的微孢子种类也越来越多，但只有蝗虫微孢子虫被美国国家环境保护局批准注册为微生物杀虫剂[9]。

我国开展昆虫微孢子虫生物杀虫剂研制工作虽然起步较晚，但是从引进蝗虫微孢子虫起步的。在解决了蝗虫微孢子虫工厂化生产工艺和应用技术问题之后，已初步达到实用化程度，防治对象和推广面积逐年扩大。自 1998 年起我国在内蒙古、新疆、青海等地采用蝗虫微孢子虫防治草原蝗灾，总面积达 100 000 hm² 以上，有效地控制了蝗虫的危害，而且应用范围不断扩大。未来开发并利用昆虫微孢子虫防治农林、卫生昆虫将具有更大的潜力和广阔的前景[12]。

思考题

一、名词解释

微孢子虫；锚定盘；水平传播；垂直传播；活体增殖

二、问答题

1. 简述微孢子虫的生活史，举例说明。
2. 简述微孢子虫的致病机理。
3. 简述微孢子虫的感染类型。
4. 蝗虫微孢子虫的生物学特性有哪些？
5. 谈谈你对利用微孢子虫进行害虫生物防治的看法。

参考文献

[1] 梁喜丽, 鲁兴萌, 邵勇奇. 鳞翅目昆虫病原微孢子虫研究进展. 微生物学报, 2018, 58（6）：1064-1076

[2] 胡微蕾, 徐青叶, 唐斌, 等. 微孢子虫致病与传播及其对昆虫免疫繁殖作用的研究进展. 环境昆虫学报, 2014, 36（6）：1040-1045

[3] 秦翊玮, 秦问敏. 微孢子虫的进化起源与系统分类现状. 菌物研究, 2018, 16（2）：106-114

[4] Vossbrinck C R, Debrunner-Vossbrinck B A. Molecular phylogeny of the Microsporidia: ecological, ultrastructure

and taxonomic considerations. Folia Parasitologica，2005，52：131-142

[5] Terry R S，Dunn A M. Widespread vertical transmission and associated host sex-ratio distortion within the eukaryotic phylum Microspora. Proceedings of the Royal Society B，2004，271：1783-1789

[6] Troemel E R，Félix M A，Whiteman N K，et al. Microsporidia are natural intracellular parasites of the nematode *Caenorhabditis elegans*. PLoS Biology，2008，6：e309

[7] Zhang G T，Sachse M，Prevost M C. A large collection of novel nematode：infection microsporidia and their diverse interaction with *Caenorhabditis elegans* and other related nematodes. PLoS Pathogens，2016，12（12）：e1006093

[8] Didier E S，Becnel J J，Kent M L，et al. Microsporidia. *In*：McLaughlin D，Spatafora J. Systematics and Evolution. Berlin：Springer，2014

[9] Solter L F，Becnely J J，Oiy D H. Microsporidian entomopathogens. *In*：Vega F E，Kaya H K. Insect Pathology. London：Academic Press，2012

[10] 赖勇流，谢伟东. 昆虫原生动物病//蒲蛰龙. 昆虫病理学. 广州：广东科技出版社，1994

[11] 张坤. 蝗虫微孢子虫侵染宿主的分子机制. 哈尔滨：黑龙江大学硕士学位论文，2015

[12] 汪方炜，鲁兴萌. 昆虫的微孢子虫病. 昆虫知识，2003，40（1）：5-8

[13] 王生财，刁治民，吴保锋. 蝗虫生物防治技术概况与蝗虫微孢子虫的应用. 青海草业，2004，13（3）：29-32

[14] 陈广文，董自梅，宇文延清. 蝗虫微孢子虫的生产及田间应用现状. 生物学通报，2005，40（5）：44-46

第十八章 利用杀虫抗生素防治害虫

第一节 杀虫抗生素

一、杀虫抗生素的一般特性

杀虫抗生素（antiinsect antibiotic）是指对昆虫、螨类、线虫和寄生虫等具有致病和毒杀作用的一类抗生素，如阿维菌素（avermectin）、多杀霉素（spinosad）和浏阳霉素（liuyangmycin）等。

杀虫抗生素在害虫防治方面的应用越来越广，是因为其具有有别于一般化学杀虫剂的显著特点。一是结构复杂，多为大环内酯化合物；二是活性高，用量少，选择性好，不易杀伤天敌；三是易被生物或自然因素所分解，不在环境中积累或残留，不易污染环境；四是生产原料为淀粉和糖类等农产品，属于再生性能源；五是采用发酵工程生产，同一套设备只要改变菌种即可生产不同的抗生素，生产菌大多是土壤放线菌，可以自土壤中分离获得[1]。

二、杀虫抗生素的主要种类

（一）阿维菌素及其衍生物

阿维链霉菌是 1974 年由日本北里研究所从日本静冈地区一个土壤样品里分离得到的。后来经美国默克公司的分类鉴定，它是属于链霉菌属的一个新种，命名为阿维链霉菌（*Streptomyces avermitilis*），原始菌株为 *Streptomyces avermitilis* MA-4680（ATCC31267，NRRL8165，NCBIM 12804，JCM 5070）。阿维链霉菌是属于放线菌纲（Actinobacteria）链霉菌目（Streptomycineae）链霉菌科（Streptomycetaceae）链霉菌属（*Streptomyces*）的革兰氏阳性菌[2, 3]。阿维菌素的发现者威廉·坎贝尔和大村智、青蒿素的发现者屠呦呦因为这两种天然产物在治疗寄生虫感染病和疟疾的应用，共同获得 2015 年诺贝尔生理学或医学奖[2]。

1. 化学结构 阿维菌素是一组 16 元大环内酯类抗生素（图 18-1）。主要由 8 个组分构成，包括 A1a、A2a、A1b、A2b、B1a、B2a、B1b 和 B2b，其中 B1a 组分抗虫能力最强。阿维菌素的分子式为 $C_{48}H_{72}O_{14}$（B1a）• $C_{47}H_{70}O_{14}$（B1b），含 B1a≥90%，微溶于水，易溶于有机溶剂，常温下稳定，无腐蚀性，遇紫外光易分解。相对密度为 1.16，蒸气压低于 200 nPa，熔点为 150～155℃，常温下不易分解[4]。

阿维菌素天然发酵产物共有结构相似的 8 种组分，都具有相同的母核结构，都有杀虫活性。通过对阿维菌素的结构修饰，相继开发的产品有伊维菌素、埃玛菌素、埃珀利诺菌素、多拉菌素、色拉菌素、莫西菌素及甲氨基阿维菌素苯甲酸盐等一系列阿维菌素衍生物。阿维菌素系列深加工的伊维菌素、乙酰氨基阿维菌素及甲氨基阿维菌素等产品，对某些虫害的防治效果是阿维菌素的数倍甚至上千倍，并且毒性和残留更低，附加值更高。早在 1981 年，伊维菌素的年销售额就达到了 10 亿美元，创单项兽药销售收入最高纪录，乙酰氨基阿维菌素被美国食品药物监督管理局（FDA）认定为全程安全的畜用驱虫剂[4]。

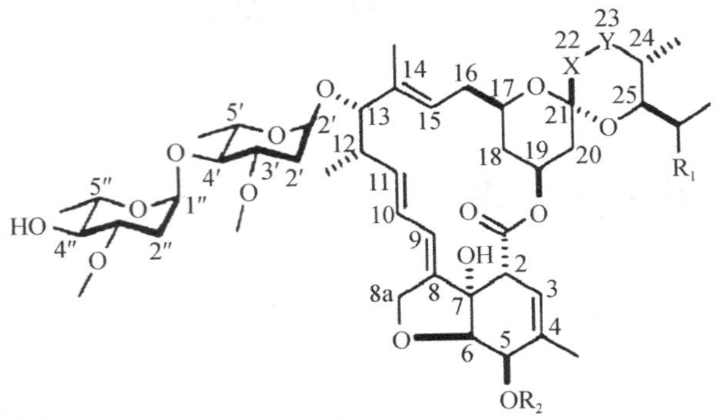

	R_1	R_2	X—Y
A1a	C_2H_5	CH_3	CH＝CH
A2a	C_2H_5	CH_3	CH_2—CH(OH)
B1a	C_2H_5	H	CH＝CH
B2a	C_2H_5	H	CH_2—CH(OH)
A1b	CH_3	CH_3	CH＝CH
A2b	CH_3	CH_3	CH_2—CH(OH)
B1b	CH_3	H	CH＝CH
B2b	CH_3	H	CH_2—CH(OH)

图 18-1　阿维菌素及其衍生物的化学结构[5]

阿维菌素不仅是一个优异的产品，而且还是一种宝贵的资源，以它为基础，可用最短的时间、最少的费用开发出更多、更好的新产品。与开发一个全新的化学药物相比，能收到事半功倍的效果。目前，上千种衍生物已合成出来。由于阿维菌素理化性质活泼，母体结构复杂，因此仍具有很宽广的结构修饰空间。由天然物质阿维菌素经化学结构修饰制备效果更佳、物理化学性质更合理、安全性更高的新化合物或药剂的方法，已成为药物创制的重要途径之一[4]。

2. 杀虫谱　阿维菌素既是农用抗生素类杀虫剂，又是兽用驱虫剂，还是家庭卫生用药，同时也是驱除丝虫的人用驱虫剂。作为原药可用于人类医药、农药、兽药，被称为"三位一体"的药物，它对人和哺乳动物有低毒。阿维菌素最初应用在农牧业和卫生方面，现在阿维菌素类药物已作为甲胺磷等高毒有机磷类农药的替代品在农业生产上得到了广泛应用。

作为生物农药，因其高效、高选择性、低毒及与环境相容性好、无公害等特点，受到农药界的高度重视，对 10 目 80 多种害虫有特效[4]。对农业害虫、卫生昆虫活性高，防效较好的有鳞翅目的小菜蛾（*Plutella xylostella*）、棉铃虫（*Helicoverpa armigera*）、棉红铃虫（*Pectinophora gossypiella*）、黏虫（*Mythimna separata*）、三化螟（*Tryporyza incertulas*）、二化螟（*Chilo suppressalis*）、稻纵卷叶螟（*Cnaphalocrocis medinalis*）、苹果蠹蛾（*Cydia pomonella*）、苹果卷叶蛾、大豆夜蛾、天幕毛虫（*Malacosoma neustria testacea*）等，蜚蠊目的德国小蠊（*Blattella germanica*）、东方蜚蠊（*Blatta orientalis*）等，半翅目的橘蚜（*Toxoptera citricidus*）、桃蚜（*Myzus persicae*）、棉蚜（*Aphis gossypii*）等，缨翅目的烟蓟马（*Thrips alliorum*）、棕黄蓟马（*Thrips palmi*）、花蓟马（*Frankliniella intonsa*）等，鞘翅目的叶甲、皮蠹、棉象甲等，双翅目的美洲斑潜蝇（*Liriomyza sativae*）、三叶草潜叶蝇（*Liriomyza trifolii*）、南美潜叶蝇（*Liriomyza huidobrensis*）等，膜翅目的红火蚁（*Solenopsis invicta*）、黑蚁等，虱目的虱等，蚤目的蚤等。另外对线虫也表现为高活性[6]。

3. 杀虫机理　　阿维菌素的作用靶标为昆虫外周神经系统内的 γ-氨基丁酸（GABA）受体。阿维菌素能促进 GABA 从神经末梢的释放，增强 GABA 与细胞膜上受体的结合，使进入细胞的氯离子增加，细胞膜超极化，从而导致神经信号传递受抑，致使昆虫麻痹、死亡。另外，阿维菌素具有高生物活性，对害虫还具有触杀和胃毒作用，无内吸性，但有较强的渗透作用。由于哺乳动物以 GABA 介导的神经位于中枢神经系统，阿维菌素不容易通过血脑屏障进入中枢神经系统，故而具有高选择性和高安全性，在常用剂量下，对人、畜安全，不伤害天敌，不破坏生态。但是近年来越来越多的研究证实，谷氨酸门控的氯离子通道是阿维菌素更为重要的生理靶标，GABA 受体则是次要靶标[5]。

也有报道，阿维菌素能影响昆虫体内水分平衡、降低内分泌器官咽侧体的活性，使内分泌失调，导致蜕皮、变态失常。亚致死剂有拒食反应，对多种昆虫生殖系统有作用，引起不育，也可影响正常的性行为，不但使产卵量降低，且具有杀卵作用[5]。

4. 安全性　　原药对哺乳动物的口服毒性较高，对小白鼠急性毒性经口 LD_{50} 为 10.0 mg/kg，经皮 $LD_{50}>2000.0$ mg/kg[6]。

在缺氧条件下，在土壤中较易分解，半衰期为 21～28 d。在植物中残留用放射性标记表明，棉花中可持续 30 d，棉叶中残留量较多，可达 1.045 mg/kg，种子、纤维中则极少。由于阿维菌素制剂中的有效成分含量很低，施用剂量极少，所以可以作为毒性不高的农药看待，是一种较好的生物源杀虫剂，但有些地区在有机食品生产基地不主张施用。对鱼有中等毒性，所以在稻鱼共作系统须谨慎施用[6]。

5. 衍生物

（1）伊维菌素　　伊维菌素（ivermectin）是用 Wilkinson 催化剂进行选择还原 B1 组分的 22、23 位不饱和双键而获得的阿维菌素衍生物[6]。

伊维菌素是含伊维菌素 B1a、B1b 的混合物，B1a 为主，含量>80%，B1b<20%，化学名为 5-O-双甲基-22,23-双氢阿维菌素（B1a）和 5-O-双甲基-25-双（1-甲基丙基）-22,23-双氢-25-（1-甲基乙基）阿维菌素（B1b）。化合物为灰白色结晶粉末，熔点为 154.5～157℃。其在水中溶解度为 4 μg/mL，不溶于烯烃类。

伊维菌素的杀虫机理与阿维菌素相同。毒理试验表明，伊维菌素与 GABA 受体作用，引起 GABA 释放增加，并与受体结合。伊维菌素的毒性比阿维菌素低，大白鼠经口 LD_{50} 为 50 mg/kg、腹腔注射 LD_{50} 为 55 mg/kg、经皮 $LD_{50}>660$ mg/kg。

众多试验资料表明，伊维菌素对动物体内的寄生虫有显著的活性，剂量一般为 0.05～2 mg/kg（犬的剂量为 0.006 mg/kg），对犬体内的丝虫病、啮齿动物的螺旋体线虫，以及牛、马、羊等体内外寄生虫均十分有效，并对人体内寄生虫也有效。此外，对动物体外寄生虫如虱、螨、蝇等有很高的活性。

伊维菌素对多种农业害虫防效不亚于阿维菌素。田间试验表明，用 1.8%伊维菌素 6 mg/L 防治小菜蛾，药后第 4 天和第 7 天防效分别为 94.92%和 97.26%；9 mg/L 防治美洲斑潜蝇高龄幼虫、低龄幼虫，3 d 后的防效分别为 72.18%和 90.42%；对菜豆上、中部叶片的保叶效果分别达到 83.46%和 67.85%，防治效果与保叶效果均优于阿维菌素。

（2）埃玛菌素　　埃玛菌素（emamectin benzoate）又名甲胺基阿维菌素苯甲酸盐，是由南开大学元素有机所等单位以阿维菌素为原料半合成的新杀虫抗生素[6]。

埃玛菌素化学名称为 4″-epi-甲氨基-4″-脱氧阿维菌素苯甲酸盐，分子式为 $C_{49}H_{75}NO_{13}\cdot C_7H_6O_2$（B1a）或 $C_{48}H_{73}NO_{13}\cdot C_7H_6O_2$（B1b）。原药为白色或淡黄色结晶粉末，熔点为 141～146℃，溶于丙酮和甲醇，微溶于水，不溶于己烷。通常储存的条件稳定，pH 5.0～7.0。

埃玛菌素急性毒性，原药大鼠经口 LD_{50} 为 92.6 mg/kg、经皮 $LD_{50}>2150$ mg/kg，1%乳油经口 $LD_{50}>6190$ mg/kg，对家兔皮肤无刺激，Ames 试验为阴性。埃玛菌素是高效广谱的多效杀虫剂，对抗拟除虫菊酯、有机磷农药的棉铃虫、小菜蛾有特效，主要杀虫作用以胃毒为主，也兼有触杀作用。

（二）多杀菌素

多杀菌素（spinosad）又名多杀霉素，是从放线菌刺糖多孢菌（*Saccharopolyspora spinosa*）发酵液中分离提取的一种无公害高效杀虫抗生素。刺糖多孢菌最初分离自加勒比的一个废弃的酿酒厂，美国陶氏益农公司（现为陶氏农业科学公司）的研究者发现，该菌可以产生杀虫活性非常高的化合物，实用化的产品是 spinosyn A 和 spinosyn D 的混合物，故名 spinosad[6]。

1. 理化性质　　多杀菌素是大环内酯类的天然发酵代谢产物，spinosad A（占 85%～90%）和 spinosad D（占 10%～15%）是其主要活性成分。多杀菌素及其结构类似物的理化性质见图 18-2。乙基多杀菌素是多杀菌素的衍生物，是美国陶氏益农公司在多杀菌素的基础上研制的杀虫剂，其原药有效成分为乙基多杀菌素 J（75.5%）和乙基多杀菌素 L（20.7%）的混合物。丁烯基多杀菌素是须糖多孢菌（*Saccharopolyspora pogona*）的代谢产物，与多杀菌素的区别是 C_{21} 位由丁烯基取代了乙基，这一结构上的相似性使得二者的理化性质和作用机理相近[7]。

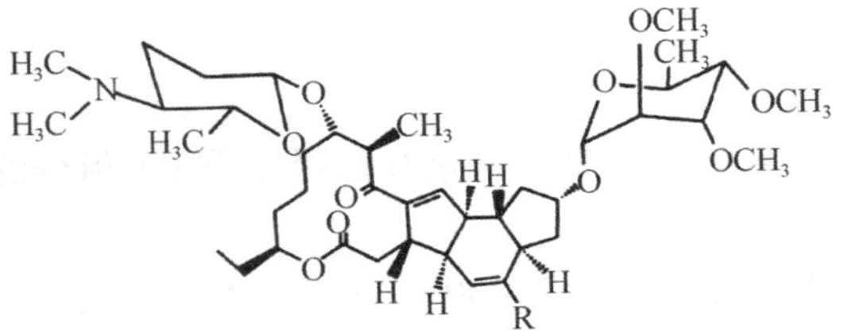

R＝H为多杀菌素A，分子式为$C_{41}H_{65}NO_{16}$，相对分子质量为731.98

R＝CH_3为多杀菌素D，分子式为$C_{42}H_{67}NO_{16}$，相对分子质量为746.00

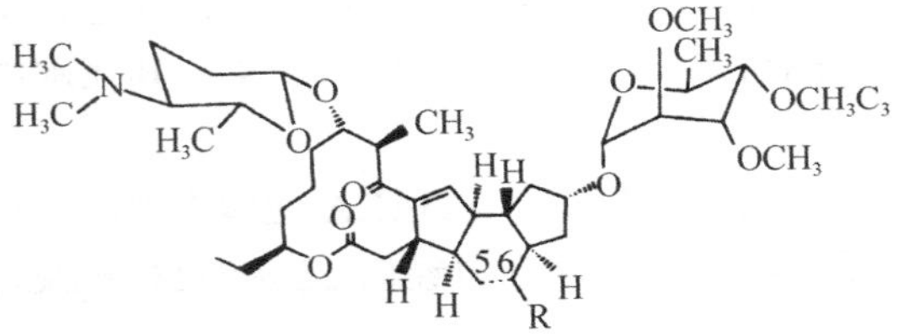

C_5—C_6，R＝H为乙基多杀菌素J，分子式为$C_{42}H_{69}NO_{10}$，相对分子质量为748.02

C_5＝C_6，R＝CH_3为乙基多杀菌素L，分子式为$C_{43}H_{69}NO_{10}$，相对分子质量为760.03

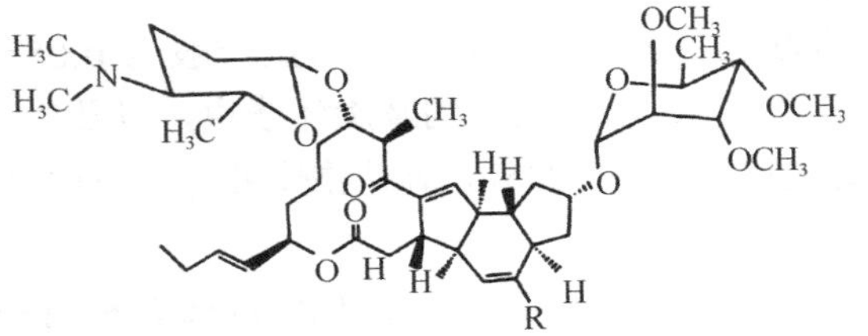

R＝H为丁烯基多杀菌素A，分子式为$C_{43}H_{67}NO_{10}$，相对分子质量为757.99

R＝CH_3为丁烯基多杀菌素D，分子式为$C_{44}H_{69}NO_{10}$，相对分子质量为771.90

图 18-2　多杀菌素的化学结构[7]

2. 杀虫谱　　多杀菌素的杀虫谱极广，能够有效控制的害虫主要包括膜翅目、脉翅目、鳞翅目、鞘翅目、双翅目和缨翅目等种类的害虫，而对非靶标生物的毒性很低，对人和其他哺乳动物相对安全[8]。

乙基多杀菌素能有效解决多杀菌素防治果树害虫效果不明显的问题，如对水果、坚果、蔬菜上的梨小食心虫、卷叶蛾、甜瓜蓟马、苹果蠹蛾等有良好的防治效果[7]。

丁烯基多杀菌素和多杀菌素两者均具有杀虫、杀螨、杀虱活性，但丁烯基多杀菌素比多杀菌素具有更宽的杀虫谱，能有效地控制膜翅目、鳞翅目、缨翅目、双翅目、鞘翅目等害虫，对鳞翅目、缨翅目具有较强的选择性杀虫活性，对于多杀菌素难控制的对农作物危害极大的烟青虫、苹果蠹蛾、马铃薯甲虫等却能有效防治，其有望成为新一代多杀菌素类高效杀虫剂[7]。

3. 杀虫机理　　对昆虫主要表现为触杀作用，对昆虫具有极强的渗透性，通过穿透幼虫体表的形式进入体内，一旦进入幼虫体内就不被代谢，通过作用于烟碱型乙酰胆碱受体（nicotinic acetylcholine receptor，nAchR）和 GABA 受体，刺激害虫的神经系统从而引起兴奋，导致非功能性的肌肉收缩、颤抖、衰竭和麻痹等，最终致其死亡[7,8]。

4. 安全性　　多杀菌素对人畜毒性极低，小白鼠试验，经口 LD_{50}＞5000 mg/kg，经皮 LD_{50}＞2000 mg/kg，对眼轻度刺激性，对皮肤无刺激性，无致畸反应。目前剂型有 2.5%悬浮剂（菜喜）、48%悬浮剂（催杀）等，是一种低毒的生物源杀虫剂，可在果蔬、茶叶、烟草、中草药、粮等作物上广泛应用，但由于它对鱼类有一定毒性，处理鲤鱼 48 h LC_{50}＞6.8 mg/kg，忍受极限中浓度（TLM）为 0.5～10 mg/kg，属中等毒性，所以在水生蔬菜、稻鱼共作系统中应谨慎使用[6]。

（三）米尔贝霉素

米尔贝霉素（milbemycins）是从吸水链霉菌属金泪亚种（*Streptomyces hygroscopicus* subsp. *aureolacrimosus*）发酵产物中提取的一类十六元大环内酯混合物类抗生素[8]，具有强烈的杀虫、杀螨、驱虫及抗肿瘤等生物学活性。目前国际上已有多个米尔贝霉素类药品实现了商业化，用作兽医药物或作物保护农药，具有广泛的用途和市场[9]。我国自主开发生产的梅岭霉素（meilingmycin）已证实属于米尔贝霉素类物质[10]。

1. 理化性质　　根据化合物结构中是否具有氢化苯并呋喃结构，将其分为 α-型和 β-型（图 18-3），梅岭霉素为 α-型[9]。几乎所有的米尔贝霉素均易溶于 n-己烷、苯、丙酮、氯仿，可溶于甲醇、乙醇，但不溶于水。生物农药米尔贝霉素由米尔贝霉素化合物 A_3（30%）和 A_4（70%）组成[11]。

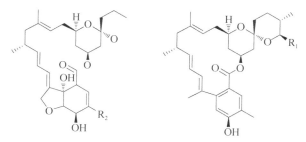

图 18-3　α-型（左）和 β-型（右）米尔贝霉素的化学结构[9]

R_1 和 R_2 随米尔贝霉素的具体种类而不同，以甲基居多

2. 杀虫谱　　米尔贝霉素杀虫谱较广，对蚜虫、紫花苜蓿螨、叶螨、天幕毛虫、肠道寄生虫均具有较好的防治效果，是草莓、西瓜、桃、梨、茄子、茶叶和家庭观赏植物等中使用最安全的农药之一[8,9]。

3. 杀虫机理　　α-型米尔贝霉素的作用机理与阿维菌素相同，即通过激动 γ-氨基丁酸受体来阻断寄生虫的中枢神经系统信号向运动神经元传送，使虫体麻痹致死。无脊椎动物的 GABA 存在于肌肉中，而哺乳动物的 GABA 仅存在于中枢神经系统，所以米尔贝霉素对哺乳动物是安全的。β-型米尔贝霉素的结构与 α-型米尔贝霉素及阿维菌素的结构明显不同，可能具有其他作用机理[9]。

4. 安全性 米尔贝霉素对大鼠急性经口毒性试验主要表现为不同程度的流涎、震颤、惊跳等，同时还会出现黏膜刺激症状如出汗，甚至有血性分泌物、瞳孔改变等症状；对实验动物具有慢性、亚慢性毒性；对受试动物的皮肤仅有轻微的刺激性，对眼无刺激性[11]。

第二节　杀虫抗生素的生产与应用——以多杀菌素为例

一、多杀菌素产生菌的生物学特性

1. 刺糖多孢菌的菌种特性 刺糖多孢菌是多杀菌素的产生菌，为好氧型革兰氏阳性放线菌，其菌株在大多数培养基上都会产生良好的气生菌丝，菌丝在液体培养基中呈现碎片状。电镜下的刺糖多孢菌表面被针状刺，外形为独特的串珠状。它能有效利用碳源（葡萄糖、果糖、蔗糖、乳糖、海藻糖、D-赤藻糖醇、甘油、甘露醇等）产酸和氮源（胨化牛奶、牛肉膏、棉籽蛋白等），同时在发酵培养过程中添加菌体所需的无机盐等元素可供其快速生长，对溶菌酶敏感。最佳的培养和产孢温度为 24～33℃，当温度在 28～30℃时适宜代谢产物的合成，此外溶氧量也会对发酵过程产生极大影响。值得注意的是，因为有些菌株经冷冻干燥后会慢慢失去产孢能力，所以通常以砂土管真空保存[7]。

2. 须糖多孢菌的菌种特性 须糖多孢菌是丁烯基多杀菌素的产生菌，由于对糖多孢菌属（*Saccharopolyspora*）的特殊噬菌体敏感，且其孢子在电镜下呈现毛刺等形态学特征而被命名。该菌为好氧型菌，在 24～33℃可适宜生长。在 ISP2（酵母膏 4.0 g，麦芽汁 10.0 g，葡萄糖 4.0 g，琼脂 20.0 g，蒸馏水 1000 mL，pH 7.0）和 ISP5（L-天冬氨酸 1.0g；甘油 10.0g，K_2HPO_4 1.0 g，微量元素溶液 1 mL，琼脂 20.0 g，蒸馏水 1000 mL，pH 7.2；微量元素溶液 $FeSO_4•7H_2O$ 0.1 g，$MnCl_2•4H_2O$ 0.1 g，$ZnSO_4•7H_2O$ 0.1 g）培养基上产生气生菌丝和亮白色的多毛刺孢子，菌丝体在液体培养基中易断裂。须糖多孢菌与刺糖多孢菌一样都能利用海藻糖、D-赤藻糖醇、果糖、葡萄糖、甘油、甘露醇等碳源产酸，不同的是对于乳糖、麦芽糖、松三糖、蜜二糖、棉子糖、水杨苷核糖醇、D-半乳糖、糊精等无法产酸[7]。

二、多杀菌素的生产

（一）高产菌株的选育

1. 诱变选育 高产菌株的产量决定了它的工业化前景。筛选高产菌株的常规诱变技术包括紫外（UV）诱变、亚硝基胍（nitrosoguanidine，NTG）诱变、^{60}Co-γ 诱变、离子束诱变、常压室温等离子体（ARTP）诱变、复合诱变选育等。此外，微生物的抗生素抗性突变可赋予突变株新生次生代谢产物的代谢生产能力，并以 96 孔板发酵培养结合生物检测进行高通量筛选能大幅提高筛选效率[7]。

常用的诱变剂亚硝基胍是具有一定毒性的烷化剂。以 NTG 对刺糖多孢菌进行诱变，最终在诱变剂量 2 mg/mL、处理时间 50 min 时获得产量提高 43.96%的多杀菌素高产株。当采用诸多组合的复合诱变时可以有效提高突变株的次生代谢产物产量，如通过 UV、NTG 结合链霉素、安普霉素、鼠李糖抗性因子诱变选育的高产株产量提高了 45.71%；多功能等离子体诱变系统

（multifunctional plasma mutagenesis system，MPMS）结合链霉素、庆大霉素、利福平、氯霉素4 种抗生素抗性筛选多杀菌素高产菌株产量提高 28.68%。但是诱变选育的高产菌株的遗传存在不稳定性，特别是多杀菌素高产性状易丢失，所以采取属间原生质体融合等引入外源基因的方法，可有效改善基因稳定性的问题，且有研究使多杀菌素产量提高了 331%[7]。

　　为提高丁烯基多杀菌素产量，对须糖多孢菌以 5 mg/mL 的 NTG 诱变 50 min 筛选出 1 株遗传稳定且产量提高 86.7%的菌株。对须糖多孢菌进行不同浓度的链霉素筛选研究，结果显示 4 倍最低抑菌浓度（minimum inhibitory concentration，MIC）的突变株菌丝体粗壮、分枝增多，有利于丁烯基多杀菌素的积累，产量提高 1.79 倍。10 倍最低抑菌浓度的巴龙霉素抗性筛选研究中，抗性突变株的产量是原始菌株的 2.2 倍。为获得更高产的工程菌株，研究者进行 10 倍最低抑菌浓度的链霉素-庆大霉素双重抗性选育，该突变株的产物峰面积是起始菌株的 3.89 倍[7]。

　　2. 基因工程改造　　　基因工程改造方法在提高菌种代谢产物产量方面具有更加准确的方向性和目的性。通过调节生物合成途径中的相关基因，可以显著提高生物合成产量，并且通过抑制次要组分的合成，也可提高主要有效成分的产量[7]。

　　迄今为止，在刺糖多孢菌中引入生物合成簇和鼠李糖合成的相关基因，是大多数以基因工程为手段来提高多杀菌素产量的主要方法。例如，引入过度表达的 *fadE* 和 *fadD1* 增强了刺糖多孢菌的脂肪酸降解速率，其多杀菌素在含油培养基中有显著提高。多杀菌素 J 和多杀菌素 L 与 A 和 D 结构上的差异为鼠李糖残基上 3′-O 位点上的甲基。前人研究证实其生物合成基因簇中 *spnI*、*spnK*、*spnH* 分别参与多杀菌素鼠李糖残基上不同位点的甲基化修饰。因此，通过刺糖多孢菌的基因敲除技术（去除 *spnK* 编码保守区域序列），在工业菌株中构建了 *spnK* 失活的突变株，可以大量产生多杀菌素 J 和多杀菌素 L[7]。

　　研究者为围绕提高丁烯基多杀菌素产量，根据前期基因组测序表明须糖多孢菌含有 *fcl* 基因和 *padR* 基因，开展了敲除 *padR* 的研究，使得菌体转运蛋白表达水平上调，提产 27.3%。而敲除 *fcl* 虽影响了菌丝体的生长发育，但促进了其生物合成和杀虫活性，相较野生型菌株产量提高了 130%。使多核苷酸磷酸化酶过度表达也可促进菌株的生物量，丁烯基多杀菌素产量提高了 1.92 倍[7]。

（二）高产菌株的发酵优化

　　通过优化发酵培养基，改善发酵环境，可以缩短发酵时间，延长代谢产物合成期，提高发酵产量。对于发酵条件优化最好的方式就是采用以表格化直观的数理统计法对发酵过程建立相关的数学模型，通过适时调节发酵参数，实现对发酵过程的优化控制。目前常借助的统计学方法包括单因素实验法、响应面分析法、人工神经网络建模法等，通过统计学方法筛选最佳培养基配方，是提高代谢产物产量最直接、简单、高效的方法[7]。

　　为了提高多杀菌素的产量，对碳源、氮源、前体、培养温度及溶氧量等进行优化，取得一定进展。通过尝试添加油脂类、氨基酸类和有机酸类成分来满足刺糖多孢菌的生长需求，使得产生菌在原有发酵水平上有了较大幅度提高。采用人工神经网络结合粒子群算法优化产多杀菌素的发酵培养基，并利用响应曲面及其等高线对提取效果各种关键因素进行探讨，达到了提高产量的目的，并获得最优提取条件。碳源对须糖多孢菌生长及次生代谢产物的生物合成起着至关重要的作用，为提高丁烯基多杀菌素产量，常通过优化碳源、氮源等以达到该目的。对经

NTG 诱变和高通量筛选后的高产菌株进行单因素实验和正交实验来优化发酵培养基配比，最终获得的最佳配方使菌株的丁烯基多杀菌素产量比优化前提高 52.1%。通过对 11 种常见碳源进行代谢途径分析后得到以 5 g/L 的甘露糖作为碳源添加时，显著提高了丁烯基多杀菌素的产量[7]。

三、多杀菌素的应用

（一）防治农田害虫

1994 年陶氏益农公司将率先向美国国家环境保护局（Environmental Protection Agency，EPA）上报并得到优先登记注册的多杀菌素产品 Naturalyte 和 Tracer 推入市场，分别用于防治果树、蔬菜和棉花、烟草田中的鳞翅目类害虫。目前该类产品已成功在 80 多个国家登记注册，可用于防治超过 200 种害虫。在我国上市的多杀菌素产品有用于棉花类的催杀（spinosad 48%）悬浮剂和用于果蔬类的菜喜（spinosad 2.5%）悬浮剂[7]。

2007 年新西兰获批的商品 Delegate（spinetoram 25%）陆续上市，常被用于坚果、水果、蔬菜类作物，其水分散粒剂也被用于防治苹果树害虫。随后，分别以商品名 Delegate WG（spinetoram 25%）和 Radiant SC（spinetoram 120 g/L）获得加拿大政府和美国政府的审核批准，用于防治瓜果蔬菜、谷物类作物的害虫[7]。

多杀菌素与乙基多杀菌素对害虫均具有胃毒和触杀作用，杀虫活性高，主要用于防治田间鳞翅目害虫（小菜蛾、甜菜夜蛾）及缨翅目害虫（蓟马）、双翅目害虫等。可以防治田间的多食性害虫草地贪夜蛾，杀虫防效与保叶效果为 100%。若与虫生真菌联合使用，可以达到协同增效的目的。以玉米粉为基质制成的多杀菌素颗粒剂可延长农作物的货架期[7]。

2011 年在中国与全球同步上市的艾绿士悬浮剂（spinetoram 60 g/L），其主要成分是乙基多杀菌素，已在国内登记用于茄子防治蓟马、甘蓝防治甜菜夜蛾与小菜蛾、水稻防治稻纵卷叶螟等。它对菜田中的小菜蛾及蔬菜蓟马具有很好的速效性和持效性，在施药的第一天就达到较好防治水平，且第 7 天防效仍在 90%以上[7]。

（二）防治储粮害虫

由储粮害虫为害引起的粮食损失是威胁我国粮食安全的重要因素，特别多发于储藏设施落后的农村。害虫的暴发不仅会造成粮食损失，它们的排泄物、尸体还会使粮食发霉变质，甚至产生对人体有害的物质。单一、长期大量使用化学农药熏蒸剂使害虫产生了严重的抗药性，已经无法有效地防治害虫，因此我国储粮害虫防治迫切需要新型的无公害防治技术[7]。

2003 年多杀菌素在肯尼亚被第一次注册登记为储粮保护剂，随后 2005 年在美国注册成为储粮杀虫剂，可以在多种粮食和种子上应用。大量研究显示，1 mg/kg 多杀菌素对玉米、绿豆、小麦等粮库中玉米象、谷蠹等常见的储粮害虫有显著的防治效果，即使是炎热高温的夏季，也可保证储粮无虫害。若使用多杀菌素熏蒸或复配剂还可延长粮食保质期和增强杀虫活性，可在农户储粮、大型粮仓或者简易粮仓中推广使用[7]。

乙基多杀菌素多使用于田间，在储粮害虫防治上的应用较少。对于小麦中的锈赤扁谷盗、烟叶中的烟草粉螟，粮仓中的谷蠹、书虱等均能有效防治，且控制效果与多杀菌素基本一致。

因此在储粮有害生物防治领域具有很大的研究开发潜力[7]。

（三）防治卫生害虫

多杀菌素的缓释粒剂 Natular G30 对致倦库蚊的防治效果较好，且对水生生物安全，作为一种环境友好型杀虫剂，值得在我国推广使用[7]。

头虱是一种寄生性昆虫，主要存在于人们的毛发内，以吸食人血为食，在美国儿童及成年人中感染十分普遍。2011 年美国 FDA 批准的 Natroba（0.9%多杀菌素混悬液制剂），是用于治疗 4 岁以上儿童及成年人头虱感染的外用制剂。在经 14 d 的用药治疗后治愈率（完全无头虱个体的比率）达 86%，它的上市为治疗头虱提供了一种新的选择[7]。

四、多杀菌素类药剂的抗性研究

虽然多杀菌素类化合物的作用机制独特，一些独具生物学特性和危害习性的害虫还是表现出明显的抗药性。例如，北京地区西花蓟马（Frankliniella occidentalis）田间种群对多杀菌素的抗性倍数达到 80～150 倍，对乙基多杀菌素抗性倍数高达 7730 倍。该田间监测表明靶标害虫对多杀菌素类杀虫剂的抗性有着不容忽视的影响，了解抗性发展规律对以后的抗性治理有着重要的意义。自多杀菌素上市以来，陶氏益农公司就建议农民不要重复使用该杀虫剂，并且鼓励与其他产品轮换使用来避免害虫对多杀菌素产生抗性[7]。

对于抗性机理，有观点提出代谢解毒酶或许在抗性中起作用，并研究了羧酸酯酶、谷胱甘肽硫转移酶和多功能氧化酶这 3 种解毒酶的活性，但在西花蓟马对多杀菌素的抗药性中认为并非如此。还有研究发现，烟碱型乙酰胆碱受体 α6 亚基跨膜区的三个氨基酸缺失导致小菜蛾对多杀菌素产生高水平抗性。并且杀虫靶标位点的不敏感性，也是导致害虫对杀虫剂产生抗性的一个重要的生化机制[7]。

害虫抗药性是防治过程中必须要面对的一个重要关卡，在尚未找到行之有效的治理方法之前，采用合理用药与加强田间害虫抗性的监测可以延缓抗性发展，寻求新型杀虫剂并联合更多措施来防治害虫侵害刻不容缓[7]。

五、存在的问题与对策

（一）存在的问题

杀虫抗生素属于生物农药范畴。近年来，我国生物农药产业的开发与应用得到了国家和政府的大力支持，通过国家科技支撑计划、公益性行业科研专项、重点研发计划项目等进行资助来推动生物农药资源的研发。可尽管如此，生物农药的普及和应用步伐仍十分滞缓，与一些发达国家相比存在不小的差距。除了生物农药政策制度不健全外，其产品本身也存在着制品种类少、研发成本高、防治谱窄等制约因素。因此，尽快降低生产成本、大力开发新的活性化合物和衍生物，是当前和今后发展的热点领域[7]。

（二）对策

1. 复配剂的研发　　生物农药的研发为绿色有机农业提供了安全生产的技术支撑，不仅增加了农业产量，也提高了农作物的质量，减轻了水土污染等环境压力。但是，生物农药的应用技术和使用面积仍是亟待解决的问题。对于大多数生物农药存在的对靶标生物明显选择性，甚至是专一性，可以通过研究将新型生物源杀虫剂与传统杀虫剂按一定比例组合复配，发挥各自优势，从而减缓害虫抗药性和延长药剂的使用寿命。已有研究将多杀菌素与毒死蜱 7∶5 复配后表现出明显的增效作用，与吡虫啉以 1∶20 浓度比组成的混剂也可用于韭菜迟眼蕈蚊幼虫的防治[7]。

2. 新活性化合物和衍生物的开发　　开发新的活性化合物和衍生物（如丁烯基多杀菌素），是解决当前防治杀虫谱窄，产品种类少的方法之一。为了筛选多杀菌素类似物，研究者从采集到的 162 份土壤样品中分离获得了 15 000 余株放线菌，并建立了放线菌库，利用高通量发酵平台及蚊子幼虫生物测定的方法筛选具有杀虫活性的微生物，获得一株产丁烯基多杀菌素的须糖多孢菌，并进行了 16S RNA 鉴定、全基因组序列测定、理化诱变等研究工作[12]。但须糖多孢菌生长慢、生物量低、发酵过程调控难，丁烯基多杀菌素产量仍然较低，达不到工业化生产要求。目前国际上无丁烯基多杀菌素相关产品注册登记的报道，作为继第一代多杀菌素、第二代乙基多杀菌素之后的第三代生物农药，丁烯基多杀菌素在延缓害虫抗药性、扩大杀虫谱等方面将展现其潜力[7]。

 思考题

一、名词解释

杀虫抗生素；阿维菌素；多杀菌素；米尔贝霉素

二、问答题

1. 简述杀虫抗生素的特点。
2. 哪几位科学家因发现阿维菌素获得 2015 年诺贝尔生理学或医学奖？
3. 简述阿维菌素的杀虫机理。
4. 简述多杀菌素的杀虫机理。
5. 如何获得杀虫抗生素的高产菌株？
6. 谈谈你对利用杀虫抗生素防治害虫应用前景的认识。

 参考文献

[1] 任顺祥，陈学新. 生物防治. 北京：中国农业出版社，2011

[2] 陈金松，刘梅，张立新. 从阿维菌素获得诺贝尔奖到中国创造. 微生物学报，2016，56（3）：543-558

[3] 李文均，焦建宇. 放线菌分类地位的变迁及其系统学研究最新进展. 微生物学杂志，2020，40（1）：1-14

[4] 李卫平. 阿维菌素的研究进展. 中国药业，2012，21（19）：108-110

[5] 曹晓梅. 阿维菌素高产菌株的定向选育. 无锡：江南大学硕士学位论文，2018

[6] 陆自强，汪世新，陈丽芳，等. 几种杀虫抗生素研究进展//李典谟. 昆虫学创新与发展：中国昆虫学会 2002 年学术年会论文集. 北京：中国科学技术出版社，2002

[7] 张逍遥，郭超，刘艳丽，等. 生物农药多杀菌素及其结构类似物的研究进展. 粮油食品科技，2020，28（6）：

209-217

[8] 陈园，张晓琳，黄颖，等. 杀虫抗生素的研究进展. 农业生物技术学报，2014，22（11）：1455-1462

[9] 林秀萍，刘永宏，李季伦. 米尔贝霉素的产生菌、理化性质、生物学活性及应用研究进展. 中国抗生素杂志，2013，38（4）：314-320

[10] 陈斌. 微生物发酵法制备梅岭霉素. 精细与专用化学品，2003，（1）：17-19

[11] 张宝新，王相晶，向文胜. 米尔贝霉素毒理学研究进展. 世界农药，2009，31（4）：11-12，49

[12] 郭超，赵晨，黎琪，等. 产丁烯基多杀菌素菌株的筛选及鉴定. 粮油食品科技，2019，27（2）：55-60

第十九章　利用昆虫性信息素防治害虫

第一节　昆虫性信息素

一、昆虫性信息素的一般特性

（一）昆虫性信息素的发现与研究

昆虫性信息素（sex pheromone）又称性外激素，是由同种昆虫的雌性或雄性个体的特殊分泌器官分泌到体外，能被同种异性个体的感受器接受，可引起异性个体产生一定的生理效应（如觅偶、求偶、交配等）或行为反应的微量化学物质。昆虫性信息素的合成释放与求偶行为相一致，两者具有协同性。因此，昆虫性信息素对于昆虫种群在自然界中的延续及药用昆虫资源的保障起着至关重要的作用[1]。

昆虫性信息素是昆虫本身的产物，因此其最大的优点就是使用非常安全，害虫不产生抗性、灵敏度高、用量少、专属性强、不污染环境、对天敌无害甚或有利，对生态环境的干扰小、不造成破坏[1]。

对昆虫性信息素的研究始于 20 世纪 30 年代，由 Korlson 和 Lnseher 将其定名。随后，1959年德国化学家 Butenandt 成功地从 50 万头家蚕雌蛾的提取物中分离、鉴定出第一个昆虫性信息素的化学结构——（反,顺）-8,10-十六碳双烯-1-醇（E8,Z10-16：OH），命名为蚕蛾醇（图 19-1），推动了性信息素的研究进程。我国关于昆虫性信息素的研究从 20世纪 70 年代开始增多[2]。目前已知 9 目50 科 683 属的 2000 种昆虫性信息素的化学结构[3]。

随着超微量分离鉴定技术的发展及气相色谱（GC）、气相色谱-触角电位仪联用（GC-EAD）、气相色谱-质谱联用

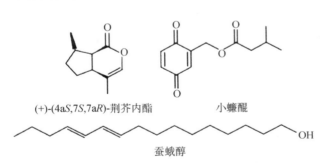

(+)-(4aS,7S,7aR)-荆芥内酯　　　　小蠊醌

蚕蛾醇

图 19-1　几种昆虫性信息素的化学结构[1]

（GC-MS）等高效分析仪器的应用，性信息素研究也从简单的性外激素天然物提取开始，逐步发展到复杂的性信息素组分鉴定、生物合成以及内分泌调节机制研究[2]。

每种昆虫都有其独立的性信息素体系，有的昆虫性信息素是单一的化合物，大多数昆虫性信息素是数个化合物的混合体[2]。例如，德国小蠊的性信息素小蠊醌（blattellaquinone）含有一个醌环的异戊酸酯（图 19-1），而蚜虫的性信息素由（+）-（1R,4aS,7S,7aR)-荆芥醇和（+）-（4aS,7S,7aR)-荆芥内酯（图 19-1）2 种单萜烯化合物组成[1]。

（二）昆虫性信息素的共同特征

已鉴定发现的昆虫性信息素的化学结构多种多样。多数是由 2 种以上组分组成，性信息素为单一组分的昆虫较少。但多数性信息素具有如下共同的特征：①具有碳链。性信息素分子多数是由 10～18 个偶数碳原子组成的直链化合物；②功能基多由伯醇及其乙酸酯或醛构成；③绝大部分性信息素分子含 1～3 个碳碳双键，其位置多在 5,7,9 或 11 位上。例如，杨小舟蛾雌蛾性信息素活性成分的平面结构为 13,15-十八碳二烯醛；黏虫雌蛾性信息素特征成分为顺-11-十六碳烯醛、十六碳醛和顺-11-十六碳烯醇；螟蛾总科 174 种昆虫的性信息素活性组分有 107 种化合物，其中乙酸酯 38 种、醇类 22 种、醛类 30 种、烃类 4 种和芳香化合物 13 种，均为结构较为简单的有机化合物，碳链长度多在 C12～C18；尺蛾科性信息素的组分主要为不饱和的碳氢化合物及相对应的环氧衍生物或者带有甲基侧链的烃类化合物（C17～C23），多数含有 2～4 个双键，其中 3 个双键的种类最多[2]。

（三）获取昆虫性信息素的方法

多数昆虫的性信息素是通过求偶期其腹部末端的特殊腺体释放的。通过采用不同的萃取方法可获得性信息素粗提物。获取方法主要有 4 种：有机溶剂浸泡法、冷凝法、动态顶空吸附法和固相微萃取法[2]。

有机溶剂浸泡法最为常用，正己烷是常用溶剂。例如，用正己烷溶剂浸提法提取蜀柏毒蛾和杨小舟蛾处女雌蛾性信息素腺体中性信息素的活性成分，效果良好。

冷凝法方法简单，但收集效果相对较差，如叩甲科（Elateridae）性信息素的提取，可利用冷凝法将雌虫放入容器内，通入净化的空气，随空气排出的雌虫性信息素便可在低温下进行冷凝吸收。

动态顶空吸附法可对微量的化合物进行定性和定量分析，适用于对双翅目、半翅目等体型较小的昆虫性信息素的采集。

固相微萃取是一种新兴的现代提取技术，具有操作简便、不需要溶剂、萃取速度快等特点，较适用于性腺体不明的昆虫类性信息素的分离鉴定，如大灰象甲性信息素的分离鉴定，采用固相微萃取法效果良好。

二、昆虫性信息素的生物学

（一）性信息素的释放

昆虫性信息素一般是由昆虫性信息素分泌腺产生的，腺体部位随昆虫种类不同而有所变化。例如，等翅目的低等白蚁［原鼻白蚁属（*Prorhinotermes*）除外］、高等白蚁中大白蚁亚科（Macrotermitinae）部分属、象白蚁亚科（Nasutitermitinae）三脉白蚁属（*Trinervitermes*）由腹板腺产生性信息素；其余大部分属均由背板腺分泌性信息素。鳞翅目雌性昆虫释放性信息素的腺体多位于腹部第 8～9 节的节间膜上，而其雄性昆虫的分泌腺在腹部、翅、足、胸等部位均有分布。螟蛾总科雌蛾的性信息素腺体一般位于第 8、9 腹节节间膜背部，麻楝蛀斑螟（*Hypsipyla robusta*）雌蛾性信息素分泌腺位于腹部第 8～9 节的节间膜上。半翅目昆虫分泌性信息素的腺体主要是臭腺，包括后胸臭腺、布氏臭腺和腹臭腺，大多数种类是后胸臭腺分泌的。鳞翅目的多数蝶类雄虫性信息素释放器官位于翅上[2]。

昆虫性信息素的释放也受昼夜节律、光照、湿度及虫龄等因素影响。例如，黄野螟（*Heortia vitessoides*）性信息素释放受时间节律影响，23：00～次日02：00是释放高峰期；荔枝蒂蛀虫（*Conopomorpha sinensis*）交尾与性信息素释放高峰期是22：30～次日00：30；楚雄腮扁叶蜂（*Cephalica chuxiongnica*）处女雌蜂释放性信息素受日龄的影响，高峰期在成虫羽化后第1～4天，到第5天时活性降低、释放量逐渐减少[2]。

（二）性信息素的传递

昆虫性信息素分子主要通过空气中或水中扩散两种方式传递：一种是布朗运动式的扩散，另一种是介质流动传导。由于分子在水中的移动速度特别缓慢，所以昆虫性信息素的主要传递介质是空气[2]。

（三）性信息素的接受

昆虫接受性信息素通过化感器，包括触角和感觉毛等。通过化感器进入的性信息素分子与淋巴液中相对应的性信息素结合蛋白（pheromone binding protein，PBP）结合，而后被运送至感觉神经元膜上的气味受体，从而做出适当的反应，使整个有机体对环境具备更有效的适应性，同时产生相应的行为。因此，昆虫性信息素接受系统的研究多数集中于昆虫触角感器、性信息素受体及性信息素受体的基因表达等领域。例如，蛾类昆虫主要利用触角识别性信息素，性信息素受体主要表达在雄性触角的毛形感器中，少部分受体在雌性触角、雄性触角其他感器及身体其他部位中也有表达；美国白蛾（*Hyphantria cunea*）3个气味结合蛋白与Type I性信息素组分均有较强的结合能力，而与Type II性信息素组分的结合有着明显的差异[2]。

三、昆虫性信息素的化学合成

（一）昆虫性信息素的化学合成概况

昆虫性信息素的合成分为化学合成和生物合成两种，目前市场上应用较多的是化学合成。化学合成是昆虫性信息素研究的重要部分，它既可以为结构鉴定提供标准化合物，也可以为室内外生物测定提供样品，进而为研究昆虫性信息素提供可靠的依据，最重要的是为大田应用提供产品[3]。

鳞翅目昆虫是重要的农林害虫，因此对鳞翅目昆虫性信息素研究最为广泛和深入。现在全世界已有565种雌蛾的性信息素被鉴定，有105种分布在国内，其中对卷蛾科、灯蛾科、螟蛾科和夜蛾科昆虫的研究较为详尽，但组成这些性信息素的成分却只有100余种，且大多属于脂肪族化合物。许多昆虫具有完全相同的性信息素成分，差异只在于比例不同，如 Z/E-11-十四碳乙酸酯是许多卷蛾科、巢蛾科和螟蛾科昆虫的性信息素。目前人工合成的性信息素大多数属于碳烯乙酸酯、碳烯醇和碳烯醛，但对于一些成分较多的在合成方面会比较困难，如美国白蛾。还有一些具有光活性的性信息素也较难合成，如舞毒蛾和茶黄毒蛾。由于双键构型，存在于灯蛾科和尺蛾科中的多烃类（二烯、三烯、四烯）性信息素在合成方面也遇到了困难[3]。

近年来，我国研制成功的重要害虫的性信息素有近百种，已经广泛用于多种害虫的预测预报与防治中，收到了显著的经济和社会效益。其中，果树害虫有梨小食心虫（*Grapholitha molesta*）（Z8-12：Ac；E8-12：Ac；Z8-12：OH）、桃小食心虫（*Carposina niponensis*）（Z7-20：

Kt-11；Z7-19：Kt-11）、桃蛀螟（*Conogethes punctiferalis*）（Z10-16：Ald；E10-16：Ald）、金纹细蛾（*Lithocolletis ringoniella*）（Z10-14：Ac；E4，Z10-14：Ac）、苹果小卷蛾（*Adoxophyes orana*）（Z9-14：Ac；Z11-14：Ac）、苹果蠹蛾（*Cydia pomonella*）（E8，E10-12：OH）、枣黏虫（*Ancylis sativa*）（Z9-12：Ac；E9-12：Ac）等；森林害虫有马尾松毛虫（Z5，E7-12：OH；Z5，E7-12：AC；Z5，E7-12：Pr）、白杨透翅蛾（*Parathrene tabaniformis*）（E3，Z13-18：OH）、槐尺蠖（*Semiothisa cinerearia*）（Z6，Z9-3，4-epo-17：Hy）、蒙古木蠹蛾（*Cossus mongolicus*）（Z5-12：Ac）、舞毒蛾（*Lymantria dispar*）（cis-7，8-epo-2Me-18：Hy）等；粮棉害虫有亚洲玉米螟（*Ostrinia furnacalis*）（Z12-14：Ac；E12-14：Ac）、三化螟（*Tryporyza incertulas*）（Z9-16：Ald；Z11-16：Ald；16：Ald）、稻显纹纵卷叶螟（*Susumia exigua*）（Z7，Z11-16：Ac；Z7，E11-16：Ac）、黏虫（Z11-16：Ald；Z11-16：OH；16：Ald）、棉红铃虫（*Pectinophora gossypiella*）（Z7，E11-16：Ac；Z7，Z11-16：Ac）、棉铃虫（*Helicoverpa armigera*）（Z11-16：Ald；Z9-16：Ald；Z7-16：Ald）等；甘蔗害虫有二点螟（*Chilo infuscatellus*）（Z11-16：OH）、甘蔗条螟（*Chilo sacchariphagus*）（Z13-18：Ac；Z11-16：Ac；Z13-18：OH）、甘蔗黄螟（*Tetramoera schistaceana*）（Z9-12：Ac）；蔬菜害虫有小菜蛾（*Plutella xylostella*）（Z11-16：Ald；Z11-16：Ac；Z11-16：OH）、烟青虫（*Heliothis assulta*）（Z9-16：Ald；Z11-16：Ald）等。同时，昆虫性信息素也是害虫检疫及疫区扩散范围检测的有效方法[3]。

（二）昆虫性信息素的化学合成方法

昆虫性信息素的化学合成可以分为溶液法和固相法。溶液法有炔烃偶联法、Wittig 缩合反应合成法、有机金属试剂法等；固相法有 Grignard 试剂偶联法、炔烃格氏试剂法及 Wittig 试剂法等，后两种方法较为常用。随着合成技术的改善，固相法在性信息素合成中起着重要作用，它是将试剂连接到聚合物上，反应物、溶剂和催化剂留在溶液中进行的非均相反应[3]。

由于昆虫性信息素的活性很高，所以其在体内的含量极微，一头昆虫体内的含量为 10^{-10}～10^{-8} g。许多昆虫的性信息素具有共轭双烯结构，它们的几何构型、双键位置及碳链长短和光学活性等是决定其生物活性的重要因素，所以在人工合成昆虫性信息素时应予以重视。昆虫性信息素的合成方法正在向原料易得、操作简便、易于工业化生产的方向发展[3]。

第二节　昆虫性信息素及其类似物在害虫防治中的应用

一、应用的基本方法

目前昆虫性信息素主要用于虫情监测、大量诱捕、交配干扰、配合治虫、害虫检疫、区分近缘种等方面，其中大都采用人工合成的昆虫性信息素或类似物为昆虫性引诱剂（简称性诱剂）进行昆虫种群监控与害虫防治（诱捕诱杀、迷向干扰交配等）[1]。

（一）大量诱捕

在单位空间内设置大量的性信息素诱捕器诱杀特定昆虫，导致空间内此昆虫性别比例严重失衡，交配率下降，下一代数量大幅度降低。在昆虫交配季节应用此法，使雄、雌虫失去交配机会，可有效降低其繁殖率。研究结果表明，雌雄比例接近 1：1，且雌、雄均为单次交配的害虫是大量诱捕法防治的最佳对象，诱杀大部分雄虫就能产生显著的防治效果。人工合成的美国白蛾性信息素、烟青虫性信息素已成功应用于大量诱杀其成虫。性诱剂对棉铃虫的诱杀也有较好的效果。苹果蠹蛾性信息素、金钱松小卷蛾（Celypha pseudolaxicola）雌性腺体抽提物可以有效用于诱杀它们的雄虫，而以甲基丁香酚、诱蝇酮、甲基丁香油和地中海实蝇性信息素混合的 4 种实蝇性信息素在田间能诱捕多种实蝇。

（二）迷向干扰交配

迷向防治是通过人工释放特定昆虫的性信息素来干扰其交配的方法。在弥漫着性信息素的环境中，雄虫因触角长时间接触高浓度性信息素而麻痹，丧失对雌虫的定向行为能力或失去对雌虫召唤的反应能力，使交配概率大幅度降低，导致下一代种群密度成倍减少。该方法现已广泛用于农林、果树害虫的防治上，如用性信息素干扰苹果蠹蛾的交尾能有效降低其后代的虫口密度。大面积布局人工合成性诱剂能很好地控制烟青虫的危害。棉红铃虫性信息素的新剂型干扰雄蛾交尾率可达到 92.7%。

（三）虫情监测

虫情监测为昆虫性信息素的首要用途。昆虫性信息素专一性强，可以灵敏而准确地监测害虫的发生，如害虫刚从外地迁入或是刚从蛹中羽化出时就能被及时监测到。尤其对一些偶发性害虫或尚无有效测报方法的害虫防治特别有价值，如诱捕器能够灵敏地监测到虫口密度较低的松毛虫。根据在单位空间内诱捕的昆虫进行分析，可以对此空间内的昆虫种类、种群密度及个体数量进行科学的统计学分析，以此来制订科学有效的防治计划。用性信息素进行监测的害虫以鳞翅目昆虫为最多，中国先后在 30 余种害虫上开展应用了性信息素预测预报和防治技术研究。例如，人工合成的性诱剂已广泛用于监测甜菜夜蛾成虫的种群动态；性信息素诱捕可应用于云杉球果小卷蛾和东北小卷蛾等害虫的预测预报；而利用美国白蛾、苹果蠹蛾等害虫的性信息素监测害虫的侵入、疫区扩散范围和扑灭效果检查均取得了良好的成效。

比较而言，大量诱捕和虫情监测要求性信息素具有特定的比例和剂量，尤其对比例的要求更严格，限制了性信息素的大规模田间应用。迷向干扰交配对性信息素的比例要求并不严格，即按照雌虫本身释放性信息素的比例或单一主要组分或增大次要组分剂量（某些性信息素主要组分价格昂贵），并结合合适的缓释装置，便可干扰雄虫对雌虫的交配定位。因此，寻找合适的性信息素组分（比例）、较好的缓释载体及缓释剂型，改善性信息素的应用方式和缓释效果，是迷向干扰防控害虫的重要一环。目前，性信息素迷向干扰防治技术已在许多昆虫（鳞翅目为主）上取得重大突破，连续大面积使用 30 多年，可达到最佳效果。

二、性信息素及其类似物干扰昆虫交配行为的机理

早在 1965 年，Wright 就提出了一种干扰昆虫交配行为的猜想：将一种特别的气味（如性引诱剂）充分地弥漫在环境中，使雄虫不能察觉雌虫在释放性信息素方面的微小增量，且昆虫的感受器长时间接受一种气味会产生疲劳，在短时间内会停止识别气味信号，从而起到干扰昆虫交配行为的作用[4]。自那时起，大量学者对性信息素干扰昆虫交配行为的机理进行了研究，但目前对该机理仍没有定论[5]。

昆虫嗅觉假说认为，亲脂性的性信息素分子穿过昆虫嗅觉感器表皮上的毛孔，进入雄虫的

触角感受器，与性信息素受体蛋白结合并在亲水性的管腔中溶解。性信息素分子通过感受腔传输到附着在感受器神经元树突膜的接收蛋白上，随即产生反应电位，后经神经元的轴突传递到位于中枢神经系统的嗅小球上，使得雄虫产生各种复杂的行为反应。然后，性信息素分子从感受器中被除去，并被性信息素代谢酶分解，感受器准备接收新的性信息素分子。雄虫通过不断接收和分解雌虫释放的性信息素分子来确定雌虫的位置，并飞向待交配的雌虫。Liljefors 等[6, 7]利用单细胞测定和分子力学计算方法，对黄地老虎（*Agrotis segetum*）性信息素的结构-活性关系进行了研究，提出性信息素-受体模型假说，阐释了性信息素与结合蛋白相互作用的机理。认为受体上存在 3 种尖齿状的结合位点：一是与性信息素的极性官能团以氢键作用结合的位点；二是与性信息素上的双键以静电力的相互作用对接的位点；三是与性信息素端基的烷烃基团以极弱的色散力结合的位点[5]。

自 1982 年以来，对干扰昆虫交配行为机理的研究一直是科学家关注和争论的热点。针对这一昆虫嗅觉机制中的复杂生理生化过程，结合众多干扰昆虫交配的试验，Bartell[8]总结了性信息素干扰昆虫交配行为的 5 种机制：一是直接神经生理学效应，相对稳定、高剂量的昆虫性信息素氛围使得雄虫性信息素受体和中枢神经产生嗅觉适应；二是大量错误的嗅觉信号使雄虫响应混乱，不能对雌虫释放的性信息素产生正确的响应；三是雄虫不能从雌虫释放的性信息素和高浓度的外源性信息素气味中辨别出雌虫信号；四是大量单一的性信息素组分扰乱了雌虫所释放性信息素的组分和比例，从而产生不平衡的嗅觉信号输入，使雄虫不能正确识别雌虫性信息素；五是特定性信息素组分（性信息素拮抗剂）干扰了雄虫对雌虫所释放性信息素组分的响应。Miller 等[9]利用生物化学动力学手段，在平行分析酶的动力学和性信息素与受体的竞争动力学后，证明了商业化的苹果蠹蛾迷向剂的作用机理是竞争性吸引雄虫，而非雄虫不能在弥漫的性信息素氛围中辨别雌虫性信息素，从而使得苹果蠹蛾的交配行为受到干扰，进而起到控制害虫的作用（图 19-2）[5]。

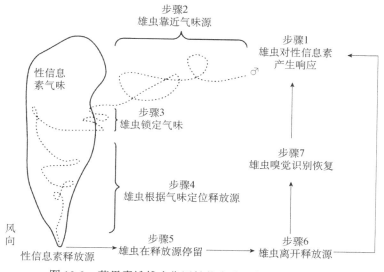

图 19-2　苹果蠹蛾雄虫靠近性信息素源的连续步骤[5, 9]

♂表示雄虫飞行起点

上述干扰昆虫交配的机制存在很多不足，因此为了获得较好的干扰昆虫交配的效果，人们通常采取以下 3 种基本方法（图 19-3 和图 19-4）[5, 10]：一是将人工合成的性信息素组分或混合物弥散到环境中，干扰雄虫定位未交配雌虫的能力；二是利用近源种昆虫释放的性信息素干扰昆虫的种内识别，降低种内吸引；三是利用拟性信息素不可逆地定量阻塞触角受体蛋白结合位点，或利用性信息素拮抗剂专一地抑制性信息素代谢酶的活性，破坏雄虫触角对性信息素的识别和代谢功能[5]。

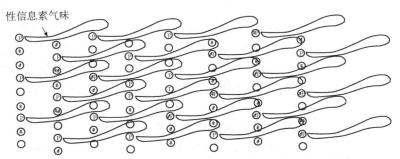

图 19-3　果园中利用性信息素干扰苹果蠹蛾交配的示意图

1 个 0.3 hm² 的果树试验小区：72 棵树（○），25 个均匀分布性信息素散发器（P），19 头随机分布的雄蛾（♂），17 头随机分布的雌蛾（♀）和 1 个小区中间的监测诱捕器（T）。风向自左向右

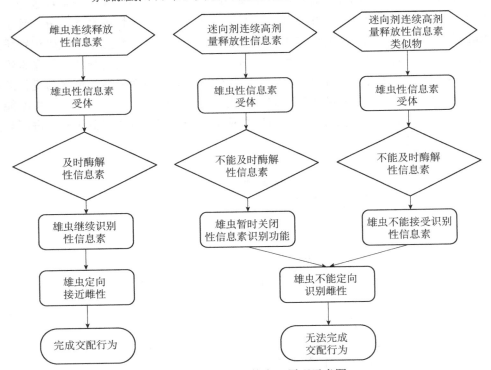

图 19-4　迷向剂干扰交配原理示意图

三、性信息素迷向干扰交配行为防治害虫的影响因素

昆虫性信息素迷向法防治害虫并不是一个简单的现象，它涉及物理学、化学、材料科学、大气学、生物化学、生理学、行为学和生物地理学等，在实际应用过程中会受到多种因素的影响，如害虫自身的因素（种群密度、交配行为、雄虫对性信息素反应的灵敏度），环境因素（温

度、光照、风速、地势位置），应用面积（大、小）等，若处理不当，防治效果会大减[11]。

害虫种群密度的高低对迷向作用效果显著影响。当种群密度较高时，雄虫和雌虫除了嗅觉外，还可通过触觉、视觉、听觉或危害空间上相近的区域，进行随机交配。例如，对于果园中的果树害虫苹白小卷蛾（*Platynota idaeusalis*），当其种群密度较高时，迷向作用未见成效；但是，苹果蠹蛾虽然在美国东北地区种群密度较高，迷向法防控时，效果很差，适当采用杀虫剂压低虫口密度后，再利用迷向法防控种群密度较低的苹果蠹蛾时，效果十分显著，持续防治 9 年，应用面积从最初的 1000 hm² 上升至 45 000 hm²。迷向法对于多次交配的害虫，往往效果不佳，主要是因为即使大部分雄虫被干扰，但雌虫尚未受到影响，残留的部分雄虫便可与所有的雌虫进行交配，完成繁殖。野外条件下，若在雌虫释放性信息素之前，雄虫连续处在高密度人工合成性信息素的条件下，引起雄虫的节律发生变化，这样早熟的雄虫便会降低对雌虫本身释放性信息素时的灵敏度[11]。

温度、光照、风速、地势位置均可影响迷向效果。持续高温容易导致迷向剂蒸发量增大，影响迷向剂的挥发速率；光照容易导致缓释载体老化，抗光、抗老化的缓释载体类型应为首选；风速过大时，迷向剂散发的气味已被吹散，不能均匀地飘散在田间，部分地区浓度过低时便不会干扰雄虫的定位；由于迷向剂的相对密度比空气大，因此地势平坦的田间或林间，便于迷向剂气味扩散[11]。

统一规范化的耕作条件、田间应用面积足够大有利于开展迷向干扰技术，且要保证防治区和未防治区的间距，防止未防治区交配后的雌虫飞来产卵，这种现象在果园中比较常见。但是对于面积受到限制的公园、住宅区等，若虫口密度较低时（低于林间的虫口密度），也可采取迷向干扰技术，像舞毒蛾的雄虫和雌虫在间隔 1 m 的树上进行为害时，迷向技术可行，若雄虫和雌虫在空间上相距较近时，这些迷向技术便失效[11]。

四、性信息素迷向干扰害虫交配行为的缓释载体类型

野外布置昆虫性信息素迷向缓释装置的方式主要有两种，即密集分布（面释放）和稀疏分布（点释放）。前者是每公顷布置 300～1000 个散发器，释放速率为纳克（ng）级，主要依靠散发器本身将性信息素均匀地释放到空气中；后者主要布置几个或几十个中央散发器，释放速率为毫克（mg）级，通过风力作用将性信息素组分在空气中完成再分配，进而大面积分布在空气中。因此，昆虫性信息素散发器的分布差异，就严格要求性信息素组分在缓释载体的释放率和分布情况，若采用不当，可能导致无效的迷向作用。

缓释载体是开展性信息素迷向干扰技术的重要一环，由于昆虫性信息素不仅是挥发性较强的化学物质，而且大部分具有特殊性的末端官能团，容易导致发生异构化并降解进而失效，所以缓释载体既要保证性信息素组分与其具有较高的黏附力，又不能和性信息素组分发生异构化反应，还要保证性信息素组分在野外具有均匀、稳定、持续的挥发速率，确定长期释放，在时间和空间上达到防治害虫的目的。所以，应根据不同的性信息素组分结构类型，选择合适的迷向缓释载体。

目前应用的缓释载体有毛细管迷向丝、微胶囊包埋、Puffer®（Suterra LLC，Bend，OR，USA）装置、SPLAT®（Specialized Pheromone and Lure Application Technology）、蜡滴和空气纤维、静电纺丝/纳米纤维等[11]。

五、迷向干扰交配行为在害虫防治中的应用

1. 总体应用情况　　昆虫性信息素迷向技术已在农业、林业、果树、蔬菜等多种害虫的防控中取得较大成功。其中，以鳞翅目害虫为主，广泛应用于卷蛾科、螟蛾科、毒蛾科等多种害虫的绿色防控中（表 19-1）。鞘翅目害虫也初步应用了迷向干扰技术进行防控。此外，半翅目、膜翅目害虫也有了相关的性信息素迷向干扰报道[11]。

表 19-1　性信息素迷向法防控鳞翅目害虫的应用实例[11]

科	种类数	种类
透翅蛾科（Sesiidae）	3	*Ichneumonoptera chrysophanes*，*Synanthedon tipuliformis*，*Vitacea polistiformis*
麦蛾科（Gelechiidae）	5	*Tuta absoluta*，*Scrobipalpopsis solanivora*，*Sitotroga cerealella*，*Pectinophora gossypiella*，*Keiferia lycopersicella*
夜蛾科（Noctuidae）	5	*Spodoptera exigua*，*Sesamia nonagrioides*，*Mamestra brassicae*，*Helicoverpa armigera*，*Trichoplusia ni*
细蛾科（Gracillariidae）	3	*Cameraria ohridella*，*Phyllocnistis citrella*，*Phyllonorycter ringoniella*
卷蛾科（Tortricidae）	27	*Cydia pomonella*，*Grapholita molesta* 等
螟蛾科（Pyralidae）	10	*Chilo suppressalis*，*Plodia interpunctella* 等
菜蛾科（Plutellidae）	1	*Plutella xylostella*
巢蛾科（Yponomeutidae）	1	*Prays oleae*
潜蛾科（Lyonetiidae）	1	*Leucoptera coffeella*
毒蛾科（Lymantriidae）	3	*Lymantria dispar*，*Orgyia pseudotsugata*，*Euproctis pseudoconspersa*
草螟科（Crambidae）	1	*Ostrinia nubilalis*
尺蛾科（Geometridae）	1	*Ascotis selenaria cretacea*

采用昆虫性信息素迷向法防控害虫应用面积最广的主要为舞毒蛾、苹果蠹蛾、葡萄花翅小卷蛾。2002～2012 年，性信息素迷向干扰防治害虫的应用面积增长率极快，但也有部分害虫的应用情况呈下降趋势，如番茄麦茎蛾的应用防控面积下降率达到了 80%，全球采用性信息素迷向防控害虫的应用面积达到了 756 000 hm^2，较 2002 年的 433 000 hm^2 提高了 323 000 hm^2（表 19-2）[11]。

表 19-2　性信息素迷向干扰防治害虫的全球应用[11]

害虫种类	主要寄主	区域	面积/hm^2	
			2002 年	2012 年
舞毒蛾（*Lymantria dispar*）	林木	美国	60 000	200 000
苹果蠹蛾（*Cydia pomonella*）	苹果、梨	全球	120 000	220 000
梨小食心虫（*Grapholita molesta*）	梨、苹果、桃	全球	50 000	60 000
葡萄花翅小卷蛾（*Lobesia botrana*）	葡萄	欧洲、智利	41 000	150 000
环针单纹卷蛾（*Eupoecilia ambiguella*）	葡萄	欧洲、智利	32 000	60 000
二化螟（*Chilo suppressalis*）	水稻	西班牙	4 000	8 000
卷叶蛾	梨、苹果、桃、茶	美国、日本、澳大利亚、欧洲	24 000	15 000
棉红铃虫（*Pectinophora gossypiella*）	棉花	美国、以色列、南美洲、欧洲	55 000	19 000
番茄麦茎蛾（*Keiferia lycopersicella*）	番茄	美国	10 000	2 000
小菜蛾（*Plutella xylostella*）	甘蓝	美国	2 000	2 000
Synanthedon spp.	桃、杏、黑加仑	全球	5 000	6 000
Zeuzerina pyrina	梨、橄榄	全球	2 000	3 000
Endopiza viteana	葡萄	欧洲	1 000	1 000
其他种类	水果、蔬菜	全球	27 000	10 000

2. 国外应用情况　自 1869 年，舞毒蛾在美国被偶然发现后，其在全美地区迅速蔓延。到 1970 年，超过 300 种树木已被严重取食，受害面积达 3045 万 hm^2。因此，美国农业部林务局启动 STS 项目，主要基于性信息素迷向及诱捕技术，大大降低了舞毒蛾的传播速度，从每年 20.8 km 降低至 4.8 km，约有 $6.07×10^7$ hm^2 的树木受到保护，具有显著的经济和生态效益。而在 1991 年，关于苹果蠹蛾性信息素迷向干扰装置在美国登记后，100 g/hm^2 浓度的性信息素可将苹果蠹蛾的种群数量及发生动态控制在不足以造成危害的水平，目前其性信息素年产量可达 25 000 kg，防治面积达 220 000 hm^2，迷向干扰法防治苹果蠹蛾受到全球认可，成为苹果蠹蛾绿色防控技术的关键部分。葡萄花翅小卷蛾严重制约着欧洲葡萄产业的发展。1977 年，法国开始使用迷向干扰技术防治葡萄花翅小卷蛾，但效果较差，主要由于其性信息素主要组分 E7Z9-12：AC 的化学合成技术遇到困难，化学纯度较低。完善并改进性信息素的化学合成技术后，E7Z9-12：AC 按 5060 μg/h 左右的释放速率可控制葡萄花翅小卷蛾的发生与危害，仅在智利，迷向干扰法已应用于 40 000 hm^2 的葡萄园，根除了新发生的种群数量[11]。

由于昆虫性信息素的专一性，一种迷向剂只对靶标害虫有干扰效果，对于几种害虫同时为害的生态系统，制备每一种害虫迷向剂的成本过高。因此，在害虫发生区放置几种害虫性信息素的复合迷向剂，对多种害虫产生迷向效果，具有显著的经济效益。例如，针对在澳大利亚果园内经常混合发生的苹果蠹蛾和梨小食心虫的危害，一种载有苹果蠹蛾性信息素 E8E10-12：OH（215 mg）、12：OH（120 mg）、14：OH（27.5 mg）和梨小食心虫性信息素 Z8-12：Ac（62.44 mg）、E8-12：Ac（4.6 mg）、Z8-12：OH（0.7 mg）的混合迷向散发器（Isomate® CM/OFM TT，Shin-Etsu Chemical Co. Ltd，Japan），防治效果高于单种害虫独自使用，每公顷 500 个迷向装置，可取得显著的经济效益。装有 Z11-14：Ac 和 E11-14：Ac（98：2）的迷向释放器可成功地干扰 *Choristoneura rosaceana* 和 *Pandemis limitata* 的交配。每公顷布置 500 个装有 E8E10-12：OH 和 Z11-14：Ac 的散发器，可有效地干扰苹果蠹蛾和 4 种卷叶蛾[11]。

此外，复合迷向技术也在 *Argyrotaenia velutinana*、*Platynota flavedana*、*P. ideausalis* 等卷叶蛾上均取得了突破性的成功。但是，在野外诱捕（trapping）试验中，复合诱芯有时却起到相反的作用，例如，载有梨小食心虫和苹果蠹蛾两种昆虫性信息素组分的诱芯，显著增加了梨小食心虫的诱捕数量，却降低了苹果蠹蛾的诱捕量。这可能是由于两种昆虫均属卷蛾科，二者在种间性信息素组分系统上存在相似之处（12C 的共轭二烯醇、单烯醇、单烯乙酸酯），导致苹果蠹蛾的性信息素组分影响梨小食心虫的诱捕量。而桃小食心虫（果蛀蛾科）和金纹细蛾（细蛾科）的单一诱芯均显著高于复合诱芯，相互之间不产生影响。因此，不同昆虫之间应根据各自的进化、生理行为、寄主选择等，选用合适的野外诱捕技术[11]。

3. 国内应用情况　国内利用性信息素迷向干扰的害虫种类主要有梨小食心虫、苹果蠹蛾、小菜蛾、桃小食心虫、茶毛虫、甘蔗条螟、亚洲玉米螟、白杨透翅蛾、棉红铃虫、桃蛀螟等，其中，迷向干扰防治技术比较成熟的主要为梨小食心虫和苹果蠹蛾的防控。但 2008~2013 年，采用迷向干扰法防控梨小食心虫的应用面积不到 200 hm^2，尚未形成规范化的迷向防治，其应用面积较少。国内有关化学生态学方面的企业或公司也未见形成大批量生产的性信息素迷向干扰产品，其迷向干扰产品主要以毛细管迷向丝为主，尚未报道其他较好的缓释载体[11]。

当然，迷向干扰防治害虫的失败应用实例也存在，对于一些飞翔力较强的昆虫，迷向防控时效果往往较差，像 *Synanthedon pictipes*、小菜蛾、*Anomala orientalis* 等害虫的迷向干扰工作并未取得理想的效果，防治区的害虫种群密度或作物受害程度并未降低，这种现象主要由于交配雌虫可以比较方便地从周边其他栖息地飞至防治区，进而进行生长繁殖。故迷向干扰技术的实施应注意野外的各种生态因素，合理地开展害虫防控[11]。

六、存在的问题与展望

利用性信息素迷向干扰交配防治害虫已经有 40 多年的历史，近 20 多年已有许多种昆虫性信息素的商业化生产。利用昆虫性信息素的高剂量，干扰害虫的交配行为，在实践中也取得了一些突破与成功，但关于野外迷向作用仍处于尝试阶段，且迷向干扰法防治害虫的作用机制尚未明确。科学家也仅提出了 3 种假说，即混淆、掩饰和错误跟随。混淆是雄虫长时间处于高剂量的性信息素状态下，触角接受气味受体发生变化或者适应了目前的中枢神经系统；掩饰是雄虫失去对雌虫的定位，由于人工合成的性信息素改变或掩饰了雌虫自然状态下释放性信息素的化学结构；错误跟随主要是一种行为反应，雄虫锁定并跟随人工制造的仿生装置，取代了活雌虫，因此，雄虫将会浪费更多的时间及生命力尝试寻找雌虫，进而完成交配。这 3 种假说并不完全孤立，在某种程度上实际是协同作用的[11]。

最近，在一系列有利推断及野外严格应用的原则下，害虫迷向干扰机制有了新的进展，可从嗅觉感受信号及酶之间的相互作用进行阐述，主要划分为两个主要的类别，即竞争结合和非竞争结合。前者是雄虫或雌虫在野外状态下尚未经历一些障碍，雄虫可以直接对雌虫或诱捕装置起反应，雌虫或诱捕装置的比例是非常重要的，提出害虫控制与害虫密度之间的联系；后者是雄虫或雌虫在性活动的初始便受到干扰，对于害虫控制与害虫密度之间的关系，非竞争条件下可以得到更为突出的优势，故而产生剂量反应曲线将作为一种更好的方式区分竞争和非竞争条件下的迷向干扰。目前，迷向干扰防控害虫主要集中于该技术在野外条件上的有效性，因此，科研工作者在接下来的工作中，不仅需要证明这一技术在缓释载体和其他害虫上取得的野外效果，更重要的是为害虫之间的迷向干扰提供有效的作用机制[11]。

当下，限制昆虫性信息素迷向法防控害虫的因素主要是科学研究和经济政策。科学研究主要包括缓释载体的释放速率、缓释载体的选择、雌虫释放性信息素的含量、雄虫触角感受性信息素的专一性程度及关于昆虫性信息素迷向干扰的化学机制等问题。经济政策主要包括昆虫性信息素与化学农药之间的价格差异，其他生物防治技术是否比性信息素更便宜，而价格是限制迷向干扰产品的重大因素。因此，大规模生产昆虫性信息素化合物，开发出更简便、产率较高的化学合成技术，是较关键的一步。迷向干扰技术在多数重要害虫上也取得了成功，在当前国家大力实行农业补贴的趋势下，可以考虑加大补贴措施。除此之外，昆虫性信息素登记一直是全球所面临的难题。美国已经在昆虫性信息素登记问题上趋于合理化，但其他国家仍将其与传统的化学农药同等对待[11]。

当然，从野外实际应用的作用效果来看，迷向干扰法防治害虫不可能把害虫的发生和危害控制到零，迷向剂防治害虫针对性强，必要时可根据实际情况及时使用化学农药补充防治，尽量将虫害程度控制到允许发生的范围内。限制我国昆虫性信息素迷向防控害虫的主要根源在于缓释载体不稳定且比较单一（PVC），尚未研制出规范化及多用化的缓释载体，大部分高效的缓释载体全靠国外进口。此外，如果部分害虫性信息素组分化学结构复杂、合成工艺较难、成本较高，便可采用靶标昆虫性信息素类似物或者抑制剂，前者由于有些化合物的结构、性质和靶标昆虫性信息素组分极为相似，雄虫对这部分化合物也有较强的反应，采用这部分化合物进行迷向防治试验，这些类似物相对性信息素组分合成工艺简便，价格合理；后者是部分化合物直接干扰雄虫的寄主定位行为，雄虫无法通过性信息素寻找到雌虫，起到较好的迷向干扰，具体使用何种迷向剂，主要取决于某种昆虫的嗅觉反应及行为趋向。因此，改进迷向剂、缓释载体和释放速率等试验不断展开，需要我国科研工作者在这方面开拓出更有效且经济的迷向剂和缓释装置，进而奠定昆虫性信息素迷向干扰防控害虫的基础[11]。

思考题

一、名词解释

昆虫性信息素；性引诱剂；大量诱捕；迷向干扰；缓释载体

二、问答题

1. 简述昆虫性信息素的生物学过程。
2. 简述昆虫性信息素在虫情监测中的应用。
3. 简述性信息素及其类似物干扰昆虫交配行为的机理。
4. 性信息素迷向干扰交配行为防治害虫的影响因素有哪些？
5. 为什么说缓释载体是开展性信息素迷向干扰技术的重要一环？
6. 解释迷向干扰法防治害虫作用机制的假说有哪些？
7. 谈谈你对利用昆虫性信息素及其类似物防治害虫的认识。

参考文献

[1] 郭娜娜，李成功，郑园园，等. 昆虫性信息素的研究进展. 国际药学研究杂志，2014，41（3）：325-328，353

[2] 张新慰，李景刚，武海卫. 昆虫性信息素研究进展. 山东林业科技，2020，（3）：88-91

[3] 马涛，温秀军，李兴文. 昆虫性信息素人工合成技术研究进展. 世界林业研究，2012，25（6）：46-51

[4] Wright R H. Finding metarchons for pest control. Nature，1965，207（4992）：103-104

[5] 王安佳，张开心，梅向东，等. 昆虫性信息素及其类似物干扰昆虫行为的机理和应用研究进展. 农药学学报，2018，20（4）：425-438

[6] Liljefors T，Thelin B，van der P J N C，et al. Chain elongated analogues of a pheromone component of the turnip moth，*Agrotis segetum*. A structure-activity study using molecular mechanics. Journal of the Chemical Society，Perkin Transactions 2，1985，（12）：1957-1962

[7] Liljefors T，Engtsson M，Hansson B S. Effects of doublebond configuration on interaction between a moth sex pheromone component and its receptor. Journal of Chemical Ecology，1987，13（10）：2023-2040

[8] Bartell R J. Mechanisms of communication disruption by pheromone in the control of Lepidoptera：a review. Physiological Entomology，1982，7（4）：353-364

[9] Miller J R，Mcghee P S，Siegert P Y，et al. General principles of attraction and competitive attraction as revealed by large-cage studies of moths responding to sex pheromone. Proceedings of the National Academy of Sciences，2010，107（1）：22-27

[10] Cardér T，Minks A K. Control of moth pests by mating disruption：successes and constraints. Annual Review of Entomology，1995，40：559-585

[11] 马涛，林娜，周丽丽，等. 性信息素迷向干扰防控害虫的研究进展及应用前景. 林业科学研究，2018，31（4）：172-182

第二十章　利用昆虫生长调节剂防治害虫

第一节　昆虫生长调节剂

昆虫生长调节剂（insect growth regulator，IGR）是作用于昆虫生长发育的关键阶段，导致昆虫所特有的蜕皮、变态异常，进而阻碍昆虫发育进程的一类物质。这类物质具有很高的选择毒性，对人畜十分安全，如果使用得当，对害虫的天敌影响也较小[1]。

1967年，Williams提出以保幼激素（juvenile hormone，JH）及蜕皮激素（ecdysone或molting hormone，MH）为主的IGR作为第三代杀虫剂。1985年，赵善欢认为IGR应包括保幼激素、蜕皮激素及其类似物、抗保幼激素、几丁质合成抑制剂、植物源次生物拒食剂、昆虫源信息素、引诱剂等，是具有干扰害虫行为及抑制其生长发育特异性作用的缓效型"软农药"，拓宽了IGR的范畴[1]。

由于应用此类药剂有利于无公害绿色食品生产，符合人们保护生态的要求，曾一度受到人们的关注，并进行开发研究。后因第二代有机合成杀虫剂（有机磷类、氨基甲酸酯类和拟除虫菊酯类杀虫剂）能高效、经济地防治害虫，致使IGR陷入低谷。但随着"农药万能论"思潮的蔓延，"3R"［残留（residue）、抗性（resistance）、再度猖獗（resurgence）］不断加剧，人们对农药的概念又从"杀生物剂"转向寻找"生物合理农药"（biorational pesticides）或"环境和谐农药"（environment acceptable pesticides），IGR重新得到人们的重视。尤其是1995年，Fresco在第三届国际植保大会（International Plant Protection Congress，IPPC）上提出"从植物保护到保护农业生产系统"后，IGR已成为全球农药研究与开发重点领域之一，研究成功的实用化种类源源而出[1]。

由于此类药剂作用机理不同于以往作用于神经系统的传统杀虫剂，它们毒性低、污染少、对天敌和有益生物影响小，有助于可持续农业的发展，有利于无公害绿色食品生产，有益于人类健康，因此被誉为"第三代农药""21世纪的农药""非杀生性杀虫剂""生物调节剂""特异性昆虫控制剂"等。它们能很好地解决化学防治与生物防治协调的问题，并可延缓害虫抗性的产生[1]。

第二节　昆虫生长调节剂在害虫防治中的应用

一、昆虫生长调节剂的主要种类

（一）保幼激素及其类似物

昆虫保幼激素是一类重要的内激素，由昆虫咽侧体分泌，只作用于昆虫幼虫阶段，使其保持幼虫特征；对于成虫期昆虫，保幼激素有促进卵巢发育和维持睾丸机能的作用[2-4]。1934 年，Wiggleswth 首先发现昆虫体内存有保幼激素；1956 年，Williams 从天蚕蛾腹部的第一节成功获得具有很高活性的保幼激素[3]。已经发现的保幼激素有 6 种，即保幼激素 0 号（JH 0）、保幼激素Ⅰ号（JH Ⅰ）、保幼激素Ⅱ号（JH Ⅱ）、保幼激素Ⅲ号（JH Ⅲ）、保幼激素 0 号异构体（Iso-JH 0）和保幼激素 B_3（JHB$_3$）[5]。

保幼激素类似物（juvenile hormone analog，JHA）主要为烯烃类化合物，具有保幼激素的活性，可直接通过害虫表皮或被吞食后使害虫死亡。早期研究开发出的品种有 ZR-515（烯虫酯、增丝素）、ZR-512（烯虫乙酯）、ZR-777（烯虫炔酯）、JH-286（保幼炔）、JH-738、734 Ⅱ等。其中 JH 286 对大黄粉虫、杂拟谷盗、普通红螨等特别有效，ZR-512 或 JH-738 对稻苞虫幼虫药效显著，0.1% JH-738 防治麦长管蚜效果明显。ZR-777、734 Ⅱ可使玉米螟卵孵化率下降93.9%和 85.5%。烯虫酯主要用于防治蚊科、蚤目害虫、烟草甲虫等[5]。

之后开发的品种与保幼激素结构虽然不同，但具有保幼激素类似物的活性，可广泛应用于农林及卫生害虫的防治。例如，哒幼酮（NC-170）属哒嗪酮类化合物，可选择性地抑制叶蝉、飞虱的变态，抑制胚胎发育，防止和终止若虫滞育、刺激卵巢发育产生短翅型等生理作用；双氧威（苯氧威）属氨基甲酸酯类，能抑制害虫的发育、幼虫的蜕皮、成虫的羽化，有效防治果树上的木虱、蚧虫、鳞翅目多种害虫，也可用于防治仓储和卫生害虫；吡丙醚（蚊蝇醚）属苯醚类化合物，对半翅目、双翅目、缨翅目、鳞翅目害虫有高效，在我国登记的灭幼宝 0.5%颗粒剂对蜚蠊有特效，也可用于防治蚊、蝇等卫生害虫[5]。

（二）蜕皮激素及其类似物

蜕皮激素是昆虫前胸腺分泌的一种内激素，主要为类固醇类物质，如 20-羟基蜕皮甾酮（20-hydroxyecdysone，20E）。天然蜕皮激素结构复杂，分离困难，很难大规模应用。

抑食肼及美国罗姆－哈斯公司开发的虫酰肼、甲氧虫酰肼等几种双酰肼类杀虫剂在结构上完全不同于天然蜕皮激素，却能模拟 20E 与蜕皮激素受体复合物相互作用，实现蜕皮激素的功能。药剂与受体复合物结合后，与蜕皮激素作用类似，激活基因表达，启动蜕皮行为。然而，昆虫完成正常蜕皮是由蜕皮激素、保幼激素、羽化激素（EH）等激素协调作用的结果，由于双酰肼类化合物只是模拟蜕皮激素作用，使"早熟的"昆虫蜕皮开始后却不能完成，从而导致昆虫死亡。这种蜕皮中止可能是由于血淋巴和表皮中的双酰肼类化合物抑制了羽化激素释放所致，也可能是由于大量保幼激素的存在造成的，因为只有在保幼激素浓度降低、蜕皮激素大量存在情况下才能完成变态蜕皮。例如，抑食肼（RH-5849）能在烟草天蛾幼虫的任何阶段使蜕皮提前启动，这种提前启动蜕皮的现象不需内源 20E 的存在[6]。

因此，蜕皮激素类似物（MHA）能干扰昆虫正常生长发育，促使昆虫提早蜕皮而死亡。双酰肼类昆虫生长调节剂的第 1 个品种，是美国罗姆－哈斯公司于 1988 年上市的抑食肼（RH-5849），随后该公司又开发了虫酰肼（RH-5992）、氯虫酰肼（RH-0345）、甲氧虫酰肼（RH-2485）。环虫酰肼为日本化药株式会社和三共株式会社共同开发并商品化的双酰肼类昆虫生长调节剂，于 1999 年在日本获得登记并进入市场。呋喃虫酰肼（JS-118）是我国国家南方农药创制中心江苏基地研究开发的双酰肼类昆虫生长调节剂（图 20-1）。新型双酰肼类昆虫生长调节剂的研究主要是以美国罗姆－哈斯公司研发的 4 个品种为先导化合物，通过电子等排或类同合成进行结构改造和修饰，而获得了大量具有高杀虫活性的化合物[6]。

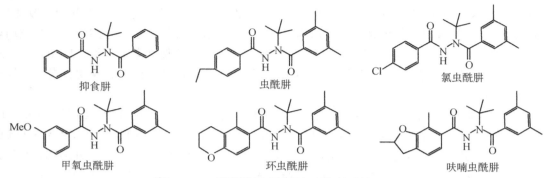

图 20-1   双酰肼类昆虫生长调节剂的结构式[6]

1. 抑食肼（RH-5849）   国产商品名称为虫死净，具有胃毒、触杀作用，也可通过根系吸收杀虫，对鳞翅目及某些半翅目和双翅目害虫有高效。例如，对二化螟用有效成分 20 g/667m²，防效达 90%以上；对菜粉蝶高龄幼虫用量百万分之二十，死亡率为 87.5%；对黏虫用量百万分之五十，死亡率达 100%[6]。

2. 虫酰肼（tebufenozide）   商品名为米满（Mimic），台湾兴农公司商品名为天地扫。20%悬浮剂 1000～2000 倍液对甜菜夜蛾及鳞翅目多种害虫有特效，在虫卵孵化前或孵化时使用，效果最佳；对稻纵卷叶螟用 30 mL/667m² 和 40 mL/667m²，防效为 81.6%～95.3%；玉米螟、黏虫、棉铃虫等被米满处理后，生长受抑制和拒食，尤其对黏虫的杀虫活性最强[6]。

氯虫酰肼（RH-0345）和甲氧虫酰肼（RH-2485）等品种，具有活性更高、选择性更好、安全性更大的特点[6]。

（三）几丁质合成抑制剂

几丁质合成抑制剂（chitin synthesis inhibitor）能抑制昆虫几丁质合成酶的活性，阻碍新表皮的形成，使昆虫蜕皮、化蛹受阻而死。这类化合物的研究应用报道较多，按其化学结构，可归为如下几类[7]。

1. 苯甲酰基脲类   苯甲酰基脲类（benzoylphenyl urea，BPU）是几丁质合成抑制剂中发展最早、开发品种最多的一类药剂，已商品化应用的主要种类有以下几类。

1）除虫脲（diflubenzuron），又称灭幼脲Ⅰ号、敌灭灵（dimilin），是荷兰杜发公司在 20 世纪 70 年代开发的第一个商品化制剂，具有胃毒及触杀作用，抑制昆虫几丁质合成，阻碍新表皮的形成而使害虫死亡。

除虫脲对鳞翅目的黏虫、玉米螟、稻纵卷叶螟、二化螟、菜粉蝶、小菜蛾、甜菜夜蛾、斜纹夜蛾、棉铃虫、松毛虫、茶尺蠖、地老虎、杨毒蛾等害虫有特效；对鞘翅目、双翅目、半翅目多种害虫也有效，可杀卵和初孵幼虫。国产品种 20%悬浮剂用于防治菜粉蝶（100 倍液）、黏虫（7000 倍液）、柑橘潜叶蛾（2000 倍液）、松毛虫（2000 倍液）、玉米螟幼虫（百万分之十），死亡率达 96.1%。

2）灭幼脲（chlorbenzuron），又称灭幼脲Ⅲ号、苏脲Ⅰ号，作用特点与灭幼脲Ⅰ号相同，耐雨水冲刷、降解慢。

灭幼脲可防治黏虫、稻纵卷叶螟、豆天蛾、菜粉蝶、柑橘全爪螨、舞毒蛾、美国白蛾、松毛虫等，并兼治蚁、蝇幼虫；用于防治菜粉蝶、小菜蛾（百万分之一百）、柑橘全爪螨（百万分之三十）防效达 90%以上，黏虫 2～3 龄幼虫（10 g/667m²）防效达 90%。灭幼脲Ⅰ号、灭幼脲Ⅱ号和灭幼脲Ⅲ号的分子结构见表 20-1。

表 20-1 灭幼脲的分子结构[7]

化合物名称	结构式
灭幼脲Ⅰ号	2,6-二氟苯基—CONHCONH—苯基—Cl
灭幼脲Ⅱ号	2,6-二氯苯基—CONHCONH—苯基—Cl
灭幼脲Ⅲ号	2-氯苯基—CONHCONH—苯基—Cl

3）氟虫脲（flufenoxuron），又称卡死克（Cascade），与同类药相比，具速效性，并有很好的叶面滞留性，对未成熟阶段的螨和害虫有较高的活性。5%可分散液剂（美国氰胺公司产品），2000 倍液用于防治斜纹夜蛾、小菜蛾、甜菜夜蛾、黏虫、棉铃虫等有较好的效果；1000倍液可用于防治柑桔叶螨、锈螨、潜叶蛾、苹果全爪螨。

4）氟啶脲（chlorfluazuron），又称抑太保、定虫隆、IKI-7899、啶虫脲、氯氟脲，以胃毒作用为主，兼有触杀作用。作用机制主要是抑制几丁质合成，使卵的孵化、幼虫蜕皮和成虫羽化受阻，蛹发育畸形。

氟啶脲对鳞翅目多种害虫及直翅目、鞘翅目、膜翅目、双翅目等害虫有很高的活性，但作用速度较慢。日本石原产业株式会社产品 5%乳油，可用 1000～2000 倍液防治小菜蛾、菜粉蝶、斜纹夜蛾、豆野螟、棉铃虫、柑橘潜叶蛾、苹果小食心虫、桃小食心虫等，一般于卵盛期、卵盛孵期和低龄幼虫期喷雾较佳。

5）氟铃脲（hexaflumuron），又称伏虫灵、盖虫散、XRD-473，具有很高的杀卵杀虫活性，抑制害虫蜕皮、取食，有较强的击倒力。国内产品 5%乳油可用于防治棉花、蔬菜、果树上的多种害虫，如棉铃虫（500～1000 倍液）、小菜蛾（1000～2000 倍液）。

6）杀铃脲（triflumuron），又称杀虫脲、杀虫隆、氟幼脲、SIR-8514 等，具有一定触杀作用，但作用缓慢。国内产品 20%悬浮剂可用于防治棉铃虫（2000～3000 倍液），防治黏虫、棉铃象甲、银纹夜蛾、舞毒蛾、蚊子等（300～600 g/hm^2）。

除上述介绍的种类外，目前已开发研究的苯甲酰脲类几丁质抑制剂种类还有三氯脲（灭幼脲Ⅱ号，PH6038），氟幼脲（penfluron，PH6044，用于灭蚊蝇），氟环脲（flucycloxuron，氟螨脲，PH7023），啶蜱脲（fluazuron），虱螨脲（lufenuro，MATCH，CGA184699），嗪虫脲（L-7063），二氯嗪虫脲（EL-494），几噻唑（L-1215），EL-583，GR-572（novaluron，MCW-275）等。

2. 噻二嗪类 开发最成功的品种是噻嗪酮（buprofezin）（商品名扑虱灵、优乐得、稻虱净）。触杀作用强，也有胃毒作用；抑制几丁质合成和干扰新陈代谢，致使害虫死于蜕皮期，并使成虫减少产卵、阻止卵孵化。

防治稻飞虱和叶蝉类一般用 25%可湿性粉剂，300～450 g/hm^2；防治柑橘黑刺粉虱用 1000倍液、2000 倍液、3000 倍液，药后 7d，防效分别达 97.8%、97.2%和 93.8%；1500～2000 倍液防治温室白粉虱、柑橘粉虱、柑橘矢尖蚧若虫及茶小绿叶蝉等有特效，且持效期较长。

3. 三嗪（嘧啶）胺类　　目前已商品化生产的有灭蝇胺（cyromazine），由瑞士汽巴嘉基公司开发。对双翅目幼虫有特殊活性，有内吸传导作用，导致蝇蛆和蛹畸形，成虫不能正常羽化。10% 悬浮剂 1500 倍液用于防治蔬菜、花卉潜叶蝇；2% 颗粒剂 2 kg/667m² 处理土壤，持效期可达 80 d；此药也可防治为害食用菌的蚊类幼虫和畜牧业蝇蛆。

二、昆虫生长调节剂的作用机制

（一）保幼激素类似物的作用机制

对于保幼激素类似物的作用机制有许多报道，却没有统一明确的结论。部分学者认为，保幼激素类似物对酚氧化酶的活性有诱导或激活作用，也可能是对酚氧化酶原激活系统中的有关步骤有激活作用，从而促进了酚氧化酶的活性。例如，保幼激素类似物吡丙醚会导致意大利蜜蜂的蛹发育受阻，可诱导 5 龄幼虫期、蛹期和白蛹期（无色素沉积期）酚氧化酶活性上升，从而诱导黑色素的产生，影响表皮的色素沉积和硬化；烯虫酯可以诱导亚洲玉米螟 5 龄幼虫体壁组织、血清和血细胞中酚氧化酶的活性上升。另有学者认为，保幼激素类似物能调控多种昆虫特定基因的复制，通过调控某些 DNA 结合蛋白来控制依赖保幼激素的基因表达。例如，保幼激素类似物能促进家蚕杆状病毒系统的基因表达；烯虫酯可以明显促进斜纹夜蛾幼虫血淋巴中多角体蛋白（POLH）的合成[8]。

（二）蜕皮激素类似物的作用机制

昆虫通过分泌蜕皮激素和保幼激素来调控以蜕皮为特征的生长发育和变态，这些激素也参与调控成虫的性成熟。昆虫幼虫随着体内 20E 滴度的上升，停止取食，内外表皮层分离、上皮细胞重组，大量蛋白质合成，并分泌形成新的外表皮和上表皮；当 20E 滴度开始下降，蜕皮液中的几丁质酶即被活化，消解旧表皮，外表皮开始鞣化和硬化；当 20E 降低到一个基础水平时，释放羽化激素（eclosion hormone，EH）。这些激素共同作用于若干靶标而使蜕皮完成。蜕皮激素作用靶标由蜕皮激素受体（ecdysone receptor，EcR）和超气门蛋白（ultraspiracle protein，USP）组成，EcR 和 USP 均属于核受体超家族（nuclear receptor super family）成员，处于昆虫蜕皮、变态及繁殖等生命过程的级联反应启动位置，对完成昆虫的生长发育和繁殖具有十分重要的作用。现已对双翅目、鳞翅目、半翅目和直翅目的 20 多种昆虫的 ecr 和 usp 进行基因克隆测序。结果表明，EcR 具有共同的结构特征，自 N 端起均由 A/B 域［转录激活域（transcription activating domain）］、C 域［DNA 结合域（DNA binding domain，DBD）］、D 域［铰链域（hinge region）］、E 域［配体结合域（ligand binding domain，LBD）］和 F 域 5 部分组成，各部分都有特殊的结构和功能。USP 除缺少 F 域外，其他结构特征与 EcR 相同[8]。

昆虫生长发育期间表皮形态和结构的变化依赖于保幼激素基因表达的有无及 20E 滴度的变化。虽然合成的蜕皮激素类似物在化学结构上已不同于昆虫天然蜕皮激素，但它们仍具有天然蜕皮激素的特性。不同种类的蜕皮激素类似物的毒力和杀虫谱不同，但其引起昆虫中毒的症状却非常相似。作为一种昆虫蜕皮激素拮抗剂，合成的蜕皮激素类似物如甲氧虫酰肼可与虫体内源蜕皮激素发生竞争性抑制。甲氧虫酰肼进入虫体后，很快与 EcR/USP 复合体的 EcR 结合从而启动蜕皮，且一旦结合就很难再分离，可持续诱导蜕皮反应[8]。

合成的蜕皮激素类似物如甲氧虫酰肼与 20E 一样，在 EcR-USP 的异源二聚体形成后，才能结合到 EcR 上形成复合体。组合的配体（20E）-受体复合体（EcR-USP）与靶标基因启动子的蜕皮素应答元件（EcRE）结合，并反式激活级联基因。在正常情况下，发生于激素存在的事件之后，20E 就从该系统中清除，以便于后面不需要 20E 的事件得以进行，即出现无 20E 的事件：多巴脱羧酶（DDC）表达→表皮蛋白表达→释放羽化激素（EH）→幼虫完全蜕皮。若甲氧虫酰肼替代了 20E 且持续存在，发生于 20E 不存在条件下的事件就不能进行。上述无 20E 时出现的事件就成为 DDC 不表达→不合成几丁质→无 EH 释放→不完全的过早蜕皮→幼虫死亡[8]。

抑食肼对鳞翅目幼虫具有致死专一性。用抑食肼处理烟草天蛾和甜菜夜蛾幼虫，其致死性早熟蜕皮活性与 20E 相比有所增加；但同样用抑食肼来处理马铃薯甲虫，却发现取食抑食肼后会导致血淋巴中 20E 滴度下降，与前两种昆虫表现有所不同[8]。

抑食肼和虫酰肼还可引起鳞翅目、鞘翅目和双翅目靶标害虫产卵量下降，对欧洲玉米螟有杀卵活性，虫酰肼还能阻断鳞翅目害虫的精子生成过程[8]。

蜕皮激素类似物 RH-5992 能阻塞神经和肌肉膜上的钾离子通道，这就可能导致中毒试虫的取食力和产卵力下降。抑食肼和 RH-5992 分别可以使美洲大蠊和马铃薯甲虫出现神经中毒症状，电生理试验显示，神经中毒是由于昆虫神经和肌肉中的钾离子通道被堵塞，与蜕皮甾酮受体无关。有人推测，RH-5992 在细胞或组织中，抑制了一些基因的表达，从而产生致死蜕皮。同时有试验表明，双酰肼类杀虫剂也可以导致鳞翅目幼虫表皮的蛋白质含量降低[8]。

因此，蜕皮激素类似物的作用机制可能是多方面的[8]。

（三）几丁质合成抑制剂的作用机制

自 20 世纪 70 年代发现具有抑制昆虫几丁质生物合成的化合物苯甲酰基苯基脲类以来，该类化合物发展迅速，对其作用机理的研究也很多，但其具体的作用机制尚不明确，关于作用机制的假设也很多[8]。

最初，人们认为这类化合物可使昆虫表皮的几丁质合成受阻，沉积受抑制。例如，用杀铃脲处理美国白蛾幼虫后，幼虫表现蜕皮困难和新表皮变薄，从而证明了杀铃脲对美国白蛾幼虫的一种特殊作用方式，即妨碍几丁质的生物合成和沉积作用，使新表皮硬度减小，幼虫生长和发育受阻[8]。

也有学者认可最早提出的"灭幼脲的毒杀作用是由于抑制了几丁质合成酶，从而阻断了几丁质的最后聚合步骤"的理论[8]。

有推断认为，几丁质合成抑制剂涉及催化前的一些步骤，如与几丁质合成酶系统失活相关的蛋白磷酸化或包含几丁质合成酶的囊状结构的转运及该结构与质膜的融合过程等[8]。

还有学者认为，这类化合物还可以影响虫体内 DNA 的合成。例如，除虫脲造成厩螯蝇成虫表皮组织细胞 DNA 减少；灭幼脲除了影响黏虫的几丁质沉积外，还可改变几丁质—蛋白复合体的结构，影响氨基酸的含量和比例，以及蛋白质、DNA 和 RNA 的含量[8]。

以上关于作用机制的假说都不能完全解释几丁质合成抑制剂类化合物的作用，至今仍难以阐明其机制[8]。

三、害虫对昆虫生长调节剂的抗药性

（一）抗药性表现

昆虫生长调节剂自问世以来越来越受到广泛使用。长期、大量、不合理地使用一种药剂将导致害虫产生抗药性，昆虫生长调节剂也不例外。在昆虫生长调节剂抗性的研究报道中，对苯甲酰脲类、蜕皮激素类似物的抗性报道较多，而对保幼激素类似物抗性的报道甚少[8]。

20世纪80年代初，在东南亚首次应用BPU制剂防治抗药性极高的小菜蛾获得优异效果后，该类药剂几乎成为防治当地小菜蛾的唯一选择，经过多年单一使用，小菜蛾很快对BPU产生了严重抗药性。1988年我国台湾省小菜蛾对氟苯脲的抗性增至7621倍，马来西亚增至3000倍以上，对氟啶脲增至1000倍以上；武汉因多年推广氟虫脲，1997年小菜蛾对其抗性增至1254倍。这些抗药性事例打破了人们最初认为昆虫生长调节剂这种生理抑制剂不易产生抗药性的设想。有报道，对常规杀虫剂产生抗性的家蝇品系，对灭幼脲Ⅰ号存在交互抗性；小菜蛾抗性品系对氟苯脲和吡丙醚有微弱的交互抗性[8]。

害虫对蜕皮激素类似物的抗药性问题，自其推广使用以来一直备受关注。例如，对甜菜夜蛾室内品系用虫酰肼连续筛选10代，其抗性提高5倍；美国亚利桑那州甜菜夜蛾Parker种群对虫酰肼和甲氧虫酰肼的抗性分别为5.2倍和12倍，泰国种群分别为9.9倍和9.8倍，已具有低水平抗性；泰国种群筛选11个月后，与敏感品系相比，对虫酰肼的抗性达到150倍，对甲氧虫酰肼的抗性为12倍，抗性发展迅速；用甲氧虫酰肼对甜菜夜蛾进行抗药性选育，经过7代的选育，就获得了9.7倍的抗性品系；在室内用虫酰肼对小菜蛾进行抗性选育，经过7代选育，就获得了接近20倍的抗性品系；用浸液法和饲料混合法经过26代选育，获得了抗性指数分别为8.93倍和7.87倍的抗虫酰肼棉铃虫品系。这些数据都表明，蜕皮激素类似物杀虫剂具有产生抗性的风险[8]。

虫酰肼自成功推广以来，在田间的使用次数逐渐增加，人们对虫酰肼的田间抗性也进行了监测。在我国，虫酰肼作为防治甜菜夜蛾的有效药剂大量使用，从深圳、湖南、上海、江苏及河北等地甜菜夜蛾种群对虫酰肼的抗药性监测结果看，甜菜夜蛾对虫酰肼的抗性为1.0～3.1倍，仍属敏感阶段；山东泰安范镇、潍坊寿光及临沂罗庄3个甜菜夜蛾田间种群对同种供试药剂的敏感性均有不同程度的下降，其中，对虫酰肼和氟啶脲的敏感性下降倍数达到3倍以上，表现出低水平抗药性。目前报道与虫酰肼具有交互抗性的药剂主要有甲氨基阿维菌素苯甲酸盐、苯氧威、氟虫腈、谷硫磷及阿维菌素[8]。

（二）抗药性机理

昆虫抗药性机理主要有3个方面，即解毒代谢酶增强、靶标敏感性下降和表皮穿透速率降低。根据昆虫生长调节剂的毒杀机理及中毒症状，可以推测其抗性产生可能涉及虫体表皮穿透性降低和体内代谢酶系的增强[8]。

对于抗几丁质合成抑制剂的品系，其几丁质合成酶受到保护，使抑制剂的穿透率降低。保幼激素类似物因双键或环氧键等易被多功能氧化酶氧化降解，如将烯虫乙酯施用于德国小蠊抗性品系后，能明显提高其对毒死蜱和残杀威的敏感性[8]。

随着害虫对蜕皮激素类似物抗性的产生和抗性品系的建立，研究者也对其产生抗性的机理进行了研究。例如，用抗虫酰肼甜菜夜蛾品系测定了多功能氧化酶抑制剂增效醚（piperonyl butoxide，PBO）对虫酰肼的增效作用，其增效比为 3.4，表明甜菜夜蛾对虫酰肼的抗性与多功能氧化酶活性有关。多功能氧化酶、表皮酚氧化酶、酯酶和谷胱甘肽-S-转移酶、解毒代谢酶等都参与了抗性的产生；用小菜蛾的抗性品系测定了 PBO 对虫酰肼的增效作用，显示增效比为 4.55；在离体条件下测定了微粒体多功能氧化酶脱甲基活性，结果表明，在小菜蛾雌虫和雄虫中，抗性品系的微粒体多功能氧化酶脱甲基活性分别是敏感品系的 1.34 倍和 1.39 倍。这表明小菜蛾对虫酰肼的抗性也与多功能氧化酶有关[8]。

第三节　昆虫生长调节剂的创新开发与应用前景

农药创制是人类改造自然的过程。农业化学研究的传统方法是从各种化学起始物，衍生出大量的先导化合物，然后直接在整个生物体上测试所有化合物，通过设计—合成—测试—分析循环的不同轮次来进行优化，最终获得理想的杀虫剂。然而，随着合成的化合物数量和研发成本的增加，基于分子靶标使用体外分析的方法变得越来越普遍。无论是改良或是创新农药，分子靶标都是关键。一方面，通过研究害虫的独特生理过程，发现新的绿色分子靶标用于创制新型杀虫剂。另一方面，害虫对杀虫剂产生抗药性也可以通过研究其分子作用靶标来阐明其抗药性产生的机理，改良杀虫剂。中国农业科学院植物保护研究所陈青研究员团队在几丁质代谢关键酶方面发现了许多原创性分子靶标，为开发新的、对人畜安全的农药分子靶标及农化产品做出了重要贡献[9]。

一、杀虫剂分子靶标研究的现状、难点和挑战

（一）杀虫剂分子靶标研究的现状

根据杀虫剂抗药性行动委员会（Insecticide Resistance Action Committee，IRAC）对杀虫剂作用模式的分类，目前的杀虫剂作用模式超过 3 种，分别作用于神经系统、呼吸系统、生长变态系统等。但是，目前全球杀虫剂销售总量的 85%都是作用于昆虫的神经肌肉系统。调控生长发育的杀虫剂仅占总销量的 9%，而破坏呼吸系统靶标的杀虫剂仅占 4%。因为神经系统的微小干扰会很快放大，所以昆虫神经系统已经并且仍然是主要的新型杀虫剂的靶标。因此目前全球超过 80%杀虫剂是基于以下 4 个晶体结构明确的神经系统分子靶标设计的，分别是乙酰胆碱受体（acetylcholine receptor，AChR）、乙酰胆碱酯酶（acetyl cholinesterase，AchE）、γ-氨基丁酸（γ-aminobutyric acid，GABA）门控氯离子通道和压控钠离子通道（sodium channel，SC）。

乙酰胆碱受体是昆虫中枢神经系统中主要神经递质乙酰胆碱（acetylcholine）的受体，针对烟碱乙酰胆碱受体（nicotinic acetylcholine receptor，nAChR）通道的竞争性调节剂新烟碱类杀虫剂占据了 27%的市场份额，其可以与 nAChR 上的乙酰胆碱位点结合导致昆虫神经过度兴奋而死亡，它还是尼古丁、磺胺嘧啶、丁烯内酯、三氟嘧啶、刺孢菌素及神经毒素类似物等农药分子的靶标。

乙酰胆碱酯酶是有机磷类和氨基甲酸酯类农药的分子靶标，其活性被抑制可造成神经递质乙酰胆碱积累而影响神经突触的正常传导，从而导致昆虫死亡。

GABA 是昆虫主要的抑制性神经递质，GABA 门控氯离子通道是环二烯类有机氯、苯基吡

唑类化合物、偏二酰胺和异恶唑啉类化合物的分子靶标。

压控钠离子通道参与了昆虫沿神经轴突的动作电位传播，该通道被过度打开或关闭会造成昆虫神经系统过度兴奋或瘫痪。DDT、拟除虫菊酯类化合物和茚虫威等农药的作用靶点是压控钠离子通道。

（二）目前存在的问题和挑战

首先，目前全球超过80%杀虫剂是以4个晶体结构明确的神经系统分子为靶标。作用于这些靶标的杀虫剂虽然杀虫效果优异，然而这些靶标的同源蛋白质在其他无脊椎动物和脊椎动物的神经信号传导过程中也具有关键功能，因此具有难以被忽视的安全隐患和环境风险。此外，单一靶标农药的长期大规模使用是引发害虫抗性的主要原因之一，虽然通过轮用、混用等抗性管理手段可以在一定程度上延迟杀虫剂抗性的发展，但是随着使用时间的延长和使用量的增加，害虫抗药性的问题仍然愈演愈烈，最终会导致没有可用的农药。因此，亟须开发新型绿色分子靶标。

其次，基因组测序技术和分子生物学功能验证技术的进步揭示了大量害虫生长发育所必需的关键基因，如何利用这些资源开发创新的分子靶标是我们面临的挑战。以医药分子靶标为例，2000年Celera公司完成了人类基因组的首个草图，人们预计药物靶标池中理论上包括600种小分子药物靶标、1800多种蛋白质治疗的药物靶标，以及2100种基因治疗和siRNA治疗的药物靶标，然而实际上目前能应用的靶标数目不超过300个。因此，如何从已有的大量信息中挖掘出对人类安全、环境生态友好、高选择性且作用模式新颖、代谢途径清晰的杀虫剂分子靶标也是一个需要解决的难题。在这一问题上，可以借鉴医药行业靶标创新和优化的过程。

最后，缺乏原子水平的靶标结构信息及靶标分子与活性小分子之间的相互作用信息，也是制约新靶标研究的关键因素。①靶标的结构对基于结构的新先导化合物的设计和筛选至关重要。②活性小分子与农药靶标的结合是其发挥功能的分子基础，农药靶标结构为阐明小分子与靶标的作用机制提供了核心结构基础。③基于原子尺度的靶标结构差异性，对农药结构进行改造优化，是提高农药安全性的可行办法。④害虫抗药性一般源于其靶标蛋白上关键位点的突变，影响了活性小分子的结合，对靶标结构信息的深入探究也有助于开发能克服害虫抗药性的新型杀虫剂。因此，有必要尽快建立分子靶标挖掘与利用的技术体系，推进安全高效的绿色杀虫剂的原始创新。

二、几丁质代谢抑制剂靶标

几丁质是构成昆虫表皮及中肠围食膜的主要组分，为防止昆虫脱水及病原体的侵染提供物理屏障。由于几丁质不存在于人、哺乳动物和高等植物中，因此从20世纪70年代开始，几丁质代谢相关的蛋白质就被认为是设计绿色杀虫剂的理想分子靶标。实际上，目前占据杀虫剂市场3%份额的苯甲酰脲类农药就是通过干扰昆虫几丁质合成发挥作用的，但是目前也已经有部分害虫对其产生了抗性，因此研究者也在开发靶向昆虫几丁质代谢中其他关键蛋白的新型绿色杀虫剂。

通过对重要农业害虫亚洲玉米螟蜕皮前后转录组及蛋白组数据分析，以及家蚕蜕皮液蛋白组数据分析，研究者发现了在几丁质合成及降解过程中的6个关键酶，包括3个参与表皮几丁质降解的几丁质酶 *Of*Cht I、*Of*Cht II、*Of*Chi-h，2个参与几丁质修饰的脱乙酰基酶 *Bm*CDA1、

*Bm*CDA8，以及参与几丁质合成的几丁质酶 *Of*ChtⅢ。对它们的理化性质、生理功能和三维结构进行了系统研究，为新型绿色杀虫剂创制提供了具有潜力的新靶标。

1. 新靶标的结构

（1）表皮几丁质降解酶　　几丁质酶（chitinase，Cht）是参与几丁质降解的一类酶。最近，对于鳞翅目昆虫亚洲玉米螟蜕皮至关重要的三个几丁质酶（*Of*ChtⅠ、*Of*ChtⅡ、*Of*Chi-h）的晶体结构得到了解析。结构分析发现它们的催化域整体结构具有很高的相似性，通常都包含一个核心区域和一个插入域。其中，核心区域由 8 个 α 螺旋和 8 个 β 折叠构成，形成一种折叠桶结构。核心区域含有四个保守的基序，催化三联体 DxDxE 位于 β4 和 α4 之间的第二个保守基序。插入域形成了底物结合裂缝的一面墙，使得底物结合裂缝变深。此外，不同的几丁质酶还具有一些与其功能相关的独特的结构特征。

*Of*ChtⅠ含有一条长且两端开放的底物结合裂缝，10 个芳香族残基沿着底物结合裂缝对称分布于催化中心两侧，用于结合底物的糖基。此外，在底物结合裂缝的末端，有 4 个芳香族残基形成一个疏水平面，对这些氨基酸进行定点突变和组合突变证明了这个独特的疏水平面可以增加酶与几丁质结合的亲和力。

*Of*Chi-h 是昆虫通过基因水平转移获得的几丁质酶，它的结构与其细菌同源物相似，是一种典型的进程性几丁质外切酶，含有一条长而不对称的底物结合裂缝，其非还原端含有 13 个芳香族残基而还原端只有两个。此外，底物结合裂缝一侧存在一段独特序列，形成了两个额外的 α 螺旋，使得底物结合裂缝更深更窄。

*Of*ChtⅡ具有多个催化域和几丁质结合模块，其催化域的表面存在着一条长且深的底物结合裂缝，表现出几丁质内切酶的结构特征。虽然芳香族残基在 *Of*ChtⅡ催化中心两侧的分布也是不对称的，但是酶与底物之间的相互作用主要集中在 −2～+2 亚位点。在底物结合裂缝以外 *Of*ChtⅠ缺乏有利于底物结合的结构元件，但是其众多的几丁质结合模块提供了额外的高亲和力。

不同的结构特征使得三个几丁质酶在蜕皮过程中发挥着不同的作用，*Of*ChtⅡ作为第一个发挥功能的内切酶，可以将几丁质纤维的表面烧蚀，将结晶几丁质打碎成小片，从而增加了后续表达的 *Of*ChtⅠ和 *Of*Chi-h 与底物接触的机会。*Of*ChtⅠ作为内切几丁质酶，随机结合于底物上但倾向于从非还原端开始水解几丁质链。*Of*Chi-h 是一种具有进程性的外切几丁质酶，能将几丁质链从其还原端开始水解。此外，利用高速原子力显微镜观察到 *Of*Chi-h 能形成大的蛋白质颗粒，以快速降解底物。同时 *Of*Chi-h 对经 *Of*ChtⅠ/*Of*ChtⅡ预处理后的底物的水解效率和进程性显著提升。因此，三个几丁质酶必须协同作用才能实现对表皮几丁质快速高效地降解。

（2）参与几丁质修饰的脱乙酰酶　　几丁质脱乙酰酶（chitin deacetylase，CDA）是一种几丁质胞外修饰酶，能催化几丁质的乙酰基团离去形成壳聚糖。这种修饰可能有助于壳聚糖与特异性的蛋白质结合，使得不同组织的几丁质基质具有不同的生物力学性质，包括硬度、厚度和柔韧性等。CDA 在昆虫蜕皮过程中发挥重要作用，干扰其表达会使昆虫蜕皮障碍而导致死亡。同时，一些 CDA 可能参与构成围食膜的结构及调节围食膜的通透性，抑制这类 CDA 可能会破坏围食膜的防御功能，从而使昆虫受到外源病原菌或毒素的入侵。因此，昆虫 CDA 也被认为是新型杀虫剂开发的潜在靶标。

有研究者解析了来源于家蚕的两个 CDA 的结构，分别是参与表皮几丁质修饰的 *Bm*CDA1 和参与中肠围食膜几丁质修饰的 *Bm*CDA8。与细菌和真菌来源的 CDA 结构对比分析发现，昆虫来源的 CDA 具有独特的结构特征。*Bm*CDA8 具有两个特有的结构元件：（β/α）7 折叠桶上的 loop 插入区和 C 端 loop 区，它们参与构成底物结合裂缝的两端，形成一种独特的长底物结合裂缝结构。$BmCDA1$ 的底物结合裂缝也存在其独特的结构：一是 +2 位点的突变阻碍了酶与底物产生相互作用；二是 $BmCDA1$ 的底物结合裂缝相对更为开放，并缺少疏水氨基酸残基。这些特有的结构使得开发选择性的活性小分子特异性靶向昆虫 CDA 成为可能。

（3）参与几丁质合成的几丁质酶　　OfChtⅢ参与几丁质合成的几丁质酶。OfChtⅢ具有两个催化域，它们具有很高的序列一致性（56%）和结构相似性（RMSD＝0.88）。两个催化域都含有一条短而浅的底物结合裂缝。与其他几丁质酶相比，OfChtⅢ缺少了增加底物结合裂缝深度的两个结构片段。这些结构特征使得 OfChtⅢ只对单链的几丁质底物有活性，而不能水解高聚的几丁质底物。此外，OfChtⅢ与几丁质合酶 OfChsA 共定位于细胞膜上。因此，OfChtⅢ可能参与了几丁质合成过程而不是几丁质降解。

2. 靶向几丁质代谢的活性小分子

（1）糖基骨架的抑制剂　　由于昆虫几丁质酶采取底物辅助的催化机制，因此模拟底物结构或反应中间体的糖基骨架的小分子可以作为昆虫几丁质酶的抑制剂。主要包括壳寡糖（GlcN）n、TMG-（GlcNAc）$_4$、阿洛氨菌素（allosamidin）、FPS-1 和 GlcNAc（β1,4）Glc 等，结构上与几丁质酶底物几丁质相似，具有多糖环的结构[10]。

1）壳寡糖 [（GlcN）$_n$] 作为底物类似物对昆虫几丁质酶如 OfChtⅠ、OfChtⅡ和 OfChi-h 都表现出良好的抑制效果，其抑制活性与寡糖链的长度相关。注射壳寡糖混合物后会导致亚洲玉米螟蜕皮受阻而死亡。酶与抑制剂的复合物晶体如 OfChtⅠ/（GlcN）$_5$ 和 OfChi-h/（GlcN）$_7$ 表明，抑制剂的结合模式与底物类似，主要通过糖环与蛋白质的芳香族残基的疏水堆积作用。

2）底物类似物 TMG-（GlcNAc）$_4$ 不仅能在体外抑制 OfChi-h 的活性，也能影响亚洲玉米螟幼虫的变态发育。

3）阿洛氨菌素是一个从放线菌的菌丝中分离的天然假三糖，是报道最早、研究最多的几丁质酶抑制剂。它对不同物种来源的几丁质酶都表现出抑制活性，而且它能通过抑制蜕皮表现出杀虫活性，尤其是对鳞翅目幼虫。allosamidin 与几丁质酶的复合物晶体揭示了其模拟反应中间体沿着底物结合裂缝占据 −3～−1 的亚位点。allosamizoline 基团深入 −1 亚位点的活性口袋中，与蛋白质形成多种分子间的相互作用；两个 N-acetyl-D-allosamine 基团通过疏水堆积和氢键占据了 −2 和 −3 的亚位点。

4）FPS-1 是一种水溶性的天然多糖，对斜纹夜蛾几丁质酶表现出高效的抑制活性。DP2S 是一种人工合成的二糖，对蚜虫有毒害作用，会导致若虫死亡，生育能力下降。

5）GlcNAc（β1,4）Glc 虽然在体外对几丁质酶的抑制活性不高，但是具有很强的杀蚜虫活性。

（2）非糖基骨架的抑制剂　　Phlegmacin B1 是一种微生物的次生代谢物，能高效地抑制 OfChi-h 的活性，而且注射和饲喂实验均证明了 Phlegmacin B1 具有杀虫效果，能抑制亚洲玉米螟幼虫蜕皮。分子对接和动力学研究表明，Phlegmacin B1 通过疏水作用和氢键结合于底物结合裂缝 −3～+1 位点。一个 preanthraquinone 基团被 Trp268 和 Trp532 夹在中间，另一个 preanthraquinone 基团结合在 Trp160、Ile200、Thr269 和 Leu270 形成的小疏水口袋中。

小檗碱（berberine）是一种来源于植物的天然产物，具有多种药用和农业用途。最近发现小檗碱及其衍生物可以抑制包括 OfChtⅠ在内的多种糖基水解酶，而且可以通过抑制亚洲玉米螟幼虫的生长发育表现出杀虫活性。分子对接发现小檗碱主要通过与保守的色氨酸残基形成 π-π 堆积结合在几丁质酶的底物结合裂缝中。针对 OfChtⅠ进行基于结构的虚拟筛选（SBVS）及活性测定，从 400 多万化合物中筛选出 17 个具有新骨架结构的几丁质酶抑制剂。这些化合物可以分为两大类：FQ［furo（2,3-b）quinoline-2-carboxamide］系列能特异性抑制 OfCht I 的活性，而 TP［5,6,7,8-tetrahydrothieno（2,3-b）（1,6）-naphthyridin-6-ium-2-carboxamide］系列对不同来源的几丁质酶具有广泛的抑制活性。其中活性最高的化合物是 FQ3，对 OfCht I 的 IC_{50} 为 6.4 μmol/L。分子对接表明这些抑制剂能同时占据底物结合裂缝的还原端和非还原端，主要结合在−2～+2 亚位点。另外一种通过 SBVS 发现的几丁质酶抑制剂新骨架是 2-amino-6-methyl-4,5,6,7-tetrahydro-benzo-[b] thiophene-3-carboxylic acid ethylester。基于该骨架合成开发了一系列抑制剂。其中活性最好的衍生物对 OfCht I 的抑制常数（K_i）为 1.5 μmol/L。分子对接表明，它们主要通过与芳香残基的疏水堆积作用占据了底物结合裂缝的−3～−1 亚位点。进一步优化获得了一个活性更高的化合物，对 OfCht I 的 K_i 达到了 0.71 μmol/L，对接发现抑制剂 6 位的非极性基团巨大的空间位阻增强了化合物与周围氨基酸残基的相互作用，从而提高了抑制活性。

　　以 OfCht II 为靶点筛选发现了三种高效的抑制剂，分别是二吡啶-嘧啶衍生物（dipyrido-pyrimidine derivative，DP）、哌啶-噻诺吡啶衍生物（piperidine-thienopyridine derivative，PT）和萘酰亚胺衍生物（naphthalimide derivative，NI）。尽管这几个抑制剂的骨架结构各不相同，但活性测定和复合物晶体结构发现它们具有相似的抑制活性和结合模式。这三个抑制剂都含有一个大的疏水基团和一个小的疏水基团，大疏水基团与+1/+2 亚位点的保守色氨酸形成 π-π 疏水堆积作用，而小疏水基团深入位于−1 亚位点的疏水口袋。这些抑制剂也表现出了一定的杀虫活性，将它们注射入亚洲玉米螟体内会导致幼虫发育和化蛹的缺陷。此外，化合物 DP 对 OfChi-h 也有较强的抑制作用，基于该骨架结构筛选得到了一系列的衍生物。其中活性最好的化合物对 OfChi-h 的 K_i 达到了 9 nmol/L，这是目前为止活性最高的昆虫几丁质酶抑制剂。该化合物与 OfChi-h 的复合物晶体结构表明，双吡啶-嘧啶基团结合在底物结合裂缝的+1 和+2 亚位点，夹在两个保守的色氨酸中间。3-吡啶甲基羧酰胺基团朝−1 亚位点延伸靠近催化残基，1-四氢呋喃基团与酶形成两个氢键，进一步稳定了抑制剂的结合。

　　多肽骨架的化合物能模拟糖基-蛋白质的相互作用从而抑制几丁质酶的活性。Argifin 和 Argadin 是其中两个具有代表性的小分子，它们是从真菌中提取的环戊肽天然产物，对不同来源的几丁质酶有广泛的抑制活性，而且对美洲大蠊表现出一定的杀虫效果。Psammaplin A 是一种来源于斐济海绵的溴化酪氨酸天然产物，它是一种非竞争性的几丁质酶抑制剂，具有抗真菌和杀虫活性。

三、昆虫生长调节剂的发展前景

　　在日益强调保护环境和发展可持续农业的今天，开发结构新颖、活性高、选择性强且具有较好环境相容性的新型无公害农药，理应成为当务之急。昆虫生长调节剂特殊的作用机制和适应于可持续农业的种种优越性，无疑将继续成为今后研究的热点。实际上，在国内外的杀虫剂创制中，也获得了一些新的进展，如我国创制的呋喃虫酰肼就是这类杀虫剂的新近发展成果[8]。

　　昆虫生长调节剂与常规化学农药相比也存在许多本身固有的弱点，如防治效果缓慢、易受到环境因素的制约和干扰、产品有效期短、质量稳定性较差、速效性差、残留性等，这也是今后昆虫生长调节剂研究和开发中需要解决的问题。与其他农药的使用一样，昆虫生长调节剂使用范围扩大和持续使用后，仍需要配套开发其科学合理的使用技术，避免害虫抗药性的快速产生，尽可能地延长其使用寿命[8]。

　　绿色杀虫剂原创分子靶标意义重大，已经成为保证国家粮食安全的战略性物资。然而原创分子靶标的研究过程也存在着很多难点和挑战，例如，需要获得靶标的晶体结构，如何在不同害虫的同源靶标间找到高效靶点，以及如何兼顾杀虫剂的绿色和高效等。

　　基于近年来已开展的原创性杀虫剂分子靶标研究的成果，以下 3 个方面应是今后推进安全高效的绿色杀虫剂的原始创新的关注重点：①靶标原始创新时要关注害虫独特代谢通路。目前市场上杀虫剂针对的靶标如乙酰胆碱受体等在各种动植物体内广泛分布，它们虽然起效快，但对非靶标生物有毒性。而实际上昆虫含有许多特有的生理过程，包括蜕皮、化蛹等，这些独特代谢通路中的关键蛋白在非靶标生物中缺乏同源类似物，因此可能是绿色杀虫剂开发的潜在靶标。目前大部分农业害虫属于鳞翅目和鞘翅目昆虫，尤其要关注这些昆虫中独有的关键蛋白。②推进靶标的结构解析。目前杀虫剂种类繁多，但是占据市场 80% 以上的都是靶向于 4 个已知结构的蛋白，许多杀虫剂的靶标缺乏原子尺度的信息，限制了对其进一步开发和优化的空间。因此，需要大力推进对已有靶标和潜在靶标的结构生物学研究，这不仅有利于新型杀虫剂的创制，也有助于改善抗性问题。③推进害虫特有生理过程多靶标杀虫剂设计。过去的几十年，不管是医药还是农药设计，都追求药物分子要作用于单一靶点。然而随着科学研究的发展，人们发现这种基于单一靶标的方法并不总会保证成功，而且会很快产生抗药性。靶向不同机制多种农药的混合使用、轮换使用是目前应对农药抗性的主要方法，然而这也意味着多重环境风险的叠加。因此，靶向多个不同分子靶标的单一农药小分子不仅可以在满足低抗药性风险的同时不增加安全隐患，其生物活性也较单靶标药物显著提高。例如，针对杀线虫剂 closantel 及其衍生物的研究表明，同时靶向线虫几丁质酶和具有质子载体功能的双功能化合物较单一功能化合物具有更好的杀虫效果和更低的抗性风险。因此，多靶标杀虫剂，尤其是靶向于害虫特有生理过程的多靶标杀虫剂，能兼顾绿色和高效的特征，应成为未来绿色杀虫剂开发的重要方向之一[9]。

 思考题

一、名词解释

　　昆虫生长调节剂；保幼激素；保幼激素类似物；蜕皮激素；蜕皮激素类似物；几丁质合成抑制剂

二、问答题

　　1. 保幼激素类似物有哪些种类？

　　2. 简述蜕皮激素类似物的作用机制。

　　3. 参与昆虫蜕皮过程的有哪几种主要的几丁质酶？各自的作用是什么？

　　4. 杀虫剂分子靶标研究存在哪些难点和挑战？

　　5. 谈谈你对昆虫生长调节剂创新研制的看法。

 参考文献

[1] 王彦华，王鸣华. 昆虫生长调节剂的研究进展. 世界农药，2007，29（1）：8-11

[2] 吴钜文. 昆虫生长调节剂在农业害虫防治中的应用. 农药，2002，41（4）：6-8

[3] 周忠实，邓国荣，罗淑萍. 昆虫生长调节剂研究与应用概况. 广西农业科学，2003，（1）：34-36

[4] 郭孚. 昆虫的激素. 北京：科学出版社，1979

[5] 刘孟英. 信息素即保幼激素的应用//包建中，古德祥. 中国生物防治. 太原：山西科学技术出版社

[6] 徐志红，李俊凯. 双酰肼类昆虫生长调节剂的研究进展. 江苏农业科学，2015，43（3）：5-10

[7] 倪汉祥，金达生，刘贤进，等. 生长调节剂的应用//包建中，古德祥. 中国生物防治. 太原：山西科学技术出版社

[8] 芮昌辉，刘娟，任龙. 昆虫生长调节剂的毒理机制与抗药性研究进展. 生物安全学报，2012，21（3）：177-183

[9] 陈威，陈琦，尉迟之光，等. 绿色杀虫剂分子靶标研究的难点与挑战. 中国科学基金，2020，34（4）：502-510

[10] 张婧瑜，韩清，蒋志洋，等. 几丁质酶抑制剂及噻唑烷酮类化合物合成与农用活性研究进展. 农药学学报，2021，23（3）：421-437

第二十一章　害虫遗传防治

第一节　害虫遗传防治的概念和发展

一、害虫遗传防治的概念

害虫遗传防治（genetic pest management，GPM）是利用昆虫的交配行为，将某些特定的性状引入野生种群中，如果靶标基因是对虫体生长发育或者生殖调控至关重要的基因，就会导致害虫种群数量的减少甚至灭亡。与化学防治策略相比，经过遗传改造的昆虫只会与同一物种的昆虫交配，因此其遗传防治的对象仅限于靶标昆虫，避免了对非靶标物种和生态环境的危害。这些遗传改造的昆虫在被释放到野外后能够主动寻找目标配偶，这也弥补了传统害虫防治技术在时间、空间上难以遍及种群中所有个体的不足。随着基因工程技术的发展，从简单的基因扰乱到更为精准的基因编辑技术，也为害虫遗传防治提供了新思路[1]。

二、害虫遗传防治的发展

害虫遗传防治的设想早在 20 世纪三四十年代就已被提出，即将不育性引入野生种群从而通过遗传手段控制害虫，当时也称作不育昆虫技术（sterile insect technique，SIT）。20 世纪 60 年代后，SIT 被不同国家广泛使用并在特定区域内防治或根除了多种农业和卫生害虫。与此同时，一些区别于传统 SIT 的 GPM 设想被不断提出。例如，Curtis 提出"品系替换"（strain replacement）的概念，认为可以通过染色体易位（chromosome translocation）突变的方法将传播病原的蚊子品系替换为无法传播病原的品系；Yen 和 Barr 提出利用内生菌 Wolbachia 造成的细胞质不亲和性（cytoplasmic incompatibility）使害虫不育；20 世纪 70 年代一批学者提出性别比定向（sex ratio distortion）策略，即通过可遗传的性别比定向子（sex ratio distorter，通常是性别关联基因）使配子在减数分裂过程中定向发育为雄性；20 世纪八九十年代，雌性致死系统（female killing system，FKS）的开发使单独释放雄虫成为可能，进一步提升了 SIT 项目的效率。然而，由于技术条件的限制，这些设想大多数仅停留在测试阶段，无法真正应用于实际中，因此在 20 世纪后 30 年关于 GPM 新策略的应用研究基本处于停滞阶段。21 世纪分子生物学、细胞学、生物信息学等学科的快速发展，使 GPM 进入一个全新的阶段。2000 年，携带显性致死基因昆虫的释放技术［简称为昆虫显性致死技术（release of insects carrying a dominant lethal，RIDL）］被开发，通过基因修饰实现雌性致死的精确调控[2]。

我国利用辐射不育技术防治害虫的研究始于 20 世纪 50 年代末至 60 年代初。当时只有中国科学院动物研究所和中国农业科学院原子能利用研究所从事此项研究工作，随后有 10 余个单位加入这个行列，研究的害虫对象增加到近 20 个，如探讨电离辐射导致雄性不育防治玉米螟、松毛虫、甘蔗螟蛾、小菜蛾、棉红铃虫、柑橘大实蝇的研究等[3]。

第二节　害虫遗传防治的主要技术

害虫遗传防治技术主要包括不育昆虫技术、雌性致死系统、昆虫显性致死技术[2]和基因驱动技术[1]等。

一、不育昆虫技术

（一）不育昆虫技术的发展

20 世纪，新大陆螺旋蝇（*Cochliomyia hominivorax*）是美洲大陆热带和亚热带地区温血动物（包括人在内）的主要杀手，大量农药用于防治该害虫。美国农业部的 Knipling 博士通过对新大陆螺旋蝇交配行为和种群动态的详细观察，认为如果将不育性人为引入野生种群将有可能达到控制目的，但是在当时并没有行之有效的手段使昆虫不育。1927 年，Muller 教授发现辐射能够导致果蝇不育；Bushland 经过详细试验证实了 X 射线对螺旋蝇的不育效应。随后，Knipling 较为系统地阐述了 SIT 的概念和模型。

不育昆虫技术就是通过工厂化大量培养靶标害虫，经过特定处理（如 ^{60}Co-γ 射线辐照）使害虫不育，然后在合适的时间把不育雄虫大量释放到田间与野生型雌虫交配，使其无法产生后代，如果连续多代释放足够多的不育昆虫，最终能够显著降低甚至根除靶标害虫种群。

（二）实施不育昆虫技术的条件

实施 SIT 必须同时满足 5 个条件：①目标昆虫可以被大规模饲养；②不育雄虫需要具备一定的扩散能力；③不育手段不会显著降低目标昆虫的交配能力；④雌虫最好只交配一次，如果交配多次，不育雄虫的精子活力须与野生型雄虫相当；⑤目标昆虫的野外种群数量不能太高，否则需要通过特定手段压低种群密度，从而确保释放的不育雄虫数量大大超过野生型雄虫数量。

（三）释放不育雄虫与野生型雄虫的比例

释放不育雄虫与野生型雄虫的初始数量比（释放比）越高，防治效果越好。由于各种因素的限制，野外昆虫的生长潜力一般很难达到最佳状态，如果释放比为 2：1，虽然可以在一定程度上降低后代数量，但存活的幼虫可能因为拥有更多的资源和空间而发育更好，存活率更高，从而抵消了亲代数量下降对子代绝对数量的影响。因此，Knipling 建议采用更高的释放比（如 9：1）来执行不育昆虫项目（图 21-1）。

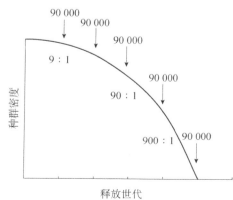

图 21-1　不育昆虫技术的种群控制理论模型[2]

（四）不育昆虫技术的应用

1. 根除新大陆螺旋蝇　　1956 年，美国农业部开始在佛罗里达州筹备基于 SIT 的新大陆螺旋蝇根除项目，1957 年一个大型饲养工厂在锡布灵市的空军基地竣工，该工厂每周可以生产螺旋蝇 6000 万头。自 1958 年 5 月起，数以千万的不育螺旋蝇被运往佛罗里达及附近各州进行野外释放，1959 年 2 月新大陆螺旋蝇在整个佛罗里达州被根除。1962 年在得克萨斯州米申市修建了第 2 个大型饲养工厂，并在美国西南各州释放不育螺旋蝇，1964 年得克萨斯州和新墨西哥州的新大陆螺旋蝇被根除，1966 年美国农业部宣布新大陆螺旋蝇从整个美国被根除。为了防止该蝇从南部边界重新传入，美国农业部与多国相关部门协作，将 SIT 项目向南推进，1991 年新大陆螺旋蝇从整个墨西哥被根除，2006 年从整个中美洲被根除。2006 年，美国农业部与巴拿马政府在帕科拉市（Pacora）合作修建了不育昆虫工厂，该工厂每周可生产新大陆螺旋蝇 2000 万～4000 万头。这些螺旋蝇经辐射后在巴拿马与哥伦比亚的边界被释放，建立了生物隔离带（biological barrier），以防止其从南美洲重新入侵。基于 SIT 的新大陆螺旋蝇根除项目给整个北美和中美洲畜牧业带来的直接收益高达每年 15 亿美元，而整个项目在半个多世纪来的投资不到 10 亿美元；同时显著减少了农药的使用，极大地保障了当地畜牧业和环境的健康发展。

2. 根除实蝇和其他害虫　　1976～1977 年，危地马拉、墨西哥和美国签署了一项名为"实蝇计划"的协议，该协议的主要内容是采用 SIT 将地中海实蝇（*Ceratitis capitata*）限制在危地马拉，防止其传入墨西哥和美国，共同保护 3 个国家的种植业。在该计划的初期（1977～1982 年），墨西哥采用 SIT 结合综合检疫、化学防治、机械防治、农业防治等措施，将地中海实蝇从南部的恰帕斯州（受害面积 6400 km²）根除，一条不育雄虫形成的隔离带由此建立，阻止了该害虫向北扩散。目前，危地马拉设立了全世界最大的不育昆虫培育基地，每周释放超过 25 亿头不育昆虫，使地中海实蝇的危害降到最低。此外，在中美洲和巴拿马地区，萨尔瓦多、哥斯达黎加、危地马拉、洪都拉斯、尼加拉瓜、巴拿马等国农业部也共同制定了 SIT 项目。

20 世纪 60 年代，马里亚纳群岛应用 SIT 成功根除了橘小实蝇；20 世纪 70 年代，萨尔瓦多每天释放 100 万头不育淡色按蚊，有效降低了其在太平洋沿岸的种群数量；20 世纪 90 年代，日本冲绳和鹿儿岛等地也采用该技术成功根除了瓜实蝇和橘小实蝇；澳大利亚西部应用该技术成功根除了昆士兰实蝇；美国和加拿大在 20 世纪 90 年代分别采用 SIT 防治鳞翅目害虫棉红铃虫和苹果蠹蛾，都取得了理想的效果。

至今，全世界不同地区已应用 SIT 成功防治或根除了多种农业和卫生害虫。

（五）不育昆虫技术的特点与缺陷

1. 特点

1）对象高度专一，由于释放的不育昆虫只会与同种野生型昆虫交配，从而特异地造成目标害虫种群数量下降。

2）生态环境友好，SIT 可以降低农药的使用，从而有效避免害虫抗性、农药残留、环境污染、杀伤天敌等一系列问题。

3）防治效果显著，通过多代释放可以将目标害虫种群维持在较低水平，甚至彻底根除害虫。

4）防治面积较大，通常与大区域综合治理（area-wide integrated pest management approach，AW-IPM）相结合，辅以生物防治、农业防治、物理防治、引诱剂杀灭和合理喷施农药等多种技术手段，并通过地区之间农民、当地政府和区域性组织的合作，实现一种大范围且可持续的、长期的害虫治理。

2. 缺陷

1）由于缺乏有效手段区分性别，雌虫和雄虫被同时释放，一定程度上增加了生产成本并降低了控制效率。

2）昆虫的质量受种虫引进、人工饲养、辐射处理和操作过程的影响。饲养种群的遗传变异性在种虫引进早期由于飘移、选择和内交丧失到最低限，随后由于突变和重组有所回升，但远低于自然种群的水平，且这种近亲繁殖下的变异性与自然种群也不一致，导致释放种群适应野外生境的能力变差。

3）长期人工饲养引起种群质量的变化，表现为飞行能力下降、交尾时间改变、雌虫的吸引性与交尾次数改变等。

4）辐射处理可影响昆虫的活动能力、视觉和寿命，可能改变求偶过程中的发声信号等，辐射剂量越低，这些影响越小。

5）辐射昆虫的交尾竞争力往往低于自然昆虫，如日本的辐射不育瓜实蝇的交尾竞争力为正常实蝇的 20%～60%。

6）难以监控。尽管在有的 SIT 项目中不育昆虫可以通过喷施荧光粉识别，但释放昆虫常常会将荧光粉传递给野生种群从而造成误判，并且使用荧光粉的成本太高且对人体有害。

这些缺陷在一定程度上增加了 SIT 的操作难度和运行成本，在降低防治效果的同时限制了 SIT 在更多害虫上的应用。

二、雌性致死系统

（一）雌性致死系统的发展

传统 SIT 采取的策略是同时释放不育的雌虫和雄虫（两性害虫），但实质上仅不育雄虫将不育性引入野生种群，因此在早期 SIT 也被称为不育雄虫方法（sterile male method）。不育雌虫对野生害虫种群的不育性传递没有实质性的意义，且即使雌虫不育，其仍会叮咬（如蚊子）或产卵（如实蝇类害虫），从而对人类健康或作物品质造成影响。因此，在传统 SIT 的基础上研究人员开发了雌性致死系统（FKS）。

早期 FKS 采用染色体移位技术将包括选择标记和条件致死基因在内的多种突变重组，导致雌虫在发育过程中死亡，从而定向生产出雄性成虫，由此得到的昆虫品系被称为遗传定性品系。

构建遗传定性品系至少需要满足两个条件：①具有性别区分作用的选择标记和条件致死突变；②能够通过 Y 染色体移位将这种突变定性遗传给后代。在包括地中海实蝇在内的多种双翅目害虫中，其 Y 染色体都包含一个显性的"雄性因子"（maleness factor）。如果通过染色体移位将常染色体上的选择标记和条件致死野生型等位基因连接到 Y 染色体的"雄性因子"区域（图 21-2），那么产生的雄性后代将是选择标记和条件致死基因的杂合子，具有与野生型一样的性状；而雌性后代则是选择标记和条件致死基因的纯合子，不仅可以被选择标记识别，而且能在条件启动下（如热激）致死。

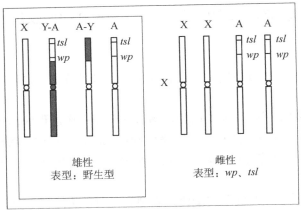

图 21-2　遗传定性品系的基本构造[2]

通过染色体移位将常染色体上的选择标记（*wp* 为白色蛹壳基因）和条件致死（*tsl* 为温度敏感致死基因）

野生型等位基因连接到 Y 染色体。Y-A. 包含 Y 染色体着丝粒的移位片段；

A-Y. 包含常染色体着丝粒的互补移位片段；X. X 染色体；A. 常染色体

（二）雌性致死系统的原理

遗传定性品系即使不经过辐射释放到田间，也能造成野外害虫种群的显著减少。例如，澳大利亚铜绿蝇（*Lucilia cuprina*）遗传定性品系中，3 号和 5 号染色体各自包含一个眼睛颜色突变和染色体倒位（inversion）突变，这种倒置仅在纯合子条件下无害，表现为雄虫杂合子可育而雌虫半不育，因此释放雄虫仅将常染色体突变传递给子代雌虫；同时常染色体上的突变由染色体移位连接到 Y 染色体，因此释放雄虫仅将 Y 染色体突变传递给子代雄虫。当释放雄虫与野生雌虫交配后，常染色体突变被定向传递给子代雌虫，造成整个野生种群 50%不育；而存活的雌虫再次与释放雄虫交配后，不同拷贝数的常染色体和 Y 染色体突变被同时传递给子代，造成整个野生种群 90%不育。如果同时考虑不育和眼睛突变的致盲作用，野生种群的死亡率高达 98%。

（三）雌性致死系统的应用

1970 年，超过 10 万头尖音库蚊（*Culex pipiens*）的遗传定性品系在 8 周内被释放到法国巴黎圣母院附近，结果显示，染色体移位突变不仅被成功引入当地种群，而且大大降低了其种群密度。

1980 年 FKS 首次在大规模饲养中得到应用，结果表明，阿拉伯按蚊（*Anopheles arabiensis*）遗传定性品系可以定向生产出 99.9%的雄性且羽化率高达 90%。1984～1986 年铜绿蝇遗传定性品系的田间释放直接将性别定向饲养与雄性释放相结合。

通常，构建 FKS 相对容易，困难的是如何满足 SIT 项目的特定要求。要将某一遗传定性品系从实验室转移到工厂大规模饲养，然后再推广到田间的大面积释放，需要在遗传稳定性、品系适合度、行为和生理背景、环境选择压力、生态适应性和经济可行性等多个方面进行大量研究。

由于不同开发环节的限制，具备遗传定性品系的 19 个物种中，只有淡色库蚊（*Culex pipiens pallens*）和地中海实蝇可以被工厂化大规模饲养，而真正结合 SIT 应用于田间并取得理想效果的仅有地中海实蝇的遗传定性品系。

（四）雌性致死系统的特点与缺陷

1. 特点

1）遗传定性品系的开发使得单独释放不育雄虫成为可能，大大增加了不育雄虫与野外雌虫交配的概率。

2）增加了生态安全性。因为即使在生产过程中发生逃逸，也不会造成重大安全事故。

3）监测更为准确。当采用雌性引诱剂时，引诱的都是野生雌虫而非不育雌虫。

4）提高了防治效率。例如，对地中海实蝇而言，单独释放不育雄虫比释放雌、雄两性不育昆虫的防治效率提高了 3～4 倍。

5）遗传定性品系减少了包括标记、辐射、运输、释放和检测在内的后期操作，降低了生产成本。

2. 缺陷

FKS 在地中海实蝇 SIT 项目中的成功应用使人们迫切希望将该技术运用到其他重大害虫防治中，但遗传定性品系的自身特点限制了其应用范围。

1）对某一新目标物种进行诱导突变是一个非常难以预测的过程，无法保证能够找到合适的选择标记和条件致死突变。

2）染色体易位也是一个随机过程，且遗传稳定性很大程度上取决于染色体易位位点，最好只涉及一个常染色体，并且该染色体与 Y 染色体的易位位点已知。

3）染色体倒置是突变筛选的一个重要手段，但这不仅需要开展大量的工作，而且需要非常完善的细胞学检测手段。

4）突变选择、染色体移位等因素往往制约了获得品系的适用性，如地中海实蝇项目中的遗传定性品系由于染色体易位降低了其单雌产卵量，而只有维持较大种群数量才能获得足够的雄虫释放，所以实际上饲养成本也较高。

三、昆虫显性致死技术

（一）昆虫显性致死技术的发展

通过 P 转座子将外源基因插入果蝇（*Drosophila melanogaster*）的基因组，获得了世界上第一个转基因昆虫品系，从而打开了人为控制昆虫表达特定目的基因的大门，随后科学家开始不断尝试通过昆虫转座子技术开发新的 GPM 策略。从 20 世纪 90 年代到 21 世纪初，多种转座子被应用于昆虫的遗传转化体系并取得了成功。

（二）昆虫显性致死技术的原理

昆虫显性致死技术基于昆虫转座子技术，利用遗传工程方法，体外连接昆虫转座子、特异启动子、昆虫显性致死基因、转录激活域、荧光标记等元件，构建了一个复合转座子（TAC），在昆虫转座子的引导下，TAC 插入昆虫基因组，形成遗传修饰昆虫。该遗传修饰昆虫的纯合子品系与野生型昆虫交配后，雌性后代在 TAC 作用下死亡，而雄性后代继续携带 TAC 与野生型雌虫交配；如果最初释放的是多拷贝 TAC 的遗传修饰昆虫，或连续多代释放单拷贝 TAC 的遗

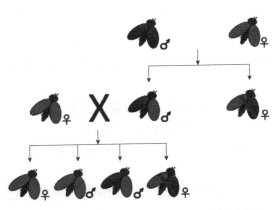

图 21-3 昆虫显性致死技术的田间效应图[2]

深色翅代表复合转座子拷贝，浅色翅代表野生型拷贝

传修饰昆虫，那么经过几个世代后 TAC 的基因拷贝将扩散到野生种群的所有个体，最终使靶标昆虫"自毁"（图 21-3）。

目前构建昆虫显性致死技术（RIDL）昆虫品系最常见的手段是采用四环素（tetracycline，Tc）调控体系，其中包括双元件系统和单元件系统。在双元件系统中，启动元件通过特定启动子（如雌性特异启动子）驱动四环素反式激活因子（tTA）的表达，而效应元件（effector）则包括转录增强子 tetO（也叫作 TRE）、最小启动子和效应基因（可包含雌性特异剪辑内含子），其中，tetO 由大肠杆菌（*Escherichia coli*）

四环素抑制子（tet repressor，tet R）的 DNA 结合域与病毒 HSV1 中 VP16 蛋白的转录激活域组成。因此，在缺乏四环素的条件下，tTA 与 tetO 结合，驱动效应基因在雌性中表达并导致死亡［图 21-4（a）］；而在四环素存在的条件下，tTA 无法与 tetO 结合，不能激活效应基因的表达，整个系统通路被关闭［图 21-4（b）］。在单元件系统中，包含雌性特异剪辑内含子的 tTA 直接作为效应基因，由连锁在 tetO 上的最小启动子控制。因此，在缺乏四环素条件下，只有雌性能够产生 tTA，该 tTA 与 tetO 结合后将激活更多 tTA 的表达，由此循环反复造成 tTA 的不断累积，高浓度的 tTA 最终导致雌性死亡［图 21-4（c）］；而在四环素存在的条件下，tTA 无法与 tetO 结合，不能造成 tTA 的累积，整个系统通路被关闭［图 21-4（d）］。

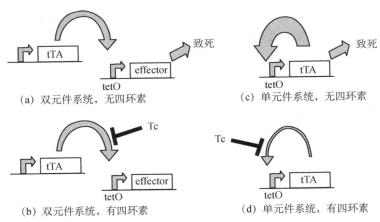

（a）双元件系统，无四环素　　　　（c）单元件系统，无四环素

（b）双元件系统，有四环素　　　　（d）单元件系统，有四环素

图 21-4 昆虫显性致死技术的单元件系统和双元件系统[2]

tTA. 四环素反式激活因子；tetO. 转录增强子；effector. 效应元件；Tc. 四环素

（三）昆虫显性致死技术的应用

昆虫显性致死（RIDL）技术应用于田间的一个重要条件是携带 TAC 的遗传修饰品系必须具备与野生种群相近的竞争、交配以及扩散等能力。

2006 年，美国农业部与英国生物公司 Oxitec 合作开发了一个棉红铃虫仅携带荧光标记（DsRed）的遗传修饰品系 OX1138B，2006~2008 年数以千万的 OX1138B 品系棉红铃虫被释放到美国亚利桑那州的棉花田间。结果表明，OX1138B 与 SIT 标准释放品系 APHIS 在竞争、交配、扩散等能力方面没有显著差异。随后美国农业部与 Oxitec 进一步合作开发出基于单因子系统的棉红铃虫显性致死品系。

2010 年 Oxitec 与马来西亚政府合作，对登革热病毒主要传播载体埃及伊蚊（*Aedes aegypti*）的 RIDL 品系 OX513A 进行了非栖息地野外释放测试，结果表明，OX513A 与同步释放的野生型实验室品系在平均寿命等生命参数上没有显著差异。与此同时，Oxitec 在开曼群岛对 OX513A 进行了大面积的栖息地（居民区）野外释放测试。结果显示，释放的 OX513A 雄虫不仅与当地野生型雄虫具有同等的竞争和交配能力，而且能够显著降低当地野生埃及伊蚊的种群密度。此外，自 2011 年至今在巴西不同城市的野外释放测试都表明，OX513A 能够有效抑制不同种类蚊子的野生种群数量，从而有效防止如登革热、疟疾等疾病的传播。2014 年，印度、巴拿马等国家也纷纷开始启动 RIDL 项目，以防治本国的病原蚊子。

（四）昆虫显性致死技术的特点与缺陷

1. 特点

1）不需要使用辐射使昆虫不育，不会因此降低昆虫寿命、繁殖力、交配竞争能力等生命参数。

2）有的昆虫（如蚊子）因难以控制不育辐射的剂量而无法应用 SIT，而 RIDL 则能够应用于此类昆虫。

3）具有更强的生物安全性，因为任何从培育基地逃逸的昆虫都不育，且由于环境中缺乏抑制昆虫致死基因的化学物质（四环素），逃逸的昆虫将迅速死亡。

4）大大降低了饲养成本，早期致死的 RIDL 品系将不需要额外饲养雌虫。

5）显著提升了防治效率，如需要的初始释放种群数量更少，达到控制效果的时间更短。

6）由于所有释放昆虫都含有可遗传的荧光标记，可以对项目进行更有效的监控。

2. 缺陷

1）目前构建的 RIDL 品系都是使用不同转座子转化而来，TAC 被随机插入基因组，其插入位点很大程度上决定了效应基因的表达效率和 RIDL 品系的适合度，因此往往需要构建多个转化品系进行筛选比较。

2）构建 TAC 一般采用内源元件，需要从目标昆虫本身分离启动子、效应基因和雌性特异剪辑内含子等元件。

3）转座子活性可能导致 TAC 在种内或种间漂移，降低 RIDL 品系的遗传稳定性，进而需要通过特定手段使转座子失活。

这些缺陷增加了 RIDL 前期的技术难度和构建成本。

四、基因驱动技术

（一）基因驱动技术的发展

无论是 SIT 还是 RIDL 技术，采用的都是自我限定型（self-limiting）的种群控制策略。这种策略在种群水平能够起到有效的抑制作用，所释放的遗传改造昆虫可将突变基因遗传给下一代（遵循孟德尔遗传定律），也会随着时间推移而消失，因此就需要周期性地释放基因改造昆虫到野生种群中以维持抑制效果。于是研究人员又提出能够在种群中自我维持型（self-sustaining）的其他策略，包括基于沃尔巴克氏菌（*Wolbachia*）胞质不亲和作用的种群改造策略、显性不足基因（under-dominance gene）或者归巢内切核酸酶基因（homing endonuclease genes，HEGs）介导的基因驱动（gene drive）策略等。相对于自我限定型策略而言，自我维持型策略显示出更强的侵入性，能够达到种群甚至物种改造的目的。其中，基因驱动是指某些特定基因型或特定性状在种群中被偏好性地遗传给后代的现象，这一过程也被称为超孟德尔遗传。自然界中有某些基因的遗传就存在这种现象。2003 年，Burt 首次提出了利用位点特异性核酸酶基因构建合成基因驱动系统，用于将特殊性状扩散到种群中。由于近年来新兴的转录激活子样效应因子核酸酶（transcription activator-like effector nucleases，TALENs）、锌指内切核酸酶（zinc finger nucleases，ZFNs）和规律成簇间隔短回文重复（clustered regularly interspaced short palindromic repeats，CRISPR）等基因编辑技术在动植物基因编辑中的广泛应用，研究人员也尝试将这些技术运用到基因驱动系统的构建中。目前已见报道的基因驱动系统主要包括全面基因驱动及其他改良版本的驱动模式[1]。

（二）基因驱动技术的原理与应用

1. 全面基因驱动　　全面基因驱动（gene drive）是通过自催化突变，在个体中实现从杂合突变向纯合突变的转换，因而只需要引入少量的初始基因改造昆虫，就能够将突变扩散到整个种群中。这种自我维持策略理论上能够使所改造的性状（如与生殖相关的特性）在种群中永久保留下来，持续地抑制甚至消灭田间害虫种群。该系统能够采用包括 ZFNs、TALENs、CRISPR/Cas9 及其他归巢内切酶基因（如 *I-SceI*）在内的基因编辑策略。最早提出的是基于 HEGs 的基因驱动系统。HEGs 是一类能够识别较长特异序列的核酸内切酶，只要基因组中有完整的识别序列就能够切割并将 HEGs 编码序列整合到切割位点处。已整合 HEGs 编码序列的染色体中的识别序列被破坏，就不会再被切割，但另一条完整的同源染色体序列就能够被识别、切割并以整合 HEGs 的染色体为模板进行修复，从而使两条同源染色体都带上 HEGs 编码序列，这一过程被称为"归巢"（homing）。任何具有较长识别序列的核酸酶其实都能够被用于构建类似 HEG 的基因驱动系统。由于 CRISPR/Cas9 技术具有强大而便捷的基因编辑能力，Esvelt 等提出了基于该技术的基因驱动系统的理论模型。随后研究人员分别在酿酒酵母（*Saccharomyces cerevisiae*）、黑腹果蝇（*Drosophila melanogaster*）、斯氏按蚊（*Anopheles stephensi*）及冈比亚按蚊（*A. gambiae*）中成功建立了相关动物模型并检测了各自的驱动效率。虽然基于 CRISPR 技术的基因驱动与 HEGs 介导的驱动具有相似的作用机制（图 21-5），但 HEGs 要求基因组中具有特异的酶切位点，而 CRISPR 介导的基因驱动只需要编辑 sgRNA（single guide RNA）就能够绑定并切割任何具有 PAM 结构的位点，这就大大拓展了这一系统的应用范围[1]。

　　如果所选择的靶标位点是对雌性生殖或生长发育具有重要作用的基因，就能够特异地杀死雌性后代或使其不育，最终导致种群因性别比例失调而灭绝。Hammond 等在冈比亚按蚊中选择了三个隐性雌性不育基因（*AGAP005958*、*AGAP011377* 和 *AGAP007280*）并分别构建了基因驱动系统，其转化效率高达 91.4%～99.6%，这一研究成果为彻底消灭疟疾传播媒介冈比亚按蚊提供了高效的遗传防治工具。除此之外，Grunwald 等在小鼠中也成功建立了雌性特异的基因驱动系统模型，虽然相对于昆虫而言在小鼠中并不能完全达到预期的驱动效果，但这为利用基因驱动系统消灭入侵啮齿类动物提供了宝贵的研究经验。然而，由于其强大的遗传转化能力及制约、控制措施的缺乏，这种归巢策略具有相当的侵入性且不可逆转，有可能导致转基因昆虫在目标物种中广泛扩散，甚至造成整个物种被替换或者灭绝，进而导致一系列安全和道德问题[1]。

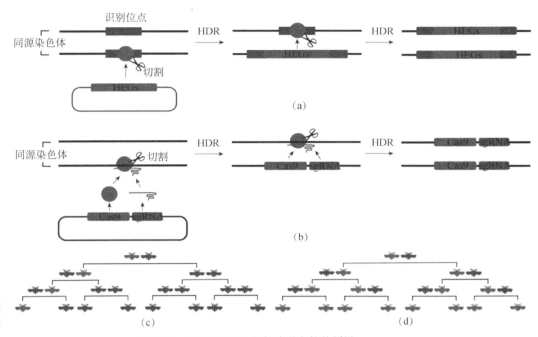

图 21-5　基因驱动昆虫在种群中的传播[1]

（a）基于 HEGs 的全面基因驱动；（b）基于 CRISPR/Cas9 的全面基因驱动；（c）遵循孟德尔遗传的一般突变；
（d）遵循超孟德尔遗传的全面基因驱动；橙色表示突变型个体，灰色表示野生型个体

2. 分离式基因驱动系统　　全面基因驱动系统的强大扩散能力使其对生态系统具有潜在的入侵风险。因此，研究人员提出了多种防范措施以尽量规避基因驱动系统可能造成的物种灭绝的后果。而分离驱动（split drive）及其改进版本——雏菊式驱动（daisy drive）系统则是一类极具潜力的减效替代策略。这种驱动方法是通过分离编码 Cas9 和 sgRNAs 的表达盒，即将这两种表达盒分别放置在非连锁的几条染色体上，使其中几个元件失去自我驱动的能力。以其中一种三元件雏菊式基因驱动系统为例［图 21-6（a）］，由 c 元件驱动 b 元件，再由 b 元件驱动 a 元件进行归巢。位于驱动链条底部的 c 元件无法被驱动，并最终会随时间而丢失；而由于 b 元件和 a 元件依赖于 c 元件的驱动能力，这就使得 a 元件在快速扩增到种群中后还能够得到控制，对生态系统的侵入性相对于全面基因驱动策略而言大大降低。通过增加元件数量还能够提高其驱动效率，即元件越多，该系统在种群中的持效性越高。尽管最初提到这种策略的文章只是一篇预印本（未经过同行评议），但由于其在限制野生种群方面的潜在高效率，已经吸引了许多从事遗传管理工作的研究人员的关注。考虑到全球性重大农业害虫和疾病媒介昆虫的严重危害及其对杀虫剂抗性的快速发展，雏菊式驱动系统是控制害虫野生种群的相当具有前景的替代方法。在该系统的基础上，结合显性不足（underdominance）原理，又提出了 daisy quorum drive 系统，以实现局部、瞬时和可逆的种群基因编辑[1]。

然而，引入多个基因驱动元件具有较大的技术难度，在此之前可先尝试构建较为简单的驱动系统。双元件驱动方法（分离驱动）是雏菊式驱动系统的最简单形式，通过分别将 Cas9 表达盒与 sgRNA 编码框分别插入到非连锁的两个基因位点来避免元件的自我驱动［图 21-6（b）］。

这种方法已在酵母中尝试建立。由于分离驱动的一个组成元件（Cas9 表达盒）不能归巢，因此受基因编辑的生物体在全球范围内传播的风险要低得多，其遗传过程遵循传统的孟德尔遗传并受到自然选择的影响。考虑到转基因昆虫存在一定的适合度代价，Cas9 表达盒可能在种群中逐渐消失，从而限制了 sgRNA 表达盒的扩散。这种分离构建基因驱动片段的方法，也能够减少实验室转基因昆虫意外逃逸可能造成的风险[1]。

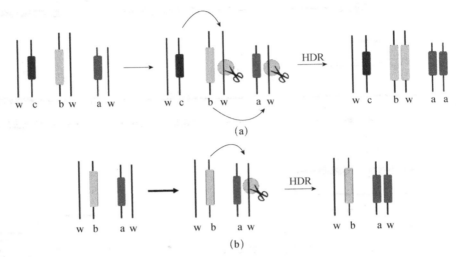

图 21-6　雏菊式驱动与分离式驱动系统的对比示例[1]

（a）三元件雏菊基因驱动系统，c 元件为编码 sgRNA-b 的元件（sgRNA-b 为靶向 b 元件所在位点的 sgRNAs），b 元件编码 Cas9 蛋白，a 元件则包含 sgRNA-a（sgRNA-a 为靶向 a 元件所在位点的 sgRNAs）及其他效应基因的编码框，由 c 元件驱动 b 元件，再由 b 元件驱动 a 元件通过同源定向修复（HDR）进行归巢；（b）双元件分离式驱动系统，b 元件为 Cas9 元件，a 元件为 sgRNA-a 编码元件，由 b 元件驱动 a 元件归巢；w 表示野生型

（三）基因驱动技术的特点与缺陷

1. 特点

1）运用全面基因驱动和其他减效版本的驱动系统，只需要释放少量转基因昆虫，就能够达到种群抑制或者种群灭绝的目的，因此基因驱动能够被应用于对人类重大疾病媒介昆虫的防治，如能够传播疟疾（malaria）、登革热（dengue fever）和黄热病（yellow fever）等的几种按蚊和伊蚊——控制种群数量或使其失去携带病原体的能力。

2）可以作为解决一些环境保护问题的有力工具，包括保护濒危物种、消灭入侵生物和减少有毒化学农药的使用等。

2. 缺陷

1）基因驱动只在有性繁殖的物种中起作用，因此不能用于改造细菌或病毒。

2）除非释放大量的基因驱动昆虫，否则该系统需要许多世代才能使带有改造性状的昆虫扩散到整个种群。

3）不同种群之间自然存在的基因差异也可能导致驱动失效。

4）在不同物种中建立基因驱动系统，均需要大量的前期工作来进行靶标基因的功能验证和驱动元件的效能分析，以及评估和优化这些驱动系统，此外还需要获得政策法律的许可，因此这不是一种能够在短期内投入应用并见效的遗传防治工具。但考虑到其强大的应用潜力，基因驱动系统仍具有相当大的前景，值得更加深入地讨论与研究。

五、展望

经过半个多世纪的不断发展和改进，害虫遗传防治已经成为当今国际上用于防治或根除重大害虫最有效的手段之一。作为一个学科高度交叉的应用领域，害虫遗传防治涉及以下多个层面的问题[2]。

技术层面，既需要分子生物学、细胞学、生物信息学等方面的知识储备，也需要掌握目标对象的遗传背景、生活史参数、种群动态、危害性等生态特点。

操作层面，项目前期需要结合经济学、检疫学、气象学等进行详细的可行性考证和风险评估；项目中期需要结合数学模型、半开放试验等决定释放的策略组合；项目后期需要结合种群遗传学、田间流行学等对释放种群和野生种群进行有效监控和管理。

政策层面，既需要政府部门的大力支持，也需要制定和落实相关的法律法规。

社会层面，既需要公共媒体进行科学的宣传和教育，也需要普通大众的理解和支持。

总而言之，尽管害虫遗传防治具有卓越的防治效果和巨大的应用前景，但每一个害虫遗传防治项目的实施都必须经过科学、社会、法规、伦理等方面详细审慎的梳理、评估和管理，才能使害虫遗传防治技术最大化地造福人类社会。

基因组测序技术的发展不仅帮助更多模式生物完成了全基因组测序，从而为相关近缘有害生物的遗传控制策略提供了更多数据参照，而且使针对非模式生物的重大害虫进行全基因组测序成为可能，大大降低了害虫遗传防治前期的投入和操作难度。目前，美国、加拿大、英国、德国、澳大利亚、印度、马来西亚、巴西、墨西哥、巴拿马等多个国家已经在不同规模上启动了下一代的害虫遗传防治项目。而我国在害虫遗传防治领域起步较晚，对下一代遗传防治策略的研究几乎是空白，因此迫切需要借鉴国外先进经验，针对我国农林牧渔业重大有害生物开展遗传防治的基础和应用研究，实现本地有害生物的可持续治理和外来入侵生物的有效狙击，确保我国未来的粮食和生态安全。

思考题

一、名词解释

害虫遗传防治；不育昆虫技术；雌性致死系统；昆虫显性致死技术；基因驱动技术

二、问答题

1. 应用不育昆虫技术根除害虫最经典的案例是哪一个？简述其过程。
2. 简述雌性致死系统的原理。
3. 简述昆虫显性致死技术的特点与缺陷。
4. 展望一下基因驱动技术的应用前景。

参考文献

[1] 徐雪娇，何玮毅，杨婕，等. 害虫遗传防控技术的研究与应用. 中国科学：生命科学，2019，49：938-950

[2] 严盈，万方浩. 害虫遗传防治的研究历史与现状. 生物安全学报，2015，24（2）：81-93

[3] 张和琴. 昆虫辐射不育的研究与应用//包建中，古德祥. 中国生物防治. 太原：山西科学技术出版社，1998

第二十二章 | 害虫综合治理

第一节 害虫综合治理策略的产生和发展

一、害虫综合治理的概念

害虫综合治理（IPM）就是对害虫进行科学管理的体系，从农业生态系统总体出发，根据有害生物和环境之间的相互关系，充分发挥自然控制因素的作用，因地制宜、协调应用必要的措施，将有害生物控制在经济受害允许水平之下，以获得最佳的经济、生态和社会效益。

二、害虫综合治理的发展

DDT 的出现颠覆了传统的害虫防治，害虫防治效率显著提高，但同时引发的诸多环境问题也引起了广泛关注。1966 年联合国粮食及农业组织（Food and Agriculture Organization of the United Nations，FAO）和国际生物防治组织（International Organization for Biological Control，IOBC）联合召开了一次会议，首次提出害虫综合防治（integrated pest control，IPC）的概念。1972 年，在美国召开了一个环境质量保护会议，决定把 IPC 改为 IPM。之后，陆续有人对 IPM 的概念进行了修改，但基本意思与 FAO 最早提出的概念是一致的，主要包括：①只要求降低害虫种群的数量，使其不造成危害，而不要求彻底消灭害虫；②实施害虫防治要以害虫种群动态为依据，并充分考虑有关环境因子；③各种防治方法的协调配合[1]。

害虫综合治理作为一项防治害虫的基本战略，对于人类害虫防治的思路和战术发展产生了重要影响，并在实践中取得了辉煌成就。由于 IPM 是针对依赖化学杀虫剂治虫的思想和做法提出来的，其在实践中成功的主要标志之一是在化学杀虫剂用量减少的同时，害虫仍得到有效的控制[2]。

在瑞典、丹麦、荷兰等国，20 世纪 80 年代中期以来，在 IPM 战略思想的指导下，在全国范围内已将化学农药的总用量减少了 50%～75%，而害虫的危害仍得到有效控制。例如，1993 年瑞典耕地化学农药有效成分用量为 0.66 kg/hm²。纬度与我国相似的美国，从 20 世纪 70 年代中期开始大力开展 IPM 的研究和实践，使化学杀虫剂用量不断上升的态势得到抑制。据联合国粮食及农业组织（FAO）统计，1996 年，美国在其 17 700 万 hm² 耕地上，化学杀虫剂总用量为 107 048 t，即年总用量约 0.605 kg/hm²[2]。

在我国，IPM 的研究取得许多成就，在实践中也发挥了积极作用，但在全国总体上还未产生应有的成效，化学杀虫剂用量一直呈上升趋势。自 20 世纪 60 年代开始大量使用有机氯等化学农药，农药的使用量便逐年上升；70 年代年用量上升至 10 万 t，随后的十年一直稳定在 10 万 t 左右；90 年代随着有机磷和氨基甲酸酯类农药进入市场，农药的使用量上升到 15 万 t 左右。至 21 世纪初，尽管菊酯类和新烟碱类等高效低用量农药不断进入市场且广泛得到推广应用，我国农药年用量在 2000 年仍然上升至 25 万 t。2000～2010 年的 10 年间继续攀升至 31 万 t 左右。我国种植业上农药年用量在过去 50 年左右增长了近 4 倍，其中在 1990～2000 年增长速率最高，年均增长率超过 7%。过去 50 年，我国粮食产量增长了 2.8 倍，而农药使用量却增长了 3.7 倍，农药使用量的增长率明显超过粮食产量的增长率。目前，我国在占世界 9% 的耕地上使用了占世界 20% 以上的农药，农药过量使用问题十分严重[3]。

　　IPM 的最大限度减少农药使用和消除环境影响的理念，是解决农药过度使用等制约农业可持续发展问题的主要思路。以兼顾农产品食物安全、农业生态安全和农村经济增长的农业有害生物的 IPM 管理技术，实现了农业从仅靠化学农药防治为主的手段，向农业防治、生物防治及生态环境调节、抗性种源利用等综合治理的方向发展，从而达到切实有效地降低农药残留，实现农业持续、高效和环保型生产。由于 IPM 技术还包含对田间管理的有效安排，通过培训提升农民的技术素质和科学管理理念，将管理要素纳入 IPM 措施中，不但直接促进了农产品的质量提升和环境压力的缓解，也提升了农民的综合素质，为农业可持续发展提供了长久的技术、管理和人才的支持[4]。

三、害虫综合治理的基本思想

　　害虫综合治理的基本思想包括：①以生态学原理为基础，把害虫作为其所在生态系统中的一个分量来研究和调控；②提倡多战术的战略，强调各种战术的有机协调，尤其强调最大限度地利用自然调控因素，尽量少用化学农药；③提倡与害虫协调共存，强调对害虫数量进行调控，不盲目追求根绝害虫（但不反对根治害虫）；④防治措施的决策应全盘考虑经济效益、社会效益和生态效益[2]。

四、害虫综合治理的发展动态

（一）可持续发展战略给 IPM 注入新的活力

　　可持续发展的概念最早可能来源于美国 20 世纪 70 年代末期的低投入可持续农业（low input sustainable agriculture），其基础是农业生态学，以帮助农民更有效地利用资源、保护环境、促进社区的长期发展。从 1992 年里约热内卢世界环境发展大会以来，可持续发展已被普遍公认为人类社会发展的正确战略。可持续发展战略最基本的思想是，在满足当代人生活需求的同时，不损害后代人的生存利益，同时还应追求代内公正，即一部分人的发展不应损害另一部分人的利益[2]。

　　从 IPM 的基本思想可见，IPM 实际上是一种害虫可持续控制的战略，是可持续发展的一个范式。因此，在可持续发展已被公认的今天，应该认识到 IPM 是农业甚至整个社会可持续发展的一个重要组分。可持续发展为 IPM 的研究和实施提供了更广阔的天地，IPM 的成功实施将促进可持续发展。

（二）高新技术的发展给 IPM 提供了新的机遇

　　高新技术，尤其是分子生物学技术和信息技术的迅速发展和应用，给 IPM 的发展提供了许多前所未有的机遇。短短的 20 来年，转基因抗虫植物已从实验室走向田间，并大面积推广应用[2]。

1. 基因工程技术 自 1996 年批准商业化种植转基因作物以来,除 2015 年(1.797 亿 hm²)因国际转基因作物价格下降导致种植面积较 2014 年(1.815 亿 hm²)出现约 1% 下降外,全球转基因作物种植面积总体呈现快速增长趋势,并在 2018 年创历史新高(1.917 亿 hm²),比 2017 年(1.898 亿 hm²)增加 1%,是 1996 年种植面积的 113 倍。1996~2018 年全球转基因作物累计种植面积总计 25 亿 hm²。自 1983 年转基因作物诞生于美国,其商业化种植程度一直在发达国家处于领先地位;同时,发展中国家商业化种植面积在逐年递增。2012 年发展中国家转基因作物商业化种植面积达到 0.885 亿 hm²,是全球商业化种植面积的 52%,首次超过发达国家(0.818 亿 hm²)。2018 年发展中国家转基因作物商业化种植面积为 1.035 亿 hm²,是全球商业化种植面积的 54%。目前,发展中国家已成为转基因作物商业化种植的主体[5]。

基因工程技术应用于新型生物农药的研制也已取得重要进展,其中进展最为迅速的要数重组昆虫杆状病毒和重组 *Bt* 的研究。通过遗传工程重组的杆状病毒,可以表达外来蛋白基因。现在可以成功表达的外来蛋白包括昆虫专性毒素(节肢动物毒素、*Bt* 毒素)、昆虫激素(利尿激素、羽化激素、促前胸腺激素)和保幼激素脂酶。去除 egt 基因的重组病毒使感病昆虫不能蜕皮而加速死亡,其中增效作用最为显著的要数表达蝎子 AaIT 毒素、表达螨 TxP1 毒素或去除 *egt* 基因的重组病毒,可使感病昆虫被致死时间提前 25%~40%,但病毒多角体产量下降 20%~60%。近年在美国、英国等地已在大田成功地进行了重组病毒防治害虫的试验。应用微生物遗传工程技术,如质粒清除和接合转移,可以建立新的 *Bt* 杀虫晶体蛋白基因组合,以发展高杀虫活性的 *Bt* 株系。例如,Ecogen 公司已用这些技术成功地发展了多种工程菌株,如 EG2348、EG2424 等。以这些工程菌株产生的制剂,杀虫谱扩大,杀虫活性提高[2]。

2. 信息技术 信息技术的迅速发展同样给 IPM 的研究和实施提供了许多新的工具。例如,通过遥感监测、结合全球定位系统(global positioning system,GPS)和地理信息系统(geographic information system,GIS),可以对遥感信息、地理信息和气候气象信息进行整合和综合分析,建立迁飞性害虫发生和危害的信息识别模式,揭示害虫种群区域发生的规律。网络的普及可使信息的传播十分便捷,可使 IPM 知识和技术的传播、培训更为便利。例如,利用网络就可依据实时天气数据及预报对害虫发生进行实时预报,可以应用计算机辅助决策系统进行实时决策咨询;5G 技术的发展可以进行远程诊断、实时咨询等,促进 IPM 的推广和实施[2]。

3. 植保无人机 植保无人机渐已成为当前一种重要的新型植保作业机具。自 2010 年以来,以植保无人机为载体的超低容量施药技术已逐步成为研究热点,使精准施药成为可能。植保无人机具有以下优势:①飞行速度快,每小时能够完成 10 多公顷农田的农药喷洒,且药剂雾化效果好,可以很好地悬浮于植株表面,起到很好的病虫草害防治效果。②通过地面遥控或 GPS 飞控操作,操作人员最大限度地避免了暴露于农药下的危险,提高了喷洒农药作业的安全性。③在大面积耕地上使用,喷洒目标相对准确,农药作用明显,所以药剂浓度可以加大,从而节约了农药及喷药时间,很大程度地降低生产成本。④植保无人机具有空中悬停的功能,可以对特殊区域或者单株(树木)喷洒,具有作业高度低,飘移少,同时由于下旋气流而产生上升气流可使农药雾滴直接沉积到植物叶片的正反面,达到精准施药的目的,防治病虫害效果好。⑤成本低,易操作。植保无人机整体尺寸小,重量轻,折旧率低,易保养,对大面积作物使用,单位面积使用成本较低,生产者可以联合购买轮流使用;容易操作,一般经过 30 d 左右的训练即可掌握要领并独立操作[6]。

（三）强调多部门配合和以农民为中心的参与式推广

由于 IPM 的实施是一项涉及政府、商业部门、农技推广部门、广大消费者、农民等社会各方面的系统工程，而农民则是防治措施的最终执行者，因此，IPM 实施近年来越来越强调多部门的配合和以农民为中心的参与式推广。参与式推广可使农民对 IPM 的思想和技术体系有正确的认识和理解，明确为什么、做什么和怎么做，以确保 IPM 技术能在生产实践中准确实施[2]。

五、害虫综合治理面临的挑战与对策

（一）挑战

1. 人们的思想认识和综合素质　　在我国，实施 IPM 的最大挑战来自对害虫防治策略和技术的片面认识。"可持续发展""IPM"等往往成为一种口号，而在实践中仍是"农药万能"和"治早、治少、治了"。这从我国杀虫剂的商品名可见一斑，即使是有一定选择性、对天敌较安全的杀虫剂，也要给它们冠以"光""净""尽"等名称，销路才会畅通。近年来，随着转基因抗虫作物大面积种植及其出色的抗虫特性，许多人又把害虫防治的未来寄希望于这一新技术[2]。

害虫防治的近代史表明，新的高效治虫技术，只有在 IPM 的战略思想指导下，综合应用才可取得较好的经济、生态和社会效益。例如，化学杀虫剂如不合理使用，就会陷于越用越要用的恶性循环，所带来的环境污染、农药残留等问题也就越严重。从我国单位面积上化学杀虫剂用量高于世界平均水平，以及时常出现的因食用农药残留污染的蔬菜而急性中毒的现象可见一斑[2]。

同样，转基因抗虫作物的大面积种植具有十分严重的潜在危机。第一，抗虫毒素的高效、连续表达使害虫处于很高的选择压力下，从而可能使害虫较快地对这些毒素产生抗性。已有研究表明，对野生 *Bt* 毒素已产生抗性的昆虫对转 *Bt* 基因抗虫植物所表达的毒素同样可产生抗性。事实上转 *Bt* 基因抗虫棉在美国、澳大利亚的一些棉区已有对棉铃虫失控的经历。当害虫对这些毒素产生抗性后，以这些毒素生产的生物农药也将失效，而用传统的施用方法，害虫对生物农药产生抗性的速度是很慢的。第二，转基因抗虫作物可对天敌产生危害。已有研究表明，草蛉、瓢虫捕食以转基因抗虫作物为食的害虫后，发育减慢、存活率和生殖率下降。另外，转基因抗虫作物在种植初期可能使目标害虫种群在较大范围内接近灭绝，从而使专性天敌因失去食物也接近灭绝。而当这类害虫对抗虫作物产生抗性后迅速增殖时，天敌却难以恢复。第三，转基因抗虫作物由于表达外来基因而可能使其经济产量的潜力下降。由于转基因抗虫作物追求高效表达和对害虫免疫，尤其是目前所转录的基因大都是表达单个毒素的编码基因，它们与传统的植物抗虫性有本质的区别，具有类似高效选择性杀虫剂的特性，若使用不当，在短期内产生较高的经济效益后，将可能导致难以挽救的生态学灾难。因此，转基因抗虫作物的大面积种植更应在 IPM 战略的指导下进行，即对人们的素质及整个社会管理体系提出了更高的要求[2]。

2. 研究和发展　　我国害虫防治的困境及抗虫转基因作物的潜在危机，给 IPM 的研究和发展提出了严重挑战。例如，转基因抗虫作物的种植面积无疑会迅速扩展。要持续有效地利用转基因抗虫作物控制害虫，并增加产量和收益，就必须深入了解害虫对转基因抗虫作物的适应机制，转基因作物对生物群落结构和功能的影响，从而建立相应的管理策略和技术体系。又如，我国天敌资源丰富，如何通过农田生态系统和生境的规划和管理，充分发挥自然和生物因子的调控作用大有作为，但必须有大量扎实的生态学研究作基础，才能提出切实可行的技术体系。因此，目前迫切需要组织多学科综合研究，应用分子生物学等高新技术，开展和加强重要害虫成灾机理和控制的基础研究，以发展与环境相容的害虫控制新战略和新方法[2]。

3. 推广和实施　　推广和实施面临的挑战更为严峻，其成因主要来自 3 个方面：①农技推广体系不健全，责任不明确；②推广的对象即农民人数多，对害虫有片面的认识，对天敌和生态系统了解很少，长期形成的"农药万能"的认识难以改变；③社会、经济和政策环境尚不利于 IPM 的实施。例如，农药生产管理不够健全，农药销售缺乏必要的约束机制，农药安全使用和残留检测缺乏有效的管理机制等。好在这些问题已引起国家的高度重视，2015 年 2 月17 日，农业部印发了《到 2020 年农药使用量零增长行动方案》的通知[7]，希望通过减少农药化肥的不合理使用来减少环境污染，并且尽可能地节约生产成本，增加农民收入[8]。

（二）对策

从西欧多个国家近十几年大幅度减少化学农药施用的经历及我国单位面积化学杀虫剂用量是许多西方发达国家的数倍的事实，可以肯定我国化学农药用量可大幅度下降而不会导致害虫失控。农业部制定的《到 2020 年农药使用量零增长行动方案》[7]，为我国有效控制农药使用量，保障农业生产安全、农产品质量安全和生态环境安全，促进农业可持续发展指明了方向。

1. 构建病虫监测预警体系　　按照先进、实用的原则，重点建设一批自动化、智能化田间监测网点，健全病虫监测体系；配备自动虫情测报灯、自动计数性诱捕器、病害智能监测仪等现代监测工具，提升装备水平；完善测报技术标准、数学模型和会商机制，实现数字化监测、网络化传输、模型化预测、可视化预报，提高监测预警的时效性和准确性。

2. 推进科学用药　　重点是"药、械、人"三要素协调提升。一是推广高效低毒低残留农药。扩大低毒生物农药补贴项目实施范围，加快高效低毒低残留农药品种的筛选、登记和推广应用，推进小宗作物用药试验、登记，逐步淘汰高毒农药。科学采用种子、土壤、秧苗处理等预防措施，减少中后期农药施用次数。对症选药，合理添加喷雾助剂，促进农药减量增效，提高防治效果。二是推广新型高效植保机械。因地制宜推广自走式喷杆喷雾机、高效常温烟雾机、固定翼飞机、直升机、植保无人机等现代植保机械，采用低容量喷雾、静电喷雾等先进施药技术，提高喷雾对靶性，降低飘移损失，提高农药利用率。三是普及科学用药知识。以新型农业经营主体及病虫防治专业化服务组织为重点，培养一批科学用药技术骨干，辐射带动农民正确选购农药、科学使用农药。

3. 推进绿色防控　　加大政府扶持，充分发挥市场机制作用，加快绿色防控推进步伐。一是集成推广一批技术模式。因地制宜集成推广适合不同作物的病虫害绿色防控技术模式，解决技术不配套、不规范的问题，加快绿色防控技术推广应用。二是建设一批绿色防控示范区。重点选择大中城市蔬菜基地、南菜北运蔬菜基地、北方设施蔬菜基地、园艺作物标准园、"三品一标"农产品生产基地，建设一批绿色防控示范区，帮助农业企业、农民合作社提升农产品质量、创响品牌，实现优质优价，带动大面积推广应用。三是培养一批技术骨干。以农业企业、农民合作社、基层植保机构为重点，培养一批技术骨干，带动农民科学应用绿色防控技术。此外，大力开展清洁化生产，推进农药包装废弃物回收利用，减轻农药面源污染、净化乡村环境。

4. 推进统防统治　　以扩大服务范围、提高服务质量为重点，大力推进病虫害专业化统防统治。一是提升装备水平。发挥农作物重大病虫害统防统治补助、农机购置补贴及植保工程建设投资的引导作用，装备现代植保机械，扶持发展一批装备精良、服务高效、规模适度的病虫防治专业化服务组织。二是提升技术水平。推进专业化统防统治与绿色防控融合，集成示范综合配套的技术服务模式，逐步实现农作物病虫害全程绿色防控的规模化实施、规范化作业。三是提升服务水平。加强对防治组织的指导服务，及时提供病虫测报信息与防治技术。引导防治组织加强内部管理，规范服务行为。

第二节　害虫综合治理的广东经验——以发挥天敌效能为主的水稻害虫综合防治

一、研究背景

广东省四会市大沙镇位于北纬 23°19′，东经 112°40′，处于广东的西、北、绥三江下游围田地区。年平均气温 21.3℃，常年降水量 1800 mm。全镇水稻种植面积 4000 hm²，旱地 530 多公顷，水稻是主要粮食作物。历史上，这一带受 3 条江河的泛滥淹涝，耕作制度复杂，既有水浸低洼田，又有高旱田；既有单季稻，又有双季稻。因此，害虫可以终年转主为害，是水稻主要害虫三化螟（*Tryporyza incertulas*）、稻纵卷叶螟（*Cnaphalocrocis medinalis*）、稻飞虱［包括褐飞虱（*Nilaparvata lugens*）和白背飞虱（*Sogatella furcifera*）］的严重发生地区，病虫害的防治成为农事的中心工作[9, 10]。

广东省四会市大沙镇以发挥天敌效能为主的水稻害虫综合防治，始于 1973 年，试验面积由最初的 1.6 hm² 增加至 100 hm²。1975 年起全镇 4000 hm² 稻田全部实施了害虫综合防治。为使研究工作顺利进行，成立了市、镇、研究单位组成的综合防治领导小组，健全和加强了村级农技队伍和综合防治合作机制，具体贯彻和落实综合防治的各项措施。至 1996 年，大沙的害虫综合防治经历了 23 个春秋，解决了水稻生产中的主要病虫害问题，而且农药用量大幅度下降，节省了施药用工，取得了显著的经济效益；改变了以治病虫为中心的农事操作，具有明显的社会效益；天敌种类和数量增加，农田生态环境向良性方向发展，具有显著的生态效益[9, 10]。

二、水稻害虫综合防治项目的实施

根据稻田生态系统各主要害虫的发生特点，在做好害虫发生预测预报的基础上，首选农业防治方法以恶化害虫发生环境，然后根据实际情况选择不同的生物防治方法，必要时协调使用化学农药，保护天敌，充分发挥天敌对害虫种群的调节作用，把主要害虫种群控制在经济损失允许范围内（图 22-1）。与此同时，办好农民学校和农业技术员培训班，并利用各种手段广泛宣传，让害虫综合治理理念深入民心。大沙镇水稻害虫综合防治项目的实施，可以分为 3 个阶段[9, 10]。

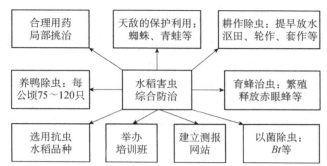

图 22-1　大沙镇以发挥天敌效能为主的水稻害虫综合防治主要措施[11]

1. 第一阶段（1973～1978 年）　　此阶段为综合防治初期。由于综合防治前期大量使用化学农药，田间天敌种群凋落，完全失去了对害虫的控制作用。此阶段的特点是，以生物防治为主，控制化学农药用量，既要把害虫压下去，又要逐步恢复和建立天敌在田间的优势地位。主要措施如下。

1）改造害虫滋生环境。1973～1974 年，全镇平整土地约 667 hm²，提高农田排灌能力，恶化病虫滋生环境条件。

2）采取农业防治措施。提早在惊蛰前犁耙沤田，压低越冬三化螟的基数；引用抗病虫水稻品种等。

3）大力开展养鸭除虫、以菌治虫、育蜂治虫为主的生物防治。实践证明，在田间害虫的各天敌种群凋落的情况下，养鸭除虫是一项十分有效的生物防治措施。以菌治虫主要使用苏云金芽孢杆菌（*Bt*）工业菌粉，防治稻纵卷叶螟和稻苞虫（*Parnara guttata*）幼虫，效果达 70%～90%。育蜂治虫主要释放螟黄赤眼蜂（*Trichogramma chilonis*）和松毛虫赤眼蜂（*Trichogramma dendrolimi*）防治稻纵卷叶螟，放蜂面积从 1973 年的 8 hm² 增至 1976 年的 395 hm²，稻纵卷叶螟卵被寄生率除 1973 年和 1974 年较低外，其余年份均在 67%～83%。

4）协调使用化学农药。一是做好测报工作，对达到防治标准的田块进行挑治；二是抓好秧田用药，尽量减少害虫随插植带入本田，以减少大田使用农药，保护田间的天敌种类免遭农药杀伤；三是控制施药面积，规定 2 hm² 以上由镇植保员鉴定，2 hm² 以下由村植保员鉴定，0.67 hm² 以下由村民小组植保员决定选用何种防治措施。

5）保护青蛙。主要采用行政措施，特别在青蛙繁殖季节，镇政府出示保护青蛙的公告，并在夜间安排民兵巡逻放哨，禁捕蛙类。

2. 第二阶段（1979～1983 年）　　经过几年大面积推广上述诸措施，改变了天敌种群凋落和害虫猖獗的局面。1979 年以后，由于田间的各种天敌种群数量基本恢复，已免除育蜂治虫和以菌治虫的措施；又由于鸭子兼食害虫和益虫，加上饲料价格等原因致使农民养鸭减少，也停止了养鸭除虫的控制措施。采用的措施主要着眼于保护和维持天敌在田间的优势地位，充分发挥其对害虫的控制作用。所坚持的主要技术措施包括以下几项。

1）农业防治。包括提早在惊蛰前沤田，压低越冬三化螟虫口基数；早春推广安全期育秧，以减轻稻蓟马的危害；抓好肥水管理，减轻病虫发生和蔓延。

2）继续坚持协调使用农药。与第一阶段基本相同，但由于实行了农田包产到户，农田的经营体制发生了变化，在做法上进行了调整，如村与村之间实行合作防治，按面积统筹资金，统一购买农药，专款专用，年终结算。另外，以镇农务员（每人负责 53.3 hm²）指导农户的形式，农务员到田头查害虫查天敌，定防治对象田，凡达到防治标准的田块，通知和指导农户进行挑治。

　　3）生物防治。继续坚持保护青蛙，保护天敌及其越冬场所，不搞四面光（铲除田块周围的所有杂草），有利于天敌群落种库的保护，促进田间天敌群落的重建和维持田间天敌群落稳定，充分发挥天敌对害虫种群的调控作用。

　　3. 第三阶段（1984～1996年）　经过长期大面积害虫综合防治，在早稻和晚稻田少用或基本不用化学农药，大大降低了化学农药在土壤、禾秆、稻谷中的残留。1994年测试，除沙蚕毒（杀虫双）在禾秆和稻谷中的含量分别为0.04 mg/kg和0.005 mg/kg外，其余杀虫剂、杀菌剂、除草剂均未检出。坚持综合防治，农田环境得到显著改善，为无公害大米生产创造了条件。1998年获绿色食品证书（证书号：LB-18-9801190913）。

三、水稻害虫综合治理的长期效益

（一）社会效益

　　经过水稻害虫综合防治的长期实践，广大农民自觉接受并实施以发挥天敌效能为主的害虫综合防治措施。农民已经认识到：①稻田有一些害虫是正常的，只要天敌较多，害虫不会造成明显危害。②保护利用天敌可以增强对害虫的控制作用。③使用杀虫剂不仅杀死了害虫，也杀死了天敌，并有可能造成害虫在水稻中后期暴发。而且施用农药花钱费工，易发生中毒，农药污染环境，不利于身体健康。④稻米农药残留的显著降低和农田生态环境的改善，有益于人们健康水平的提高。所以，害虫综合防治理念已深入民心，实施综合防治已成为农民的一种自觉行为。

（二）经济效益

　　经济效益包括实施害虫综合防治所产生的直接和间接经济效益。直接经济效益是指项目实施所产生的直接经济收益，包括两个方面，一是农田生态环境改善所生产的绿色大米，提高了所生产大米的附加值，实实在在提高了农民的产出收益；二是农药用量的显著减少，降低了生产成本。间接经济效益则是指通过项目实施，显著改良了生态环境，其他农副产品的附加值因此增加而产生的经济效益。

（三）生态效益

　　1. 农药残留显著降低，农田环境质量良性发展　水稻与土壤农药残留显著降低，稻田农药用量下降了50%～76%。在1983年11月的抽样检测中，大沙稻谷中六六六残留量为0.0054 mg/kg，DDT为0.0165 mg/kg，PP′-DDE为0.0108 mg/kg，略低于当时颁布的中国食品中有机氯农药暂定允许残留量。与综合防治前相比，残留量大大降低了。六六六残留量，1977年稻谷中的残留量是1983年的2.96倍，综防初期1974年稻谷中的残留量为1983年的11.11倍。

　　1997年国家绿色食品办公室组织有关专家，对大沙镇的空气、水、稻田土壤、稻谷、大米、稻秆等进行抽样检测，结果证实大沙镇的大米和稻田环境质量达到绿色食品生产标准，并颁发绿色食品证书。

　　2. 种库中天敌种类多样性增加，促进稻田天敌群落重建与控害作用发挥　在稻田生态系统中，稻田节肢动物群落与水稻的生长发育密切相关。水稻不仅为节肢动物提供了栖息地，也直接或间接地提供了食物资源。当水稻移栽后，周围环境中的节肢动物陆续迁入稻田形成稻田节肢动物群落；而当水稻收割时，部分节肢动物迁出稻田，部分留在田内。环境中这种既能为稻田节肢动物群落的重新形成提供移居者，也能接收稻田节肢动物迁出的群落，可以称为稻田节肢动物群落的种库，包括田埂、沟渠、杂草地及附近果园和菜地等，以及稻田休耕期间的那些节肢动物群落[12]。

（1）种库中天敌群落的物种丰富度　　在冬耕休闲期末至早稻收割前，在杂草地生境中共采集到 61 种捕食性天敌，其中蜘蛛 46 种，捕食性昆虫 15 种；在田埂生境中共采集到 52 种捕食性天敌，其中蜘蛛 40 种，捕食性昆虫 12 种。在夏闲期至冬春休耕期末，在杂草地生境中共采集到 56 种捕食性天敌，其中蜘蛛 47 种，捕食性昆虫 9 种；在田埂生境中共采集到 48 种捕食性天敌，其中蜘蛛 38 种，捕食性天敌 10 种。杂草生境中食虫沟瘤蛛（*Ummeliata insecticeps*）、类水狼蛛（*Pirata piratoides*）、拟水狼蛛（*Pirata subpiraticus*）、拟环纹豹蛛（*Pardosa pseudoannulata*）和八斑鞘蛛（*Coleosoma octomaculatum*）等是组成捕食性天敌群落种库的优势种、丰盛种或常见种，这些种类也是稻田天敌群落的优势种、丰盛种或常见种。田埂生境中食虫沟瘤蛛在早稻移栽后种群密度达到高峰，分蘖期逐渐降低并出现低谷，在孕穗期又有一峰值，这可能与田埂所起的桥梁作用密切相关。在食虫沟瘤蛛从杂草地等生境迁入稻田的过程中，大部分个体首先进入田埂生境，然后再进入稻田，因此导致田埂生境中个体出现聚集现象而导致种群密度显著增加。

在田埂和路边禾本科杂草上共收集到飞虱卵寄生蜂 29 种，其中能寄生褐飞虱卵的寄生蜂有 20 种，分属 2 科 7 属，其中缨小蜂科（Mymaridae）11 种，赤眼蜂科（Trichogrammatidae）9 种，而且缨小蜂科寄生蜂个体数量占绝对优势，达 79.47%～95.93%[13, 14]。

（2）种库的结构和动态　　稻田天敌群落重建期间（水稻移栽后 1 个月之内），稻田的优势种天敌如食虫沟瘤蛛、水狼蛛等均来自种库，它们由种库向稻田群落迁居的过程是一个循序渐进的动态过程，其中，田埂作为一个主要的亚种库为它们迁移入田起到了重要的"桥梁"作用[15]。在 3 个点的稻田捕食性节肢动物群落的种库（表 22-1）中，食虫沟瘤蛛为优势种。食虫沟瘤蛛之所以能在种库中保持其优势地位，最根本的原因在于它的生活史特性。它在 5～6℃仍能正常取食和产卵[16]，而广东省冬季低于 5℃的天气是较少见的，即使出现极端低温天气，但由于土温比气温高 1～3℃，食虫沟瘤蛛仍能存活，而且这种天气不会持续很长的时间。因此，可以说食虫沟瘤蛛在广东没有真正的越冬现象，它在广东冬季田间能继续生长发育和繁殖。

表 22-1　3 个种库调查点的主要特征（肇庆，1993 年冬）[12]

调查点	田埂	田内覆盖度	环境复杂性	害虫防治史	面积/m²	取样点
大沙	三面有杂草	已犁田，较好	复杂多样	IPM，20 多年	1000	田埂
四会	一两面有杂草	已犁田，差	单调	化防为主	660	田埂
鼎湖	水泥结构	未犁田，最好	较单调	化防为主	660	田内

在四会和鼎湖种库中，青翅蚁形隐翅虫（*Paederus fuscipes*）和褶管巢蛛（*Clubiona corrugata*）的种群数量分别在 1994 年 3 月 4 日和 1994 年 1 月 20 日多于食虫沟瘤蛛（表 22-2），但这两种天敌受环境因子及人为活动的影响较大，如四会种库经犁田后隐翅虫损失了 73.08%，而鼎湖种库的管巢蛛经越冬后的种群仅为越冬前的 43%。至于四会种库中拟环纹豹蛛的种群数量在 4 月 2 日剧增是由犁田后田内的拟环纹豹蛛迁至田埂上所致。

表 22-2　3 个种库中主要捕食性节肢动物的种类及其种群密度[12]　（头/m²）

地点	取样时间/年-月-日	食虫沟瘤蛛	拟水狼蛛	拟环纹豹蛛	褶管巢蛛	斜纹猫蛛	青翅蚁形隐翅虫	物种丰富度	多样性指数
大沙	1993-11-17	1.40±1.14	3.80±3.03	5.00±1.58	3.50±2.35	1.60±0.55	3.00±2.45	10	1.9860
	1993-12-21	6.60±1.82	1.20±0.45	3.60±2.41	0	4.80±2.68	5.00±3.00	8	1.7604
	1994-01-20	2.90±1.52	0.50	0	0	0.40	2.90±2.69	8	1.3561
	1994-03-05	5.83±1.72	2.00±1.90	1.83±1.47	0.17	1.50±1.52	2.67±1.75	11	1.8104
	1994-04-03	5.33±0.82	1.00±1.26	2.67±2.42	0.33	0.17	5.00±2.53	11	1.7756
四会	1994-01-21	3.75±2.38	1.83±2.44	1.75±1.91	0.08	0	6.42±7.26	7	1.4289
	1994-03-04	7.08±5.05	1.42±1.08	1.83±1.34	0.70	0	9.92±7.55	7	1.5322
	1994-04-02	2.67±2.89	7.00±1.00	20.66±8.15	0.33	0	2.67±1.15	7	1.2725
鼎湖	1994-01-20	7.00±5.12	0.75	0.42	8.08±3.18	0.17	3.75±2.22	9	1.4533
	1994-03-05	10.83±4.80	0.67	0.17	3.50±1.73	0.08	0.33	7	1.0013

田内覆盖度、环境复杂性和气候因子也影响种库。鼎湖种库中食虫沟瘤蛛的种群数量明显高于大沙和四会，这是因为良好的覆盖度为食虫沟瘤蛛提供了良好的越冬和繁殖场所。在大沙，由于对天敌资源的长期保护，加上复杂多样的环境条件，为种库的稳定发展提供了保证。田埂上食虫沟瘤蛛的数量除 1994 年 1 月 20 日因气候影响（1 月 18 日强寒流南下，气温骤降）外，基本上保持稳定；在调查过程中，曾计数了田内土块下或土块间食虫沟瘤蛛的皿网数量，竟多达 32 个/m²，说明田内食虫沟瘤蛛的数量是惊人的。四会种库的食虫沟瘤蛛并没有占明显的优势，可能与田内覆盖度差和环境单一有关。

害虫防治史也影响种库。从物种丰富度和群落多样性来看，大沙种库明显高于四会和鼎湖。大沙镇 20 多年来开展以生物防治为主的水稻害虫综合防治，减少了化学农药用量，有效地保护了环境和天敌资源；而四会和鼎湖由于长期以来一直以化学防治为主，自然也杀死了一些天敌。

（3）稻田天敌群落重建及其与种库的关系　在 3 个种库中，食虫沟瘤蛛首先迁入稻田成为群落的优势种（表 22-3）。在一个群落中，优势地位的取得往往依靠以下三条途径：一是最先到达一个新资源地并在数量上迅速增加，在与其他物种发生竞争前就取得数量优势；二是专门利用资源中分布较广且数量丰富的部分，这种类型的优势种往往是高度特化的；三是尽可能广泛地利用各种各样的资源，这样的物种往往是泛化种，而不形成对某些资源的特殊适应。这种情况下，如果资源发生短缺，竞争就会非常激烈，一个最为泛化的物种只有凭自身的竞争优势才能成为优势种。

表 22-3　群落重建期间主要捕食性节肢动物在 3 个种库的种群密度[12]　（头/m²）

地点	取样时间/年-月-日	食虫沟瘤蛛	拟水狼蛛	拟环纹豹蛛	肖蛸	斜纹猫蛛	褶管巢蛛	青翅蚁形隐翅虫	物种丰富度	多样性指数
大沙	1994-04-12	1.50±0.85	0.20	0	0.30	0	0	0.10	5	1.0318
	1994-04-20	3.50±2.79	0.60	0.10	0.60	0.20	0	0.10	7	1.1906
	1994-04-30	7.00±2.79	1.30±0.67	0.10	1.30±0.82	0.10	0.10	0.30	10	1.3012
鼎湖	1994-04-12	1.40±0.84	0	0	0	0	0	0.10	3	0.4634
	1994-04-20	3.10±0.74	0.10	0	0.30	0	0.20	0	8	0.9105
	1994-04-30	5.80±2.78	0.50	0	1.00±0.94	0	0.40	0	9	1.2324
四会	1994-04-11	0.90±0.88	0.10	0.50	0	0	0	0.10	5	1.3066
	1994-04-19	1.60±1.26	0.10	0.50	0.40	0	0	0	5	1.2129
	1994-04-29	1.30±2.06	0.40	1.10±0.74	0.90±0.86	0	0	0	5	1.4804

由此不难看出，食虫沟瘤蛛正是通过第一和第三条途径成为优势种的。首先，种库中丰富

的食虫沟瘤蛛可以使正在重建的群落中的食虫沟瘤蛛迅速增加。大沙稻田中，4 月 20 日的食虫沟瘤蛛是 4 月 12 日的 2.33 倍，4 月 30 日又是 4 月 20 日的 2 倍。鼎湖食虫沟瘤蛛的进田情况与大沙相似，4 月 20 日是 4 月 12 日的 2.21 倍，4 月 30 日是 4 月 20 日的 1.87 倍。在四会，4 月 19 日为 4 月 11 日的 1.78 倍，4 月 29 日略有下降，为 4 月 19 日的 81%。之所以会出现这种现象，种库中食虫沟瘤蛛数量较少是主要原因之一；4 月 29 日中午的大暴雨可能也有一定的影响。其次，食虫沟瘤蛛还可以利用环境中各种各样的食物资源如小白翅叶蝉、摇蚊和其他双翅目昆虫等[17]。

在物种丰富度和群落多样性方面，群落重建与种库具有明显的正相关关系。3 个种库中，大沙的物种丰富度和群落多样性最高，鼎湖次之，四会稍弱于鼎湖。而在重建的 3 个群落中，有相同的顺序关系，即大沙的物种丰富度和群落多样性最高，并且在群落的重建过程中迅速增加，鼎湖次之。

3. 稻田天敌优势地位稳定，持续控制主要害虫的发生　　长期大面积实施以充分发挥天敌效能为主的水稻害虫综合防治，在生态系统水平调控大沙镇稻田天敌群落，使得其种库群落优于非综合防治区，增强了稻田天敌群落的优势地位，以及对害虫的持续控制能力。

（1）对稻飞虱的持续控制作用　　天敌对稻飞虱的控制作用显著。例如，1979 年水稻害虫（稻飞虱、叶蝉和稻纵卷叶螟）与捕食性天敌之比表明，大沙镇稻田的天敌在大部分时间占据优势地位，而非综合防治区稻田（以四会市清塘为例）则害虫占据优势（图 22-2）。1994 年，大沙镇早稻田的捕食性天敌的数量在 5 月 23 日前均多于稻飞虱的数量，其后飞虱数量增加较快。t 检验表明，大沙镇稻田的稻飞虱与捕食性天敌之比显著低于非综合防治的鼎湖稻田（图 22-3）。1993 年晚稻，大沙镇稻田稻飞虱的数量一直很少，属轻发生。1994 年早稻，大沙镇稻田稻飞虱的发生程度最轻，其发生高峰期在 6 月 20 日左右，明显迟于肇庆（5 月 20 日左右）和鼎湖（6 月 3 日左右）（图 22-4）。这说明大沙镇稻田的天敌对于稻飞虱的发生具有很重要的抑制作用，延缓了稻飞虱发生高峰的出现[2, 18, 19]。

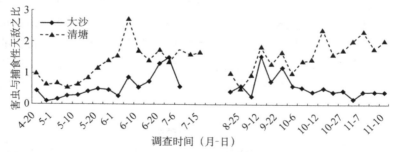

图 22-2　稻田害虫与捕食性天敌之比的动态（广东大沙和清塘，1979 年）

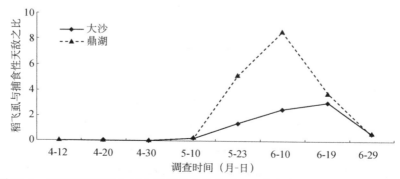

图 22-3　早稻田稻飞虱与捕食性天敌之比的动态（广东大沙和鼎湖，1994 年）

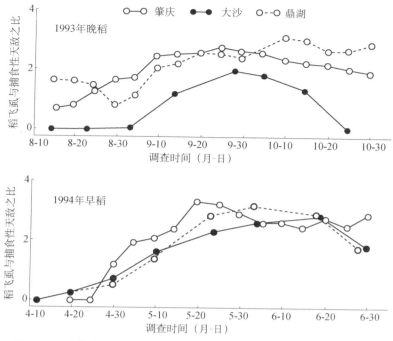

图 22-4　天敌对稻田稻飞虱控制作用的比较（广东，1993～1994 年）

食虫沟瘤蛛在群落重建过程中占绝对优势，成为群落的优势种。在大沙镇早稻天敌群落的前 3 次调查中，食虫沟瘤蛛分别占捕食性天敌总量的 68.18%、67.31% 和 61.95%。重建后的群落处在不断发展变化之中，食虫沟瘤蛛的种群数量仍在增加，在水稻的整个苗期和分蘖期，其优势地位保持不变[20]。1993 年早稻群落中，食虫沟瘤蛛与稻飞虱的二维生态位重叠值最大（0.6551），其次为水狼蛛（0.5388），说明二者是稻飞虱的重要捕食者。1994 年早稻群落中，食虫沟瘤蛛与稻飞虱的二维生态位重叠值不是最大的，但重叠值较大的种类［如隐翅虫、八斑鞘蛛、四点高亮腹蛛、棕管巢蛛和跳蛛等］的种群数量较小，对稻飞虱的捕食作用有限。而食虫沟瘤蛛和水狼蛛较多的种群数量同样能说明它们仍然是稻飞虱的主要捕食者[21]。复合功能反应的结果也表明，拟水狼蛛和食虫沟瘤蛛在调节稻飞虱种群数量过程中发挥较重要的作用。经酶联免疫吸附试验（enzyme linked immunosorbent assay，ELISA）检测，在所有的捕食者中，食虫沟瘤蛛和水狼蛛的阳性反应率最高[22]，进一步证明了它们是稻飞虱的主要捕食者。同时，食虫沟瘤蛛对稻飞虱的捕食量随稻飞虱密度的增加而增加[19]。

因此，通过改善天敌的生境条件，如长期大面积保护和利用自然天敌，可以增加种库中天敌的种类和多样性，进而增强天敌群落重建和发展的能力，增加建立后的天敌群落的种类、数量和多样性，最终提高天敌群落对害虫的持续控制作用。大沙镇的稻飞虱在害虫综合防治项目实施期间从没有大发生，而且发生程度低于邻近地区，这应归功于广大农民长期对稻田天敌生境的良性调节[19]。

（2）对三化螟的持续控制作用　　三化螟自然种群生命表分析表明，各世代均以初孵幼虫入侵（钻蛀）死亡率最高，其次是死于中后期幼虫的转株，二者之和占孵化幼虫数的 69.24%～84.47%[23]。卵期及自高龄幼虫以后的各期死亡率均低。根据图解分析法和回归分析法的分析结果，中后期幼虫转株死亡率和初孵幼虫入侵死亡率是影响三化螟自然种群动态的关键因子。捕食性天敌（菱头蛛、水狼蛛和猫蛛等）被认为是造成幼虫转株死亡最重要的原因[24]。从 1984～

1988 年的平均生命表中的幼虫转株死亡率来看，第 1 代前期幼虫的死亡率为 14.01%，中后期幼虫的死亡率为 58.89%；第 2 代前期幼虫的死亡率为 6.39%，中后期幼虫的死亡率为 12.47%；第 4 代前期幼虫的死亡率为 10.15%，中后期幼虫的死亡率为 47.48%。由此可见，捕食性天敌是影响三化螟自然种群动态的重要因子。

利用血清法鉴定了捕食三化螟的天敌种类，发现 10 多种捕食频率比较高的种类中，蜘蛛类占大多数。其中，拟环纹豹蛛、拟水狼蛛和稻田水狼蛛对三化螟的阳性反应率分别为 50.0%、37.5% 和 42.8%。因此蜘蛛是最主要的捕食性天敌类群，其中尤以狼蛛为主。从当地 1979～1982 年天敌消长资料，也可看出狼蛛发生数量占很大比重，年平均约占蜘蛛总数的 30%，是优势种类。而且狼蛛属游猎性质，个体也较大，主动进攻三化螟能力强。其他主要为肖蛸和嗜水新园蛛（Neoscona nautica）。

捕食性昆虫在田间的优势种类为隐翅虫，其数量居昆虫首位，且全年消长较平稳，其捕食频率也较高，搜索和进攻三化螟的能力也较强，是重要类群之一。其他如印度长颈步甲、牛虻、食虫虻等也有很高的捕食频率，但田间数量少，因此起不到重要作用。

（3）对稻纵卷叶螟的持续控制作用　　大沙镇稻纵卷叶螟的寄生性天敌据初步调查有 27 种。卵期的寄生性天敌主要有稻螟赤眼蜂（Trichogramma japonicun）。稻纵卷叶螟第 1 代未发现其寄生，第 2～6 代的平均寄生率分别为 0.47%、3.98%、19.11%、18.09% 和 7.88%。全年以第 4 代和第 5 代寄生率最高。稻纵卷叶螟低龄幼虫的主要寄生蜂有纵卷叶螟绒茧蜂（Apanteles cypris）和菲岛抱缘姬蜂（Temezucha philippinensis）等。前者多在稻纵卷叶螟 4 龄期钻出寄生体外做茧，后者至预蛹期出蜂。低龄幼虫在第 2～6 世代的平均寄生率分别为 7.19%、4.00%、0.63%、11.63% 和 2.57%，其中以第 5 代的寄生率最高。高龄幼虫和蛹期常见的寄生蜂有无斑黑点瘤姬蜂（Xanthopimpla flavolineata）、广黑点瘤姬蜂（Xanthopimpla punctata）、卷叶螟横带茧蜂（Cardiochiles sp.）、趋稻厚唇姬蜂（Phaeogenes sp.）和无脊大腿小蜂（Brachymeria excarinata）等。从生命表可以看出，第 5 代 3～5 龄幼虫的寄生率为 9.69%；第 2 代和第 5 代蛹期的寄生率分别为 11.74% 和 14.27%。上述的寄生率除卵期外，对稻纵卷叶螟整年的数量变动影响不大。

稻纵卷叶螟的捕食性天敌有蜘蛛类、瓢虫、步甲、蛙类等。血清学试验表明，稻田水狼蛛、拟水狼蛛、八斑鞘蛛、拟环纹豹蛛、粽管巢蛛和青翅蚁形隐翅虫等是主要的捕食性天敌种类。例如，1982 年纵卷叶螟第 3 代幼虫期，稻田水狼蛛和拟水狼蛛对稻纵卷叶螟幼虫的阳性反应率分别为 33.3% 和 7.5%。在同一年第 3 代成虫期，拟环纹豹蛛、粽管巢蛛对成虫的阳性反应率都为 12.5%。游猎活动的狼蛛对稻纵卷叶螟幼虫的捕食力强于张网捕食的园蛛。

稻纵卷叶螟自然种群生命表分析表明，幼虫失踪是天敌捕食作用、气候因子和寄主作物的不同生长阶段综合作用的结果[25]。以第 2 世代为例，1～2 龄幼虫的失踪是影响第 2 代数量变动的关键因素。连续 5 年 25 个世代的生命表中，1～2 龄幼虫存活率（y）和同时调查的田间捕食性天敌（隐翅虫、步甲、蜘蛛等）单位面积密度（x）的关系结果表明两者呈负相关，$y=253.46-52.95\lg x$，$r=-0.5976$（$p<0.01$）。所以，捕食性天敌的作用是第 2 代 1～2 龄幼虫失踪死亡的主要原因。在稻纵卷叶螟第 2～6 代自然种群生命表中，从卵至成虫的累积存活率均小于 0.1%。而在实验条件下，稻纵卷叶螟在 22℃、25℃ 和 28℃ 从卵至成虫的累积存活率分别为 11.7%、19.7% 和 7.6%。这充分说明了自然天敌对稻纵卷叶螟自然种群的持续控制作用。

综上所述，保护利用天敌，充分发挥天敌对害虫种群的调控效能，可以持续控制水稻害虫的发生，是以发挥天敌效能为主的水稻害虫综合防治的最主要生态效益。

思考题

一、名词解释

害虫综合治理；可持续农业

二、问答题

1. 害虫综合治理的基本思想是什么？

2. 高新技术的发展给 IPM 提供了哪些新的机遇？

3. 害虫综合治理面临哪些挑战？有什么对策？

4. 广东四会、大沙以发挥天敌效能为主的害虫综合防治包括哪几个阶段？各采取了哪些措施？

5. 水稻害虫综合治理的长期效益包括哪些方面？

参考文献

[1] 张宗炳. 害虫防治总论//张宗炳，曹骥. 害虫防治：策略与方法. 北京：科学出版社，1990

[2] 刘树生. 害虫综合治理面临的机遇、挑战和对策. 植物保护，2000，26（4）：35-38

[3] 杨普云，王凯，厉建萌，等. 以农药减量控害助力农业绿色发展. 植物保护，2018，44（5）：95-100

[4] 王志芳，赵子鹰. 以 POPs 综合防治促进农业可持续发展. 环境保护，2010，（23）：22-23

[5] 于滔，曹士亮，张建国，等. 全球转基因作物商业化种植概况（1996—2018 年）. 中国种业，2020，（1）：13-16

[6] 姚垣亦. 农业植保无人机对现代农业发展的作用. 新农业，2021，（13）：61-62

[7] 农业部. 农业部关于印发《到 2020 年化肥使用量零增长行动方案》和《到 2020 年农药使用量零增长行动方案》的通知. （2015-2-17）. http://www.moa.gov.cn/nybgb/2015/san/201711/t20171129_592340.htm

[8] 李怡洁. 化肥、农药双减问题探析. 南方农业，2019，13（5）：174-175

[9] 蒲蛰龙，古德祥，周汉辉，等. 大沙区水稻害虫综合防治研究. 中国农业科学，1984，（4）：73-80

[10] 蒲蛰龙，古德祥，张润杰. 大沙镇水稻害虫综合防治 23 周年//张芝利，朴永成，吴钜文. 中国有害生物综合治理论文集. 北京：中国农业科学出版社，1996

[11] 任顺祥，陈学新. 生物防治. 北京：中国农业出版社，2011

[12] 张古忍，张文庆，古德祥. 稻田捕食性节肢动物群落的种库与群落的重建. 中国生物防治，1997，13（2）：65-68

[13] 毛润乾，古德祥，张文庆，等. 稻田生态系统中褐飞虱卵寄生蜂的种类. 昆虫天敌，1999，21（1）：45-47

[14] 毛润乾，张文庆，张古忍，等. 非农田生境飞虱卵寄生蜂群落的结构和动态. 中山大学学报（自然科学版），1999，38（5）：72-76

[15] 邱道寿，古德祥，张古忍，等. 稻田捕食性节肢动物种库对其群落重建的作用（英文）. 中山大学学报（自然科学版），1998，37（5）：70-73

[16] 张永强，何波，张业尧. 食虫沟瘤蛛生物学和生态学初步研究. 生物防治通报，1987，3（4）：157-159

[17] 周汉辉. 血清法探讨天敌对三种稻田昆虫的抑制作用. 植物保护学报，1989，16（1）：7-11

[18] 张文庆，张古忍，古德祥. 稻田生境调节和捕食性天敌对稻飞虱的控制作用. 生态学报，1998，18（3）：283-288

[19] Zhang G R，Zhang W Q，Gu D X. Quantifying predation by *Ummeliata insecticeps* Boes. et Str.（Araneae：

Linyphiidae）on rice planthoppers using ELISA. Entomologia Sinica，1999，6（1）：77-82

[20] 张古忍，张文庆，古德祥. 稻田捕食性天敌群落的结构和动态. 中山大学学报论丛，1995，（2）：33-40

[21] 张文庆，张古忍，古德祥. 稻飞虱及其节肢类捕食者的生态位关系研究. 中山大学学报论丛，1995，（2）：21-26

[22] 张古忍，张文庆，古德祥. 用 ELISA 研究稻田节肢类捕食者对稻飞虱的捕食作用. 昆虫学报，1997，40（2）：171-176

[23] 张宣达，古德祥，周汉辉. 三化螟自然种群生命表的研究. 应用生态学报，1994，5（3）：281-286

[24] 周汉辉. 天敌对三化螟的捕食功能的血清学评价. 植物保护学报，1992，19（3）：193-196

[25] 古德祥，周昌清，汤鉴球，等. 稻纵卷叶螟自然种群生命表的研究. 生态学报，1983，3（3）：230-238